"十二五"普通高等教育本科国家级规划教材

工业和信息化部"十四五"规划教材

工程力学

(静力学和材料力学)(第4版)

○ 唐静静 范钦珊 编著

中国教育出版传媒集团
高等教育出版社·北京

内容简介

本书是“十二五”普通高等教育本科国家级规划教材、工业和信息化部“十四五”规划教材。

这一版在保持原有特色的基础上，在各章最后增加“学习研究问题”，更新了部分最新的、反映工程实际的图片和视频。全书进行了新形态教材一体化设计，以二维码的形式引入了与教学内容相关的工程成果与灾难性工程事故分析的视频。本书同时配有教学课件、习题全解、课程思政教学案例、材料的力学性能实验教学视频等数字化教学资源(免费提供给教师)。编者团队自主研发了《工程力学(静力学和材料力学)自主学习系统》App，免费提供给读者使用。

本书分静力学和材料力学两篇，静力学篇包括静力学基础、力系的简化、静力学平衡问题；材料力学篇包括材料力学的基本概念、轴向拉伸与压缩、圆轴扭转、梁的弯曲(1)——弯曲内力、梁的弯曲(2)——与应力分析相关的截面几何性质、梁的弯曲(3)——弯曲应力与弯曲强度设计、弯曲刚度、应力状态与强度理论、组合受力与变形杆件的强度计算、压杆的稳定性问题、动载荷与疲劳强度简述。

本书可作为高等学校工科本科非机类各专业工程力学课程的教材，也可供高职高专师生及有关工程技术人员参考。

图书在版编目(CIP)数据

工程力学.静力学和材料力学/唐静静，范钦珊编著.--4版.--北京：高等教育出版社，2023.4(2024.12重印)

ISBN 978-7-04-060118-3

Ⅰ.①工…　Ⅱ.①唐…②范…　Ⅲ.①工程力学　Ⅳ.①TB12

中国国家版本馆CIP数据核字(2023)第036756号

GONGCHENG LIXUE(JINGLIXUE HE CAILIAO LIXUE)

策划编辑　安　莉　　责任编辑　安　莉　　封面设计　张申申　　版式设计　李彩丽
责任绘图　于　博　　责任校对　刘丽娴　　责任印制　耿　轩

出版发行　高等教育出版社
社　　址　北京市西城区德外大街4号
邮政编码　100120
印　　刷　山东韵杰文化科技有限公司
开　　本　787mm×1092mm　1/16
印　　张　22.25
字　　数　570千字
购书热线　010-58581118
咨询电话　400-810-0598

网　　址　http://www.hep.edu.cn
　　　　　http://www.hep.com.cn
网上订购　http://www.hepmall.com.cn
　　　　　http://www.hepmall.com
　　　　　http://www.hepmall.cn
版　　次　1988年12月第1版
　　　　　2023年4月第4版
印　　次　2024年12月第7次印刷
定　　价　54.00元

本书如有缺页、倒页、脱页等质量问题，请到所购图书销售部门联系调换
版权所有　侵权必究
物 料 号　60118-00

工程力学
(静力学和材料力学)(第4版)

1　计算机访问https://abook.hep.com.cn/1264311，或手机扫描二维码、下载并安装Abook应用。
2　注册并登录，进入"我的课程"。
3　输入封底数字课程账号(20位密码，刮开涂层可见)，或通过Abook应用扫描封底数字课程账号二维码，完成课程绑定。
4　单击"进入课程"按钮，开始本数字课程的学习。

课程绑定后一年为数字课程使用有效期。受硬件限制，部分内容无法在手机端显示，请按提示通过计算机访问学习。

如有使用问题，请发邮件至abook@hep.com.cn。

https://abook.hep.com.cn/1264311

第4版序

本书第3版为面向21世纪课程教材、普通高等教育“十一五”国家级规划教材和“十二五”普通高等教育本科国家级规划教材，第4版为工业和信息化部“十四五”规划教材。30多年中，本书被全国200余所高等院校选为教材和教学参考书。非常感谢教学第一线的老师和同学们及社会读者对本教材的喜爱、支持，以及提出的宝贵意见。

根据教育部高等学校力学基础课程教学指导委员会2019年制订的“理论力学课程教学基本要求”和“材料力学课程教学基本要求”，以及“互联网+”时代课程改革的新形势与拔尖创新人才培养的目标，这一版作了如下调整：

1. 各章增加“学习研究问题”。

2. 作为新形态教材，继续更新完善了数字化教学资源，包括教学要求、学习指导、动画视频、课堂教学软件、课程思政教学案例（免费提供给教师）；工程力学（静力学和材料力学）数字课程（包括教学视频、课外能力训练题、随堂测试题、章节自测题等）。

3. 研发了《工程力学（静力学和材料力学）自主学习系统》App，培养学生以学习研究问题为导向的自主学习能力，并免费提供给教材读者使用。

范钦珊、唐静静和李栋栋负责修订各章“学习研究问题”；唐静静和李栋栋负责《工程力学（静力学和材料力学）自主学习系统》App的研发；李训涛负责力学性能实验教学录像制作；彭瀚旻、王单、师岩、李栋栋、唐静静提供了课程思政教学案例。

河海大学蔡新教授和南京航空航天大学虞伟建副教授仔细审阅了本书稿，并给予了修改意见，在此表示感谢。感谢教学一线的老师们提出的宝贵建议。

本书的修订工作得到了工业和信息化部“十四五”规划教材建设项目和南京航空航天大学全国优秀教材培育项目的资助，在此表示感谢。

由于水平有限，书中不妥之处在所难免，希望读者批评指正。

唐静静　范钦珊

2022年5月于南京

第3版序

本书作为教育部“面向21世纪课程教材”“普通高等教育‘十一五’国家级规划教材”和“‘十二五’普通高等教育本科国家级规划教材”，已经走过了20年的历程。现在提供给大家的第3版是根据我国高等教育和教学改革的发展趋势，以及素质教育与创新精神培养的要求，力求在原有的基础上，充分反映近年来工程力学（静力学和材料力学）教学第一线的新成果、新经验。

根据教育部高等学校力学教学指导委员会力学基础课程教学指导分委员会2012年制订的《高等学校理工科非力学专业力学基础课程教学基本要求》之“理论力学课程教学基本要求”“材料力学课程教学基本要求”，以及广大读者的意见，这一版在内容与体系方面作了如下调整：

1. 根据教学一线老师的意见，考虑到原来的第7章——弯曲强度篇幅偏大，不易进行教学安排，故将这一章改为3章，分别为：第7章 梁的弯曲(1)——弯曲内力；第8章 梁的弯曲(2)——与应力分析相关的截面几何性质；第9章 梁的弯曲(3)——弯曲应力与弯曲强度计算。对于不讲授截面几何性质的院校，可以跳过第8章。这样，既可以保证内容体系的完整性又便于教学安排。

2. 将各章的“结论与讨论”一节都改为“小结与讨论”。

3. 在第3章空间力系的简化问题中补充了力螺旋的简单概念，对刚体系统静定与静不定做了更全面的定义。

4. 在“圆轴扭转”一章的“小结与讨论”中增加了一小节——圆轴扭转静不定问题概述。

5. 作为“新形态教材”的尝试，采用二维码技术，引入与教学内容相关的工程成果与灾难性工程事故分析的视频20余个，以帮助读者深化对教学内容的理解。本书另配有教学课件、习题解答等教学资源。

6. 更换了一批图形和图片，同时新增了一些反映工程实际的图片和照片。

7. 为与国际上同类图书的图形表达方式接轨，新版更新了全部支座的表达形式。

8. 对原有习题的类型加以改革，改变单一计算题的模式，新增了一批填空题和选择题。

随着课程教学改革的深入和发展，工程力学（静力学和材料力学）的课程教学以及教材建设还会遇到一些新问题，我们将一如既往地坚持“在教学中研究，在研究中教学”，以不断提高人才培养质量为己任，在教学实践的基础上，不断提高工程力学（静力学和材料力学）教材的质量，希望为提高我国基础力学教学质量做出更大的贡献。

为了教材建设的可持续发展，不断反映课程教学第一线的教学成果，不断提高教材的学术水平与教学水平，经与高等教育出版社协商并获得认可，自第3版起，以后各版的署名顺序由原来的“范钦珊、唐静静编著”变更为“唐静静、范钦珊编著”。署名变更后，相关教材的所有出版事宜均由唐静静负责全权处理，相关成果归属于唐静静所在的南京航空航天大学。在健康状况许可的情形下，范钦珊仍将参与新版教材的改版思路与改版方案的讨论。

编著者藉本书再版之际，感谢教学第一线的老师和同学们以及业余读者对本书的关爱和支持。

范钦珊　唐静静

2016年12月20日于南京

第2版序

本书(第2版)作为普通高等教育"十一五"国家级规划教材,是根据我国高等教育和教学改革的发展趋势,以及素质教育与创新精神培养的要求,在国家面向21世纪课程教学改革项目的基础上,充分反映近年来基础力学教学第一线的新成果、新经验而编写的。

著者最近两年在东北(哈尔滨工业大学等)、西北(西北工业大学等)、华北(北京交通大学等)、中南(华中科技大学等)、西南(重庆大学等)、华南(华南理工大学等)、华东(南京航空航天大学等)讲学的同时,对我国高等学校"材料力学"和"工程力学"的教学状况以及对"工程力学"和"材料力学"教材的需求进行了大量调研,与全国500多名基础力学老师及近2 000名同学交换关于"工程力学"和"材料力学"教材使用和修改的意见。在此基础上,形成了本书编写的基本思路。

全国普通高等学校新一轮培养计划中,课程的教学总学时数大幅度减少。工程力学课程的教学时数也要相应压缩。怎样在有限的教学时数内,使学生既能掌握工程力学的基本知识,又能了解一些工程力学的最新进展;既能培养学生的工程力学素质,又能加强工程概念?这是很多力学教育工作者关心的事情。

1996年以来,基础力学课程在教学内容、课程体系、教学方法以及教学手段等方面,进行了一系列改革,取得了一些很有意义的成果,并在教学实践中取得了明显的效果。受到高等教育界和力学界诸多学者的支持和肯定。

本书作为面向21世纪力学系列课程教学内容与体系改革的一部分,对原有工程力学课程的教学内容、课程体系加以进一步分析和研究,在确保基本要求的前提下,删去了一些偏难的内容。目的是为了满足那些对工程力学的难度要求不高,但对工程力学的基础知识有一定了解的专业的要求,作为这些专业的素质教育的一部分。希望这本教材具有较大的适用面,能够被更多的院校、更多的专业所采用。

从力学素质教育的要求出发,本书更注重基本概念,而不追求烦琐的理论推导与烦琐的数字运算。

工程力学与很多领域的工程密切相关。工程力学教育不仅可以培养学生的力学素质,而且可以加强学生的工程概念。这对于他们向其他学科或其他工程领域扩展是很有利的。基于此,本书与以往的同类教材相比,难度有所下降,工程概念有所加强,引入了大量涉及广泛领域的工程实例以及与工程有关的例题和习题。

为了让学生更快地掌握最基本的知识,在概念、原理的叙述方面作了一些改进。一方面从提出问题、分析问题和解决问题等方面作了比较详尽的论述与讨论;另一方面通过较多的例题分析,加深学生对于基本内容的了解和掌握。

根据最新的课程教学基本要求,以及教学第一线很多老师的意见,第2版的体系基本与1988年第1版相同,但在内容上作了一些调整,删去了能量法一章,将绪论改为工程力学课程概论,同时改写各章的部分内容,按照国家标准,将名词术语、符号、单位规范化。

本书由静力学篇和材料力学篇组成。其中静力学篇包括:静力学基础、力系的简化和静力学平衡问题等3章;材料力学篇包括:材料力学的基本概念、轴向拉伸与压缩、圆轴扭转、弯曲强度、弯曲刚度、应力状态与强度理论、组合受力与变形杆件的强度计算、压杆的稳定性问题、动载荷与疲劳强度简述等 9 章。

本书由南京航空航天大学钱伟长讲座教授范钦珊、力学中心唐静静编著。唐静静是 2006 年全国青年力学教师讲课竞赛特等奖获得者，这样的组合不仅使教材能够反映教学第一线的要求与教学改革成果，而且对于保持教材建设的连续性也是有益的。

为了便于教学第一线老师的教学，我们编写了书中全部习题的详细解答，研制了多媒体“工程力学课堂教学软件”，免费提供给使用本教材的教师。

承蒙大连理工大学郑芳怀教授对本书初稿进行了认真、详细的审阅，提出了一些很好的修改意见，谨致诚挚谢意！

范钦珊　唐静静

2006 年 2 月初稿于北京

2006 年 11 月完稿于南京航空航天大学

2007 年 2 月定稿于南京航空航天大学

第1版序

“工程力学”(静力学和材料力学)是高等工业院校工艺类各专业开设的技术基础课程。本书是应高等教育出版社之约,为了满足各校“工程力学”课程的教学需要而编写的。这项工作被列入国家教委“1986~1990年工科力学教材建设规划”。

为了使本书具有较强的通用性,我们在编写之前,先将编写提纲寄送全国70多所院校征求意见。根据这些意见,写出初稿后,又请部分院校的同行审查,提出进一步的修改意见。因此,可以说这本书是全国很多高等院校同行共同劳动的结晶。

在保证现行教学体系相对稳定的前提下,编写时,力求做到:基本概念、基本理论论述严谨;专业覆盖面宽;静力学和材料力学两部分内容尽量相互渗透、协调;文字通顺、简明,保证一定的信息量。

考虑到全国各院校不同专业对工程力学的要求差异较大,教学时数不尽一致,本书正文内容分为三个层次:基本要求部分;不同专业选用部分;进一步要求部分。第一部分用一般字体排印;第二部分为一般字体带“*”号;第三部分用小字排印。后两部分内容是很少的。经国家教委材料力学课程教学指导小组审定,本书可适用于课程时数为60~80的本科或专科各专业,课程时数少于60的专业也可以选用。

本书在编写过程中,得到清华大学材料力学教研室吴明德、王瑞五、陈季筠、蔡乾煌等老师的支持和帮助。国家教委工科力学课程教学指导委员会委员干光瑜教授、北京轻工业学院洪敏谦教授详细审阅了本书的初稿,并代表材料力学课程教学指导小组主持了本书的审稿会,对本书的进一步修改提出了一些宝贵意见。参加审稿会的有:沈阳化工学院董秀石、大连轻工业学院孔庆宽、青岛化工学院孟庆东、北京工业大学薛宗蕙、上海第二工业大学郁鸿义、高等教育出版社吴向等同志。在本书出版之际,编者谨向他们表示诚挚的谢意。

本书由施燮琴编写绪论、第5至10章、附录;孙汝劼编写第1至4章;范钦珊编写第11至14章。全书由范钦珊统稿。

读者在使用本书时若发现缺点和问题,恳请批评指正。

范钦珊　施燮琴　孙汝劼
于清华大学
1988年12月

目录

第二篇 材料力学

工程力学课程概论

工程力学(engineering mechanics)涉及众多的力学学科分支与广泛的工程技术领域。作为高等工科学校的一门课程,本书所论工程力学只是其中最基础的部分。它涵盖了原有“理论力学”中的“静力学”和“材料力学”的大部分内容。

“工程力学”课程不仅与力学密切相关,而且紧密联系于广泛的工程实际。

§0-1　工程力学与工程密切相关

20世纪以前,推动近代科学技术与社会进步的蒸汽机、内燃机、铁路、桥梁、船舶、兵器等,都是在力学知识的累积、应用和完善的基础上逐渐形成和发展起来的。

20世纪和21世纪产生的诸多高新技术与工程,如高层建筑(图0-1)、大型桥梁(图0-2)、海洋石油钻井平台(图0-3)、航空航天器(图0-4和图0-5)、工业制造中的机械手(图0-6)、高速列车(图0-7),以及大型水利工程(图0-8)等许多重要工程更是在工程力学指导下得以实现,并不断发展完善的。

(a) 上海浦东金茂大厦

(b) 金茂大厦中庭

图0-1　高层建筑

(a) 斜拉桥

(b) 悬索桥

图0-2　大型桥梁

视频0-1：港珠澳大桥

图 0-3　海洋石油钻井平台

图 0-4　中国天宫空间站

视频 0-2:
中国空间站

视频 0-3:
火箭发射

图 0-5　载人航天工程

图 0-6　工业制造中的机械手

图 0-7　高速列车

图 0-8 我国的长江三峡工程

另外一些高新技术与工程,如核反应堆工程、电子工程、计算机工程等,虽然是在其他基础学科指导下产生和发展起来的,但都对工程力学提出了各式各样的、大大小小的问题。例如,核反应堆堆芯与压力容器(图 0-9),在核反应堆的核心部分——堆芯的核燃料元件盒,由于热核反应产生大量的热量和气体,从而受到高温和压力作用,当然还受到核辐射作用。在这些因素的作用下,元件盒将产生怎样的变形,这种变形又将对反应堆的运行产生什么影响?此外,反应堆压力容器在高温和压力作用下,其壁厚如何选择才能确保反应堆安全运行?

又如计算机硬盘驱动器(图 0-10),若给定不变的角加速度,如何确定从启动到正常运行所需的时间及转数?已知硬盘转台的质量及其分布,当驱动器达到正常运行所需角速度时,驱动器电机的功率如何确定?等等。这些也都与工程力学有关。

图 0-9 核反应堆堆芯与压力容器

图 0-10 计算机硬盘驱动器

视频 0-4:核反应堆

跟踪目标的雷达(图 0-11)怎样在不同的时间间隔内,通过测量目标与雷达之间的距离和雷达的方位角,才能准确地测定目标的速度和加速度?这也是工程力学中基础的内容之一。舰载飞机(图 0-12)在飞机发动机和弹射器推力作用下从甲板上起飞,于是就有下列工程力学问题:若已知推力和跑道的长度,需要多大的初始速度和时间间隔才能达到飞离甲板时的速度?反之,如果已知初始速度、一定时间间隔后飞离甲板时的速度,那么需要飞机发动机和弹射器施加多大的推力？或者需要多长的跑道？

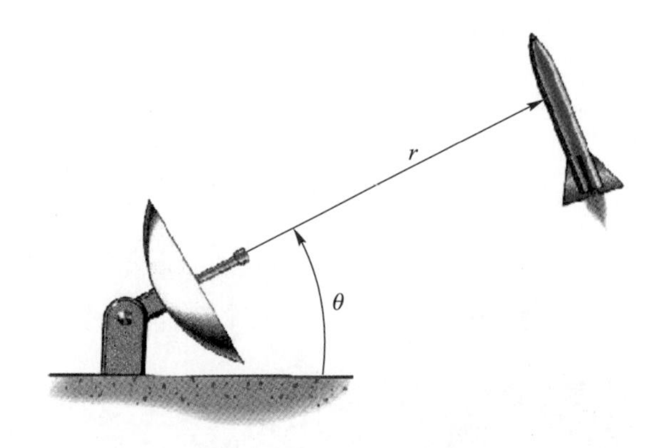

图 0-11　雷达确定目标的方位

图 0-12　舰载飞机从甲板上起飞

视频 0-5：舰载飞机起飞

需要指出的是，除了工业部门的工程外，还有一些非工业工程也都与工程力学密切相关，体育运动工程就是一例。图 0-13 所示的棒球运动员用棒击球前后，棒和球的速度大小和方向都发生了变化，如果已知这种变化即可确定棒和球受力；反之，如果已知击球前棒和球的速度，根据被击后球的速度，就可确定棒对球所需施加的力。赛车结构(图 0-14)为什么前细后粗，车轮前小后大，这些都包含工程力学的基础知识。

图 0-13　击球力与球的速度

图 0-14　赛车结构

§0-2 工程力学的主要内容与分析模型

0-2-1 工程力学的主要内容

工程力学所包含的内容极其广泛,本书所论之“工程力学”只包含静力学(statics)和材料力学(mechanics of materials)两部分。

静力学研究作用在物体上的力及其相互关系。材料力学研究在外力的作用下,工程基本构件内部将产生什么力,这些力是怎样分布的;将发生什么变形,以及这些变形对于工程构件的正常工作将会产生什么影响。

工程构件(泛指结构元件、机器的零件和部件等)在外力作用下丧失正常功能的现象称为失效(failure)。工程构件的失效形式有很多,但工程力学范畴内的失效通常可分为以下四类:强度失效(failure by lost strength)、刚度失效(failure by lost rigidity)、稳定失效(failure by lost stability),以及疲劳失效(failure by fatique)。

强度失效是指构件在外力作用下发生不可恢复的塑性变形或发生破裂。

刚度失效是指构件在外力作用下产生过量的弹性变形或位移。

稳定失效是指构件在某种外力(例如轴向压力)作用下,其平衡形式发生突然转变。

疲劳失效是指构件在交变载荷作用下,由于裂纹生成和扩展过程,发生脆性断裂。

例如,机械加工用的钻床的立柱(图 0-15),如果强度不够,就会折断(断裂)或折弯(塑性变形);如果刚度不够,钻床立柱即使不发生断裂或折弯,也会产生过大弹性变形(图中虚线所示为夸大的弹性变形),从而影响钻孔的精度,甚至产生较大的振动,影响钻床的在役寿命。

稳定失效的例子多见于承受轴向压力的工程构件。图 0-16 所示工程机械中的压杆,如果承受的压力过大,或者过于细长,就有可能突然由直变弯,发生稳定失效。

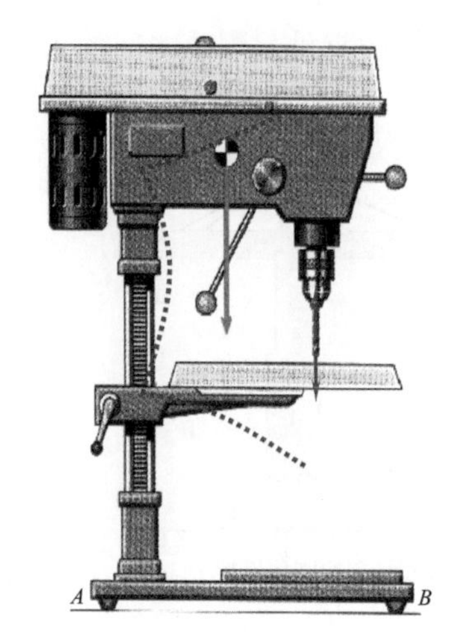

图 0-15 钻床立柱的强度与刚度

图 0-16 工程机械中的压杆

疲劳失效的例子多见于承受交变载荷的工程构件。例如传动轴、弹簧、航空器的零部件等。

工程设计的任务之一就是保证构件在确定的外力作用下正常工作而不发生强度失

效、刚度失效、稳定失效和疲劳失效，即保证构件具有足够的强度（strength）、刚度（rigidity）、稳定性（stability）及抗疲劳性能。

所谓强度是指构件或零部件在确定的外力作用下，不发生破裂或过量塑性变形的能力。

所谓刚度是指构件或零部件在确定的外力作用下，其弹性变形或位移不超过工程允许范围的能力。

所谓稳定性是指构件或零部件在载荷的作用下，保持平衡形式不发生突然转变的能力（例如，细长直杆在轴向压力作用下，当压力超过一定数值时，在外界扰动下，杆会突然从直线平衡形式转变为弯曲的平衡形式）。

所谓抗疲劳性能是指构件在确定的服役期限内不发生疲劳破坏。

为了完成常规的工程设计任务，需要进行以下几方面的工作：

（1）分析并确定构件所受各种外力的大小和方向。

（2）研究在外力作用下构件的内部受力、变形和失效的规律。

（3）提出保证构件具有足够强度、刚度、稳定性和抗疲劳性能的设计准则与设计方法。

工程力学课程就是讲授完成这些工作所必需的基础知识。

0-2-2　工程力学的两种分析模型

实际工程构件受力后，几何形状和几何尺寸都要发生改变，这种改变称为变形（deformation），这些构件都称为变形体（deformation body）。

当研究构件的受力时，在大多数情形下，变形都比较小，忽略这种变形对构件的受力分析不会产生明显的影响。由此，在静力学中，可以将变形体简化为不变形的刚体（rigid body）。

当研究作用在物体上的力与变形规律时，即使变形很小，也不能忽略。但是在研究变形问题的过程中，当涉及平衡问题时，大部分情形下依然可以沿用刚体模型。

例如，图 0-17a 所示之塔式吊车起吊重物后，组成塔吊的各杆件都要发生变形，这时可以认为塔吊是变形体，但是，如果仅仅研究保持塔吊平衡时重物重量与配重之间的关系时，又可以将塔吊整体视为刚体，如图 0-17b 所示。

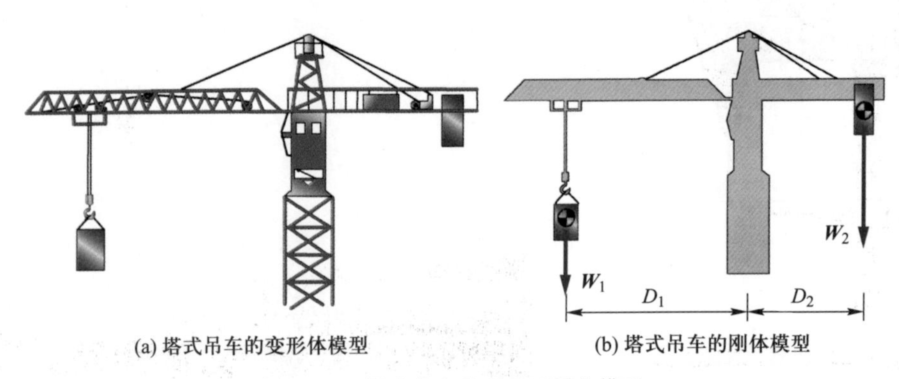

图 0-17　塔式吊车的两种不同的模型

工程构件各式各样，其几何形状和几何尺寸可以大致分为杆、板和壳、块体等几类，如图 0-18 所示。

若构件在某一方向上的尺寸比其余两个方向上的尺寸大得多，则称为杆（bar）。梁

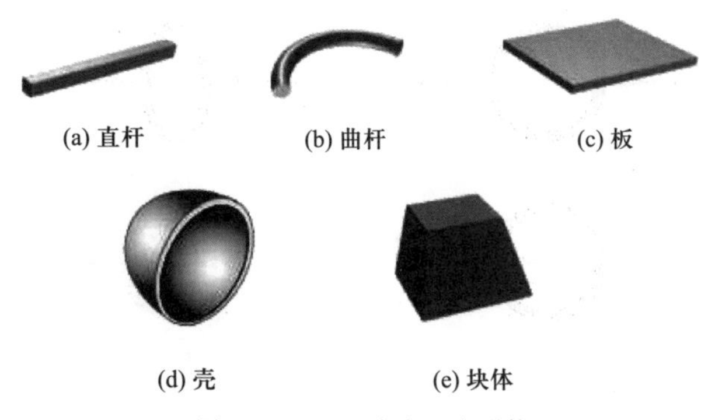

图 0-18　工程中常见变形体

(beam)、轴(shaft)、柱(column)等均属杆类构件。杆横截面中心的连线称为轴线。轴线为直线者称为直杆,轴线为曲线者称为曲杆。所有横截面形状和尺寸都相同者称为等截面杆,不同者称为变截面杆。

若构件在某一方向上的尺寸比其余两个方向上的尺寸小得多,为平面形状者称为板(plate),为曲面形状者称为壳(shell)。穹形屋顶、化工容器等均属此类。

若构件在三个方向上具有同一量级的尺寸,则称为块体(body)。某些水坝、建筑结构物基础等均属此类。

本课程仅以等截面直杆(简称等直杆)作为研究对象。板和壳、块体的研究属于"板壳理论"和"弹性力学"课程的范畴。

§0-3　工程力学的分析方法

传统的力学分析方法有两种,即理论分析方法和实验分析方法。

0-3-1　工程力学的理论分析方法

工程力学中的静力学与材料力学两部分所研究的问题各不相同,分析方法也因此而异。

在静力学中,其分析研究的对象是刚体,所要研究的问题是确定构件的受力,所采用的方法是平衡的方法。与此相关,必须正确分析各物体之间接触与连接方式,以及不同的约束方式将产生何种相互作用力。

在材料力学中,其研究对象是变形体,在外力作用下,会产生什么样的变形、什么样的内力,这些变形和内力对构件的正常工作又会产生什么样的影响。因此,在这一类问题中,重要的是学会分析变形,分析内力和应力,并应用于解决工程设计中的强度、刚度、稳定性及抗疲劳性能问题。

需要指出的是,静力学中所采用的某些原理和方法在材料力学中分析变形问题时是不适用的。例如,图 0-19a 所示之作用在刚性圆环上的两个力,可以沿着二力的作用线任意移动,对刚性圆环的平衡没有任何影响。但是,对于图 0-19b 所示之作用在弹性圆环上的一对力,如果沿着力的作用线移动,这时虽然对圆环的整体平衡没有影响,但读者不难发现,这对于物体变形的影响却是非常明显的。

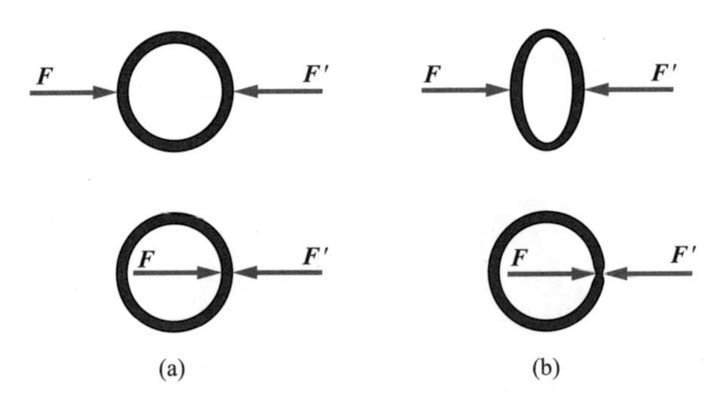

图 0-19 静力学中某些原理的适用性

0-3-2 工程力学的实验分析方法

钱学森院士 1997 年 9 月在致清华大学工程力学系建系 40 周年的贺信中写道:"20 世纪初,工程设计开始重视理论计算分析,这也是因为新工程技术发展较快,原先主要靠经验的办法跟不上时代了,这就产生了国外所谓应用力学这门学问,为的是探索新设计、新结构,但当时主要因为计算工具落后,至多只是电动机械式计算器,所以应用力学只能探索发展新途径,具体设计还得靠试验验证。"

工程力学的实验分析方法大致可以分为以下几种类型:

基本力学量的测定实验,包括位移、速度、加速度、角速度、角加速度、频率等的测定。

材料的力学性能实验,例如通过专门的试验机测定不同材料的弹性常数(如弹性模量)、材料的物性关系等。

综合性与研究型实验,一方面,研究工程力学的基本理论应用于实际问题时的正确性与适用范围;另一方面,研究一些基本理论难以解决的实际问题,通过实验建立合适的简化模型,为理论分析提供必要的基础。

0-3-3 工程力学的计算机分析方法

由于计算机的飞速发展和广泛应用,工程力学又增加了一种分析方法,即计算机分析方法。而且,即使是传统的理论分析方法和实验分析方法,也要借助于计算机。在理论分析中,人们可以借助于计算机推导那些难于导出的公式,从而求得复杂的解析解。在实验研究中,计算机不仅可以采集和整理数据、绘制实验曲线、显示图形,而且可以选用最优参数。图 0-20 为采用计算机分析豪华游艇各部分受力的结果,图中红色表示该区域受拉力,蓝色表示该区域受压力,颜色越深,受力越大。

正如钱学森院士所指出的"到了 60 年代,能快速进行计算的芯片计算机已出现,引起计算能力的一场革命。到现在每秒能进行几亿次浮点运算的机器已出现。随着力学计算能力的提高,用力学理论解决设计问题成为主要途径,而实验手段成为次要的了"。"由此展望 21 世纪,力学加电子计算机将成为工程新设计的主要手段,就连工程型号研制也只用电子计算机加形象显示。这些都是虚的,不是实的,所以称为虚拟型号研制(virtual prototyping)。最后就是实物生产了"。

不难看出,由于计算机技术的不断进步,工程力学的研究方法也需要更新。更重要的是,由于研究方法和研究手段的革命性变革,"工程力学走过了从工程设计的辅助手段到中心主要手段,不是唱配角,而是唱主角了"。

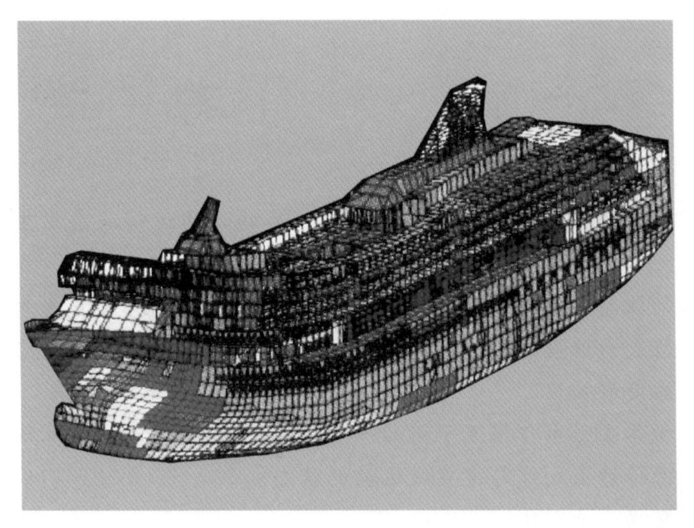

图 0-20 豪华游艇的计算机分析

第一篇　静　力　学

力是物体间相互的机械作用。力的作用可以使物体的运动状态发生改变，或者使物体发生变形。

力使物体运动状态发生变化，称为力的运动效应或外效应；力使物体形状发生变化，称为力的变形效应或内效应。本书第一篇静力学主要研究力的运动效应；第二篇材料力学则主要研究力的变形效应。

静力学研究物体在力系作用下平衡的一般规律，平衡是运动的特殊情形，是指物体相对于惯性参考系保持静止或作匀速直线运动的状态。

静力学的研究模型是刚体。

第1章　静力学基础

本章首先介绍静力学的基本概念，包括力和力矩的概念、力系与力偶的概念、约束与约束力的概念、平衡的概念。在此基础上，介绍受力分析的基本方法，包括分离体的选取，以及怎样画物体的受力图。

§1-1　力和力矩

1-1-1　力的概念

力(force)对刚体的作用效应取决于力的大小、方向和作用线；对变形体的作用效应取决于力的大小、方向和作用点。

力的大小反映了物体间相互作用的强弱程度。在国际单位制(SI)中，力的单位为“牛顿”(简称“牛”)、“千牛顿”(简称“千牛”)，分别用 N(牛[顿])或 kN(千牛[顿])表示。

力的方向指的是静止质点在该力作用下开始运动的方向。沿该方向画出的直线称为力的作用线，力的方向包含力的作用线在空间的方位和指向。

力的作用点和作用线是物体相互作用位置的抽象化。

实际上两物体接触处总会占有一定的面积，力总是分布地作用于物体的一定面积上的。如果作用面积很小，则可将其抽象为一个点，这种作用力称为集中力；如果作用面积比较大，这种作用力称为分布力。

当力沿着一个方向连续分布时，则用单位长度的力表示沿长度方向上的分布力的强弱程度，称为载荷集度(density of load)，用记号 q 表示，单位为 N/m 或 kN/m。例如，图 1-1a所示汽车通过轮胎作用在桥面上的力，因为轮胎与桥面的接触面积很小，所以可以看作是集中力；而图 1-1b 所示汽车和桥面作用在桥梁上的力，则是沿着桥梁长度方向连续分布的，所以是分布力。

综上所述，力是矢量(图 1-2)，通常用黑体字母 $\boldsymbol{F}$ 表示。矢量的模表示力的大小，用

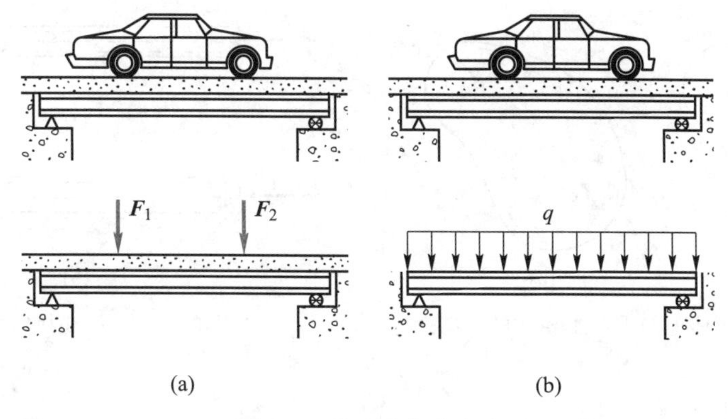

图 1-1　集中力与分布力

白体字母 F 表示;矢量线的方位加上箭头表示力的方向;矢量的始端(或末端)表示力的作用点。

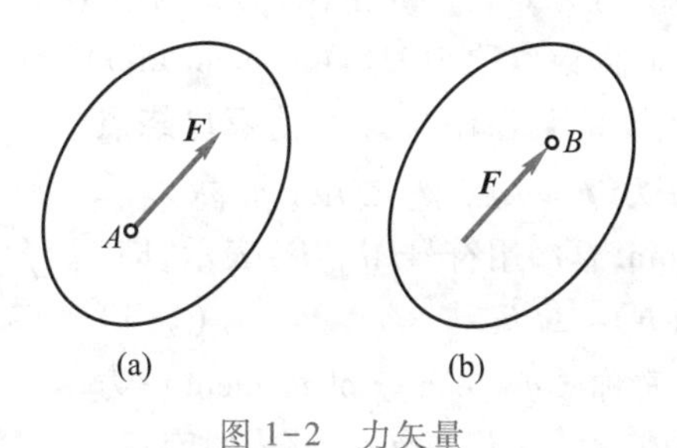

图 1-2　力矢量

1-1-2　作用在刚体上的力的运动效应与力的可传性

根据物理学的知识,力使物体产生两种运动效应:

若力的作用线通过物体的质心,则力将使物体沿力的方向平移(图 1-3a)。

若力的作用线不通过物体质心,则力将使物体既发生平移又发生转动(图 1-3b)。

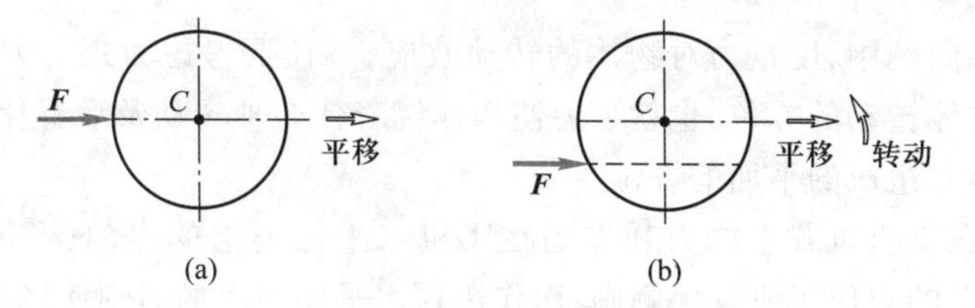

图 1-3　力的运动效应

当研究力对刚体的运动效应时,只要保持力的大小和方向不变,就可以将力沿其作用线任意移动,而不改变它对刚体的作用效应(图 1-4)。力的这一性质称为力的可传性。

应该指出,力的可传性对于变形体并不适用。例如,图 1-5a 所示之直杆,在 A、B 二处施加大小相等、方向相反、沿同一作用线作用的两个力 $\boldsymbol{F}_1$ 和 $\boldsymbol{F}_2$,这时,直杆将产生拉伸变形。若将力 $\boldsymbol{F}_1$ 和 $\boldsymbol{F}_2$ 分别沿其作用线移至 B 点和 A 点,如图 1-5b 所示,这时,杆件则产生压缩变形。这两种变形效应显然是不同的。因此,力的可传性只限于研究力的运动效应。

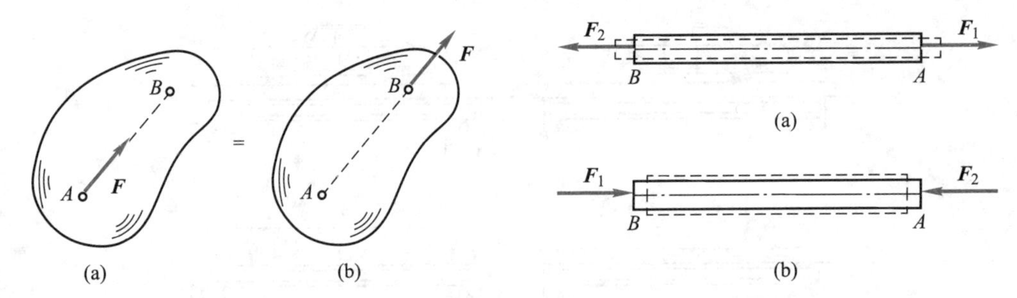

图 1-4　作用在刚体上的力产生相同的运动效应　图 1-5　作用在变形体上的力产生不同的变形效应

1-1-3　力对点之矩

力矩概念最早是由人们使用滑车、杠杆这些简单机械而产生的。

使用过扳手的读者都能体会到:用扳手拧紧螺母(图 1-6)时,作用在扳手上的力 $\boldsymbol{F}$ 使螺母绕点 O 的转动效应不仅与力的大小成正比,而且与点 O 到力作用线的垂直距离 h 成正比。点 O 到力作用线的垂直距离称为**力臂**(moment arm)。

由此,规定力 $\boldsymbol{F}$ 与力臂 h 的乘积作为力 $\boldsymbol{F}$ 使螺母绕点 O 转动效应的度量,称为力 $\boldsymbol{F}$ 对点 O 之矩,简称**力矩**(moment of a force about point O),用符号 $M_O(\boldsymbol{F})$ 表示,即

$$M_O(\boldsymbol{F}) = \pm Fh \tag{1-1}$$

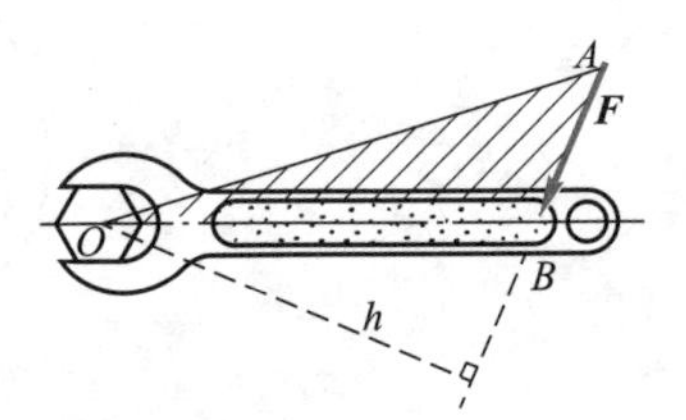

图 1-6　扳手拧紧螺母时的转动效应

其中,点 O 称为力矩中心,简称**矩心**(center of moment);力矩的数值等于 $2A_{\triangle OAB}$ 的数值,$A_{\triangle OAB}$ 为三角形 OAB 的面积;式中正负号表示力矩的转动方向。通常规定:若力 $\boldsymbol{F}$ 使物体绕矩心点 O 逆时针转动,取正号;反之,若力 $\boldsymbol{F}$ 使物体绕矩心点 O 顺时针转动,取负号。这时,力矩是代数量。

国际单位制(SI)中力矩的单位为 N · m 或 kN · m。

以上所讨论的是在确定的平面里力对物体的转动效应,因而可以用代数量 $M_O(\boldsymbol{F}) = \pm Fh$ 度量。

在空间力系问题中,度量力对物体的转动效应,不仅要考虑力矩的大小和转向,而且还要确定力使物体转动的方位,也就是力使物体绕着什么轴转动及沿着什么方向转动,即力的作用线与矩心组成的平面的方位。

例如,作用在飞机机翼上的力和作用在飞机水平尾翼上的力,对飞机的转动效应不同:作用在机翼上的力使飞机发生侧倾;而作用在水平尾翼上的力则使飞机发生俯仰。

因此,在研究力对物体的空间转动时,必须使力对点之矩这个概念除了包括力矩的大小和转向外,还应包括力的作用线与矩心所组成的平面的方位。这表明,必须用力矩矢量描述力的转动效应,即

$$\boldsymbol{M}_O(\boldsymbol{F}) = \boldsymbol{r} \times \boldsymbol{F} \tag{1-2}$$

式中,$\boldsymbol{r}$ 为自矩心 O 至力 $\boldsymbol{F}$ 作用点 A 的矢量,称为**位置矢径**(position vector),简称**矢径**(图 1-7a)。

力矩矢量 $\boldsymbol{M}_O(\boldsymbol{F})$ 的模描述转动效应的大小,它等于力的大小与矩心到力作用线的垂直距离(力臂)的乘积,即

$$|\boldsymbol{M}_O(\boldsymbol{F})| = Fh = Fr\sin\theta$$

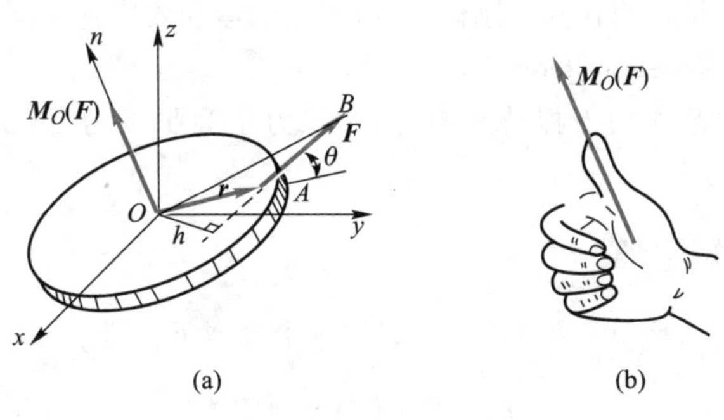

图 1-7　力矩矢量

式中，θ 为矢径 $\boldsymbol{r}$ 与力 $\boldsymbol{F}$ 之间的夹角。

力矩矢量的作用线与力和矩心所组成的平面的法线一致，它表示物体将绕着这一平面的法线转动（图 1-7a）。力矩矢量的方向由右手螺旋法则确定：右手握拳，手指指向表示力矩转动方向，拇指指向为力矩矢量的方向（图 1-7b）。

【例题 1-1】　图 1-8 所示为用手锤拔起钉子的两种处理方式。两种情形下，加在手柄上的力 $\boldsymbol{F}$ 的数值都等于 100 N，方向如图所示，已知 l = 300 mm。试求两种情况下，力 $\boldsymbol{F}$ 对点 O 之矩。

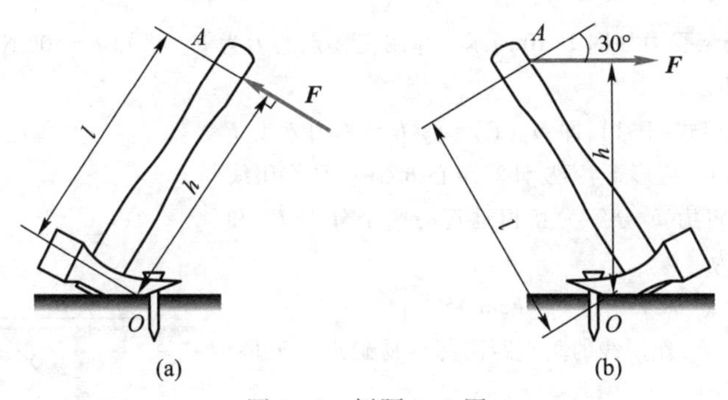

图 1-8　例题 1-1 图

解：1. 图 a 中的情形

这种情形下，力臂为点 O 到力 $\boldsymbol{F}$ 作用线的垂直距离 h，其等于手柄长度 l，力 $\boldsymbol{F}$ 使手锤绕点 O 作逆时针方向转动，所以力 $\boldsymbol{F}$ 对点 O 之矩的代数值为

$$M_O(\boldsymbol{F}) = Fh = Fl = 100\ \text{N} \times 300 \times 10^{-3}\ \text{m} = 30\ \text{N} \cdot \text{m}$$

2. 图 b 中的情形

这种情形下，力臂为

$$h = l\cos 30^\circ$$

力 $\boldsymbol{F}$ 使手锤绕点 O 作顺时针方向转动，所以力 $\boldsymbol{F}$ 对点 O 之矩的代数值为

$$M_O(\boldsymbol{F}) = -Fh = -Fl\cos 30^\circ = -100\ \text{N} \times 300 \times 10^{-3}\ \text{m} \times \cos 30^\circ = -25.98\ \text{N} \cdot \text{m}$$

1-1-4　力系的概念

力系(system of forces)是有一定联系的两个或两个以上的力所组成的系统，由 $\boldsymbol{F}_1$、$\boldsymbol{F}_2$、…、$\boldsymbol{F}_n$ 等 n 个力所组成的力系，可以用记号($\boldsymbol{F}_1, \boldsymbol{F}_2, \cdots, \boldsymbol{F}_n$)表示。图 1-9 所示为 3 个力所组成的力系。

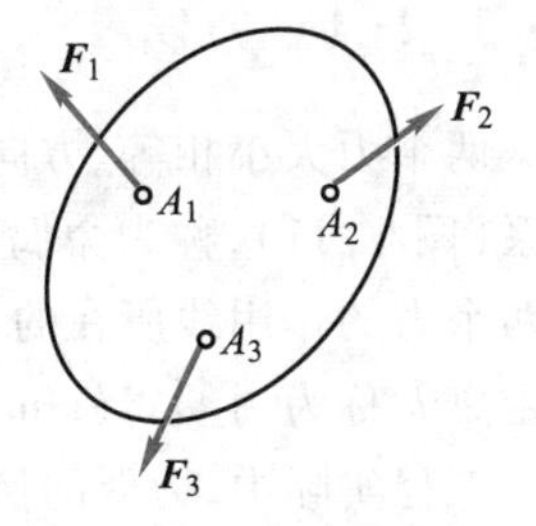

图 1-9　由 3 个力组成的力系

如果力系中的所有力的作用线都处于同一平面内，这种力系称为**平面力系**(system of coplanar forces)。

如果两个力系分别作用在同一刚体上，所产生的运动效应是相同的，这两个力系称为**等效力系**(equivalent system of forces)。

如果刚体在一力系作用下保持平衡，则称该力系为**平衡力系**(equilibrium systems of forces)，或者称为零力系。

1-1-5 合力矩定理

如果平面力系($\boldsymbol{F}_1,\boldsymbol{F}_2,\cdots,\boldsymbol{F}_n$)可以合成为一个合力 $\boldsymbol{F}_{\mathrm{R}}$，即

$$\boldsymbol{F}_{\mathrm{R}}=\boldsymbol{F}_1+\boldsymbol{F}_2+\cdots+\boldsymbol{F}_n$$

则可以证明：

$$M_O(\boldsymbol{F}_{\mathrm{R}})=M_O(\boldsymbol{F}_1)+M_O(\boldsymbol{F}_2)+\cdots+M_O(\boldsymbol{F}_n) \tag{1-3a}$$

这表明：平面力系的合力对平面内任一点之矩等于所有分力对同一点之矩的代数和。这一结论称为合力矩定理。上式可以简写成

$$M_O(\boldsymbol{F}_{\mathrm{R}})=\sum_{i=1}^{n}M_O(\boldsymbol{F}_i) \tag{1-3b}$$

【例题 1-2】 托架受力如图 1-10 所示。作用在 A 点的力为 $\boldsymbol{F}$。已知 $F=500\ \mathrm{N}$，$d=0.1\ \mathrm{m}$，$l=0.2\ \mathrm{m}$。试求力 $\boldsymbol{F}$ 对 B 点之矩。

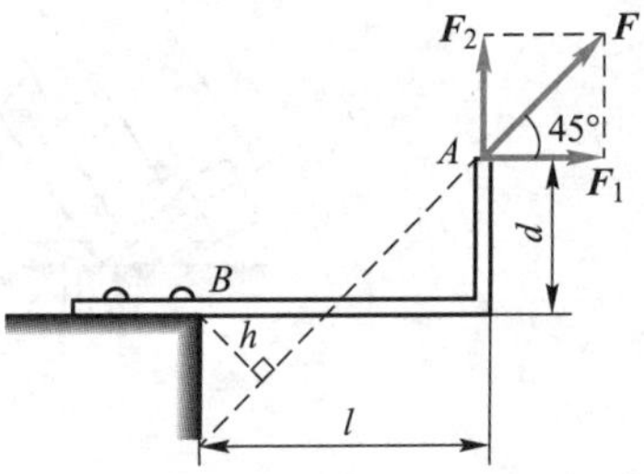

解：可以直接应用式(1-1)，即 $M_B(\boldsymbol{F})=F\times h$ 计算力 $\boldsymbol{F}$ 对 B 点之矩。但是，在本例的情形下，不易计算矩心 B 到力 $\boldsymbol{F}$ 作用线的垂直距离 h。如果将力 $\boldsymbol{F}$ 分解为互相垂直的两个分力 $\boldsymbol{F}_1$ 和 $\boldsymbol{F}_2$，二者的数值分别为

$$F_1=F\cos 45^\circ,\quad F_2=F\sin 45^\circ$$

这时，矩心 B 至 $\boldsymbol{F}_1$ 和 $\boldsymbol{F}_2$ 作用线的垂直距离都容易确定。于是，应用合力矩定理，有

$$M_B(\boldsymbol{F})=M_B(\boldsymbol{F}_1)+M_B(\boldsymbol{F}_2)$$

图 1-10 例题 1-2 图

可以得到

$$\begin{aligned}M_B(\boldsymbol{F})&=F_2\times l-F_1\times d\\&=F(l\sin 45^\circ-d\cos 45^\circ)\\&=500\times(0.2\times\sin 45^\circ-0.1\times\cos 45^\circ)\ \mathrm{N\cdot m}\\&=35.35\ \mathrm{N\cdot m}\end{aligned}$$

§1-2 力偶及其性质

1-2-1 力偶

两个力大小相等、方向相反、作用线互相平行但不在同一直线上，这两个力所组成的力系(图 1-11)，称为**力偶**(couple)，用记号($\boldsymbol{F},\boldsymbol{F}'$)表示，其中 $\boldsymbol{F}=-\boldsymbol{F}'$。组成力偶($\boldsymbol{F},\boldsymbol{F}'$)的两个力的作用线所在的平面称为**力偶作用面**(couple plane)；力 $\boldsymbol{F}$ 和 $\boldsymbol{F}'$ 作用线之间的垂直距离 h 称为**力偶臂**(arm of couple)。

工程实际中，力偶的例子是很常见的。例如，钳工用绞杠丝锥攻螺纹时(图 1-12)，两手施于绞杠上的力 $\boldsymbol{F}$ 和 $\boldsymbol{F}'$，如果大小相等、方向相反，且作用线互相平行而不重合时，便

组成一力偶；汽车司机用两手转动方向盘时施加在方向盘上的力如果大小相等，方向相反，则构成力偶；拧动水龙头时两个手指头在水龙头上施加的一对大小相等、方向相反的力也形成力偶；等等。

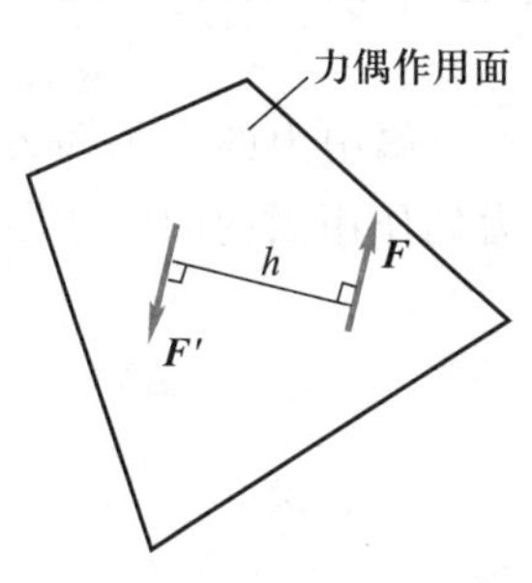

图 1-11　力偶及其作用面

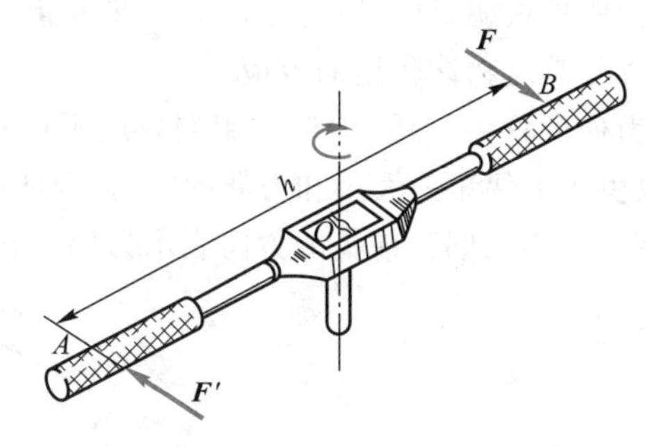

图 1-12　力偶实例

力偶对自由体作用的结果是使物体绕其质心转动。例如湖面上的小船，若用双桨反向均匀用力划动，就相当于有一个力偶作用在小船上，小船会在原处旋转。

力偶对物体产生的绕某点 O 的转动效应，可用组成力偶的两个力对该点之矩之和度量。

设有力偶$(\boldsymbol{F},\boldsymbol{F}')$作用在物体上，如图 1-13 所示，二力作用点分别为 A 和 B，力偶臂为 h，二力大小相等，即 $F=F'$。任取一点 O 为矩心，自点 O 分别作力 $\boldsymbol{F}$ 和 $\boldsymbol{F}'$作用线的垂线 OC 与 OD。显然，力偶臂为

$$h=OC+OD$$

力 $\boldsymbol{F}$ 和 $\boldsymbol{F}'$对点 O 之矩之和为

$$M=M_O(\boldsymbol{F})+M_O(\boldsymbol{F}')=F\times OC+F'\times OD$$

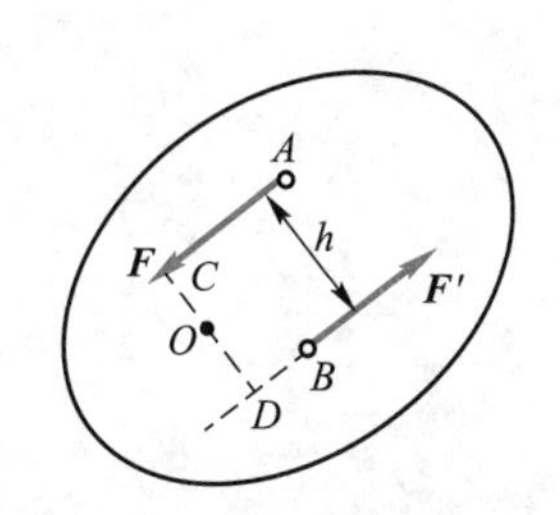

图 1-13　力偶矩

于是，得到

$$M=M_O(\boldsymbol{F})+M_O(\boldsymbol{F}')=Fh$$

这就是组成力偶的两个力对同一点之矩的代数和，称为这一力偶的**力偶矩**(moment of a couple)，用 M 表示。力偶矩是力偶使物体产生转动效应的度量。

考虑到力偶的不同转向，上式应改写为

$$M=\pm Fh \tag{1-4}$$

这是计算力偶矩的一般公式，式中，F 为组成力偶的一个力；h 为力偶臂；正负号表示力偶的转动方向：通常规定逆时针方向转动者为正，顺时针方向转动者为负。

上述结果还表明：力偶矩与矩心 O 的位置无关，即力偶对任一点之矩均相等，即等于力偶中的一个力与力偶臂的乘积。因此，在考虑力偶对物体的转动效应时，不需要指明矩心。

1-2-2　力偶的性质

根据力偶的定义，可以证明，力偶具有如下性质：

性质一：由于力偶只产生转动效应，不产生移动效应，因此力偶不能与一个力等效(即力偶无合力)，当然也不能用一个力来平衡。

性质二:力偶本身不平衡,力偶只能与力偶相平衡。

性质三:只要保持力偶的转向和力偶矩的大小不变,可以同时改变力和力偶臂的大小,或者在其作用面内任意移动或转动,不会改变力偶对物体作用的效应(图 1-14a)。力偶的这一性质是很明显的,因为力偶的这些变化,并没有改变力偶矩的大小和转向,因此也就不会改变其对物体作用的效应。

根据力偶的这一性质,力偶作用的效应不单独取决于力偶中力的大小和力偶臂的大小,而只取决于力偶矩的大小和力偶的转向,因此通常用力偶作用面内的一个圆弧箭头表示力偶(图 1-14b),圆弧箭头的方向表示力偶的转向。

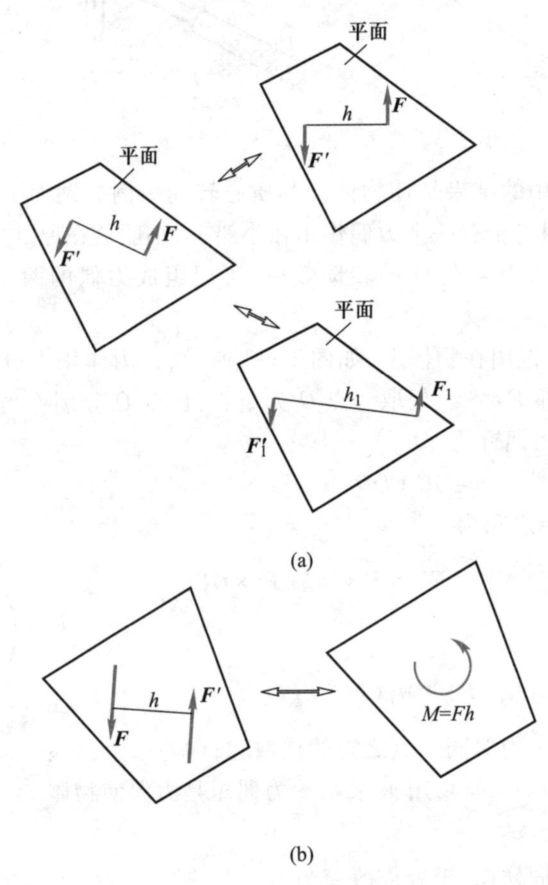

图 1-14　力偶的性质

1-2-3　力偶系及其合成

由两个或两个以上的力偶所组成的系统,称为**力偶系**(system of couples)。

对于所有力偶的作用面都处于同一平面内的力偶系,其转动效应可以用一合力偶的转动效应代替,这表明:力偶系可以合成一个合力偶。可以证明:合力偶的力偶矩等于力偶系中各个力偶的力偶矩的代数和,即

$$M = \sum_{i=1}^{n} M_i \tag{1-5}$$

式中,M 表示合力偶的力偶矩。

§1-3　约束与约束力

1-3-1　约束与约束力的概念

工程结构中构件或机器的零部件都不是孤立存在的，而是通过一定的方式连接在一起，因而一个构件的运动或位移一般都受到与之相连接物体的阻碍、限制，因而不能自由运动。各种连接方式在力学中称之为约束（constraint）。例如，房屋、桥梁的位移受到地面的限制，房梁的位移受到柱子或墙的限制等。

当物体沿着约束所限制的方向运动或有运动趋势时，彼此连接在一起的物体之间将产生相互作用力，这种力称为约束力（constraint force）。约束力的作用点为连接物体上的接触点，约束力的方向与该约束所能限制的被约束物体的运动方向相反。

物体除受约束力作用外，还受像重力、引力及各种机械的动力和载荷等改变物体运动状态的力的作用，这类力称为主动力。主动力和约束力不同，它们的大小和方向一般是预先给定的，彼此是独立的。而约束力的大小通常是未知的，取决于约束的性质，也取决于主动力的大小和方向，是一种被动力，需要根据平衡条件或动力学方程确定。

对物体进行受力分析的重要内容之一，是要正确地表示出约束力的作用线或力的指向，二者都与约束的性质有关，工程中实际约束的类型各种各样，接触处的状况也千差万别，但是经过合理的简化，可以概括为以下几类典型约束模型。

1-3-2　柔性约束

链条、带、绳索（包括钢丝绳）等都可以理想化为柔性约束，这种约束的特点是，只能承受拉力，不能承受压力，因而只能限制物体沿绳索或带伸长方向的位移。

柔性约束的约束力作用在与物体的连接点上，作用线沿拉直的方向，背向物体，用 $\boldsymbol{F}$ 或 $\boldsymbol{F}_{\mathrm{T}}$ 表示。

例如，图 1-15a 所示用链条 AO 和 BO 悬吊重物，链条 AO 和 BO（它们对于重物都是约束）给重物的约束力分别为 $\boldsymbol{F}_{\mathrm{T}A}$ 和 $\boldsymbol{F}_{\mathrm{T}B}$（图 1-15b）。

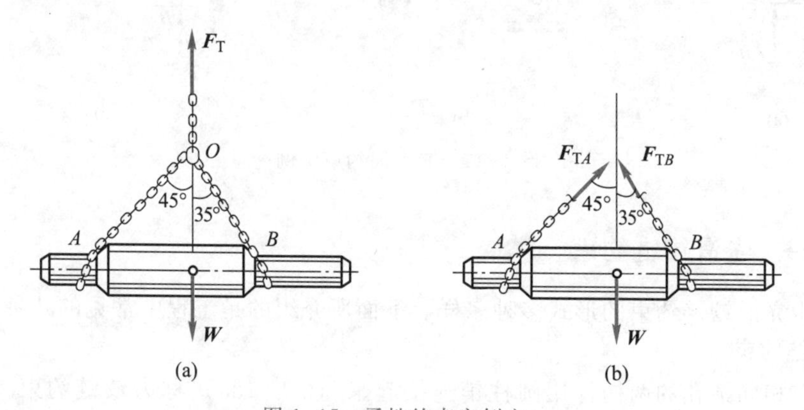

图 1-15　柔性约束实例之一

又如，图 1-16a 所示带轮传动系统中，上、下两边带分别为紧边和松边，紧边的拉力大于松边的拉力。作用在两轮上的约束力分别为 $\boldsymbol{F}_{\mathrm{T1}}$、$\boldsymbol{F}_{\mathrm{T2}}$ 和 $\boldsymbol{F}'_{\mathrm{T1}}$、$\boldsymbol{F}'_{\mathrm{T2}}$，约束力的方向沿着带（与轮相切）而背向带轮（图 1-16b）。

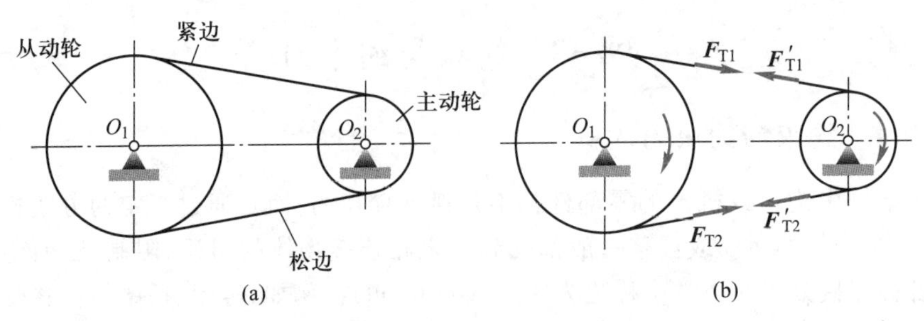

图 1-16　柔性约束实例之二

1-3-3　光滑面约束

构件与约束的接触面如果是光滑的，即它们之间的摩擦力可以忽略，这时的约束称为**光滑面约束**(constraint of smooth surface)。这种约束不能阻止物体沿接触面任何方向的运动或位移，而只能限制物体沿接触点处公法线并向约束方向的运动或位移。

所以，光滑面约束的约束力通过接触点沿该点公法线并指向被约束物体。图 1-17a 中，光滑固定曲面给圆柱的法向约束力为 $\boldsymbol{F}_{\mathrm{N}}$；图 1-17b 中，杆 AD 倚靠在固定的刚性块上，刚性块对杆的约束力为 $\boldsymbol{F}_{\mathrm{N}B}$；图 1-17c 中，板搁置在刚性凹槽内，板与槽在 A、B、C 三点接触，如果接触处光滑无摩擦，则三处的约束力分别为 $\boldsymbol{F}_{\mathrm{N}A}$、$\boldsymbol{F}_{\mathrm{N}B}$、$\boldsymbol{F}_{\mathrm{N}C}$。

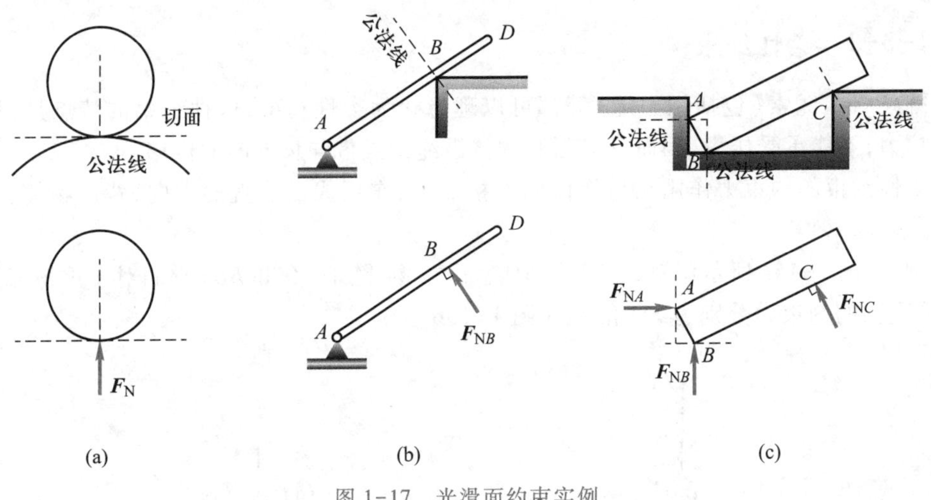

图 1-17　光滑面约束实例

1-3-4　光滑铰链约束

工程中光滑铰链约束的形式多种多样。下面所介绍的是工程中常见的几种。

1. 铰链约束

将具有相同圆孔的两构件用圆柱销连接起来(图 1-18a)，称为铰链约束，**铰链连接**(pin joint)，又称中间铰，其简图如图 1-18b 所示。这种情形下，约束力也可以用两个互相垂直的分力 $\boldsymbol{F}_x$ 和 $\boldsymbol{F}_y$ 表示(图 1-18c)。

2. 固定铰链支座

构件的端部与支座有相同直径的圆孔，二者用一圆柱销连接起来，支座固定在地基或者其他结构上，这种连接方式称为固定铰链支座(图 1-19a)，简称为**固定铰支**(smooth

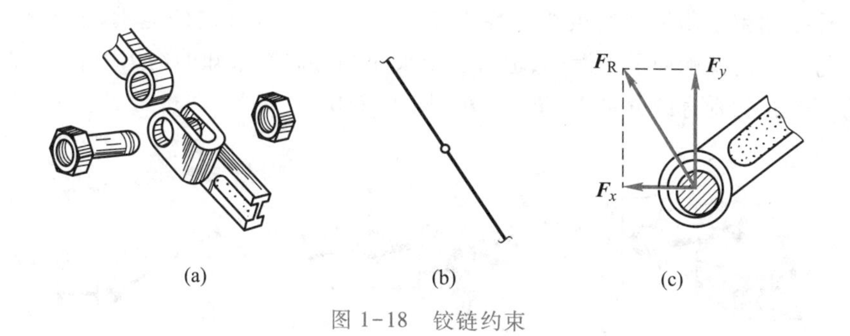

图 1-18　铰链约束

cylindrical pin support)。桥梁上的固定支座就是一种固定铰链支座。

图 1-19c 所示为固定铰链支座的简图。

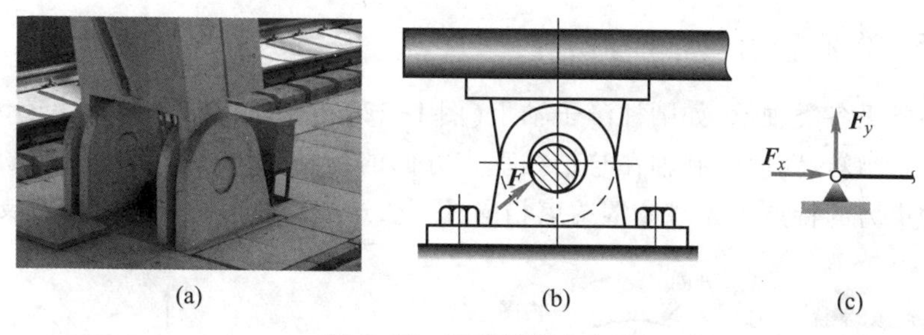

图 1-19　固定铰链支座

如果销与孔之间为光滑接触,则固定铰链支座只限制构件垂直于销轴线方向的运动和位移。其约束力的作用线必然垂直于销的轴线,约束力的大小和方向与作用在物体上的其他力有关,所以固定铰链支座约束力的大小和方向都是未知的,用 $\boldsymbol{F}$ 表示(图 1-19b)。

为了便于计算,通常将未知约束力分解为两个互相垂直的分力 $\boldsymbol{F}_x$ 与 $\boldsymbol{F}_y$(图 1-19c)。只要能求出这两个分力,总的约束力 $\boldsymbol{F}$ 的大小和方向即可完全确定。

3. 滚轴支座

工程结构中为了减少因温度变化在某个方向上引起的约束力,通常在固定铰链支座的底部安装一排滚轮或滚轴(图 1-20a),可使支座沿固定支承面自由移动,这种约束称为滚动铰链支座,又称**滚轴支座**(roller support)。当构件的长度由于温度变化而改变时,这种支座允许构件的一端沿支承面自由移动。图 1-20b 所示为滚轴支座的简图。这类约束只限制沿支承面法线方向的位移,如果不考虑辊轮与接触面之间的摩擦,滚轴支座实际上也是光滑面约束。所以,其约束力的作用线必然沿支承面法线方向并通过铰链中心。

需要指出的是,某些工程结构中的滚轴支座,既限制被约束构件向下运动,也限制被约束构件向上运动。因此,垂直于接触面的约束力,可能背向接触面,也可能指向接触面,称为双面约束。

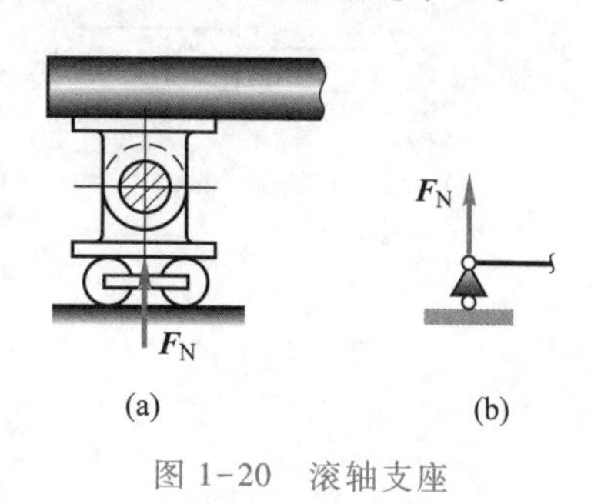

图 1-20　滚轴支座

4. 球形铰链支座

构件的一端为球形(称为球头),能在固定的球窝中转动(图 1-21a),这种空间类型的约束称为球形铰链支座,简称**球铰**(ball-socket joint)。图 1-21c 所示为球铰的简图。球铰约束限制了被约束构件在空间三个互相垂直方向的运动,但不限制转动。如果球头与球窝的接触面是光滑的,也有一个大小和方向都未知的约束力,这一约束力通常分解为三个互相垂直的分量 $\boldsymbol{F}_x$、$\boldsymbol{F}_y$ 和 $\boldsymbol{F}_z$(图 1-21b)。

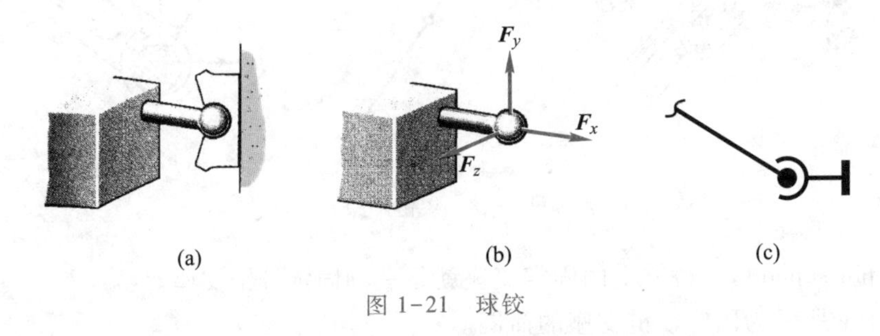

图 1-21　球铰

1-3-5　向心轴承与止推轴承

机器中常见各类轴承,如圆柱滚子轴承(图 1-22a)或向心轴承(radial bearing)等。这些轴承允许轴承转动,但限制轴在与轴线垂直方向的运动和位移。其简图如图 1-22b 所示。轴承约束力的特点与光滑铰链约束相同,因此,这类约束可归入固定铰链支座。

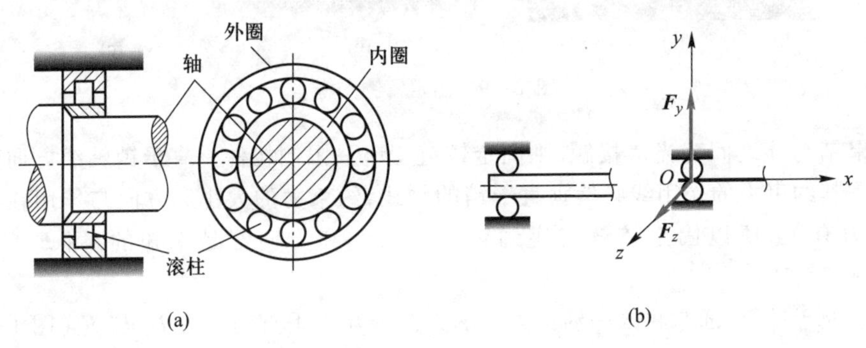

图 1-22　向心轴承

止推轴承也是机器中常见的一种约束,其结构简图如图 1-23a 所示。这种约束不仅限制轴在垂直轴线方向(径向)的位移,而且限制轴向的位移。图 1-23b 为其简图。其约束力需用三个分量表示(图 1-23c)。

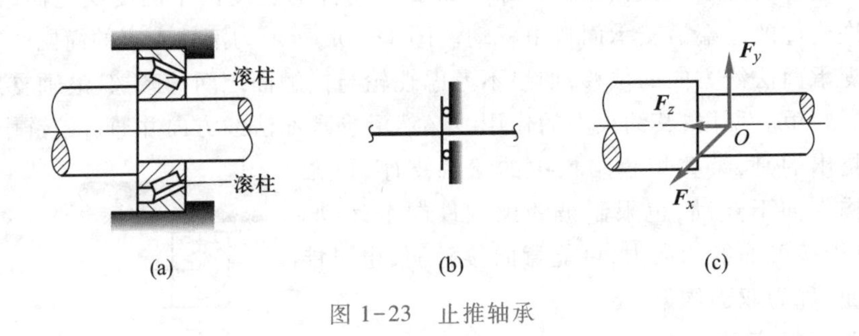

图 1-23　止推轴承

§1-4　平衡的概念

平衡是指物体相对于惯性参考系处于静止或匀速直线运动状态。对于工程中的多数问题,可以将固结在地球上的参考系作为惯性参考系,用于研究物体相对于地球的平衡问题,所得结果能很好地与实际情况相符合。

刚体不是在任何力系作用下都能处于平衡状态的。只有组成该力系的所有力满足一定条件时,才能使刚体处于平衡状态。本章只讨论两种最简单力系的平衡条件,至于由更多力所组成的力系的平衡条件,将在第3章中讨论。

1-4-1　二力平衡与二力构件

作用在刚体上的两个力,使刚体平衡的充分与必要条件是:这两个力大小相等、方向相反,并且作用在同一直线上。

这一结论给出了最简单力系的平衡条件。以图1-24a所示之吊车结构中的直杆BC(不计杆重)为例,如果它是平衡的,杆两端的约束力$\boldsymbol{F}'_C$和$\boldsymbol{F}'_B$必然大小相等、方向相反,并且作用在同一直线上(对于直杆即为杆的轴线),如图1-24b所示;另一方面,如果作用在构件两端的力大小相等、方向相反,并且同时沿着同一直线作用,则构件一定是平衡的。所以二力平衡的充要条件是:二力大小相等、方向相反且作用在同一条直线上。

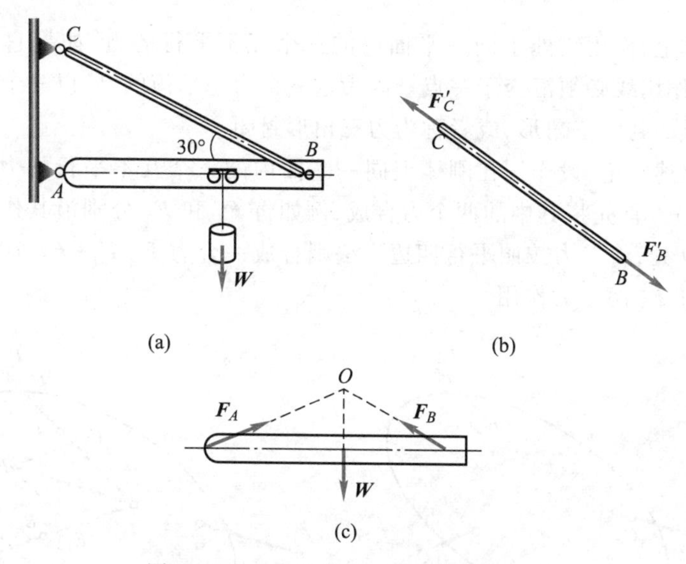

图1-24　二力平衡及三力平衡汇交实例

需要注意的是,对于刚体上述结论是完全正确的,但对于只能受拉、不能受压的柔性体,上述二力平衡条件只是必要的,而不是充分的。例如,图1-25所示之绳索,当承受一对大小相等、方向相反的拉力作用时可以保持平衡(图1-25a),但是如果承受一对大小相等、方向相反的压力作用时,绳索便不能平衡(图1-25b)。

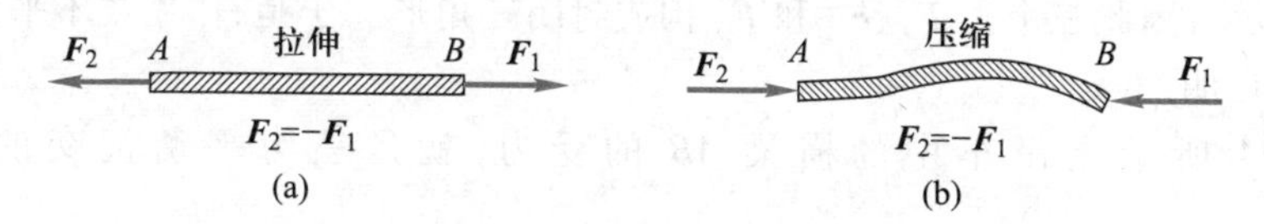

图1-25　二力平衡条件对于柔性体是必要的而不是充分的

在两个力作用下保持平衡的构件称为二力构件,因为工程上大多数二力构件是杆件,所以常简称为二力杆。二力杆可以是直杆,也可以是曲杆。例如,图1-26所示结构之曲

杆 BC 就是二力构件。

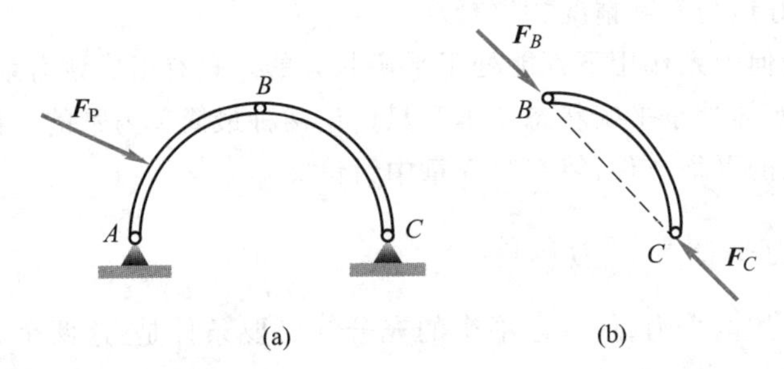

图 1-26 二力构件可以是直杆也可以是曲杆

需要注意的是,不能将二力平衡中的两个力与作用力和反作用力中的两个力的性质相混淆。满足二力平衡条件的两个力作用在同一刚体上;而作用力和反作用力则是分别作用在两个不同的物体上的力。

1-4-2 不平行的三力平衡条件

作用在刚体上、作用线处于同一平面内的三个互不平行的力,如果它们处于平衡状态,则三个力的作用线必须汇交于一点。因为这三个力是平衡的,所以三个力矢量按首尾相连的顺序构成一封闭三角形,或者称为力三角形封闭。

为了证明上述结论,设作用在刚体上同一平面内的三个互不平行的力分别为 $\boldsymbol{F}_1$、$\boldsymbol{F}_2$ 和 $\boldsymbol{F}_3$(图 1-27a)。首先将其中的两个力合成,例如将 $\boldsymbol{F}_1$ 和 $\boldsymbol{F}_2$ 分别沿其作用线移至二者作用线的交点 O 处,将二力按照平行四边形法则合成一合力 $\boldsymbol{F}=\boldsymbol{F}_1+\boldsymbol{F}_2$,这时的刚体就可以看作只受 $\boldsymbol{F}$ 和 $\boldsymbol{F}_3$ 两个力作用。

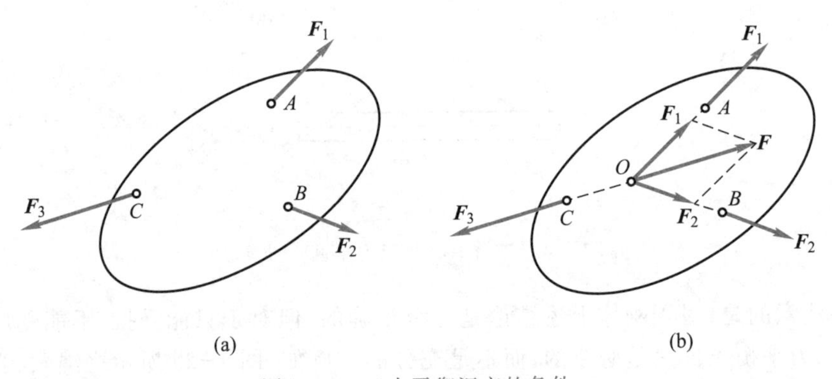

图 1-27 三力平衡汇交的条件

根据二力平衡条件,力 $\boldsymbol{F}$ 和 $\boldsymbol{F}_3$ 必须大小相等、方向相反,并沿同一直线作用,如图 1-27b所示。因此三个力 $\boldsymbol{F}_1$、$\boldsymbol{F}_2$ 和 $\boldsymbol{F}_3$ 构成封闭三角形。于是,作用线不平行的三力平衡条件得以证明。

图 1-24 所示之吊车中的横梁 AB 的受力,就是三力平衡汇交的一个实例(图 1-24c)。

1-4-3 加减平衡力系原理

在作用于刚体的任何一个力系上,加上或减去一个平衡力系,不改变原力系对刚体的作用效应。

由加减平衡力系原理和二力平衡原理，可以导出如下有用的推论。

作用于刚体上一点的力，可以沿其作用线移到刚体内任意一点，而不改变它对刚体的作用效应，称为**力的可传性**。

证明：设力 F 作用于刚体上的点 A，在力 F 作用线上的任意点 B（图 1-28a），加上一对平衡力 F_1 和 F_2，且 $F_1=-F_2=-F$。由加减平衡力系原理，现在刚体上作用的三个力（图 1-28b）与原来的 F 等效。F_1 和 F 也为一平衡力系，可再除去。这样只剩下 F_2 作用在点 B（图 1-28c），且 $F_2=F$。即将原来作用在点 A 的 F 沿着作用线移到了刚体内的点 B。

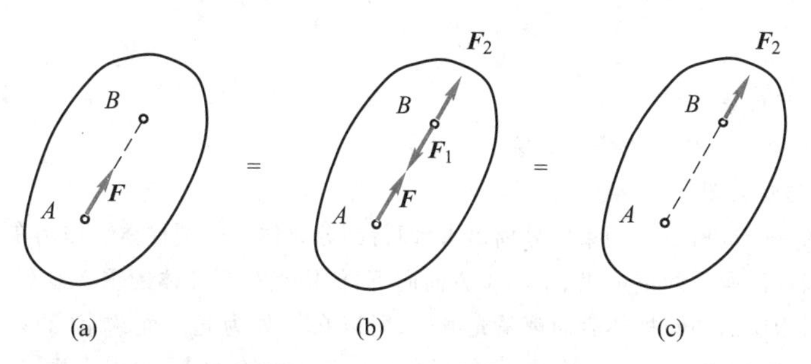

图 1-28　力的可传性

作用于刚体上的力具有可传性，力的三要素是大小、方向和作用线。所以作用于刚体上的力是可以沿作用线移动的矢量，这种矢量称为**滑移矢量**。

§1-5　受力分析

1-5-1　受力分析概述

工程设计中的静力分析主要包含以下内容：

分析作用在构件上的力，哪些是已知的，哪些是未知的。

选择合适的研究对象（或称平衡对象），建立已知力与未知力之间的关系。

应用平衡条件和平衡方程，确定全部未知力。

本章先介绍前面两方面的内容，平衡条件和平衡方程将在第 3 章中介绍。

对单个构件进行受力分析，首先要将这一构件从所受的约束或与之相联系的物体中分离出来。这一过程称为解除约束，解除约束后的构件称为**分离体**（isolated body）。

其次，要分析分离体上作用有几个力，以及每个力的大小（如果可以确定）、作用线和指向，特别是要根据约束性质确定各约束力的作用线和指向，这一过程称为受力分析。

进行受力分析时，要在所选取的分离体上画出全部主动力和约束力。这种表示物体受力状况的图形称为受力图。

正确地画出研究对象的受力图不仅是受力分析的关键，而且也是进行工程设计的关键。一般应按以下步骤进行：

选择研究对象，解除约束，画出分离体。

在分离体上画出作用在其上的所有主动力（一般为已知力）。

在分离体的每一约束处，根据约束的性质画出约束力。

1-5-2　受力图绘制方法应用举例

【例题 1-3】　表面光滑、重为 W 的圆柱体，放置在刚性光滑墙面与刚性凸台之间，如图 1-29a 所示。

试画出圆柱体的受力图。

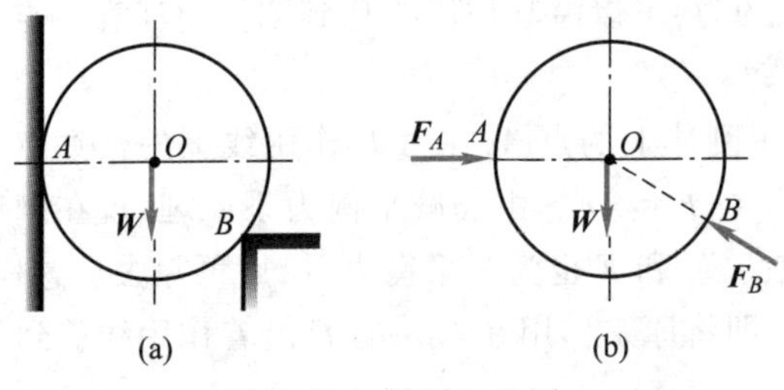

图 1-29　例题 1-3 图

解：1. 选择研究对象

根据题目要求，取圆柱体作为研究对象。

2. 取分离体，画受力图

将圆柱体从图 1-29a 所示之约束中分离出来，即得到分离体——圆柱体。作用在圆柱体上的力有：

主动力——圆柱体所受的重力 $\boldsymbol{W}$，沿铅垂方向向下，作用点在圆柱体的重心 O 处。

约束力——因为墙面和圆柱体表面都是光滑的，所以在 A 处为光滑面约束，约束力垂直于墙面，指向圆柱体中心点 O；圆柱与凸台间接触也是光滑的，也属于光滑面约束，约束力作用线沿二者的公法线方向（过点 B 作圆柱表面的切线，垂直于切线的方向，即为公法线方向），即沿点 B 与点 O 的连线方向，指向点 O。于是，可以画出圆柱体的受力图，如图 1-29b 所示。

【例题 1-4】　梁 AB 的支承如图 1-30a 所示，A 端为固定铰链支座，B 端为滚轴支座，支承平面与水平面的夹角为 30°。梁中点 C 处作用有集中力 $\boldsymbol{F}_{\mathrm{P}}$，其与梁轴线的夹角为 60°。如不计梁的自重，试画出梁的受力图。

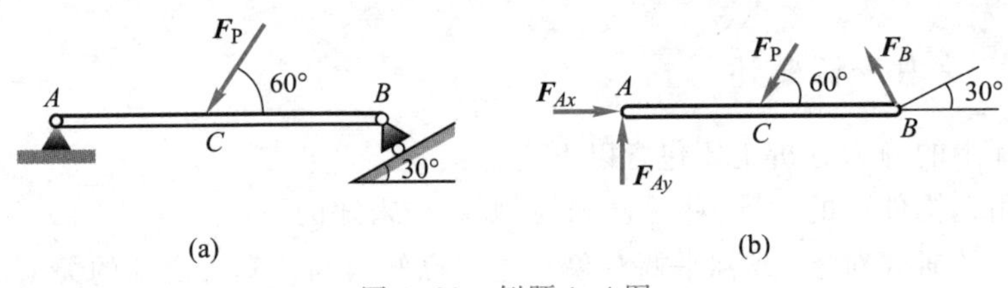

图 1-30　例题 1-4 图

解：1. 选取研究对象

取梁 AB 为研究对象。

2. 解除约束，取分离体

将 A、B 处的约束解除，也就是将梁 AB 从图 1-30a 的系统中分离出来。

3. 分析主动力与约束力，画出受力图

首先，在梁的中点 C 处画出主动力 $\boldsymbol{F}_{\mathrm{P}}$。然后，再根据约束性质，画出约束力：因为 A 端为固定铰链支座，其约束力可以用水平分力 $\boldsymbol{F}_{Ax}$ 和铅垂分力 $\boldsymbol{F}_{Ay}$ 表示；B 端为滚轴支座，约束力垂直于支承平面并指向梁 AB，用 $\boldsymbol{F}_B$ 表示，画出梁的受力图，如图 1-30b 所示。

请读者思考：能不能应用本章所学过的知识判断出 A 端的约束力方向。

【例题 1-5】　如图 1-31a 所示，直杆 AC 与 BC 在点 C 用光滑铰链连接，二杆的点 D 和点 E 之间用绳索相连。A 处为固定铰链支座，B 端放置在光滑水平面上。杆 AC 的中点作用有集中力 $\boldsymbol{F}_{\mathrm{P}}$，其作用线垂直于杆 AC。如不计杆 AC 与杆 BC 的自重，试分别画出杆 AC 与杆 BC 组成的整体结构的受力图及杆 AC 和杆 BC 的受力图。

解：1. 整体结构受力图

以整体为研究对象，解除 A、B 二处的约束，得到分离体。作用在整体的外力有：主动力 $\boldsymbol{F}_{\mathrm{P}}$；约束力为固定铰链支座 A 处的约束力 $\boldsymbol{F}_{Ax}$、$\boldsymbol{F}_{Ay}$ 及 B 处光滑接触面的约束力 $\boldsymbol{F}_B$。整体结构的受力图如图 1-31b

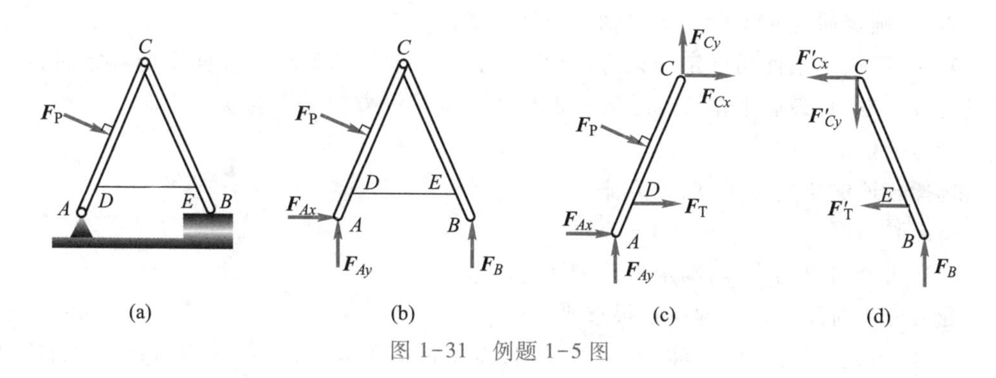

图 1-31　例题 1-5 图

所示。

需要注意的是，画整体受力图时，铰链 C 处及绳索两端 D、E 处的约束都没有解除，这些部分的约束力，都是各相连接部分的相互作用力，这些力对于整体结构而言是内力，因而都不会显示出来，所以不应该画在整体的受力图上。

2. 杆 AC 的受力图

以杆 AC 为研究对象，解除 A、C、D 三处的约束，得到分离体。作用在杆 AC 上的主动力为 $\boldsymbol{F}_P$。约束力有：固定铰链支座 A 处的约束力 $\boldsymbol{F}_{Ax}$、$\boldsymbol{F}_{Ay}$；铰链 C 处的约束力 $\boldsymbol{F}_{Cx}$、$\boldsymbol{F}_{Cy}$；因为绳索只能承受拉力，所以 D 处绳索对杆 AC 的约束力为拉力 $\boldsymbol{F}_T$。杆 AC 的受力图如图 1-31c 所示。

3. 杆 BC 的受力图

以杆 BC 为研究对象，解除 B、C、E 三处的约束，得到分离体。作用在杆 BC 上的力有：光滑接触面 B 处的约束力 $\boldsymbol{F}_B$；绳索的约束力 $\boldsymbol{F}'_T$，这一力与作用在杆 AC 上 D 处的约束力 $\boldsymbol{F}_T$ 大小相等、方向相反（注意：二者不是作用力与反作用力）；C 处的约束力为 $\boldsymbol{F}'_{Cx}$、$\boldsymbol{F}'_{Cy}$，二者分别与作用在杆 AC 上 C 处的约束力 $\boldsymbol{F}_{Cx}$、$\boldsymbol{F}_{Cy}$ 大小相等、方向相反，互为作用力与反作用力。杆 BC 的受力图如图 1-31d 所示。

§1-6　小结与讨论

1-6-1　关于约束与约束力

正确地分析约束与约束力不仅是静力学的重要内容，而且也是工程设计的基础。

约束力决定于约束的性质，也就是有什么样的约束，就有什么样的约束力。因此，分析构件上的约束力时，首先要分析构件所受约束属于哪一类约束。

约束力的方向在某些情形下是可以确定的，但是，在很多情形下约束力的作用线与指向都是未知的。当约束力的作用线或指向仅凭约束性质不能确定时，可将其分解为两个或三个相互垂直的约束分力。

至于约束力的大小，则需要根据作用在构件上的主动力与约束力之间必须满足的平衡条件确定，这将在第 3 章介绍。

此外，本章只介绍了几种常见的工程约束模型。工程中还有一些约束，其约束力为复杂的分布力系，对于这些约束需要将复杂的分布力加以简化，得到简单的约束力。这类问题将在第 2 章详细讨论。

1-6-2　关于受力分析

受力分析的方法与过程可以总结如下。

受力分析的方法是：

首先，确定研究对象所受的主动力或外加载荷。

其次，根据约束性质确定约束力，当约束力作用线可以确定，而指向不能确定时，可以假设为某一方向，最后根据计算结果的正负号确定假设方向是否与实际方向一致。

受力分析的过程是：

选择合适的研究对象，取分离体。

画出受力图。

考察研究对象的平衡，确定全部未知力。

受力分析时注意以下两点是很重要的：

一是，研究对象的选择有时不是唯一的，需要根据不同的问题，区别对待。基本原则是：所选择的研究对象上应当既有未知力，也有已知力，或者已经求得的力；同时，通过研究对象的平衡分析，能够求得尽可能多的未知力。

二是，分析相互连接的构件受力时，要注意构件与构件之间的作用力与反作用力。例如，例题 1-5 中，分析杆 AC 和杆 BC 受力时，二者在连接处 C 处的约束力就互为作用力与反作用力（图 1-31c、d），即 $\boldsymbol{F}'_{Cx}$、$\boldsymbol{F}'_{Cy}$ 分别与 $\boldsymbol{F}_{Cx}$、$\boldsymbol{F}_{Cy}$ 大小相等、方向相反。

1-6-3　关于二力构件

作用在刚体上的两个力平衡的必要和充分条件：二力等值、反向且共线。实际结构中，只要不计自重的构件的两端是铰链连接，两端之间没有其他外力作用，则这一构件必为二力构件。对于图 1-32 所示各种结构，各构件自重不计，请读者判断哪些构件是二力构件，哪些构件不是二力构件。

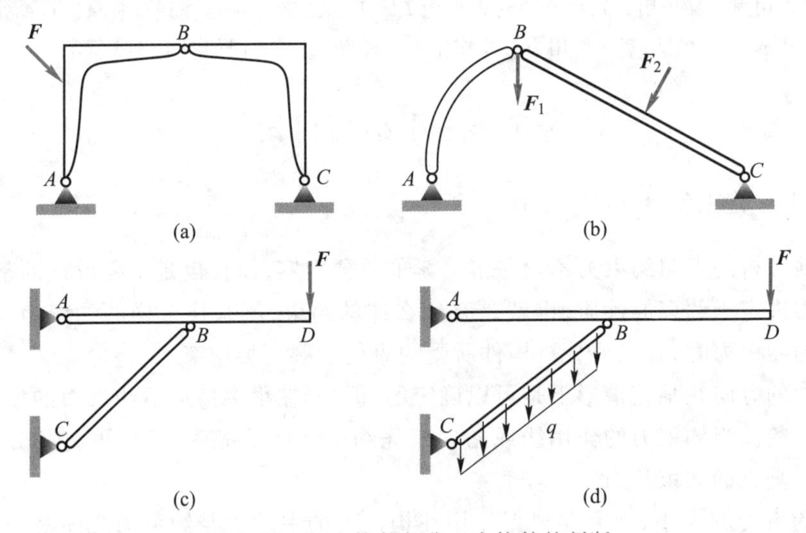

图 1-32　二力构件与非二力构件的判断

需要指出的是，充分应用二力构件和三力平衡的概念，可以使受力分析与计算过程简化。

1-6-4　关于静力学中某些原理的适用性

静力学中的某些原理，例如，力的可传性、平衡的必要和充分条件等，对于柔性体是不成立的，而对于弹性体则是在一定的前提下成立。

图 1-33a 所示之拉杆 ACB，当 B 端作用有拉力 $\boldsymbol{F}_{\mathrm{P}}$ 时，整个拉杆 ACB 都会产生伸长变

形。但是，如果将拉力 $\boldsymbol{F}_P$ 沿其作用线从 B 端传至点 C 时（图 1-33b），则只有 AC 段产生伸长变形，CB 段却不会产生变形。可见，两种情形下的变形效应是完全不同的。因此，当研究构件的变形效应时，力的可传性是不适用的。

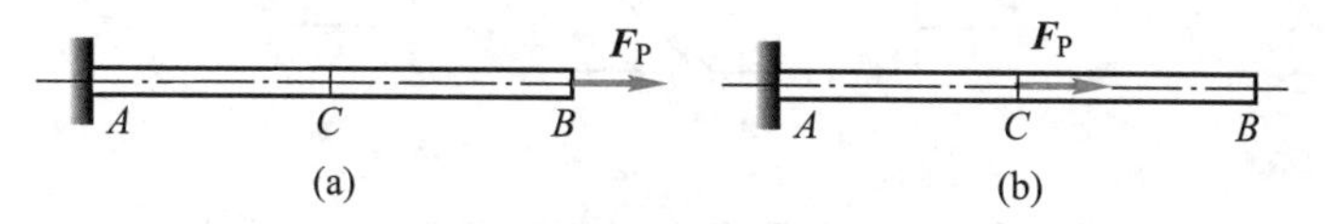

图 1-33　研究变形效应时力的可传性不适用

1-6-5　学习研究问题

问题：图 1-34a 所示结构中各构件自重不计，接触处绝对光滑。试用三力平衡汇交条件画出各部分的受力图。

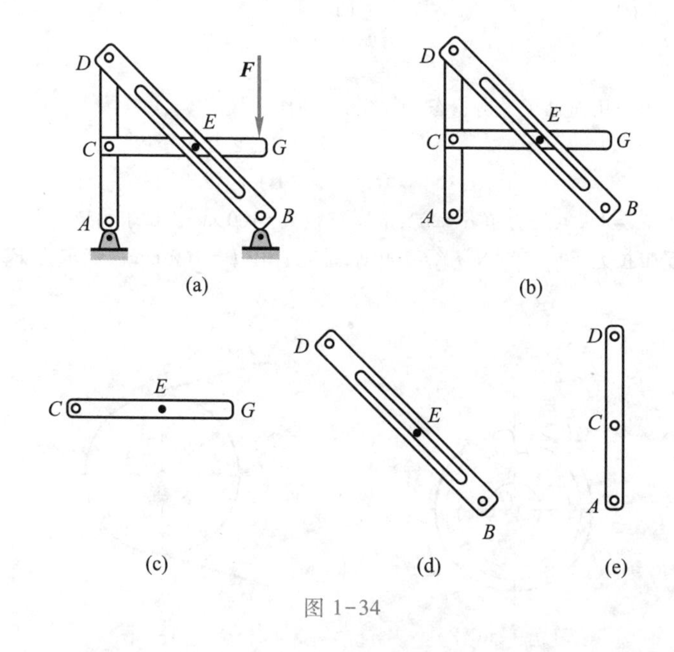

图 1-34

习　　题

1-1　作用在一个刚体上的两个力 $\boldsymbol{F}_A$、$\boldsymbol{F}_B$，如果满足 $\boldsymbol{F}_A=-\boldsymbol{F}_B$ 的条件，则该二力可能是（　　）。

（A）作用力和反作用力或一对平衡力　　（B）一对平衡力或一个力偶

（C）一对平衡力或一个力和一个力偶　　（D）作用力与反作用力或一个力偶

1-2　如图所示的系统只受 $\boldsymbol{F}$ 作用而平衡，欲使支座 A 约束力的作用线与杆 AB 成 30°角，则倾斜面的倾角 α 应为（　　）。

（A）0°　　（B）30°　　（C）45°　　（D）60°

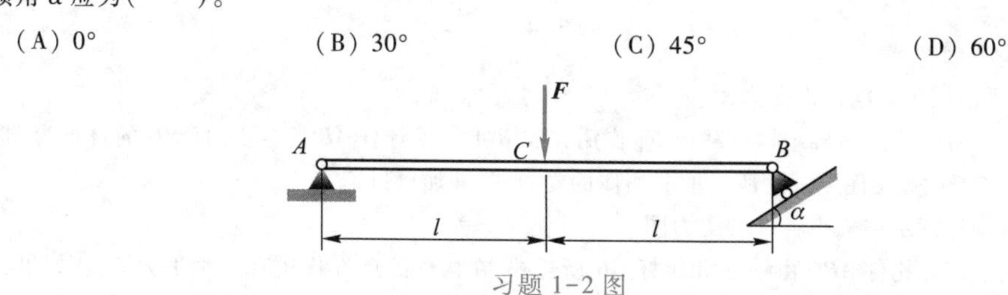

习题 1-2 图

1-3　如图所示的楔形块 A、B，自重不计，若接触处光滑，则(　　)。

(A) A 平衡，B 不平衡　　(B) A 不平衡，B 平衡

(C) A、B 均不平衡　　(D) A、B 均平衡

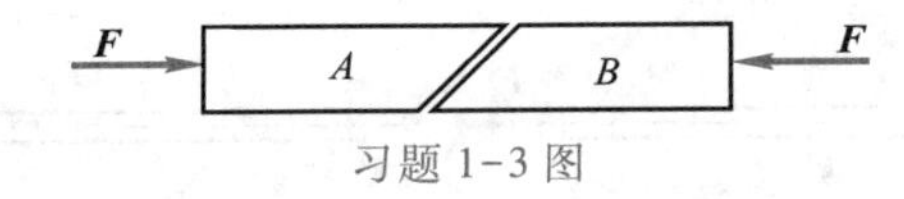

习题 1-3 图

1-4　三种情况下，力 $\boldsymbol{F}$ 沿其作用线滑移到点 D，并不改变 B 处受力的情况是(　　)。

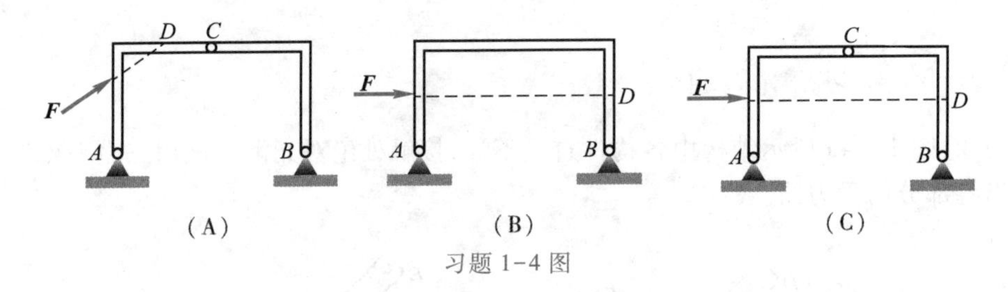

习题 1-4 图

1-5　刚体受三力作用而处于平衡状态，则此三力的作用线(　　)。

(A) 必汇交于一点　　(B) 必互相平行

(C) 必皆为零　　(D) 必位于同一平面内

1-6　齿轮受力 $F_P = 1$ kN，压力角 $\alpha = 20°$，节圆直径 $D = 160$ mm。试求力 $\boldsymbol{F}_P$ 对齿轮轴心 O 的力矩。

1-7　带轮所受带拉力 $F_{T1} = 200$ N，$F_{T2} = 100$ N，带轮直径 $D = 160$ mm。试求力 $\boldsymbol{F}_{T1}$，$\boldsymbol{F}_{T2}$ 对点 O 的合力矩。

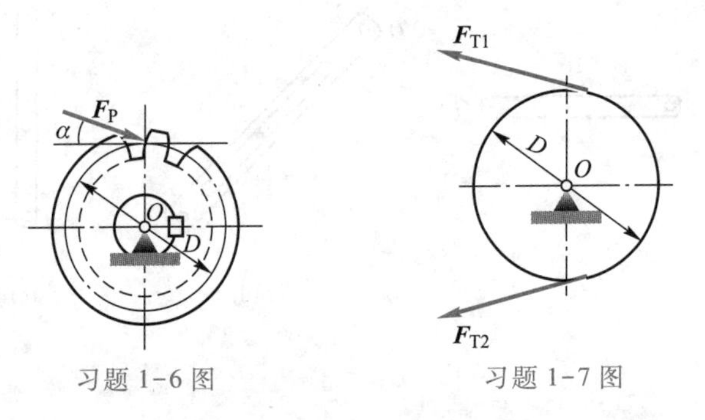

习题 1-6 图　　习题 1-7 图

1-8　试画出图 a、b 两种情形下各构件的受力图，并加以比较。

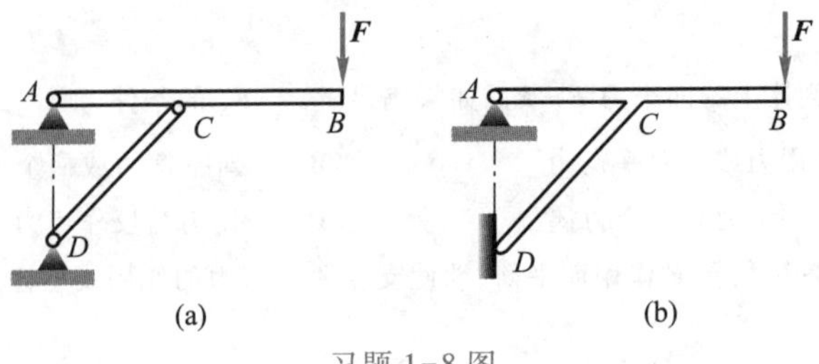

习题 1-8 图

1-9　试画出图示各构件的受力图。

1-10　图 a 所示为三角架结构。载荷 $\boldsymbol{F}_1$ 作用在铰 B 上。不计杆 AB 的自重，杆 BD 的自重为 $\boldsymbol{W}$，作用在杆的中点 C。试画出图 b、c、d 所示的分离体的受力图，并加以讨论。

1-11　试画出图示结构中各杆的受力图。

1-12　图示刚性构件 ABC 由销 A 和拉杆 GH 所悬挂，在构件的点 C 作用有一水平力 $\boldsymbol{F}_P$。如果将力

F_P 沿其作用线移至点 D 或点 E 处(如图示),试问是否会改变销 A 和杆 GH 的受力?

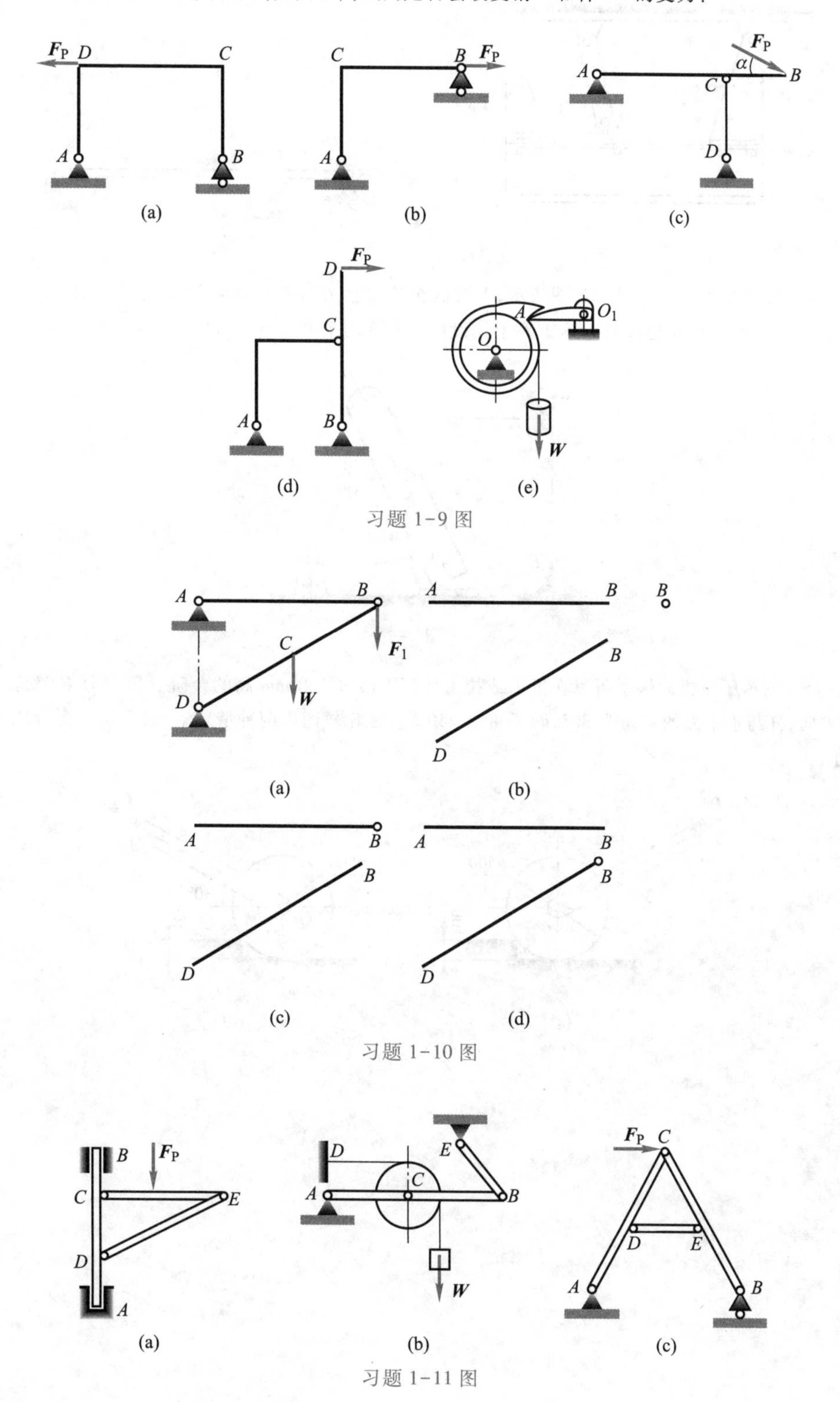

习题 1-9 图

习题 1-10 图

习题 1-11 图

1-13　试画出图示连续梁中的梁 AC 和梁 CD 的受力图。

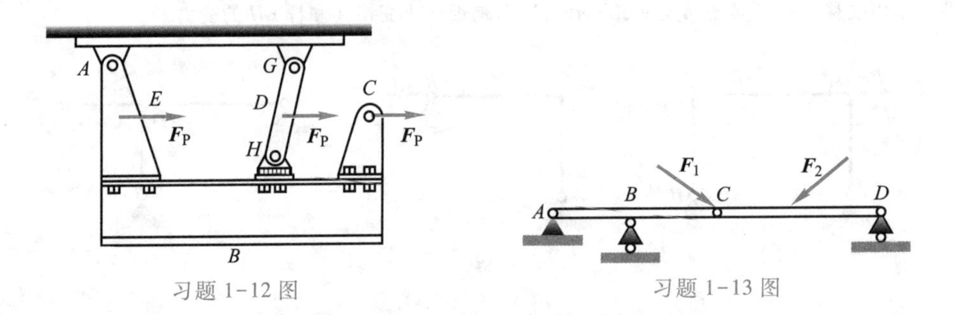

习题 1-12 图　　习题 1-13 图

1-14　安置塔器的竖起过程如图所示，下端搁在基础上，C 处系以钢绳，并用绞盘拉住；上端在 B 处系以钢缆，通过定滑轮 D 连接到卷扬机 E 上。设塔器所受的重力为 $\boldsymbol{W}$，试画出塔器的受力图。

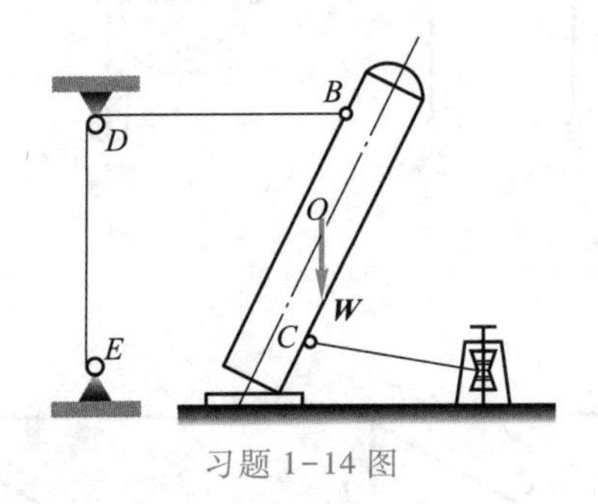

习题 1-14 图

1-15　图示压路机的碾子可以在推力或拉力作用下滚过 100 mm 高的台阶。假定力 $\boldsymbol{F}$ 都是沿着杆 AB 的方向，杆与水平面的夹角为 30°，碾子重为 250 N。试比较图中两种情形下，碾子越过台阶所需力 $\boldsymbol{F}$ 的大小。

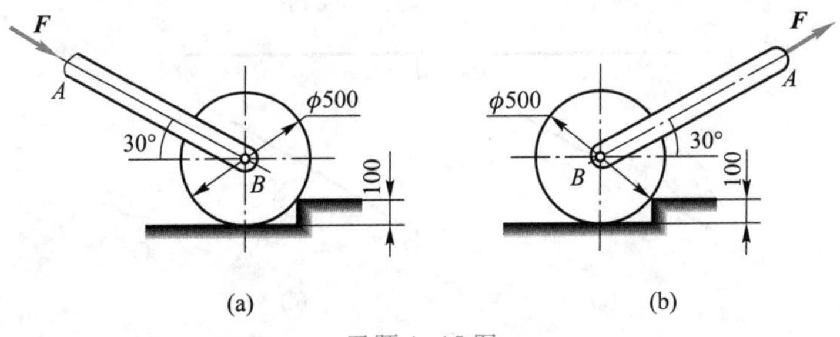

习题 1-15 图

第2章　力系的简化

作用在实际物体上的力系各式各样，但是，都可以归纳为两大类：一类是力系中的所有力的作用线都位于同一平面内，这类力系称为平面力系；另一类是力系中的所有力的作用线位于不同的平面内，称为空间力系(system of forces in space)。

某些力系，从形式上(比如组成力系的力的个数、大小和方向)不完全相同，但其所产生的运动效应却可能是相同的。这时，可以称这些力系为等效力系。

为了判断力系是否等效，必须首先确定力系的基本特征量。这需要通过力系的简化方能实现。

本章在物理学的基础上引出力系基本特征量，然后应用力向一点平移定理对力系加以简化，进而导出力系等效定理，并将其应用于简单力系。

§2-1　力系等效与简化的概念

2-1-1　力系的主矢与主矩

1. 主矢的概念

由任意多个力所组成的力系($\boldsymbol{F}_1,\boldsymbol{F}_2,\cdots,\boldsymbol{F}_n$)中所有力的矢量和，称为力系的主矢量，简称为主矢(principal vector)，用$\boldsymbol{F}'_{\mathrm{R}}$表示，即

$$\boldsymbol{F}'_{\mathrm{R}}=\sum_{i=1}^{n}\boldsymbol{F}_i \tag{2-1}$$

2. 主矩的概念

力系中所有力对于同一点(O)之矩的矢量和，称为力系对这一点的主矩(principal moment)，用$\boldsymbol{M}_O$表示，即

$$\boldsymbol{M}_O=\sum_{i=1}^{n}\boldsymbol{M}_O(\boldsymbol{F}_i) \tag{2-2}$$

需要指出的是，主矢只有大小和方向，并未涉及作用点；主矩却是对于确定点的。因此，对于一个确定的力系，主矢是唯一的；主矩并不是唯一的，同一个力系对于不同的点，主矩一般不相同。

2-1-2　等效的概念

如果两个力系的主矢和主矩分别对应相等，二者对于同一刚体就会产生相同的运动效应，则称这两个力系为等效力系。

2-1-3　简化的概念

所谓力系的简化，就是将由若干个力和力偶所组成的力系，变为一个力，或者一个力偶，或者一个力和一个力偶等简单而等效的情形。这一过程称为力系的简化(reduction of force system)。力系简化的基础是力向一点平移定理(theorem of translation of force)。

§2-2　力系简化的基础——力向一点平移定理

根据力的可传性,作用在刚体上的力,可以沿其作用线移动,而不会改变力对刚体的作用效应。但是,如果将作用在刚体上的力,从一点平行移动至另一点,力对刚体的作用效应将发生变化。

能不能使作用在刚体上的力平移到力的作用线以外的任意点,而不改变原有力对刚体的作用效应?答案是肯定的。

为了使平移后与平移前力对刚体的作用等效,需要应用加减平衡力系原理。

假设在刚体上的点 A 作用一力 $\boldsymbol{F}$,如图 2-1a 所示,为了使这一力能够等效地平移到刚体上的其他任意一点(例如点 B),先在这一点施加一对大小相等、方向相反的平衡力系($\boldsymbol{F}'$,$\boldsymbol{F}''$),这一对力的数值与作用在 A 点的力 $\boldsymbol{F}$ 数值相等,作用线与 $\boldsymbol{F}$ 平行,如图 2-1b 所示。

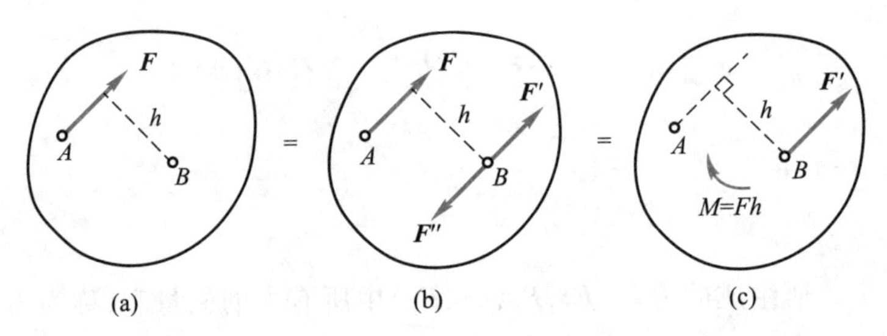

图 2-1　力向一点平移结果

根据加减平衡力系原理,施加上述平衡力系后,力对刚体的作用效应不会发生改变。因此,由 3 个力组成的新力系对刚体的作用效应与原来的一个力等效。

增加平衡力系后,作用在点 A 的力 $\boldsymbol{F}$ 与作用在点 B 的力 $\boldsymbol{F}''$组成一力偶,这一力偶的力偶矩 M 等于力 $\boldsymbol{F}$ 对点 B 之矩,即

$$M=M_B(\boldsymbol{F})=-Fh \tag{2-3}$$

这样,施加平衡力系后由 3 个力所组成的力系,变成了由作用在点 B 的力 $\boldsymbol{F}'$和作用在刚体上的一个力偶矩为 M 的力偶所组成的力系,如图 2-1c 所示。如果将作用在点 B 的力 $\boldsymbol{F}'$向点 A 平移,则所得力偶的方向与图 2-1c 所示力偶的方向相反,这时式(2-3)中力偶矩为正值。

根据以上分析,可以得到以下重要结论:

作用于刚体上的力可以平移到任一点,而不改变它对刚体的作用效应,但平移后必须附加一个力偶,附加力偶的力偶矩等于原作用力对于新作用点之矩,此即**力向一点平移定理**。

力向一点平移结果表明:一个力向任一点平移,得到与之等效的一个力和一个力偶;反之,作用于同一平面内的一个力和一个力偶,也可以合成为作用于另一点的一个力。

需要指出的是,力偶矩与力矩一样也是矢量,因此,力向一点平移所得到的力偶矩矢量,可以表示成

$$\boldsymbol{M}=\boldsymbol{r}_{BA}\times\boldsymbol{F} \tag{2-4}$$

式中,$\boldsymbol{r}_{BA}$为点 B 至点 A 的矢径。

§2-3　平面力系的简化

2-3-1　平面汇交力系与平面力偶系的合成结果

力系中所有力的作用线都汇交于一点,这种力系称为汇交力系,利用矢量合成的方法可以将汇交力系合成为一通过该点的合力,这一合力等于力系中所有力的矢量和,即

$$\boldsymbol{F}_{\mathrm{R}}=\sum_{i=1}^{n}\boldsymbol{F}_{i} \tag{2-5}$$

所有力的作用线都处于同一平面内且都汇交于一点的力系称为平面汇交力系。对于在 Oxy 坐标系中的平面汇交力系,上式可以写成力的投影形式,即

$$\left.\begin{aligned}F_{x}&=\sum_{i=1}^{n}F_{ix}\\F_{y}&=\sum_{i=1}^{n}F_{iy}\end{aligned}\right\} \tag{2-6}$$

式中,F_x、F_y 分别为合力 $\boldsymbol{F}_{\mathrm{R}}$ 在 x 轴和 y 轴上的投影,等号右边的项分别为力系中所有的力在 x 轴和 y 轴上投影的代数和。

由若干作用面在同一平面内的力偶所组成的力系称为平面力偶系。平面力偶系只能合成一合力偶,合力偶的力偶矩等于各力偶的力偶矩的代数和,即

$$M=\sum_{i=1}^{n}M_{i}=\sum_{i=1}^{n}M_{O}(\boldsymbol{F}_{i}) \tag{2-7}$$

2-3-2　平面一般力系向一点简化

下面应用力向一点平移定理以及平面汇交力系和平面力偶系的合成结果,讨论平面一般力系的简化。

设刚体上作用有由任意多个力所组成的平面力系($\boldsymbol{F}_1,\boldsymbol{F}_2,\cdots,\boldsymbol{F}_n$),如图 2-2a 所示。现在将力系向其作用平面内任一点简化,这一点称为简化中心,通常用 O 表示。

简化的方法:将力系中所有的力逐个向简化中心 O 平移,每平移一个力,便得到一个力和一个力偶,如图 2-2b 所示。

简化的结果:得到一平面汇交力系($\boldsymbol{F}'_1,\boldsymbol{F}'_2,\cdots,\boldsymbol{F}'_n$),力系中各力的作用线都通过点 O;同时还得到一平面力偶系($M_1,M_2,\cdots,M_n$),如图 2-2c 所示。平面一般力系向一点简化所得到的平面汇交力系和平面力偶系,还可以进一步合成为一个力和一个力偶,如图 2-2d 所示。

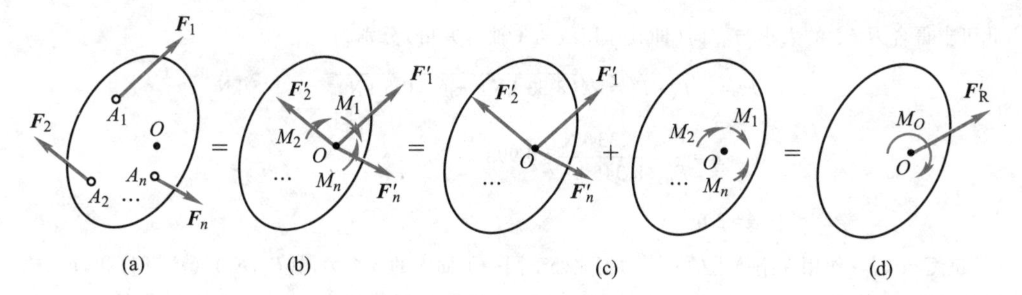

图 2-2　平面力系的简化过程与简化结果

2-3-3　平面力系的简化结果

上述分析结果表明：平面力系向作用面内任一点简化，一般情形下，得到一个力和一个力偶。所得力的作用线通过简化中心，这一力称为力系的主矢，它等于力系中所有力的矢量和；所得力偶仍作用于原平面内，其力偶矩为原力系对简化中心的主矩，数值等于力系中所有力对简化中心之矩的代数和。

由于力系向任意一点简化其主矢都等于力系中所有力的矢量和，所以主矢与简化中心的选择无关；主矩则不然，主矩等于力系中所有力对简化中心之矩的代数和，对于不同的简化中心，力对简化中心之矩也各不相同，所以主矩与简化中心的选择有关。因此，当提及主矩时，必须指明是对哪一点的主矩。例如，M_O 就是指对点 O 的主矩。

需要注意的是，主矢与合力是两个不同的概念，主矢只有大小和方向两个要素，并不涉及作用点，可在任意点画出；而合力有三要素，除了大小和方向之外，还必须指明其作用点。

【例题 2-1】　固定于墙内的环形螺钉上，作用有 3 个力 $\boldsymbol{F}_1$、$\boldsymbol{F}_2$ 和 $\boldsymbol{F}_3$，各力的方向如图 2-3a 所示，各力的大小分别为 $F_1=3$ kN，$F_2=4$ kN，$F_3=5$ kN。试求螺钉作用在墙上的力。

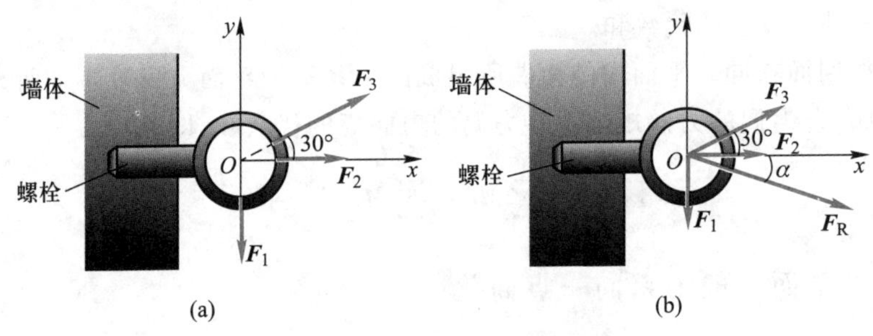

图 2-3　例题 2-1 图

解：要求螺钉作用在墙上的力就是要确定作用在螺钉上所有力的合力。确定合力可以利用力的平行四边形法则，对力系中的各个力两两合成。但是，对于力系中力的个数比较多的情形，这种方法显得很烦琐。而采用合力的投影表达式(2-6)，则比较方便。

作用于螺钉上的力系为平面汇交力系，首先建立 Oxy 坐标系，各力汇交点 O 为坐标原点，如图 2-3b 所示。

先将各力分别向 x 轴和 y 轴投影，然后代入式(2-6)，得

$$F_x = \sum_{i=1}^{3} F_{ix} = F_{1x} + F_{2x} + F_{3x} = 0 + 4\ \text{kN} + 5\ \text{kN} \times \cos 30^\circ = 8.33\ \text{kN}$$

$$F_y = \sum_{i=1}^{3} F_{iy} = F_{1y} + F_{2y} + F_{3y} = -3\ \text{kN} + 0 + 5\ \text{kN} \times \sin 30^\circ = -0.5\ \text{kN}$$

由此可求得合力 $\boldsymbol{F}_R$ 的大小与方向(即其作用线与 x 轴的夹角)分别为

$$F_R = \sqrt{F_x^2 + F_y^2} = \sqrt{(8.33\ \text{kN})^2 + (-0.5\ \text{kN})^2} = 8.345\ \text{kN}$$

$$\cos\alpha = \frac{F_x}{F_R} = \frac{8.33\ \text{kN}}{8.345\ \text{kN}} = 0.998$$

$$\alpha = 3.6^\circ$$

【例题 2-2】　作用在刚体上的 6 个力组成处于同一平面内的 3 个力偶$(\boldsymbol{F}_1, \boldsymbol{F}_1')$、$(\boldsymbol{F}_2, \boldsymbol{F}_2')$和$(\boldsymbol{F}_3, \boldsymbol{F}_3')$，如图 2-4 所示，其中 $F_1=200$ N，$F_2=600$ N，$F_3=400$ N，图中长度单位为 mm。试求 3 个平面力偶所组成的平面力偶系的合力偶矩。

解：根据平面力偶系的合成结果，由式(2-7)，本例中3个力偶所组成的平面力偶系的合力偶的力偶矩等于3个力偶的力偶矩的代数和，即

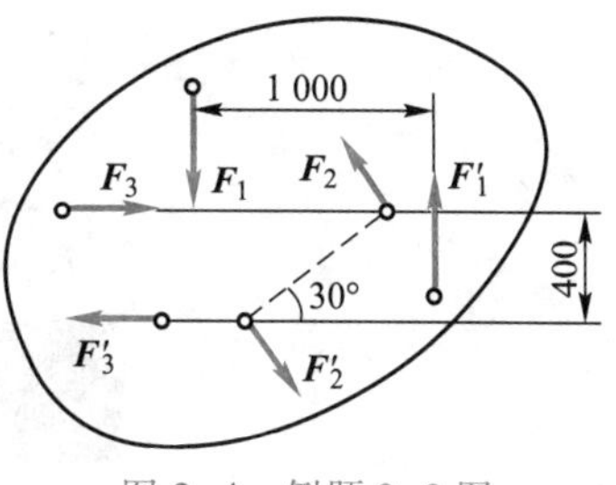

图 2-4　例题 2-2 图

$$
\begin{aligned}
M &= \sum_{i=1}^{3} M_i \\
&= M_1 + M_2 + M_3 \\
&= F_1 \times h_1 + F_2 \times h_2 - F_3 \times h_3 \\
&= 200\ \text{N} \times 1\ \text{m} + 600\ \text{N} \times \frac{0.4\ \text{m}}{\sin 30^\circ} - 400\ \text{N} \times 0.4\ \text{m} \\
&= 520\ \text{N} \cdot \text{m}
\end{aligned}
$$

由于 M_1、M_2 为逆时针方向，故力偶矩为正值；M_3 为顺时针方向，故为负值。

【例题 2-3】　图 2-5 所示之刚性圆轮上所受复杂力系可以简化为一摩擦力 $\boldsymbol{F}$ 和一力偶矩为 M 的力偶（方向如图中所示）。已知力 $\boldsymbol{F}$ 的数值为 $F = 2.4$ kN，B 点到轮心 O 的距离 $OB = 12$ mm（图中长度单位为 mm）。如果要使力 $\boldsymbol{F}$ 和力偶向 B 点的简化结果只是沿水平方向的主矢 $\boldsymbol{F}_{\mathrm{R}}$，而主矩等于零，试求作用在圆轮上的力偶的力偶矩 M 的大小。

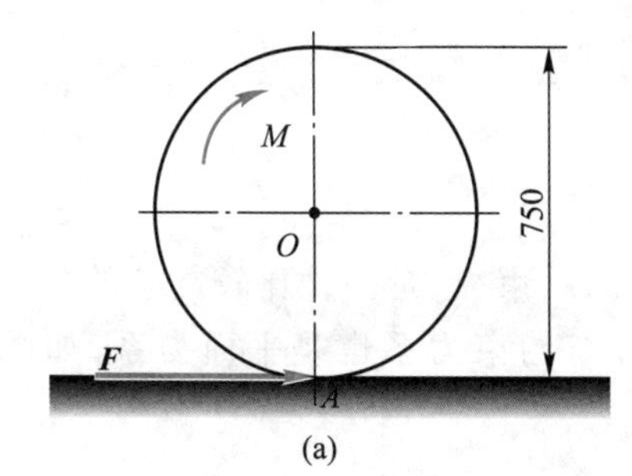

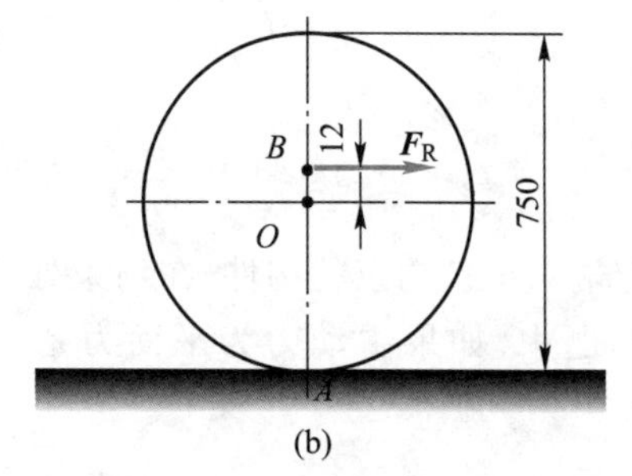

图 2-5　例题 2-3 图

解：因为要求力和力偶向 B 点的简化结果为：只有沿水平方向的主矢，即通过 B 点的合力，而所得的主矩（合力偶的力偶矩）等于零。将力 $\boldsymbol{F}$ 和力偶 M 向 B 点简化，根据式(2-7)，有

$$
M_B = \sum_{i=1}^{2} M_i = -M + F \times AB = 0
$$

式中，M 前的负号表示力偶为顺时针转向。

$$
AB = \frac{750\ \text{mm}}{2} + 12\ \text{mm} = 387\ \text{mm} = 0.387\ \text{m}
$$

将其连同力 $F = 2.4$ kN 代入力矩式后，解出所要求力偶的力偶矩为

$$
M = 2.4\ \text{kN} \times 0.387\ \text{m} = 0.93\ \text{kN} \cdot \text{m}
$$

§2-4　固定端约束的约束力

本节应用平面力系的简化方法分析一种约束力比较复杂的约束。这种约束称为固定端（或插入端）(fixed end support) 约束。

固定端约束在工程中是很常见的。图 2-6b 所示为机床上夹持工件的卡盘，卡盘对工件的约束就是固定端约束；图 2-6c 所示为车床上夹持车刀的刀架，刀架对车刀的约束也是固定端约束；图 2-6d 所示为一端镶嵌在建筑物墙内的门或窗户顶部的雨罩，墙对于雨罩的约束也属于固定端约束。

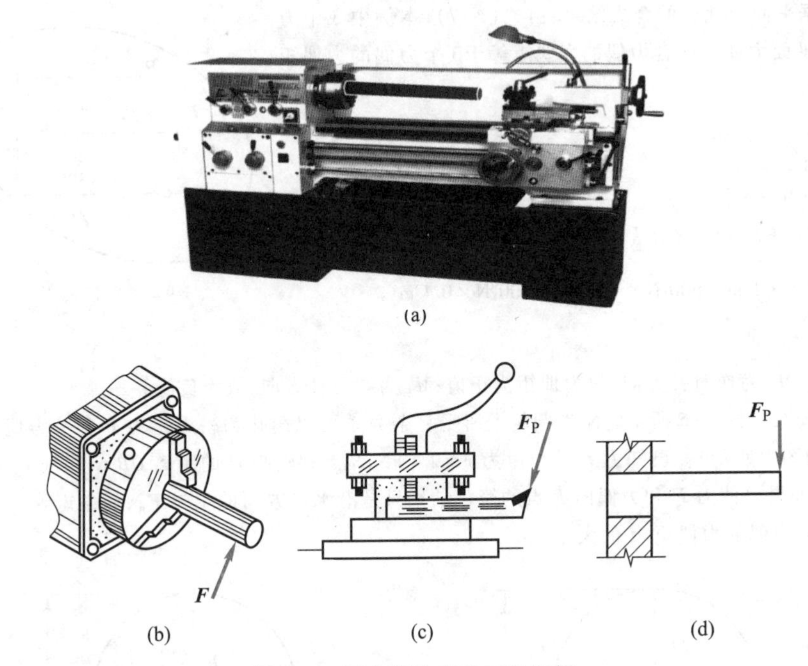

图 2-6 固定端约束的工程实例

固定端对于被约束的构件,在约束处所产生的约束力,是一种比较复杂的分布力系。在平面问题中,如果主动力为平面力系,这一分布约束力系也是平面力系,如图 2-7a 所示。

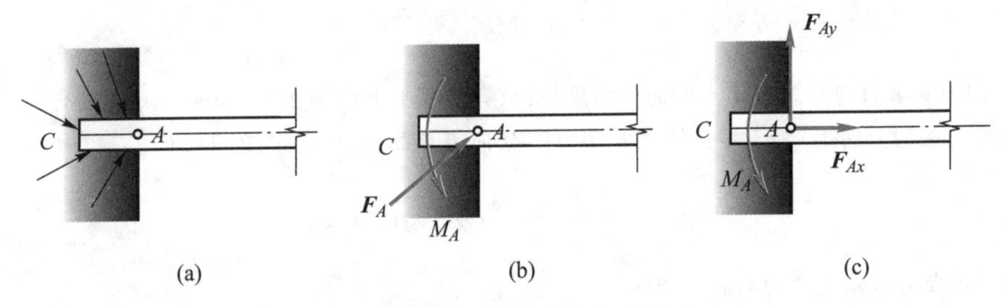

图 2-7 固定端的约束力及其简化

将这一分布力系向被约束构件根部(例如 A 点)简化,可得到一约束力 $\boldsymbol{F}_A$ 和一约束力偶 M_A,约束力 $\boldsymbol{F}_A$ 的方向及约束力偶 M_A 的转向均不确定,如图 2-7b 所示。

固定端其方向未知的约束力 $\boldsymbol{F}_A$ 也可以用两个互相垂直的分量 $\boldsymbol{F}_{Ax}$ 和 $\boldsymbol{F}_{Ay}$ 表示(图 2-7c)。

约束力偶的转向可任意假设,一般设为正向,即逆时针方向。如果最后计算结果为正值,表明所假设的逆时针方向是正确的;若为负值,说明实际方向与所假设的逆时针方向相反,即为顺时针方向。

固定端的约束力方向一般也是未知的,同样可以假设。计算结果若为正,表明方向正确;计算结果若为负,则表明实际方向与假设方向相反。

固定端约束与固定铰链约束不同的是,其不仅限制了被约束构件的移动,还限制了被约束构件的转动。因此,固定端约束力系的简化结果为一个力与一个力偶,这与其对构件的约束效果是一致的。

§2-5　小结与讨论

2-5-1　关于力的矢量性质的讨论

本章所涉及的力的矢量较多，因而比较容易混淆。根据这些矢量使刚体所产生的运动效应，以及这些矢量的大小、方向、作用点或作用线，可以将其归纳为三类：固定矢量、滑移矢量和自由矢量①。

请读者判断力矢、主矢、力偶矩矢及主矩分别属于哪一类矢量。

2-5-2　关于平面力系简化结果的讨论

本章介绍了力系简化的理论，以及平面一般力系向某一确定点的简化结果。但是，在很多情形下，这并不是力系简化的最后结果。

所谓力系简化的最后结果，是指力系在向某一确定点简化所得到的主矢和主矩，还可以进一步简化，最后得到一个合力、一个合力偶或二者均为零的情形。

2-5-3　关于实际约束的讨论

第 1 章和本章中，分别介绍了铰链约束与固定端约束。这两种约束的差别就在于：铰链约束只限制了被约束物体的移动，没有限制被约束物体的转动；固定端约束既限制了被约束物体的移动，又限制了被约束物体的转动。可见，固定端约束与铰链约束相比，增加了一个约束力偶。

实际结构中的约束，被约束物体的转动不可能完全被限制。因而，很多约束可能既不属于铰链约束，也不属于固定端约束，而是介于二者之间。这时，可以将其简化为铰链上附加一扭转弹簧，表示被约束物体既不能自由转动，又不是完全不能转动。实际结构中的约束，简化为哪一种约束，需要通过实验加以验证及工程实践的检验。

2-5-4　学习研究问题

问题：图 2-8 所示长方体受集中力 $\boldsymbol{F}$、$2\boldsymbol{F}$ 及均布载荷 q 作用。设 $q=F/a$，若作用于长方体上的力系能够简化为一个合力，则边长 a、b 和 c 应该满足什么条件？

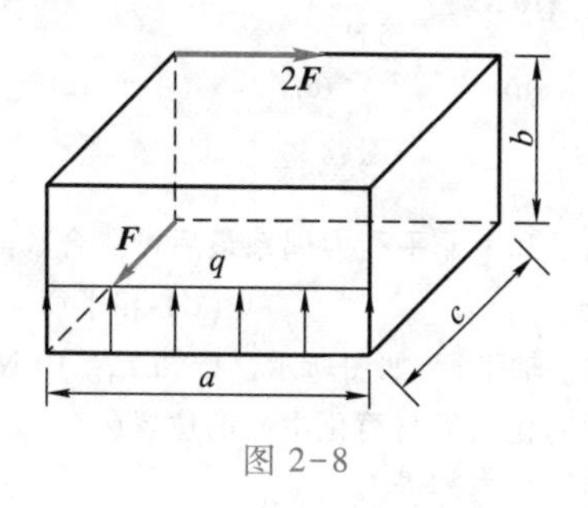

图 2-8

① 必须表示出作用点的矢量称为固定矢量，只需表示出作用线而无需表示出作用点的矢量称为滑移矢量，作用点及作用线均无需表示出的矢量称为自由矢量。

习 题

2-1 关于平面力系的主矢与主矩,下述表述正确的是(　　)。

(A) 主矢的大小、方向与简化中心的选择无关

(B) 主矩的大小、转向一定与简化中心的选择有关

(C) 当平面力系对某点的主矩为零时,该力系向任何一点简化的结果为一合力

(D) 当平面力系对某点的主矩不为零时,该力系向任何一点简化的结果均不可能为一合力

2-2 平面力系向点 1 简化时,主矢 $\boldsymbol{F}'_R=\boldsymbol{0}$,主矩 $M_1\neq 0$,如将该力系向另一点 2 简化,则(　　)。

(A) $\boldsymbol{F}'_R\neq\boldsymbol{0}, M_2\neq M_1$　　(B) $\boldsymbol{F}'_R=\boldsymbol{0}, M_2\neq M_1$

(C) $\boldsymbol{F}'_R\neq\boldsymbol{0}, M_2=M_1$　　(D) $\boldsymbol{F}'_R=\boldsymbol{0}, M_2=M_1$

2-3 如图所示,将大小为 100 N 的力 $\boldsymbol{F}$ 沿 x、y 方向分解,若 $\boldsymbol{F}$ 在 x 轴上的投影为 86.6 N,而沿 x 方向的分力的大小为 115.47 N,则 $\boldsymbol{F}$ 沿 y 轴上的投影为(　　)。

(A) 0　　(B) 50 N

(C) 70.7 N　　(D) 86.6 N

2-4 图 a、b 所示分别为正交坐标系 Ox_1y_1 与斜交坐标系 Ox_2y_2。试将同一个力 $\boldsymbol{F}$ 分别在两种坐标系中分解和投影,比较两种情形下所得的分力与投影。

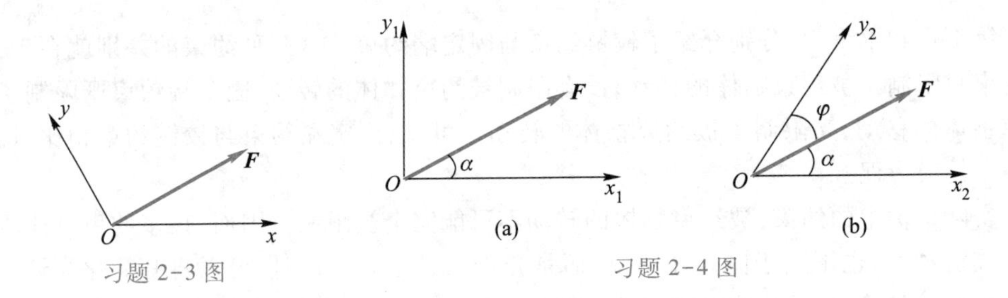

习题 2-3 图　　习题 2-4 图

2-5 分析图中画出的 5 个共面力偶,与图 a 所示的力偶等效的力偶是(　　)。

(A) 图 b　　(B) 图 c　　(C) 图 d　　(D) 图 e

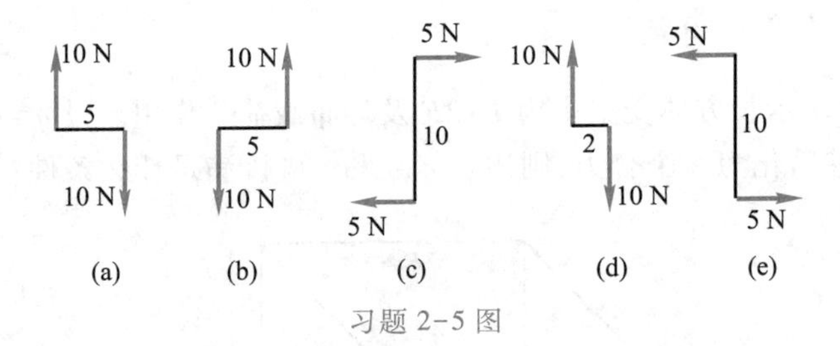

习题 2-5 图

2-6 平面内一非平衡共点力系和一非平衡力偶系最后可能合成的情况是(　　)。

(A) 一合力偶　　(B) 一合力　　(C) 相平衡　　(D) 无法进一步合成

2-7 某平面平行力系诸力与 y 轴平行,如图所示。已知 $F_1=10$ N,$F_2=4$ N,$F_3=8$ N,$F_4=8$ N,$F_5=10$ N,长度单位以 cm 计,则力系的简化结果与简化中心的位置(　　)。

(A) 无关

(B) 有关

(C) 若简化中心选择在 x 轴上,与简化中心的位置无关

(D) 若简化中心选择在 y 轴上,与简化中心的位置无关

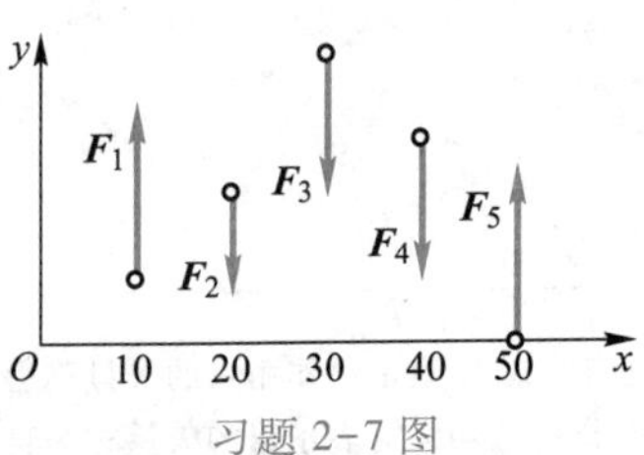

习题 2-7 图

2-8 由作用线处于同一平面内的两个力 $\boldsymbol{F}$ 和 $2\boldsymbol{F}$ 所组成的平行力系如图所示。二力作用线之间的距离为 d。试问这一力系向

哪一点简化，所得结果只有合力，而没有合力偶？确定这一合力的大小和方向；这一合力矢量属于哪一类矢量？

2-9　已知一平面力系对 $A(3,0)$、$B(0,4)$ 和 $C(-4.5,2)$ 三点的主矩分别为 M_A、M_B 和 M_C。已知 $M_A=20\ \text{kN}\cdot\text{m}$，$M_B=0$，$M_C=-10\ \text{kN}\cdot\text{m}$。试求这一力系最后简化所得合力的大小、方向和作用线。

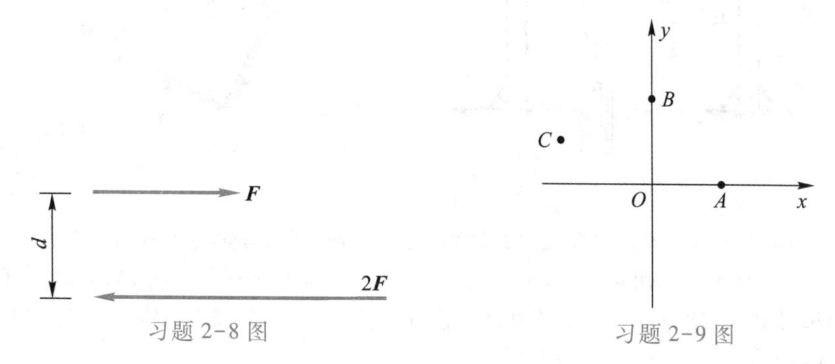

习题 2-8 图　　习题 2-9 图

2-10　三条小拖船拖着一条大船，如图所示。每根拖缆的拉力均为 5 kN。试求：(1) 作用于大船上的合力的大小和方向；(2) 当 A 船与大船轴线 x 的夹角 θ 为何值时，合力沿大船轴线方向？

2-11　钢柱受到一大小为 10 kN 的偏心力的作用，如图所示。若将此力向中心线平移，得到一力（使钢柱压缩）和一力偶（使钢柱弯曲）。已知力偶矩为 800 N · m，求偏心距 d。

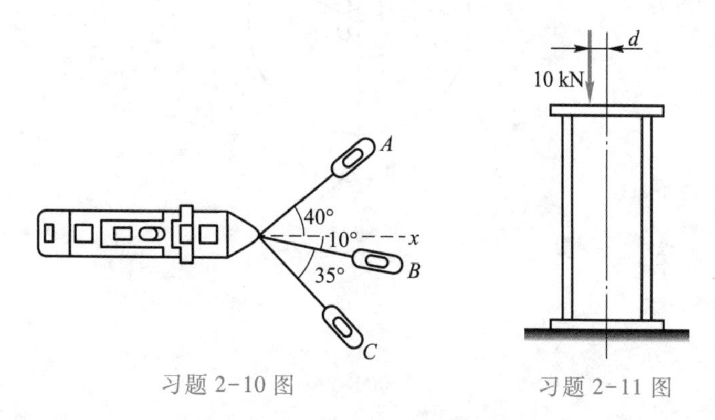

习题 2-10 图　　习题 2-11 图

2-12　在设计起重吊钩时，要注意起吊重量 F 对 $n—n$ 截面产生两种作用力，一为作用线与 $\boldsymbol{F}$ 平行并过 B 点的拉力，另一为力偶。已知力偶矩为 4 000 N · m，求力 $\boldsymbol{F}$ 的大小。

2-13　图示两种正方形结构所受载荷 $\boldsymbol{F}$ 均为已知。试求两种结构中 1、2、3 杆所受的力。

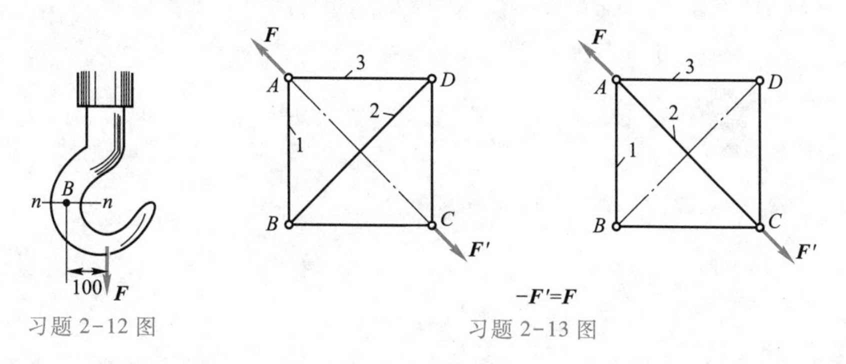

习题 2-12 图　　习题 2-13 图

2-14　图示为一绳索拔桩装置。绳索的 E、C 两点拴在架子上，点 B 与拴在桩 A 上的绳索 AB 相连接，在点 D 处加一铅垂向下的力 $\boldsymbol{F}$，AB 可视为铅垂方向，DB 可视为水平方向。已知 $\alpha=0.1$ rad，$F=800$ N。试求绳索 AB 中产生的拔桩力（当 α 很小时，$\tan\alpha\approx\alpha$）。

2-15　杆 AB 及其两端滚子的整体重心在 G 点，滚子搁置在倾斜的光滑刚性平面上，如图所示。对

于给定的 θ 角，试求平衡时的 β 角。

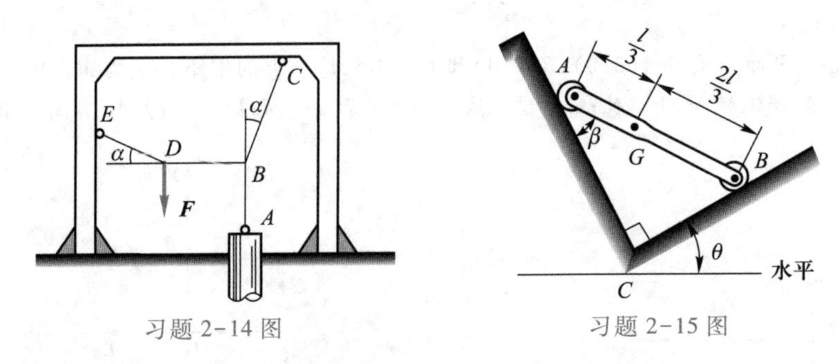

习题 2-14 图　　　　习题 2-15 图

2-16　图示两个小球 A、B 放置在光滑圆柱面上，圆柱面（轴线垂直于纸平面）的半径 $OA=0.1$ m。球 A 重为 1 N，球 B 重为 2 N，用长为 0.2 m 的线连结两小球。试求小球在平衡位置时，半径 OA 和 OB 分别与铅垂线 OC 之间的夹角 φ_1 和 φ_2，并求在此位置时小球 A 和 B 对圆柱表面的压力 $\boldsymbol{F}_{NA}$ 和 $\boldsymbol{F}_{NB}$。小球的尺寸忽略不计。

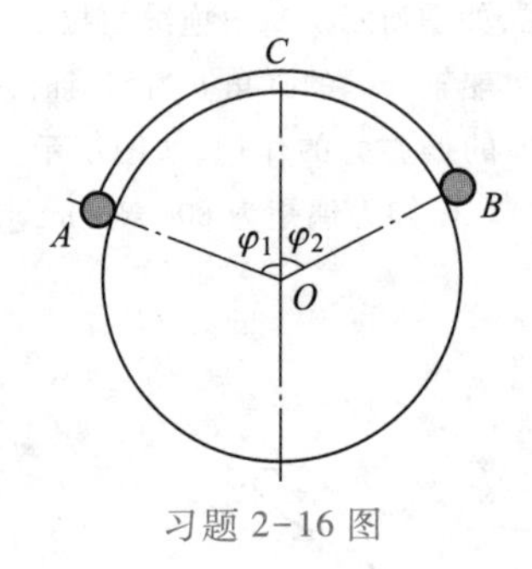

习题 2-16 图

第3章　静力学平衡问题

受力分析的最终任务是确定作用在构件上的所有未知力，作为对工程构件进行强度、刚度、稳定性设计及动力学分析的基础。

本章基于平衡概念，应用力系等效与力系简化理论，建立平面力系的平衡条件和平衡方程，并应用平衡条件和平衡方程求解单个刚体及由几个刚体所组成的刚体系统的平衡问题，确定作用在构件上的全部未知力。此外，本章的最后还将简单介绍考虑摩擦时的平衡问题。

“平衡”不仅是本章的重要概念，也是工程力学课程的重要概念。对于一个系统，如果整体是平衡的，则组成这一系统的每一个构件也是平衡的。对于单个构件，如果其是平衡的，则构件的每一个局部也是平衡的。这就是整体平衡与局部平衡的概念。

分析和解决刚体或刚体系统的平衡问题，是所有机械和结构静力学设计的基础。为了打好这一基础，必须综合应用第1、2、3章的基本概念与基本方法，包括约束、等效、简化、平衡及受力分析等。

§3-1　平面力系的平衡条件与平衡方程

3-1-1　平面一般力系的平衡条件与平衡方程

当力系的主矢和对于任意一点的主矩同时等于零时，力系既不能使物体发生移动，也不能使物体发生转动，即物体处于平衡状态。

因此，力系平衡的必要与充分条件(conditions both of necessary and sufficient for equilibrium)是力系的主矢和对任意一点的主矩同时等于零。这一条件简称为平衡条件(equilibrium conditions)。

满足平衡条件的力系称为平衡力系。

对于平面力系，根据第2章中所得到的主矢表达式(2-1)和主矩表达式(2-2)，力系的平衡条件可以写成

$$\boldsymbol{F}'_{\mathrm{R}} = \sum_{i=1}^{n} \boldsymbol{F}_i = \boldsymbol{0} \tag{3-1}$$

$$M_O = \sum_{i=1}^{n} M_O(\boldsymbol{F}_i) = 0 \tag{3-2}$$

上述二式的投影形式为

$$\left.\begin{aligned} \sum_{i=1}^{n} F_{ix} &= 0 \\ \sum_{i=1}^{n} F_{iy} &= 0 \\ \sum_{i=1}^{n} M_O(\boldsymbol{F}_i) &= 0 \end{aligned}\right\} \tag{3-3a}$$

这一组方程称为平面一般力系的平衡方程(equilibrium equations)。通常将上述平衡方程

中的第 1、2 两式称为**力平衡投影方程**,简称**投影方程**;第 3 式称为**力矩平衡方程**,简称**力矩方程**。

为了书写方便,通常将平面力系的平衡方程简写为

$$\left.\begin{aligned}\sum F_x=0\\ \sum F_y=0\\ \sum M_O(\boldsymbol{F})=0\end{aligned}\right\} \tag{3-3b}$$

上述平衡方程表明:平面一般力系平衡的必要与充分条件是力系中所有的力在直角坐标系 Oxy 的各坐标轴上的投影的代数和及所有的力对任一点之矩的代数和同时等于零。

【例题 3-1】　图 3-1a 所示为悬臂式吊车结构简图。其中,AB 为吊车大梁,BC 为钢索,A 处为固定铰链支座,B、C 二处为铰链约束。已知起重电动机 E 与重物的总重为 $\boldsymbol{F}_{\mathrm{P}}$(因为两滑轮之间的距离很小,$\boldsymbol{F}_{\mathrm{P}}$ 可视为作用在大梁上的集中力,梁的重为 $\boldsymbol{W}$。已知角度 $\theta=30°$,A、B 之间的长度为 l。试求:(1) 电动机处于任意位置时,钢索 BC 所受的力和支座 A 处的约束力;(2) 分析电动机处于什么位置时,钢索受的力最大,并确定其数值。

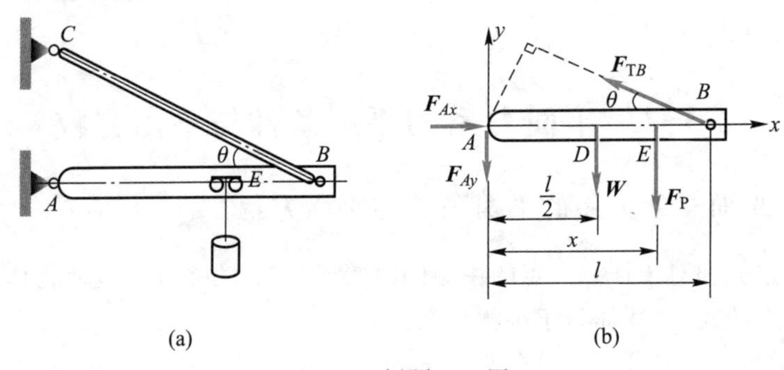

图 3-1　例题 3-1 图

解:1. 选择研究对象

本例中要求的是钢索 BC 所受的力和支座 A 处的约束力。钢索受一个未知拉力,若以钢索为研究对象,不可能建立已知力和未知力之间的关系。

吊车大梁 AB 上既有未知的 A 处约束力和钢索的拉力,又作用有已知的电动机和重物的重力及大梁的重力。所以,选择吊车大梁 AB 作为研究对象。将吊车大梁从吊车中隔离出来进行研究。

假设 A 处约束力为 $\boldsymbol{F}_{Ax}$ 和 $\boldsymbol{F}_{Ay}$,钢索的拉力为 $\boldsymbol{F}_{\mathrm{T}B}$,加上已知力 $\boldsymbol{F}_{\mathrm{P}}$ 和 $\boldsymbol{W}$,于是可以画出大梁的受力图,如图 3-1b 所示。

建立 Axy 坐标系(图 3-1b)。因为要求电动机处于任意位置时的约束力,所以假设力 $\boldsymbol{F}_{\mathrm{P}}$ 作用在坐标为 x 处。

在吊车大梁 AB 的受力图中,$\boldsymbol{F}_{Ax}$、$\boldsymbol{F}_{Ay}$ 和 $\boldsymbol{F}_{\mathrm{T}B}$ 均为未知约束力,这些力与已知的主动力 $\boldsymbol{F}_{\mathrm{P}}$ 和 $\boldsymbol{W}$ 组成平面一般力系。因此,应用平面力系的 3 个平衡方程可以求出全部 3 个未知约束力。

2. 建立平衡方程

因为 A 点是力 $\boldsymbol{F}_{Ax}$ 和 $\boldsymbol{F}_{Ay}$ 的汇交点,故先以 A 点为矩心,建立力矩平衡方程,由此求出一个未知力 $\boldsymbol{F}_{\mathrm{T}B}$。然后,再应用力平衡投影方程求出约束力 $\boldsymbol{F}_{Ax}$ 和 $\boldsymbol{F}_{Ay}$。

$$\sum M_A(\boldsymbol{F})=0,\quad -W\times\frac{l}{2}-F_{\mathrm{P}}\times x+F_{\mathrm{T}B}\times l\sin\theta=0$$

$$F_{\mathrm{T}B}=\frac{F_{\mathrm{P}}\times x+W\times\dfrac{l}{2}}{l\sin\theta}=\frac{2F_{\mathrm{P}}x}{l}+W \tag{a}$$

$$\sum F_x=0,\qquad F_{Ax}-F_{TB}\times\cos\theta=0$$

$$F_{Ax}=\left(\frac{2F_{P}x+Wl}{l}\right)\cos 30^{\circ}=\sqrt{3}\left(\frac{F_{P}x}{l}+\frac{W}{2}\right) \tag{b}$$

$$\sum F_y=0,\qquad -F_{Ay}-W-F_{P}+F_{TB}\times\sin\theta=0$$

$$F_{Ay}=-\left[\left(\frac{l-x}{l}\right)F_{P}+\frac{W}{2}\right] \tag{c}$$

由式(a)的结果可以看出，当 $x=l$，即电动机移动到吊车大梁右端 B 点处时，钢索所受拉力最大。钢索拉力最大值为

$$F_{TB}=\frac{2F_{P}l}{l}+W=2F_{P}+W \tag{d}$$

【例题 3-2】　A 端固定的悬臂梁 AB 受力如图 3-2a 所示。梁的全长上作用有集度为 q 的均布载荷；自由端 B 处承受一集中力 $\boldsymbol{F}_{P}$ 和一力偶 M 的作用。已知 $F_{P}=ql$，$M=ql^2$，l 为梁的长度。试求固定端 A 处的约束力。

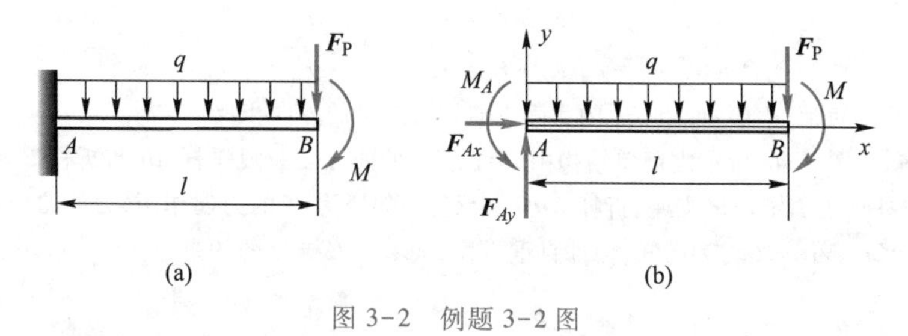

图 3-2　例题 3-2 图

解：1. 选研究对象、取分离体与画受力图

本例中只有梁一个构件，以梁 AB 为研究对象，解除 A 端的固定端约束，代之以互相垂直的两个约束力 $\boldsymbol{F}_{Ax}$、$\boldsymbol{F}_{Ay}$ 和约束力偶 M_A，加上作用在梁上的已知载荷，可以画出梁 AB 的受力图，如图 3-2b 所示。图中 $\boldsymbol{F}_{P}$、M、q 为已知的外加载荷，是主动力。

2. 将均布载荷简化为集中力

作用在梁上的均匀分布力的合力大小等于载荷集度与作用长度的乘积，即 ql；合力的方向与均布载荷的方向相同；合力作用线通过均布载荷作用段的中点。

3. 建立平衡方程，求解未知约束力

由两个投影方程求出固定端的约束力 $\boldsymbol{F}_{Ax}$ 和 $\boldsymbol{F}_{Ay}$；通过对 A 点的力矩方程，可以求得固定端的约束力偶 M_A。

$$\sum F_x=0,\qquad F_{Ax}=0$$

$$\sum F_y=0,\qquad F_{Ay}-ql-F_{P}=0,\qquad F_{Ay}=2ql$$

$$\sum M_A(\boldsymbol{F})=0,\qquad M_A-ql\times\frac{l}{2}-F_{P}\times l-M=0,\qquad M_A=\frac{5}{2}ql^2$$

【例题 3-3】　图 3-3a 所示之刚架，由立柱 AB 和横梁 BC 组成，自重不计。B 处为刚性结点(刚架受力和变形过程中横梁和竖杆之间的角度保持不变)。刚架在 A 处为固定铰链支座，C 处为滚轴支座，受力如图所示。若图中 $\boldsymbol{F}_{P}$ 和 l 均为已知，试求 A、C 二处的约束力。

解：1. 选研究对象、取分离体与画受力图

以刚架 ABC 为研究对象，解除 A、C 二处的约束：A 处为固定铰链支座，假设为互相垂直的两个约束力 $\boldsymbol{F}_{Ax}$ 和 $\boldsymbol{F}_{Ay}$；C 处为滚轴支座，只有一个约束力 $\boldsymbol{F}_C$，垂直于支承面，假设方向向上。于是，刚架 ABC 的受力图如图 3-3b 所示。

2. 应用平衡方程求解未知力

首先，通过对 A 点的力矩平衡方程，可以求得滚轴支座 C 处的约束力 $\boldsymbol{F}_C$；然后，用两个力的投影方

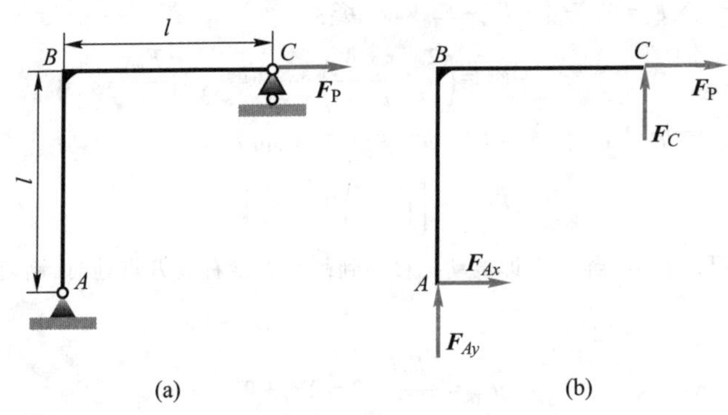

图 3-3　例题 3-3 图

程求出固定铰链支座 A 处的约束力 $\boldsymbol{F}_{Ax}$ 和 $\boldsymbol{F}_{Ay}$。

$$\sum M_A(\boldsymbol{F})=0,\qquad F_C\times l-F_P\times l=0,\qquad F_C=F_P$$

$$\sum F_x=0,\qquad F_{Ax}+F_P=0,\qquad F_{Ax}=-F_P$$

$$\sum F_y=0,\qquad F_{Ay}+F_C=0,\qquad F_{Ay}=-F_C=-F_P$$

其中 F_{Ax} 和 F_{Ay} 均为负值,表明 $\boldsymbol{F}_{Ax}$ 和 $\boldsymbol{F}_{Ay}$ 的实际方向均与假设的方向相反。

【例题 3-4】　图 3-4a 所示之简单结构中,半径为 r 的四分之一圆弧杆 AB 与折杆 BDC 在 B 处用铰接连接,A、C 二处均为固定铰链支座,折杆 BDC 上承受力偶矩为 M 的力偶作用,力偶的作用面与结构平面重合,图中 $l=2r$。若 r、M 均为已知,构件自重不计,试求 A、C 二处的约束力。

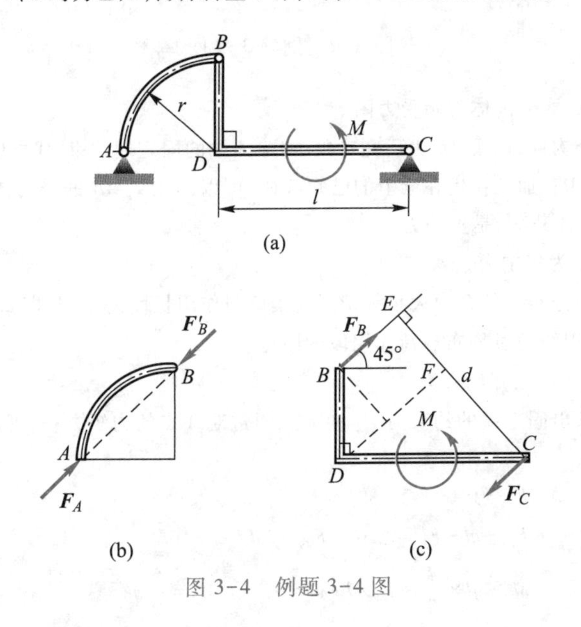

图 3-4　例题 3-4 图

解: 1. 受力分析

先考察整体结构的受力:A、C 二处均为固定铰链支座,每处各有两个互相垂直的约束力,所以共有 4 个未知力。平面力系只能提供 3 个独立的平衡方程。因此,仅仅以整体为研究对象,无法确定全部未知力。

为了建立求解全部未知力的足够的平衡方程,除了解除 A、C 二处的约束外,还必须解除 B 处的约束。这表明,需要将整体结构拆开。于是,便出现两个构件,同时由于铰链 B 处也有两个互相垂直的约束力,未知力变为 6 个。两个构件可以提供 6 个独立的平衡方程,因而可以确定全部未知约束力。根据前面所介绍的方法,应用平面力系平衡方程,即可求解。但是,如果应用二力构件平衡的概念及力偶只能与力偶平衡的概念,求解过程则要简单得多。

2. 应用二力构件平衡的概念及力偶平衡的概念求解

圆弧杆两端 A、B 均为铰链，中间无外力作用，因此圆弧杆为二力构件。于是，A、B 二处的约束力 $\boldsymbol{F}_A$ 和 $\boldsymbol{F}'_B$ 大小相等、方向相反并且作用线与 AB 连线重合，据此，可以画出圆弧杆的受力图如图 3-4b 所示。

折杆 BDC 在 B 处的约束力 $\boldsymbol{F}_B$ 与圆弧杆上 B 处的约束力 $\boldsymbol{F}'_B$ 互为作用力与反作用力，故二者方向相反；C 处为固定铰链支座，有一个方向待定的约束力 $\boldsymbol{F}_C$。由于作用在折杆上的只有一个外加力偶，因此为保持折杆平衡，约束力 $\boldsymbol{F}_C$ 和 $\boldsymbol{F}_B$ 必须组成一力偶，与外加力偶 M 平衡，于是可以画出折杆的受力图如图 3-4c 所示。

根据力偶平衡的概念，对于折杆，有

$$M - F_C \times d = 0, \quad F_C = \frac{M}{d} \tag{a}$$

根据图 3-4c 中所示的几何关系，有

$$\begin{aligned} d &= CF + EF = l\sin 45^\circ + r\sin 45^\circ \\ &= \frac{\sqrt{2}}{2}l + \frac{\sqrt{2}}{2}r = \frac{3\sqrt{2}}{2}r \end{aligned} \tag{b}$$

将式(b)代入式(a)，求得

$$F_C = F_B = \frac{M}{d} = \frac{\sqrt{2}}{3}\frac{M}{r} \tag{c}$$

最后应用作用力与反作用力及二力平衡的概念，求得

$$F_A = F'_B = F_B = \frac{M}{d} = \frac{\sqrt{2}}{3}\frac{M}{r}$$

3-1-2　平面一般力系平衡方程的其他形式

根据平衡的必要和充分条件，可以证明，平衡方程除了式(3-3)的形式外，还有以下两种形式：

$$\left.\begin{aligned} \sum F_x &= 0 \\ \sum M_A(\boldsymbol{F}) &= 0 \\ \sum M_B(\boldsymbol{F}) &= 0 \end{aligned}\right\} \tag{3-4}$$

其中 A、B 两点的连线不能垂直于 x 轴。

$$\left.\begin{aligned} \sum M_A(\boldsymbol{F}) &= 0 \\ \sum M_B(\boldsymbol{F}) &= 0 \\ \sum M_C(\boldsymbol{F}) &= 0 \end{aligned}\right\} \tag{3-5}$$

其中 A、B、C 三点不能位于同一条直线上。

式(3-4)和式(3-5)分别称为平衡方程的“二矩式”和“三矩式”。

在很多情形下，如果选用二矩式或三矩式，可以使一个平衡方程中只包含一个未知力，不会遇到求解联立方程的麻烦。

需要指出的是，对于平衡的平面力系，只有 3 个平衡方程是独立的，3 个独立的平衡方程以外的其他平衡方程便不再是独立的。不独立的平衡方程可以用来验证由独立平衡方程所得结果的正确性。

【例题 3-5】　图 3-5a 所示之结构中，A、C、D 三处均为铰链约束。不计横梁 AB 和撑杆 CD 的自重。横梁 AB 在 B 处承受集中力 $\boldsymbol{F}_P$ 的作用，结构各部分尺寸均示于图中。若已知 $\boldsymbol{F}_P$ 和 l，试求撑杆 CD 所受的力及 A 处的约束力。

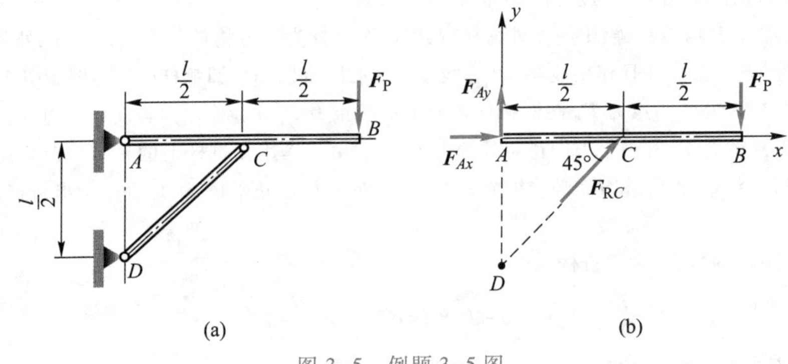

图 3-5　例题 3-5 图

解：1. 受力分析

撑杆 CD 的两端均为铰链约束，中间无其他力作用，故 CD 为二力杆。

因为 CD 为二力杆，横梁 AB 在 C 处的约束力 $\boldsymbol{F}_{RC}$ 与撑杆在 C 处的受力互为作用力与反作用力，其作用线沿 CD 方向，指向如图 3-5b 所设。此外，横梁在 A 处为固定铰链支座，可提供一个大小和方向均未知的约束力。于是，横梁 AB 承受 3 个力作用。根据三力平衡条件，不难确定 A、C 二处的约束力。

为了应用平面一般力系的平衡方程，现将 A 处的约束力分解为相互垂直的两个分力 $\boldsymbol{F}_{Ax}$ 和 $\boldsymbol{F}_{Ay}$。于是，可以画出横梁 AB 的受力图如图 3-5b 所示。

2. 确定研究对象、建立平衡方程与求解未知力

以横梁 AB 为研究对象，其上作用有 $\boldsymbol{F}_P$、$\boldsymbol{F}_{Ax}$、$\boldsymbol{F}_{Ay}$ 和 $\boldsymbol{F}_{RC}$ 4 个力，其中有 3 个是所要求的量，因而可以由平面一般力系的 3 个独立平衡方程求得。

应用三矩式平衡方程，以 A 点为矩心，建立力矩平衡方程，$\boldsymbol{F}_{Ax}$ 和 $\boldsymbol{F}_{Ay}$ 不会出现在平衡方程中，于是可以求出 $\boldsymbol{F}_{RC}$。

以 C 点为矩心，建立力矩平衡方程，$\boldsymbol{F}_{Ax}$ 和 $\boldsymbol{F}_{RC}$ 作用线都通过 C 点，二者不会出现在这一平衡方程中，因此可以求出 $\boldsymbol{F}_{Ay}$。

以 D 点为矩心，建立力矩平衡方程，$\boldsymbol{F}_{Ay}$ 和 $\boldsymbol{F}_{RC}$ 作用线都通过 D 点，这一平衡方程中不会出现 $\boldsymbol{F}_{Ay}$ 和 $\boldsymbol{F}_{RC}$，由此可以求出 $\boldsymbol{F}_{Ax}$。

于是，可以写出

$$\sum M_A(\boldsymbol{F})=0,\qquad -F_P\times l+F_{RC}\times\frac{l}{2}\sin 45^\circ=0$$

$$\sum M_C(\boldsymbol{F})=0,\qquad -F_{Ay}\times\frac{l}{2}-F_P\times\frac{l}{2}=0$$

$$\sum M_D(\boldsymbol{F})=0,\qquad -F_{Ax}\times\frac{l}{2}-F_P\times l=0$$

由此解得

$$F_{RC}=2\sqrt{2}F_P$$

$$F_{Ax}=-2F_P\quad（实际方向与图设方向相反）$$

$$F_{Ay}=-F_P\quad（实际方向与图设方向相反）$$

上述分析和计算结果表明：每个力矩平衡方程中只包含一个未知力，因而避免了求解联立方程的麻烦。

3-1-3　平面汇交力系与平面力偶系的平衡方程

对于平面汇交力系，根据第 2 章中所得到的合成结果，即式(2-5)，得到平面汇交力

系平衡的必要与充分条件为该力系的合力等于零。即

$$\boldsymbol{F}_{\mathrm{R}}=\sum \boldsymbol{F}_i=\mathbf{0}$$

将上式写成投影形式,得到

$$\sum F_x=0,\quad \sum F_y=0 \tag{3-6}$$

于是,平面汇交力系平衡的必要与充分条件是:力系中所有的力在两个坐标轴上投影的代数和分别等于零。式(3-6)称为平面汇交力系的平衡方程。

对于平面力偶系,根据第2章中所得到的合成结果,即式(2-7),其平衡的必要与充分条件为力偶系中所有力偶的力偶矩的代数和等于零。即

$$\sum M_i=0 \tag{3-7}$$

式(3-7)称为平面力偶系的平衡方程。

§3-2 简单的空间力系平衡问题

若力系中各力的作用线在空间任意分布,则该力系称为空间任意力系或空间一般力系,简称空间力系。前几章中所介绍的各种平面力系实际上都是空间力系的特例。工程实际中,受空间力系作用的构件和零部件是常见的。例如图3-6a所示之齿轮传动轴,轴上安装有3个齿轮,轴在A、B二处由轴承支承。作用在每一个齿轮上的力分别向轴线简化,得到一个力和一个力偶,如图3-6b所示。作用在轴上的力和力偶及轴承的约束力组成空间力系,如图3-6c所示。

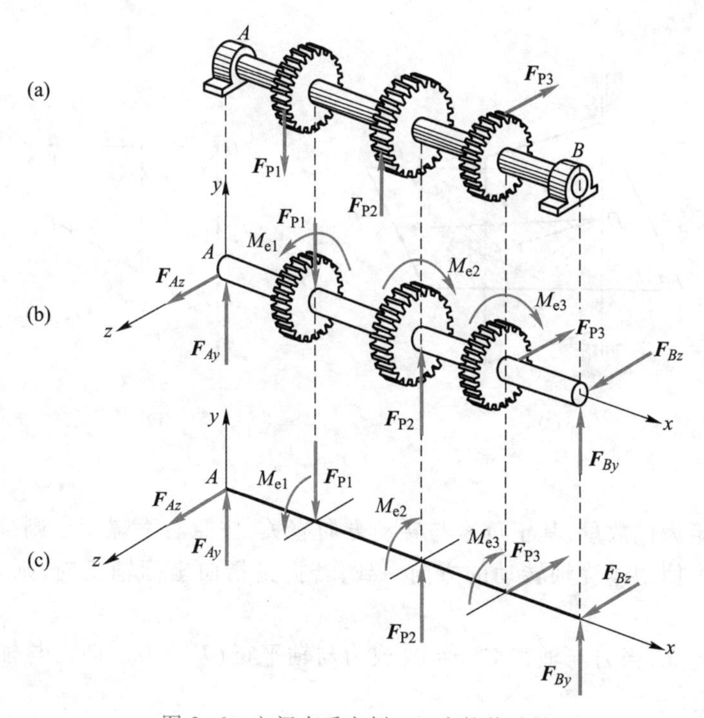

图3-6 空间力系实例——齿轮传动轴

本节主要研究空间力系的简化与平衡问题。与平面力系一样,仍然采用力向一点平移的方法将空间力系分解为两个基本力系——空间汇交力系和空间力偶系,进而对这两个力系加以简化,导出平衡方程。

为此需要引入力对轴之矩的概念,及其与力对点之矩的关系。

3-2-1　力对轴之矩

1. 力对轴之矩

第1章介绍了力对点之矩。实际上,在平面内,力对点之矩是指力对垂直于该平面的轴之矩。例如,图3-7所示之套筒扳手的作用力 $\boldsymbol{F}$ 对其所拧紧的螺钉轴线之矩,表示该力使螺钉绕自身轴线产生的转动效应的大小。这一转动效应也可以用力对点之矩来度量,这一点便是轴与扳手转动平面的交点。

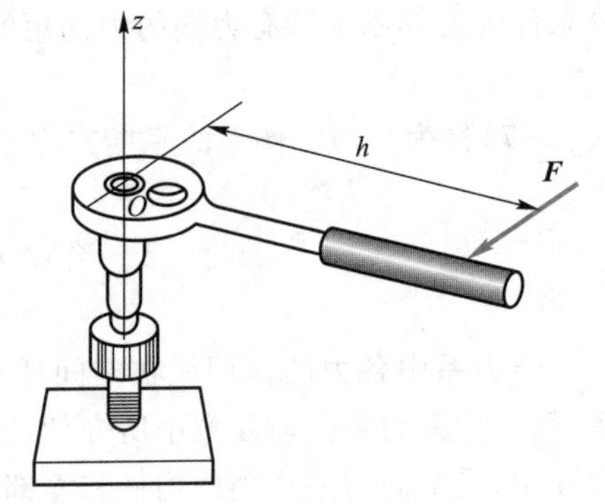

图3-7　力对轴之矩

一般情形下,力 $\boldsymbol{F}$ 的作用线与轴不垂直。这时为考察力使刚体绕轴的转动效应,可将力分解为沿轴向的分力 $\boldsymbol{F}_z$ 和在垂直于轴的平面内的分力 $\boldsymbol{F}_{xy}$,如图3-8所示。显然,轴向分力 $\boldsymbol{F}_z$ 不能使刚体绕 Oz 轴转动,只有作用在垂直于轴的平面内的分力 $\boldsymbol{F}_{xy}$ 才有可能使刚体绕 Oz 轴转动。力对轴之矩等于该力在与轴垂直的平面上的投影对轴与平面的交点之矩,它是力使刚体绕此轴转动的效应的度量。力对轴之矩用记号 $M_z(\boldsymbol{F})$ 表示,即

$$M_z(\boldsymbol{F})=M_O(\boldsymbol{F}_{xy})=\pm F_{xy}h$$

式中,h 为力臂。力矩的数值等于 $\triangle OAB$ 面积数值的2倍;式中正负号表示力矩的转动方向。

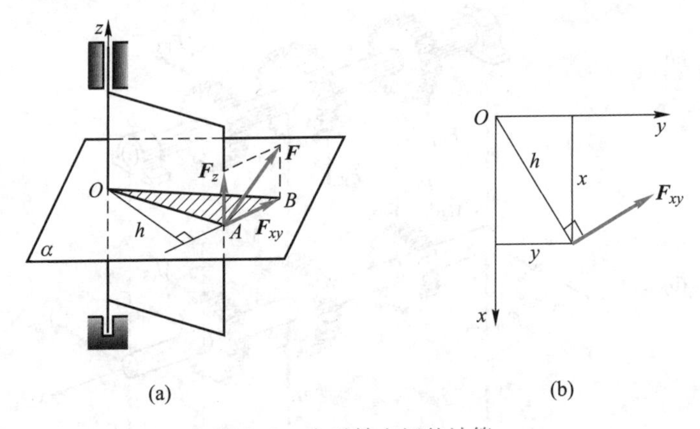

图3-8　力对轴之矩的计算

力对轴之矩为代数量,其正负号与转动方向有关,按照右手螺旋定则确定:右手的四指握拳方向与力使物体绕轴转动的方向一致,若拇指指向坐标轴正向,则力对轴之矩为正,反之为负。

根据上述定义,当力与轴相交($h=0$)或力与轴平行($F_{xy}=0$),即力与轴共面时,力对轴之矩等于零。

2. 力对点之矩与力对通过该点的轴之矩的关系

由图3-9可见,力对点 O 之力矩矢量的模可用三角形面积来表示,即 $|\boldsymbol{M}_O(\boldsymbol{F})|$ 的数值与 $2A_{\triangle OAB}$ 的数值相等,而力对通过点 O 的轴 z 之矩也可用相应的三角形面积表示,即 $M_z(\boldsymbol{F})$ 的数值与 $2A_{\triangle OA'B'}$ 的数值相等,$A_{\triangle OA'B'}$ 是 $\triangle OAB$ 在坐标面 Oxy 上的投影。若两三角

形平面间的夹角(用平面法线的夹角来表示)为 γ,由几何学知 $A_{\triangle OA'B'}=A_{\triangle OAB}\cos\gamma$,由此得

$$|\boldsymbol{M}_O(\boldsymbol{F})|\cos\gamma=M_z(\boldsymbol{F})$$

力对点之矩在通过该点的 x、y、z 轴上的投影,亦即力对该轴之矩,分别为

$$\left.\begin{aligned}[\boldsymbol{M}_O(\boldsymbol{F})]_x=M_x(\boldsymbol{F})\\ [\boldsymbol{M}_O(\boldsymbol{F})]_y=M_y(\boldsymbol{F})\\ [\boldsymbol{M}_O(\boldsymbol{F})]_z=M_z(\boldsymbol{F})\end{aligned}\right\}\tag{3-8}$$

上式表明:力对点之矩矢在通过该点的某轴上的投影,等于力对该轴之矩。应用这一关系,可以用力对坐标轴之矩计算力对坐标原点的力矩矢量。

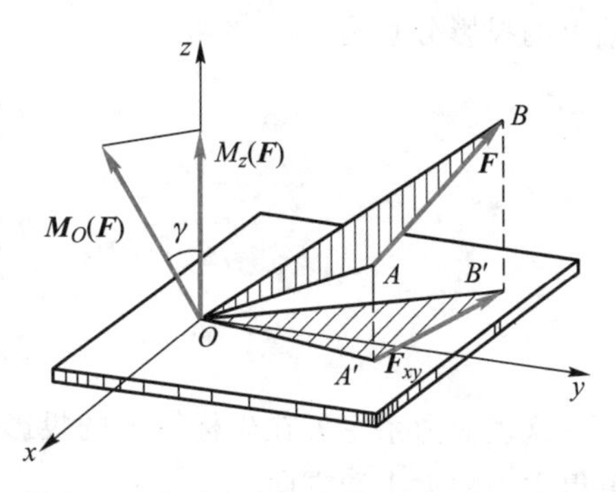

图 3-9　力对点之矩与力对轴之矩的关系

3-2-2　空间力系的简化

与平面力系相似,应用力向一点平移定理,将作用在刚体上的空间力系(图 3-10a)中 $\boldsymbol{F}_1$、$\boldsymbol{F}_2$、…、$\boldsymbol{F}_n$ 各力分别向任意简化中心 O 平移,得到一空间汇交力系 $\boldsymbol{F}_1'$、$\boldsymbol{F}_2'$、…、$\boldsymbol{F}_n'$ 和一空间力偶系,力偶系中各力偶矩矢量分别为 $\boldsymbol{M}_1$、$\boldsymbol{M}_2$、…、$\boldsymbol{M}_n$,如图 3-10b 所示。其中

$$F_1'=F_1,\ F_2'=F_2,\ \cdots,\ F_n'=F_n$$

$$\boldsymbol{M}_1=\boldsymbol{M}_O(\boldsymbol{F}_1),\boldsymbol{M}_2=\boldsymbol{M}_O(\boldsymbol{F}_2),\cdots,\boldsymbol{M}_n=\boldsymbol{M}_O(\boldsymbol{F}_n)$$

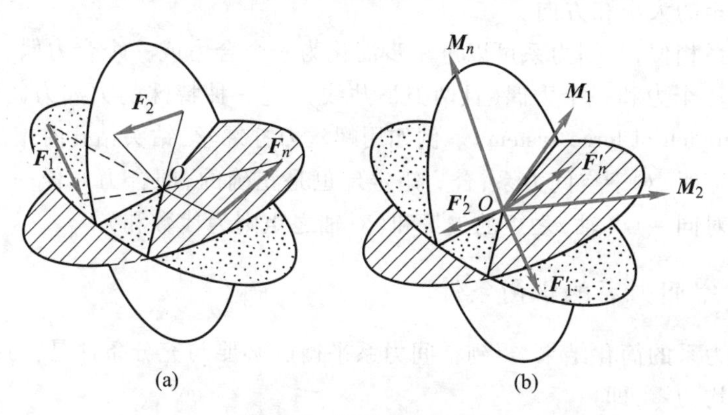

图 3-10　空间力系的简化

这两个力系可以进一步简化为通过简化中心的一个力和一个力偶,该力的矢量及该力偶的力偶矩矢量分别为

$$\left.\begin{aligned}\boldsymbol{F}_R'=\sum_{i=1}^{n}\boldsymbol{F}_i'=\sum_{i=1}^{n}\boldsymbol{F}_i\\ \boldsymbol{M}_O=\sum_{i=1}^{n}\boldsymbol{M}_i=\sum_{i=1}^{n}\boldsymbol{M}_O(\boldsymbol{F}_i)\end{aligned}\right\}\tag{3-9}$$

空间力系中各力的矢量和 $\sum_{i=1}^{n}\boldsymbol{F}_i$,称为力系的主矢 $\boldsymbol{F}_R'$,各力对简化中心之矩的矢量和 $\sum_{i=1}^{n}\boldsymbol{M}_O(\boldsymbol{F}_i)$,称为力系对简化中心的主矩 $\boldsymbol{M}_O$。

与平面力系相同,空间力系的主矢与简化中心的位置无关,而主矩却随着简化中心的位置不同而改变。

为了计算主矢和主矩，以简化中心 O 为原点，建立直角坐标系 $Oxyz$，主矢 $\boldsymbol{F}'_R$ 在各坐标轴上的投影分别为

$$\left.\begin{aligned} F'_{Rx} &= \sum_{i=1}^{n} F_{ix} \\ F'_{Ry} &= \sum_{i=1}^{n} F_{iy} \\ F'_{Rz} &= \sum_{i=1}^{n} F_{iz} \end{aligned}\right\} \tag{3-10}$$

这表明力系主矢在坐标轴上的投影等于力系中各力在同一轴上投影的代数和。由此可得主矢的大小和方向。

根据力对点之矩与力对轴之矩的关系，主矩 $\boldsymbol{M}_O$ 在各坐标轴上的投影分别为

$$\left.\begin{aligned} M_{Ox} &= \sum_{i=1}^{n} [\boldsymbol{M}_O(\boldsymbol{F}_i)]_x = \sum_{i=1}^{n} M_x(\boldsymbol{F}_i) \\ M_{Oy} &= \sum_{i=1}^{n} [\boldsymbol{M}_O(\boldsymbol{F}_i)]_y = \sum_{i=1}^{n} M_y(\boldsymbol{F}_i) \\ M_{Oz} &= \sum_{i=1}^{n} [\boldsymbol{M}_O(\boldsymbol{F}_i)]_z = \sum_{i=1}^{n} M_z(\boldsymbol{F}_i) \end{aligned}\right\} \tag{3-11}$$

这表明，力系对点 O 的主矩在坐标轴上的投影等于力系中各力对同一轴之矩的代数和。据此可得到主矩的大小和方向。

与平面力系相似，空间力系可以进一步简化为一个合力或一个合力偶（特殊情况二者均为零），或者一个力和一个力偶（且两矢量共线），这一种特殊的力和力偶所组成的系统称为**力螺旋**（wrench of force system）。例如用螺丝刀拧螺丝，钻头钻孔时施加的力螺旋。

同样可以证明，对于空间力系，合力矩定理也是正确的，即合力对任一点（轴）之矩等于力系中各力对同一点（轴）之矩的矢量和（对轴之矩则为代数和）。

3-2-3　空间力系的平衡条件

根据空间力系的简化结果，得到空间力系平衡的必要与充分条件是：力系的主矢和对任一点的主矩均为零，即

$$\left.\begin{aligned} \boldsymbol{F}'_R &= \boldsymbol{0} \\ \boldsymbol{M}_O &= \boldsymbol{0} \end{aligned}\right\} \tag{3-12}$$

式(3-10)和式(3-11)的投影形式为

$$\left.\begin{aligned} \sum_{i=1}^{n} F_{ix} = 0, \quad \sum_{i=1}^{n} M_x(\boldsymbol{F}_i) = 0 \\ \sum_{i=1}^{n} F_{iy} = 0, \quad \sum_{i=1}^{n} M_y(\boldsymbol{F}_i) = 0 \\ \sum_{i=1}^{n} F_{iz} = 0, \quad \sum_{i=1}^{n} M_z(\boldsymbol{F}_i) = 0 \end{aligned}\right\} \tag{3-13}$$

此即空间力系平衡方程的标量形式。它表明空间力系平衡的必要与充分条件是：力系中所有力在直角坐标系 $Oxyz$ 的各坐标轴上投影的代数和及所有力对各轴之矩的代数和均等于零。

需要指出的是，灵活运用空间力系的平衡方程，常可使计算过程大为简化。所谓“灵

活”,是指尽量在一个方程中只包含一个未知量。

【例题 3-6】　图 3-11a 所示之传动轴中,作用于齿轮上的啮合力 $\boldsymbol{F}_{\mathrm{P}}$ 推动 AB 轴作匀速转动。已知带轮上带的紧边的拉力 $F_{\mathrm{T1}}=200\ \mathrm{N}$,松边的拉力 $F_{\mathrm{T2}}=100\ \mathrm{N}$,带轮直径 $D_1=160\ \mathrm{mm}$,圆柱齿轮的节圆直径 $D=240\ \mathrm{mm}$,压力角 $\alpha=20°$,其他尺寸均示于图中。试确定力 $\boldsymbol{F}_{\mathrm{P}}$ 的大小和轴承 A、B 处的约束力。

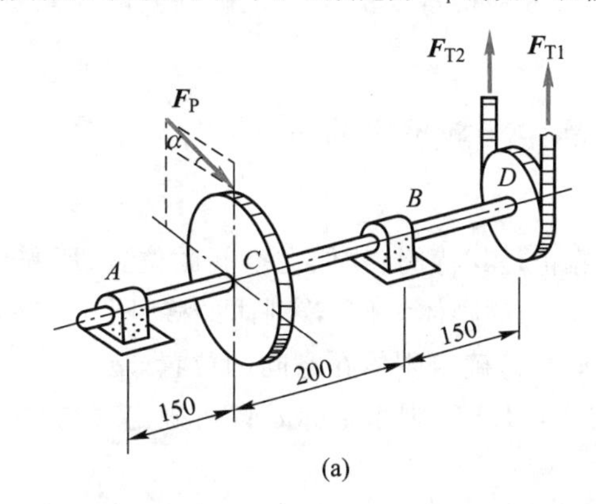

(a)

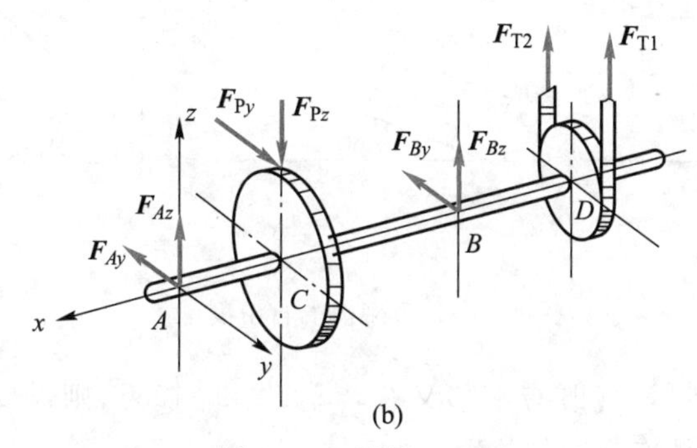

(b)

图 3-11　例题 3-6 图

解:传动轴 AB 匀速转动时,可以认为处于平衡状态。以 AB 轴及其上的齿轮和带轮所组成的系统为研究对象,其受力图如图 3-11b 所示。建立 $Axyz$ 坐标系。为计算简单起见,先将力 $\boldsymbol{F}_{\mathrm{P}}$ 沿 y 和 z 轴分解,得

$$F_{\mathrm{P}y}=F_{\mathrm{P}}\cos 20°,\quad F_{\mathrm{P}z}=F_{\mathrm{P}}\sin 20°$$

$\boldsymbol{F}_{\mathrm{P}z}$ 为作用在齿轮上的径向力,$\boldsymbol{F}_{\mathrm{P}y}$ 为切向力。于是,可以列出以下平衡方程:

$$\sum M_x(\boldsymbol{F}_i)=0,\qquad -F_{\mathrm{P}y}\frac{D}{2}+(F_{\mathrm{T1}}-F_{\mathrm{T2}})\frac{D_1}{2}=0$$

$$\sum M_y(\boldsymbol{F}_i)=0,\qquad -F_{\mathrm{P}z}\times 150\ \mathrm{mm}+F_{Bz}\times 350\ \mathrm{mm}+(F_{\mathrm{T1}}+F_{\mathrm{T2}})\times 500\ \mathrm{mm}=0$$

$$\sum F_{iz}=0,\qquad F_{Az}+F_{Bz}+F_{\mathrm{T1}}+F_{\mathrm{T2}}-F_{\mathrm{P}z}=0$$

$$\sum M_z(\boldsymbol{F}_i)=0,\qquad -F_{\mathrm{P}y}\times 150\ \mathrm{mm}+F_{By}\times 350\ \mathrm{mm}=0$$

$$\sum F_{iy}=0,\qquad F_{\mathrm{P}y}-F_{By}-F_{Ay}=0$$

将已知数据代入平衡方程后解得

$$F_{\mathrm{P}}=71\ \mathrm{N},\quad F_{Ay}=38.1\ \mathrm{N},\quad F_{Az}=142\ \mathrm{N}$$

$$F_{By}=28.6\ \mathrm{N},\quad F_{Bz}=-418\ \mathrm{N}$$　(实际方向与图设方向相反)

§3-3　简单的刚体系统平衡问题

实际工程结构大都是由两个或两个以上构件通过一定的约束方式连接起来的系统,

因为在静力学中构件的模型都是刚体,所以这种系统称为**刚体系统**(system of rigid body)。

前几节中,实际上已经遇到过一些简单刚体系统的问题,只不过其约束与受力都比较简单,比较容易分析和处理。分析刚体系统平衡问题的基本原则与处理单个刚体的平衡问题是一致的,但有其特点,其中很重要的是要正确判断刚体系统的静定性质,并选择合适的研究对象。现分述如下。

3-3-1　刚体系统静定与静不定的概念

1. 刚体自由度的概念

确定不同运动形式(静止是其特例)物体在空间的位置,所需要的独立坐标数各不相同。以在 Oxy 坐标平面内运动的刚体为例,若刚体平移(图 3-12a),则可以用刚体上任意一点(例如 A 点)的坐标(x_A,y_A)确定刚体在空间的位置。

若刚体绕定轴转动(图 3-12b),则角坐标 φ 即可确定其在空间的位置。

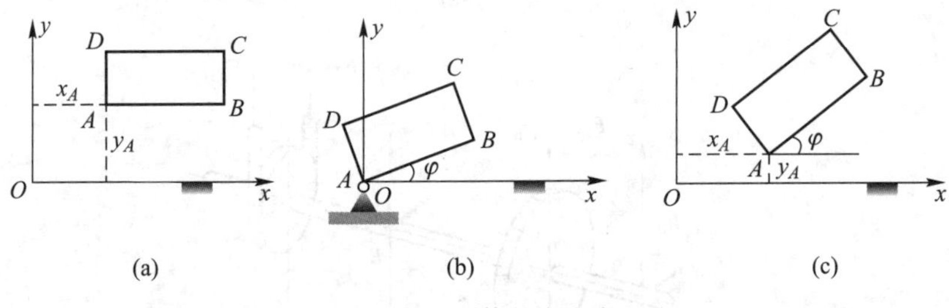

图 3-12　刚体的自由度

若刚体作平面一般运动(既有平移又有转动,图 3-12c),则需要有 3 个独立的坐标(x_A,y_A,φ)才能确定刚体在空间的位置。

确定刚体在空间的位置,所需的独立坐标或独立变量数称为刚体的自由度(degree of freedom)。

所谓约束状态是指刚体在空间运动所受的限制状况。显然,约束状态与自由度有关:自由度大于零者称为不完全约束;自由度小于或等于零者称为完全约束。

若令

N——自由度;

N_r——未知约束力个数;

N_e——独立平衡方程数目。

则

当 $N_e>N_r$ 时,为不完全约束;

当 $N_e=N_r$,且 $N=0$ 时,为完全约束,是静定问题;

当 $N_e<N_r$ 时,为完全约束,是静不定问题。

2. 静定与静不定的概念

上述分析结果表明,作用在自由度为零的刚体上的未知力个数等于独立的平衡方程个数时,应用平衡方程,可以解出全部未知力。这类问题称为**静定问题**(statically determinate problem)。相应的结构称为**静定结构**(statically determinate structure)。

实际工程结构中,为了提高结构的强度和刚度,或者为了其他工程要求,常常需要在静定结构上再加上一些构件或者约束,从而使作用在刚体上未知约束力的数目多于独立的平衡方程数目,因而仅仅依靠刚体平衡条件不能求出全部未知量。这类问题称为**静不定问题(statically indeterminate problem)。相应的结构称为静不定结构(statically indeterminate structure)或超静定结构。

对于静不定问题,必须考虑物体因受力而产生的变形,补充某些方程,才能使方程的数目等于未知量的数目。求解静不定问题已超出静力学的范围,本书将在“材料力学”篇中介绍。

本节将讨论静定的刚体系统的平衡问题。

3-3-2　刚体系统的平衡问题的特点与解法

1. 整体平衡与局部平衡的概念

某些刚体系统的平衡问题中,若仅考虑整体平衡,其未知约束力的数目多于平衡方程的数目,但是,如果将刚体系统中的构件分开,依次考虑每个构件的平衡,则可以求出全部未知约束力。这种情形下的刚体系统依然是静定的。

求解刚体系统的平衡问题需要将平衡的概念加以扩展,即如果系统整体是平衡的,则组成系统的每一个局部及每一个刚体也必然是平衡的。

2. 研究对象有多种选择

由于刚体系统是由多个刚体组成的,因此,研究对象的选择对于能不能求解及求解过程的繁简程度有很大关系。一般先以整个系统为研究对象,虽然不能求出全部未知约束力,但可求出其中一个或几个未知力。

3. 对刚体系统作受力分析时要分清内力和外力

内力和外力是相对的,需视选择的研究对象而定。研究对象以外的物体作用于研究对象上的力称为外力(external force),研究对象内部各部分间的相互作用力称为内力(internal force)。内力总是成对出现,它们大小相等、方向相反,分别作用在两个相连接的物体上。

考虑以整体为研究对象的平衡时,由于内力在任意轴上的投影之和及对任意点的力矩之和始终为零,因而不必考虑。但是,一旦将系统拆开,以局部或单个刚体作为研究对象时,在拆开处,原来的内力变成了外力,建立平衡方程时,必须考虑这些力。

4. 严格根据约束的性质确定约束力,注意相互连接物体之间的作用力与反作用力

刚体系统的受力分析过程中,必须严格根据约束的性质确定约束力,特别要注意互相连接物体之间的作用力与反作用力,使作用在平衡系统整体上的力系和作用在每个刚体上的力系都满足平衡条件。

常常有这样的情形,作用在系统上的力系似乎满足平衡条件,但由此而得到的单个刚体上的力系却是不平衡的。这显然是不正确的。这种情形对于初学者时有发生。

【例题 3-7】　图 3-13a 所示静定结构由 AB 和 BC 两根梁通过中间铰(B)连成一体,这种梁称为组合梁(combined beam)。其中 C 处为滚轴支座,A 处为固定端。DE 段梁上承受均布载荷作用,载荷集度为 q;E 处作用有外加力偶,其力偶矩为 M。若 q、M、l 等均为已知,试求 A、C 二处的约束力。

解:1. 受力分析

对于结构整体,在固定端 A 处有 3 个约束力,设为 $\boldsymbol{F}_{Ax}$、$\boldsymbol{F}_{Ay}$ 和 M_A;在滚轴支座 C 处有 1 个竖直方向的约束力 $\boldsymbol{F}_{RC}$,这些约束力都是系统的外力。若将结构从 B 处拆开成两个刚体,则铰链 B 处的约束力可以用相互垂直的两个分量表示,但作用在两个刚体上同一处的约束力互为作用力与反作用力,这种约束力对于拆开的单个刚体是外力,对于拆开之前的系统,却是内力。这些力在考察结构整体平衡时并不出现。

因此,整体结构的受力如图 3-13b 所示;AB 和 BC 两个刚体的受力图分别如图 3-13c、d 所示。图中

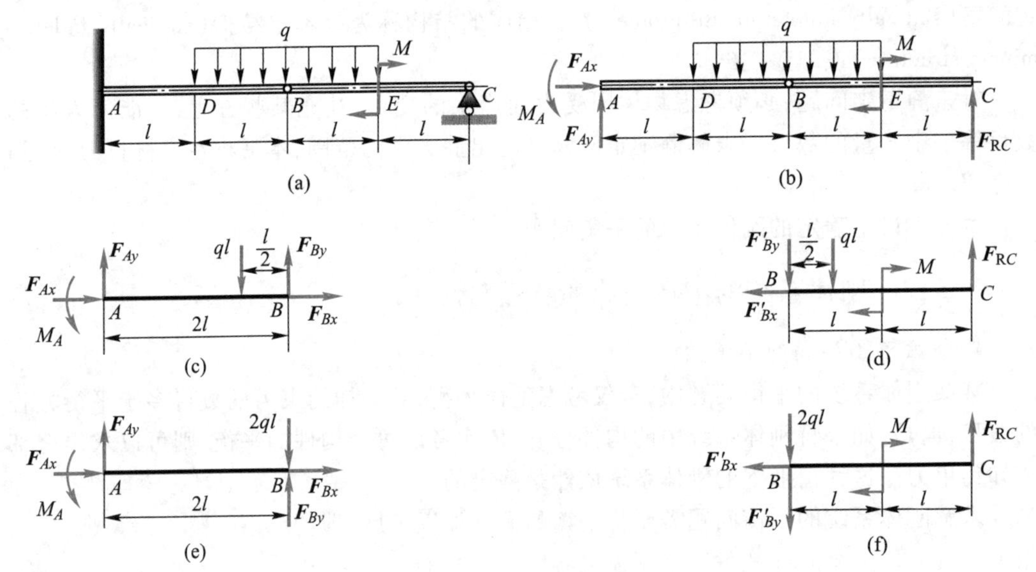

图 3-13　例题 3-7 图

作用在 DB 段和 BE 段梁上的均布载荷的合力大小均为 ql。

2. 考察组合梁整体平衡

考察整体结构的受力图(图 3-13b)，其上作用有 4 个未知约束力，而平面力系独立的平衡方程只有 3 个，因此，仅仅考察整体平衡不能求得全部未知约束力，但是可以求得其中某些未知量。例如，由平衡方程

$$\sum F_x = 0$$

可得到

$$F_{Ax} = 0$$

3. 考察局部平衡

考察图 3-13c、d 所示拆开后的梁 AB 和梁 BC 的平衡。

梁 AB 在 A、B 二处作用有 5 个约束力，其中已求得 $F_{Ax}=0$，尚有 4 个是未知的，故梁 AB 不宜最先选作研究对象。

梁 BC 在 B、C 二处共有 3 个未知约束力，可由 3 个独立平衡方程确定。因此，先以梁 BC 作为研究对象，求得其上的约束力后，再应用拆开后两部分在 B 处的约束力互为作用力与反作用力关系，使得梁 AB 上 B 处的约束力变为已知。

最后再考察梁 AB 的平衡，即可求得 A 处的约束力。

也可以在确定了 C 处的约束力之后再考察整体平衡，求得 A 处的约束力。

先考察梁 BC 的平衡，由

$$\sum M_B(\boldsymbol{F}) = 0,\quad F_{\mathrm{RC}} \times 2l - M - ql \times \frac{l}{2} = 0$$

求得

$$F_{\mathrm{RC}} = \frac{M}{2l} + \frac{ql}{4} \tag{a}$$

再考察整体平衡，将 DE 段的分布载荷简化为作用于 B 处的集中力，其值为 $2ql$。建立平衡方程。

$$\sum F_y = 0,\quad F_{Ay} - 2ql + F_{\mathrm{RC}} = 0 \tag{b}$$

$$\sum M_A(\boldsymbol{F}) = 0,\quad M_A - 2ql \times 2l - M + F_{\mathrm{RC}} \times 4l = 0 \tag{c}$$

将式(a)代入式(b)、式(c)后，得到

$$F_{Ay} = \frac{7}{4}ql - \frac{M}{2l} \tag{d}$$

$$M_A = 3ql^2 - M \tag{e}$$

4. 结果验证

为了验证上述结果的正确性，建议读者再以梁 AB 为研究对象，应用已经求得的 F_{Ay} 和 M_A，确定 B 处的约束力，与考察梁 BC 平衡求得的 B 处约束力互相印证。

对于初学者，上述验证过程显得过于烦琐，但对于工程设计，为了确保安全可靠，这种验证过程却是非常必要的。

5. 本例讨论

本例中关于均布载荷的简化，有两种方法：考察整体平衡时，将其简化为作用在 B 处的集中力，其值为 $2ql$；考察局部平衡时，是先拆开，再将作用在各个局部上的均布载荷分别简化为集中力。

在将系统拆开之前，能不能先将均布载荷简化？这样简化得到的集中力应该作用在哪一个局部上？图 3-13e、f 中所示之将集中力 $F_P = 2ql$ 同时作用在两个局部的 B 处，这样的处理是否正确？请读者应用等效力系定理自行分析研究。

【例题 3-8】　图 3-14a 所示为房屋和桥梁中常见的三铰拱(three-pin arch, three hinged arch)结构模型。结构由两个构件通过中间铰连接而成：A、B 二处为固定铰链支座；C 处为中间铰。各部分尺寸均示于图中。拱的顶面承受集度为 q 的均布载荷。若已知 q、l、h，且不计拱结构的自重，试求 A、B 二处的约束力。

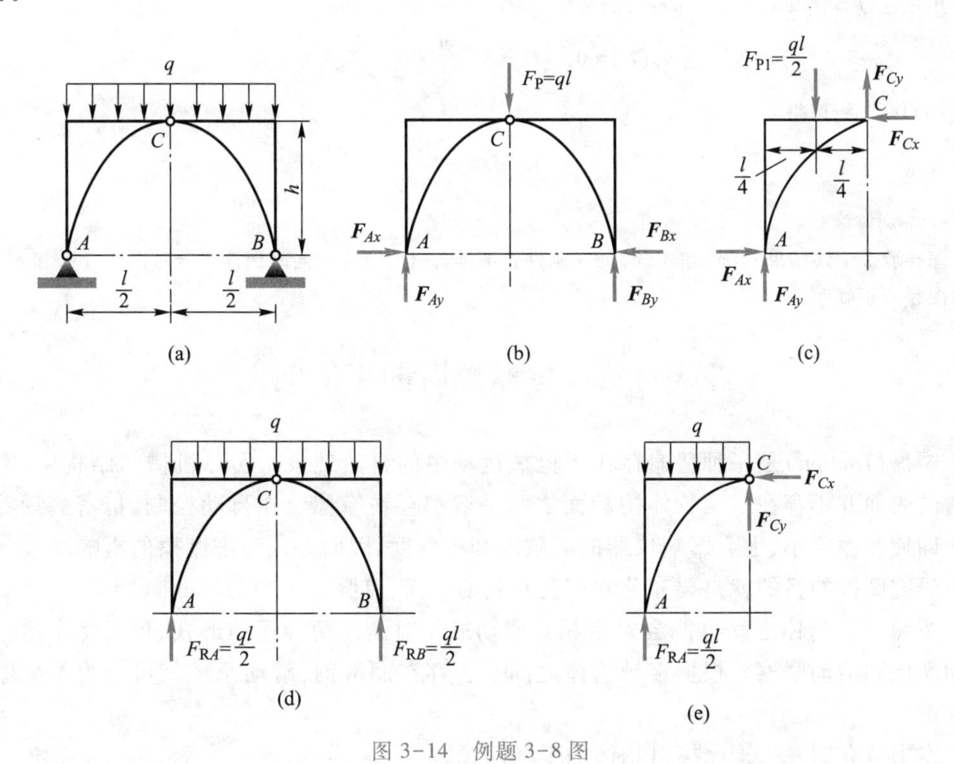

图 3-14　例题 3-8 图

解：1. 受力分析

固定铰支座 A、B 二处的约束力均用两个相互垂直的分量表示。中间铰 C 处的约束力亦用两个互相垂直的分量表示。但前者为外力，后者为内力。内力仅在系统拆开时才会出现。

2. 考察整体平衡

将作用在拱顶面的均布载荷简化为过点 C 的集中力，其值为 $F_P = ql$，考虑到 A、B 二处的约束力，整体结构的受力如图 3-14b 所示。

从图中可以看出，4 个未知约束力中，分别有 3 个约束力的作用线通过 A、B 二点。这表明，应用对 A、B 二处的力矩平衡方程，可以各求得一个未知力。于是，由

$$\sum M_A(\boldsymbol{F})=0,\quad F_{By}\times l-F_{\mathrm{P}}\times\frac{l}{2}=0$$

$$\sum M_B(\boldsymbol{F})=0,\quad -F_{Ay}\times l+F_{\mathrm{P}}\times\frac{l}{2}=0$$

得

$$F_{Ay}=F_{By}=\frac{ql}{2}\tag{a}$$

方向与图 3-14b 中所设相同。

再由

$$\sum F_x=0,\quad F_{Ax}-F_{Bx}=0$$

求得

$$F_{Ax}=F_{Bx}\tag{b}$$

3. 考察局部平衡

将系统从 C 处拆开,考察左边或右边部分的平衡,其受力图如图 3-14c 所示,其中

$$F_{\mathrm{P1}}=\frac{ql}{2}$$

为作用在左边部分顶面均匀分布载荷的简化结果。于是,可以写出

$$\sum M_C(\boldsymbol{F})=0,\quad F_{Ax}\times h+\frac{ql}{2}\times\frac{l}{4}-F_{Ay}\times\frac{l}{2}=0$$

将式(a)代入后,解得

$$F_{Ax}=F_{Bx}=\frac{ql^2}{8h}\tag{c}$$

4. 本例讨论

怎样验证上述结果式(a)和式(c)的正确性?请读者自行研究。同时请读者分析图 3-14d 和 e 中的受力图是否正确?

§3-4　考虑摩擦时的平衡问题

摩擦(friction)是一种普遍存在于机械运动中的自然现象。实际机械与结构中,完全光滑的表面并不存在。两物体接触面之间一般都存在摩擦。在自动控制、精密测量等工程中即使摩擦很小,也会影响仪器的灵敏度和精确度,因而必须考虑摩擦的影响。

研究摩擦的目的就是要充分利用其有利的一面,克服其不利的一面。

按照接触物体之间可能会发生相对滑动或相对滚动两种运动形式,可以将摩擦分为滑动摩擦和滚动摩擦。根据接触物体之间是否存在润滑剂,滑动摩擦又可分为干摩擦和湿摩擦。

本书只介绍发生干摩擦时物体的平衡问题。

3-4-1　滑动摩擦定律

考察图 3-15a 中所示之质量为 m、静止地放置于水平面上的物块,设二者接触面都是非光滑面。

在物块上施加水平力 $\boldsymbol{F}_{\mathrm{P}}$,并令其自零开始连续增大,当力较小时,物块具有相对滑动的趋势。这时,物块的受力如图 3-15b 所示。因为是非光滑面接触,故作用在物块上的约束力除法向力 $\boldsymbol{F}_{\mathrm{N}}$ 外,还有一与运动趋势相反的力,称为静滑动摩擦力,简称**静摩擦力**(static friction force),用 $\boldsymbol{F}$ 表示。

当 $F_P=0$ 时，由于二者无相对滑动趋势，故静摩擦力 $F=0$。当 F_P 开始增加时，静摩擦力 F 随之增加，因为存在 $F=F_P$，物块仍然保持静止。

F_P 再继续增加，达到某一临界值时，静摩擦力达到最大值，$F=F_{max}$，物块处于临界状态。其后，物块开始沿力 $\boldsymbol{F}_P$ 的作用方向滑动。

物块开始运动后，静摩擦力突变至动滑动摩擦力（简称动摩擦力）$\boldsymbol{F}_d$。此后，主动力 $\boldsymbol{F}_P$ 的数值若再增加，动摩擦力基本上保持为常值 F_d。

上述过程中，主动力与摩擦力之间的关系曲线如图 3-16 所示。

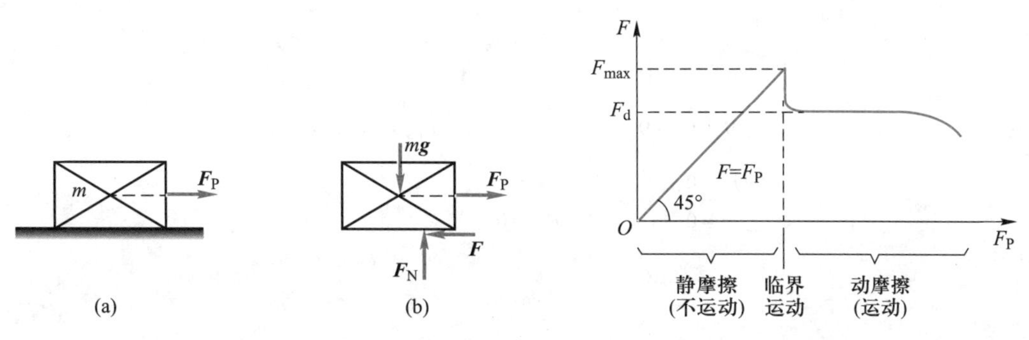

图 3-15　静滑动摩擦力

图 3-16　主动力与摩擦力之间的关系

根据**库仑**（Coulomb）摩擦定律，**最大静摩擦力**（maximum static friction force）与正压力成正比，其方向与相对滑动趋势的方向相反，而与接触面积的大小无关，即

$$F_{max}=f_sF_N \tag{3-14}$$

式中 f_s 称为**静摩擦因数**（static friction factor）。静摩擦因数 f_s 主要与材料和接触面的粗糙程度有关，其数值可在机械工程手册中查到。但由于影响摩擦因数的因素比较复杂，所以如果需要较准确的 f_s 数值，则应由实验测定。

上述分析表明，开始运动之前，即物体保持静止时，静摩擦力的数值在零与最大静摩擦力之间，即

$$0 \leqslant F \leqslant F_{max} \tag{3-15}$$

从约束的角度，静摩擦力也是一种约束力，而且是在一定范围内取值的约束力。

3-4-2　考虑摩擦时的平衡问题

考虑摩擦时的平衡问题，与不考虑摩擦时的平衡问题有着共同特点，即物体平衡时应满足平衡条件，解题方法与过程也基本相同。

但是，这类平衡问题的分析过程也有其特点：首先，受力分析时必须考虑摩擦力，而且要注意摩擦力的方向与相对滑动趋势的方向相反；其次，在滑动之前，即处于静止状态时，摩擦力不是一个定值，而是在一定的范围内取值。

【例题 3-9】　梯子的上端 B 靠在铅垂的墙壁上，下端 A 搁置在水平地面上。假设梯子与墙壁之间为光滑约束，而与地面之间为非光滑约束，如图 3-17a 所示。已知：梯子与地面之间的静摩擦因数为 f_s；梯子所受的重力为 $\boldsymbol{W}$。试求：

（1）若梯子在倾角为 α_1 的位置保持平衡，A、B 二处约束力 F_{NA}、F_{NB} 和摩擦力 F_A；

（2）若使梯子不致滑倒，其倾角 α 的范围。

解：（1）求梯子在倾角为 α_1 的位置保持平衡时的约束力

这种情形下，梯子的受力图如图 3-17b 所示。其中将摩擦力 $\boldsymbol{F}_A$ 作为一般的约束力，假设其方向如图所示。于是有

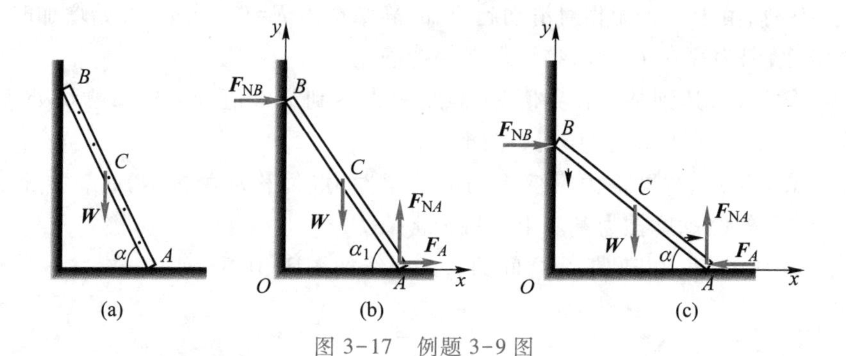

图 3-17 例题 3-9 图

$$\sum M_A(\boldsymbol{F})=0,\quad W\times\frac{l}{2}\times\cos\alpha_1-F_{NB}\times l\times\sin\alpha_1=0$$

$$\sum F_y=0,\qquad F_{NA}-W=0$$

$$\sum F_x=0,\qquad F_A+F_{NB}=0$$

据此解得

$$F_{NB}=\frac{W\cos\alpha_1}{2\sin\alpha_1}\tag{a}$$

$$F_{NA}=W\tag{b}$$

$$F_A=-F_{NB}=-\frac{W}{2}\cot\alpha_1\tag{c}$$

所得 F_A 的结果为负值,表明梯子下端所受的摩擦力与图 3-17b 中所假设的方向相反。

(2) 求梯子不滑倒的倾角 α 的范围

这种情形下,摩擦力 $\boldsymbol{F}_A$ 的方向必须根据梯子在地上的滑动趋势预先确定,不能任意假设。于是,梯子的受力如图 3-17c 所示。

平衡方程和物理方程分别为

$$\sum M_A(\boldsymbol{F})=0,\qquad W\times\frac{l}{2}\times\cos\alpha-F_{NB}\times l\times\sin\alpha=0\tag{d}$$

$$\sum F_y=0,\qquad F_{NA}-W=0\tag{e}$$

$$\sum F_x=0,\qquad -F_A+F_{NB}=0\tag{f}$$

$$F_A=f_s F_{NA}\tag{g}$$

联立求解式(d)、式(e)、式(f)、式(g),不仅可以解出 A、B 二处的约束力,而且可以确定保持梯子平衡时的临界倾角

$$\alpha=\operatorname{arccot}(2f_s)$$

由常识可知,角度 α 越大,梯子越易保持平衡,故平衡时梯子对地面的倾角范围为

$$\operatorname{arccot}(2f_s)<\alpha<90^\circ$$

【例题 3-10】 图 3-18 所示为小型起重机机械的单制动块制动器。已知重物重 $W=450$ N,制动块 D 与鼓轮之间的静摩擦因数 $f_s=0.4$。设 $R=250$ mm,$r=200$ mm,$l=450$ mm,$a=e=150$ mm。试问油缸 BC 至少给出多大的力才能保持鼓轮静止?

解:油缸的压力作用在杠杆 ABD 上,使制动块 D 压紧鼓轮,当鼓轮有转动趋势时,产生摩擦力。鼓轮和杠杆所受的力都可简化为平面力系,二者的受力图分别如图 3-18b、c 所示。对于鼓轮,力矩平衡方程为

$$\sum M_O(\boldsymbol{F})=0,\quad Wr-FR=0\tag{a}$$

对于杠杆,因 $\boldsymbol{F}'=-\boldsymbol{F},\boldsymbol{F}'_N=-\boldsymbol{F}_N$,故力矩平衡方程为

$$\sum M_A(\boldsymbol{F})=0,\quad F_B a-F_N l-Fe=0\tag{b}$$

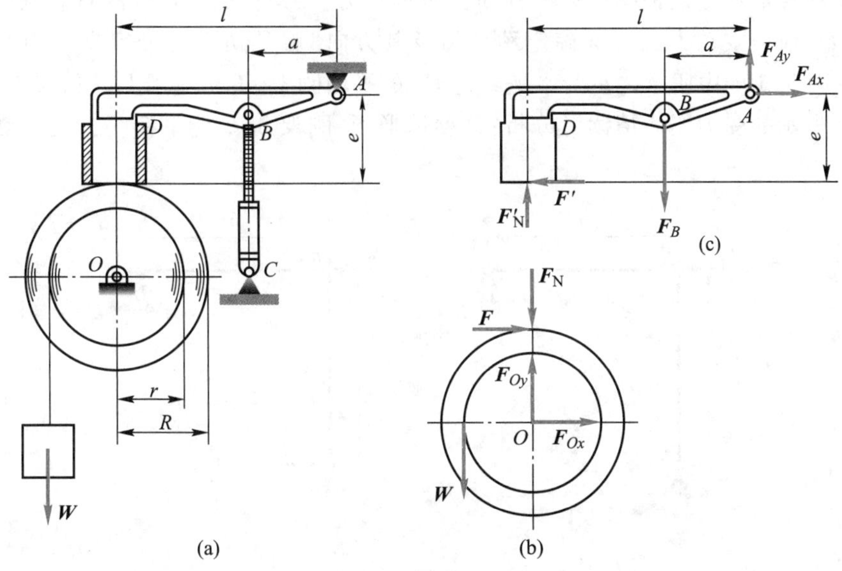

图 3-18　例题 3-10 图

临界状态(将动而尚未动)时,摩擦力达到最大值,即

$$F=F_{\max}=f_s F_N \tag{c}$$

将式(c)代入式(a),解得

$$F_N=\frac{Wr}{f_s R}$$

进而由式(b)求得

$$F_B=\frac{F_N l+f_s F_N e}{a}=\frac{Wr}{aR}\left(\frac{l}{f_s}+e\right)=\frac{450\times 200}{150\times 250}\times\left(\frac{450}{0.4}+150\right)\ \mathrm{N}=3\ 060\ \mathrm{N}=3.06\ \mathrm{kN}$$

§3-5　小结与讨论

3-5-1　关于坐标系和力矩中心的选择

选择适当的坐标系和力矩中心,可以减少每个平衡方程中所包含未知量的数目。在平面力系的情形下,力矩中心应尽量选在两个或多个未知力的交点上,这样建立的力矩平衡方程中将不包含这些未知力;坐标系中坐标轴取向应尽量与多数未知力相垂直,从而使这些未知力在这一坐标轴上的投影等于零,这同样可以减少平衡方程中未知力的数目。

需要特别指出的是,平面力系的平衡方程虽然有 3 种形式,但是独立的平衡方程只有 3 个。这表明,平面力系平衡方程的 3 种形式是等价的。采用了一种形式的平衡方程,其余形式的平衡方程就不再是独立的,但是可以用于验证所得结果的正确性。

在很多情形下,采用力矩平衡方程计算,往往比采用力的投影平衡方程方便些。

3-5-2　关于受力分析的重要性

从本章关于单个刚体与简单刚体系统平衡问题的分析中可以看出,受力分析是决定分析平衡问题成败的关键,只有当受力分析正确无误时,其后的分析才能取得正确的结果。

初学者常常不习惯根据约束的性质分析约束力,而是根据不正确的直观判断确定约束力,例如"根据主动力的方向确定约束力及其方向"就是初学者最容易采用的错误方法。对于图 3-19a 中所示之承受水平载荷 $\boldsymbol{F}_{\mathrm{P}}$ 的平面刚架 ABC,应用上述错误方法,得到图 3-19b 所示的受力图。请读者分析:这种情形下,刚架 ABC 能平衡吗?这一受力图错在哪里?

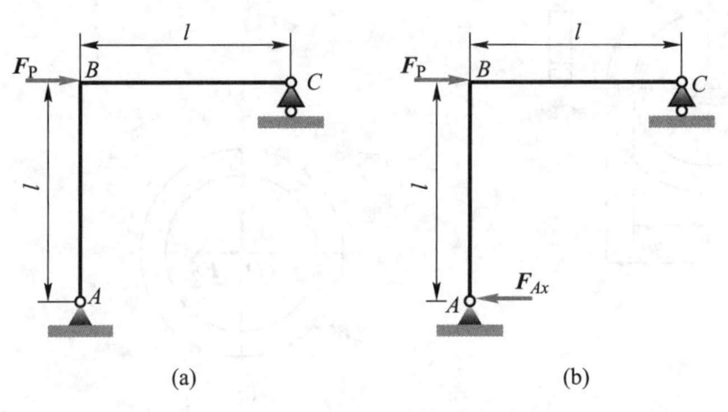

图 3-19 不正确的受力分析之一

又如,对于图 3-20a 中所示之三铰拱,当考察其总体平衡时,得到图 3-20b 所示之受力图。根据这一受力图三铰拱整体是平衡的,局部能够平衡吗?这一受力图又错在哪里呢?

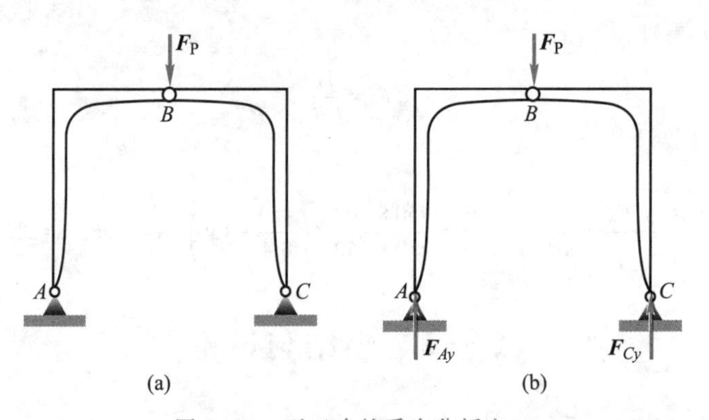

图 3-20 不正确的受力分析之二

3-5-3 关于求解刚体系统平衡问题时应注意的几个方面

根据刚体系统的特点,分析和处理刚体系统平衡问题时,注意以下几个方面是很重要的。

认真理解、掌握并能灵活运用"系统整体平衡,组成系统的每个局部必然平衡"的重要概念。

某些受力分析,从整体上看,可以使整体平衡,似乎是正确的;但是局部却是不平衡的。因而是不正确的。图 3-20b 中所示之错误的受力分析即属此例。

要灵活选择研究对象。所谓研究对象包括系统整体、单个刚体及由两个或两个以上刚体组成的局部系统。灵活选择研究对象,一般应遵循:研究对象上既有未知力,也有已知力或前面计算过程中已计算出结果的未知力;同时,应当尽量使一个平衡方程中只包含一个未知约束力,不解或少解联立方程。

注意区分内力与外力、作用力与反作用力。

内力只有在系统拆开时才会出现,故而在考察整体平衡时,无需考虑内力。

当同一约束处有两个或两个以上刚体相互连接时,为了区分作用在不同刚体上的约束力是否互为作用力与反作用力,必须逐个对刚体进行分析,分清哪一个是施力体,哪一个是受力体。

注意对分布载荷进行等效简化。考察局部平衡时,分布载荷可以在拆开之前简化,也可以在拆开之后简化。要注意的是,先简化、后拆开时,简化后合力加在何处才能满足力系等效的要求。这一问题请读者结合例题 3-7 中图 3-13e、f 所示之受力图,加以分析。

3-5-4　摩擦角与自锁的概念

1. 摩擦角

当考虑摩擦时,作用在物体接触面上的有法向约束力 $\boldsymbol{F}_N$ 和切向摩擦力 $\boldsymbol{F}$,二者的合力便是接触面处所受的总约束力,又称为全约束力,用 $\boldsymbol{F}_R$ 表示,如图 3-21a 所示。图中:

$$\boldsymbol{F}_R=\boldsymbol{F}_N+\boldsymbol{F} \tag{3-16}$$

全约束力的大小为

$$F_R=\sqrt{F_N^2+F^2} \tag{3-17}$$

全约束力作用线与接触面法线的夹角为 φ,由下式确定:

$$\tan\varphi=\frac{F}{F_N} \tag{3-18}$$

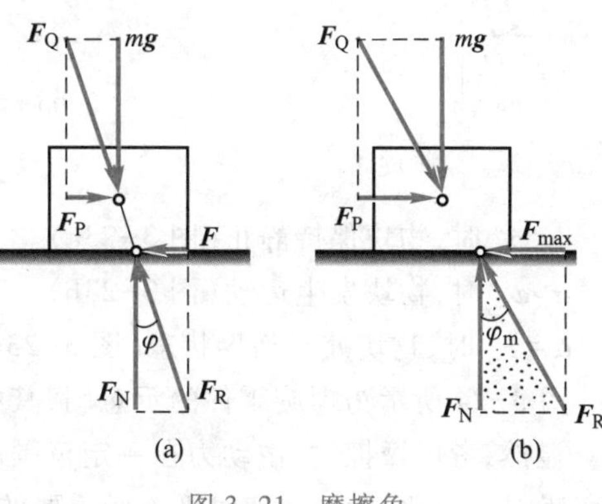

图 3-21　摩擦角

由于物体从静止到开始运动的过程中,摩擦力 $\boldsymbol{F}$ 从零开始增加直到最大值 F_{max}。上式中的 φ 角,也从零开始增加直到最大值,φ 角的最大值称为摩擦角(angle of friction),用 φ_m 表示。在刚刚开始运动的临界状态下,全约束力为

$$\boldsymbol{F}_R=\boldsymbol{F}_N+\boldsymbol{F}_{max} \tag{3-19}$$

摩擦角由下式确定:

$$\tan\varphi_m=\frac{F_{max}}{F_N} \tag{3-20}$$

如图 3-21b 所示。

应用库仑摩擦定律,上式可以改写成

$$\tan\varphi_m=\frac{F_{max}}{F_N}=\frac{f_sF_N}{F_N}=f_s \tag{3-21}$$

上述分析结果表明:摩擦角是全约束力 $\boldsymbol{F}_R$ 偏离接触面法线的最大角度;摩擦角的正切值等于静摩擦因数。

2. 自锁现象

当主动力合力的作用线位于摩擦角的范围以内时,无论主动力有多大,物体都保持平衡(图 3-22),上述现象称为自锁(self-lock);反之,如果主动力合力的作用线位于摩擦角的范围以外时,无论主动力有多小,物体也必定发生运动,称为不自锁。介于自锁与不自锁之间者为临界状态。

以图 3-23 中所示之水平表面上的物块为例,作用在物块上的主动力有重力 $\boldsymbol{W}$ 和水

平推力 F_P。二者的合力为

视频：
不自锁现象
——自动
门铰

$$F_Q = W+F_P$$

假设主动力合力 F_Q 的作用线与接触面法线 n 之间的夹角为 α。可以证明，物块将存在 3 种可能的运动状态：

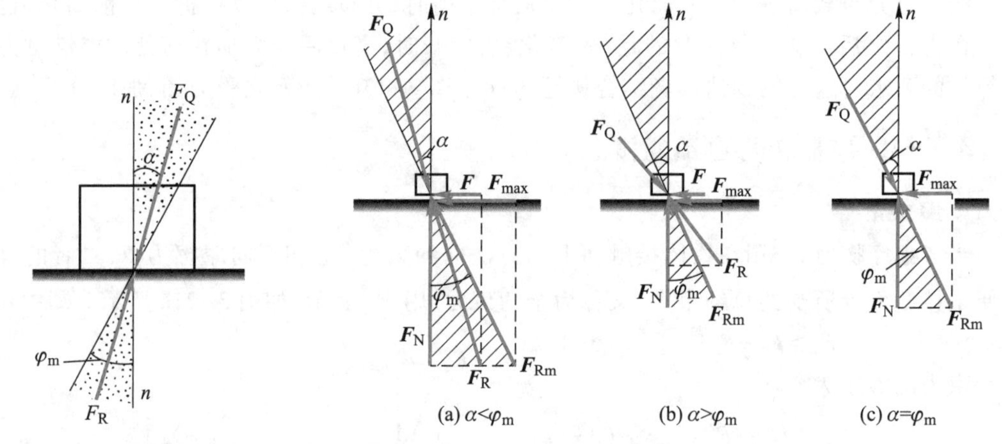

图 3-22　自锁的条件　　　　图 3-23　物块的 3 种运动状态

$\alpha<\varphi_m$ 时，物块保持静止（图 3-23a）。

$\alpha>\varphi_m$ 时，物块发生运动（图 3-23b）。

$\alpha=\varphi_m$ 时，物块处于临界状态（图 3-23c）。

图 3-24 所示为螺旋零件的示意图，其中 α 为螺旋角。为保证螺旋自锁，必须满足 $\alpha<\varphi_m$。显然，考虑摩擦时，主动力在一定范围内变动，物体仍能保持静止，这种变动范围称为平衡范围。因此，考虑摩擦时平衡所需要的力或其他参数不是一个定值，而是在一定的范围内取值。

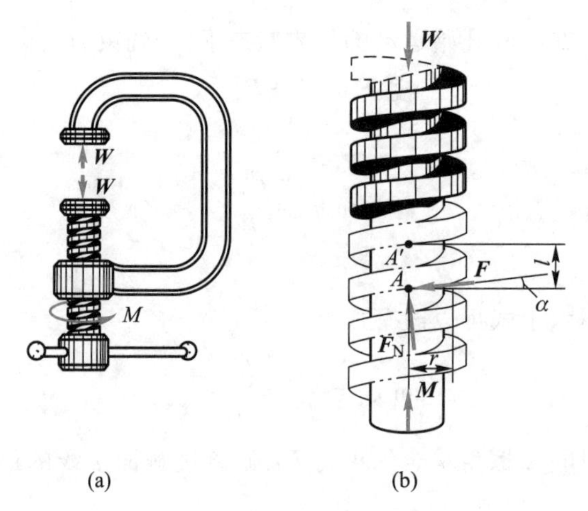

图 3-24　螺旋零件的自锁条件

3-5-5　学习研究问题

问题一：图 3-25 所示结构，不计各杆自重和摩擦，已知 $F_P=10\sqrt{2}$ kN，$M=36$ kN · m，尺寸如图所示。试选择不同的研究对象求解 A、B、C 处的约束力，并分析总结如何选择研究对象来简化求解问题的难度。

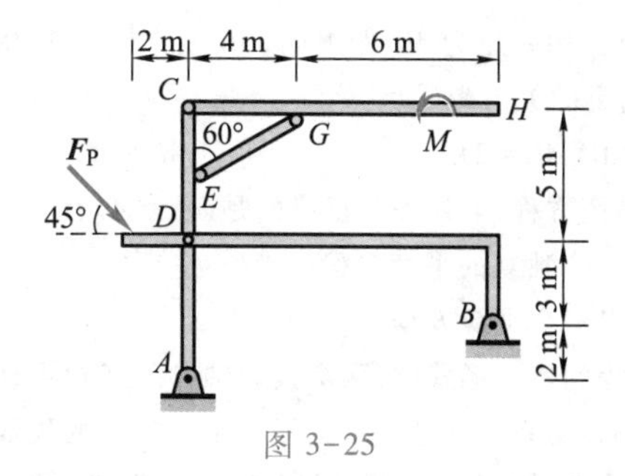

图 3-25

问题二：折梯由两个完全相同的刚性构件 AC 和 BC 在 C 处光滑铰接而成，立于水平地面上，$AC=BC=AB=l$，如图 3-26a 所示，不计构件 AC 和 BC 的自重。

（1）若 A、B 两处的静摩擦因数分别为 $f_{sA}=0.2$，$f_{sB}=0.6$，人能否由 A 处安全爬至 AC 的中点 D 处？

（2）若人能安全爬至梯顶 C 处，则 A、B 两处的静摩擦因数至少应为多少？

（3）若为安全起见，用细绳 EF 将 AC 和 BC 连在一起，如图 3-26b 所示，细绳 EF 不可伸长，绳重不计，$AE=BF=\dfrac{1}{4}l$。当重为 G 的人爬至 AC 的中点 D 处时，能否求出 A、B 两处的摩擦力？请说明理由。

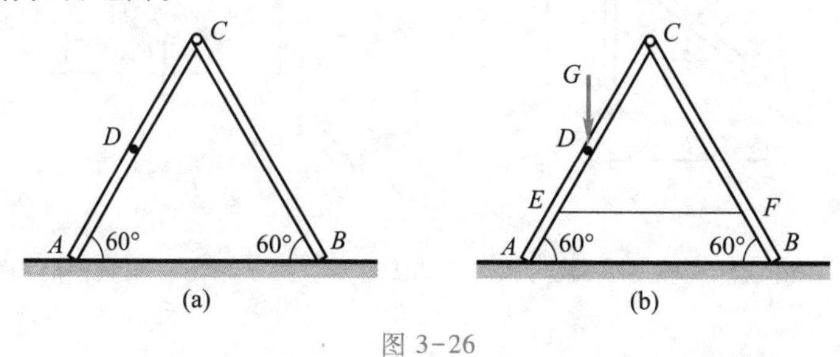

图 3-26

习　题

3-1　图示机构受力 $\boldsymbol{F}$ 作用，各杆重量不计，则支座 A 约束力的大小为（　　）。

（A）$\dfrac{F}{2}$　　（B）$\dfrac{\sqrt{3}}{2}F$　　（C）F　　（D）$\dfrac{\sqrt{3}}{3}F$

3-2　图示杆系结构由相同的细直杆铰接而成，各杆重量不计。若 $F_A=F_C=F$，且垂直 BD，则杆 BD 的内力为（　　）。

（A）$-F$　　（B）$-\sqrt{3}F$ 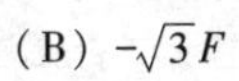　　（C）$-\dfrac{\sqrt{3}}{3}F$　　（D）$-\dfrac{\sqrt{3}}{2}F$

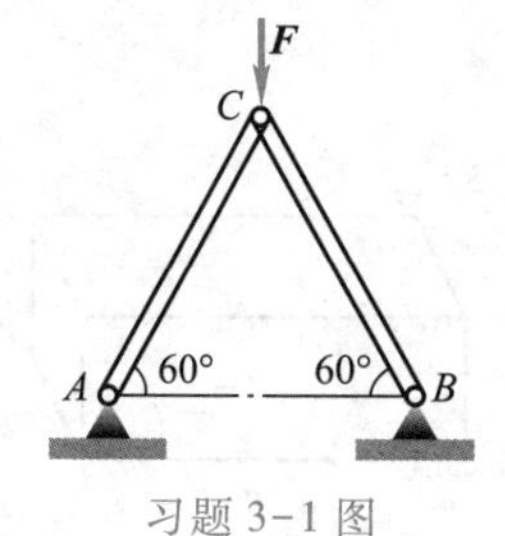

习题 3-1 图

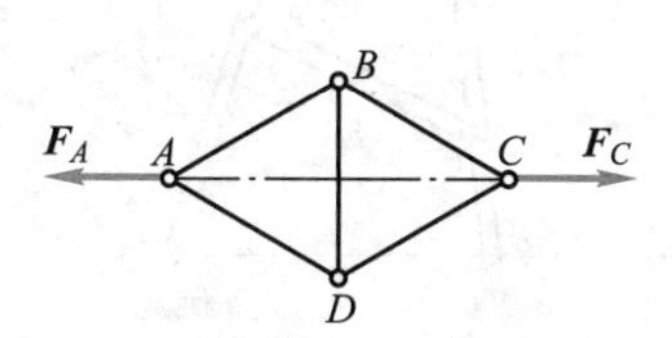

习题 3-2 图

3-3　如图所示，OA 构件上作用一矩为 M_1 的力偶，BC 上作用一矩为 M_2 的力偶，若不计各处摩擦，则当系统平衡时，两力偶矩应满足的关系为(　　)。

(A) $M_1=4M_2$　　(B) $M_1=2M_2$　　(C) $M_1=M_2$　　(D) $M_1=M_2/2$

3-4　关于平面力系与其平衡方程，下列表述正确的是(　　)。

(A) 任何平面力系都具有三个独立的平衡方程

(B) 任何平面力系只能列出三个平衡方程

(C) 在平面力系的平衡方程的基本形式中，两个投影轴必须互相垂直

(D) 平面力系如果平衡，则该力系在任意选取的投影轴上投影的代数和必为零

3-5　如图所示空间平行力系中，设各力作用线都平行于 Oz 轴，则此力系独立的平衡方程为(　　)。

(A) $\sum M_x(\boldsymbol{F})=0, \sum M_y(\boldsymbol{F})=0, \sum M_z(\boldsymbol{F})=0$

(B) $\sum F_x=0, \sum F_y=0, \sum M_x(\boldsymbol{F})=0$

(C) $\sum F_z=0, \sum M_x(\boldsymbol{F})=0, \sum M_y(\boldsymbol{F})=0$

(D) $\sum F_x=0, \sum F_y=0, \sum F_z=0$

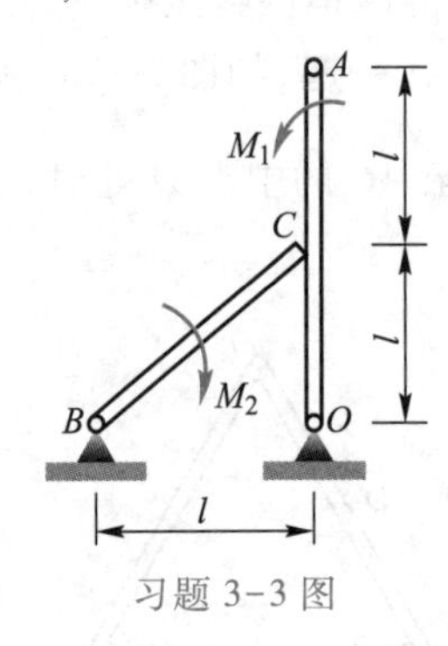

习题 3-3 图

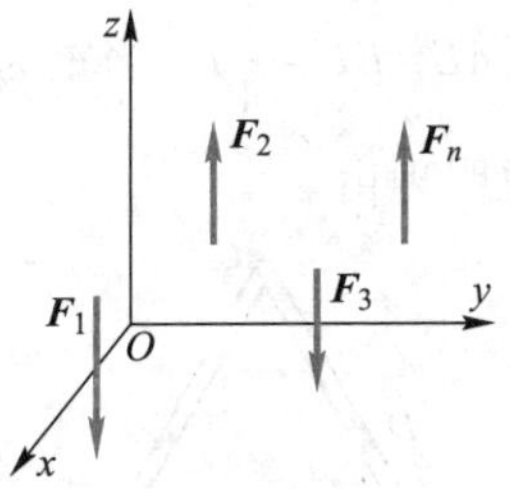

习题 3-5 图

3-6　水平梁 AB 由三根直杆支承，载荷和尺寸如图所示。为了求出三根直杆的约束力，可采用的平衡方程为(　　)。

(A) $\sum M_A(\boldsymbol{F})=0, \sum F_x=0, \sum F_y=0$

(B) $\sum M_A(\boldsymbol{F})=0, \sum M_C(\boldsymbol{F})=0, \sum F_y=0$

(C) $\sum M_A(\boldsymbol{F})=0, \sum M_C(\boldsymbol{F})=0, \sum M_D(\boldsymbol{F})=0$

(D) $\sum M_A(\boldsymbol{F})=0, \sum M_C(\boldsymbol{F})=0, \sum M_B(\boldsymbol{F})=0$

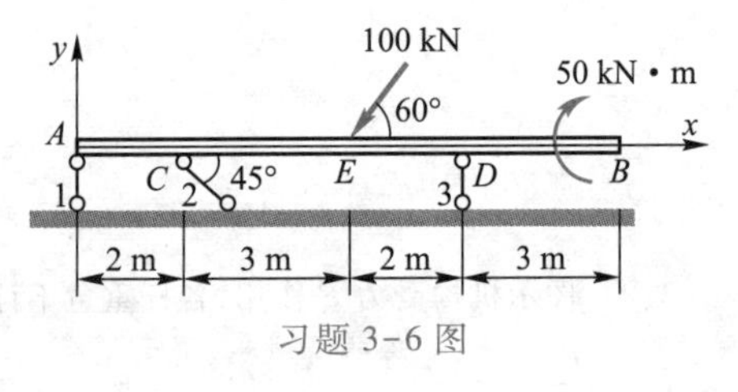

习题 3-6 图

3-7　杆 AF、BE、CD、EF 相互铰接并支承，如图所示。在杆 AF 上作用一力偶 $(\boldsymbol{F},\boldsymbol{F}')$，若不计各杆自重，则支座 A 处约束力的作用线(　　)。

(A) 过 A 点平行于力 $\boldsymbol{F}$　　(B) 过 A 点平行于 BG 连线

(C) 沿 AG 直线　　(D) 沿 AH 直线

3-8　图示刚体，仅受二力偶作用，已知其力偶矩矢满足 $\boldsymbol{M}_1=-\boldsymbol{M}_2$。则该刚体(　　)。

(A) 不平衡　　(B) 平衡　　(C) 平衡与否无法确定

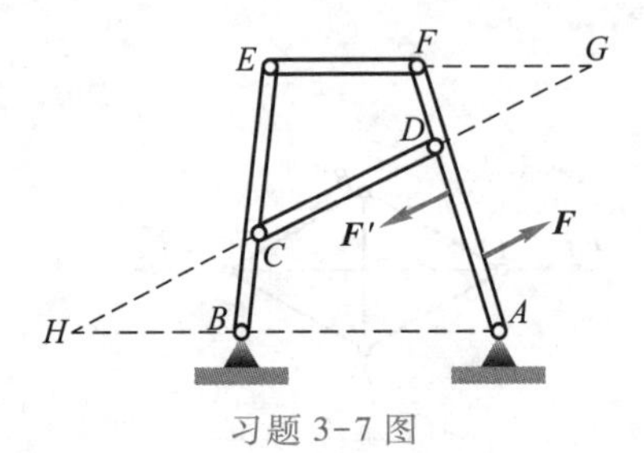

习题 3-7 图

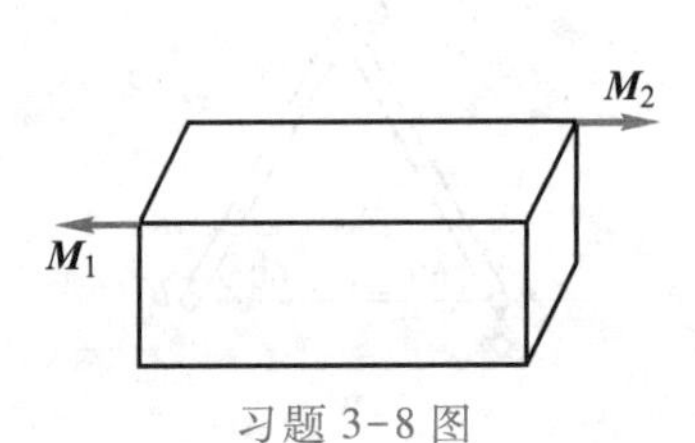

习题 3-8 图

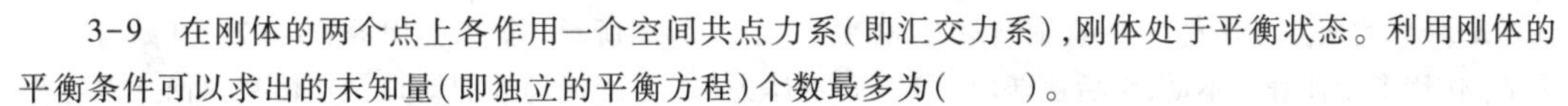

3-9　在刚体的两个点上各作用一个空间共点力系（即汇交力系），刚体处于平衡状态。利用刚体的平衡条件可以求出的未知量（即独立的平衡方程）个数最多为（　　）。

（A）3 个　　（B）4 个　　（C）5 个　　（D）6 个

3-10　如图所示，重量分别为 G_A 和 G_B 的物体重叠地放置在粗糙的水平面上，水平力 $\boldsymbol{F}_P$ 作用于物体 A 上，设 A、B 间的摩擦力的最大值为 $F_{A\max}$，B 与水平面间的摩擦力的最大值为 $F_{B\max}$，若 A、B 能各自保持平衡，则各力之间的关系为（　　）。

（A）$F_P > F_{A\max} > F_{B\max}$　　（B）$F_P < F_{A\max} < F_{B\max}$　　（C）$F_{B\max} > F_P > F_{A\max}$　　（D）$F_{B\max} < F_P < F_{A\max}$

3-11　如图所示，物体 A 重为 100 kN，物体 B 重为 25 kN，A 与地面间的静摩擦因数为 0.2，滑轮处摩擦不计。则物体 A 与地面间的摩擦力为（　　）。

（A）20 kN　　（B）16 kN　　（C）15 kN　　（D）12 kN

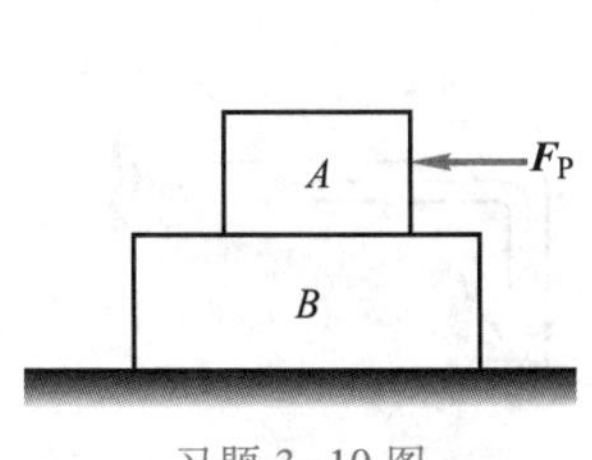

习题 3-10 图

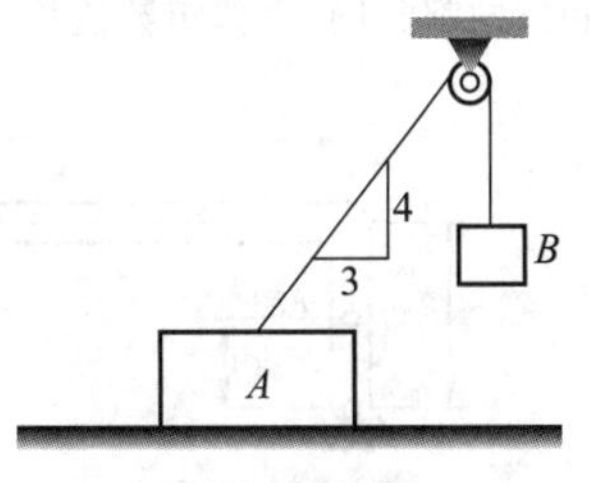

习题 3-11 图

3-12　如图所示，当左右两块板所受的压力均为 F 时，物体 A 夹在木板中间静止不动。若两端木板所受压力各为 $2F$，则物体 A 所受到的摩擦力（　　）。

（A）与原来相等　　（B）是原来的 2 倍　　（C）是原来的 4 倍

3-13　如图所示，已知重物重量为 $P = 100$ N，用 $F = 500$ N 的压力压在一铅垂面上，其静摩擦因数 $f_s = 0.3$，则重物受到的摩擦力为（　　）。

（A）150 N　　（B）100 N　　（C）500 N　　（D）30 N

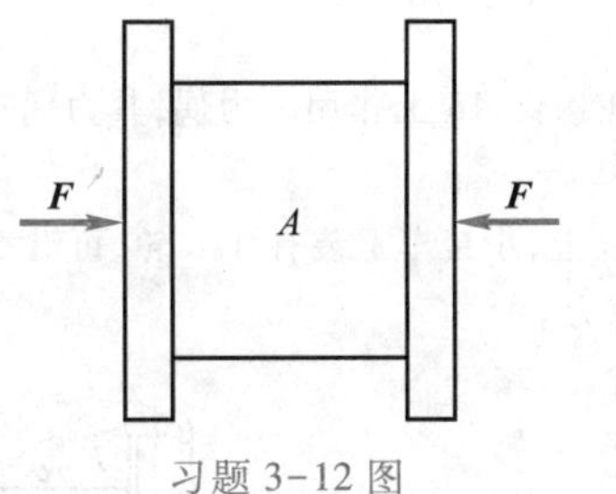

习题 3-12 图

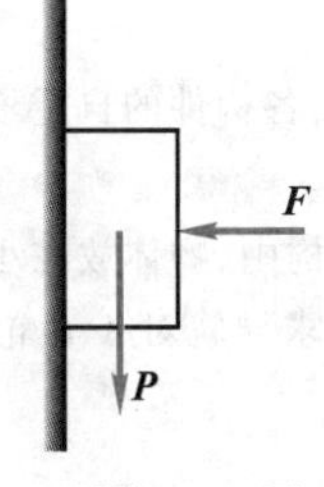

习题 3-13 图

3-14　物块的重量为 G，置于倾角为 30°的粗糙斜面上，物块上作用一力 $\boldsymbol{F}$，如图所示。斜面与物块间的摩擦角 $\varphi = 25°$。物块能平衡的情况是（　　）。

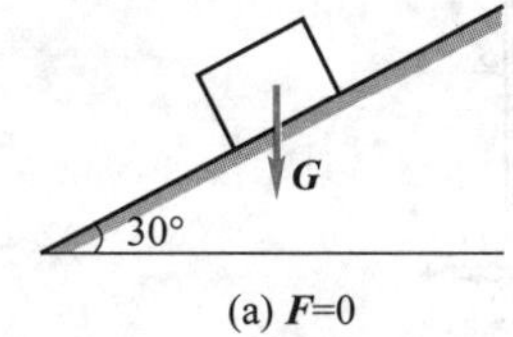

(a) F=0

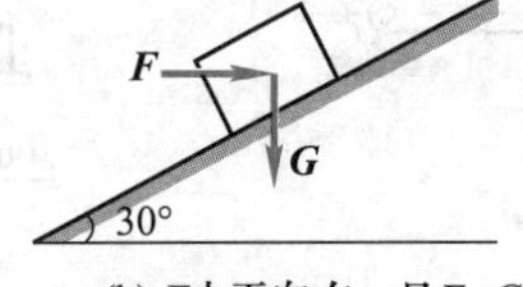

(b) $\boldsymbol{F}$水平向右，且F=G

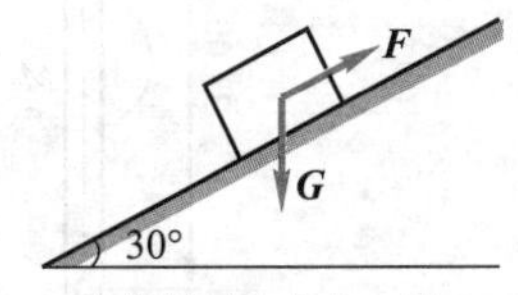

(c) $\boldsymbol{F}$沿斜面向右上，且F=G

习题 3-14 图

3-15　一物块重量为 P，放在倾角为 α 的斜面上，如图所示，斜面与物块间的摩擦角为 φ_m，且 $\varphi_m > \alpha$。今在物块上作用一大小也等于 P 的力，则物块能在斜面上保持平衡时 $\boldsymbol{P}$ 与斜面法线间的夹角 β 的最大值应是（　　）。

（A）$\beta_{\max} = \varphi_m$　　（B）$\beta_{\max} = \alpha$　　（C）$\beta_{\max} = \varphi_m - \alpha$　　（D）$\beta_{\max} = 2\varphi_m - \alpha$

3-16　均质立方体重为 P，置于倾角为 30° 的斜面上，如图所示。静摩擦因数 $f_s=0.25$，开始时在拉力 $\boldsymbol{F}_T$ 作用下物体静止不动，然后逐渐增大 $\boldsymbol{F}_T$，则物体先（　　）（滑动或翻动）；又物体在斜面上保持平衡静止时，F_T 的最大值为（　　）。

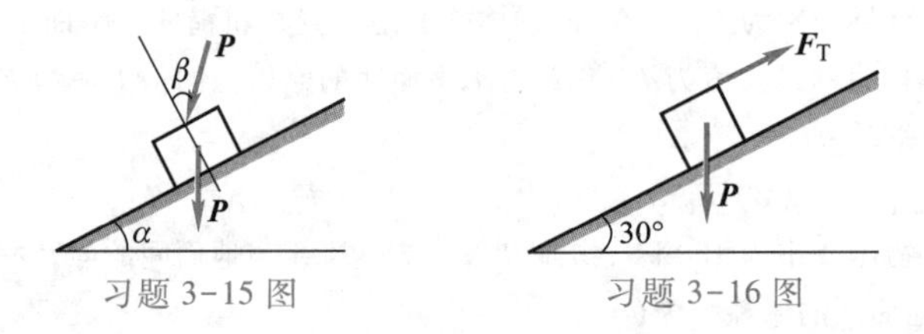

习题 3-15 图　　　　习题 3-16 图

3-17　图 a、b、c 所示结构中的折杆 AB 以 3 种不同的方式支承。假设 3 种情形下，作用在折杆 AB 上的力偶的位置和方向都相同，力偶矩数值均为 M。试求 3 种情形下支承处的约束力。

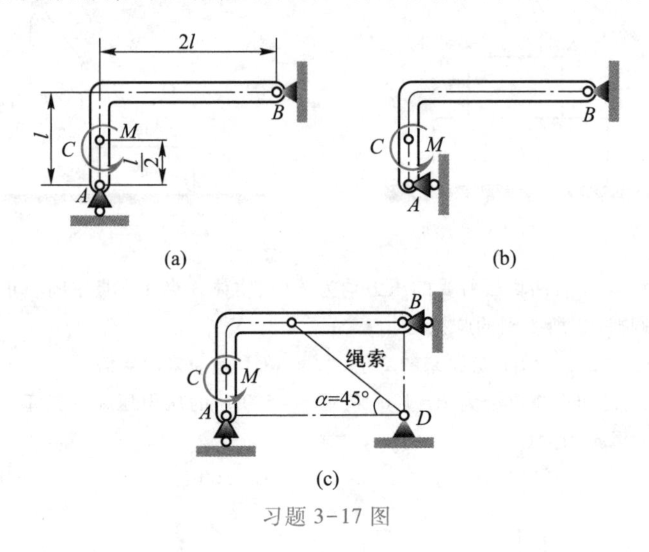

习题 3-17 图

3-18　图示结构中，各构件的自重不计。在构件 AB 上作用一力偶，其力偶矩 $M=800\ \text{N}\cdot\text{m}$。试求支承 A 和 C 处的约束力。

3-19　图示提升机构中，物体放在小台车 C 上，小台车上装有 A、B 轮，可沿垂直导轨 ED 上下运动。已知物体重为 2 kN。试求导轨对 A、B 轮的约束力。

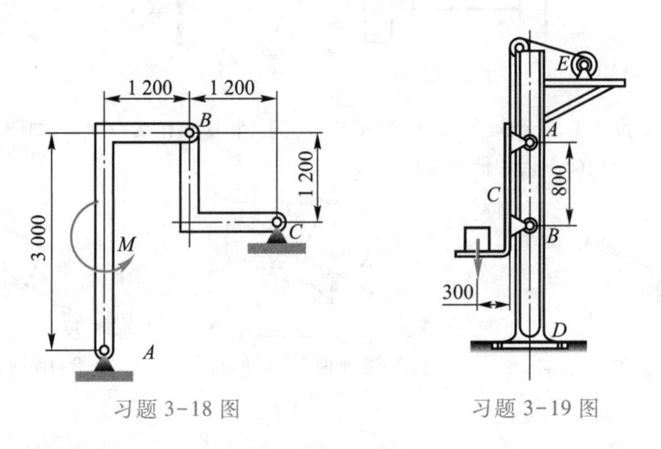

习题 3-18 图　　　　习题 3-19 图

3-20　结构的受力和尺寸如图所示且不计自重。试求结构中杆 1、2、3 所受的力。

3-21　为了测定飞机螺旋桨所受的空气阻力偶，可将飞机水平放置，其一轮搁置在地秤上。当螺旋桨未转动时，测得地秤所受的压力为 4.6 kN；当螺旋桨转动时，测得地秤所受的压力为 6.4 kN。已知两轮间的距离 $l=2.5$ m。试求螺旋桨所受的空气阻力偶的力偶矩 M。

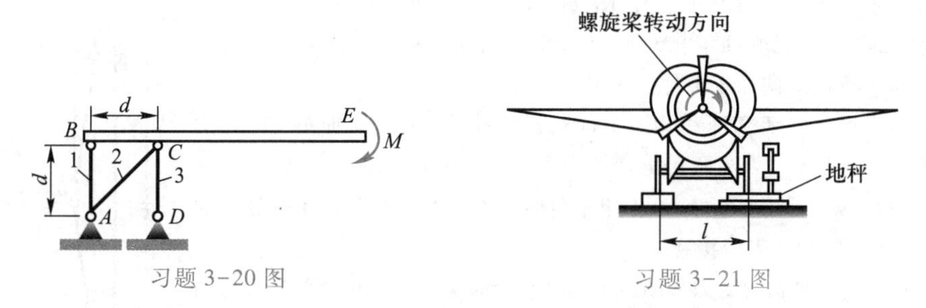

习题 3-20 图　　　　习题 3-21 图

3-22　两种结构的受力和尺寸如图所示，构件自重不计。试求两种情形下支座 A、C 二处的约束力。

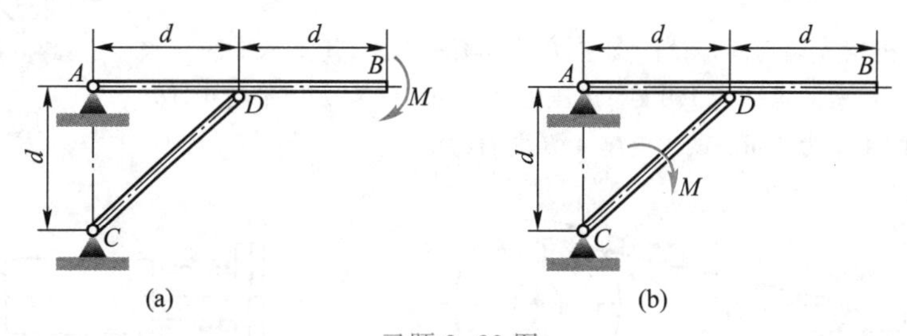

习题 3-22 图

3-23　承受两个力偶作用的机构在图示位置保持平衡。试求这时两力偶之间关系的数学表达式。

3-24　有 1 个力 $\boldsymbol{F}$ 和 1 个力偶矩为 M 的力偶同时作用的机构，在图示位置时保持平衡。试求机构在平衡时力 F 和力偶矩 M 之间的关系式。

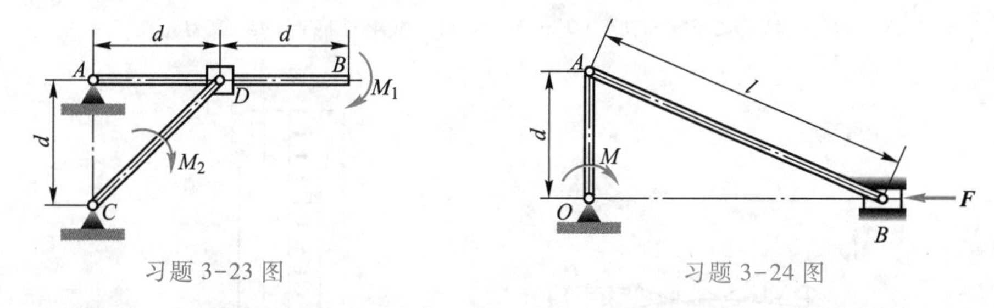

习题 3-23 图　　　　习题 3-24 图

3-25　图示三铰拱结构的两半拱上，作用有数值相等、方向相反的两力偶 M。试求支座 A、B 二处的约束力。

3-26　固定在工作台上的虎钳如图所示，虎钳丝杠将一铅垂力 $F = 800$ N 施加于压头上，且沿着丝杠轴线方向，压头钳紧一段水管。试求压头对水管的压力。

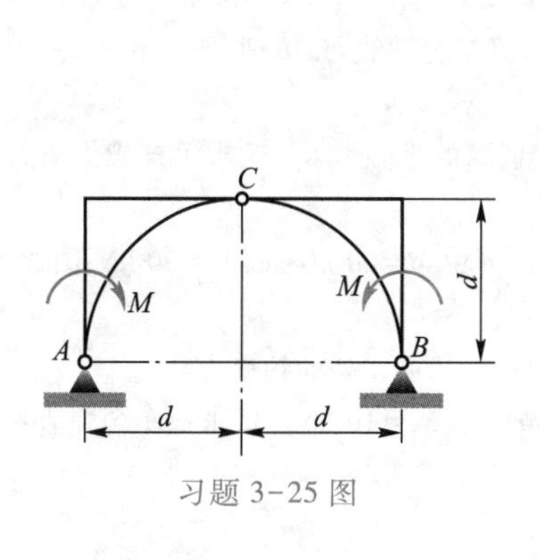

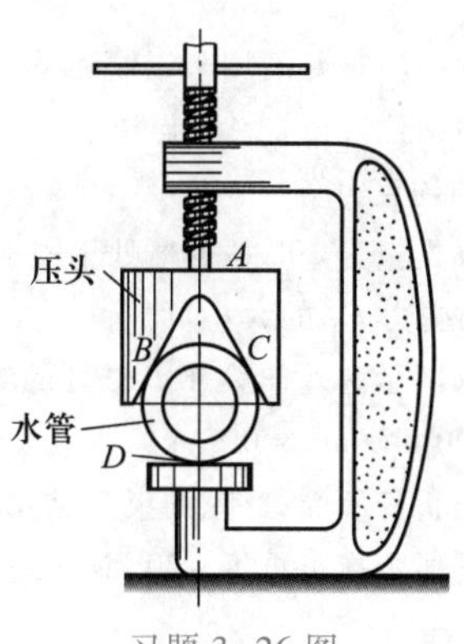

习题 3-25 图　　　　习题 3-26 图

3-27 如图所示,压榨机的肋杆 AB、BC 长度相等,重量略去不计,A、B、C 三处均为铰链连接。已知油压合力 $F_P=3$ kN,方向为水平向左,$h=20$ mm,$l=150$ mm。试求滑块 C 施加于工件上的压力。

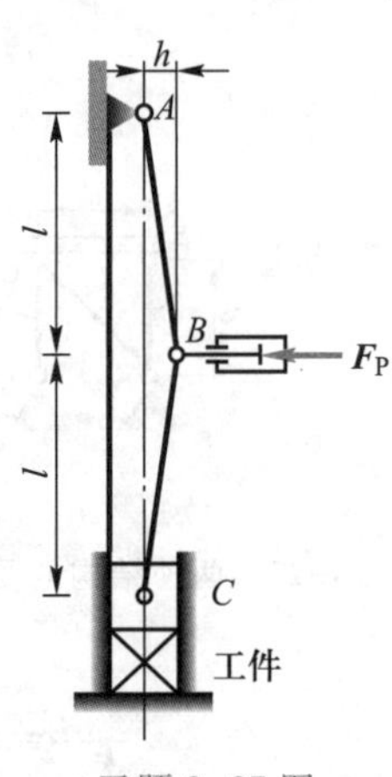

习题 3-27 图

3-28 蒸汽机的活塞面积为 0.1 m^2,连杆 AB 长为 2 m,曲柄 BC 长为 0.4 m。在图示位置时,活塞两侧的压强分别为 $p_0=6.0\times10^5$ Pa,$p_1=1.0\times10^5$ Pa,$\angle ABC=90°$。试求连杆 AB 作用于曲柄上的推力和十字头 A 对导轨的压力(各部件之间均为光滑接触)。

3-29 异步电机轴的受力如图所示,其中 $W=4$ kN 为转子铁心绕组与轴的总重,$F_{P\delta}=31.8$ kN 为磁拉力,$F_P=12$ kN 为带拉力。试求轴承 A、B 处的约束力。

3-30 拱形桁架 A 端为固定铰链支座;B 端为滚轴支座,其支承平面与水平面成30°倾角。桁架的重量为 100 kN;风压的合力为 20 kN,方向平行于 AB,作用线与 AB 间的距离为 4 m。试求支座 A、B 处的约束力。

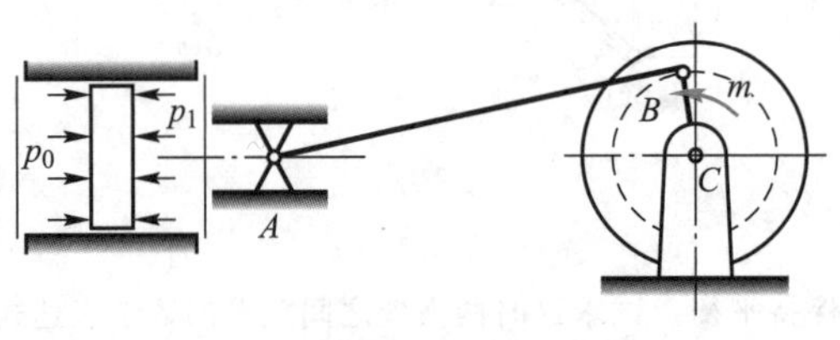

习题 3-28 图

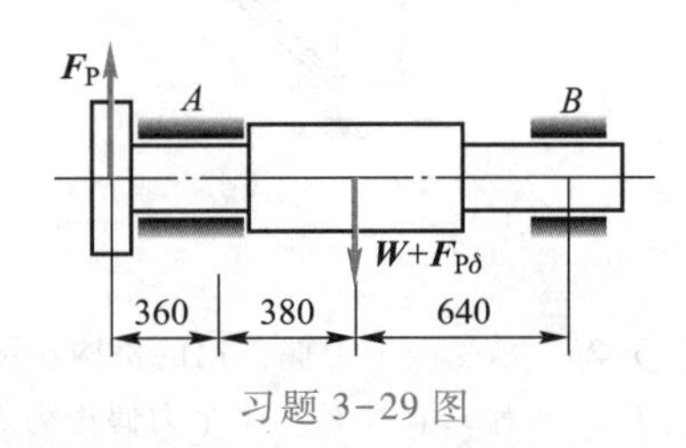

习题 3-29 图

3-31 露天厂房的牛腿柱之底部用混凝土砂浆与基础固结在一起。如图所示,已知吊车梁传来的铅垂力 $F_P=60$ kN,风压集度 $q=2$ kN/m,$e=0.7$ m,$h=10$ m。试求柱底部的约束力。

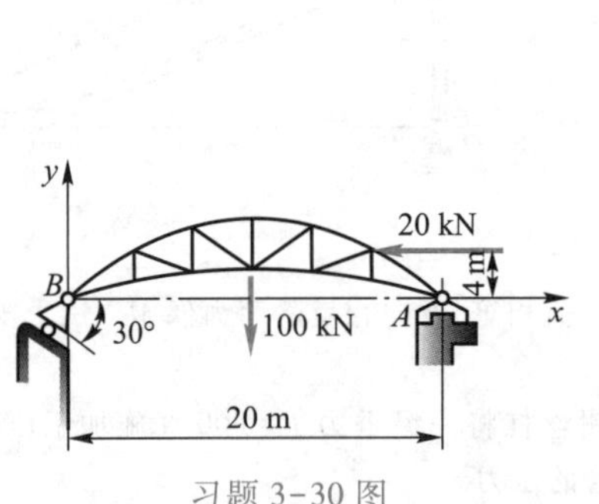

习题 3-30 图

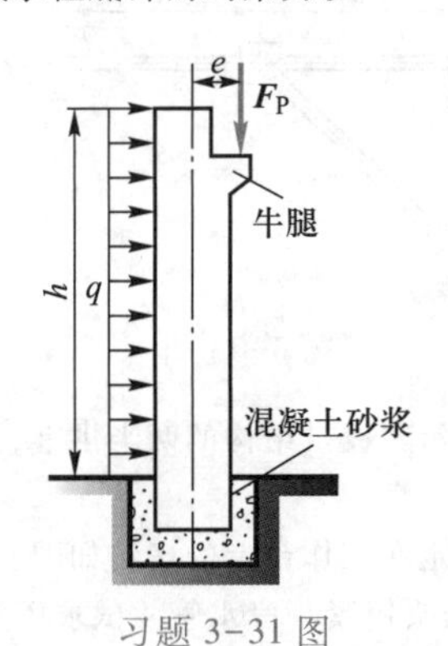

习题 3-31 图

3-32 图示拖车是专门用来运输和举升导弹至其发射位置的。车身和导弹的总重为62 kN,重心位于 G 处。车身由两侧液压缸 AB 推举可绕 O 轴转动。当车身轴线与 AB 垂直时,试求每一个液压缸的推力及铰链 O 处的约束力。

3-33 手握重量为 100 N 的球处于图示平衡位置,球的重心为 G。试求手臂骨头受力 $\boldsymbol{F}_B$ 的大小和方向角 θ 及肌肉受力 $\boldsymbol{F}_T$ 的大小。

3-34 试求图示两外伸梁 A、B 二处的约束力。图 a 中 $M=60$ kN·m,$F_P=20$ kN;图 b 中 $F_P=10$ kN,$F_{P1}=20$ kN,$q=20$ kN/m,$d=0.8$ m。

3-35 直角折杆所受载荷、约束及尺寸均如图所示。试求 A 处的约束力。

3-36 如图所示拖车重 $W=20$ kN,汽车对它的牵引力 $F_T=10$ kN。试求拖车匀速直线行驶时,车轮 A、B 对地面的正压力。

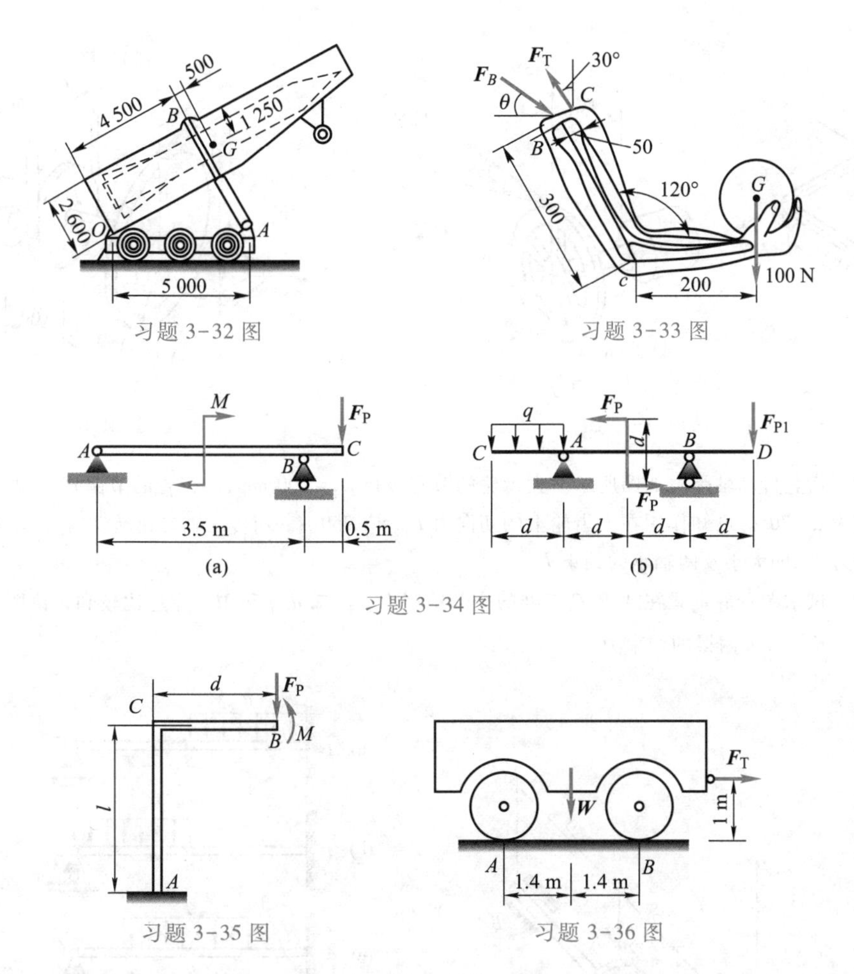

习题 3-32 图　　习题 3-33 图

习题 3-34 图

习题 3-35 图　　习题 3-36 图

3-37　如图所示旋转式起重机 ABC 具有铅垂转动轴 AB，起重机重 $W=3.5$ kN，重心在 D 处。在 C 处吊有重 $W_1=10$ kN 的物体，尺寸如图所示。试求滑动轴承 A 和止推轴承 B 处的约束力。

3-38　装有轮子的起重机结构及尺寸如图所示，可沿轨道 A、B 移动。起重机桁架下弦 DE 杆的中点 C 上挂有滑轮（图中未画出），用来吊起挂在链索 CG 上的重物。从材料架上吊起重 $W=50$ kN 的重物。当此重物离开材料架时，链索与铅垂线的夹角 $\alpha=20°$。为了避免重物摆动，又用水平绳索 GH 拉住重物。设链索张力的水平分力仅由右轨道 B 承受，试求当重物离开材料架时轨道 A、B 所受的力。

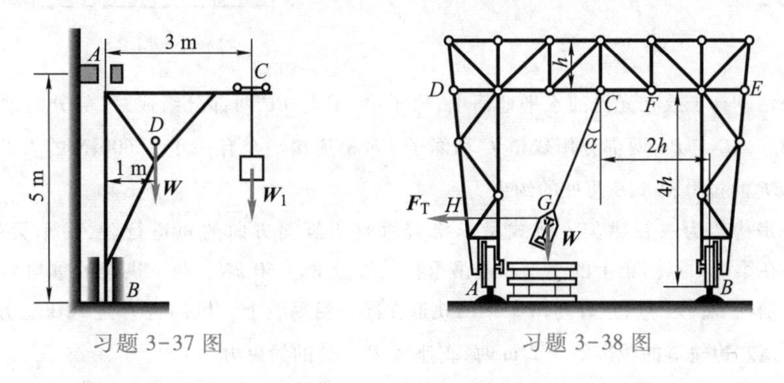

习题 3-37 图　　习题 3-38 图

3-39　将图示各构件所受的力向 O 点平移，可以得到一力和一力偶。试画出平移后等效力系中的力及力偶，并确定它们的数值和方向。

3-40　“齿轮-带轮”传动轴受力如图所示。作用于齿轮上的啮合力 $\boldsymbol{F}_P$ 使轴作匀速转动。已知带的紧边的拉力为 200 N，松边的拉力为 100 N，尺寸如图所示。试求力 $\boldsymbol{F}_P$ 的大小和轴承 A、B 的约束力。

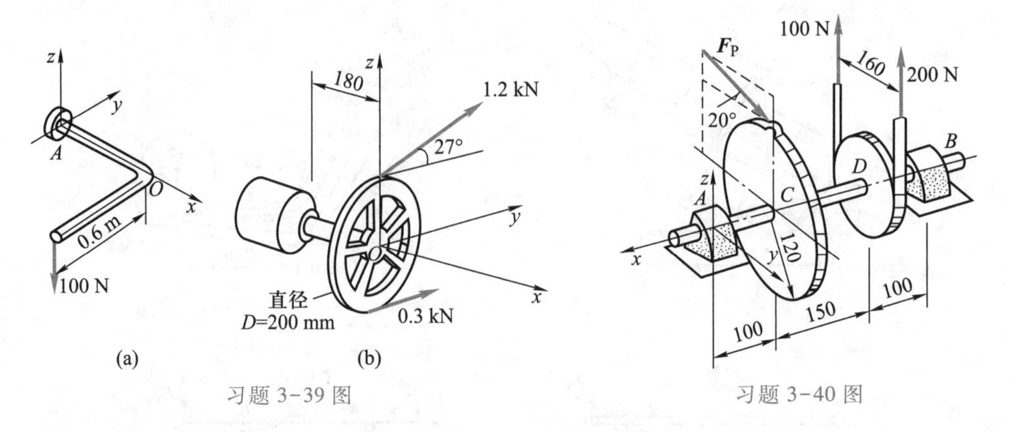

习题 3-39 图

习题 3-40 图

3-41 齿轮传动轴受力如图所示。大齿轮的节圆直径 $D_1=100$ mm，小齿轮的节圆直径 $D_2=50$ mm，压力角均为 $\alpha=20°$。已知作用在大齿轮上的切向力 $F_{P1}=1\ 950$ N。当传动轴匀速转动时，试求小齿轮所受的切向力 $\boldsymbol{F}_{P2}$ 的大小及两轴承的约束力。

3-42 试求图示静定梁在 A、B、C 三处的全部约束力。已知 d、q 和 M。注意比较和讨论图 a、b、c 三梁的约束力及图 d、e 两梁的约束力。

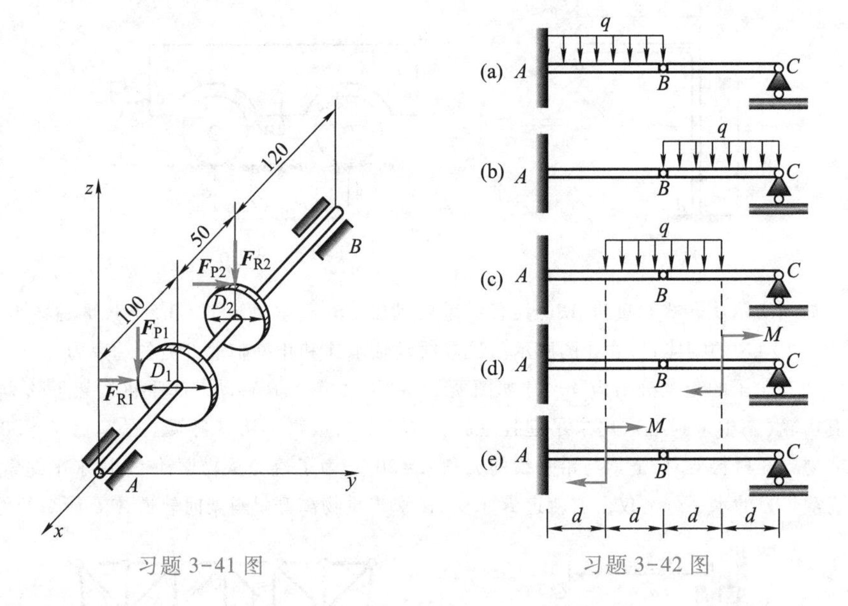

习题 3-41 图

习题 3-42 图

3-43 一活动梯子放在光滑的水平地面上，梯子由 AC 与 BC 两部分组成，每部分的重均为 150 N，重心在杆的中点，AC 与 BC 两部分用铰链 C 和绳子 EF 相连接。今有一重为 600 N 的人站在梯子的 D 处，试求绳子 EF 的拉力和 A、B 两处的约束力。

3-44 厂房构架为三铰拱架。桥式吊车沿着垂直于纸面方向的轨道行驶，吊车梁的重量 $W_1=20$ kN，其重心在梁的中点。梁上的小车和起吊重物的重量 $W_2=60$ kN。两个拱架的重均为 $W_3=60$ kN，二者的重心分别在 D、E 二点，正好与吊车梁的轨道在同一铅垂线上。风的合力为 10 kN，方向水平。试求当小车位于离左边轨道的距离等于 2 m 时，支座 A、B 二处的约束力。

3-45 图示为汽车台秤简图，BCF 为整体台面，杠杆 AB 可绕轴 O 转动，B、C、D 三处均为铰链，杆 DC 处于水平位置。假设砝码和汽车的重量分别为 W_1 和 W_2。试求平衡时 W_1 和 W_2 之间的关系。

3-46 体重为 W 的体操运动员在吊环上做十字支撑。图中 d 为其两肩关节间的距离，W_1 为两臂总重。已知 l、θ、d、W_1、W，假设手臂为均质杆。试求肩关节所受的力。

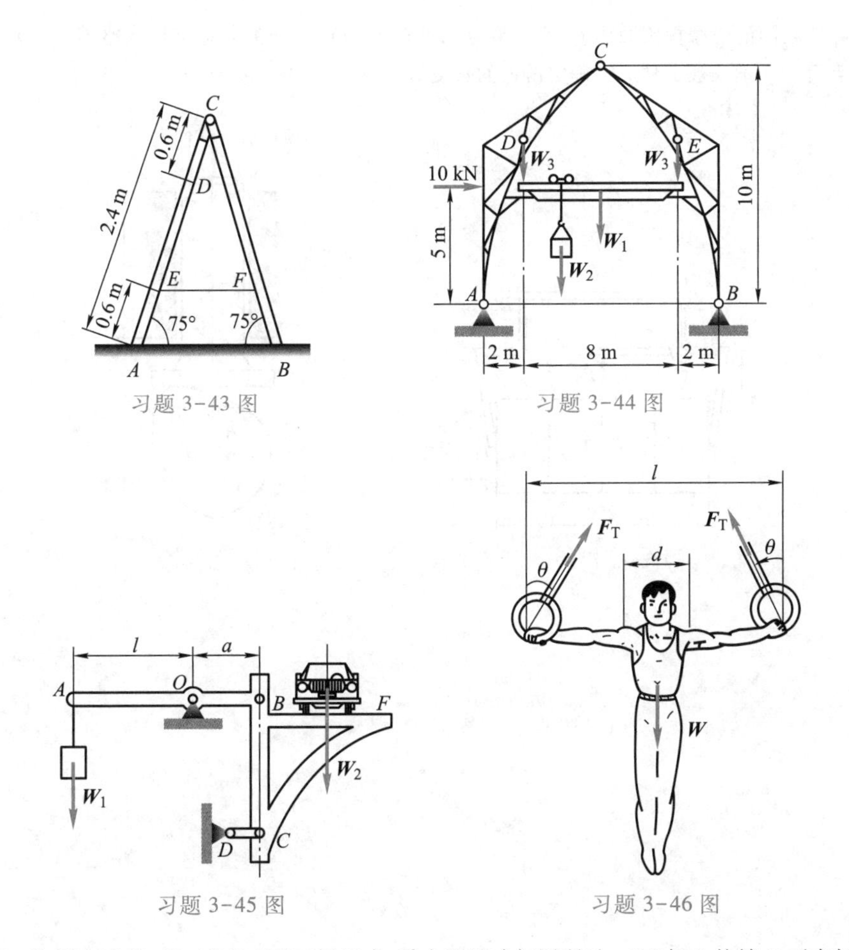

习题 3-43 图　　习题 3-44 图

习题 3-45 图　　习题 3-46 图

3-47　构架 ABC 由 AB、AC 和 DF 三杆组成，受力及尺寸如图所示。DF 杆上的销 E 可在杆 AC 的槽内滑动。试求杆 AB 上 A、D 和 B 点所受的力。

3-48　尖劈起重装置如图所示。尖劈 A 的顶角为 α，物块 B 上受力 $\boldsymbol{F}_Q$ 的作用。尖劈 A 与物块 B 之间的静摩擦因数为 f_s（有滚珠处摩擦力忽略不计）。如不计尖劈 A 和物块 B 的重量，试求系统保持平衡时，施加在尖劈 A 上的力 $\boldsymbol{F}_P$ 的数值范围。

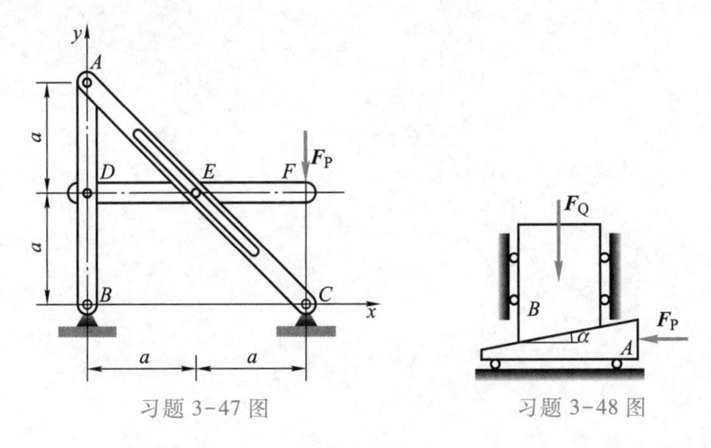

习题 3-47 图　　习题 3-48 图

3-49　砖夹的宽度为 250 mm，杆件 AGB 和 $GCED$ 在 G 点铰接。已知砖的总重为 W；提砖的合力为 $\boldsymbol{F}_P$，作用在砖夹的对称中心线上；尺寸如图所示；砖夹与砖之间的静摩擦因数 $f_s = 0.5$。试确定能将砖夹起的 d 值（d 是 G 点到砖块上所受正压力作用线的距离）。

*3-50　图示为凸轮顶杆机构，在凸轮上作用有力偶，其力偶矩的大小为 M，顶杆上作用有力 $\boldsymbol{F}_P$。已

知顶杆与导轨之间的静摩擦因数为 f_s，偏心距为 e，凸轮与顶杆之间的摩擦可以忽略不计。要使顶杆在导轨中向上运动而不致被卡住。试确定滑道的长度 l。

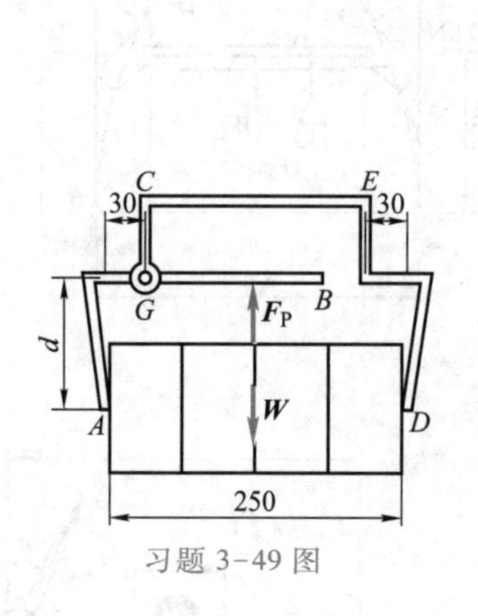

习题 3-49 图

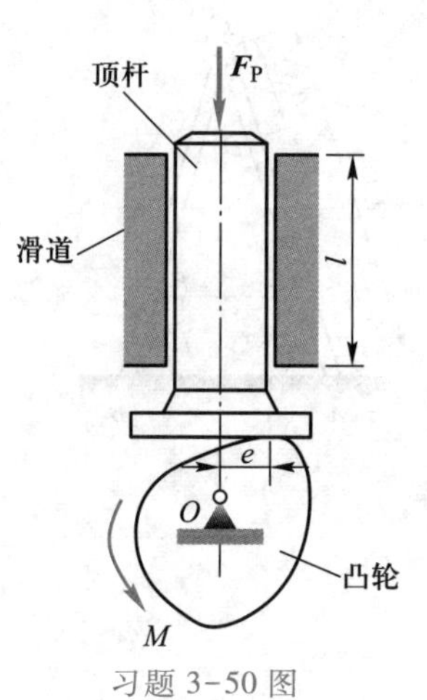

习题 3-50 图

第二篇　材料力学

材料力学(mechanics of materials)主要研究的对象是弹性体。对于弹性体,除了平衡问题外,还将涉及变形,以及力和变形之间的关系。此外,由于变形,在材料力学中还将涉及弹性体的失效及与失效有关的设计准则。

将材料力学理论和方法应用于工程,即可对杆类构件或零件进行常规的静力学设计,包括强度、刚度、稳定性和抗疲劳性能设计。

第4章　材料力学的基本概念

在静力学中,忽略了物体的变形,将所研究的对象抽象为刚体。实际上,任何固体受力后其内部质点之间均将产生相对移动,使其初始位置发生改变,称为位移(displacement),从而导致物体发生变形(deformation)。

工程上,绝大多数物体的变形均被限制在弹性范围内,即当外加载荷消除后,物体的变形随之消失,这时的变形称为弹性变形(elastic deformation),相应的物体称为弹性体(elastic body)。

本章介绍材料力学的基本概念。

材料力学所涉及的内容分属于两个学科。一是固体力学(solid mechanics),即研究物体在外力作用下的应力、变形、位移和能量,统称为应力分析(stress analysis)。但是,材料力学又不同于固体力学,材料力学所研究的仅限于杆类物体,例如杆、轴、梁等。二是材料科学(materials science)中的材料的力学行为(behaviours of materials),即研究材料在外力和温度作用下所表现出的力学性能(mechanical properties)和失效(failure)行为。但是,材料力学所研究的仅限于材料的宏观力学行为,不涉及材料的微观机理。

以上两方面的结合使材料力学成为工程设计(engineering design)的重要组成部分,即设计出杆状构件或零部件的合理形状和尺寸,以保证它们具有足够的强度、刚度、稳定性及抗疲劳性能。

§4-1　关于材料的基本假定

组成构件的材料,其微观结构和性能一般都比较复杂。研究构件的应力和变形时,如果考虑这些微观结构上的差异,不仅在理论分析中会遇到极其复杂的数学和物理问题,而且在将理论应用于工程实际时也会带来极大的不便。为简单起见,在材料力学中,需要对材料做一些合理的假定。

4-1-1　均匀连续性假定

均匀连续性假定(homogenization and continuity assumption)——假定材料粒子无空隙、均匀地分布于物体所占的整个空间。

从微观结构看，材料的粒子当然不是处处连续分布的，但从统计学的角度看，只要所考察的物体之几何尺寸足够大，而且所考察的物体中的每一“点”都是宏观上的点，则可以认为物体的全部体积内材料是均匀、连续分布的。根据这一假定，物体内的受力、变形等力学量可以表示为各点坐标的连续函数，从而有利于建立相应的分析模型。

4-1-2　各向同性假定

各向同性假定（isotropy assumption）——假定弹性体在所有方向上均具有相同的物理和力学性能。根据这一假定，可以用一个参数描写各点在各个方向上的某种力学性能。

大多数工程材料虽然微观上不是各向同性的，例如金属材料，其单个晶粒呈结晶各向异性（anisotropy of crystallographic），但当它们形成多晶聚集体的金属时，呈随机取向，因而在宏观上表现为各向同性。

4-1-3　小变形假定

小变形假定（assumption of small deformation）——假定物体在外力作用下所产生的变形与物体本身的几何尺寸相比是很小的。根据这一假定，一方面在考察变形固体的平衡问题时，一般可以略去变形的影响直接应用工程静力学方法；另一方面，在材料力学分析中，可以忽略一些与小变形有关的次要量，从而使问题大大简化，使得分析结果简洁明了，便于工程应用。

读者不难发现，在静力学中，实际上已经采用了上述关于小变形的假定。因为实际物体都是可变形物体，所谓刚体便是实际物体在变形很小时的理想化，即忽略了变形对平衡和运动规律的影响。从这个意义上讲，在材料力学中，当讨论平衡问题时，仍将沿用刚体概念，而在其他场合，必须代之以变形体的概念。此外，读者还会在以后的分析中发现，小变形假定在分析变形几何关系等问题时将使问题大为简化。

§4-2　弹性杆件的外力与内力

4-2-1　外力

作用在结构构件上的外力包括外加载荷和约束力，二者组成平衡力系。外力分为体积力和表面力，简称体力和面力。体力分布于整个物体内，并作用在物体的每一个质点上。重力、磁力及由于运动加速度在质点上产生的惯性力都是体力。面力是研究对象周围物体直接作用在其表面上的力。

4-2-2　内力与内力分量

考察图 4-1 所示之两根材料和尺寸都完全相同的直杆，所受的载荷（$\boldsymbol{F}_{\mathrm{P}}$）大小亦相同，但方向不同。图 4-1a 所示之梁将远先于图 4-1b 所示之拉杆发生破坏，而且二者的变形形式也是完全不同的。可见，在材料力学中不仅要分析外力，而且要分析内力。

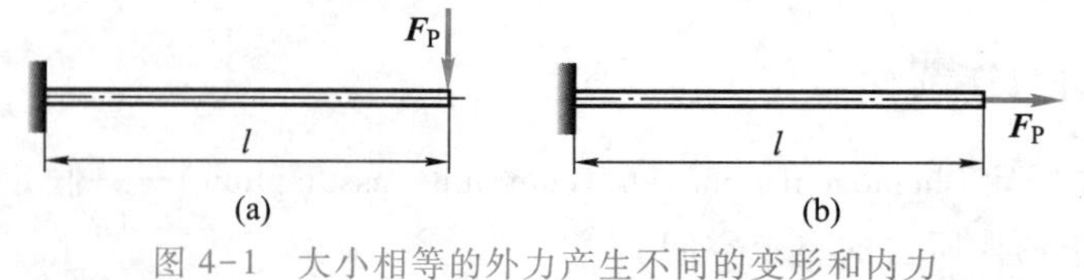

图 4-1　大小相等的外力产生不同的变形和内力

材料力学中的内力不同于静力学中物体系统中各个部分之间的相互作用力，也不同于物理学中基本粒子之间的相互作用力，而是指构件受力后发生变形，其内部各点（宏观上的点）的相对位置发生变化，由此而产生的附加内力，即变形体因变形而产生的内力。这种内力确实存在，例如受拉的弹簧，其内力力图使弹簧恢复原状；人用手提起重物时，手臂肌肉内便产生内力；等等。

4-2-3　截面法

为了揭示承载物体内的内力，通常采用**截面法**（section method）。

这种方法是，用一假想截面将处于平衡状态下的承载物体截为两部分，如图 4-2a 中的 A、B 所示。为了使其中任意一部分保持平衡，必须在所截的截面上作用某个力系，这就是 A、B 两部分相互作用的内力，如图 4-2b 所示，根据牛顿第三定律，作用在 A 部分截面上的内力与作用在 B 部分同一截面上的内力在对应的点上，大小相等、方向相反。

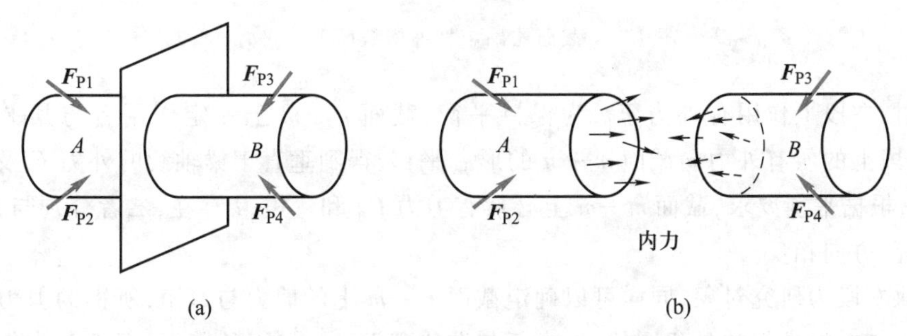

图 4-2　截面法显示弹性体内力

根据材料的连续性假定，作用在截面上的内力应是一个连续分布的力系。在截面上内力分布规律未知的情形下，不能确定截面上各点的内力。但是，应用力系简化的基本方法，这一连续分布的内力系可以向截面形心简化为一主矢 $\boldsymbol{F}'_{\mathrm{R}}$ 和一主矩 $\boldsymbol{M}$，再将其沿三个特定的坐标轴分解，便得到该截面上的 6 个内力分量，如图 4-3 所示。

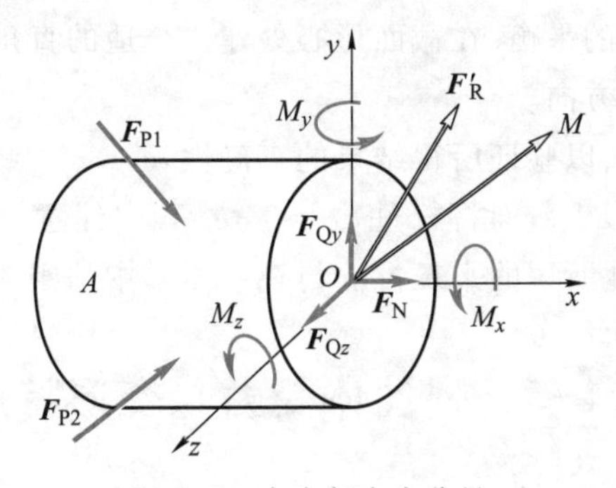

图 4-3　内力与内力分量

图 4-3 中的沿着杆件轴线方向的内力分量 $\boldsymbol{F}_{\mathrm{N}}$ 将使杆件产生沿轴线方向的伸长或压缩变形，称为**轴向力**，简称**轴力**（axial force）；$\boldsymbol{F}_{\mathrm{Q}y}$ 和 $\boldsymbol{F}_{\mathrm{Q}z}$ 将使两个相邻截面分别产生沿 y 和 z 方向的相互错动，这种变形称为剪切变形，这两个内力分量称为**剪力**（shearing force）；内力偶 M_x 将使杆件的两个相邻截面产生绕杆件轴线的相对转动，这种变形称为扭转变形，这一内力偶的力偶矩称为**扭矩**（torsional moment, torque）；M_y 和 M_z 则使杆件的两个相邻截面产生绕横截面上的某一轴线的相互转动，从而使杆件分别在 xz 平面和 xy 平面内发生

弯曲变形，这两个内力偶的力偶矩称为弯矩(bending moment)。

应用平衡方法，考察所截取的任意一部分的平衡，即可求得杆件横截面上各个内力分量的大小和方向。

以图 4-4 中所示梁为例，梁上作用一铅垂方向的集中力 $\boldsymbol{F}_{\mathrm{P}}$，$A$、$B$ 二处的约束力分别为 $\boldsymbol{F}_A$、$\boldsymbol{F}_B$。为求横截面 $m—m$ 上的内力分量，用假想截面将梁从任意截面 $m—m$ 处截开，分成左、右两段，任取其中一段作为研究对象，例如左段。

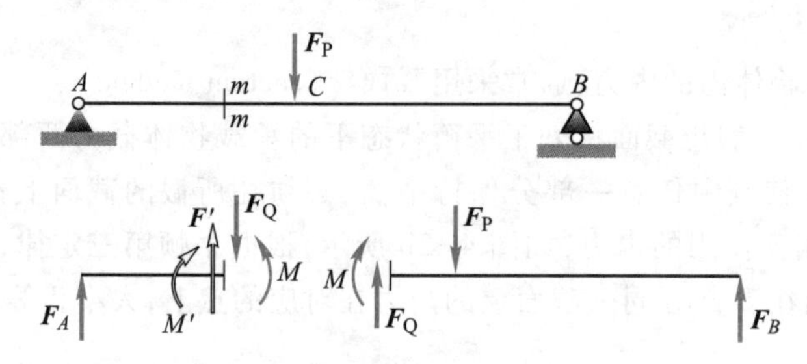

图 4-4　截面法确定杆件横截面上的内力

此时，左段上作用有外力 $\boldsymbol{F}_A$，为保持平衡，截面 $m—m$ 上一定作用有与其平衡的内力，将左段上的所有外力向截面 $m—m$ 的形心平移，得到垂直于梁轴线的外力 $\boldsymbol{F}'$ 及一外力偶矩 M'，根据平衡要求，截面 $m—m$ 上必然有剪力 $\boldsymbol{F}_{\mathrm{Q}}$ 和弯矩 M 存在，二者分别与 $\boldsymbol{F}'$ 与 M' 大小相等、方向相反。

若取右段为研究对象，同样可以确定截面 $m—m$ 上的剪力与弯矩，所得的剪力与弯矩数值大小与左端求得的是相同的，但由于与左段截面 $m—m$ 上的剪力、弯矩互为作用力与反作用力，故方向相反。

综上所述，确定杆件横截面上的内力分量的基本方法——截面法，一般包含下列步骤：

首先应用静力学方法，确定作用在杆件上的所有未知的外力。

在所要考察的横截面处，用假想截面将杆件截开，分为两部分。

考察其中任意一部分的平衡，在截面形心处建立合适的直角坐标系，由平衡方程计算出各个内力分量的大小与方向。

考察另一部分的平衡，以验证所得结果的正确性。

需要指出的是，当用假想截面将杆件截开，考察其中任意一部分平衡时，实际上已经将这一部分当作刚体，因此所用的平衡方法与在静力学中的刚体平衡方法完全相同。

§4-3　弹性体受力与变形特点

上一节已经介绍了弹性体受力后，由于变形，其内部将产生相互作用的内力。而且在一般情形下，截面上的内力组成一非均匀分布力系。

由于整体平衡的要求，对于截开的每一部分也必须是平衡的。因此，作用在每一部分上的外力必须与截面上分布内力相平衡，组成平衡力系。这是弹性体受力、变形的第一个特征。这表明，弹性体由变形引起的内力不能是任意的。

弹性体受力、变形的第二个特征是变形必须协调：整体和局部变形都必须协调。

以一端固定，另一端自由的悬臂梁为例，图 4-5a 中所示为变形协调的情形——梁变形后,整体为一连续光滑曲线;在固定端处曲线具有水平切线(无折点)。图 4-5b、c 中所示分别为整体变形不协调和局部不协调的情形。

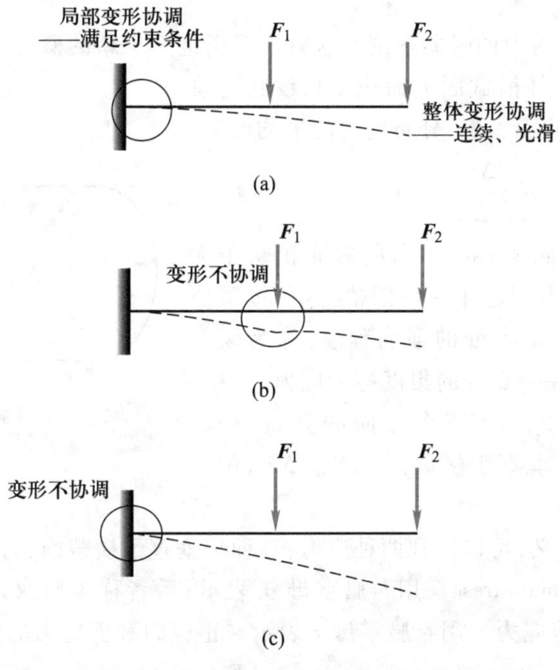

图 4-5　弹性体变形协调与不协调情形

变形协调在弹性体内部则表现为:各相邻部分既不能断开,也不能发生重叠。图 4-6 为从一弹性体中取出的两相邻部分的三种变形状况,其中图 4-6a、b 中所示为两种变形不协调,因而是不正确的,只有图 4-6c 中所示的情形才是正确的。

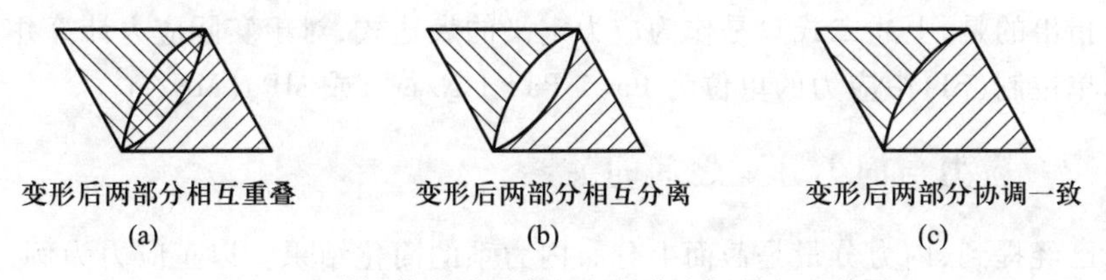

图 4-6　弹性体变形后各相邻部分之间的相互关系

此外,弹性体受力后发生的变形还与物性有关。这表明,受力与变形之间存在确定的关系,称为物性关系。

§4-4　杆件横截面上的应力

4-4-1　正应力与剪应力定义

前面已经提到,在外力作用下,杆件横截面上的内力是一个连续分布的力系。一般情形下,这个分布的内力系在横截面上各点处的强弱程度是不相等的。材料力学不仅要研究和确定杆件横截面上分布内力系的合力及其分量,而且还要研究和确定横截面上的内力是怎样分布的,进而确定哪些点处应力最大。

例如,对于图 4-1a 中所示之一端固定、另一端自由的梁,读者不难分析出,在集中力

F_P 作用下，各个横截面上的弯矩 M 是不相等的：固定端处的横截面上弯矩 M 最大，但在这个横截面上，分布内力并非处处相等，而是截面上、下两边上的数值最大，故破坏首先从这些点处开始。

怎样度量一点处内力的强弱程度？这就需要引进一个新的概念——**应力**(stress)。

考察图 4-7 中杆件横截面上面积 ΔA，设其上总内力为 $\Delta \boldsymbol{F}_R$，于是在此面积上，分布内力的平均值为

$$\overline{\sigma}=\frac{\Delta F_R}{\Delta A} \tag{4-1}$$

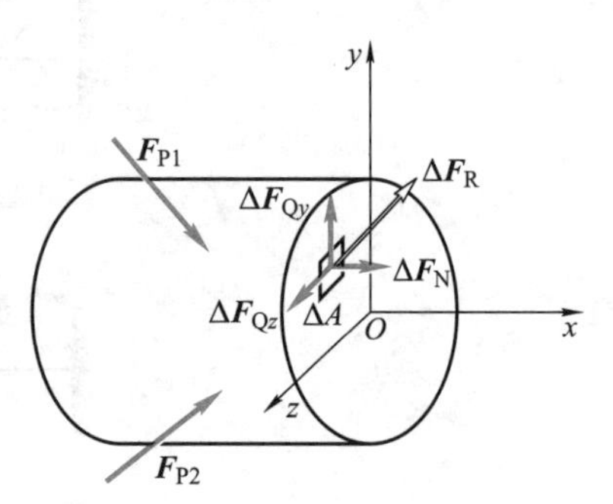

图 4-7　横截面上的应力定义

称为**平均应力**(average stress)。当所取面积趋于无穷小时，上述平均应力便趋于一极限值，这一极限值便能反映分布内力在该点处的强弱程度，称为**集度**(density)，分布内力在一点处的集度称为应力。

将 $\Delta \boldsymbol{F}_R$ 分解为 x、y、z 三个方向的分量 ΔF_N、ΔF_{Qy}、ΔF_{Qz}，其中 ΔF_N 垂直于横截面，ΔF_{Qy}、ΔF_{Qz} 位于横截面。

根据上述应力定义，可以得到两种应力：一种是垂直于横截面；另一种是位于横截面。前者称为**正应力**(normal stress)，用希腊字母 σ 表示；后者称为**剪应力**或**切应力**(shearing stress)，本书统称为剪应力。用希腊字母 τ 表示。正应力和剪应力的极限定义为

$$\sigma=\lim_{\Delta A\to 0}\frac{\Delta F_N}{\Delta A} \tag{4-2}$$

$$\tau=\lim_{\Delta A\to 0}\frac{\Delta F_Q}{\Delta A} \tag{4-3}$$

其中 F_Q 可以是 ΔF_{Qy}，也可以是 ΔF_{Qz}。

需要指出的是，上述二式只是作为应力定义的表达式，对于实际应力计算并无意义。

国际单位制(SI)中应力的单位为 Pa(1 Pa=1 N/m^2)或 MPa(MN/m^2)。

4-4-2　应力与内力分量之间的关系

前面已经提到，内力分量是截面上分布内力系的简化结果。以正应力为例，应用积分方法(图 4-8)，不难得出正应力与轴力、弯矩之间存在如下关系式：

$$\left.\begin{aligned}\int_A \sigma \mathrm{d}A &= F_N\\ \int_A(\sigma \mathrm{d}A)y &= -M_z\\ \int_A(\sigma \mathrm{d}A)z &= M_y\end{aligned}\right\} \tag{4-4}$$

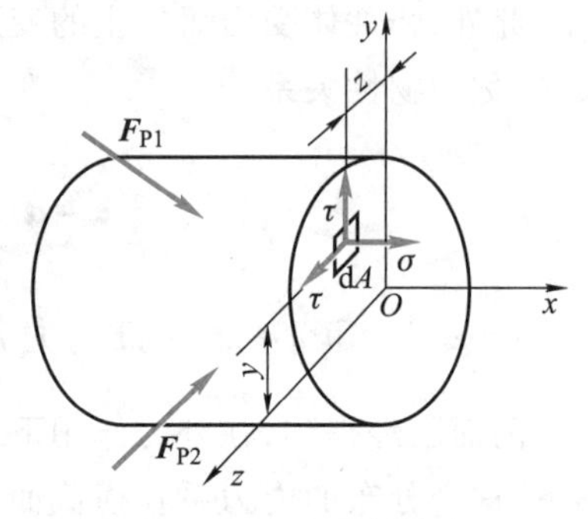

图 4-8　正应力与轴力、弯矩之间的关系

上述表达式一方面表示应力与内力分量间的关系，另一方面也表明，如果已知内力分量并且能够确定横截面上的应力是怎样分布的，就可以确定横截面上各点处的应力数值。

同时，上述关系式还表明，仅仅根据平衡条件，只能确定横截面上的内力分量与外力之间的关系，不能

确定各点处的应力。因此,确定横截面上的应力还需增加其他条件。

§4-5　正应变与剪应变

如果将弹性体看作由许多微单元体所组成,这些微单元体简称微元体或微元(element),弹性体整体的变形则是所有微元变形累加的结果。而微元的变形则与作用在其上的应力有关。

围绕受力弹性体中的任意点截取微元(通常为正六面体),一般情形下微元的各个面上均有应力作用。下面考察两种最简单的情形,分别如图 4-9a、b 所示。

对于正应力作用下的微元(图 4-9a),沿着正应力方向和垂直于正应力方向将产生伸长和缩短,这种变形称为线变形。描写弹性体在各点处线变形程度的量,称为线应变或正应变(normal strain),用 ε_x 表示。根据微元变形前、后 x 方向长度 dx 的相对改变量,有

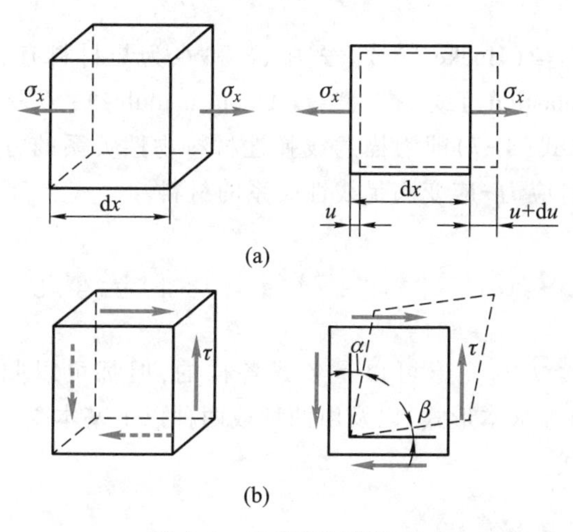

图 4-9　正应变与剪应变

$$\varepsilon_x=\frac{\mathrm{d}u}{\mathrm{d}x} \tag{4-5}$$

式中,dx 为变形前微元在正应力作用方向的长度;du 为微元体变形后长度 dx 的改变量;ε_x 的下标 x 表示应变方向。

剪应力作用下的微元体将发生剪切变形,剪切变形程度用微元体直角的改变量度量。微元体直角改变量称为剪应变或切应变(shearing strain),本书统称为剪应变,用 γ 表示。在图 4-9b 中,$\gamma=\alpha+\beta$。γ 的单位为 rad(弧度)。

关于正应力和正应变的正负号,一般约定:拉应力与拉应变为正;压应力与压应变为负。关于剪应力和剪应变的正负号将在以后介绍。

§4-6　线弹性材料的应力-应变关系

对于工程中常用材料,实验结果表明:若在弹性范围内加载(应力小于某一极限值),对于只承受单方向正应力或承受剪应力的微元体,正应力与正应变及剪应力与剪应变之间存在着线性关系,分别如图 4-10a、b 所示。数学表达式分别为

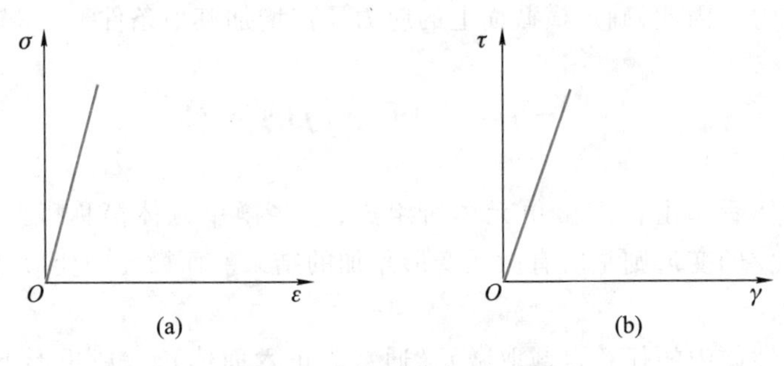

图 4-10　线性的应力-应变关系

$$\sigma_x = E\varepsilon_x \quad \text{或} \quad \varepsilon_x = \frac{\sigma_x}{E} \tag{4-6}$$

$$\tau = G\gamma \quad \text{或} \quad \gamma = \frac{\tau}{G} \tag{4-7}$$

上述二式都称为胡克定律(Hooke law)。式中,E 和 G 为与材料有关的弹性常数:E 称为弹性模量(modulus of elasticity)或杨氏模量(Young modulus);G 称为切变模量(shearing modulus)。式(4-6)和式(4-7)即为描述线弹性材料物性关系的方程。所谓线弹性材料是指弹性范围内加载时应力-应变满足线性关系的材料。

§4-7　杆件受力与变形的基本形式

实际杆类构件的受力与变形可以是各式各样的,但都可以归纳为轴向拉伸(或压缩)、剪切、扭转和弯曲等基本形式,以及由两种或两种以上基本受力与变形形式共同形成的组合受力与变形形式。

4-7-1　拉伸或压缩

当杆件两端承受沿轴线方向的拉力或压力时,杆件将产生轴向伸长或压缩变形。这种受力与变形形式称为轴向拉伸或压缩,简称拉伸或压缩(tension or compression),拉伸和压缩时的变形分别如图 4-11a、b 所示。

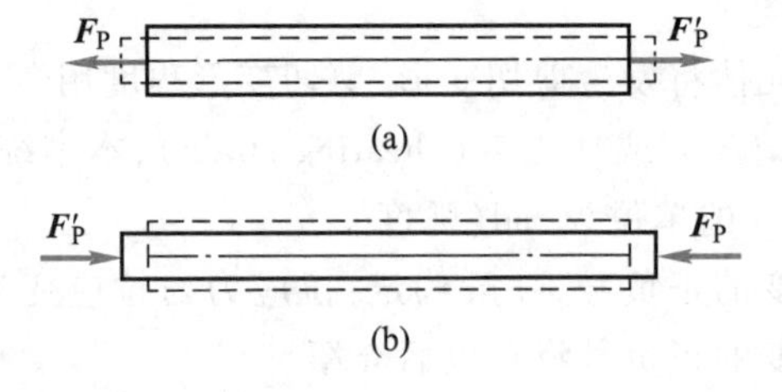

图 4-11　拉伸和压缩时的受力与变形

拉伸和压缩时,杆横截面上只有轴力 $\boldsymbol{F}_N$ 一个内力分量。

4-7-2　剪切

作用线垂直于杆件轴线的力,称为横向力(transverse force)。大小相等、方向相反、作用线互相平行、相距很近的两个横向力,作用在杆件上,当这两个力相互错动并保持二者作用线之间的距离不变时,杆件的两个相邻截面将产生相互错动,这种变形称为剪切变形,如图 4-12 所示。这种受力与变形形式称为剪切(shear)。

所有平面问题剪切时,杆件横截面上只有剪力 $\boldsymbol{F}_{Q}$($\boldsymbol{F}_{Qy}$ 或 $\boldsymbol{F}_{Qz}$)一个内力分量。

4-7-3　扭转

当作用面互相平行的两个力偶作用在杆件的两个横截面内时,杆件的横截面将产生绕杆件轴线的相互转动,这种变形称为扭转变形,如图 4-13 所示。杆件的这种受力与变形形式称为扭转(torsion or twist)。

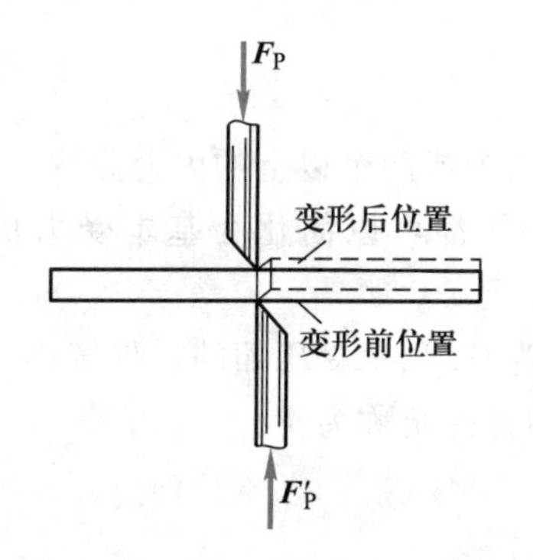

图 4-12　剪切时的受力与变形

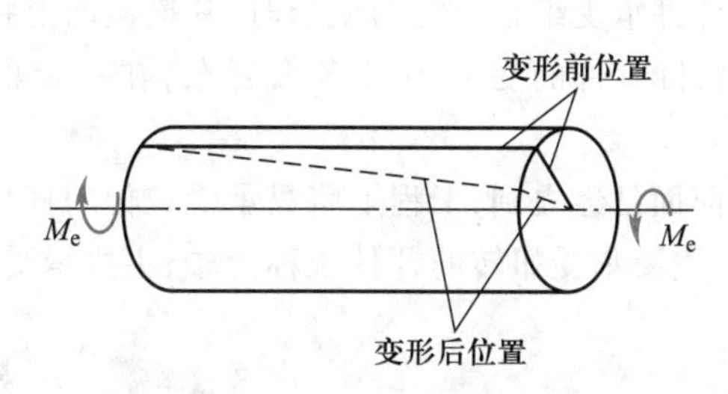

图 4-13　杆件扭转时的受力与变形

杆件承受扭转变形时,其横截面上只有扭矩 M_x 一个内力分量。

4-7-4　平面弯曲

当外加力偶或横向力作用于杆件纵向的某一平面内时,如图 4-14 所示,杆件的轴线将在加载平面内弯成曲线。这种变形形式称为平面弯曲(plane bending),简称弯曲(bending)。

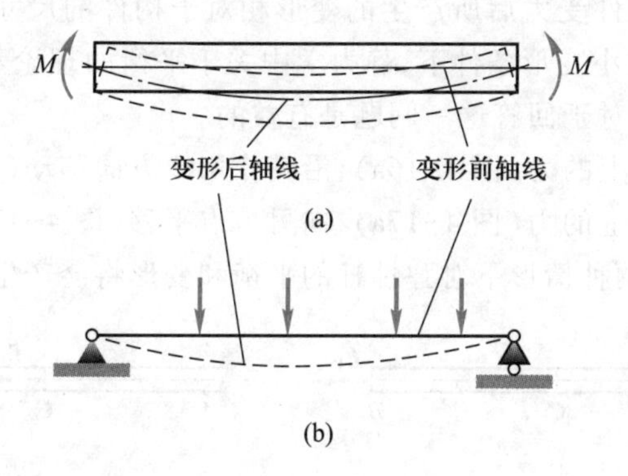

图 4-14　平面弯曲时杆件的受力与变形

图 4-14a 所示的情形下,杆件横截面上只有弯矩一个内力分量 M(M_y 或 M_z),这时的平面弯曲称为纯弯曲(pure bending)。

对于图 4-14b 所示之情形,横截面上除弯矩外尚有剪力存在。这种弯曲称为横向弯曲,简称横弯(transverse bending)。

4-7-5　组合受力与变形

由上述基本受力形式中的两种或两种以上所共同形成的受力形式即称为组合受力与变形(complex loads and deformation)。例如,图 4-15 所示杆件的受力即为拉伸与弯曲的组合受力,其中力 $\boldsymbol{F}_P$、力偶 M 都作用在同一平面内,这种情形下,杆件将同时承受拉伸变形与弯曲变形。

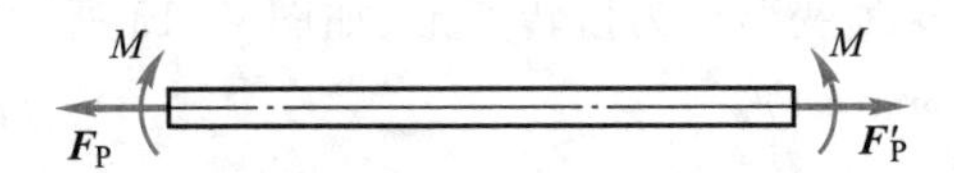

图 4-15　承受拉伸与弯曲共同作用的杆件

杆件承受组合受力与变形时,其横截面上将存在两个或两个以上的内力分量。

实际杆件的受力不管多么复杂,在一定的条件下,都可以简化为基本受力形式的组合。

前面已经提到,工程上将只承受拉伸的杆件统称为杆;只承受压缩的杆件统称为压杆或柱;主要承受扭转的杆件统称为轴;主要承受弯曲的杆件统称为梁。

§4-8　小结与讨论

4-8-1　关于静力学模型与材料力学模型

所有工程结构的构件,实际上都是可变形的变形体,当变形很小时,变形对物体运动效应的影响甚小,因而在研究运动和平衡问题时一般可将变形略去,从而将变形体抽象为刚体。从这一意义讲,刚体和变形体都是工程构件在确定条件下的力学简化模型。

4-8-2　关于静力学概念与原理在材料力学中的可用性与限制性

工程中绝大多数构件受力后所产生的变形相对于构件的尺寸都是很小的,这种变形通常称为"小变形"。在小变形条件下,静力学中关于平衡的理论和方法能否应用于材料力学?下列问题的讨论对于回答这一问题是有益的。

若将作用在弹性杆上的力(图 4-16a),沿其作用线方向移动(图 4-16b)。

若将作用在弹性杆上的力(图 4-17a),向另一点平移(图 4-17b)。

请读者分析:上述两种情形下对弹性杆的平衡和变形将会产生什么影响?

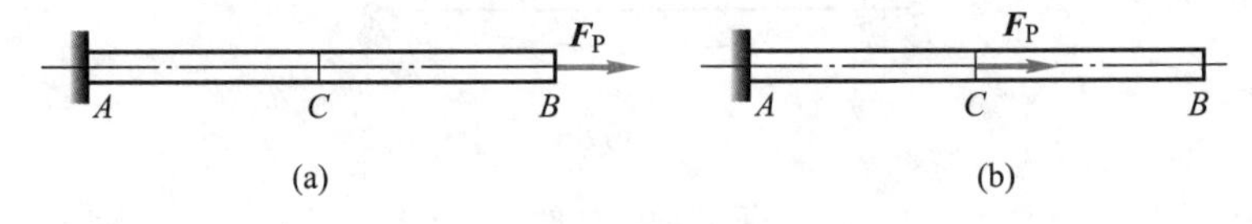

图 4-16　力沿作用线移动的结果

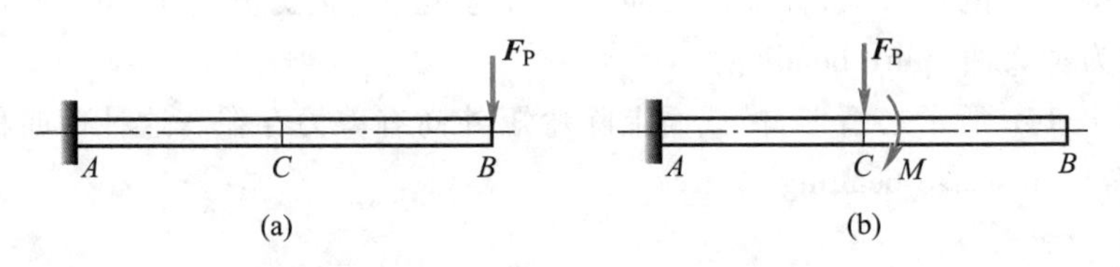

图 4-17　力向一点平移的结果

4-8-3　学习研究问题

问题一：由金属丝弯成的弹性圆环，直径为 d（图 4-18 中的实线），受力变形后变成直径为 $d+\Delta d$ 的圆（图中的虚线）。如果 d 和 Δd 都已知，请应用正应变的定义确定：

（1）圆环直径的相对改变量。

（2）圆环沿圆周方向的正应变。

问题二：微元受力前形状如图 4-19 中实线 $ABCD$ 所示，其中 $\angle ABC$ 为直角，$dx=dy$。受力变形后各边的长度尺寸不变，如图中虚线 $A'B'C'D'$ 所示。

（1）微元的四边可能承受什么样的应力才会产生这样的变形？

（2）如果已知 $CC'=dx/1\ 000$，求 AC 方向上的正应变（$DD'BB'$ 共线，$C'CAA'$ 共线）。

（3）如果已知图中变形后的角度 α，求微元的剪应变。

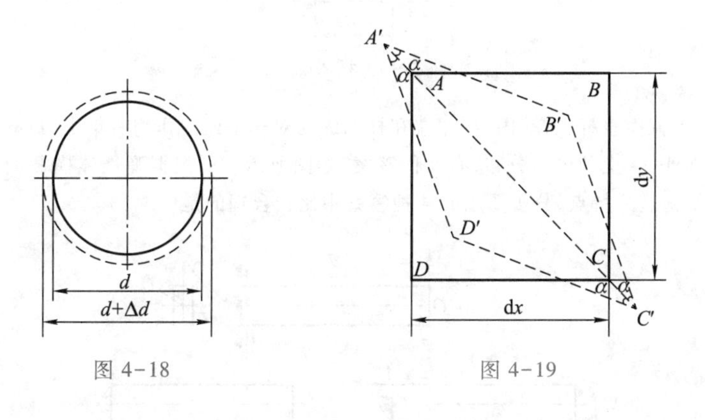

图 4-18　　图 4-19

习　题

4-1　试确定下列结构中螺栓的指定截面 I—I 上的内力分量，并指出两种结构中的螺栓分别属于哪一种基本受力与变形形式。

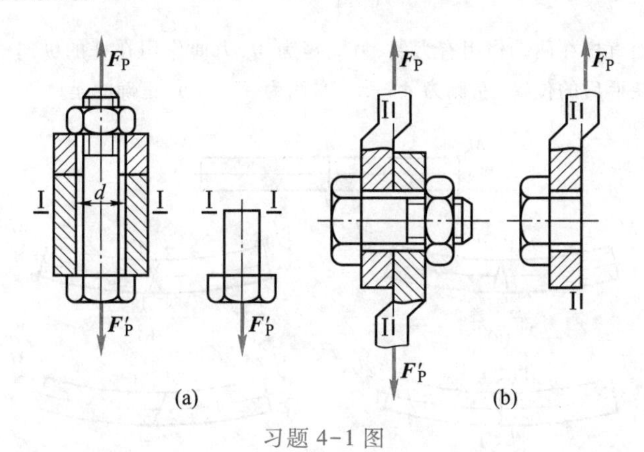

习题 4-1 图

4-2　已知杆件横截面上只有弯矩 M_z 一个内力分量，如图所示。若横截面上的正应力沿着高度 y 方向呈直线分布，而与 z 坐标无关，这样的应力分布可以用以下的数学表达式描述：

$$\sigma=Cy$$

式中，C 为待定常数。按照右手定则，M_z 的矢量与 z 坐标正向一致者为正，反之为负。试证明上式中的

常数 C 可以由下式确定：

$$C=-\frac{M_z}{I_z}$$

式中，$I_z=\int_A y^2\mathrm{d}A$。

（提示：积分时可取图中所示之微面积 $\mathrm{d}A=b\mathrm{d}y$。）

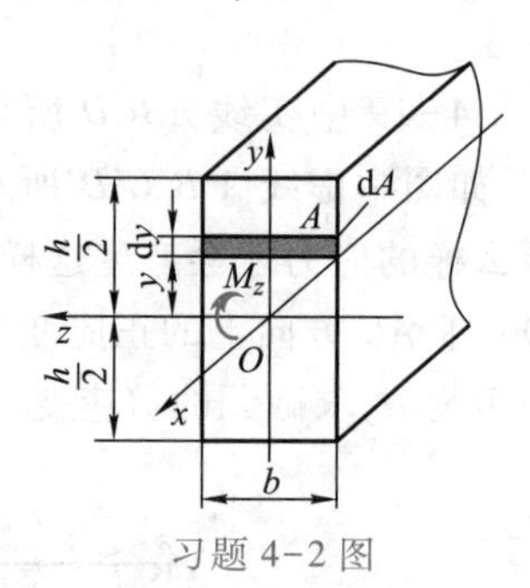

习题 4-2 图

4-3　图示矩形截面直杆，右端固定，左端在杆的纵向对称平面内作用有集中力偶，力偶矩为 M。关于固定端处横截面 $A—A$ 上的内力分布，有 4 种答案，如图所示。试根据弹性体横截面连续分布内力的合力必须与外力平衡这一特点，分析图示的 4 种答案中比较合理的是（　　）。

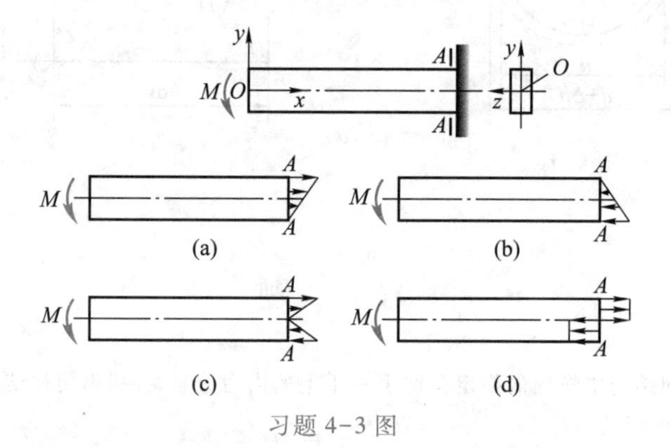

习题 4-3 图

4-4　图示等截面直杆在两端作用有力偶，力偶矩为 M，力偶作用在杆的纵向对称面内。关于杆中点处截面 $A—A$ 在杆变形后的位置（左侧为 $A'—A'$，右侧为 $A''—A''$），正确的是（　　）。

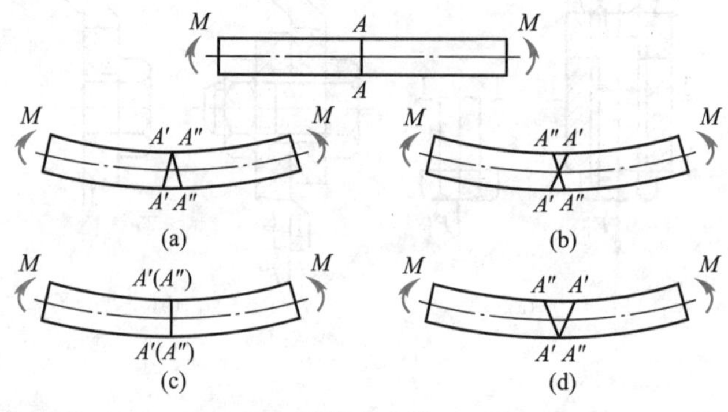

习题 4-4 图

4-5　等截面直杆的支承和受力如图所示。关于其轴线在变形后的位置（图中虚线所示），有 4 种答案，根据弹性体的特点，试分析合理的是（　　）。

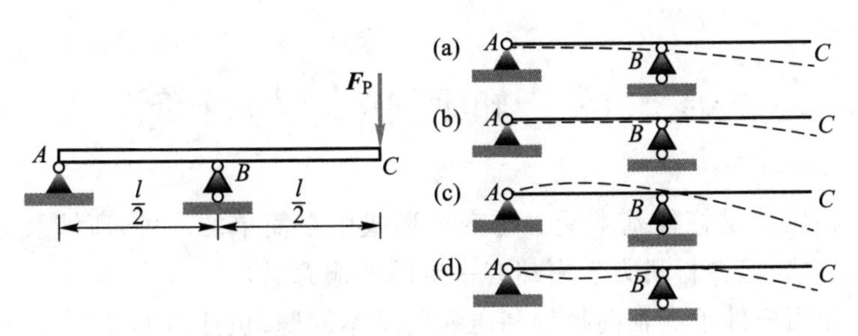

习题 4-5 图

第 5 章　轴向拉伸与压缩

轴向拉伸和压缩是杆件基本受力与变形形式中最简单的一种，所涉及的一些基本原理与方法比较简单，但在材料力学中却有一定的普遍意义。

本章主要介绍杆件承受轴向拉伸和压缩的基本问题，包括内力、应力、变形，以及材料在拉伸和压缩时的力学性能及强度计算，目的是使读者对“材料力学”有一个初步的、比较全面的了解。

§5-1　工程中承受拉伸与压缩的杆件

工程结构中的桅杆、旗杆、活塞杆，悬索桥、斜拉桥、网架式结构中的杆件或缆索，以及桥梁结构桁架中的杆件大都承受沿着杆件轴线方向的载荷，这种载荷简称为轴向载荷。

承受轴向载荷的杆件将产生拉伸或压缩变形。

承受轴向载荷的拉(压)杆在工程中的应用非常广泛。

图 5-1 中所示为悬索桥承受拉力的钢缆。现代建筑物结构中广泛使用拉压杆件，图 5-2 中所示为机场候机楼结构中承受拉伸和压缩的杆件。

(a)

(b)

图 5-1　悬索桥承受拉力的钢缆

几乎所有机械结构与机构中，都离不开拉压杆件。例如一些机器中所用的各种紧固螺栓(图 5-3)作为连接件，将两个零件或部件装配在一起，需要对螺栓施加预紧力，这时螺栓承受轴向拉力，并将发生伸长变形。图 5-4 中所示为发动机中由气缸、活塞、连杆所组成的机构，当发动机工作时，不仅连接气缸缸体和气缸盖的螺栓承受轴向拉力，带动活塞运动的连杆由于两端都是铰链约束，因而也承受轴向载荷。

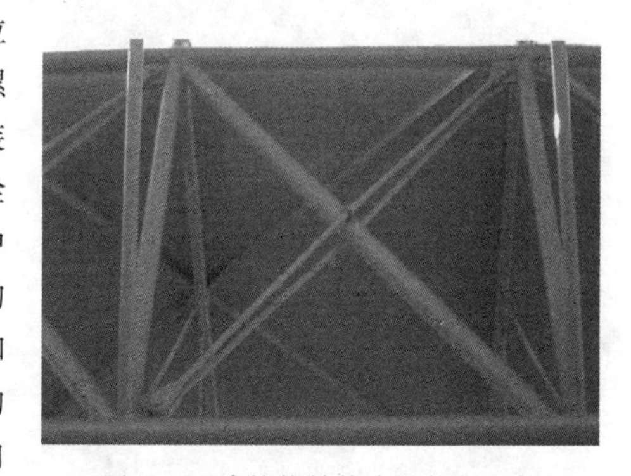

图 5-2　建筑物结构中的拉压杆件

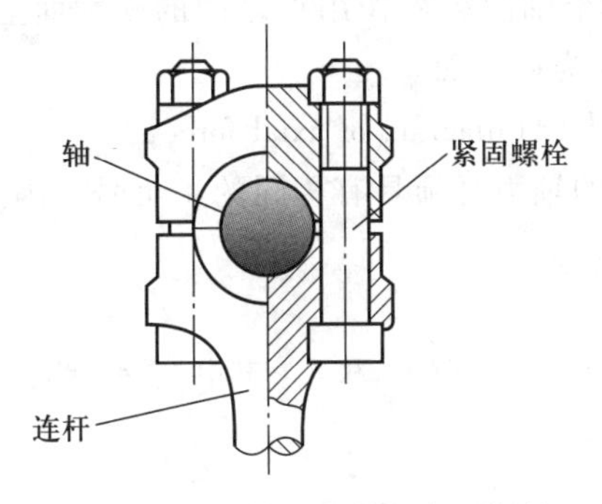

图 5-3　承受轴向拉伸的紧固螺栓

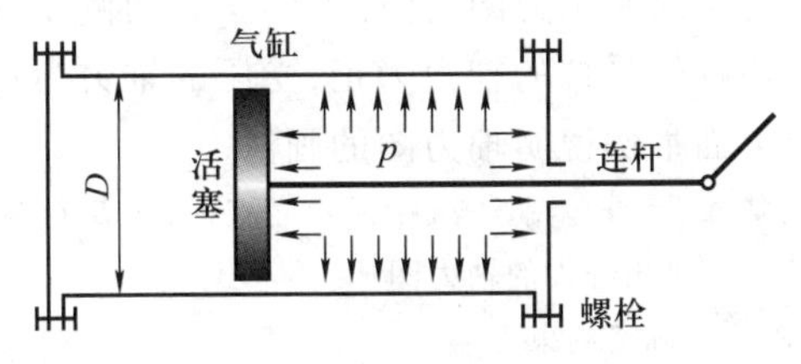

图 5-4　承受轴向拉伸的连杆和螺栓

各种操纵和控制系统中拉压杆也是不可或缺的。图 5-5 中所示为舰载火炮操纵系统中的拉压杆件。

(a)

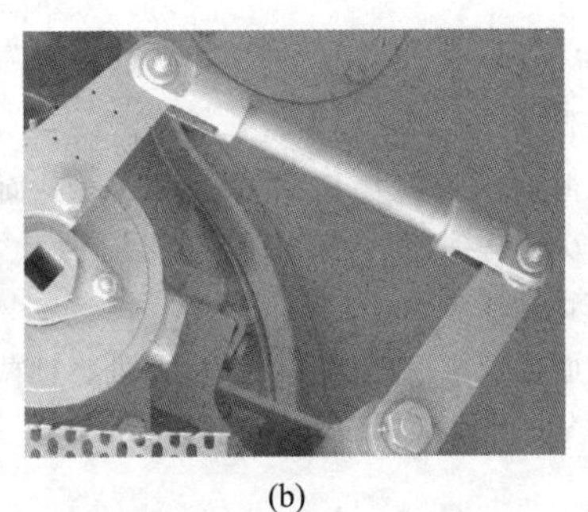

(b)

图 5-5　舰载火炮操纵系统中的拉压杆件

需要指出的是,静力学上,承受拉伸和压缩的直杆都是二力杆或二力构件。但是,不是所有二力构件都只承受拉伸或压缩变形。例如,图 5-6a 所示之二力构件虽然承受一对拉伸载荷作用,但是根据截面法和平衡条件,其横截面上不仅有轴力还有弯矩的作用(图 5-6b),因而除了拉伸变形外还将产生弯曲变形。

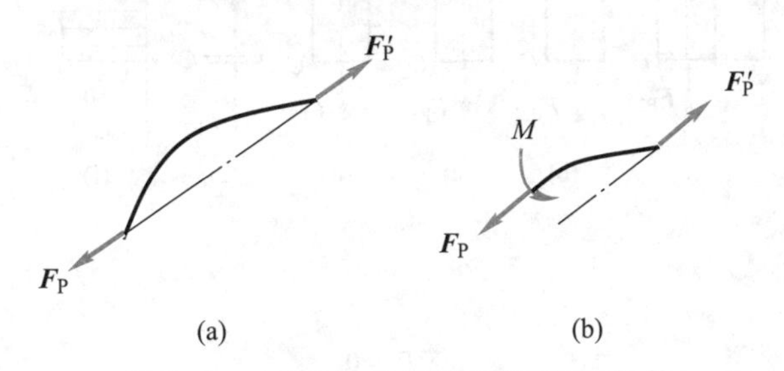

图 5-6　二力构件并非都是轴向拉压杆件

§ 5-2　轴力与轴力图

沿着杆件轴线方向作用的载荷,通常称为轴向载荷(axial load)。杆件承受轴向载荷作用时,横截面上只有一种内力分量——轴力 $\boldsymbol{F}_N$。

杆件只在两个端截面处承受轴向载荷时,杆件的所有横截面上的轴力都是相同的。

如果杆件上作用有两个以上的轴向载荷，就只有两个轴向载荷作用点之间的横截面上的轴力是相同的。轴力相同的一段杆的两个端截面称为控制面。

表示轴力沿杆件轴线方向变化的图形，称为**轴力图**(diagram of axial force)。

为了绘制轴力图，杆件上同一处两侧横截面上的轴力必须具有相同的正负号。因此，约定使杆件受拉的轴力为正，受压的轴力为负。

下面举例说明轴力图的画法。

【例题 5-1】　图 5-7a 中所示之直杆，在 B、C 两处作用有集中载荷 $\boldsymbol{F}_{P1}$ 和 $\boldsymbol{F}_{P2}$，其中 $F_{P1}=5\ \text{kN}$，$F_{P2}=10\ \text{kN}$。试画出杆件的轴力图。

解：1. 确定约束力

A 处虽然是固定端约束，但由于杆件只有轴向载荷作用，所以只有一个轴向的约束力 $\boldsymbol{F}_A$。由平衡方程

$$\sum F_x=0$$

求得

$$F_A=5\ \text{kN}$$

$\boldsymbol{F}_A$ 方向如图所示。

2. 确定控制面

在集中载荷 $\boldsymbol{F}_{P2}$、约束力 $\boldsymbol{F}_A$ 作用处的 A、C 截面，以及集中载荷 $\boldsymbol{F}_{P1}$ 作用截面 B 处的上、下两侧为控制面，如图 5-7a 中虚线所示。

3. 应用截面法求轴力

用假想截面分别从控制面 A、B''、B'、C 处将杆截开，假设横截面上的轴力均为正方向(拉力)，并考察截开后下面部分的平衡，如图 5-7b、c、d、e 所示。

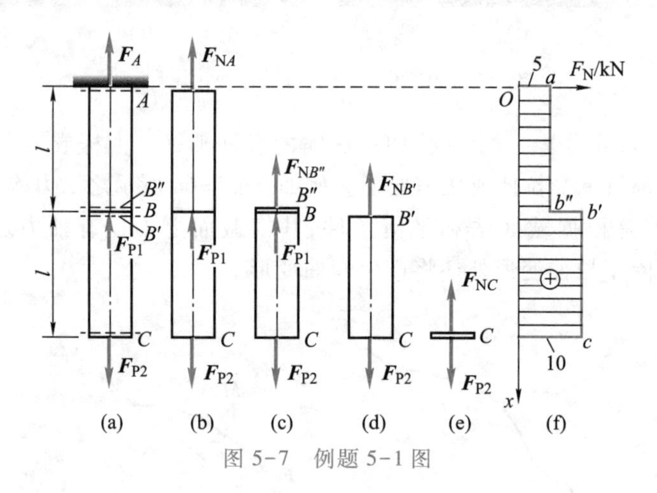

图 5-7　例题 5-1 图

根据平衡方程

$$\sum F_x=0$$

求得各控制面上的轴力分别为

A 截面：$F_{NA}=F_{P2}-F_{P1}=5\ \text{kN}$

B''截面：$F_{NB''}=F_{P2}-F_{P1}=5\ \text{kN}$

B'截面：$F_{NB'}=F_{P2}=10\ \text{kN}$

C 截面：$F_{NC}=F_{P2}=10\ \text{kN}$

4. 建立 OF_Nx 坐标系，画轴力图

OF_Nx 坐标系中，x 轴沿着杆件的轴线方向，F_N 轴垂直于 x 轴。

将所求得的各控制面上的轴力标在 OF_Nx 坐标系中，得到 a、b''、b'和 c 四点。因为在 A、B''之间及 B'、

C 之间，没有其他外力作用，故这两段中的轴力分别与 A（或 B''）截面及 C（或 B'）截面相同。这表明点 a 与点 b'' 之间及点 c 与点 b' 之间的轴力图为平行于 x 轴的直线。于是，得到杆的轴力图如图 5-7f 所示。

根据以上分析，绘制轴力图的方法如下：

（1）确定约束力。

（2）根据杆件上作用的载荷及约束力，确定控制面，也就是轴力图的分段点。

（3）应用截面法，用假想截面从控制面处将杆件截开，在截开的截面上，画出未知轴力，并假设为正方向；对截开的部分杆件建立平衡方程，确定控制面上的轴力数值。

（4）建立 OF_Nx 坐标系，将所求得的轴力数值标在坐标系中，画出轴力图。

§5-3　拉压杆件的应力与变形

5-3-1　应力计算

与轴力相对应，杆件横截面上将只有正应力。

在很多情形下，杆件在轴力作用下产生均匀的伸长或缩短变形，即两相邻横截面之间的材料产生相同的伸长量或缩短量。因此，根据材料均匀连续性的假定，杆件横截面上的应力均匀分布，如图 5-8 所示。

这时横截面上的正应力为

$$\sigma=\frac{F_N}{A} \tag{5-1}$$

式中，F_N 为横截面上的轴力，由截面法求得；A 为横截面面积。

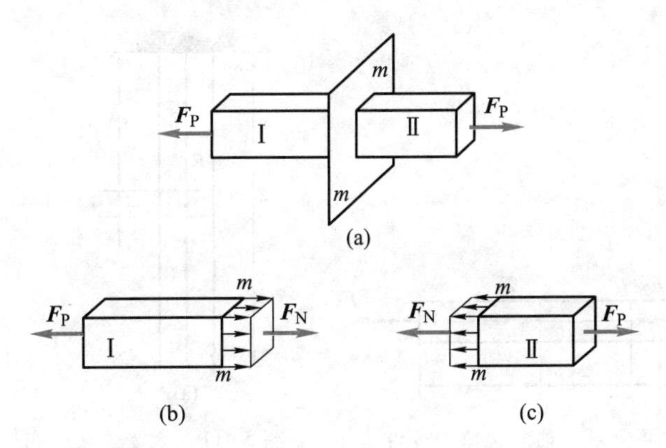

图 5-8　轴向载荷作用下杆件横截面上的正应力

5-3-2　变形计算

1. 绝对变形　弹性模量

设一长度为 l、横截面面积为 A 的等截面直杆，承受轴向载荷后，其长度变为 $l+\Delta l$，其中 Δl 为杆的伸长量（图 5-9a）。实验结果表明：如果所施加的载荷使杆件的变形处于弹性范围内，杆的伸长量 Δl 与杆所承受的轴向载荷成正比，如图 5-9b 所示。写成关系式为

$$\Delta l=\pm\frac{F_Nl}{EA} \tag{5-2}$$

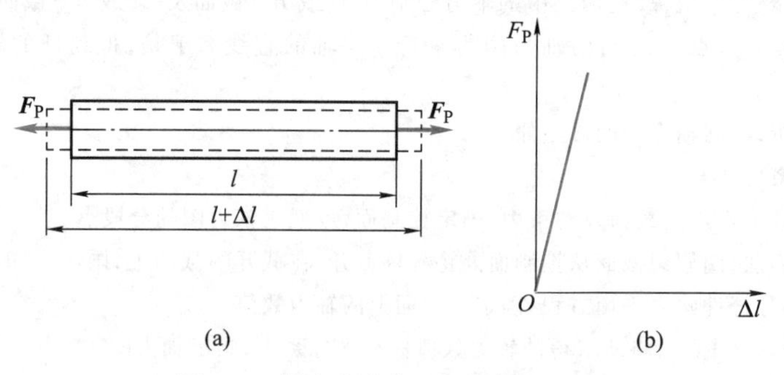

图 5-9　轴向载荷作用下杆件的变形

这是描述弹性范围内杆件承受轴向载荷时力与变形的**胡克定律**(Hooke Law)。式中,F_N 为杆件横截面上的轴力,当杆件只在两端承受轴向载荷 $\boldsymbol{F}_P$ 作用时,$F_N=F_P$;E 为杆材料的弹性模量,它与正应力具有相同的单位;EA 称为杆件的**拉伸(或压缩)刚度**(tensile or compression rigidity);式中"+"表示伸长变形;"-"表示缩短变形。

当拉、压杆有两个以上的外力作用时(图 5-10),需要先画出轴力图,然后按式(5-2)分段计算各段的变形,各段变形的代数和即为杆的总伸长量(或缩短量):

$$\Delta l=\sum_i \frac{F_{Ni}l_i}{(EA)_i} \tag{5-3}$$

当杆件上作用有沿轴线连续分布的外力时(图 5-11a),需要考察微段的变形(图 5-11b),然后采用积分的方法,计算杆件的总变形。

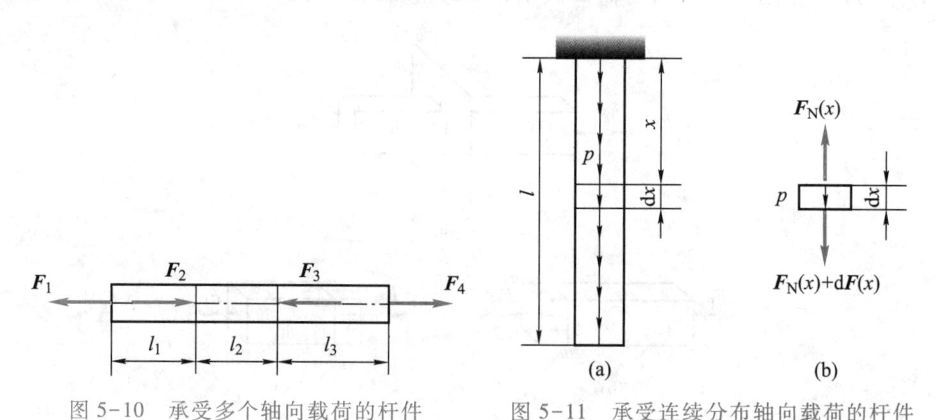

图 5-10　承受多个轴向载荷的杆件　　　图 5-11　承受连续分布轴向载荷的杆件

应用式(5-2),将其中的 F_N 变为 $F_N(x)$;l 变为 dx,得到微段的伸长量为

$$\Delta dx=\frac{F_N(x)dx}{EA}$$

将其沿轴线方向积分得到杆件的总伸长量为

$$\Delta l=\int_0^l \frac{F_N(x)}{EA}dx \tag{5-4}$$

2. 相对变形　正应变

对于杆件沿长度方向均匀变形的情形,其相对伸长量 $\Delta l/l$ 表示轴向变形的程度,是

这种情形下杆件沿轴线方向的正应变：

$$\varepsilon_x=\frac{\Delta l}{l} \tag{5-5}$$

将式(5-2)代入上式，考虑到 $\sigma=F_N/A$，便得到与式(4-6)一致的公式，即

$$\varepsilon=\frac{\Delta l}{l}=\frac{\frac{F_N l}{EA}}{l}=\frac{\sigma}{E} \tag{5-6}$$

需要指出的是，上述关于正应变的表达式(5-6)只适用于杆件各处均匀变形的情形。对于各处变形不均匀的情形(图5-12)，则必须考察杆件上沿轴向的微段 dx 的变形，并以微段 dx 的相对变形作为杆件局部的变形程度。这时，有

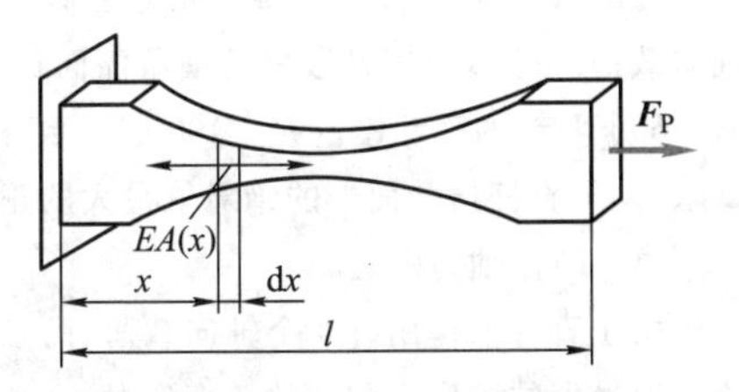

图5-12 杆件轴向变形不均匀的情形

$$\varepsilon=\frac{\Delta \mathrm{d}x}{\mathrm{d}x}=\frac{\frac{F_N \mathrm{d}x}{EA(x)}}{\mathrm{d}x}=\frac{\sigma}{E}$$

可见，无论变形均匀还是不均匀，正应力与正应变之间的关系都是相同的。

当应变沿轴向不均匀时，杆件的轴向变形由下式计算：

$$\Delta l=\int_0^l \frac{F_N(x)}{EA(x)}\mathrm{d}x$$

3. 横向变形 泊松比

杆件承受轴向载荷时，除了轴向变形外，在垂直于杆件轴线方向也同时产生变形，称为横向变形。图5-13中的虚线为拉伸杆件的轴向和横向变形。

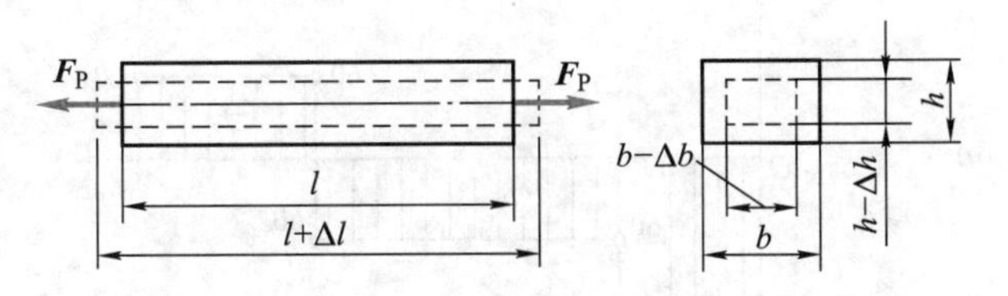

图5-13 轴向变形与横向变形

实验结果表明，若在弹性范围内加载，轴向应变 ε_x 与横向应变 ε_y 之间存在下列关系：

$$\varepsilon_y=-\nu\varepsilon_x \tag{5-7}$$

式中，ν 为材料的另一个弹性常数，称为**泊松比**(Poisson ratio)。泊松比是量纲一的量。式中引入负号，是因为对各向同性材料，泊松比恒为正，轴向应变与横向应变总是具有相反的正负号。①

表5-1中给出了几种常用金属材料的 E、ν 的数值。

① 然而对于某些聚合物泡沫材料，纵向伸长时，横向发生膨胀。ε_x 和 ε_y 具有相同的正负号，所以这类材料的泊松比为负值。参见：Roderic Lakes, Foam structures with a negative Poisson's ratio, Science, 235, 1038—1040(1987)。

表 5-1 常用金属材料的 E、ν 的数值

材料	E/GPa	ν
低碳钢	195~216	0.25~0.33
合金钢	185~216	0.24~0.33
灰铸铁	78.5~157	0.23~0.27
铜及其合金	72.5~128	0.31~0.42
铝合金	70	0.33

【例题 5-2】 图 5-14a 所示之变截面直杆，ADE 段为铜制，EBC 段为钢制；在 A、D、B、C 等 4 处承受轴向载荷。已知：$ADEB$ 段杆的横截面面积 $A_{AB}=10\times10^2\ \text{mm}^2$，$BC$ 段杆的横截面面积 $A_{BC}=5\times10^2\ \text{mm}^2$；$F_P=60$ kN；铜的弹性模量 $E_c=100$ GPa，钢的弹性模量 $E_s=210$ GPa；各段杆的长度如图所示，单位为 mm。试求：(1) 直杆横截面上的绝对值最大的正应力 $|\sigma|_{\max}$；(2) 直杆的总变形量 Δl_{AC}。

解：1. 作轴力图

由于直杆上作用有 4 个轴向载荷，而且 AB 段与 BC 段杆横截面面积不相等，为了确定直杆横截面上绝对值最大的正应力和杆的总变形量，必须首先确定各段杆的横截面上的轴力。

应用截面法，可以确定 AD、DEB、BC 段杆横截面上的轴力分别为

$$F_{NAD}=-2F_P=-120\ \text{kN}$$

$$F_{NDE}=F_{NEB}=-F_P=-60\ \text{kN}$$

$$F_{NBC}=F_P=60\ \text{kN}$$

于是，在 OF_Nx 坐标系中可以画出轴力图，如图 5-14b 所示。

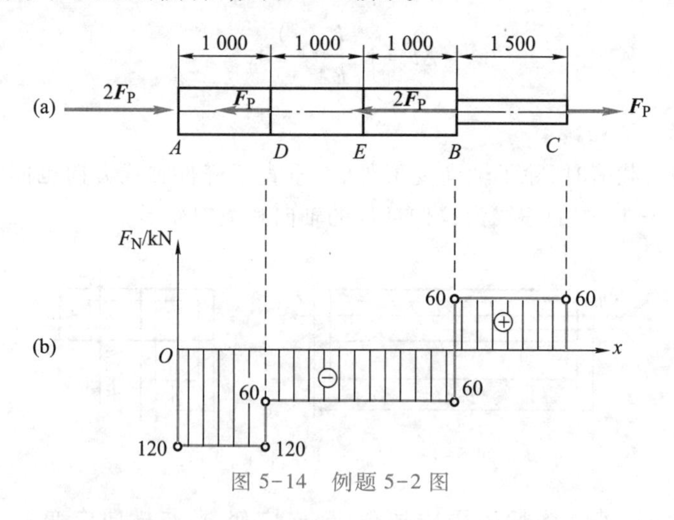

图 5-14 例题 5-2 图

2. 计算直杆横截面上绝对值最大的正应力

根据式(5-1)，横截面上绝对值最大的正应力将发生在轴力绝对值最大的横截面，或者横截面面积最小的横截面上。本例中，AD 段轴力最大；BC 段横截面面积最小。所以，最大正应力可能发生在这两段杆的横截面上：

$$\sigma_{AD}=\frac{F_{NAD}}{A_{AD}}=-\frac{120\times10^3\ \text{N}}{10\times10^2\times10^{-6}\ \text{m}^2}=-120\times10^6\ \text{Pa}=-120\ \text{MPa}$$

$$\sigma_{BC}=\frac{F_{NBC}}{A_{BC}}=\frac{60\times10^3\ \text{N}}{5\times10^2\times10^{-6}\ \text{m}^2}=120\times10^6\ \text{Pa}=120\ \text{MPa}$$

于是，直杆中绝对值最大的正应力为

$$|\sigma|_{\max}=|\sigma_{AD}|=\sigma_{BC}=120\ \text{MPa}$$

3. 计算直杆的总变形量

直杆的总变形量等于各段杆变形量的代数和。根据式(5-3),有

$$\Delta l = \sum_i \frac{F_{Ni}l_i}{(EA)_i} = \Delta l_{AD} + \Delta l_{DE} + \Delta l_{EB} + \Delta l_{BC}$$

$$= \frac{F_{NAD}l_{AD}}{E_cA_{AD}} + \frac{F_{NDE}l_{DE}}{E_cA_{DE}} + \frac{F_{NEB}l_{EB}}{E_sA_{EB}} + \frac{F_{NBC}l_{BC}}{E_sA_{BC}}$$

$$= -\frac{120\times10^3\ \text{N}\times1\ 000\times10^{-3}\ \text{m}}{100\times10^9\ \text{Pa}\times10\times10^{-4}\ \text{m}^2} - \frac{60\times10^3\ \text{N}\times1\ 000\times10^{-3}\ \text{m}}{100\times10^9\ \text{Pa}\times10\times10^{-4}\ \text{m}^2} -$$

$$\frac{60\times10^3\ \text{N}\times1\ 000\times10^{-3}\ \text{m}}{210\times10^9\ \text{Pa}\times10\times10^{-4}\ \text{m}^2} + \frac{60\times10^3\ \text{N}\times1\ 500\times10^{-3}\ \text{m}}{210\times10^9\ \text{Pa}\times5\times10^{-4}\ \text{m}^2}$$

$$= -1.2\times10^{-3}\ \text{m} - 0.6\times10^{-3}\ \text{m} - 0.286\times10^{-3}\ \text{m} + 0.857\times10^{-3}\ \text{m}$$

$$= -1.229\times10^{-3}\ \text{m} = -1.229\ \text{mm}$$

上述计算中,DE 和 EB 段杆的横截面面积及轴力虽然都相同,但由于材料不同,所以需要分段计算变形量。总变形量确实很小。

上述结果表明:轴力图与几何形状、材料无关;应力计算与材料无关。

【例题 5-3】　三角架结构尺寸及受力如图 5-15 所示,不计结构自重。其中货物重 $F_P = 22.2$ kN;钢杆 BD 的直径 $d_1 = 25.4$ mm;钢梁 CD 的横截面面积 $A_2 = 2.32\times10^3$ mm²。试求杆 BD 与梁 CD 横截面上的正应力。

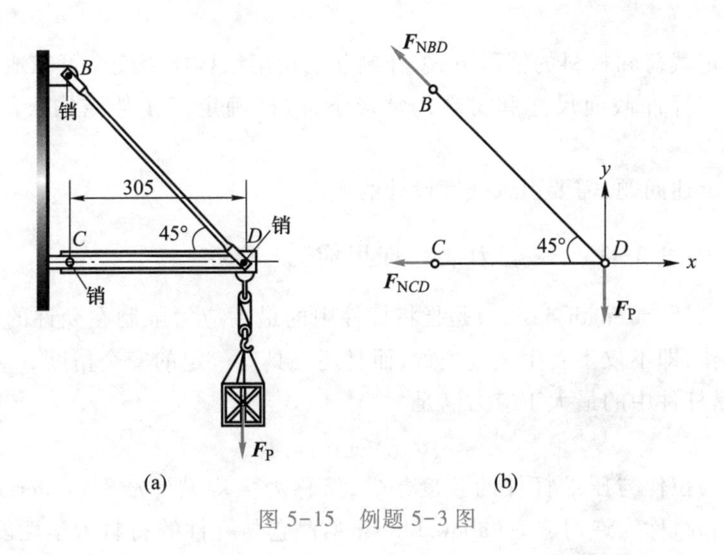

图 5-15　例题 5-3 图

解:1. 受力分析,确定各杆的轴力

首先对组成三角架结构的构件作受力分析,因为 B、C、D 三处均为铰链连接,杆 BD 与梁 CD 仅两端受力,故杆 BD 与梁 CD 均为二力构件,受力图如图 5-15b 所示,由平衡方程

$$\sum F_x = 0,\quad F_{NCD} + F_{NBD}\cos 45° = 0$$

$$\sum F_y = 0,\quad F_{NBD}\sin 45° - F_P = 0$$

解得

$$F_{NBD} = \sqrt{2}F_P = \sqrt{2}\times22.2\ \text{kN} = 31.40\ \text{kN}$$

$$F_{NCD} = -F_P = -22.2\ \text{kN}$$

其中负号表示压力。

2. 计算各杆的应力

应用拉、压杆件横截面上的正应力公式(5-1),杆 BD 与梁 CD 横截面上的正应力分别为

$$\sigma_{BD}=\frac{F_{NBD}}{A_{BD}}=\frac{F_{NBD}}{\frac{\pi d_1^2}{4}}=\frac{4\times 31.4\times 10^3\ \text{N}}{\pi\times 25.4^2\times 10^{-6}\ \text{m}^2}=62.0\times 10^6\ \text{Pa}=62.0\ \text{MPa}$$

$$\sigma_{CD}=\frac{F_{NCD}}{A_{CD}}=\frac{F_{NCD}}{A_2}=\frac{-22.2\times 10^3\ \text{N}}{2.32\times 10^3\times 10^{-6}\ \text{m}^2}=-9.57\times 10^6\ \text{Pa}=-9.57\ \text{MPa}$$

其中负号表示压应力。

§5-4　拉压杆件的强度计算

上一节中分析了轴向载荷作用下杆件中的应力和变形,以后的几章中还将对其他载荷作用下的构件作应力和变形分析。但是,在工程应用中,确定应力很少是最终目的,而只是工程师借助于完成下列主要任务的中间过程:

(1) 分析已有的或设想中的机器或结构,确定它们在特定载荷条件下的性态。

(2) 设计新的机器或新的结构,使之安全而经济地实现特定的功能。

例如,对于图 5-15a 中所示之三角架结构,上一节中已经计算出拉杆 BD 和压杆 CD 横截面上的正应力。现在可能有以下几方面的问题:

(1) 在这样的应力水平下,二杆分别选用什么材料,才能保证三角架结构可以安全可靠地工作?

(2) 在给定载荷和材料的情形下,怎样判断三角架结构能否安全可靠地工作?

(3) 在给定杆件截面尺寸和材料的情形下,怎样确定三角架结构所能承受的最大载荷?

为了回答上述问题,需要引入强度设计的概念。

5-4-1　强度条件、安全因数与许用应力

所谓强度设计(strength design)是指将杆件中的最大应力限制在允许的范围内,以保证杆件正常工作,即不仅不发生强度失效,而且还要具有一定的安全裕度。对于拉伸与压缩杆件,也就是杆件中的最大正应力满足

$$\sigma_{max}\leqslant[\sigma] \tag{5-8}$$

这一表达式称为拉伸与压缩杆件的强度条件,又称为强度设计准则(criterion for strength design)。其中$[\sigma]$称为许用应力(allowable stress),它与杆件的材料力学性能及工程对杆件安全裕度的要求有关,由下式确定:

$$[\sigma]=\frac{\sigma^0}{n} \tag{5-9}$$

式中,σ^0 为材料的极限应力或危险应力(critical stress),由材料的拉伸实验确定;n 为安全因数,对于不同的机器或结构,在相应的设计规范中都有不同的规定。

5-4-2　三类强度计算问题

应用强度条件,可以解决三类强度问题:

(1) 强度校核　已知杆件的几何尺寸、受力大小及许用应力,校核杆件或结构的强度是否安全,也就是验证强度条件式(5-8)是否满足。如果满足,则杆件或结构的强度是安全的;否则,是不安全的。

（2）尺寸设计　已知杆件的受力大小及许用应力，根据强度条件，计算所需要的杆件横截面面积，进而设计出合理的横截面尺寸。根据式(5-8)有

$$\sigma_{max} \leqslant [\sigma] \Rightarrow \frac{F_N}{A} \leqslant [\sigma] \Rightarrow A \geqslant \frac{F_N}{[\sigma]} \tag{5-10}$$

式中，F_N 和 A 分别为产生最大正应力的横截面上的轴力和面积。

（3）确定杆件或结构所能承受的许用载荷(allowable load)　根据强度条件式(5-8)，确定杆件或结构所能承受的最大轴力，进而求得所能承受的外加载荷。

$$\sigma_{max} \leqslant [\sigma] \Rightarrow \frac{F_N}{A} \leqslant [\sigma] \Rightarrow F_N \leqslant [\sigma]A \Rightarrow [F_N] = [F_P] \leqslant [\sigma]A \tag{5-11}$$

式中，$[F_P]$为许用载荷。

5-4-3　强度计算举例

【例题 5-4】　螺纹内径 $d = 15$ mm 的螺栓(图 5-16)，紧固时所承受的预紧力为 $F_P = 20$ kN。若已知螺栓的许用应力$[\sigma] = 150$ MPa，试校核螺栓的强度是否安全。

解：1. 确定螺栓所受轴力

应用截面法，很容易求得螺栓所受的轴力即为预紧力，即

$$F_N = F_P = 20 \text{ kN}$$

2. 计算螺栓横截面上的正应力

根据拉伸与压缩杆件横截面上的正应力公式(5-1)，螺栓在预紧力作用下，横截面上的正应力为

$$\sigma = \frac{F_N}{A} = \frac{F_P}{\frac{\pi d^2}{4}} = \frac{4F_P}{\pi d^2} = \frac{4 \times 20 \times 10^3 \text{ N}}{\pi \times (15 \times 10^{-3} \text{ m})^2} = 113.2 \times 10^6 \text{ Pa} = 113.2 \text{ MPa}$$

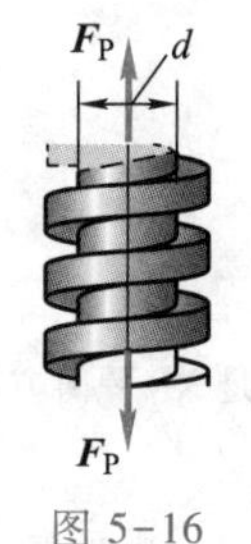

图 5-16
例题 5-4 图

3. 应用强度条件进行强度校核

已知许用应力为

$$[\sigma] = 150 \text{ MPa}$$

而上述计算结果表明螺栓横截面上的实际应力为

$$\sigma = 113.2 \text{ MPa} < [\sigma] = 150 \text{ MPa}$$

所以，螺栓的强度是安全的。

【例题 5-5】　图 5-17a 所示为可以绕铅垂轴 OO_1 旋转的吊车简图，其中斜拉杆 AC 由两根 50 mm × 50 mm × 5 mm 的等边角钢组成，水平横梁 AB 由两根 10 号槽钢组成。杆 AC 和梁 AB 的材料都是 Q235 钢，许用应力$[\sigma] = 120$ MPa。当行走小车位于点 A 时(小车的两个轮子之间的距离很小，小车作用在横梁上的力可以看作是作用在 A 点的集中力)。试求允许的最大起吊重量 W(包括行走小车和电动机的自重)。杆和梁的自重忽略不计。

解：1. 受力分析

由题意，可将梁 AB 与杆 AC 的两端都简化为铰链连接。则吊车的计算模型可以简化为图 5-17b 中所示。因为杆和梁的自重均忽略不计，于是梁 AB 和杆 AC 都是二力杆。

2. 确定二杆的轴力

以节点 A 为研究对象，并设梁 AB 和杆 AC 的轴力均为拉力，分别为 $\boldsymbol{F}_{N1}$ 和 $\boldsymbol{F}_{N2}$。于是节点 A 的受力如图 5-17c 所示。平衡方程为

$$\sum F_x = 0, \quad -F_{N1} - F_{N2}\cos\alpha = 0$$
$$\sum F_y = 0, \quad -W + F_{N2}\sin\alpha = 0$$

根据图 5-17a 中的几何尺寸，有

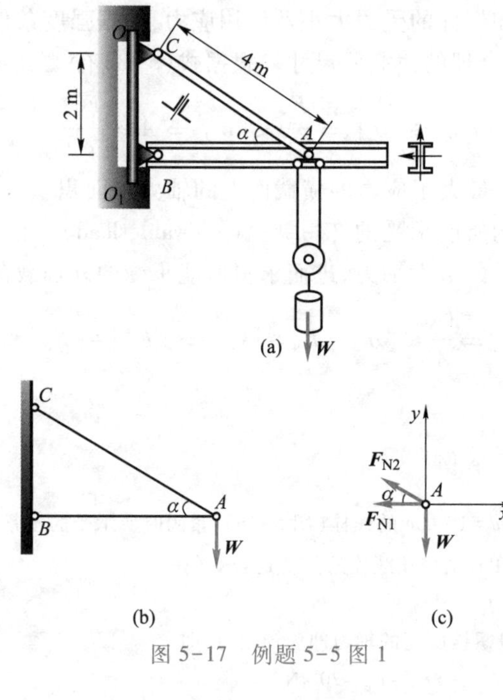

图 5-17　例题 5-5 图 1

$$\sin\alpha=\frac{1}{2},\quad \cos\alpha=\frac{\sqrt{3}}{2}$$

于是,由平衡方程解得

$$F_{\mathrm{N1}}=-1.73W,\quad F_{\mathrm{N2}}=2W$$

3. 确定最大起吊重量

对于梁 AB,由型钢规格表查得单根 10 号槽钢的横截面面积为 12.74 cm^2,注意到梁 AB 由两根槽钢组成,因此杆横截面上的正应力为

$$\sigma_{AB}=\frac{|F_{\mathrm{N1}}|}{A_1}=\frac{1.73W}{2\times 12.74\ \mathrm{cm}^2}$$

将其代入强度条件,得到

$$\sigma_{AB}=\frac{|F_{\mathrm{N1}}|}{A_1}=\frac{1.73W}{2\times 12.74\ \mathrm{cm}^2}\leqslant[\sigma]$$

由此解出保证梁 AB 强度安全所能承受的最大起吊重量为

$$W_1\leqslant\frac{2\times[\sigma]\times 12.74\times 10^{-4}\ \mathrm{m}^2}{1.73}=\frac{2\times 120\times 10^6\ \mathrm{Pa}\times 12.74\times 10^{-4}\ \mathrm{m}^2}{1.73}$$
$$=176.7\times 10^3\ \mathrm{N}=176.7\ \mathrm{kN}$$

对于杆 AC,由型钢规格表查得单根 50 mm×50 mm×5 mm 的等边角钢的横截面面积为 4. 803 cm^2,注意到杆 AC 由两根角钢组成,杆横截面上的正应力为

$$\sigma_{AC}=\frac{F_{\mathrm{N2}}}{A_2}=\frac{2W}{2\times 4.803\ \mathrm{cm}^2}$$

将其代入强度条件,得到

$$\sigma_{AC}=\frac{F_{\mathrm{N2}}}{A_2}=\frac{W}{4.803\ \mathrm{cm}^2}\leqslant[\sigma]$$

由此解出保证杆 AC 强度安全所能承受的最大起吊重量为

$$W_2\leqslant[\sigma]\times 4.803\times 10^{-4}\ \mathrm{m}^2=120\times 10^6\ \mathrm{Pa}\times 4.803\times 10^{-4}\mathrm{m}^2$$
$$=57.6\times 10^3\ \mathrm{N}=57.6\ \mathrm{kN}$$

为保证整个吊车结构的强度安全,吊车所能起吊的最大重,应取上述 W_1 和 W_2 中较小者。于是,吊车的最大起吊重量为

$$W=57.6\ \text{kN}$$

4. 本例讨论

讨论 1:

根据以上分析,在最大起吊重量 $W=57.6$ kN 的情形下,显然杆 AB 的强度尚有富裕。因此,为了节省材料,同时还可以减轻吊车结构的重量,可以重新设计杆 AB 的横截面尺寸。

根据强度条件,有

$$\sigma_{AB}=\frac{|F_{N1}|}{A_1}=\frac{1.73W}{2\times A_1'}\leqslant[\sigma]$$

式中,A_1' 为单根槽钢的横截面面积。于是,有

$$A_1'\geqslant\frac{1.73W}{2[\sigma]}=\frac{1.73\times57.6\times10^3\ \text{N}}{2\times120\times10^6\ \text{Pa}}=4.2\times10^{-4}\ \text{m}^2$$

$$=4.2\times10^2\ \text{mm}^2=4.2\ \text{cm}^2$$

由型钢规格表可以查得,5 号槽钢即可满足这一要求。

这种设计实际上是一种等强度的设计,是保证构件与结构安全的前提下,最经济合理的设计。

讨论 2:

以上结果是在重物小车位于 A 处时得到的。当重物小车可以在横梁上移动时(图 5-18),请大家研究:

(1) 横梁和斜杆的受力和变形会发生什么变化?上述结果是否有效?

(2) 重物小车移动到什么位置时结构所能承受的载荷最小?

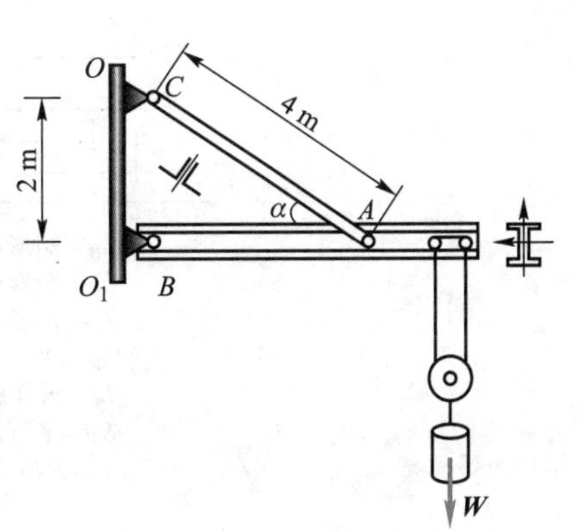

图 5-18　例题 5-5 图 2

§ 5-5　拉伸与压缩时材料的力学性能

上一节中介绍了强度条件中的许用应力,即

$$[\sigma]=\frac{\sigma^0}{n}$$

式中,σ^0 为材料的极限应力或危险应力。所谓危险应力是指材料发生强度失效时的应力。这种应力不是通过计算,而是通过材料的拉伸实验得到的。

通过拉伸实验一方面可以观察到材料发生强度失效的现象,另一方面可以得到材料失效时的应力值及其他有关的力学性能。

5-5-1　材料拉伸时的应力-应变曲线

杆件受拉或压将产生伸长或缩短,二者之间的变化关系显然与杆件的材料性质有关,为了得到材料的力学性能,各个国家都制定了相应的标准来规范实验过程,以获得统一的公认的材料性能参数,供设计构件和科学研究应用。按照我国标准(GB/T 228.1—2021)需将被试材料制成标准试样(standard specimen)。图 5-19a、b 所示为我国标准规定的两种标准试样——圆试样与板试样。

实验时先将试样安装在试验机上,使试样承受轴向拉伸载荷。通过缓慢的加载过程,试验机自动记录下试样所受的载荷和变形,得到应力与应变的关系曲线,称为应力-应变

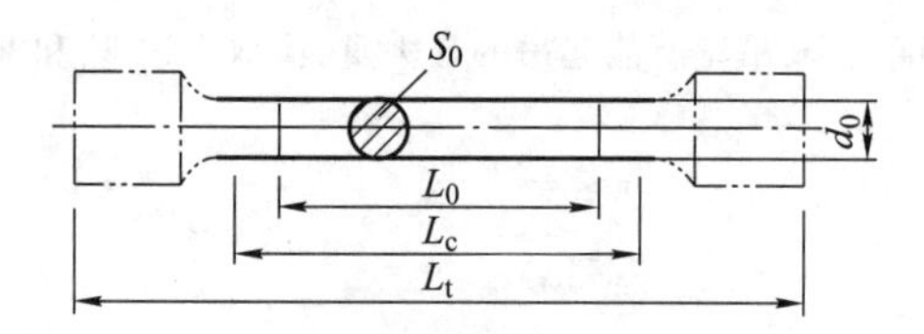

d_0—圆试样平行长度的原始直径；
L_0—原始标距；
L_c—平行长度；
L_t—试样总长度；
S_0—平行长度的原始横截面积。

(a)

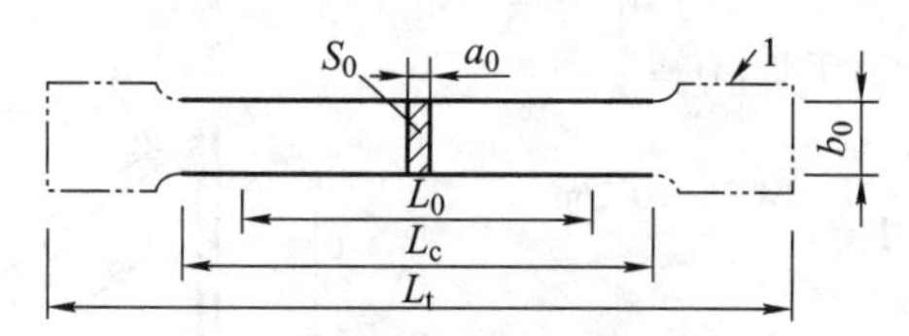

a_0—矩形横截面试样原始厚度或原始管壁厚度；
b_0—矩形横截面试样平行长度的原始宽度；
L_0—原始标距；
L_c—平行长度；
L_t—试样总长度；
S_0—平行长度的原始横截面积；
1—夹持头部。

(b)

图 5-19　拉伸实验的标准试样

视频 5-1：机械性能实验——目的、仪器设备和原理方法

曲线(stress-strain curve)。

不同的材料,其应力-应变曲线有很大的差异。图 5-20 所示为典型的韧性材料(ductile materials)——低碳钢的拉伸应力-应变曲线;图 5-21 所示为典型的脆性材料(brittle materials)——灰铸铁的拉伸应力-应变曲线。

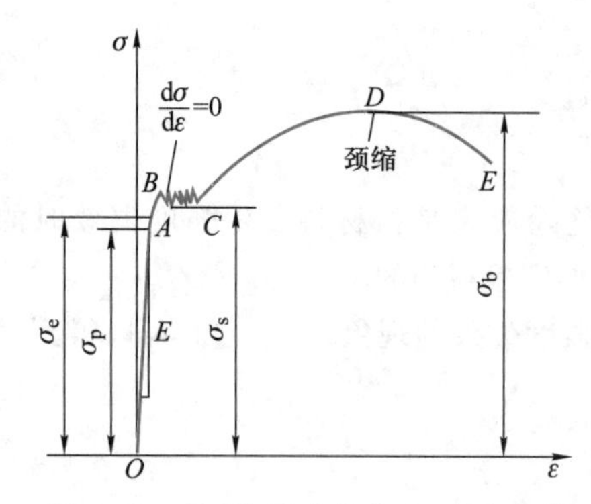

图 5-20　低碳钢的拉伸应力-应变曲线

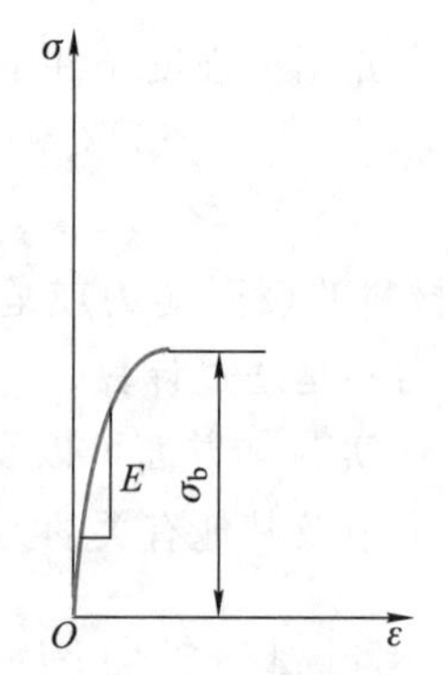

图 5-21　灰铸铁的拉伸应力-应变曲线

通过分析拉伸应力-应变曲线,可以得到材料的若干力学性能指标。

5-5-2　韧性材料拉伸时的力学性能

(1) 弹性模量

应力-应变曲线中的直线段称为线弹性阶段,如图 5-20 中曲线的 *OA* 段。弹性阶段中的应力与应变成正比,比例常数即为材料的弹性模量 *E*。

（2）比例极限与弹性极限

应力-应变曲线上线弹性阶段的应力最高限称为比例极限（proportional limit），用 σ_p 表示。线弹性阶段之后，应力-应变曲线上有一小段微弯的曲线（图 5-20 中的 AB 段），这表示应力超过比例极限以后，应力与应变不再成正比关系，但是，如果在这一阶段，卸去试样上的载荷，试样的变形将随之消失。这表明这一阶段内的变形都是弹性变形，因而包括线弹性阶段在内，统称为弹性阶段（图 5-20 中的 OB 段）。弹性阶段的应力最高限称为弹性极限（elastic limit），用 σ_e 表示。大部分韧性材料比例极限与弹性极限极为接近，只有通过精密测量才能加以区分。

视频 5-2：拉伸实验

（3）屈服应力

许多韧性材料的应力-应变曲线中，在弹性阶段之后，出现近似的水平段，这一阶段中应力几乎不变，而变形急剧增加，这种现象称为屈服（yield），如图 5-20 中所示曲线的 BC 段。这一阶段曲线的最低点的应力值称为屈服应力（或屈服强度）（yield stress），用 σ_s 表示。

对于没有明显屈服阶段的韧性材料，工程上则规定产生 0.2%塑性应变时的应力值为其屈服应力，称为材料的条件屈服应力（offset yield stress），用 $\sigma_{0.2}$ 表示。

（4）强度极限

应力超过屈服应力或条件屈服应力后，要使试样继续变形，必须再继续增加载荷。这一阶段称为强化（strengthening）阶段，如图 5-20 中曲线的 CD 段。这一阶段应力的最高限称为强度极限（strength limit），用 σ_b 表示。

（5）颈缩与断裂

某些韧性材料（例如低碳钢和铜），应力超过强度极限以后，试样开始发生局部变形，局部变形区域内横截面尺寸急剧缩小，这种现象称为颈缩（neck）。出现颈缩之后，试样变形所需拉力相应减小，应力-应变曲线出现下降阶段，如图 5-20 中曲线的 DE 段，至 E 点试样被拉断。

5-5-3　脆性材料拉伸时的力学性能

对于脆性材料，从开始加载直至试样被拉断，试样的变形都很小。而且大多数脆性材料拉伸的应力-应变曲线上，都没有明显的直线段，图 5-21 中所示之灰铸铁的应力-应变曲线即属此例。因为没有明显的直线部分，常用曲线一点处切线的斜率作为这类材料的弹性模量。这类材料拉伸实验过程没有明显的塑性变形，也不会出现屈服和颈缩现象，如图 5-21 所示。可以测定断裂时的应力值——强度极限 σ_b。

图 5-22a、b 中所示为韧性材料试样发生颈缩和断裂时的照片；图 5-22c 中所示为脆性材料试样断裂时的照片。

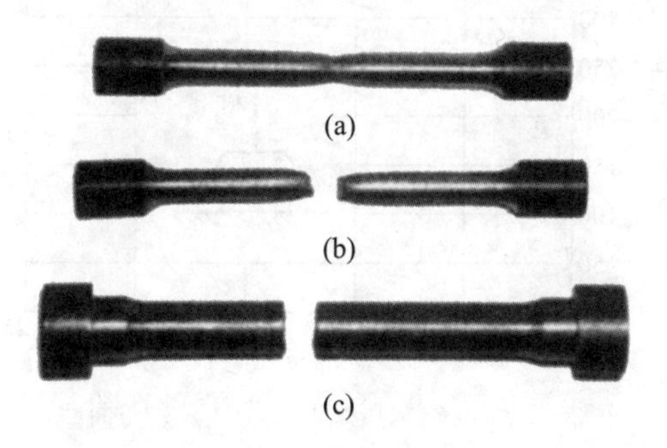

(a)　(b)　(c)

图 5-22　试样的颈缩与断裂

5-5-4　强度失效概念与极限应力

如果构件发生断裂,将完全丧失正常功能,这是强度失效的一种最明显的形式。如果构件没有发生断裂而是产生明显的塑性变形,这在很多工程中也是不允许的,因此当发生屈服,产生明显塑性变形时,也是失效。根据拉伸实验过程中观察的现象,强度失效的形式可以归纳为:

韧性材料的强度失效——屈服与断裂;

脆性材料的强度失效——断裂。

因此,发生屈服和断裂时的应力,就是失效应力(failure stress),也就是强度设计中的极限应力或危险应力。韧性材料与脆性材料的强度失效应力分别为:

韧性材料的强度失效应力——屈服强度 σ_s(或条件屈服强度 $\sigma_{0.2}$)、强度极限 σ_b;

脆性材料的强度失效应力——强度极限 σ_b。

我国传统材料力学教材中一般将屈服强度与强度极限称为材料的强度指标。

此外,通过拉伸实验还可得到衡量材料韧性性能的指标——伸长率 δ 和断面收缩率 Z:

$$\delta=\frac{l_1-l_0}{l_0}\times 100\% \tag{5-12}$$

$$Z=\frac{A_0-A_1}{A_0}\times 100\% \tag{5-13}$$

式中,l_0 为试样原长(规定的标距);A_0 为试样的初始横截面面积;l_1 和 A_1 分别为试样拉断后长度(变形后的标距长度)和断口处最小的横截面面积。

伸长率和断面收缩率的数值越大,表明材料的韧性越好。工程中一般认为 $\delta \geqslant 5\%$ 者为韧性材料;$\delta<5\%$ 者为脆性材料。

5-5-5　压缩时材料的力学性能

视频 5-3:
压缩实验

材料压缩实验,通常采用短试样。低碳钢压缩时的应力-应变曲线如图 5-23 所示。与拉伸时的应力-应变曲线相比较,拉伸和压缩屈服前的曲线基本重合,即拉伸、压缩时的弹性模量及屈服应力相同,但屈服后,由于试样愈压愈扁,应力-应变曲线不断上升,试样不会发生破坏。

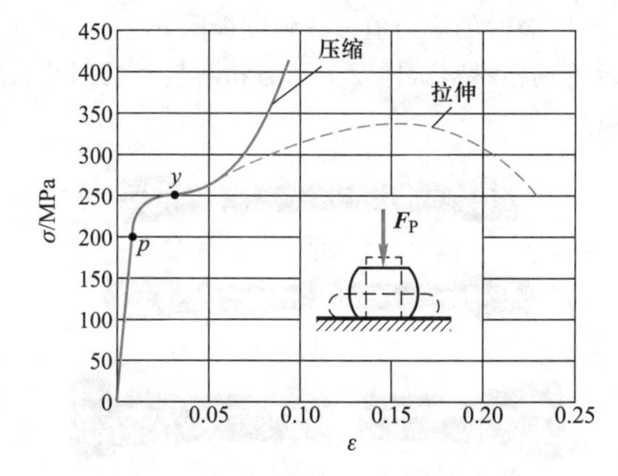

图 5-23　低碳钢压缩时的应力-应变曲线

灰铸铁压缩时的应力-应变曲线如图 5-24 所示，与拉伸时的应力-应变曲线不同的是，压缩时的强度极限远远大于拉伸时的数值，通常是拉伸强度极限的 4~5 倍。对于拉伸和压缩强度极限不等的材料，拉伸强度极限和压缩强度极限分别用 σ_b^+ 和 σ_b^- 表示。这种压缩强度极限明显高于拉伸强度极限的脆性材料，通常用于制作受压构件。

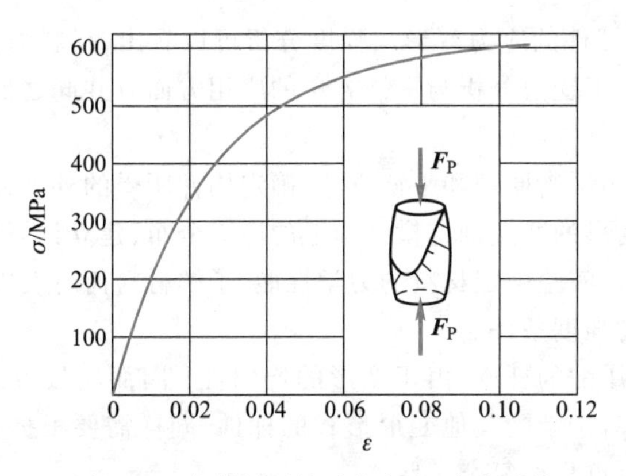

图 5-24　灰铸铁压缩时的应力-应变曲线

表 5-2 中所列为我国常用工程材料的主要力学性能。

表 5-2　我国常用工程材料的主要力学性能

材料名称	牌号	屈服强度 σ_s/MPa	强度极限 σ_b/MPa	δ_5/%
普通碳素钢	Q216	186~216	333~412	31
	Q235	216~235	373~461	25~27
	Q274	255~274	490~608	19~21
优质碳素结构钢	15	225	373	27
	40	333	569	19
	45	353	598	16
普通低合金结构钢	12Mn	274~294	432~441	19~21
	16Mn	274~343	471~510	19~21
	15MnV	333~412	490~549	17~19
	18MnMoNb	441~510	588~637	16~17
合金结构钢	40Cr	785	981	9
	50Mn2	785	932	9
碳素铸钢	ZG15	196	392	25
	ZG35	274	490	16
可锻铸铁	KTZ45-5	274	441	5
	KTZ70-2	539	687	2
球墨铸铁	QT40-10	294	392	10
	QT45-5	324	441	5
	QT60-2	412	588	2
灰铸铁	HT15-33		98.1~274(压)	
	HT30-54		255~294(压)	

注：表中 δ_5 是指 $l_0=5d_0$ 时标准试样的延伸率。

§ 5-6　小结与讨论

5-6-1　本章的主要结论

通过拉伸与压缩杆件的应力变形与强度分析可以看出,材料力学分析问题的思路和方法与静力学相比,除了受力分析与平衡方法的应用方面有共同之处以外,还具有自身的特点:

一方面不仅要应用平衡原理和平衡方法,确定构件所受的外力,而且要应用截面法确定构件内力;要根据变形的特点确定横截面上的应力分布,建立计算应力的表达式。

另一方面还要通过实验确定材料的力学性能,了解材料何时发生失效,进而建立保证构件安全、可靠工作的强度条件。

对于承受拉伸和压缩的杆件,由于变形的均匀性,因而比较容易推知杆件横截面上的正应力均匀分布。对于承受其他变形形式的杆件,同样需要根据变形推知横截面上的应力分布,只不过分析过程要复杂一些。

此外,对于承受拉伸和压缩的杆件,直接通过实验就可以建立失效判据,进而建立强度条件。在以后的分析中,将会看到材料在一般受力与变形形式下的失效判据,是无法直接通过实验建立的。但是,轴向拉伸的实验结果,仍然是建立材料在一般受力与变形形式下失效判据的重要依据。

5-6-2　关于应力和变形公式的应用条件

本章得到了承受拉伸或压缩时杆件横截面上的正应力公式与变形公式

$$\sigma=\frac{F_{\mathrm{N}}}{A}$$

$$\Delta l=\frac{F_{\mathrm{N}}l}{EA}$$

其中,正应力公式只有杆件沿轴线方向均匀变形时,才是适用的。怎样从受力或内力判断杆件沿轴线方向变形是否均匀呢?这一问题请读者对照图 5-25 中所示之二杆加以比较、分析和总结。

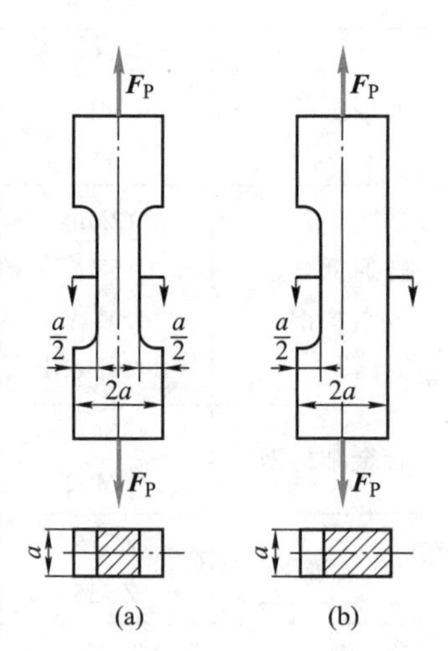

图 5-25　拉伸与压缩正应力公式的适用性

图 5-25a 中所示之直杆,载荷作用线沿着杆件的轴线方向,所有横截面上的轴力作用线都通过横截面的中心。因此,这一杆件的所有横截面上的应力都是均匀分布的,这表明:正应力公式 $\sigma=\frac{F_{\mathrm{N}}}{A}$ 对所有横截面都是适用的。

图 5-25b 中所示之直杆则不然。这种情形下,对于某些横截面上轴力的作用线通过横截面中心;而另外的一些横截面,当将外力向截面中心简化时,不仅得到一个轴力,而且还要有一个弯矩。请读者想一想,这些横截面将会发生什么变形?哪些横截面上的正应力可以应用 $\sigma=\frac{F_{\mathrm{N}}}{A}$ 计算?哪些横截面则不能应用上述公式?

对于变形公式 $\Delta l=\dfrac{F_{N}l}{EA}$,应用时有两点必须注意:一是因为导出这一公式时应用了弹性范围内力与变形之间的线性关系,因此只有杆件在弹性范围内加载时,才能应用上述公式计算杆件的变形;二是公式中的 F_N 为一段杆件内的轴力,只有当杆件仅在两端受力时 F_N 才等于外力 F_P。当杆件上有多个外力作用时,则必须先计算各段轴力,再分段计算变形,然后按代数值相加。

读者还可以思考:为什么变形公式只适用于弹性范围,而正应力公式就没有弹性范围的限制呢?

5-6-3　加力点附近区域的应力分布

前面已经提到拉伸和压缩时的正应力公式,只有在杆件沿轴线方向的变形均匀时,横截面上正应力均匀分布才是正确的。因此,对杆件端部的加载方式有一定的要求。

当杆端承受集中载荷或其他非均匀分布载荷时,杆件并非所有横截面都能保持平面,从而产生均匀的轴向变形。这种情形下,上述正应力公式不是对杆件上的所有横截面都适用。

视频 5-4:集中力拉伸的数值模拟——端部效应

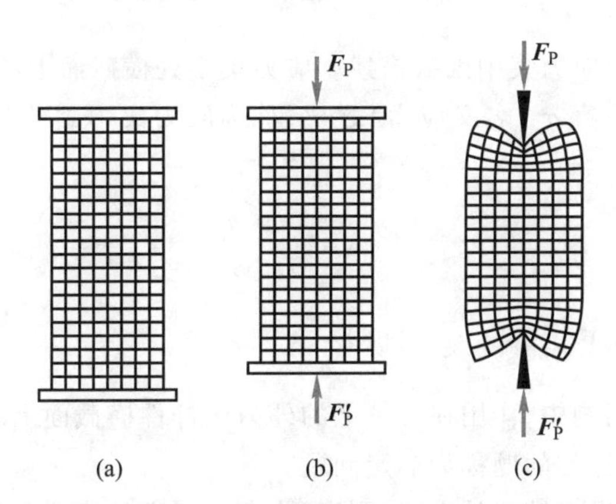

图 5-26　加力点附近局部变形的不均匀性

考察图 5-26a 中所示之橡胶压杆模型,为观察各处的变形大小,加载前在杆表面画上小方格。当集中力通过刚性平板施加于杆件时,若平板与杆端面的摩擦极小,这时杆的各横截面均发生均匀轴向变形,如图 5-26b 所示。若载荷通过尖楔块施加于杆端,则在加力点附近区域的变形是不均匀的:一是横截面不再保持平面;二是愈接近加力点的小方格变形愈大,如图 5-26c 所示。但是,距加力点稍远处,轴向变形依然是均匀的,因此在这些区域,正应力公式仍然成立。

上述分析表明:如果杆端两种外加力静力学等效,则距离加力点稍远处,静力学等效对应力分布的影响很小,可以忽略不计。这一思想最早是由法国科学家圣维南(Adhémar Barré de Saint-Venant)于 1855 年和 1856 年研究弹性力学问题时提出的。1885 年布森涅斯克(Boussinesq, J. V.)将这一思想加以推广,并称之为圣维南原理(Saint-Venant principle)。当然,圣维南原理也有不适用的情形,这已超出本书的范围。

5-6-4　应力集中的概念

上面的分析表明,在加力点的附近区域,由于局部变形,应力的数值会比一般截面上大。

除此之外，当构件的几何形状不连续（discontinuity），诸如开孔或截面突变等处，也会产生很高的局部应力（localized stresses）。图 5-27a 中所示为开孔板条承受轴向载荷时，通过孔中心线的截面上的应力分布。图 5-27b 所示为轴向加载的变宽度矩形截面板条，在宽度突变处截面上的应力分布。几何形状不连续处应力局部增大的现象，称为应力集中（stress concentration）。

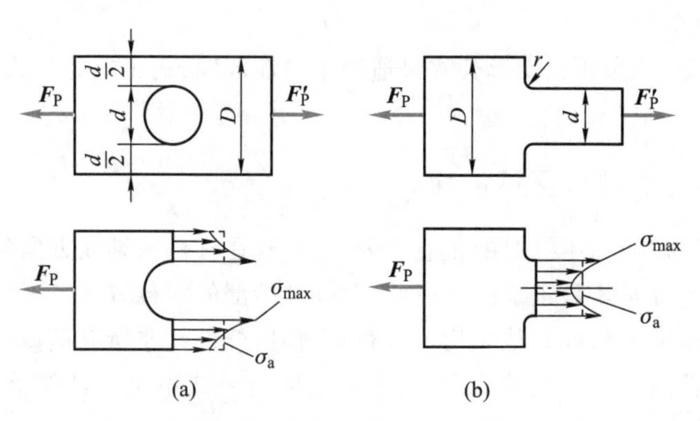

图 5-27　几何形状不连续处的应力集中现象

应力集中的程度用应力集中因数描述。应力集中处横截面上的应力最大值 σ_{max} 与不考虑应力集中时的应力值 σ_a（名义应力）之比，称为应力集中因数（factor of stress concentration），用 K 表示：

$$K=\frac{\sigma_{max}}{\sigma_a} \tag{5-14}$$

5-6-5　拉伸和压缩静不定问题概述

前面几节讨论的问题中，作用在杆件上的外力或杆件横截面上的内力，都能够由静力学平衡方程直接确定，这类问题称为静定问题。

工程实际中，为了提高结构的强度、刚度，或者为了满足构造及其他工程技术要求，常常在静定结构中再附加某些约束（包括添加杆件）。这时，由于未知力的个数多于所能提供的独立的平衡方程的数目，因而仅仅依靠静力学平衡方程无法确定全部未知力。这类问题称为静不定问题。

未知力个数与独立的平衡方程数之差，称为静不定次数（degree of statically indeterminate problem）。在静定结构上附加的约束称为多余约束（redundant constraint），这种“多余”只是对保证结构的平衡与几何不变性而言的，对于提高结构的强度、刚度则是需要的。

在静力学中由于所涉及的是刚体模型，所以无法求解静不定问题。现在，研究了拉伸和压缩杆件的受力与变形后，通过变形体模型，就可以求解静不定问题。

多余约束使结构由静定变为静不定，问题由静力学平衡可解变为静力学平衡不可解，这只是问题的一方面。问题的另一方面是，多余约束对结构或构件的变形起着一定的限制作用，而结构或构件的变形又是与受力密切相关的，这就为求解静不定问题提供了补充条件。

因此，求解静不定问题，除了根据静力学平衡条件列出平衡方程外，还必须在多余约束处寻找各构件变形之间的关系，或者构件各部分变形之间的关系，这种变形之间的关系称为变形协调关系（或变形协调条件）（compatibility relations of deformation），进而根据弹性范围内的力和变形之间关系(胡克定律),即物理条件,建立补充方程。总之,求解静不定问题需要综合考察平衡、变形和物理三方面,这是分析静不定问题的基本方法。现举例说明求解静不定问题的一般过程及静不定结构的特性。

考察图5-28a中所示之两端固定的等截面直杆,杆件沿轴线方向承受一对大小相等、方向相反的集中力 $\boldsymbol{F}_{\mathrm{P}}=-\boldsymbol{F}'_{\mathrm{P}}$,假设杆件的拉伸与压缩刚度为 EA,其中 E 为材料的弹性模量,A 为杆件的横截面面积。要求各段杆横截面上的轴力,并画出轴力图。

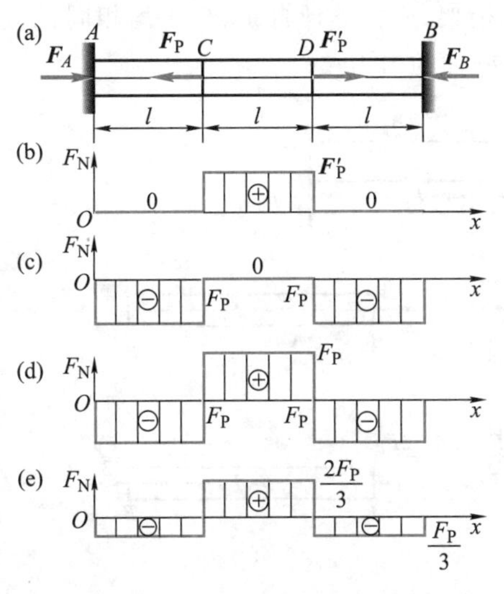

图5-28　简单的静不定问题

首先,分析约束力,判断静不定次数。在轴向载荷的作用下,固定端 A、B 二处各有一个沿杆件轴线方向的约束力 $\boldsymbol{F}_A$ 和 $\boldsymbol{F}_B$,独立的平衡方程只有一个。

$$\sum F_x=0,\quad F_A-F_{\mathrm{P}}+F'_{\mathrm{P}}-F_B=0,\quad F_A=F_B \tag{a}$$

因此,静不定次数 $n=2-1=1$ 次。所以除了平衡方程外还需要一个补充方程。

其次,为了建立补充方程,需要先建立变形协调方程。杆件在载荷与约束力作用下,AC、CD、DB 等3段都要发生轴向变形。但是,由于两端都是固定端,杆件的总的轴向变形量必须等于零,即

$$\Delta l_{AB}=\Delta l_{AC}+\Delta l_{CD}+\Delta l_{DB}=0 \tag{b}$$

这就是变形协调条件。

根据胡克定律,即式(5-2),杆件各段的轴力与变形的关系如下:

$$\Delta l_{AC}=\frac{F_{\mathrm{N}AC}l}{EA},\quad \Delta l_{CD}=\frac{F_{\mathrm{N}CD}l}{EA},\quad \Delta l_{DB}=\frac{F_{\mathrm{N}DB}l}{EA} \tag{c}$$

此即物理方程。应用截面法,上式中的轴力分别为

$$F_{\mathrm{N}AC}=-F_A(\text{压}),\quad F_{\mathrm{N}CD}=F_{\mathrm{P}}-F_A(\text{拉}),\quad F_{\mathrm{N}DB}=-F_B(\text{压}) \tag{d}$$

最后,将式(a)、式(b)、式(c)、式(d)联立,即可解出两个固定端的约束力:

$$F_A=F_B=\frac{F_{\mathrm{P}}}{3}$$

据此即可求得直杆各段的轴力,直杆的轴力图如5-28e所示。

最后,请读者从平衡或变形协调两方面分析图 5-28b、c、d 中的轴力图为什么是不正确的。

5-6-6　学习研究问题

问题一:图 5-29 所示直杆 ACB 在两端 A、B 处固定。关于其两端的约束力有四种答案,请分析哪一个是正确的。

问题二:图 5-30 所示桁架,三杆不计自重,E、A 均相同,试通过建立变形协调的几何关系分析求解拉压静不定杆件的内力。

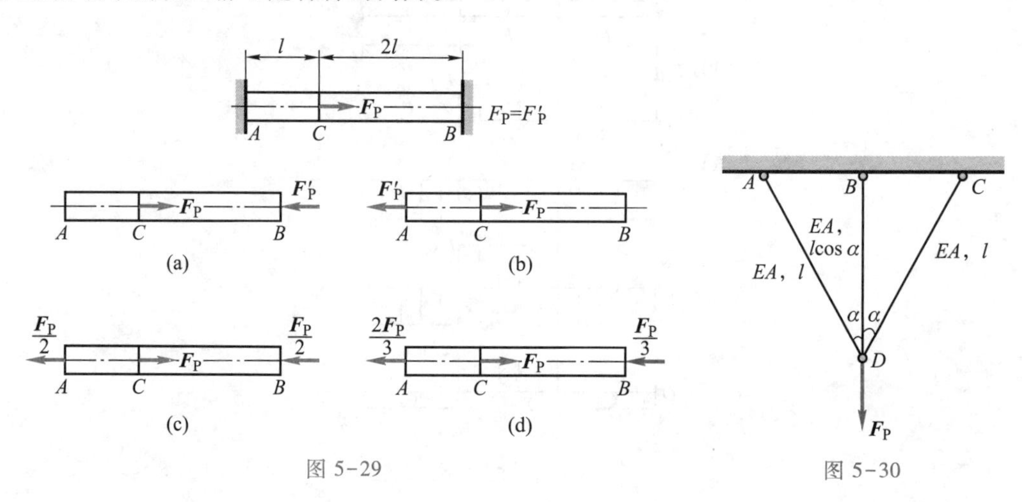

图 5-29　　　　图 5-30

习　题

5-1　拉压杆件横截面上的正应力公式 $\sigma=\dfrac{F_N}{A}$的应用条件是(　　)。

(A) 等截面直杆、弹性范围内加载

(B) 等截面直杆、弹性范围内加载、力的作用线通过截面形心

(C) 等截面直杆、弹性范围内加载、力的作用线通过截面形心沿着杆的轴线

(D) 等截面直杆、力的作用线通过截面形心沿着杆的轴线

5-2　拉压杆件轴向变形公式 $\Delta l=\dfrac{F_N l}{EA}$的应用条件是(　　)。

(A) 等截面直杆、弹性范围内加载

(B) 等截面直杆、弹性范围内加载、力的作用线通过截面形心

(C) 等截面直杆、弹性范围内加载、力的作用线通过截面形心沿着杆的轴线

(D) 等截面直杆、力的作用线通过截面形心沿着杆的轴线

5-3　韧性材料应变硬化后卸载,然后再加载,直至发生破坏,发现材料的力学性能发生了变化。以下结论正确的是(　　)。

(A) 屈服应力提高,弹性模量降低　　(B) 屈服应力提高,韧性降低

(C) 屈服应力不变,弹性模量不变　　(D) 屈服应力不变,韧性不变

5-4　关于材料的一般力学性能,有如下结论,正确的是(　　)。

(A) 脆性材料的抗拉能力低于其抗压能力　　(B) 脆性材料的抗拉能力高于其抗压能力

(C) 韧性材料的抗拉能力高于其抗压能力　　(D) 脆性材料的抗拉能力等于其抗压能力

5-5　低碳钢材料在拉伸实验过程中，不发生明显的塑性变形时，承受的最大应力应当小于的数值，有以下 4 种答案，正确的是(　　)。

(A) 比例极限　　(B) 屈服强度

(C) 强度极限　　(D) 许用应力

5-6　关于低碳钢试样拉伸至屈服时，有以下结论，正确的是(　　)。

(A) 应力和塑性变形很快增加，因而认为材料失效

(B) 应力和塑性变形虽然很快增加，但不意味着材料失效

(C) 应力不增加，塑性变形很快增加，因而认为材料失效

(D) 应力不增加，塑性变形很快增加，但不意味着材料失效

5-7　试用截面法计算图示杆件各段的轴力，并画轴力图。

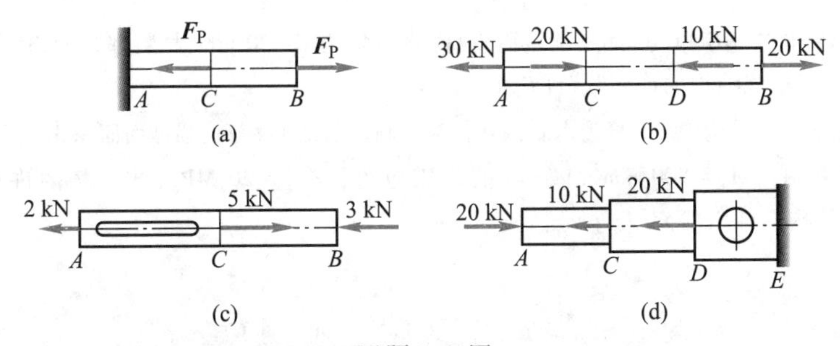

习题 5-7 图

5-8　图示等截面直杆由钢杆 ABC 与铜杆 CD 在 C 处粘接而成。直杆各部分的直径均为 $d=36$ mm，受力如图所示。若不考虑杆的自重，试求 AC 段和 AD 段杆的轴向变形量 Δl_{AC} 和 Δl_{AD}。

5-9　长度 $l=1.2$ m，横截面面积为 1.10×10^{-3} m^2 的铝制圆筒放置在固定刚性板上；直径 $d=15.0$ mm 的钢杆 BC 悬挂在铝筒顶端的刚性板上；铝制圆筒的轴线与钢杆的轴线重合。若在钢杆的 C 端施加轴向拉力 $\boldsymbol{F}_P$，且已知钢和铝的弹性模量分别为 $E_s=200$ GPa，$E_a=70$ GPa；轴向载荷 $F_P=60$ kN。试求钢杆 C 端向下移动的距离。

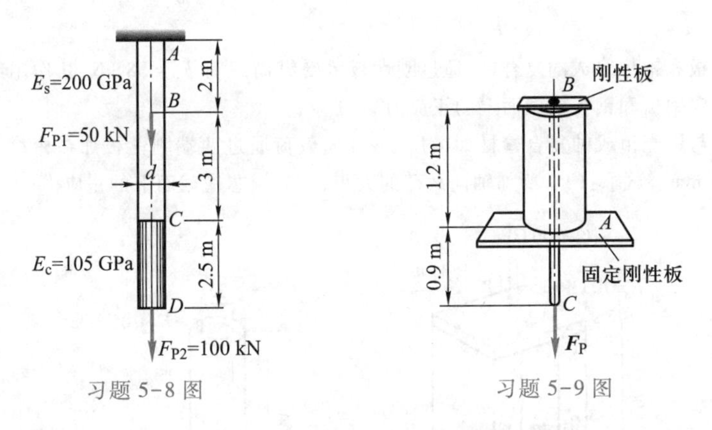

习题 5-8 图　　习题 5-9 图

5-10　螺旋压紧装置如图所示。现已知工件所受的压紧力为 $F=4$ kN。装置中旋紧螺栓的内径 $d_1=13.8$ mm；固定螺栓内径 $d_2=17.3$ mm。两根螺栓材料相同，其许用应力$[\sigma]=53.0$ MPa。试校核各螺栓的强度是否安全。

5-11　现场施工所用起重机吊环由两根侧臂组成。每一侧臂 AB 和 BC 都由两根矩形截面杆所组成，A、B、C 三处均为铰链连接，如图所示。已知起重载荷 $F_P=1\ 200$ kN，每根矩形杆截面尺寸比例 $b/h=0.3$，材料的许用应力$[\sigma]=78.5$ MPa。试设计矩形杆的截面尺寸 b 和 h。

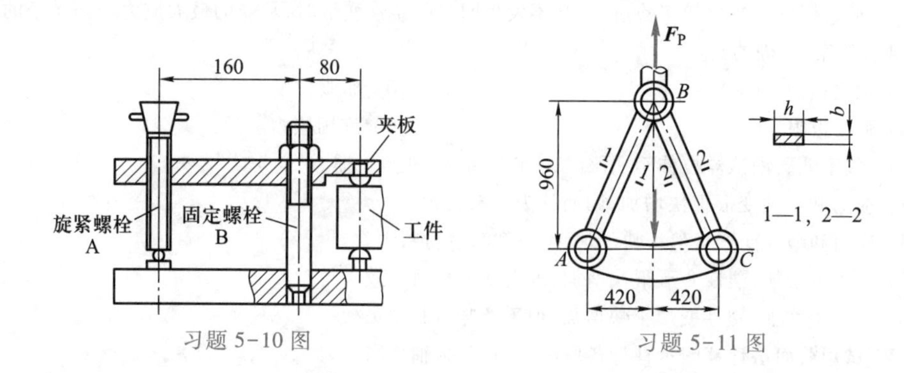

习题 5-10 图　　习题 5-11 图

5-12　图示结构中 BC 和 AC 都是圆截面直杆，直径均为 $d=20$ mm，材料都是 Q235 钢，其许用应力 $[\sigma]=157$ MPa。试求该结构的许用载荷 $[F_P]$。

5-13　图示的杆系结构中 1、2 杆为木制，3、4 杆为钢制。已知 1、2 杆的横截面面积 $A_1=A_2=4\ 000\ \text{mm}^2$，3、4 杆的横截面面积 $A_3=A_4=800\ \text{mm}^2$；1、2 杆的许用应力 $[\sigma_w]=20$ MPa，3、4 杆的许用应力 $[\sigma_s]=120$ MPa。试求结构的许用载荷 $[F_P]$。

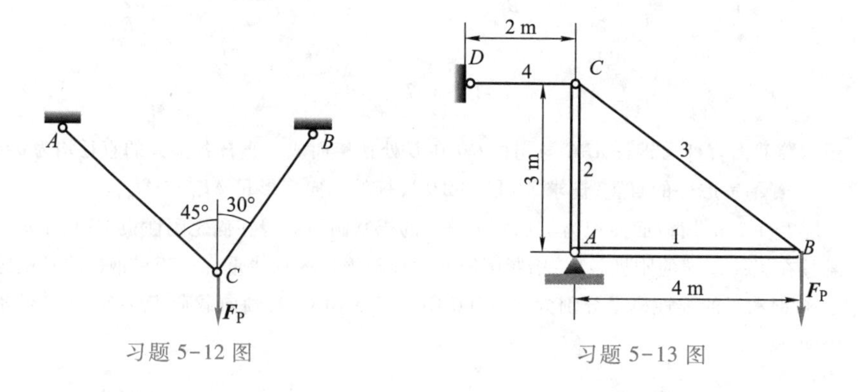

习题 5-12 图　　习题 5-13 图

*5-14　由铝板和钢板组成的复合柱，通过刚性板承受纵向载荷 $F_P=38$ kN，其作用线沿着复合柱的轴线方向。试确定铝板和钢板横截面上的正应力。

*5-15　铜芯与铝壳组成的复合棒材如图所示，轴向载荷通过两端刚性板加在棒材上。现已知结构总长减少了 0.24 mm。试求：(1) 所加轴向载荷的大小；(2) 铜芯横截面上的正应力。

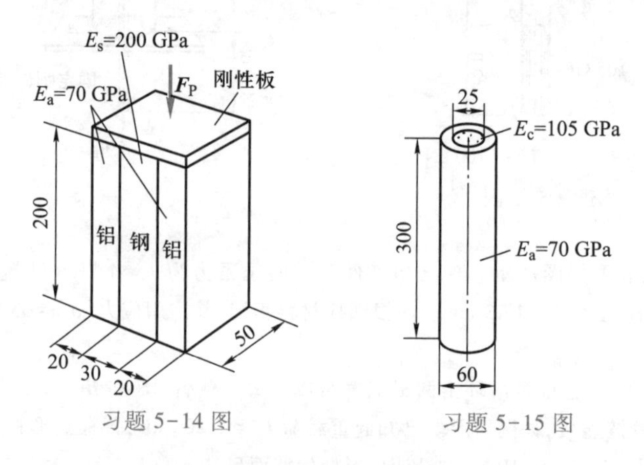

习题 5-14 图　　习题 5-15 图

*5-16　图示组合柱由钢和灰铸铁制成，组合柱横截面为边长为 $2b$ 的正方形，钢和灰铸铁各占横截面的一半($b\times 2b$)。载荷 $\boldsymbol{F}_P$ 通过刚性板沿铅垂方向加在组合柱上。已知钢和灰铸铁的弹性模量分别为

$E_s = 196$ GPa，$E_i = 98.0$ GPa。今欲使刚性板保持水平位置，试求加力点的位置 x。

5-17　电线杆由钢缆通过旋紧张紧器螺杆稳固。已知钢缆的横截面面积为 $1\times10^3\ \mathrm{mm}^2$，$E = 200$ GPa，$[\sigma] = 300$ MPa。欲使电杆有稳固力 $F_R = 100$ kN，张紧器的螺杆需相对移动多少？并校核此时钢缆的强度是否安全。

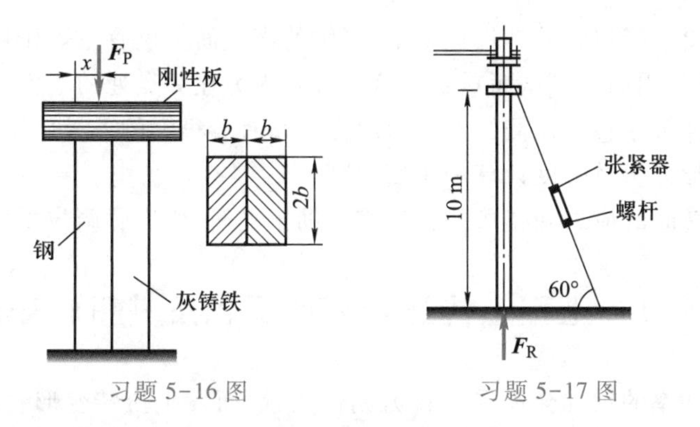

习题 5-16 图　　习题 5-17 图

5-18　图示小车上作用着力 $F_P = 15$ kN，它可以在悬架的 AC 梁上移动，设小车对 AC 梁的作用可简化为集中力。钢质斜杆 AB 的横截面为圆形（直径 $d = 20$ mm），许用应力 $[\sigma] = 160$ MPa。试校核 AB 杆是否安全。

5-19　桁架受力及尺寸如图所示。$F_P = 30$ kN，材料的拉伸许用应力 $[\sigma]^+ = 120$ MPa，压缩许用应力 $[\sigma]^- = 60$ MPa。试设计杆 AC 及杆 AD 所需的等边角钢型号。

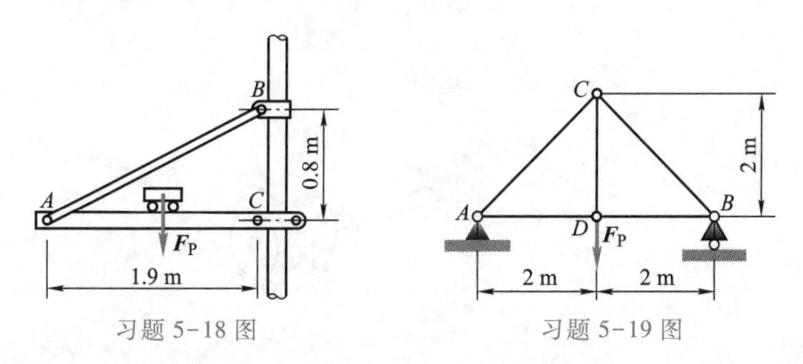

习题 5-18 图　　习题 5-19 图

5-20　蒸汽机的汽缸如图所示。汽缸内径 $D = 560$ mm，内压强 $p = 2.5$ MPa，活塞杆直径 $d = 100$ mm。所用材料的屈服极限 $\sigma_s = 300$ MPa。

（1）求活塞杆的正应力及工作安全因数；

（2）若连接汽缸和汽缸盖的螺栓直径为 30 mm，其许用应力 $[\sigma] = 60$ MPa，求连接每个汽缸盖所需的螺栓数。

5-21　图示为铝合金试样，$h = 2$ mm，$b = 20$ mm。标距 $l_0 = 70$ mm。在轴向拉力 $F_P = 6$ kN 作用下，测得标距伸长 $\Delta l_0 = 0.15$ mm，板宽缩短 $\Delta b = 0.014$ mm。试计算铝合金的弹性模量 E 和泊松比 ν。

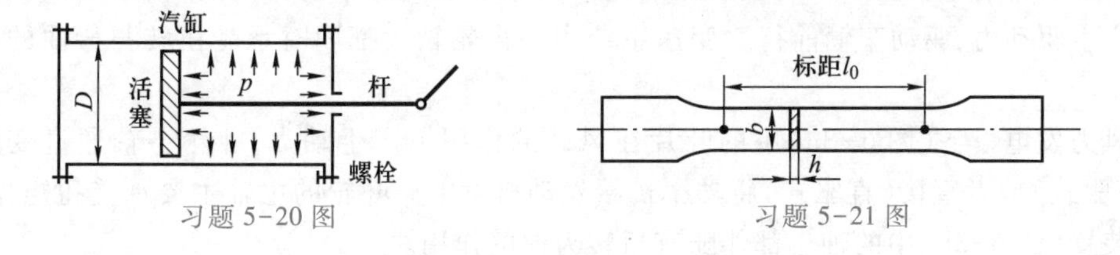

习题 5-20 图　　习题 5-21 图

第6章　圆轴扭转

工程上将主要承受扭转的杆件称为轴,当轴的横截面上仅有扭矩作用时,与扭矩相对应的分布内力,其作用面与横截面重合。这种分布内力在一点处的集度,即为剪应力。圆截面轴与非圆截面轴扭转时横截面上的剪应力分布有着很大的差异。本章主要介绍圆轴扭转时的应力变形分析及强度计算和刚度计算。

分析圆轴扭转时的应力和变形的方法需借助于平衡、变形协调与物性关系。

§6-1　工程上传递功率的圆轴及其扭转变形

工程上传递功率的轴都会承受扭转力偶作用,因而发生扭转变形。承受扭转的轴大都为圆轴。

图6-1中所示为火力发电厂中汽轮机通过传动轴带动发电机转动的结构简图。高温高压的气体推动的汽轮机将能量通过传动轴传递给发电机,从而使发电机发电,其中传动轴两端承受扭转力偶的作用。汽轮机和发电机的主轴在承受扭转力偶作用发生扭转变形的同时,还会由于作用垂直于轴线的载荷(轴的自重和转子的重量)而承受弯曲变形。

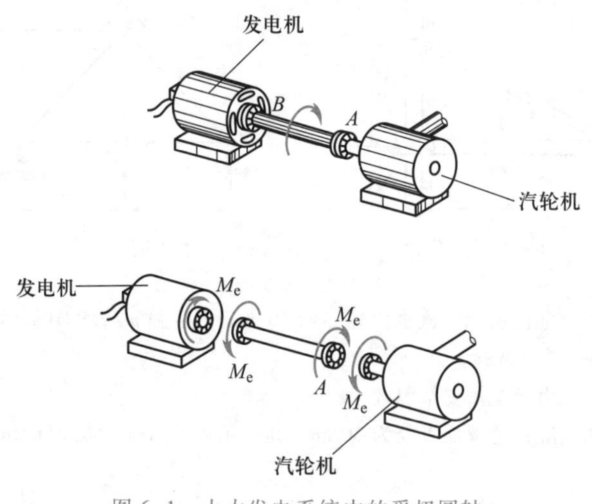

图6-1　火力发电系统中的受扭圆轴

汽车的传动轴(图6-2)将发动机发出的功率经过变速系统传给后桥,带动两侧的驱动轮产生驱动力,驱动车辆前行。变速系统中的齿轮轴大都同时承受扭转与弯曲的共同作用。

风力发电设备(图6-3a)中的叶片在风载的作用下产生动力,叶轮主轴通过变速器(非直驱式)或者直接(直驱式)将功率传给发动机发电。叶轮的主轴主要承受扭矩作用;变速装置(图6-3b)中的轴也都伴随有扭转力偶的作用。

此外,水力发电系统中水轮机的主轴,以及各种搅拌机械中的主轴和其他传递功率的旋转零部件,大都承受扭转力偶的作用。

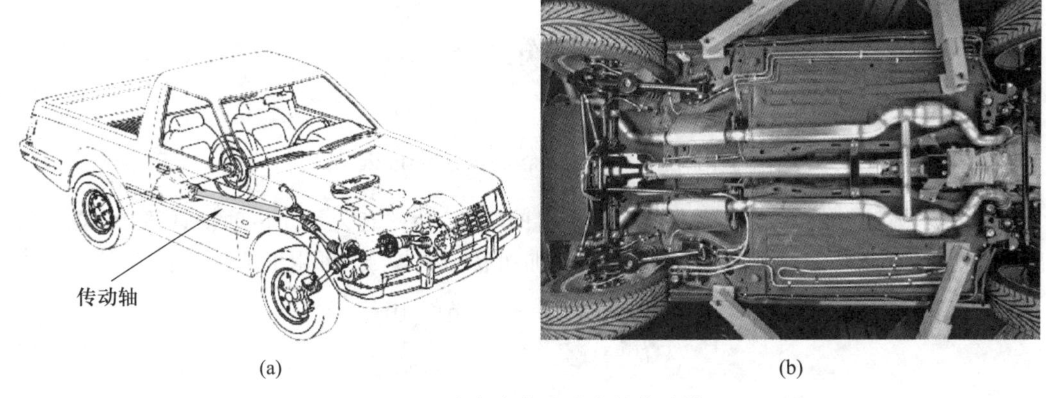

图 6-2　汽车中传递功率的传动轴

图 6-3　风力发电设备中的叶轮轴与变速装置的轴主要承受扭转

当圆轴承受绕轴线转动的外扭转力偶作用时,其横截面上将只有扭矩一个内力分量。

不难看出,圆轴(图 6-4a)受扭后,其横截面将产生绕轴线的相互转动,即**扭转变形**(twist deformation),如图 6-4b 所示。圆轴上的每个矩形微元(例如图 6-4a 中的 $ABCD$)的直角均发生变化,这种直角的改变量即为剪应变,如图 6-4c 所示。这表明,圆轴横截面和纵截面上都将出现剪应力(图中 AB 和 CD 边对应着横截面;AC 和 BD 边则对应着纵截面),分别用 τ 和 τ'表示。

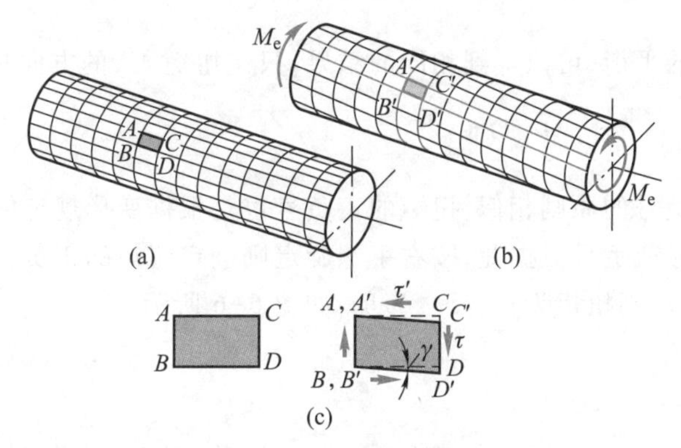

图 6-4　圆轴的扭转变形

视频 6-1:
圆轴扭转变形

§6-2　扭矩与扭矩图

6-2-1　外加扭转力偶矩与功率、转速之间的关系

作用于圆轴上的外加扭转力偶矩与机器的转速、功率有关。在传动轴计算中，通常给出传动功率 P 和转速 n，则传动轴所受的外加扭转力偶矩 M_e 可用下式计算：

$$\{M_e\}_{N\cdot m}=9\ 549\frac{\{P\}_{kW}}{\{n\}_{r/min}} \tag{6-1}$$

①

式中，P 为功率，单位为 kW(千瓦)；n 为轴的转速，单位为 r/min(转/分)。如功率 P 单位用马力，则运算中马力要换算成 W(瓦)，即 1 马力=735.5 N · m/s=735.5 W，则

$$\{M_e\}_{N\cdot m}=7\ 024\frac{\{P\}_{马力}}{\{n\}_{r/min}} \tag{6-2}$$

6-2-2　截面法确定圆轴横截面上的扭矩

确定圆轴横截面上的内力，仍应采用截面法。

圆轴承受外加力偶作用后，其横截面上将产生一个连续分布的内力系，这一分布力系必组成一个力偶，与外加力偶平衡。横截面上的内力偶的力偶矩简称为**扭矩**，用 M_x 表示。

根据杆截开后任一部分的平衡条件，即可由外加力偶矩确定横截面上的扭矩的大小和方向。对于只在两端承受外加扭转力偶的圆轴，应用截面法，如图 6-5 所示，考虑左边部分的平衡，由平衡条件得到其横截面上的扭矩等于外加力偶矩，即

$$M_x=M_e$$

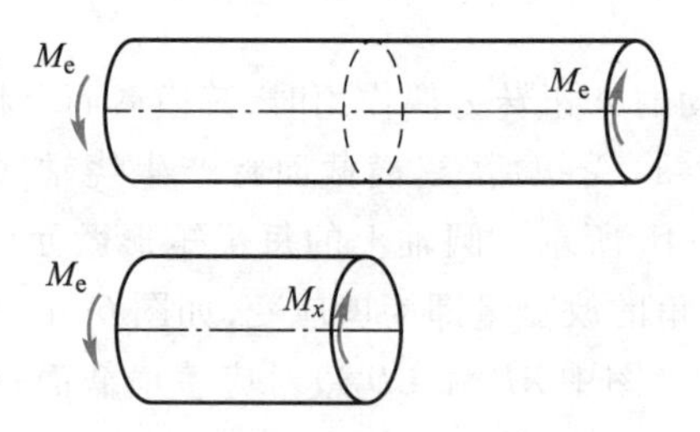

图 6-5　截面法确定圆轴横截面上的扭矩

如果考虑右边部分的平衡，可以得到相同的结果，只是扭矩 M_x 的方向相反。

6-2-3　扭矩的正负号规则

与规定轴力正负号的原则相似，扭矩的正负号也是根据变形规定的，即同一横截面的扭矩具有相同的正号或负号。据此，按右手螺旋定则确定扭矩的正负：如果扭矩矢量与横截面外法线方向一致，则扭矩为正；反之为负，如图 6-6 所示。

---

① 这是国家标准《有关量、单位和符号的一般原则》(GB 3101—93)中规定的数值方程式的表示方法。

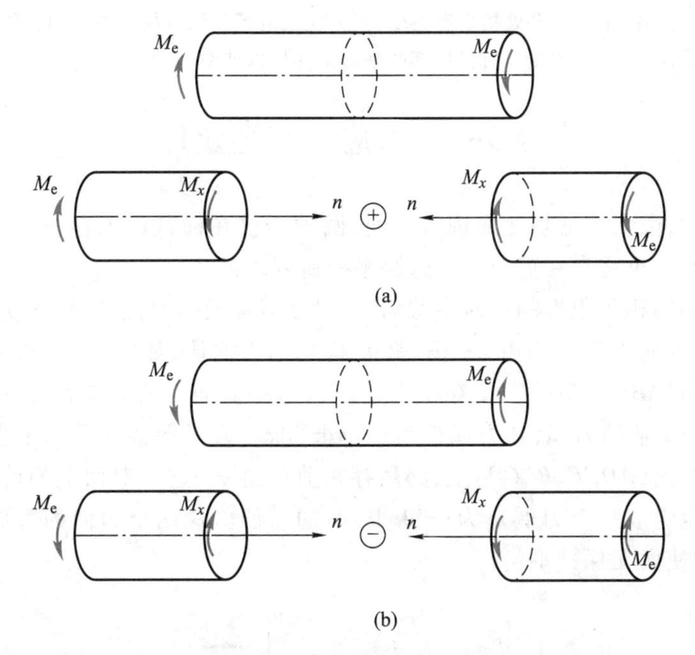

图 6-6　扭矩的正负号规则

6-2-4　扭矩图

当轴上作用有两个以上的外力偶时，其各段横截面上的扭矩一般不相等，这时需分段应用截面法，确定各段的扭矩。

描述扭矩沿圆轴长度方向变化的图形称为**扭矩图**（diagram of torsion moment）。画扭矩图的方法和过程与画轴力图相似：一般以圆轴轴线方向为横轴 x，扭矩 M_x 为纵轴。

下面举例说明扭矩图的画法。

【例题 6-1】　变截面传动轴承受外力偶作用，如图 6-7a 所示。试画出扭矩图。

解：用假想截面从 AB 段任一位置（坐标为 x）处截开，由左段平衡得：

$$M_x = -2M_e$$

因为扭矩矢量与横截面外法线方向相反，故为负值。

同样，从 BC 段任一位置处将轴截为两部分，由右段平衡得到 BC 段的扭矩：

$$M_x = 3M_e$$

因为这一段扭矩矢量与横截面外法线方向相同，故为正值。

将上述所得各段的扭矩标在坐标系中，连接图线即可作出扭矩图，如图 6-7b 所示。

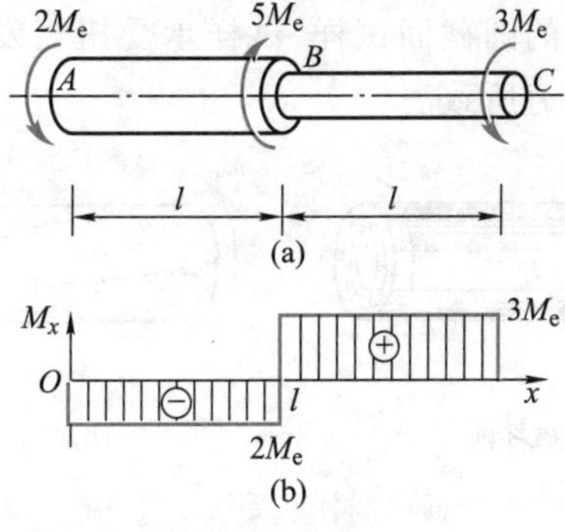

图 6-7　例题 6-1 图

从扭矩图可以看出，在截面 B 处扭矩有突变，其突变数值等于该处的集中外加力偶矩的数值。这一结论也可以从截面 B 处左、右侧截开所得局部的平衡条件加以证明。

§6-3　剪应力互等定理

圆轴扭转时，微元的剪切变形现象表明，圆轴不仅在横截面上存在剪应力，而且在通过轴线的纵截面上也将存在剪应力。这是平衡所要求的。

如果用圆轴的相距很近的一对横截面、一对纵截面及一对圆柱面，从受扭的圆轴上截取一微元，这一微元近似视为由 $\mathrm{d}x$、$\mathrm{d}y$ 和 $\mathrm{d}z$ 构成的六面体，如图 6-8a 所示，微元与横截面对应的一对面（$ABCD$、$EOGF$）上存在剪应力 τ，这一对面上的剪应力与其作用面的面积相乘后组成一绕 z 轴的力偶，其力偶矩为 $(\tau\mathrm{d}y\mathrm{d}z)\mathrm{d}x$。为了保持微元的平衡，在微元与纵截面对应的一对面（$ADFE$、$BCGO$）上，必然存在剪应力 τ'，这一对面上的剪应力与其作用面面积的乘积也组成一个力偶矩为 $(\tau'\mathrm{d}x\mathrm{d}z)\mathrm{d}y$ 的力偶。这两个力偶的力偶矩大小相等、方向相反，才能使微元保持平衡。

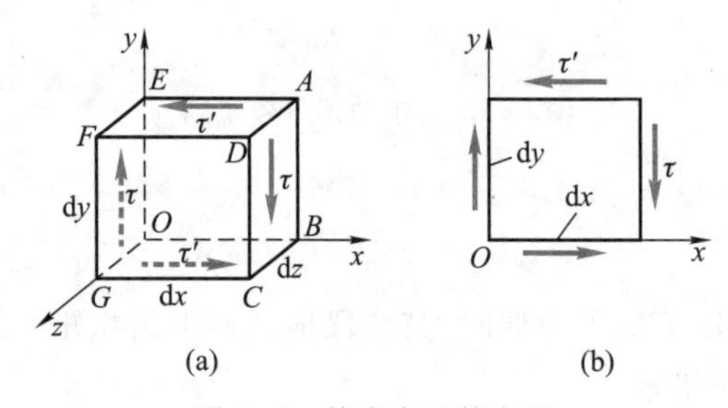

图 6-8　剪应力互等定理

应用对 z 轴的力矩平衡方程，可以写出

$$\sum M_z=0,\quad -(\tau\mathrm{d}y\mathrm{d}z)\mathrm{d}x+(\tau'\mathrm{d}x\mathrm{d}z)\mathrm{d}y=0$$

由此解出

$$\tau=\tau' \tag{6-3}$$

这一结果表明，在两个互相垂直的平面上，剪应力必然成对出现，且数值相等，二者都垂直于两个平面的交线，方向则共同指向或共同背离这一交线，这一结论称为**剪应力互等定理**或**剪应力成对定理**（theorem of conjugate shearing stress）。

木材试样的扭转实验的破坏现象（图 6-9），可以证明圆轴扭转时纵截面上确实存在剪应力：沿木材顺纹方向截取的圆截面试样，试样承受扭矩发生破坏时，将沿纵截面发生破坏，这种破坏就是由于剪应力所致。

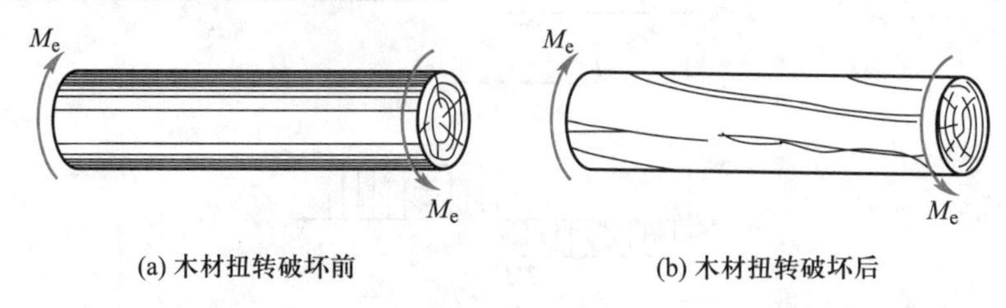

图 6-9　圆截面木制杆承受扭矩破坏前后的情形

§6-4　圆轴扭转时的剪应力分析

分析圆轴扭转剪应力的方法是：根据表面变形作出平面假定；由平面假定得到应变分布，亦即得到变形协调方程；再由变形协调方程与应力-应变关系得到应力分布，也就是含有待定常数的应力表达式；最后利用静力学方程确定待定常数，从而得到计算应力的公式。这一方法也是分析梁纯弯曲正应力的方法。

6-4-1　平面假定

圆轴扭转时，其圆柱面上的圆保持不变，都是两个相邻的圆绕圆轴的轴线相对转过一角度。根据这一变形特征，假定：圆轴受扭发生变形后，其横截面依然保持平面，并且绕圆轴的轴线刚性地转过一角度。这就是关于圆轴扭转的平面假定。所谓“刚性地转过一角度”，就是横截面上的直径在横截面转动之后依然保持为一直线，如图 6-10 所示。

视频 6-2：圆轴扭转数值模拟——平面假定

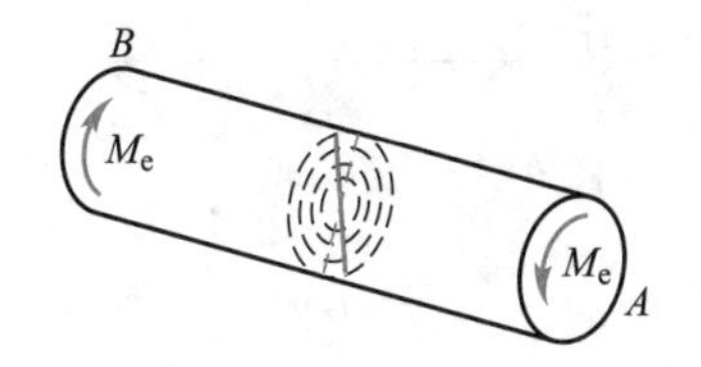

图 6-10　圆轴扭转时横截面保持平面

6-4-2　变形协调方程

若将圆轴用同轴柱面分割成许多半径不等的圆柱，根据上述结论，在 $\mathrm{d}x$ 长度上，虽然所有圆柱的两端面均相对转过相同的角度 $\mathrm{d}\varphi$，但半径不等的圆柱产生的剪应变各不相同，半径越小者剪应变越小，如图 6-11 所示。

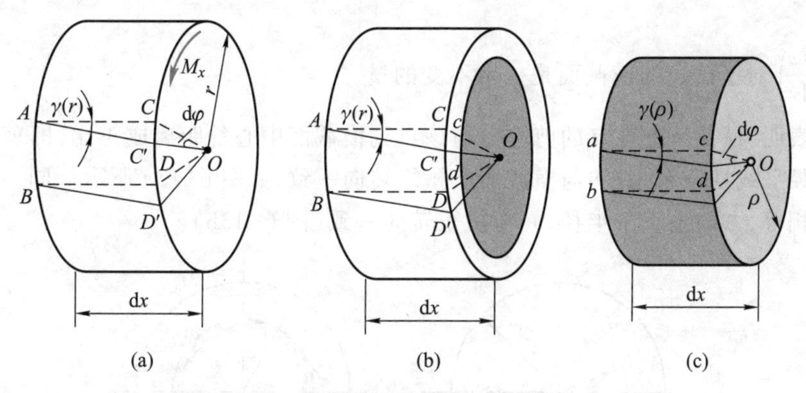

图 6-11　圆轴扭转时的变形协调关系

设到轴线任意远 ρ 处的剪应变为 $\gamma(\rho)$，则从图 6-11c 中可得到如下几何关系：

$$\gamma(\rho)=\rho\frac{\mathrm{d}\varphi}{\mathrm{d}x} \tag{6-4}$$

式中，$\frac{d\varphi}{dx}$称为单位长度相对扭转角（angle of twist per unit length of the shaft）。对于两个相邻的横截面，$\frac{d\varphi}{dx}$为常量，故式（6-4）表明：圆轴扭转时，其横截面上任意点处的剪应变与该点至截面中心之间的距离成正比。式（6-4）即为圆轴扭转时的变形协调方程。

6-4-3　弹性范围内的剪应力-剪应变关系

若在弹性范围内加载，即剪应力小于某一极限值时，对于大多数各向同性材料，剪应力与剪应变之间存在线性关系，如图 6-12 所示。于是，有

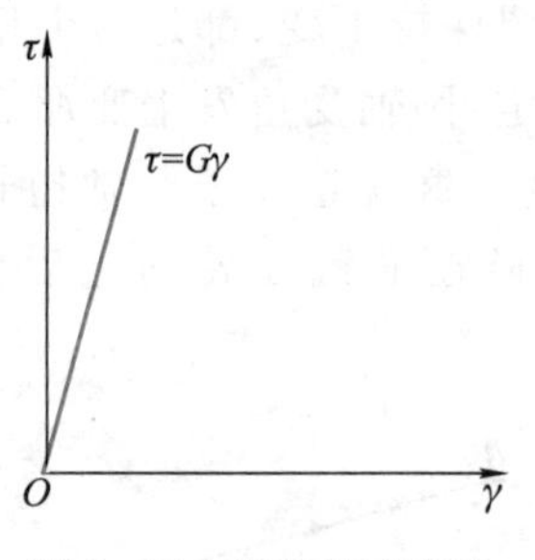

图 6-12　剪切胡克定律

$$\tau = G\gamma$$

此即为剪切胡克定律（Hooke's law in shearing）。式中，G 为比例常数，称为剪切弹性模量或切变模量（shearing modulus）。

6-4-4　静力学方程

根据横截面上的剪应变分布表达式（6-4），应用剪切胡克定律得到

$$\tau(\rho) = G\gamma(\rho) = \left(G\frac{d\varphi}{dx}\right)\rho \tag{6-5}$$

其中，$\left(G\frac{d\varphi}{dx}\right)$对于确定的横截面是一个不变的量。

上式表明，横截面上各点的剪应力与该点到横截面中心的距离成正比，即剪应力沿横截面的半径呈线性分布，方向与横截面上扭矩转向一致，如图 6-13a 所示。同一半径上剪应力大小相等，方向垂直于半径，并与扭矩转向一致（图 6-13b）。

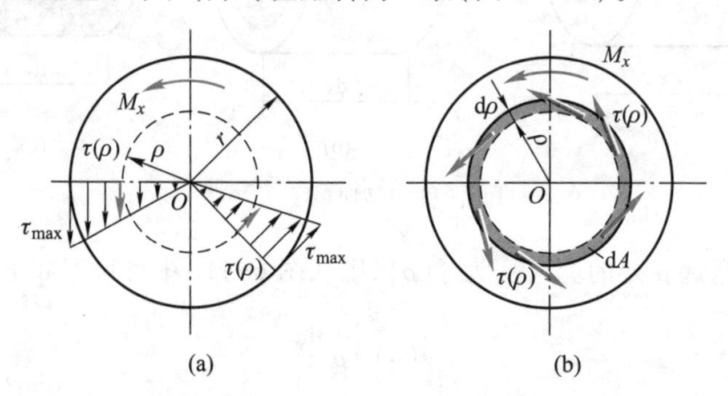

图 6-13　圆轴扭转时横截面上的剪应力分布

作用在横截面上的剪应力形成一分布力系,这一力系向截面中心简化结果为一力偶,其力偶矩即为该截面上的扭矩。于是,有

$$\int_A \rho[\tau(\rho)\mathrm{d}A] = M_x \tag{6-6}$$

此即圆轴扭转时的静力学方程。

将式(6-5)代入式(6-6),积分后得到

$$\frac{\mathrm{d}\varphi}{\mathrm{d}x}=\frac{M_x}{GI_\mathrm{p}} \tag{6-7}$$

其中

$$I_\mathrm{p} = \int_A \rho^2 \mathrm{d}A \tag{6-8}$$

是与截面形状和尺寸有关的几何量,称为截面对形心的**极惯性矩**(polar moment of inertia for cross section)。式(6-7)中的 GI_p 称为圆轴的**扭转刚度**(torsional rigidity)。

6-4-5　圆轴扭转时横截面上的剪应力表达式

将式(6-7)代入式(6-5),得到

$$\tau(\rho)=\frac{M_x\rho}{I_\mathrm{p}} \tag{6-9}$$

这就是圆轴扭转时横截面上任意点的剪应力表达式,其中 M_x 由平衡条件确定;I_p 由式(6-8)积分求得(参见图 6-13b 中微元面积的取法)。对于直径为 d 的实心截面圆轴:

$$I_\mathrm{p}=\frac{\pi d^4}{32} \tag{6-10}$$

对于内、外直径分别为 d、D 的空心截面圆轴:

$$I_\mathrm{p}=\frac{\pi D^4}{32}(1-\alpha^4)\,,\quad \alpha=\frac{d}{D} \tag{6-11}$$

从图 6-13a 中不难看出,最大剪应力发生在横截面边缘上各点,其值由下式确定:

$$\tau_{\max}=\frac{M_x\rho_{\max}}{I_\mathrm{p}}=\frac{M_x}{W_\mathrm{p}} \tag{6-12}$$

其中

$$W_\mathrm{p}=\frac{I_\mathrm{p}}{\rho_{\max}} \tag{6-13}$$

称为圆截面的**扭转截面模量**(section modulus in torsion)。

对于直径为 d 的实心圆截面

$$W_\mathrm{p}=\frac{\pi d^3}{16} \tag{6-14}$$

对于内、外直径分别为 d、D 的空心截面圆轴:

$$W_\mathrm{p}=\frac{\pi D^3}{16}(1-\alpha^4)\,,\quad \alpha=\frac{d}{D} \tag{6-15}$$

【例题 6-2】　实心圆轴与空心圆轴通过牙嵌式离合器相连,并传递功率,如图 6-14 所示。已知轴

的转速 $n=100\ \mathrm{r/min}$，传递的功率 $P=7.5\ \mathrm{kW}$。若已知实心圆轴的直径 $d_1=45\ \mathrm{mm}$；空心圆轴的内、外径之比 $(d_2/D_2)=\alpha=0.5$，$D_2=46\ \mathrm{mm}$。试确定实心圆轴与空心圆轴横截面上的最大剪应力。

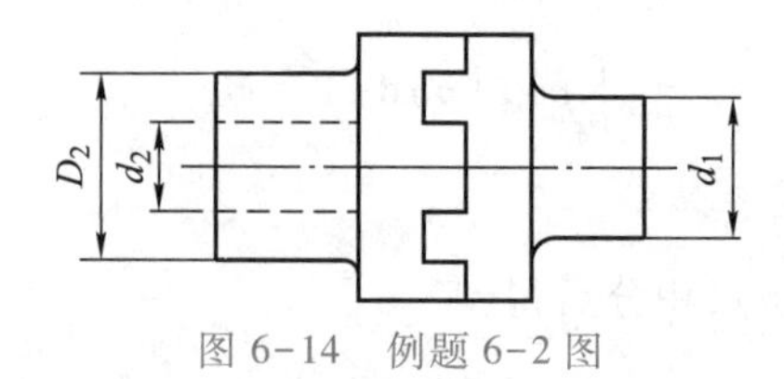

图 6-14　例题 6-2 图

解：由于二传动轴的转速与传递的功率相等，故二者承受相同的外加扭转力偶矩，因而横截面上的扭矩也相等。根据外加力偶矩与轴所传递的功率及转速之间的关系，求得横截面上的扭矩

$$M_x=M_e=9\ 549\times\frac{7.5\ \mathrm{kW}}{100\ \mathrm{r/min}}=716.2\ \mathrm{N\cdot m}$$

对于实心圆轴：根据式(6-12)、式(6-14)和已知条件，横截面上的最大剪应力为

$$\tau_{\max}=\frac{M_x}{W_p}=\frac{16M_x}{\pi d_1^3}=\frac{16\times716.2\ \mathrm{N\cdot m}}{\pi(45\times10^{-3}\ \mathrm{m})^3}=40\times10^6\ \mathrm{Pa}=40\ \mathrm{MPa}$$

对于空心圆轴：根据式(6-15)和已知条件，横截面上的最大剪应力为

$$\tau_{\max}=\frac{M_x}{W_p}=\frac{16M_x}{\pi D_2^3(1-\alpha^4)}=\frac{16\times716.2\ \mathrm{N\cdot m}}{\pi(46\times10^{-3}\ \mathrm{m})^3(1-0.5^4)}=40\times10^6\ \mathrm{Pa}=40\ \mathrm{MPa}$$

本例讨论：上述计算结果表明，本例中的实心圆轴与空心圆轴横截面上的最大剪应力数值相等。但是二轴的横截面面积之比为

$$\frac{A_1}{A_2}=\frac{d_1^2}{D_2^2(1-\alpha^2)}=\left(\frac{45\times10^{-3}}{46\times10^{-3}}\right)^2\times\frac{1}{1-0.5^2}=1.28$$

可见，如果轴的长度相同，在最大剪应力相同的情形下，实心圆轴所用材料要比空心圆轴多。

【例题 6-3】　内径为 80 mm、外径为 100 mm 的直管 AB，在 B 端用扭矩扳手通过螺旋将管的 A 端紧固在支承处，如图 6-15a 所示。确定：当在扳手上施加一对大小相等、方向相反、大小等于 80 N 的力时，直管中间段横截面内缘与外缘处的剪应力，以及相关微元各个面上的应力。

解：1. 计算扭矩

在直管中间段的任意位置 C 处将轴截开，如图 6-15b 所示。截开的截面上的扭矩为 M_x。根据对 y 轴的力矩平衡方程

$$\sum M_y=0,\quad 80\ \mathrm{N}\times0.3\ \mathrm{m}+80\ \mathrm{N}\times0.2\ \mathrm{m}-M_x=0$$

$$M_x=40\ \mathrm{N\cdot m}$$

2. 计算极惯性矩

直管横截面的极惯性矩为

$$I_P=\frac{\pi(0.1^4-0.08^4)}{32}\ \mathrm{m}^4=5.796\times10^{-6}\ \mathrm{m}^4$$

3. 计算剪应力

对任意位于直管横截面上外缘上的点，$\rho=0.05\ \mathrm{m}$，于是有

$$\tau_{外缘}=\frac{M_x\rho}{I_P}=\frac{40\times0.05}{5.796\times10^{-6}}\ \mathrm{Pa}=0.345\ \mathrm{MPa}$$

对任意位于直管横截面上内径边缘上的点，$\rho=c_i=0.04\ \mathrm{m}$，所以有

$$\tau_{内缘}=\frac{M_x\rho}{I_P}=\frac{40\times0.04}{5.796\times10^{-6}}\ \mathrm{Pa}=0.276\ \mathrm{MPa}$$

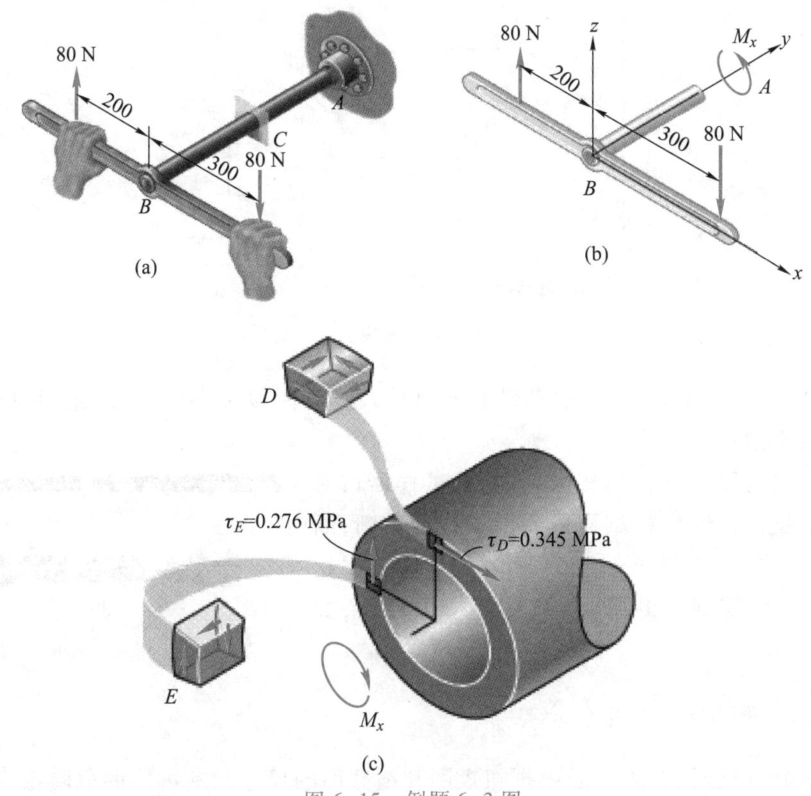

图 6-15　例题 6-3 图

4. 确定微元各个面上的剪应力

为了确定横截面外缘和内缘上具有代表性的点 D、E 处单元体各面上的应力，考察图 6-15c 所示之微元。

根据扭矩的方向可以确定微元上与横截面对应的面上的剪应力方向，然后根据剪应力互等定理，即可确定微元上与圆管纵截面对应的面上的剪应力方向。

需要注意的是，由于 D 处微元的上表面对应于直管的外壁表面、E 处单元体的右侧表面对应于直管内壁的内表面，而外壁与内壁表面均无应力作用，因此与之对应的 D、E 处微元上与之相对应的面上亦均无剪应力。

§6-5　圆轴扭转时的强度与刚度计算

6-5-1　圆轴扭转实验与破坏现象

为了测定扭转时材料的力学性能，需将材料制成扭转试样在扭转实验机上进行实验。对于低碳钢，采用薄壁圆管或圆筒进行实验，使薄壁截面上的剪应力接近均匀分布，这样才能得到反映剪应力与剪应变关系的曲线。对于灰铸铁这样的脆性材料，由于基本上不发生塑性变形，故采用实心圆截面试样也能得到反映剪应力与剪应变关系的曲线。

扭转时，韧性材料（低碳钢）和脆性材料（灰铸铁）的实验应力-应变曲线分别如图 6-16a 和 b 所示。

实验结果表明，低碳钢的剪应力与剪应变关系曲线，类似于拉伸正应力与正应变关系曲线，也存在线弹性、屈服和断裂三个主要阶段。屈服强度和强度极限分别用 τ_s 和 τ_b 表示。

视频 6-3：扭转实验

视频 6-4：韧性材料扭转破坏

视频 6-5：脆性材料扭转破坏

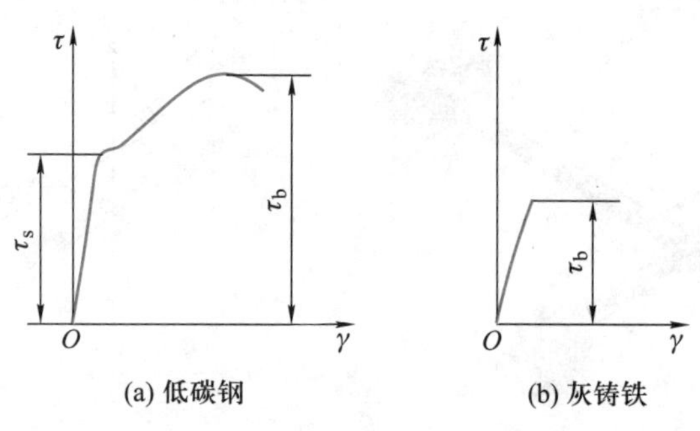

图 6-16　扭转实验的应力-应变曲线

对于灰铸铁，整个扭转过程，都没有明显的线弹性阶段和塑性阶段，最后发生脆性断裂。其强度极限用 τ_b 表示。

韧性材料与脆性材料扭转破坏时，其试样断口有着明显的区别。韧性材料试样最后沿横截面剪断，断口比较光滑、平整，如图 6-17a 所示。灰铸铁试样扭转破坏时沿 45°螺旋面断开，断口呈细小颗粒状，如图 6-17b 所示。

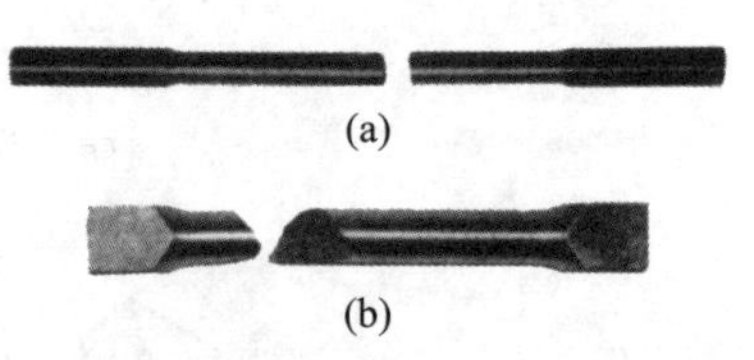

图 6-17　扭转实验的破坏现象

6-5-2　圆轴扭转强度计算

计算扭转强度时，首先需要根据扭矩图和横截面的尺寸判断可能的危险截面；然后根据危险截面上的剪应力分布确定危险点（即最大剪应力作用点）；最后利用实验结果直接建立扭转时的强度条件。

圆轴扭转时的强度条件为

$$\tau_{max} \leqslant [\tau] \tag{6-16}$$

式中，$[\tau]$为许用剪应力。

对于脆性材料

$$[\tau]=\frac{\tau_b}{n_b} \tag{6-17}$$

对于韧性材料

$$[\tau]=\frac{\tau_s}{n_s} \tag{6-18}$$

上述各式中，同一种材料的许用剪应力与拉伸时许用正应力之间存在一定的关系。

对于脆性材料

$$[\tau]=[\sigma]$$

对于韧性材料

$$[\tau]=(0.5\sim0.577)[\sigma]$$

在设计中不能提供$[\tau]$值时，可根据上述关系由$[\sigma]$值求得$[\tau]$值。

【例题 6-4】　图 6-18 所示汽车主传动轴所承受的最大外力偶矩为 $M_e=1.5\ \text{kN}\cdot\text{m}$，轴由 45 号钢无缝空心管制成，外径 $D=90$ mm，壁厚 $\delta=2.5$ mm，$[\tau]=60$ MPa。试：(1) 校核主传动轴的强度；(2) 若改

用实心轴,在具有与空心轴相同的最大剪应力的前提下,确定实心轴的直径;(3) 确定空心轴与实心轴的重量比。

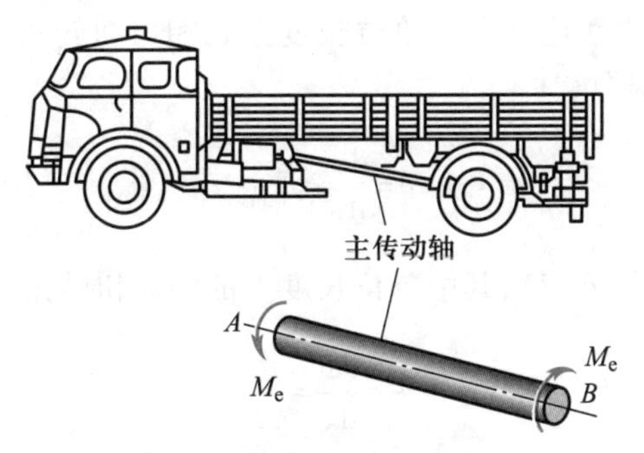

图 6-18　例题 6-4 图

解:1. 校核主传动轴的强度

根据已知条件,主传动轴横截面上的扭矩 $M_x = M_e = 1.5\ \text{kN}\cdot\text{m}$,轴的内径与外径之比

$$\alpha=\frac{d}{D}=\frac{D-2\delta}{D}=\frac{90\ \text{mm}-2\times2.5\ \text{mm}}{90\ \text{mm}}=0.944$$

因为轴只在两端承受外加力偶,所以轴各横截面的危险程度相同,轴的所有横截面上的最大剪应力均为

$$\tau_{\max}=\frac{M_x}{W_p}=\frac{16M_x}{\pi D^3(1-\alpha^4)}=\frac{16\times1.5\times10^3\ \text{N}\cdot\text{m}}{\pi(90\times10^{-3}\ \text{m})^3(1-0.944^4)}$$

$$=50.9\times10^6\ \text{Pa}=50.9\ \text{MPa}<[\tau]$$

由此可以得出结论:主传动轴的强度是安全的。

2. 确定实心轴的直径

根据实心轴与空心轴具有同样数值的最大剪应力的要求,实心轴横截面上的最大剪应力也必须等于 50.9 MPa。若设实心轴直径为 d_1,则有

$$\tau_{\max}=\frac{M_x}{W_p}=\frac{16M_x}{\pi d_1^3}=\frac{16\times1.5\times10^3\ \text{N}\cdot\text{m}}{\pi d_1^3}=50.9\ \text{MPa}=50.9\times10^6\ \text{Pa}$$

据此,实心轴的直径

$$d_1=\sqrt[3]{\frac{16\times1.5\times10^3\ \text{N}\cdot\text{m}}{\pi\times50.9\times10^6\ \text{Pa}}}=53.1\times10^{-3}\ \text{m}=53.1\ \text{mm}$$

3. 计算空心轴与实心轴的重量比

由于二者长度相等、材料相同,所以重量比即为横截面的面积比,即

$$\eta=\frac{W_1}{W_2}=\frac{A_1}{A_2}=\frac{\dfrac{\pi(D^2-d^2)}{4}}{\dfrac{\pi d_1^2}{4}}=\frac{D^2-d^2}{d_1^2}=\frac{(90\ \text{mm})^2-(85\ \text{mm})^2}{(53.1\ \text{mm})^2}=0.31$$

4. 本例讨论

上述结果表明,空心轴远比实心轴轻,可以节省材料,因此采用空心轴比采用实心轴经济、合理。

这是由于圆轴扭转时横截面上的剪应力沿半径方向非均匀分布,截面中心附近区域的剪应力比截面边缘各点的剪应力小得多,当最大剪应力达到许用剪应力[τ]时,中心附近的剪应力远小于许用剪应力值。将受扭杆件做成空心轴,可以使横截面中心附近的材料得到较充分利用。

6-5-3　圆轴扭转刚度计算

扭转刚度计算是将弹性范围内轴单位长度上的相对扭转角限制在允许的范围之内，即必须使构件满足刚度条件：

$$\theta=\frac{\mathrm{d}\varphi}{\mathrm{d}x}\leqslant[\theta] \tag{6-19}$$

根据上一节中所得到的式(6-7)，其中单位长度上的相对扭转角

$$\theta=\frac{\mathrm{d}\varphi}{\mathrm{d}x}=\frac{M_x}{GI_\mathrm{p}}$$

式(6-19)中的$[\theta]$称为单位长度上的许用相对扭转角，其数值视轴的工作条件而定：用于精密机械的轴$[\theta]=0.25\sim0.5$ (°)/m；一般传动轴$[\theta]=0.5\sim1.0$ (°)/m；刚度要求不高的轴$[\theta]=2$ (°)/m。

刚度计算中要注意单位的一致性。式(6-19)不等号左边$\theta=\frac{\mathrm{d}\varphi}{\mathrm{d}x}=\frac{M_x}{GI_\mathrm{p}}$的单位为rad/m；而右边通常所用的单位为(°)/m。因此，在实际设计中，若不等式两边均采用rad/m，则必须在不等式右边乘以(π/180°)；若两边均采用(°)/m，则必须在左边乘以(180°/π)。

【例题6-5】　钢制空心圆轴的外径$D=100$ mm，内径$d=50$ mm。若要求轴在2 m长度内的最大相对扭转角不超过1.5°，材料的切变模量$G=80.4$ GPa。试：(1) 求该轴所能承受的最大扭矩；(2) 求此时轴内最大剪应力。

解：1. 求轴所能承受的最大扭矩

根据刚度条件，有

$$\theta=\frac{\mathrm{d}\varphi}{\mathrm{d}x}=\frac{M_x}{GI_\mathrm{p}}\leqslant[\theta]$$

由已知条件，单位长度上的许用相对扭转角为

$$[\theta]=\frac{1.5°}{2\ \mathrm{m}}=\frac{1.5°}{2}\times\frac{\pi}{180°}\ \mathrm{rad/m} \tag{a}$$

空心圆轴截面的极惯性矩

$$I_\mathrm{p}=\frac{\pi D^4}{32}(1-\alpha^4),\quad \alpha=\frac{d}{D} \tag{b}$$

将式(a)和式(b)一并代入刚度条件，得到轴所能承受的最大扭矩为

$$M_x\leqslant[\theta]\times GI_\mathrm{p}=\frac{1.5°}{2}\times\frac{\pi}{180°}\ \mathrm{rad/m}\times G\times\frac{\pi D^4}{32}(1-\alpha^4)$$

$$=\frac{1.5\times\pi^2\times80.4\times10^9\times(100\times10^{-3})^4\left[1-\left(\frac{50}{100}\right)^4\right]}{2\times180°\times32}\ \mathrm{N\cdot m}$$

$$=9.686\times10^3\ \mathrm{N\cdot m}=9.686\ \mathrm{kN\cdot m}$$

2. 计算轴在承受最大扭矩时，横截面上的最大剪应力

轴在承受最大扭矩时，横截面上最大剪应力为

$$\tau_{\max}=\frac{M_x}{W_\mathrm{p}}=\frac{16\times9.686\times10^3\ \mathrm{N\cdot m}}{\pi(100\times10^{-3}\ \mathrm{m})^3\left[1-\left(\frac{50}{100}\right)^4\right]}=52.6\times10^6\ \mathrm{Pa}=52.6\ \mathrm{MPa}$$

§6-6　小结与讨论

6-6-1　圆轴扭转强度与刚度计算及其他

圆轴是很多工程中常见的零件之一,其强度计算和刚度计算一般过程如下:

(1) 根据轴传递的功率及轴每分钟的转数,确定作用在轴上的外加力偶的力偶矩。

(2) 应用截面法确定轴的横截面上的扭矩,当轴上同时作用有两个以上扭转外加力偶时,一般需要画出扭矩图。

(3) 根据轴的扭矩图,确定可能的危险截面和危险截面上的扭矩数值。

(4) 计算危险截面上的最大剪应力或单位长度上的相对扭转角。

(5) 根据需要,应用强度条件与刚度条件对圆轴进行强度与刚度校核、设计轴的直径及确定许用载荷。

需要指出的是,工程结构与机械中有些传动轴都是通过与之连接的零件或部件承受外力作用的。这时需要首先将作用在零件或部件上的力向轴线简化,得到轴的受力图。这种情形下,圆轴将同时承受扭转与弯曲,而且弯曲有可能是主要的。这一类圆轴的强度计算比较复杂,本书将在第 12 章中介绍。

此外,还有一些圆轴所受的外力(大小或方向)随着时间的改变而变化,这一类圆轴的强度问题,将在第 14 章中介绍。

6-6-2　矩形截面杆扭转时的剪应力

实验结果表明:非圆(正方形、矩形、三角形、椭圆形等)截面杆扭转时,横截面外周线将改变原来的形状,并且不再位于同一平面内。由此推定,杆横截面将不再保持平面,而发生翘曲(warping)。图 6-19a 中所示为一矩形截面杆受扭后发生翘曲的情形。

视频 6-6:非圆截面杆扭转

由于翘曲,非圆截面杆扭转时横截面上的剪应力将与圆截面杆有很大差异。

应用剪应力互等定理可以得到以下结论:

(1) 非圆截面杆扭转时,横截面上周边各点的剪应力沿着周边切线方向。

(2) 对于有凸角的多边形截面杆,横截面上凸角点处的剪应力等于零。

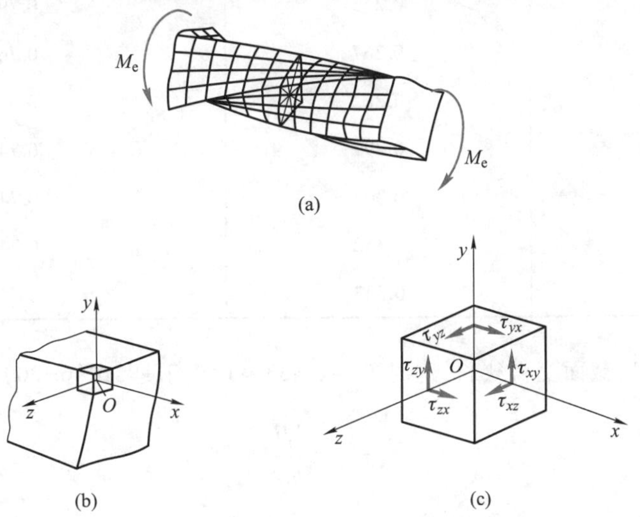

图 6-19　非圆截面杆扭转时的翘曲变形

考察图 6-19a 中所示的受扭矩形截面杆上位于角点的微元(图 6-19b)。假定微元各面上的剪应力如图 6-19c 中所示。由于垂直于 y、z 坐标轴的杆表面均为自由表面(无外力作用),故微元上与之对应的面上的剪应力均为零,即

$$\tau_{yz}=\tau_{yx}=\tau_{zy}=\tau_{zx}=0$$

剪应力的第一个下标表示其作用面的法线方向;第二个下标表示剪应力方向。

根据剪应力互等定理,角点微元垂直于 x 轴的面(对应于杆横截面)上,剪应力也必然为零,即

$$\tau_{xy}=\tau_{xz}=0$$

采用类似方法,读者不难证明,杆件横截面上沿周边各点的剪应力必与周边相切。

由弹性力学理论及实验方法可以得到矩形截面构件扭转时,横截面上的剪应力分布及剪应力计算公式,现将结果介绍如下。

剪应力分布如图 6-20 所示,从图中可以看出,最大剪应力发生在矩形截面的长边中点处,其值为

$$\tau_{\max}=\frac{M_x}{C_1hb^2}\tag{6-20}$$

在短边中点处,剪应力

$$\tau=C_1'\tau_{\max}\tag{6-21}$$

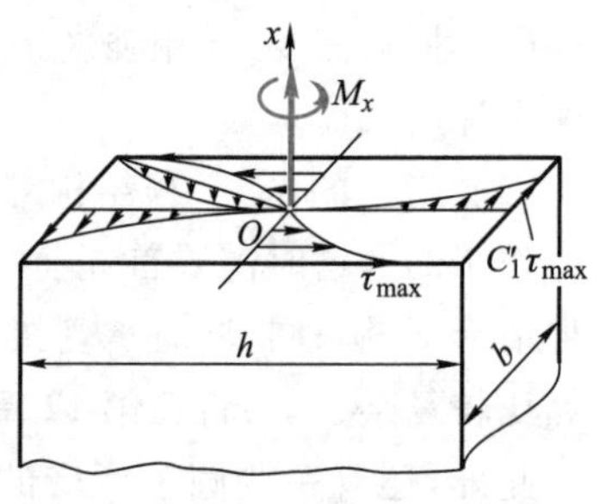

图 6-20　矩形截面扭转时横截面上的应力分布

上述式中,C_1 和 C_1'为与长、短边尺寸之比 h/b 有关的因数。表 6-1 中所示为若干 h/b 值下的 C_1 和 C_1'数值。

表 6-1　矩形截面杆扭转剪应力公式中的因数

h/b	C_1	C_1'
1.0	0.208	1.000
1.5	0.231	0.895
2.0	0.246	0.795
3.0	0.267	0.766
4.0	0.282	0.750
6.0	0.299	0.745
8.0	0.307	0.743
10.0	0.312	0.743
∞	0.333	0.743

当 $h/b>10$ 时,截面变得狭长,这时 $C_1=0.333\approx1/3$,于是,式(6-20)变为

$$\tau_{\max}=\frac{3M_x}{hb^2}\tag{6-22}$$

这时,沿宽度 b 方向的剪应力可近似视为线性分布。

矩形截面杆横截面单位扭转角由下式计算：

$$\theta=\frac{M_x}{Ghb^3\left[\frac{1}{3}-0.21\frac{b}{h}\left(1-\frac{b^4}{12h^4}\right)\right]} \tag{6-23}$$

式中，G 为材料的切变模量。

6-6-3　扭转静不定问题概述

与求解简单的拉伸、压缩杆件静不定问题相似，求解扭转静不定问题，除了平衡方程外，还需要根据多余约束对变形的限制，建立各部分变形之间的几何关系，即建立**几何方程**，称为**变形协调方程**(compatibility equation)，并建立力与变形之间的物理关系，即**物理方程**或称为**本构方程**(constitutive equations)。将这二者联立才能找到求解静不定问题所需的补充方程。最后，联立求解平衡方程、变形协调方程及物理方程，解出全部未知力；进而根据工程要求进行强度计算与刚度计算。

【例题 6-6】　图 6-21a 中所示为两端固定的圆轴 AB，在截面 C 处承受绕轴线的扭转力偶作用，力偶矩 M_e 已知，尺寸如图所示。试求两固定端的约束力偶矩。

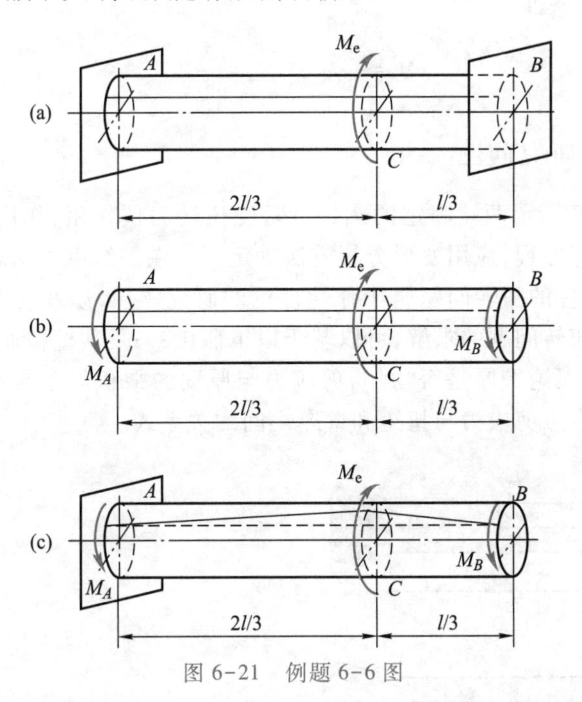

图 6-21　例题 6-6 图

解：1. 平衡方程

设 A、B 端的约束力偶矩分别为 M_A 和 M_B，如图 6-21b 所示。于是，由平衡方程

$$\sum M_x=0,\quad M_A+M_B=M_e \tag{a}$$

两个未知约束力，一个独立的平衡方程，所以是扭转一次静不定问题。

2. 变形协调方程

解除 B 端的约束，代之以约束力偶 M_B，如图 6-18c 所示。比较图 6-21c 所示之静定圆轴与图 6-21a 所示之静不定圆轴，二者的受力和变形必须完全相同。由于静不定圆轴两端固定，A、B 两截面的相对扭转角应为零，于是得到变形协调方程

$$\varphi_{AB}=\varphi_{AC}+\varphi_{CB}=0 \tag{b}$$

3. 物理方程

应用截面法，AC 段的扭矩 $M_x(AC)=-M_A$，CB 段的 $M_x(CB)=M_B$。根据圆轴扭转时相对扭转角与横截面上扭矩的关系式，有

$$\left.\begin{aligned}\varphi_{AC}&=\frac{M_x(AC)\left(\dfrac{2l}{3}\right)}{GI_p}=-\frac{2M_A l}{3GI_p}\\ \varphi_{CB}&=\frac{M_x(CB)\left(\dfrac{l}{3}\right)}{GI_p}=\frac{M_B l}{3GI_p}\end{aligned}\right\}\tag{c}$$

4. 补充方程

将式(c)代入式(b)得到补充方程

$$\varphi_{AB}=-\frac{2M_A l}{3GI_p}+\frac{M_B l}{3GI_p}=0$$

化简后，得到

$$-2M_A+M_B=0\tag{d}$$

5. 解联立方程

联立式(a)、式(d)，解得

$$M_A=\frac{1}{3}M_e,\quad M_B=\frac{2}{3}M_e$$

6-6-4　学习研究问题

问题一：图 6-22 所示两端固定的圆轴 AB，受扭转力偶作用，作用面分别如图 a、b、c 所示。不用解静不定方程，应用变形分析方法确定固定端的约束力偶矩。

问题二：薄壁杆件的扭转问题属于弹性理论的研究领域，涉及的数学工具较为复杂。闭口薄壁杆件自由扭转问题的求解，可以基于以下假设：一是薄壁截面上的剪应力沿厚度方向均匀分布；二是无论壁厚是否均匀，剪应力与厚度的乘积等于常数。试导出图 6-23 所示薄壁杆件上任意点剪应力与扭矩和壁厚之间的关系式。

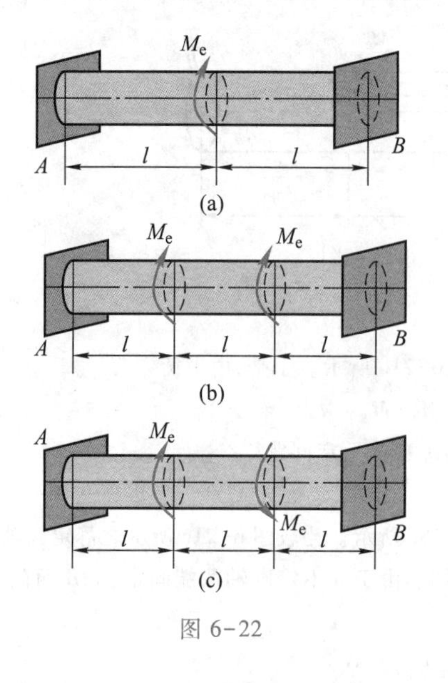

图 6-22

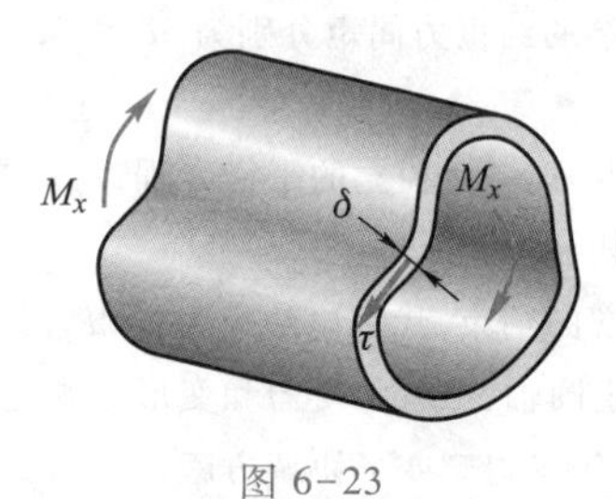

图 6-23

习　题

6-1　关于扭转剪应力公式 $\tau(\rho)=\dfrac{M_x\rho}{I_P}$ 的应用范围，有以下几种答案，其中正确的是（　　）。

（A）等截面圆轴，弹性范围内加载　　　　（B）等截面圆轴

（C）等截面圆轴与椭圆轴　　　　（D）等截面圆轴与椭圆轴，弹性范围内加载

6-2　由两种不同材料组成的圆轴，里层和外层材料的切变模量分别为 G_1 和 G_2，且 $G_1=2G_2$。圆轴尺寸如图所示。圆轴受扭时，里、外层之间无相对滑动。关于横截面上的剪应力分布，有图中 a、b、c、d 所示的四种结论，其中正确的是（　　）。

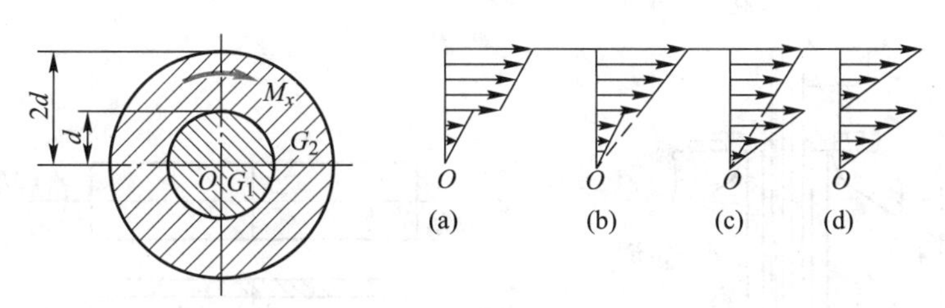

习题 6-2 图

6-3　两根长度相等、直径不等的圆轴受扭后，轴表面上母线转过相同的角度。设直径大的轴和直径小的轴的横截面上的最大剪应力分别为 $\tau_{1\max}$ 和 $\tau_{2\max}$，材料的切变模量分别为 G_1 和 G_2。关于 $\tau_{1\max}$ 和 $\tau_{2\max}$ 的大小，有下列四种结论，其中正确的是（　　）。

（A）$\tau_{1\max}>\tau_{2\max}$　　　　（B）$\tau_{1\max}<\tau_{2\max}$

（C）若 $G_1>G_2$，则有 $\tau_{1\max}>\tau_{2\max}$　　　　（D）若 $G_1>G_2$，则有 $\tau_{1\max}<\tau_{2\max}$

6-4　长度相等的直径为 d_1 的实心圆轴与内、外径分别为 d_2、D_2（$\alpha=d_2/D_2$）的空心圆轴，二者横截面上的最大剪应力相等。关于二者重量之比（W_1/W_2）有如下结论，其中正确的是（　　）。

（A）$(1-\alpha^4)^{\frac{3}{2}}$　　　　（B）$(1-\alpha^4)^{\frac{3}{2}}(1-\alpha^2)^{-1}$

（C）$(1-\alpha^4)(1-\alpha^2)^{-1}$　　　　（D）$(1-\alpha^4)^{\frac{2}{3}}(1-\alpha^2)^{-1}$

6-5　变截面圆轴受力如图所示，图中尺寸单位为 mm。若已知 $M_{e1}=1\ 765\ \mathrm{N\cdot m}$，$M_{e2}=1\ 171\ \mathrm{N\cdot m}$，材料的切变模量 $G=80.4$ GPa，试求：(1) 轴内最大剪应力，并指出其作用位置；(2) 轴内最大相对扭转角 $\varphi_{\max}$。

6-6　图示实心圆轴承受外加扭转力偶，其力偶矩 $M_e=3\ \mathrm{kN\cdot m}$。试求：(1) 轴横截面上的最大剪应力；(2) 轴横截面上半径 $r=15$ mm 以内部分承受的扭矩所占全部横截面上扭矩的百分比；(3) 去掉 $r=15$ mm 以内部分，横截面上的最大剪应力增加的百分比。

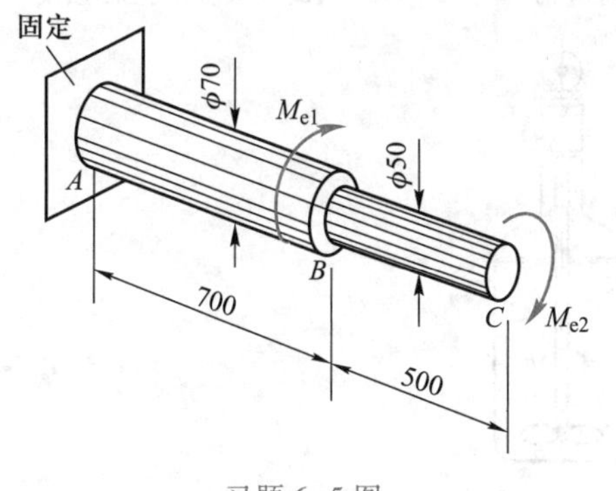

习题 6-5 图

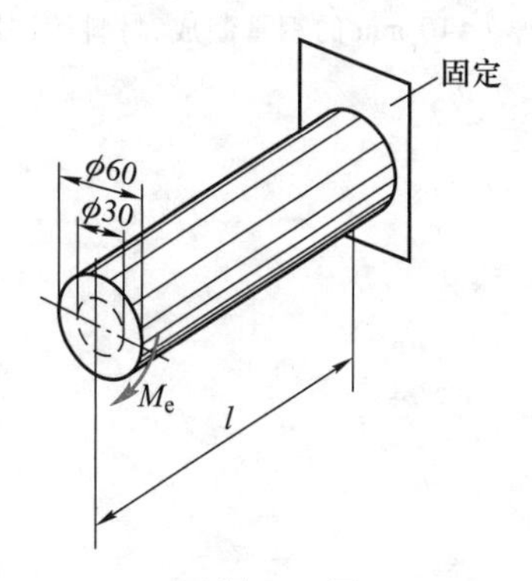

习题 6-6 图

6-7　同轴线的芯轴 AB 与轴套 CD,在 D 处二者无接触,而在 C 处焊成一体。轴的 A 端承受扭转力偶作用,如图所示。已知轴直径 $d=66$ mm,轴套外直径 $D=80$ mm,厚度 $\delta=6$ mm;材料的许用剪应力 $[\tau]=60$ MPa。试求结构所能承受的最大外力偶矩。

6-8　由同一材料制成的实心和空心圆轴,二者长度和质量均相等。设实心圆轴半径为 R,空心圆轴的内、外半径分别为 R_1 和 R_2,且 $R_1/R_2=n$;二者所承受的外加扭转力偶矩分别为 M_{es} 和 M_{eh}。若二者横截面上的最大剪应力相等,试证明:

$$\frac{M_{es}}{M_{eh}}=\frac{\sqrt{1-n^2}}{1+n^2}$$

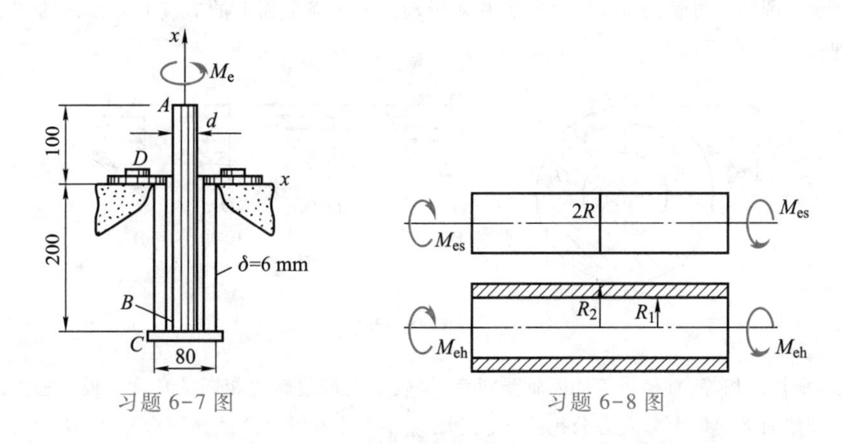

习题 6-7 图　　　习题 6-8 图

6-9　图示圆轴的直径 $d=50$ mm,外加扭转力偶矩 $M_e=1$ kN · m,材料的切变模量 $G=82$ GPa。试求:(1) 横截面上 A 点处($\rho_A=d/4$)的剪应力和相应的剪应变;(2) 最大剪应力和单位长度相对扭转角。

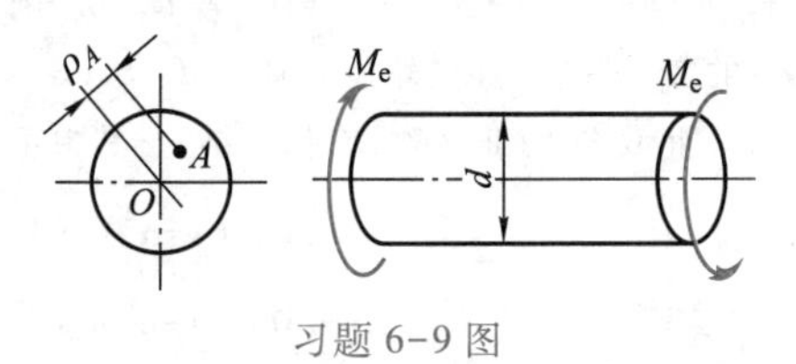

习题 6-9 图

6-10　已知圆轴的转速 $n=300$ r/min,传递功率为 450 马力(1 马力 = 735.5 W),材料的 $[\tau]=60$ MPa,$G=82$ GPa。要求在 2 m 长度内的相对扭转角不超过 1°,试求该轴的直径。

6-11　钢质实心轴和铝质空心轴(内外径比值 $\alpha=0.6$)的横截面面积相等。$[\tau]_{钢}=80$ MPa,$[\tau]_{铝}=50$ MPa。若仅从强度条件考虑,试问哪一根轴能承受较大的扭矩?

6-12　图示化工反应器的搅拌轴由功率 $P=6$ kW 的电动机带动,转速 $n=0.5$ r/s,轴由外径 $D=89$ mm、壁厚 $t=10$ mm 的钢管制成,材料的许用剪应力 $[\tau]=50$ MPa。试校核轴的扭转强度。

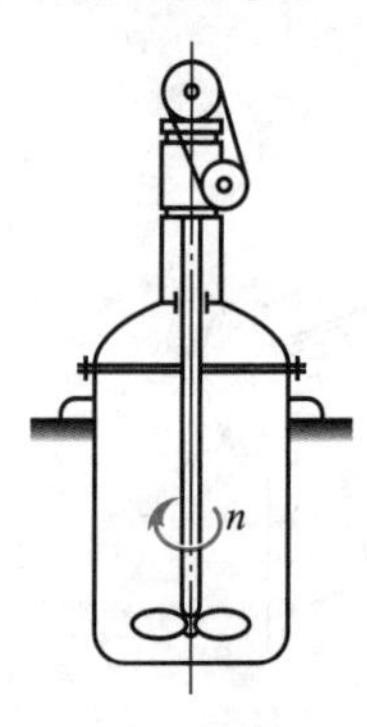

习题 6-12 图

6-13　功率为 150 kW、转速为 15.4 r/s 的电机轴如图所示。其中，$d_1=135\ \text{mm}$，$d_2=90\ \text{mm}$，$d_3=75\ \text{mm}$，$d_4=70\ \text{mm}$，$d_5=65\ \text{mm}$，材料的许用剪应力$[\tau]=40\ \text{MPa}$。轴外伸端装有带轮。试校核轴的扭转强度。

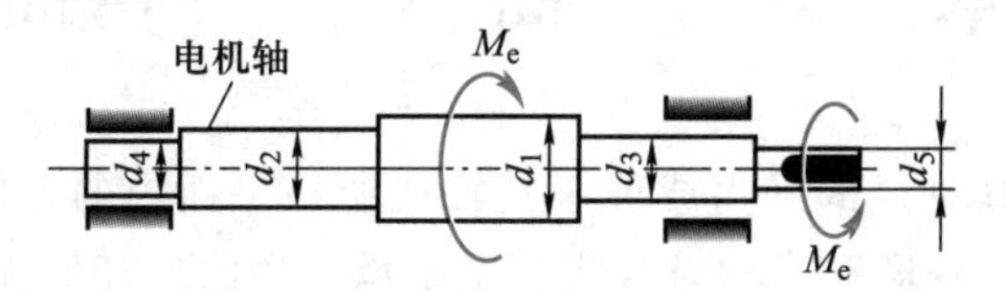

习题 6-13 图

6-14　图示为一两端固定的阶梯状圆轴，在截面突变处受外力偶矩 M_e 作用。若 $d_1=2d_2$，试求固定端的约束力偶 M_A 和 M_B。

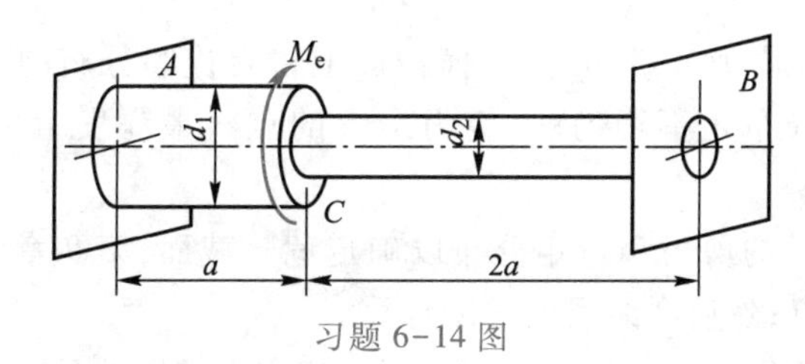

习题 6-14 图

第7章　梁的弯曲(1)——弯曲内力

杆件承受垂直于其轴线的外力或位于其轴线所在平面内的力偶作用时,其轴线将弯曲成曲线。这种受力与变形形式称为弯曲。主要承受弯曲的杆件称为梁。

梁弯曲时横截面上将有剪力和弯矩两个内力分量。一般情形下,梁的各横截面上的内力各不相等,内力最大的横截面处将可能最先发生失效,这些截面称为“危险截面”。

与剪力和弯矩两个内力分量相对应,横截面上将有连续分布的剪应力和正应力。这些应力在横截面上的分布是不均匀的,应力最大的点将最先发生失效,这些点称为“危险点”。

本章首先分析梁上的剪力和弯矩分布以确定危险截面;第9章将进一步分析横截面上的应力以确定危险点;然后介绍梁的强度计算。

绝大多数细长梁的失效,主要与正应力有关,剪应力的影响是次要的。第9章将主要确定梁横截面上正应力及与正应力有关的强度问题。

§7-1　工程中的弯曲构件

工程中可以看作梁的杆件是很多的。例如,图7-1a所示桥式吊车的大梁可以简化为两端铰支的**简支梁**(simply supported beam)。在起吊重量(集中力 F_P)及大梁自身重量(均布载荷 q)的作用下,大梁将发生弯曲变形,如图7-1b中所示。

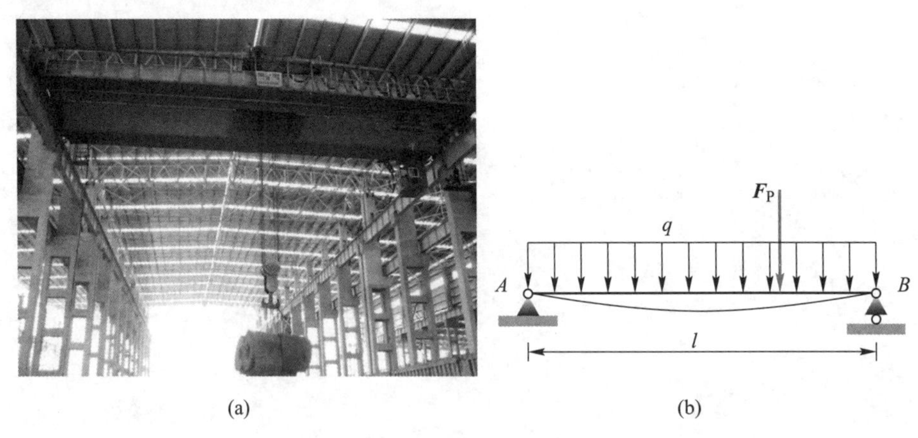

图7-1　可简化为简支梁的吊车大梁

停放在机场的飞机,机翼的一端与机舱下方刚度很大的结构相固结,其简化后的力学模型如图7-2a所示,这种一端固定另一端自由的梁,称为**悬臂梁**(cantilever)。梁上作用有机翼自重、机翼内燃油重量及引擎重量,如图7-2b所示。

储存石油、化工物料的容器及其支承如图7-3a所示,其简化后的力学模型如图7-3b所示,这种梁称为**外伸梁**(overhanding beam),梁上的载荷包括两部分:一是容器的自重;二是容器内含物的重量。

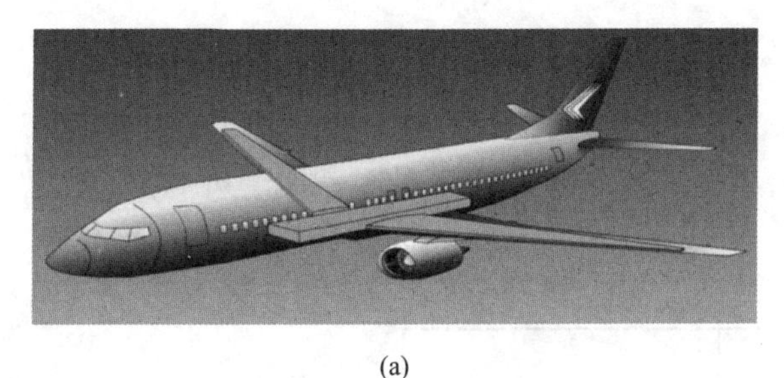

(a)

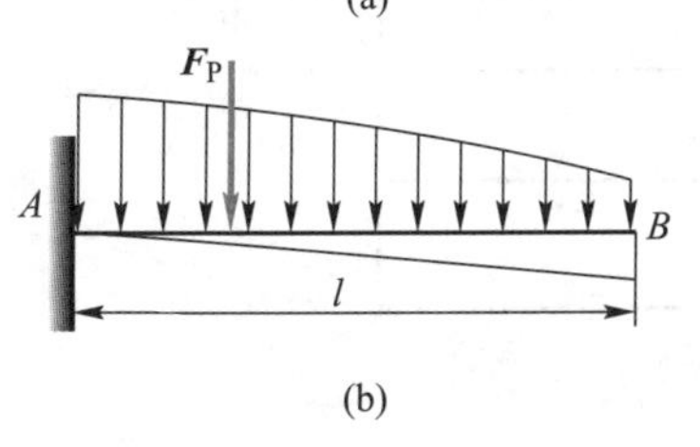

(b)

图 7-2　可简化为悬臂梁的飞机机翼

(a)

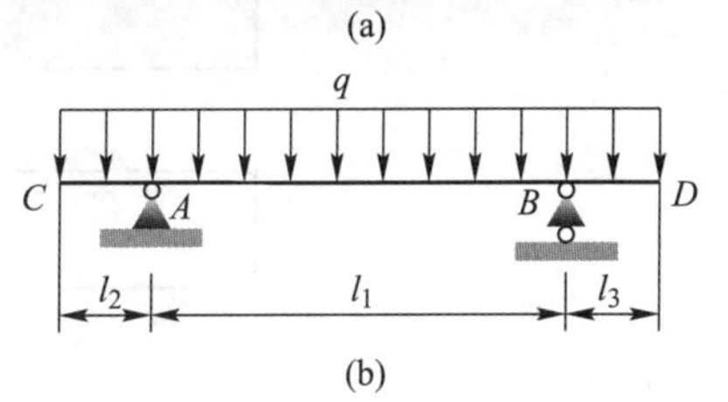

(b)

图 7-3　可简化为外伸梁的容器

§7-2　剪力方程与弯矩方程

7-2-1　弯曲时梁横截面上的剪力与弯矩

应用截面法,将梁从任意横截面(例如图 7-4a 中的 C 截面)处截开,考察其中的任意一部分(例如图 7-4b 中 C 截面的左边部分)的平衡,将作用在这一部分上的外力向截开的截面处简化得到一个力和一个力偶,为了平衡,在横截面上将出现与之大小相等方向相反的力和力偶,这个力和力偶分别称为这个截面上的**剪力**和**弯矩**,用 $\boldsymbol{F}_{Q}$ 和 M 表示。

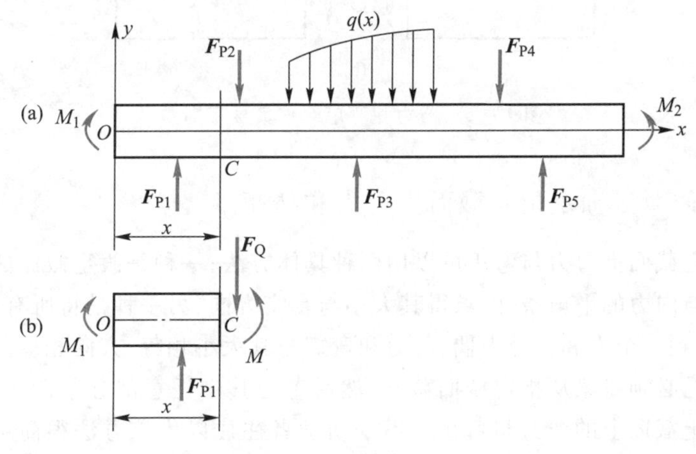

图 7-4　梁的内力与外力的变化有关

7-2-2　剪力与弯矩的正负号规则

无论是建立弯矩方程、剪力方程还是绘制弯矩图与剪力图,都必须对它们的正负号作出明确的规定。规定弯矩、剪力正负号基本原则应保证梁的一个截面的两侧面的弯矩或剪力必须具有相同的正负号。

剪力和弯矩的正负号规则如下：

剪力 $\boldsymbol{F}_Q$ 使截开部分梁产生顺时针方向转动者为正；逆时针方向转动者为负，如图 7-5a 所示。

弯矩 M 使截开的横截面下边受拉、上边受压者为正；使截开的横截面上边受拉、下边受压者为负，如图 7-5b 所示。

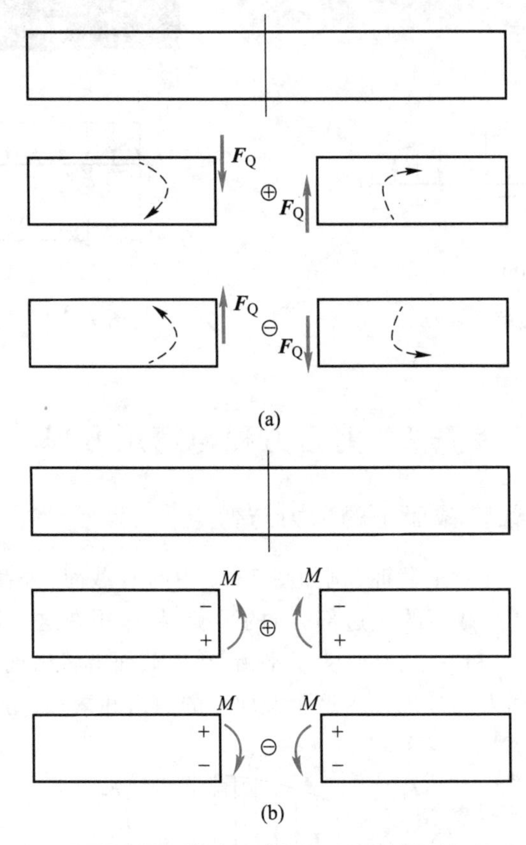

图 7-5　剪力和弯矩的正负号规则

7-2-3　截面法确定指定截面上剪力和弯矩

求梁的指定截面上剪力与弯矩可以用两种具体方法；一种是假定截面的剪力和弯矩，然后根据外力与内力的平衡条件，求得其大小与真实方向；另一种是将所有外力向指定截面中心简化，得到一个力和一个力偶，剪力和弯矩与其大小相等、方向相反。但是，最基本也是最重要的是必须将梁从指定截面截开，然后考虑其中任意部分平衡。只有这样才能正确计算出指定截面上的剪力与弯矩。不少初学者往往以为该方法很简单而加以忽视，结果不仅引起指定截面上剪力与弯矩的错误，而且引起剪力图与弯矩图及其后一系列计算过程的错误。

应用截面法求指定截面上的剪力和弯矩，一般包括下列步骤：

（1）在指定截面处将梁截开，在所截开的截面上假设剪力和弯矩的方向（一般设为正方向）。

（2）考虑截开的任意一部分（一般取受力简单的那一部分）的平衡，由平衡条件确定剪力和弯矩的大小和实际方向。

(3) 考虑另一部分的平衡,校核上述结果是否正确。

【例题 7-1】　外伸梁上受集中力 F_P 和集中力偶 $M=F_Pa$ 作用,如图 7-6a 所示,图中 F_P、a 等均为已知。求 1-1、2-2、3-3、4-4 截面上的剪力和弯矩。

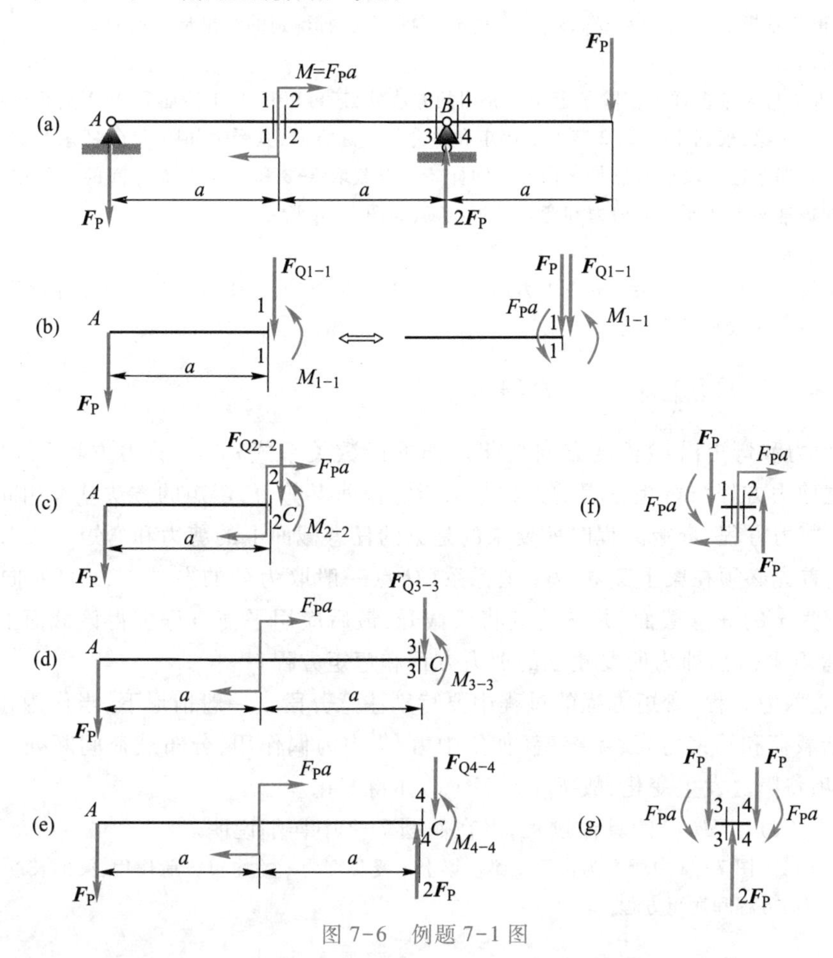

图 7-6　例题 7-1 图

解:1. 先计算约束力

考虑整体平衡,利用

$$\sum M_A = 0 \text{ 和 } \sum M_B = 0$$

可以求得

$$F_A = F_P, \quad F_B = 2F_P$$

方向如图 7-6a 所示。

2. 截面法求内力

将梁分别从 1-1、2-2、3-3 和 4-4 截面处截开,考虑左边部分平衡,并假设截面上剪力和弯矩的正方向,所得各部分的隔离体受力图分别如图 7-6b、c、d、e 所示。然后利用平衡方程

$$\sum F_y = 0 \quad \text{和} \quad \sum M_C = 0$$

即可求得各截面上的剪力和弯矩如下:

$$F_{Q1-1} = -F_P, \quad M_{1-1} = -F_P a$$

$$F_{Q2-2} = -F_P, \quad M_{2-2} = 0$$

$$F_{Q3-3} = -F_P, \quad M_{3-3} = -F_P a$$

$$F_{Q4-4} = F_P, \quad M_{4-4} = -F_P a$$

负号表示实际方向与图中所设正方向相反。

除上述方法外,还可以将截开部分上的外力向截面简化,得到一个力和一个力偶,剪力与弯矩与其大小相等、方向相反。例如,为求 1-1 面上的剪力和弯矩,如图 7-6b 之右图所示,可以将约束力 $F_A=F_P$ 向 1-1 截面简比,得到力 F_P 和力偶 F_Pa,于是这一截面上的剪力和弯矩便与之大小相等、方向相反。由实际方向与正负号规定得 $F_{Q1-1}=-F_P$,$M_{1-1}=-F_Pa$。两种方法所得到的结果是一致的。

3. 结果校核

校核的方法是多种多样的。除了上例中介绍的方法外,还可以从 1-1 截面和 2-2 截面之间截取一小段,作为平衡对象,根据 1-1、2-2 截面上弯矩和剪力的实际方向,其受力如图 7-6f 所示。如果所求的结果是正确的,那么这一段也必然是平衡的。同样还可以截取 3-3 和 4-4 截面之间的小段作为平衡对象,以此来校核这两个截面上的剪力和弯矩是否正确,如图 7-6g 所示。

4. 小结

最后需要指出的是:作用梁上的集中力偶,在求约束力时,它可以在梁上平移而对结果无影响。但求内力时,则只有在截开以后才能这样做。

7-2-4　剪力方程和弯矩方程

表示剪力和弯矩沿梁长度方向变化规律的函数关系式称为“剪力方程”和“弯矩方程”。建立剪力方程与弯矩方程的方法与求指定截面上剪力、弯矩的方法基本相同。差别在于,建立剪力方程、弯矩方程时所要求的是梁的任意截面上的剪力和弯矩。

因此,首先必须在梁上建立 Oxy 坐标系(O 点一般取为梁的左端点;x 自左向右);然后,取坐标为 x 的任意截面,并从此处将梁截开,最后应用平衡方程求得该截面上的剪力 $F_Q(x)$ 和弯矩 $M(x)$,即为所要建立的剪力方程和弯矩方程。

在建立剪力方程、弯矩方程的过程中要特别注意分段。一般情形下,当作用在梁上的外力(包括载荷和约束力)发生突变(如集中力、集中力偶作用,分布载荷间断处)时,平衡方程中各项将随之发生变化,故 $F_Q(x)$、$M(x)$ 亦将变化。

建立 $F_Q(x)$ 和 $M(x)$ 的具体过程,将在例题 7-2 中详细说明。

【例题 7-2】　图 7-7a 中所示为一简支梁。梁上承受集度为 q 的均布载荷作用,梁的长度为 $2l$。试写出该梁的剪力方程和弯矩方程。

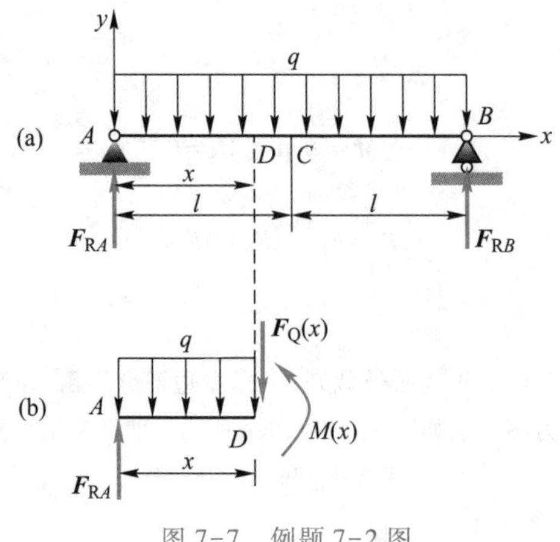

图 7-7　例题 7-2 图

解:1. 确定约束力

因为只有铅垂方向的外力,所以支座 A 的水平约束力等于零。又因为梁的结构及受力都是对称的,故支座 A 与支座 B 处铅垂方向的约束力相同。于是,根据平衡条件不难求得:

$$F_{RA}=F_{RB}=ql$$

2. 确定分段点

因为梁上只作用有连续分布载荷(载荷集度没有突变),没有集中力和集中力偶的作用,所以,从 A 到 B 梁的横截面上的剪力和弯矩可以分别用一个方程描述,因而无需分段建立剪力方程和弯矩方程。

3. 建立 Axy 坐标系

以梁的左端 A 为坐标原点,建立 Axy 坐标系,如图 7-7a 所示。

4. 确定剪力方程和弯矩方程

以距 A 端坐标为 x 的任意截面为假想截面,将梁截开,取左段为研究对象,在截开的截面上标出剪力 $F_Q(x)$ 和弯矩 $M(x)$ 的正方向,如图 7-7b 所示。由左段梁的平衡方程

$$\sum F_y=0,\quad F_{RA}-qx-F_Q(x)=0$$

$$\sum M_D=0,\quad M(x)-F_{RA}\cdot x+qx\cdot\frac{x}{2}=0$$

据此,得到梁的剪力方程和弯矩方程分别为

$$F_Q(x)=F_{RA}-qx=ql-qx\quad(0<x<2l)$$

$$M(x)=qlx-\frac{qx^2}{2}\quad(0\leqslant x\leqslant 2l)$$

上述结果表明,梁上的剪力方程是 x 的线性函数;弯矩方程是 x 的二次函数。

【例题 7-3】　悬臂梁在 B、C 二处分别承受集中力 $\boldsymbol{F}_P$ 和集中力偶 $M=2F_Pl$ 作用,如图 7-8a 所示,梁的全长为 $2l$。试写出梁的剪力方程和弯矩方程。

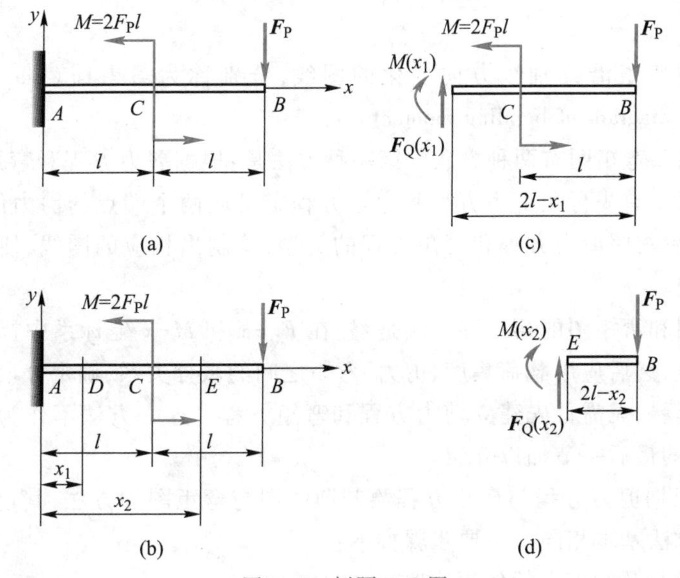

图 7-8　例题 7-3 图

解:1. 确定分段点

由于梁在固定端 A 处受到约束力作用,自由端 B 处作用有集中力,中点 C 处作用有集中力偶,所以 A、B、C 各点均为分段点。因此,需要分为 AC 和 CB 两段建立剪力方程和弯矩方程。

2. 建立 Axy 坐标系

以梁的左端 A 为坐标原点,建立 Axy 坐标系,如图 7-8a 所示。

3. 建立剪力方程和弯矩方程

在 AC 和 CB 两段分别将距 A 端坐标为 x_1 和 x_2 的横截面截开(图 7-8b),在截开的横截面上,假设剪力 $F_Q(x_1)$、$F_Q(x_2)$ 和弯矩 $M(x_1)$、$M(x_2)$ 都是正方向,分别如图 7-8c、d 所示。

考察右边部分梁的平衡,由平衡方程即可确定所需要的剪力方程和弯矩方程。

对于 AC 段:由平衡方程

$$\sum F_y=0,\quad F_Q(x_1)-F_P=0$$

$$\sum M_D=0,\quad -M(x_1)+M-F_P\times(2l-x_1)=0$$

解得

$$F_Q(x_1)=F_P\quad(0<x_1\leqslant l)$$

$$M(x_1)=M-F_P\times(2l-x_1)=F_Px_1\quad(0\leqslant x_1<l)$$

对于 CB 段:由平衡方程

$$\sum F_y=0,\quad F_Q(x_2)-F_P=0$$

$$\sum M_E=0,\quad -M(x_2)-F_P\times(2l-x_2)=0$$

得到

$$F_Q(x_2)=F_P\quad(l\leqslant x_2<2l)$$

$$M(x_2)=-F_P(2l-x_2)\quad(l<x_2\leqslant 2l)$$

上述结果表明,AC 段和 CB 段的剪力方程是相同的;弯矩方程则不同,但都是 x 的线性函数。

此外,需要指出的是:本例中,因为所考察的是截开后右边部分梁的平衡,与固定端 A 处的约束力无关,所以无需先确定约束力。

§7-3 剪力图和弯矩图

表示剪力和弯矩沿梁轴线方向变化的图线,分别称为剪力图(diagram of shearing force)和弯矩图(diagram of bending moment)。

绘制剪力图和弯矩图有两种方法。第一种方法是:根据剪力方程和弯矩方程,在 F_Q-x 和 M-x 坐标系中首先标出剪力方程和弯矩方程定义域两个端点的剪力值和弯矩值,得到相应的点;然后按照剪力方程和弯矩方程的类型,绘制出相应的图线,便得到所需要的剪力图与弯矩图。

绘制剪力图和弯矩图的第二种方法是:先在 F_Q-x 和 M-x 坐标系中标出分段点上的剪力和弯矩数值,然后应用载荷集度、剪力、弯矩之间的微分关系,确定分段点之间的剪力和弯矩图线的形状,无需首先建立剪力方程和弯矩方程。这一方法不作为本课程的基本要求,将在本章的最后一节加以介绍。

本节介绍根据剪力方程与弯矩方程绘制剪力图与弯矩图的方法,其过程与绘制轴力图和扭矩图的方法基本相同。主要步骤如下:

(1) 根据载荷及约束力的作用位置,确定分段点;

(2) 应用截面法确定分段点间梁段上的剪力和弯矩的数值(包括正负号);

(3) 分段建立剪力方程和弯矩方程;

(4) 建立 F_Q-x 和 M-x 坐标系,并将分段点上的剪力和弯矩值标在上述坐标系中,得到若干相应的点;

(5) 根据各段的剪力方程和弯矩方程,在分段点之间绘制剪力图和弯矩图的图线,得到所需要的剪力图与弯矩图。

下面举例说明。

【例题 7-4】 悬臂梁承受均布载荷如图 7-9a 所示。若已知 q,l,求梁上剪力方程与弯矩方程,画出其剪力图与弯矩图,并确定 $|F_Q|_{max}$ 和 $|M|_{max}$。

解:1. 建立坐标系

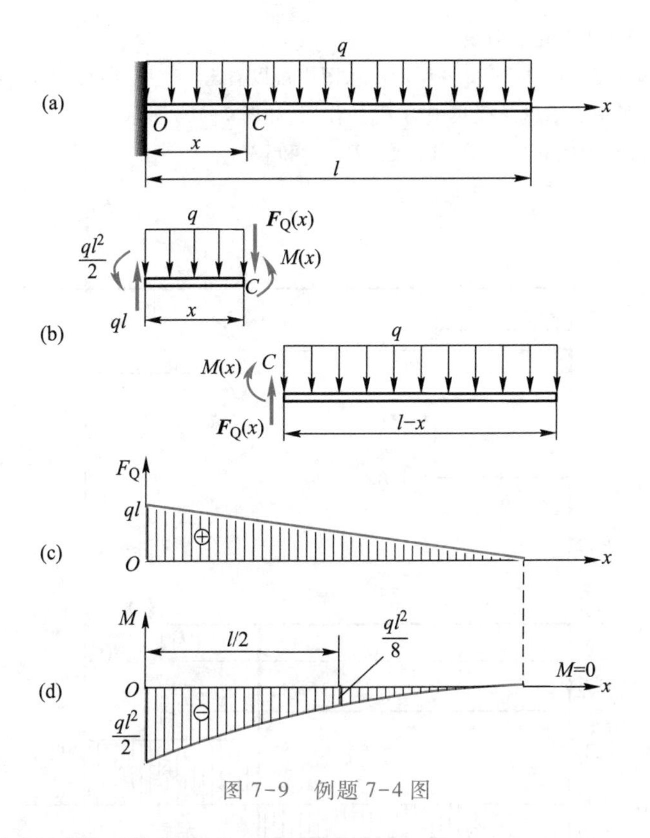

图 7-9　例题 7-4 图

以左端作为坐标原点建立坐标系，如图 7-9a 所示。

2. 建立剪力方程和弯矩方程

从梁上截取坐标为 x 的任意截面，将梁分成两段，考虑其中任意部分（截面以左或截面以右部分）的平衡，假定截面上剪力 $F_Q(x)$、弯矩 $M(x)$ 为正方向，如图 7-9b 所示。由平衡方程即可求得剪力方程与弯矩方程。

在本例中，截面左边部分既有分布载荷又有插入端的约束力和约束力偶的作用，写平衡方程比较复杂。截面右边部分只有分布载荷作用，因而以这一部分作为研究对象就比较方便。但必须注意这部分的长度不是 x 而是 $(l-x)$。

以右边部分作为研究对象，根据

$$\sum F_y = 0,\quad F_Q(x) - q(l-x) = 0$$

得

$$F_Q(x) = q(l-x)$$

这表明，当 $0 \leqslant x \leqslant l$ 时，F_Q 总是大于或者等于零。

$$\sum M_C = 0,\quad -M(x) - q(l-x)\left(\frac{l-x}{2}\right) = 0$$

$$M(x) = -\frac{q(l-x)^2}{2}$$

这表明，当 $0 \leqslant x \leqslant l$ 时，M 总是小于或者等于零。

3. 根据方程画剪力图与弯矩图

对于剪力图，因为 $F_Q(x) = q(l-x)$ 为直线方程，故只需确定两点即可确定直线位置，即当 $x=0$ 时，$F_Q(0) = ql$；$x=l$ 时 $F_Q(l) = 0$。标出在 OF_Qx 坐标系中的这两点，并用直线连接即得到表示剪力方程的直线。

对于弯矩图，因为 $M(x) = -q(l-x)^2/2$ 为二次曲线，故必须至少找到三点，才能大致绘出曲线的形状。为此分别求出 $x=0$、$l/2$、l 时，$M(0) = -\frac{ql^2}{2}$，$M(l/2) = -\frac{ql^2}{8}$，$M(l) = 0$。在 OMx 坐标系中标出以上三

点，过此三点即可连成弯矩变化的曲线。

本例的剪力图和弯矩图如图 7-9c、d 所示。从图中可以看出 $|F_Q|_{max}=ql$；$|M|_{max}=ql^2/2$。

【例题 7-5】 外伸梁在右端承受集中力 $\boldsymbol{F}_P$ 的作用，如图 7-10a 所示。若 F_P、a 等均为已知，求剪力方程和弯矩方程，画出剪力图和弯矩图，并确定 $|F_Q|_{max}$ 和 $|M|_{max}$。

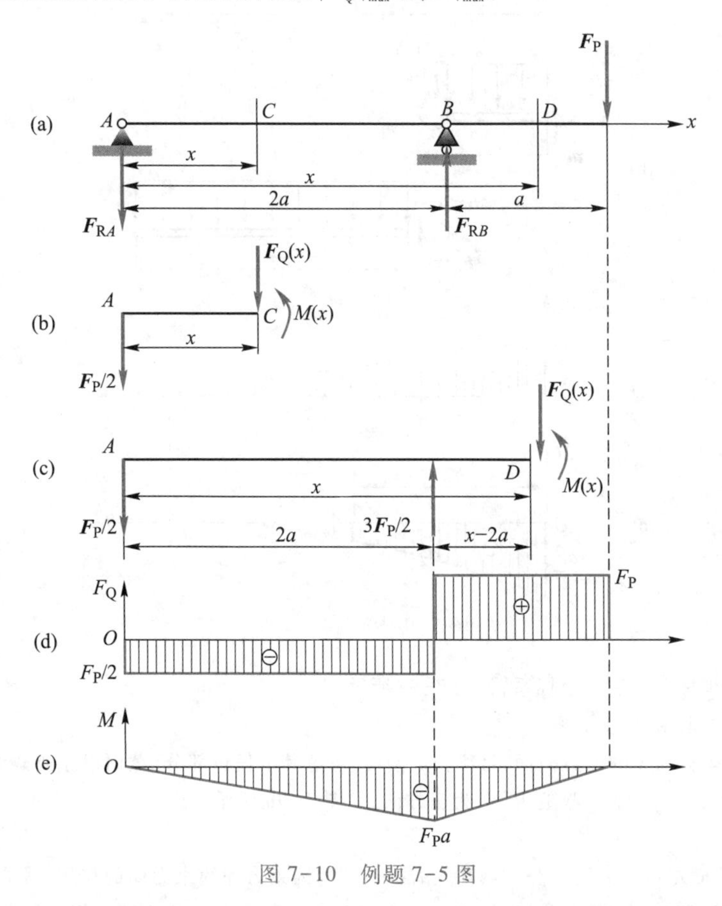

图 7-10　例题 7-5 图

解：本例与上例的区别在于：上例中，在梁的全长上（即 $0\leqslant x\leqslant l$）外载荷无突然改变，因而当 $0\leqslant x\leqslant l$ 时，$F_Q(x)$ 和 $M(x)$ 均按同一规律变化。本例中，在 $x=2a$ 处有一约束力 $F_{RB}=3F_P/2$ 作用，因而在 $0\leqslant x\leqslant 2a$ 和 $2a\leqslant x\leqslant 3a$ 的范围内，剪力方程及弯矩方程都是不同的，故必须分段截取截面，从而求得各段的剪力方程与弯矩方程。

截取坐标为 x 的任意截面如图 7-10b 所示。由

$$\sum F_y=0,\quad F_Q(x)=-F_P/2\quad (0\leqslant x<2a)$$

$$\sum M_C=0,\quad M(x)=-F_Px/2\quad (0\leqslant x\leqslant 2a)$$

截取坐标为 x 的任意截面如图 7-10c 所示。由

$$\sum F_y=0,\quad F_Q(x)=3F_P/2-F_P/2=F_P\quad (2a<x\leqslant 3a)$$

$$\sum M_D=0,\quad M(x)=-\frac{F_Px}{2}+\frac{3F_P}{2}(x-2a)\quad (2a\leqslant x\leqslant 3a)$$

应用例题 7-4 中的方法即可画出本例之剪力图和弯矩图，分别如图 7-10d、e 所示。从图中可以看出，$|F_Q|_{max}=F_P$，$|M|_{max}=F_Pa$

【例题 7-6】 如图 7-11a 所示，简支梁在 E、D 二处分别受集中力偶 M_E 和 M_D 的作用。若 $M_E=M_D=M_e$，已知 M_e、a，求剪力方程与弯矩方程，画出剪力图与弯矩图，并确定 $|F_Q|_{max}$ 和 $|M|_{max}$。

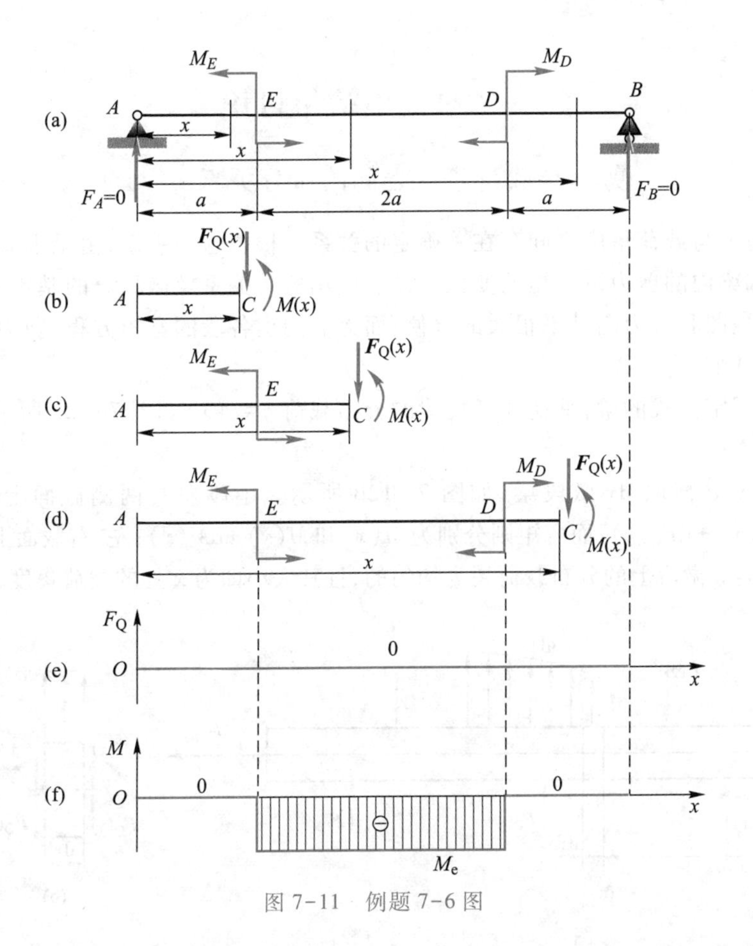

图 7-11　例题 7-6 图

解：本例中，因为在 E、D 两处有集中力偶作用，故在 AE 段，ED 段和 DB 段这三段内的弯矩方程将不相同，因而必须分三段建立方程。

AE 段：所截取的平衡对象受力图如图 7-11b 所示，由平衡方程得

$$\sum F_y=0,\quad F_Q(x)=0\quad(0\leqslant x\leqslant a)$$

$$\sum M_C=0,\quad M(x)=0\quad(0\leqslant x<a)$$

ED 段：所截取的平衡对象受力图如图 7-11c 所示，由平衡方程

$$\sum F_y=0,\quad F_Q(x)=0\quad(a\leqslant x\leqslant 3a)$$

$$\sum M_C=0,\quad M(x)=-M_E=-M_e\quad(a<x<3a)$$

DB 段：所截取的平衡对象受力图如图 7-11d 所示，由平衡方程

$$\sum F_y=0,\quad F_Q(x)=0\quad(3a\leqslant x\leqslant 4a)$$

$$\sum M_C=0,\quad M(x)=M_D-M_E=0\quad(3a<x\leqslant 4a)$$

根据三段的剪力方程和弯矩方程在 OF_Qx 和 OMx 坐标系中即可作出 F_Q图和 M 图，分别如图 7-11e 和 f 所示。从图中可以看出

$$|F_Q|_{max}=0$$

$$|M|_{max}=M_e$$

最后必须指出，上述结果是在 $M_E=M_D$这一条件得到的。如果 $M_E\neq M_D$，例如 $M_D=2M_E$时，梁的约束力、剪力方程和弯矩方程，以及相应的图形将会发生什么样的变化？这个问题作为练习，请读者自己去分析解答。

§7-4　小结与讨论

7-4-1　弯矩、剪力与载荷集度之间的微分关系

弯矩、剪力与载荷集度之间存在着确定的关系。根据这一关系，由梁上载荷的变化情形，可以推知梁内的剪力及弯矩的变化规律。应用这一关系及微积分的基本知识，可以给绘制梁的弯矩图和剪力图带来很大的方便，而无需列出各段的弯矩方程、剪力方程。现将这一关系推证如下。

设任意固定方式的梁，承受任意规律的分布载荷 $q=q(x)$ 如图 7-12a 所示。其中 q 规定向上为正方向。

在坐标 x 处截取 dx 微段梁，如图 7-12b 所示。小段左右两侧截面上剪力分别为 $F_Q(x)$ 和 $F_Q(x)+\mathrm{d}F_Q(x)$；而弯矩则分别为 $M(x)$ 和 $M(x)+\mathrm{d}M(x)$；左、右截面上剪力和弯矩均取为正方向。微段上的分布载荷视为均匀的，且其大小即为 x 处的载荷集度，即 $q(x)$。

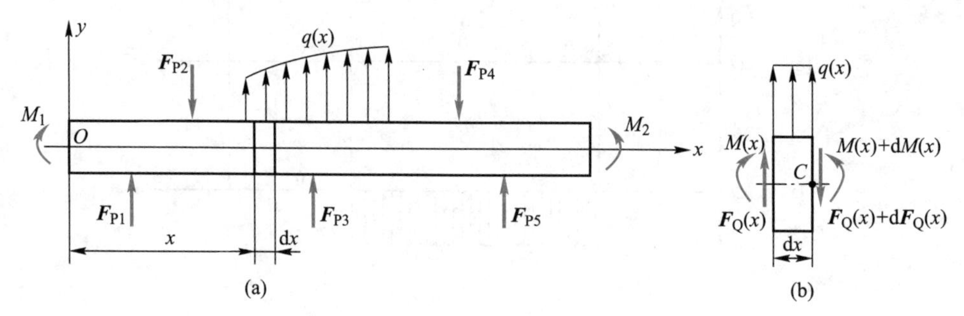

图 7-12　弯矩、剪力与载荷集度之间的关系

考察 dx 微段梁的平衡，由垂直方向力的投影平衡方程及对截面形心 C 的力矩平衡方程，分别得到

$$F_Q(x)+q(x)\mathrm{d}x-F_Q(x)-\mathrm{d}F_Q(x)=0$$

$$M(x)+F_Q(x)\mathrm{d}x+q(x)\mathrm{d}x\frac{\mathrm{d}x}{2}-M(x)-\mathrm{d}M(x)=0$$

将上述二式化简并略去高阶微量后，得到

$$\frac{\mathrm{d}F_Q(x)}{\mathrm{d}x}=q(x) \tag{7-1}$$

$$\frac{\mathrm{d}M(x)}{\mathrm{d}x}=F_Q(x) \tag{7-2}$$

将式(7-2)再对 x 求一次导数，并利用式(7-1)便得到

$$\frac{\mathrm{d}^2M(x)}{\mathrm{d}x^2}=q(x) \tag{7-3}$$

式(7-1)~式(7-3)所表示的就是弯矩、剪力和载荷集度之间的微分关系。从上述关系可以得到有关弯矩图和剪力图的某些特征：

(1) 若梁承受均布载荷，即 q 为常量，则 $F_Q(x)$ 是 x 的线性函数，其图形为斜直线，而

$M(x)$为 x 的二次函数,其图形为二次抛物线。

(2) 若梁承受集中力或集中力偶,即梁上无连续分布载荷作用,亦即 $q=0$,这时 $F_Q(x)$ 为常量,其图形为平行于 x 轴的直线;而 $M(x)$为 x 的线性函数,其图形为斜直线。

此外,根据截面法和平衡条件可以确定,在集中力作用处两侧的截面上剪力发生突变,突变数值等于该处的集中力的大小,而弯矩图在该处将有折点(导数不连续)。在集中力偶作用处两侧的截面上弯矩发生突变,其突变数值等于集中力偶的大小,剪力图则不发生改变。

应用上述微分关系,可以无需写出 $M(x)$、$F_Q(x)$方程而较简便地画出弯矩图和剪力图。它包含以下两个方面:

(1) 用截面法和平衡方程确定"分段点"上的弯矩和剪力。所谓分段点是指这样两个面,在这两个面之间的弯矩(或剪力)按同一规律变化。因此,凡是外力(包括集中力、分布力、集中力偶及约束力等)发生突然变化的截面,一般都是分段点。

(2) 应用微分关系判断分段点之间图形的形状和变化趋势。即首先根据有无分布载荷判断是直线还是曲线;然后根据 $\mathrm{d}F/\mathrm{d}x$ 和 $\mathrm{d}M/\mathrm{d}x$ 的正负判断直线倾斜方向及根据 $\mathrm{d}^2M/\mathrm{d}x^2$ 的正负判断曲线的凹凸性。

【例题 7-7】 简支梁承受集中力如图 7-13a 所示。试用微分关系画出其剪力图与弯矩图,并确定 $|F_Q|_{max}$、$|M|_{max}$数值。

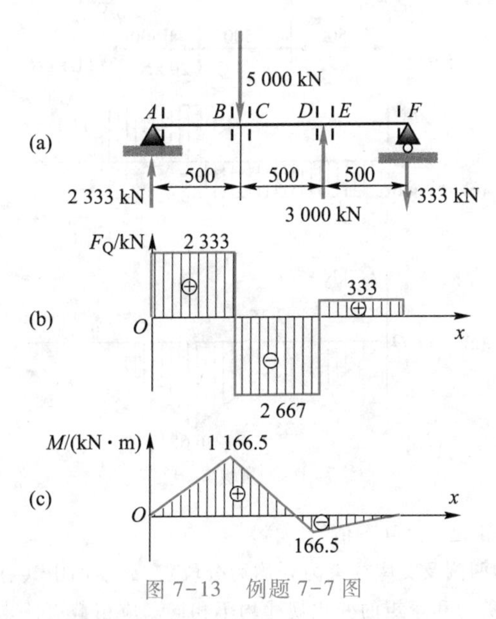

图 7-13　例题 7-7 图

解: 1. 确定控制面及其上之 F_Q、M 数值

从给定梁的受力(图 7-13a)情形可以看出,因为有两个集中力作用,这两个力将梁分成三段,这三段内的剪力和弯矩变化是不一样的。所以,可以确定 A、B、C、D、E、F 等为控制面,根据前几例中所介绍之方法,可以确定这些控制面上的剪力和弯矩数值分别为

A 截面:$F_Q=2\ 330\ \mathrm{kN}$,$M=0$;

B 截面:$F_Q=2\ 333\ \mathrm{kN}$,$M=1\ 166.5\ \mathrm{kN\cdot m}$;

C 截面:$F_Q=-2\ 667\ \mathrm{kN}$,$M=1\ 166.5\ \mathrm{kN\cdot m}$;

D 截面:$F_Q=-2\ 667\ \mathrm{kN}$,$M=-166.5\ \mathrm{kN\cdot m}$;

E 截面:$F_Q=333\ \mathrm{kN}$,$M=-166.5\ \mathrm{kN\cdot m}$;

F 截面:$F_Q=333\ \mathrm{kN}$,$M=0$。

将这些数值分别标在 OF_Qx 和 OMx 坐标系中。

2. 根据微分关系在控制面之间将点连接成曲线

先看剪力图，因为三段上均无分布载荷作用，即 $q(x)=0$。所以，根据 $dF_Q(x)/dx=q(x)=0$，可知各段控制面之间的剪力图均应为平行于 x 轴的直线。于是在上述控制面的剪力数值间直接连线便得到剪力图，如图 7-13b 所示。

再看弯矩图，因为 $q(x)=0$，$d^2M(x)/dx^2=0$，所以三段上的弯矩图均为斜直线（三条斜率不同的直线），而上述各段控制面上的 M 数值，即为各条直线上的两点，因此将这两点连线便得到如图 7-13c 所示之弯矩图。可以看出 $|F_Q|_{max}=2\ 667\ kN$，$|M|_{max}=1\ 166.5\ kN\cdot m$。

3. 利用微分关系检查剪力图和弯矩图是否正确

一种检查方法是利用微分关系的几何意义。例如 $dF_Q(x)/dx=q(x)$，表示剪力图斜率与载荷集度对应相等；$dM(x)/dx=F_Q(x)$ 表示弯矩图斜率与对应截面上的剪力相等。在本例中，AB 段剪力图的斜率应为零（因为 $q(x)=0$），而 $F_Q(x)$ 图为平行于 x 轴的直线，即其斜率为零，弯矩图斜率为 $1\ 166.5\ kN\cdot m/0.5\ m=2\ 333\ kN$，这一数值与 AB 段的剪力数值是相等的。这表明在 AB 段的 $F_Q(x)$、$M(x)$ 图都是正确的。同样还可以检查其他各段的剪力图和弯矩图。

【例题 7-8】　简支梁受集中力和集中力偶的作用，如图 7-14a 所示。试根据微分关系画出其剪力图与弯矩图，并确定其 $|F_Q|_{max}$、$|M|_{max}$ 数值。

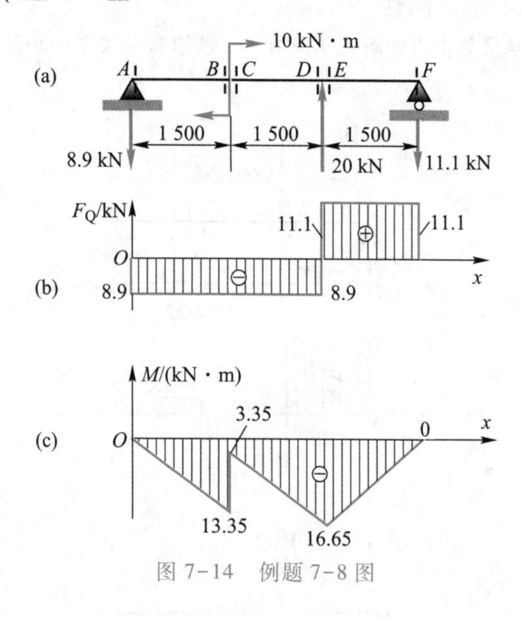

图 7-14　例题 7-8 图

解：1. 确定分段点及其上之 F_Q、M 数值

在集中力和集中力偶的两侧及支座约束力处均为分段点，故本例中共有 A、B、C、D、E、F 六个分段点，即在 AB、CD、EF 三段中剪力和弯矩的变化规律均不相同。应用截面法求得这些分段点上的 F_Q、M 数值分别为

A 截面：$F_Q=-8.9\ kN$，$M=0$；

B 截面：$F_Q=-8.9\ kN$，$M=-13.35\ kN\cdot m$；

C 截面：$F_Q=-8.9\ kN$，$M=-3.35\ kN\cdot m$；

D 截面：$F_Q=-8.9\ kN$，$M=-16.65\ kN\cdot m$；

E 截面：$F_Q=11.1\ kN$，$M=-16.65\ kN\cdot m$；

F 截面：$F_Q=11.1\ kN$，$M=0$。

将这些数值分别标在 OF_Qx 和 OMx 坐标系中。

2. 根据微分关系连曲线

因为梁上无分布载荷作用，所以与上例一样，F_Q 图均为平行于 x 轴的直线；M 图则为斜直线。这些直线可由分段点上的 F_Q、M 数值直接连线,得到如图 7-14b 和 c 所示之剪力图和弯矩图。

需要注意的是 AB 和 CD 段的 M 图斜率是相等的。读者可以应用上例中所介绍的方法进行检查或校核。

从图中可以看出,$|F_Q|_{max}=11.1\ kN$,$|M|_{max}=16.65\ kN\cdot m$。

【例题 7-9】　外伸梁受分布载荷和集中力的作用,如图 7-15a 所示。试用微分关系画出其剪力图与弯矩图,并确定 $|F_Q|_{max}$、$|M|_{max}$ 数值。

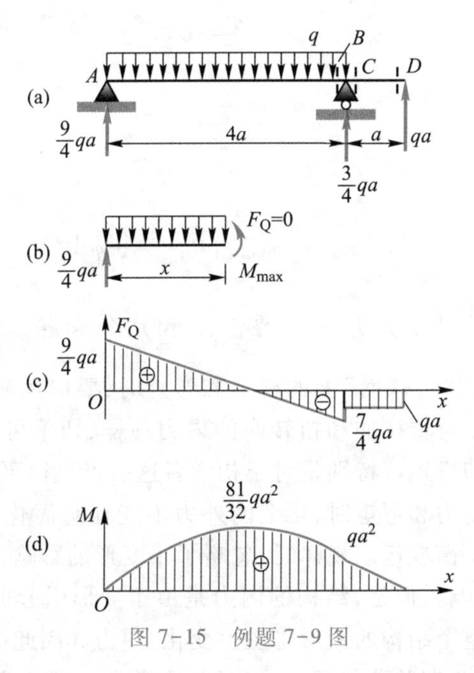

图 7-15　例题 7-9 图

解:1. 确定分段点及其上之 F_Q、M 数值

本例中在 AB 段(即两支承间)载荷连续变化,F_Q、M 无突变。故 A、B 为分段点,CD 段的 C、D 截面,亦为分段点,故共有四个分段点。应用截面法求得这些面上的 F_Q、M 数值分别为

A 截面:$F_Q=\dfrac{9}{4}qa$,$M=0$;

B 截面:$F_Q=-\dfrac{7}{4}qa$,$M=qa^2$;

C 截面:$F_Q=-qa$,$M=qa^2$;

D 截面:$F_Q=-qa$,$M=0$。

2. 根据微分关系连曲线

对于剪力图,在 AB 段,因有分布载荷作用,根据 $dF_Q(x)/dx=q(x)$,剪力图为一斜直线,因此,连接 A、B 两分段点 F_Q 的数值,即得 AB 段的剪力图;在 CD 段,无分布载荷作用,故剪力图为平行于 x 轴的直线,如图 7-15c 所示。

对于弯矩图,在 AB 段,因有分布载荷作用,根据 $d^2M(x)/dx^2=q(x)$,图形为二次抛物线。又因为 q 向下为负,所以,$d^2M(x)/dx^2<0$,故图形为向上凸的,这样在 AB 段弯矩图的曲线形状便可大致确定。此外在 $F_Q=0$ 处,$dM(x)/dx=F_Q(x)=0$ 为抛物线顶点。因此,根据 A、B 两截面和剪力为零处的弯矩数值即可画出这一段的弯矩图。而 CD 段之弯矩图则依然为一条斜直线,如图 7-15d 所示。

为求 $F_Q=0$ 处的弯矩值,必须先确定 $F_Q(x)=0$ 处的位置。

如图 7-15b 所示,假定该截面到左端的距离为 x,则从该截面截开,以左边部分为平衡对象,截面上剪力为零,只有弯矩作用,于是根据平衡方程

$$\sum F_y=0,\quad -qx+\frac{9}{4}qa=0$$

解得

$$x=\frac{9}{4}a$$

再根据

$$\sum M_A=0$$

即可求得这个截面上的弯矩，即最大弯矩 $M_{\max}$：

$$M_{\max}-\frac{qx^2}{2}=0$$

$$M_{\max}=\frac{qx^2}{2}=\frac{q\left(\frac{9}{4}a\right)^2}{2}=\frac{81}{32}qa^2$$

于是，从图上可以得到

$$|F_Q|_{\max}=\frac{9}{4}qa,\quad |M|_{\max}=\frac{81}{32}qa^2$$

7-4-2 绘制弯矩图和剪力图时要注意的几个问题

（1）确定“分段点”或“特殊面”上的剪力和弯矩时，要应用截面法，用假想截面从所考察的截面处将梁截开。与求拉伸和扭转时的内力一样，切不可将截面附近处所作用的外力当作截面上的剪力和弯矩。特别是对于初学者这一点显得更加重要。

（2）求梁截面上的剪力和弯矩时，梁上的外力不能任意简化。这是由变形体的特点决定的。在研究刚体的平衡或运动规律时，忽略了小变形的影响，因而将外力向任意点简化，对平衡方程都没有影响。但是，结构的内力是由于变形引起的，二者紧密相联。截开以前，如将外力简化，则整个结构的变形将发生变化，内力亦因此而异。例如，图 7-16a 所示承受分布载荷的梁，在分布载荷作用下，梁的每个截面上都有剪力和弯矩作用；若用集中力 ql 代替分布载荷，则很明显 BC 段上将没有剪力和弯矩，这当然是错误的。截开以后当用平衡方程计算某个截面上的剪力和弯矩时，这又是讨论平衡问题，因而作用在截开部分上的外力又可以进行简化，而对计算结果不发生任何影响。例如，图 7-16b 所示为求 D 截面上的剪力和弯矩，将作用在 BD 段上的分布力简化成一集中力 $ql/4$，其计算结果与用积分计算的结果相同。同理，在这种情形下，还可以将 $ql/4$ 向截面中心 C 简化，得到一个力和一个力偶，则截面上的剪力和弯矩分别与之大小相等、方向相反。

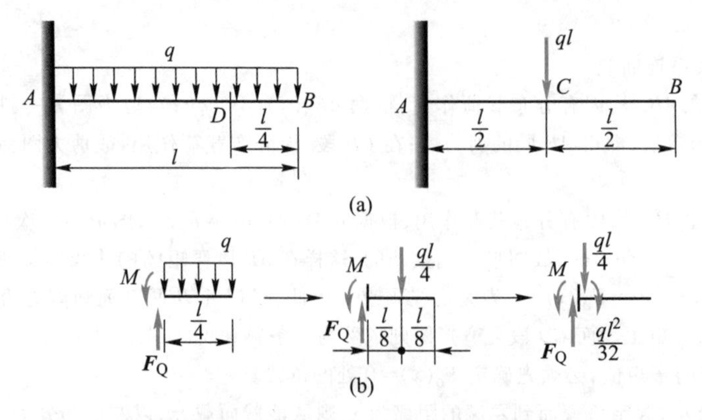

图 7-16 计算内力时对外力的简化限制

（3）要注意剪力和弯矩的正负号。正负号不仅关系到所绘制的剪力图和弯矩图是否正确,而且对以后的强度和刚度计算都有很大的影响。

7-4-3　学习研究问题

问题一:参考图 7-17,给定梁的剪力图能否确定梁的受力?能否确定梁的支承性质与支承位置?答案是否具有唯一性?由给定的剪力图能否确定弯矩图?答案是否唯一?

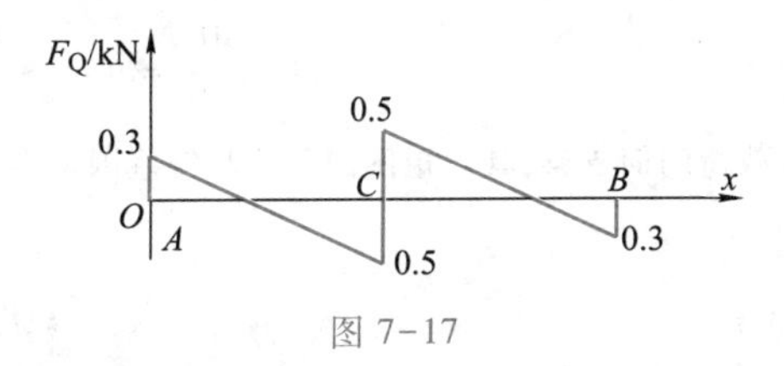

图 7-17

问题二:如图 7-18 所示,已知静定梁的弯矩图为正弦半波曲线,试:

(1) 写出作用在梁上的分布载荷函数表达式;

(2) 确定梁的支承;

(3) 画出梁的剪力图。

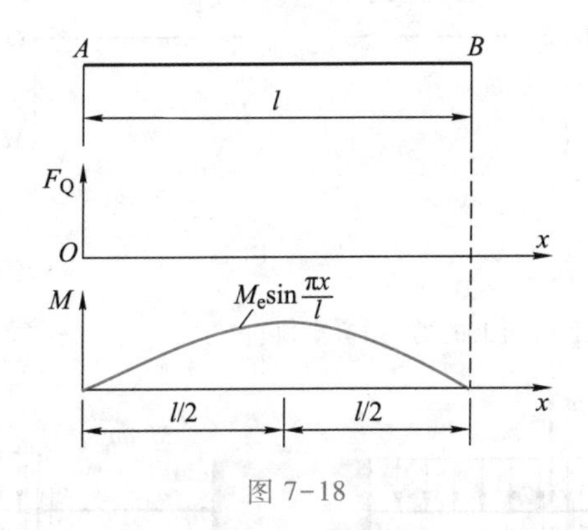

图 7-18

习　题

7-1　如果梁上有集中力作用,则下列说法正确的是(　　)。

(A) 弯矩图和剪力图在集中力作用点两侧都没有突变

(B) 弯矩图和剪力图在集中力作用点两侧都有突变

(C) 只弯矩图在集中力作用点两侧都有突变,剪力图没有突变

(D) 只剪力图在集中力作用点两侧都有突变,弯矩图没有突变

7-2　如果梁上有集中力偶作用,则下列说法正确的是(　　)。

(A) 弯矩图和剪力图在集中力偶作用点两侧都没有突变

(B) 弯矩图和剪力图在集中力偶作用点两侧都有突变

(C) 只弯矩图在集中力偶作用点两侧都有突变,剪力图没有突变

(D) 只剪力图在集中力偶作用点两侧都有突变,弯矩图没有突变

7-3　平衡微分方程中的正负号由哪些因素所确定?简支梁受力及 Ox 坐标轴取向如图所示。请分析下列平衡微分方程中正确的是(　　)。

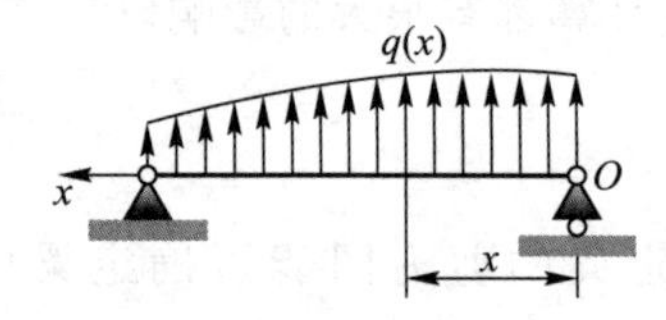

习题 7-3 图

（A）$\frac{dF_Q}{dx}=q(x)$，$\frac{dM}{dx}=F_Q$　　（B）$\frac{dF_Q}{dx}=-q(x)$，$\frac{dM}{dx}=-F_Q$

（C）$\frac{dF_Q}{dx}=-q(x)$，$\frac{dM}{dx}=F_Q$　　（D）$\frac{dF_Q}{dx}=q(x)$，$\frac{dM}{dx}=-F_Q$

7-4　对于图示承受均布载荷的简支梁，其弯矩图凹凸性与哪些因素有关？试判断下列四种答案中正确的是(　　)。

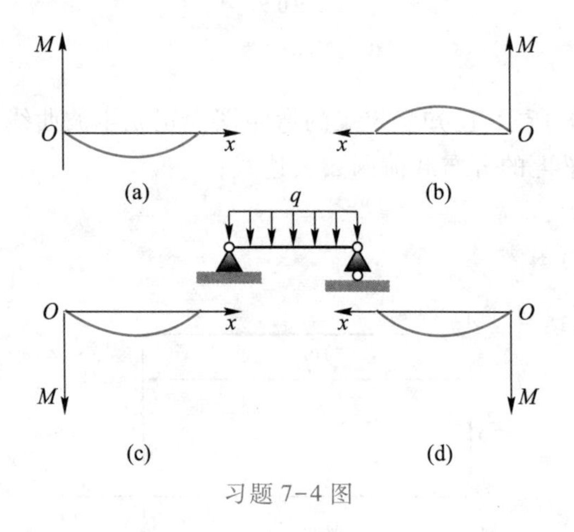

习题 7-4 图

7-5　试求图示各梁中指定截面上的剪力、弯矩值。

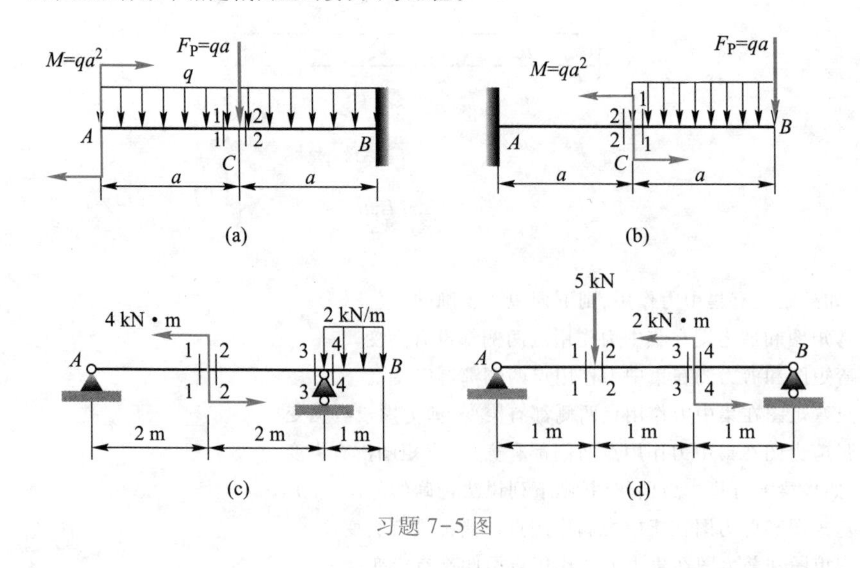

习题 7-5 图

7-6　试写出图示各梁的剪力方程、弯矩方程。

7-7　试画出习题 7-6 中各梁的剪力图、弯矩图，并确定剪力和弯矩的绝对值的最大值。

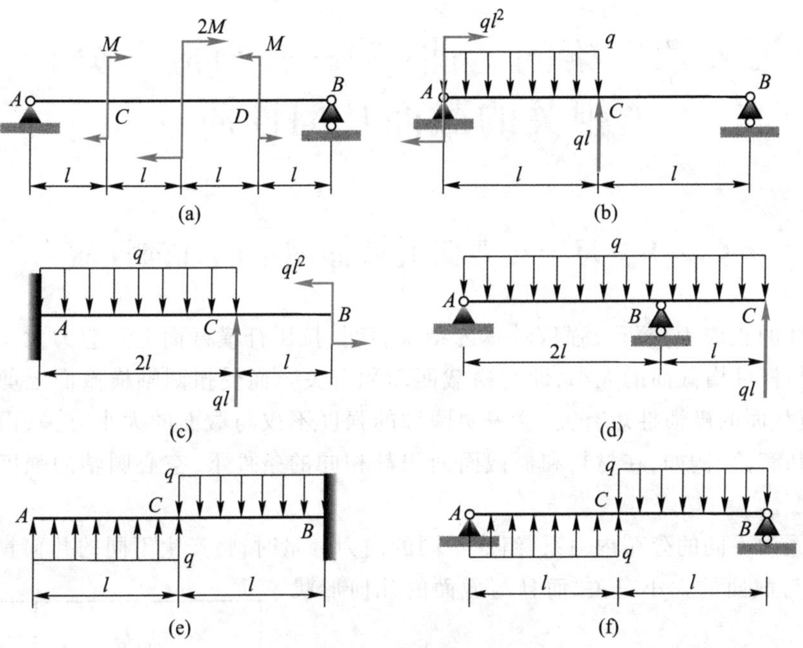
M
2M
M
A
C
D
B
l
l
l
l
(a)
ql^2
q
A
C
B
ql
l
l
(b)
q
ql^2
B
A
C
2l
l
ql
(c)
q
A
B
C
2l
l
ql
(d)
q
C
A
B
q
l
l
(e)
q
A
C
B
q
l
l
(f)

习题 7-6 和习题 7-7 图

第 8 章　梁的弯曲(2)——与应力分析相关的截面几何性质

§8-1　为什么要研究截面图形的几何性质

拉压杆的正应力分析及强度计算的结果表明,拉压杆横截面上正应力大小及拉压杆的强度只与杆件横截面的大小,即与横截面面积有关。而受扭圆轴横截面上剪应力的大小,则与横截面的极惯性矩有关,这表明圆轴的强度不仅与截面的大小有关,而且与截面的几何形状有关,例如,在材料和横截面面积都相同的条件下,空心圆轴的强度高于实心圆轴的强度。

这是因为不同的分布内力系,组成不同的内力分量时,将产生不同的几何量。这些几何量不仅与截面的大小有关,而且与截面的几何形状有关。

对于图 8-1 所示之应力均匀分布的情形,利用内力与应力的静力学关系,有

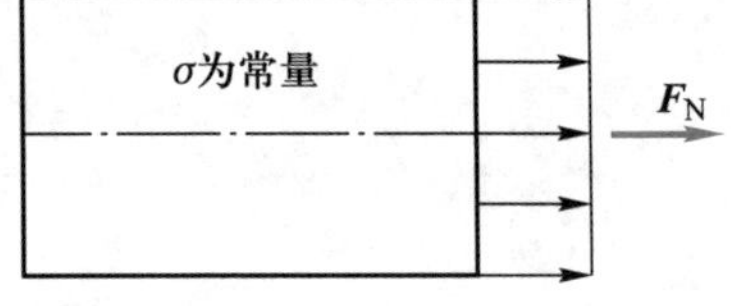

图 8-1　横截面上均匀分布内力

$$\sigma=\frac{F_N}{A}$$

式中 A 为杆件的横截面面积。

当杆件横截面上存在弯矩时,其上之应力不再是均匀分布的,这时得到的应力表达式,仍然与横截面上的内力分量及横截面的几何量有关。但是,这时的几何量将不再是横截面的面积,而是其他的形式。例如,当横截面上的正应力沿横截面的高度方向线性分布时,即 $\sigma=Cy$ 时(图 8-2),根据应力与内力的静力学关系,这样的应力分布将组成弯矩 M_z,于是有

$$\int_A(\sigma \mathrm{d}A)y=\int_A(Cy\mathrm{d}A)y=C\int_A y^2\mathrm{d}A=M_z$$

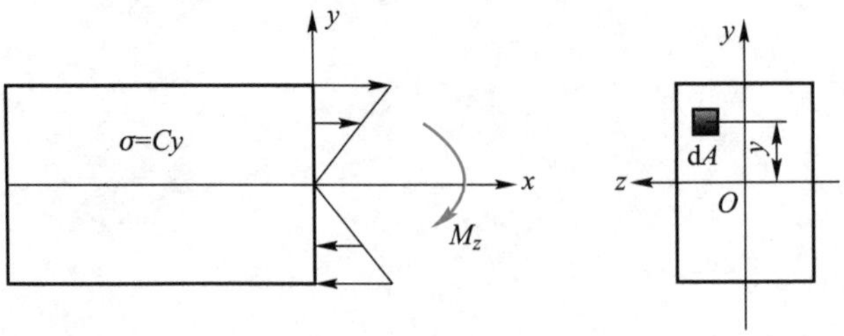

图 8-2　横截面上非均匀分布内力

由此得到

$$C=\frac{M_z}{\int_A y^2\mathrm{d}A}=\frac{M_z}{I_z},\quad \sigma=Cy=\frac{M_z y}{I_z}$$

其中

$$I_z = \int_A y^2 \mathrm{d}A$$

不仅与横截面面积的大小有关,而且与横截面各部分到 z 轴距离的平方(y^2)有关。

分析弯曲正应力时将涉及若干与横截面大小及横截面形状有关的量,上述几何量,包括形心、静矩、惯性矩、惯性积及主轴等。

研究上述几何量时,完全不考虑研究对象的物理和力学因素,作为纯几何问题加以处理。

§8-2　静矩、形心及其相互关系

考察任意平面几何图形,如图 8-3a 所示,在其上取面积微元 $\mathrm{d}A$,该微元在 Oyz 坐标系中的坐标为(y,z),为了与本书以后所用截面的坐标系一致,将通常所用的 Oxy 坐标系改为 Oyz 坐标系。定义下列积分:

$$\left.\begin{aligned} S_y &= \int_A z\mathrm{d}A \\ S_z &= \int_A y\mathrm{d}A \end{aligned}\right\} \tag{8-1}$$

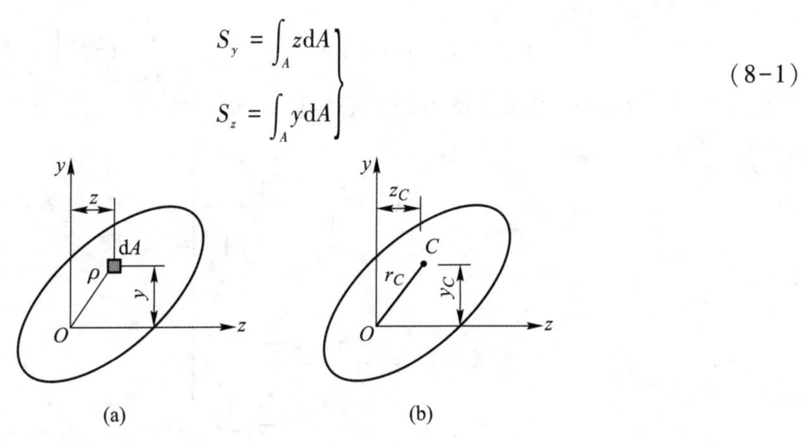

图 8-3　平面图形的静矩与形心

分别称为图形对于 y 轴和 z 轴的面积一次矩(first moment of an area)或静矩(static moment)。静矩的单位为 m^3或 mm^3。

如果将 $\mathrm{d}A$ 视为垂直于图形平面的力,则 $y\mathrm{d}A$ 和 $z\mathrm{d}A$ 分别为 $\mathrm{d}A$ 对于 z 轴和 y 轴的力矩。

图形几何形状的中心称为形心(centroid of an area),如图 8-3b 所示。若将面积视为垂直于图形平面的力,则形心即为合力的作用点。

设 z_C、y_C为形心坐标,则根据合力矩定理

$$\left.\begin{aligned} S_z &= Ay_C \\ S_y &= Az_C \end{aligned}\right\} \tag{8-2}$$

或

$$\left.\begin{aligned} y_C &= \frac{S_z}{A} = \frac{\int_A y\mathrm{d}A}{A} \\ z_C &= \frac{S_y}{A} = \frac{\int_A z\mathrm{d}A}{A} \end{aligned}\right\} \tag{8-3}$$

这就是图形形心坐标与静矩之间的关系。

根据上述关于静矩的定义及静矩与形心之间的关系可以看出：

(1) 静矩与坐标轴有关,同一平面图形对于不同的坐标轴有不同的静矩。对某些坐标轴静矩为正;对另外一些坐标轴静矩则可能为负;对于通过形心的坐标轴,图形对其静矩等于零。

(2) 如果已经计算出静矩,就可以确定形心的位置;反之,如果已知形心在某一坐标系中的位置,则可计算图形对于这一坐标系中坐标轴的静矩。

实际计算中,对于简单的、规则的图形,其形心位置可以直接判断,例如,矩形、正方形、圆形、正三角形等的形心位置是显而易见的。对于组合图形,则先将其分解为若干个简单图形(可以直接确定形心位置的图形);然后由式(8-2)分别计算它们对于给定坐标轴的静矩,并求其代数和,即

$$\left.\begin{aligned}S_z &= A_1 y_{C1} + A_2 y_{C2} + \cdots + A_n y_{Cn} = \sum_{i=1}^{n} A_i y_{Ci}\\ S_y &= A_1 z_{C1} + A_2 z_{C2} + \cdots + A_n z_{Cn} = \sum_{i=1}^{n} A_i z_{Ci}\end{aligned}\right\} \tag{8-4}$$

再利用式(8-3),即可得组合图形的形心坐标:

$$\left.\begin{aligned}y_C &= \frac{S_z}{A} = \frac{\sum_{i=1}^{n} A_i y_{Ci}}{\sum_{i=1}^{n} A_i}\\ z_C &= \frac{S_y}{A} = \frac{\sum_{i=1}^{n} A_i z_{Ci}}{\sum_{i=1}^{n} A_i}\end{aligned}\right\} \tag{8-5}$$

§8-3　惯性矩、极惯性矩、惯性积、惯性半径

对于图 8-3 中的任意图形,以及给定的 Oyz 坐标系,定义下列积分:

$$\left.\begin{aligned}I_y &= \int_A z^2 \mathrm{d}A\\ I_z &= \int_A y^2 \mathrm{d}A\end{aligned}\right\} \tag{8-6}$$

分别称为图形对于 y 轴和 z 轴的面积二次矩(second moment of an area)或惯性矩(moment of inertia)。

定义积分

$$I_{\mathrm{p}} = \int_A \rho^2 \mathrm{d}A \tag{8-7}$$

为图形对于坐标原点 O 的极惯性矩(second polar moment of an area)。

定义积分

$$I_{yz} = \int_A yz\mathrm{d}A \tag{8-8}$$

为图形对于通过点 O 的一对坐标轴 y、z 的惯性积(product of inertia)。

定义

$$\left.\begin{aligned} i_y &= \sqrt{\frac{I_y}{A}} \\ i_z &= \sqrt{\frac{I_z}{A}} \end{aligned}\right\} \tag{8-9}$$

分别为图形对于 y 轴和 z 轴的惯性半径(radius of gyration)。

根据上述定义可知:

(1) 惯性矩和极惯性矩恒为正;而惯性积则由于坐标轴位置的不同,可能为正,也可能为负。三者的单位均为 m^4 或 mm^4。

(2) 因为 $\rho^2 = x^2 + y^2$,所以由上述定义不难得到惯性矩与极惯性矩之间的下列关系

$$I_{\mathrm{p}} = I_y + I_z \tag{8-10}$$

(3) 根据极惯性矩的定义式(8-7),以及扭转一章中的内容,得到圆截面(图 8-4)的极惯性矩

$$I_{\mathrm{p}} = \frac{\pi d^4}{32}$$

或

$$I_{\mathrm{p}} = \frac{\pi R^4}{2} \tag{8-11}$$

式中,d 为圆截面的直径;R 为半径。

注意到圆形对于通过其中心的任意两根轴具有相同的惯性矩,得到圆截面对于通过其中心的任意轴的惯性矩均为

$$I = \frac{\pi d^4}{64} \tag{8-12}$$

类似地,根据圆环截面对于圆环中心的极惯性矩

$$I_{\mathrm{p}} = \frac{\pi D^4}{32}(1-\alpha^4), \quad \alpha = \frac{d}{D}$$

得到圆环截面的惯性矩表达式

$$I = \frac{\pi D^4}{64}(1-\alpha^4), \quad \alpha = \frac{d}{D} \tag{8-13}$$

式中,D 为圆环外径;d 为圆环内径。

(4) 根据惯性矩的定义式(8-6),注意微面积的取法(图 8-5),不难求得矩形截面对于通过其形心、平行于矩形周边轴的惯性矩

$$\left.\begin{aligned} I_y &= \frac{hb^3}{12} \\ I_z &= \frac{bh^3}{12} \end{aligned}\right\} \tag{8-14}$$

应用上述积分定义,还可以计算其他各种简单图形截面对于给定坐标轴的惯性矩。

必须指出,对于由简单几何图形组合成的图形,为避免复杂的数学运算,一般都不采用积分的方法计算它们的惯性矩,而是利用简单图形的惯性矩计算结果及图形对于不同坐标轴(例如,互相平行的坐标轴;不同方向的坐标轴)惯性矩之间的关系,由求和的方法求得。

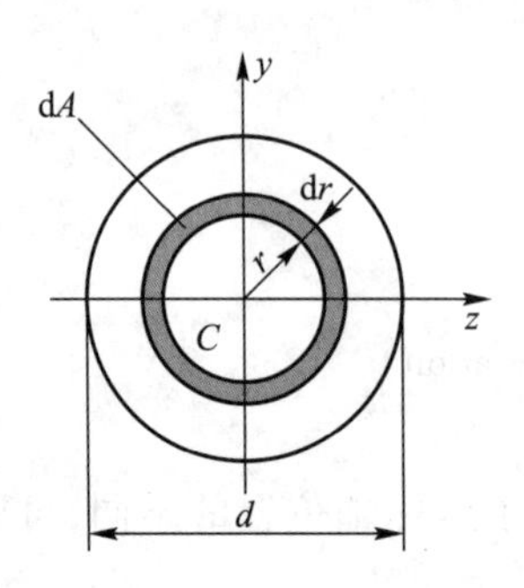

图 8-4　圆截面的惯性矩

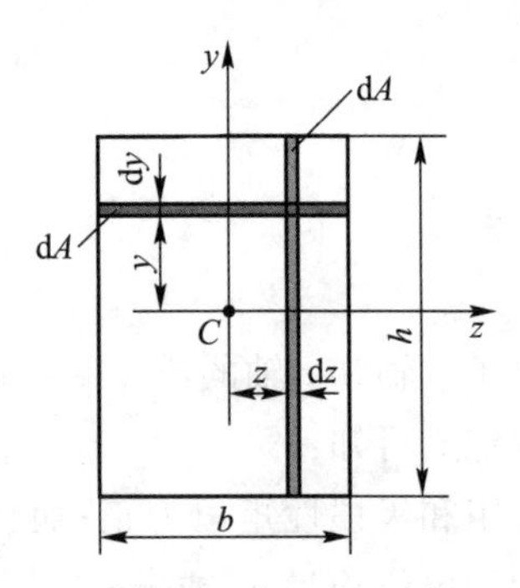

图 8-5　矩形截面的惯性矩

§8-4　惯性矩与惯性积的移轴定理

图 8-6 中所示之任意图形,在以形心 O 为原点的 Oyz 坐标系中,对于 y、z 轴的惯性矩和惯性积为 I_y、I_z 和 I_{yz}。另有一坐标系 $O'y_1z_1$,其中 y_1 轴和 z_1 轴分别平行于 y 和 z 轴,且二者之间的距离分别为 b 和 a。图形对于 y_1、z_1 轴的惯性矩和惯性积为 I_{y_1}、I_{z_1} 和 $I_{y_1z_1}$。

所谓移轴定理(parallel-axis theorem)是指图形对于互相平行轴的惯性矩、惯性积之间的关系。即通过已知图形对于一对坐标的惯性矩、惯性积,求图形对另一对与上述坐标轴平行的坐标轴的惯性矩与惯性积。根据惯性矩与惯性积的定义,通过同一微面积在两个坐标系中的坐标之间的关系,可以得到:

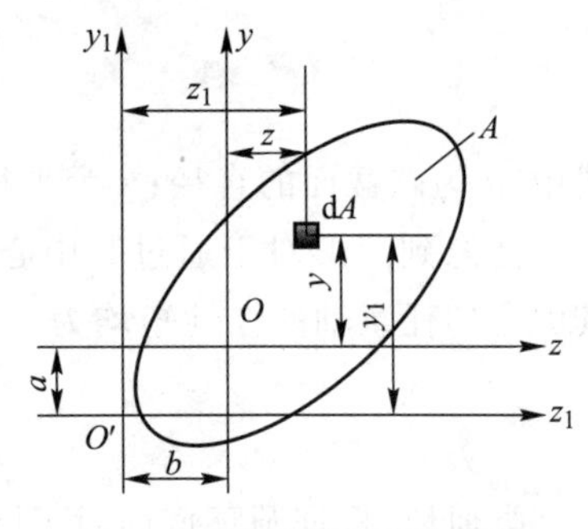

图 8-6　惯性矩的移轴定理

$$\left.\begin{aligned} I_{y_1} &= I_y + b^2A \\ I_{z_1} &= I_z + a^2A \\ I_{y_1z_1} &= I_{yz} + abA \end{aligned}\right\} \tag{8-15}$$

此即为关于图形对于平行轴惯性矩与惯性积之间关系的移轴定理。其中 y、z 轴必须通过图形形心。

移轴定理表明:

(1) 图形对任意轴的惯性矩,等于图形对于与该轴平行的通过形心轴的惯性矩,加上图形面积与两平行轴间距离平方的乘积。

(2) 图形对于任意一对直角坐标轴的惯性积,等于图形对于平行于该坐标轴的一对通过形心的直角坐标轴的惯性积,加上图形面积与两对平行轴间距离的乘积。

(3) 因为面积及包含 a^2、b^2 的项恒为正,故自形心轴移至与之平行的任意轴,惯性矩总是增加的。

(4) a、b 为原坐标系原点在新坐标系中的坐标,要注意二者的正负号;二者同号时 abA 为正,异号时为负。所以,移轴后惯性积有可能增加也可能减少。

§8-5　惯性矩与惯性积的转轴定理

所谓转轴定理(rotation-axis theorem)是研究坐标轴绕原点转动时,图形对这些坐标轴的惯性矩和惯性积的变化规律。

图 8-7 所示的图形对于 y、z 轴的惯性矩和惯性积分别为 I_y、I_z和 I_{yz}。

将 Oyz 坐标系绕坐标原点 O 逆时针方向转过 α 角，得到一新的坐标系 Oy_1z_1。图形对新坐标系的 I_{y_1}、I_{z_1}、$I_{y_1z_1}$与图形对原坐标系 I_y、I_z、I_{yz}之间存在关系：

$$\left.\begin{aligned}I_{y_1}&=\frac{I_y+I_z}{2}+\frac{I_y-I_z}{2}\cos 2\alpha-I_{yz}\sin 2\alpha\\I_{z_1}&=\frac{I_y+I_z}{2}-\frac{I_y-I_z}{2}\cos 2\alpha+I_{yz}\sin 2\alpha\\I_{y_1z_1}&=\frac{I_y-I_z}{2}\sin 2\alpha+I_{yz}\cos 2\alpha\end{aligned}\right\}\qquad(8-16)$$

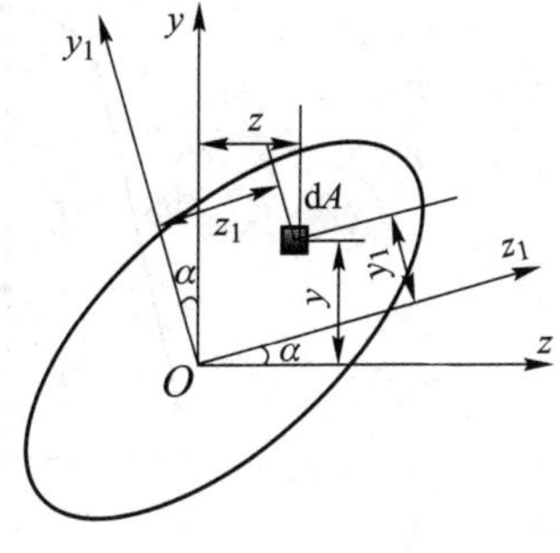

图 8-7　惯性矩的转轴定理

上述由转轴定理得到的式(8-16)，与移轴定理所得到的式(8-15)不同，它不要求 y、z 通过形心。当然，式(8-16)对于绕形心转动的坐标系也是适用的，而且也是实际应用中人们最感兴趣的。

§8-6　主轴与形心主轴、主惯性矩与形心主惯性矩

从式(8-16)的第三式可以看出，对于确定的点(坐标原点)，当坐标轴旋转时，随着角度 α 的改变，惯性积也发生变化，并且根据惯性积可能为正，也可能为负的特点，总可以找到一角度 α_0及相应的 y_0、z_0轴，图形对于这一对坐标轴的惯性积等于零。

如果图形对于过一点的一对坐标轴的惯性积等于零，则称这一对坐标轴为过这一点的**主轴**(principal axes)。图形对于主轴的惯性矩称为**主惯性矩**(principal moment of inertia of an area)。主惯性矩具有极大值或极小值的特征。

主惯性矩和主轴的方向角由下式计算：

$$\begin{aligned}\left.\begin{matrix}I_{y0}=I_{\max}\\I_{z0}=I_{\min}\end{matrix}\right\}&=\frac{I_y+I_z}{2}\pm\frac{1}{2}\sqrt{(I_y-I_z)^2+4I_{yz}^2}\\\tan 2\alpha_0&=-\frac{2I_{yz}}{I_y-I_z}\end{aligned}\qquad(8-17)$$

需要指出的是，对于任意一点(图形内或图形外)都有主轴，而通过形心的主轴称为**形心主轴**，图形对形心主轴的惯性矩称为**形心主惯性矩**，简称为**形心主矩**。

工程计算中有意义的是形心主轴与形心主矩。

当图形有一根对称轴时，对称轴及与之垂直的任意轴即为过二者交点的主轴。例如，图 8-8 所示的具有一根对称轴的图形，位于对称轴 y 一侧的部分图形对于 y、z 轴的惯性积与位于另一侧的图形对于 y、z 轴的惯性积，二者数值相等，但正负反号。所以，整个图形对于 y、z 轴的惯性积 $I_{yz}=0$，故 y、z 轴为主轴。又因为 C 为形心，故 y、z 轴为形心主轴。

【例题 8-1】　截面图形的几何尺寸如图 8-9 所示。试求图中具有断面线部分的惯性矩 I_y和 I_z。

解：根据积分定义，具有断面线的图形对于 y、z 轴的惯性矩，等于高为 H、宽为 b 的矩形对于 y、z 轴的惯性矩，减去高为 h、宽为 b 的矩形对于相同轴的惯性矩，即

$$I_y=\frac{Hb^3}{12}-\frac{hb^3}{12}=\frac{b^3}{12}(H-h)$$

$$I_z=\frac{bH^3}{12}-\frac{bh^3}{12}=\frac{b}{12}(H^3-h^3)$$

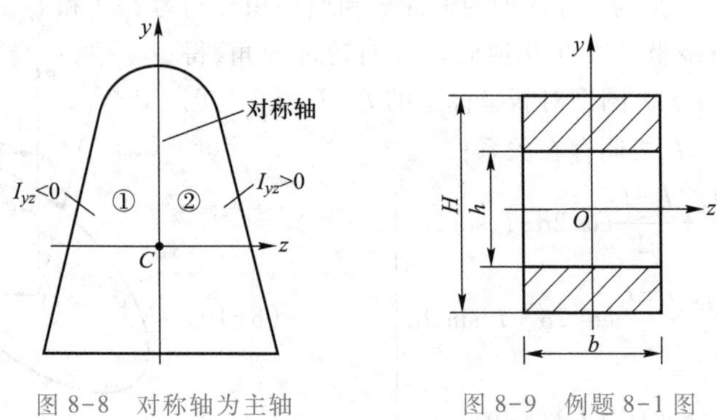

图 8-8　对称轴为主轴　　　　图 8-9　例题 8-1 图

上述方法称为负面积法，可用于圆形中有挖空部分的情形，计算比较简捷。

*【例题 8-2】　T 形截面尺寸如图 8-10a 所示。试求其形心主惯性矩。

解：1. 将所给图形分解为简单图形的组合

将 T 形截面分解为如图 8-10b 所示的两个矩形截面 Ⅰ 和 Ⅱ。

2. 确定形心位置

首先，以矩形截面 Ⅰ 的形心 C_1 为坐标原点，建立如图 8-10b 所示的 C_1yz 坐标系。因为 y 轴为 T 形截面的对称轴，故图形的形心必位于该轴上。因此，只需要确定形心在 y 轴上的位置，即确定 y_C。

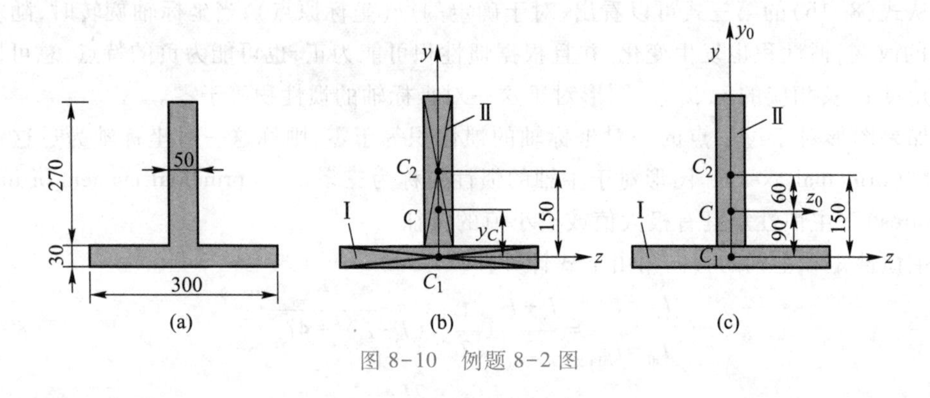

图 8-10　例题 8-2 图

根据式(8-5)的第一式，形心 C 的坐标

$$y_C=\frac{\sum_{i=1}^{2}A_iy_{Ci}}{\sum_{i=1}^{2}A_i}=\left[\frac{0+(270\times10^{-3}\times50\times10^{-3})\times150\times10^{-3}}{300\times10^{-3}\times30\times10^{-3}+270\times10^{-3}\times50\times10^{-3}}\right]\text{ m}$$

$$=90\times10^{-3}\text{ m}=90\text{ mm}$$

3. 确定形心主轴

因为对称轴及与其垂直的轴即为通过二者交点的主轴，故以形心 C 为坐标原点建立如图 8-10c 所示的 Cy_0z_0 坐标系，其中 y_0 通过原点且与对称轴重合，则 y_0、z_0 即为形心主轴。

4. 采用组合方法及移轴定理计算形心主惯性矩 I_{y_0} 和 I_{z_0}

根据惯性矩的积分定义，有

$$I_{y_0}=I_{y_0}(\text{Ⅰ})+I_{y_0}(\text{Ⅱ})$$

$$=\left[\frac{30\times10^{-3}\times300^3\times10^{-9}}{12}+\frac{270\times10^{-3}\times50^3\times10^{-9}}{12}\right]\text{ m}^4$$

$$=7.03\times10^{-5}\text{ m}^4=7.03\times10^{7}\text{ mm}^4$$

$$
\begin{aligned}
I_{z_0} &= I_{z_0}(\text{Ⅰ}) + I_{z_0}(\text{Ⅱ}) \\
&= \left[\frac{300\times10^{-3}\times30^3\times10^{-9}}{12} + 90^2\times10^{-6}\times(300\times10^{-3}\times30\times10^{-3}) + \right. \\
&\quad \left.\frac{50\times10^{-3}\times270^3\times10^{-9}}{12} + 60^2\times10^{-6}\times(270\times10^{-3}\times50\times10^{-3})\right]\ \text{m}^4 \\
&= 2.04\times10^{-4}\ \text{m}^4 = 2.04\times10^{8}\ \text{mm}^4
\end{aligned}
$$

§ 8-7　小结与讨论

(1) 应用移轴定理式(8-15)时

$$
\left.\begin{aligned}
I_{y1} &= I_y + b^2 A \\
I_{z1} &= I_z + a^2 A \\
I_{y1z1} &= I_{yz} + abA
\end{aligned}\right\}
$$

其中的 y、z 轴必须通过截面形心。

(2) 对于空心图形(例如空心圆轴的横截面),空心部分可以作为"负面积"处理,如例题 8-1 所示的那样。

(3) 图形对于一对坐标轴的惯性积如果等于零,这一对坐标轴就是过坐标原点的主轴。所以图形对于通过图形内或图形的任意一点都有一对主轴。例如,在图 8-11a 中所示的情形,图形中的所有面积的 y、z 坐标均为正值,根据惯性积的定义,图形对于这一对坐标轴的惯性积大于零,即 $I_{yz}>0$。

将坐标系 Oyz 逆时针方向旋转 90°,如图 8-11b 所示,这时,图形中的所有面积的 y 坐标均为负值,z 坐标均为正值,根据惯性积的定义,图形对于这一对坐标轴的惯性积小于零,即 $I_{yz}<0$。当坐标轴旋转时,惯性积由正变负(或者由负变正)的事实表明,在坐标轴旋转的过程中,一定存在某一角度(例如 α_0),以及相应的坐标轴(例如 y_0、z_0 轴),图形对于这一对坐标轴的惯性积等于零(例如 $I_{y_0z_0}$)。

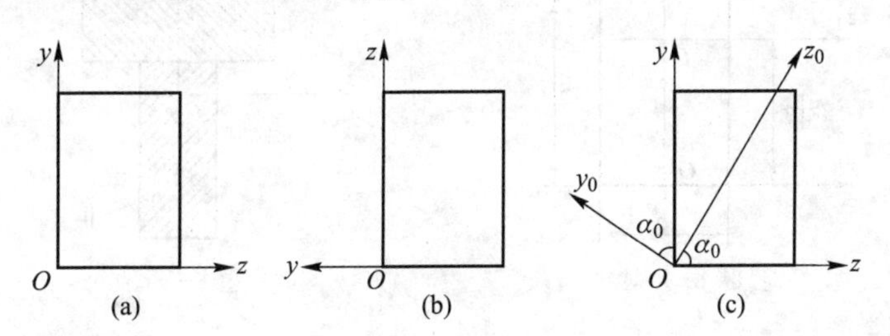

图 8-11　图形的惯性积与坐标轴取向的关系

因为惯性积是对于一对坐标轴的,所以,主轴一定是成对的。

学习研究问题

问题一:对于图 8-12 所示等边三角形,不用积分计算,能否证明通过其形心的任意一对互相垂直的轴都是主轴?

问题二:梁的横截面的形状和尺寸如图 8-13 中实线所围的部分所示。试证明:

(1) y、z 轴是过 O 点的一对主轴。

(2) $I_y=I_z$。

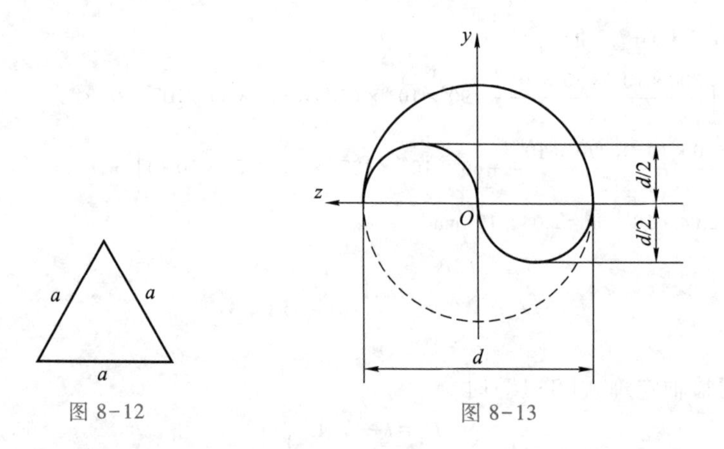

图 8-12　　图 8-13

习　题

8-1　已知图示矩形截面的 I_{z_1} 及 b、h，要求 I_{z_2}，下列答案中正确的是(　　)。

(A) $I_{z_2}=I_{z_1}+\frac{1}{4}bh^3$　　(B) $I_{z_2}=I_{z_1}-\frac{3}{16}bh^3$

(C) $I_{z_2}=I_{z_1}+\frac{1}{16}bh^3$　　(D) $I_{z_2}=I_{z_1}-\frac{1}{16}bh^3$

8-2　图示 T 形截面中 z 轴通过组合图形的形心。两个矩形截面分别用Ⅰ和Ⅱ表示。下列关系式中正确的是(　　)。

(A) S_z(Ⅰ)$>S_z$(Ⅱ)　　(B) S_z(Ⅰ)$=S_z$(Ⅱ)

(C) S_z(Ⅰ)$=-S_z$(Ⅱ)　　(D) S_z(Ⅰ)$<S_z$(Ⅱ)

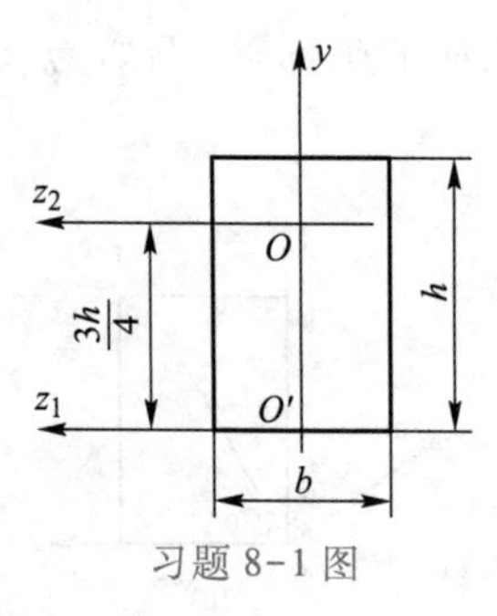

习题 8-1 图

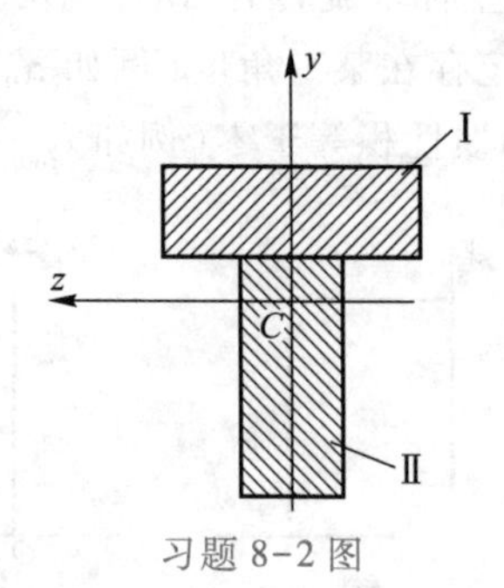

习题 8-2 图

8-3　图示 T 形截面中 C 为形心，$h_1=b_1$。下列关系中正确的是(　　)。

(A) S_z(Ⅰ)$>S_z$(Ⅱ)　　(B) S_z(Ⅰ)$<S_z$(Ⅱ)

(C) S_z(Ⅰ)$=S_z$(Ⅱ)　　(D) S_z(Ⅰ)$=-S_z$(Ⅱ)

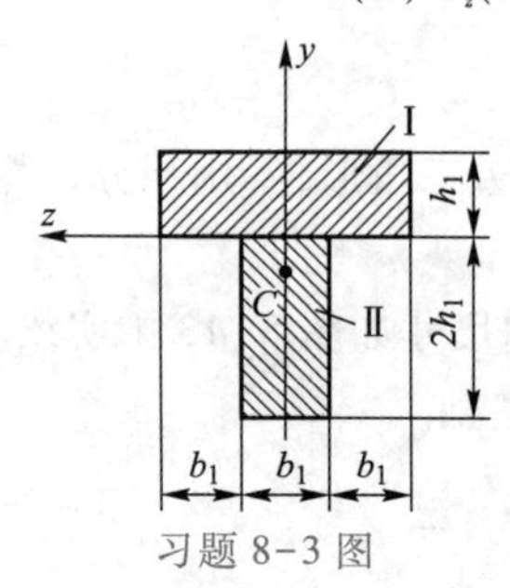

习题 8-3 图

8-4　图示矩形中，y_1、z_1与 y_2、z_2为两对互相平行的坐标轴，下列关系式中正确的是(　　)。

(A) $S_{y_1}=-S_{y_2}, S_{z_1}=-S_{z_2}, I_{y_1z_1}=I_{y_2z_2}$　　(B) $S_{y_1}=-S_{y_2}, S_{z_1}=-S_{z_2}, I_{y_1z_1}=-I_{y_2z_2}$

(C) $S_{y_1}=-S_{y_2}, S_{z_1}=S_{z_2}, I_{y_1z_1}=I_{y_2z_2}$　　(D) $S_{y_1}=S_{y_2}, S_{z_1}=S_{z_2}, I_{y_1z_1}=-I_{y_2z_2}$

8-5　图示三角形的 b、h 均为已知。试用积分法求 I_y、I_z、I_{yz}。

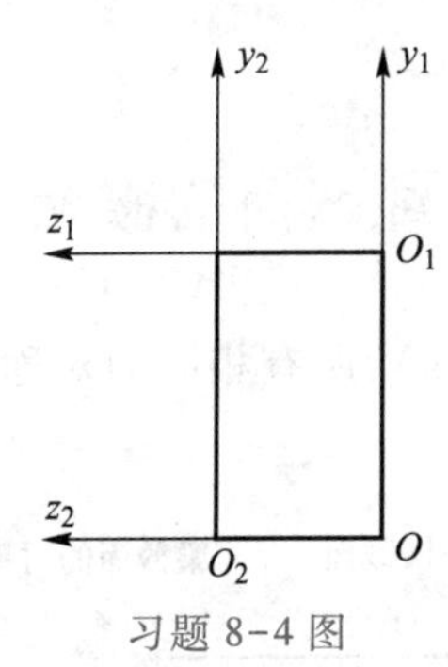

习题 8-4 图

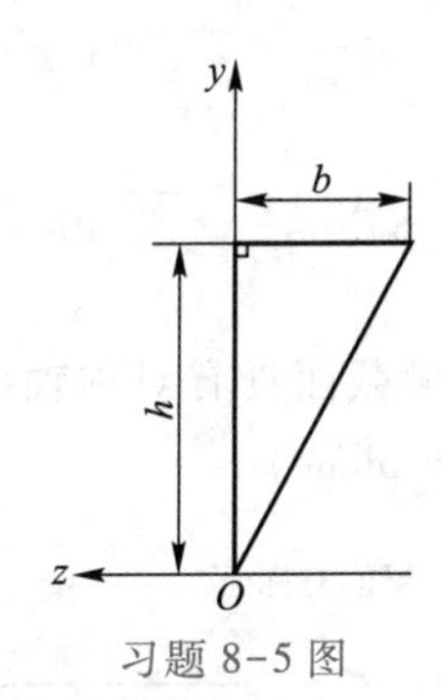

习题 8-5 图

8-6　试确定图示图形的形心主轴和形心主惯性矩。

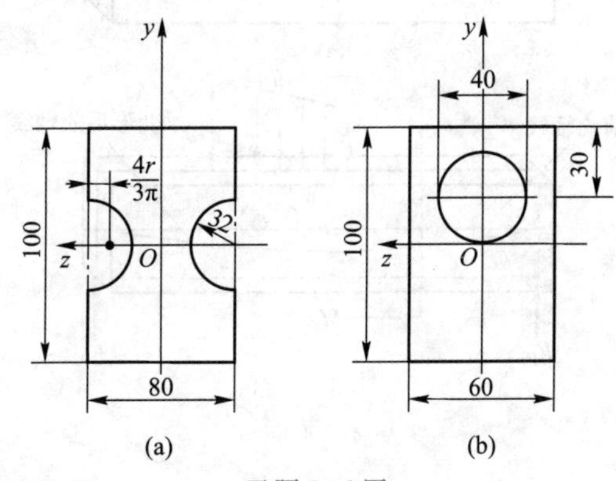

习题 8-6 图

第 9 章　梁的弯曲(3)——弯曲应力与弯曲强度计算

§9-1　平面弯曲与纯弯曲的概念

对称面——梁的横截面具有对称轴(图 9-1a),所有相同的对称轴组成的平面,称为梁的对称面(symmetric plane)。

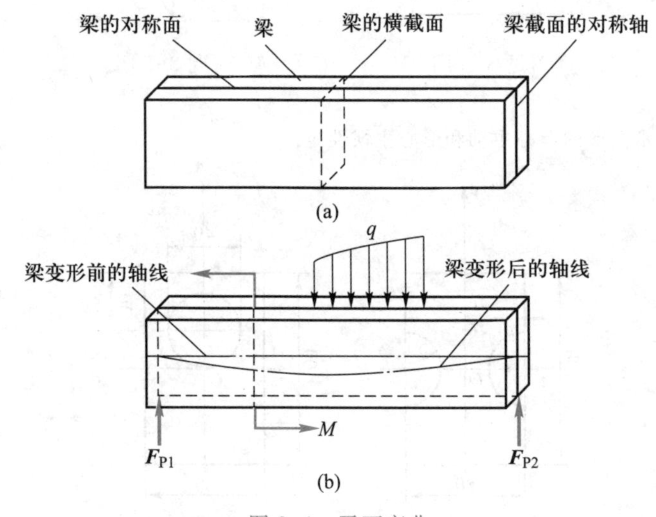

图 9-1　平面弯曲

主轴平面——梁的横截面如果没有对称轴,但是都有通过横截面形心的形心主轴,所有相同的形心主轴组成的平面,称为梁的主轴平面(plane including principal axes)。由于对称轴也是主轴,所以对称面也是主轴平面;反之则不然。以下的分析和叙述中均使用主轴平面。

平面弯曲——所有外力(包括力、力偶)都作用梁的同一主轴平面内时,梁的轴线弯曲后将弯曲成平面曲线,这一曲线位于外力作用平面内,如图 9-1b 所示。这种弯曲称为平面弯曲(plane bending)。本书只介绍至少具有一根对称轴的截面梁的平面弯曲。这种弯曲称为对称弯曲。

纯弯曲——一般情形下,平面弯曲时,梁的横截面上一般将有两个内力分量,就是剪力和弯矩。如果梁的横截面上只有弯矩一个内力分量,这种平面弯曲称为纯弯曲(pure banding)。图 9-2 中的几种梁上的 AB 段都属于纯弯曲。纯弯曲情形下,由于梁的横截面上只有弯矩,因而,便只有可以组成弯矩的垂直于横截面的正应力。

横向弯曲——梁在垂直于梁轴线的横向力作用下,其横截面上将同时产生剪力和弯矩(图 9-2 中 AB 段以外部分的梁)。这时,梁的横截面上不仅有正应力,还有剪应力。这种弯曲称为横向弯曲,简称横弯曲(transverse bending)。

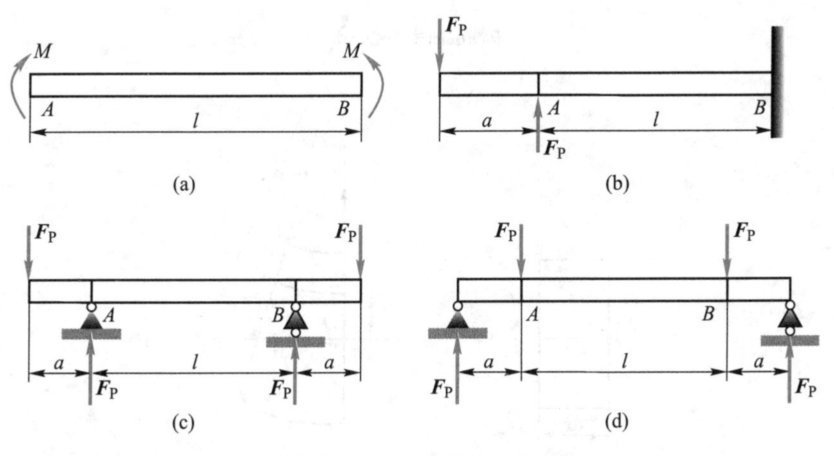

图 9-2　纯弯曲与横弯曲实例

§ 9-2　纯弯曲时梁横截面上的正应力分析

分析梁横截面上的正应力,就是要确定梁横截面上各点的正应力与弯矩、横截面的形状和尺寸之间的关系。由于横截面上的应力是看不见的,而梁的变形是可见的,应力又与变形有关,因此,可以根据梁的变形情形推知梁横截面上的正应力分布。这一过程与分析圆轴扭转时横截面上的剪应力的过程是相同的。

(1) 平面假定与应变分布

如果用容易变形的材料,例如橡胶、海绵制成梁的模型,然后让梁的模型产生纯弯曲,如图 9-3a 所示。可以看到梁弯曲后,一些层的纵向发生伸长变形,另一些层则会发生缩短变形,在伸长层与缩短层的交界处那一层,称为梁的**中性层**或**中性面**(neutral surface)(图 9-3b)。中性层与梁的横截面的交线,称为截面的**中性轴**(neutral axis)。中性轴垂直于加载方向,对于具有对称轴的横截面梁,中性轴垂直于横截面的对称轴。

视频 9-1:纯弯曲变形梁

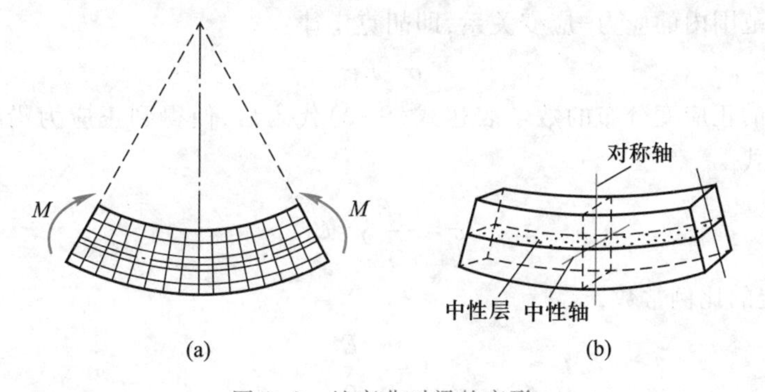

图 9-3　纯弯曲时梁的变形

视频 9-2:纯弯变形几何关系

用相邻的两个横截面从梁上截取长度为 dx 的一微段(图 9-4a),假定梁发生弯曲变形后,微段的两个横截面仍然保持平面,但是绕各自的中性轴相对转过一角度 $d\theta$,如图 9-4b 所示。这一假定称为**平面假定**(plane assumption)。

在横截面上建立 Oyz 坐标系,其中 z 轴与中性轴重合(中性轴的位置尚未确定),y 轴沿横截面高度方向并与加载方向重合。

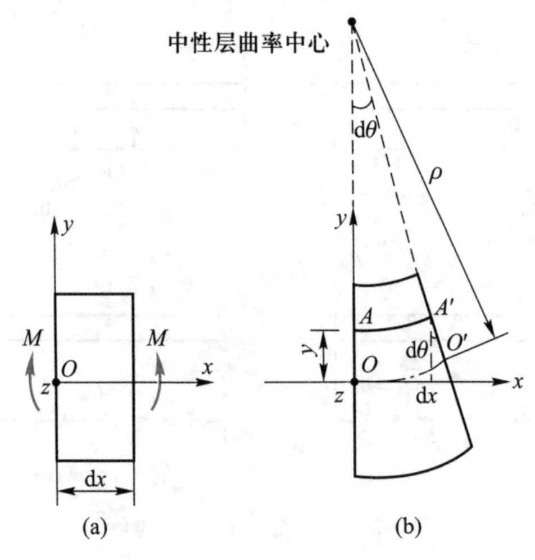

图 9-4　微段梁的变形

在图示的坐标系中,微段上到中性面的距离为 y 处长度的改变量为

$$\Delta \mathrm{d}x = -y\mathrm{d}\theta \tag{9-1}$$

式中的负号表示 y 坐标为正的线段产生压缩变形;y 坐标为负的线段产生伸长变形。

将线段的长度改变量除以原长 $\mathrm{d}x$,即为线段的正应变。于是,由式(9-1)得到

$$\varepsilon = \frac{\Delta \mathrm{d}x}{\mathrm{d}x} = -y\frac{\mathrm{d}\theta}{\mathrm{d}x} = -\frac{y}{\rho} \tag{9-2}$$

这就是正应变沿横截面高度方向分布的数学表达式。其中

$$\frac{1}{\rho} = \frac{\mathrm{d}\theta}{\mathrm{d}x} \tag{9-3}$$

从图 9-4b 中可以看出,ρ 就是中性面弯曲后的曲率半径,也就是梁的轴线弯曲后的曲率半径。因为 ρ 与 y 坐标无关,所以在式(9-2)和式(9-3)中,ρ 为常数。

(2) 胡克定律与应力分布

应用弹性范围内的应力-应变关系,即胡克定律:

$$\sigma = E\varepsilon \tag{9-4}$$

将上面所得到的正应变分布的数学表达式(9-2)代入后,便得到正应力沿横截面高度分布的数学表达式

$$\sigma = -\frac{E}{\rho}y = Cy \tag{9-5}$$

式中,C 为待定的比例常数,

$$C = -\frac{E}{\rho} \tag{9-6}$$

其中 E 为材料的弹性模量;ρ 是待定的量。

式(9-5)表明横截面上的弯曲正应力沿横截面的高度方向从中性轴为零开始呈线性分布。这一表达式虽然给出了横截面上的应力分布,但仍然不能用于计算横截面上各点的正应力。这是因为尚有两个问题没有解决:一是 y 坐标是从中性轴开始计算的,中性轴的位置还没有确定;二是中性面的曲率半径 ρ 也没有确定。

(3) 应用静力学方程确定待定常数

为了确定中性轴的位置及中性面的曲率半径,现在需要应用静力学方程。

根据横截面存在正应力这一事实,正应力这种分布力系,在横截面上可以组成一个轴力和一个弯矩。但是,根据截面法和平衡条件,纯弯曲时,横截面上只能有弯矩一个内力分量,轴力必须等于零。于是,应用积分的方法,由图 9-5,有

$$\int_A \sigma \mathrm{d}A = F_{\mathrm{N}} = 0 \tag{9-7}$$

$$\int_A (\sigma \mathrm{d}A)y = -M_z \tag{9-8}$$

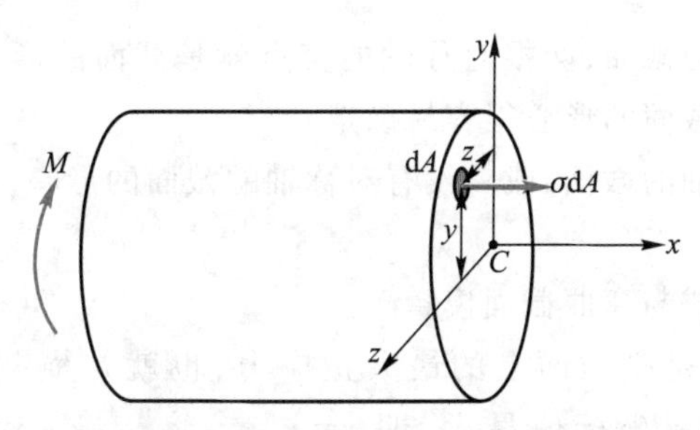

图 9-5　横截面上的正应力组成的内力分量

式(9-8)中的负号表示坐标 y 为正值的微面积 $\mathrm{d}A$ 上的力对 z 轴之矩为负值;M_z为作用在加载平面内的弯矩,可由截面法求得。

将式(9-5)代入式(9-8),得到

$$\int_A (Cy\mathrm{d}A)y = C\int_A y^2 \mathrm{d}A = -M_z$$

根据第 8 章中有关截面惯性矩的定义,式中的积分就是梁的横截面对于 z 轴的惯性矩:

$$\int_A y^2 \mathrm{d}A = I_z$$

代入上式后,得到常数

$$C = -\frac{M_z}{I_z} \tag{9-9}$$

再将式(9-9)代入式(9-5),最后得到弯曲时梁横截面上的正应力的计算公式:

$$\sigma = -\frac{M_z y}{I_z} \tag{9-10}$$

式中,弯矩 M_z由截面法平衡求得;截面对于中性轴的惯性矩 I_z既与截面的形状有关,又与截面的尺寸有关。

(4) 中性轴的位置

为了利用公式(9-10)计算梁弯曲时横截面上的正应力,还需要确定中性轴的位置。

将式(9-5)代入静力方程(9-7),有

$$\int_A Cy\mathrm{d}A = C\int_A y\mathrm{d}A = 0$$

根据第 8 章中有关截面的静矩定义,式中的积分即为横截面面积对于 z 轴的静矩 S_z。又因为 $C \neq 0$,静矩必须等于零,即

$$S_z = \int_A y\mathrm{d}A = 0$$

第 8 章中讨论静矩与截面形心之间的关系时,已经知道:截面对于某一轴的静矩如果等于零,则该轴一定通过截面的形心。所以在分析正应力、设置坐标系时,应指定 z 轴与中性轴重合。

上述结果表明,中性轴 z 通过截面形心,并且垂直于对称轴,所以,确定中性轴的位置,就是确定截面的形心位置。

对于有两根对称轴的截面,两根对称轴的交点就是截面的形心。例如,矩形截面、圆截面、圆环截面等,这些截面的形心很容易确定。

对于只有一根对称轴的截面,或者没有对称轴的截面的形心,也可以从有关的设计手册中查到。

(5) 最大正应力公式与弯曲截面模量

工程上最感兴趣的是横截面上的最大正应力,也就是横截面上到中性轴最远处点的正应力。这些点的 y 坐标值最大,即 $y = y_{\max}$。将 $y = y_{\max}$ 代入正应力公式(9-10)得到

$$\sigma_{\max} = \frac{M_z y_{\max}}{I_z} = \frac{M_z}{W_z} \tag{9-11}$$

其中 $W_z = I_z / y_{\max}$,称为**弯曲截面模量**(section modulus in bending),单位是 mm^3或 m^3。

对于宽度为 b、高度为 h 的矩形截面:

$$W_z = \frac{bh^2}{6} \tag{9-12}$$

对于直径为 d 的圆截面:

$$W_z = W_y = W = \frac{\pi d^3}{32} \tag{9-13}$$

对于外径为 D,内径为 d 的圆环截面:

$$W_z = W_y = W = \frac{\pi D^3}{32}(1 - \alpha^4), \quad \alpha = \frac{d}{D} \tag{9-14}$$

对于轧制型钢(工字钢等),弯曲截面模量可直接从型钢规格表中查得。

(6) 梁弯曲后其轴线的曲率计算公式

将上面所得到的式(9-9)代入式(9-6),得到梁弯曲时的另一个重要公式——梁的轴线弯曲后的曲率的数学表达式:

$$\frac{1}{\rho} = \frac{M_z}{EI_z} \tag{9-15}$$

其中 EI_z称为梁的弯曲刚度。这一结果表明,梁的轴线弯曲后的曲率与弯矩成正比,与弯曲刚度成反比。

§9-3　梁的弯曲正应力公式的应用与推广

9-3-1　计算梁的弯曲正应力需要注意的几个问题

计算梁弯曲时横截面上的最大正应力,注意以下几点是很重要的。

首先是,关于正应力的正负号:

确定正应力是拉应力还是压应力。确定正应力的正负号比较简单的方法是首先确定横截面上弯矩的实际方向,确定中性轴的位置;然后根据所要求应力的那一点的位置,以及"弯矩是由分布正应力合成的合力偶矩"这一关系,就可以确定这一点的正应力是拉应力还是压应力(图 9-6)。

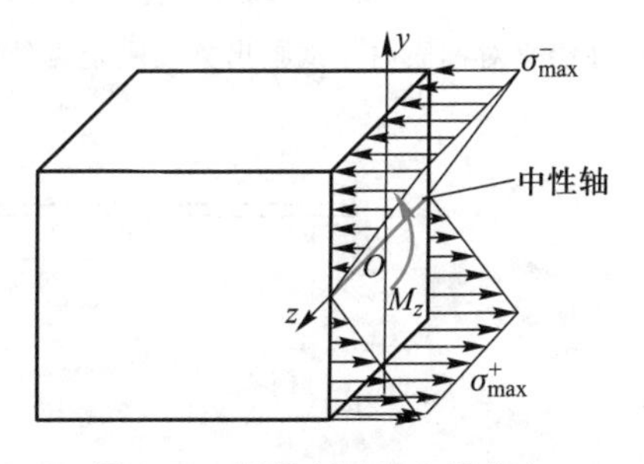

图 9-6　根据弯矩的实际方向确定正应力的正负号

其次是,关于最大正应力计算:

如果梁的横截面具有一对相互垂直的对称轴,并且加载方向与其中一根对称轴一致时,则中性轴与另一对称轴一致。此时最大拉应力与最大压应力绝对值相等,由公式(9-11)计算。

如果梁的横截面只有一根对称轴,而且加载方向与对称轴一致,则中性轴过截面形心并垂直于对称轴。这时,横截面上最大拉应力与最大压应力绝对值不相等,可由下列二式分别计算:

$$\sigma_{max}^{+}=\frac{M_z y_{max}^{+}}{I_z}\ (拉),\quad \sigma_{max}^{-}=\frac{M_z y_{max}^{-}}{I_z}\ (压) \tag{9-16}$$

其中 y_{max}^+ 为截面受拉一侧离中性轴最远各点到中性轴的距离;y_{max}^- 为截面受压一侧离中性轴最远各点到中性轴的距离(图 9-7)。实际计算中,可以不注明应力的正负号,只要在计算结果的后面用括号注明"拉"或"压"。

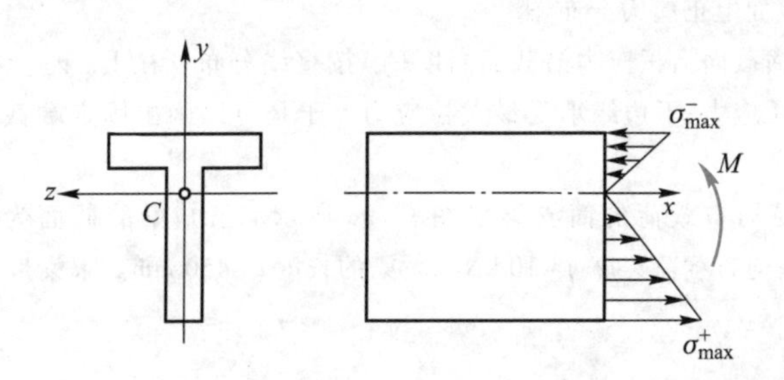

图 9-7　最大拉、压应力不等的情形

此外,还要注意的是,某一个横截面上的最大正应力不一定就是梁内的最大正应力,应该首先判断可能产生最大正应力的那些截面,这些截面称为危险截面;然后比较所有危险截面上的最大正应力,其中最大者才是梁内横截面上的最大正应力。保证梁安全工作而不发生破坏,最重要的就是保证这种最大正应力不得超过允许的数值。

9-3-2　纯弯曲正应力可以推广到横向弯曲

以上有关纯弯曲的正应力的公式,对于非纯弯曲,也就是横截面上除了弯矩之外还有剪力的情形,如果是细长杆,也是近似适用的。理论与实验结果都表明,由于剪应力的存在,梁的横截面在梁变形之后将不再保持平面,而是要发生翘曲,但这种翘曲对正应力分布的影响是很小的。对于细长梁这种影响更小,通常都可以忽略不计。

§9-4 平面弯曲正应力公式应用举例

【例题 9-1】 图 9-8a 中的矩形截面悬臂梁,梁在自由端承受外加力偶作用,力偶矩为 M_e,力偶作用在铅垂对称面内。试画出梁在固定端处横截面上的正应力分布图。

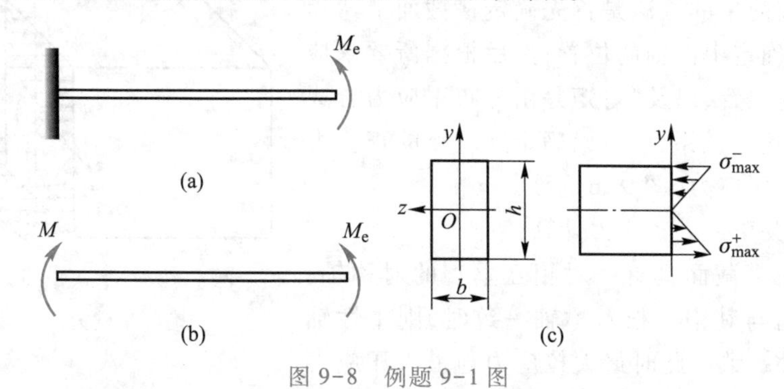

图 9-8 例题 9-1 图

解:1. 确定固定端处横截面上的弯矩

根据梁的受力,从固定端处将梁截开,考虑右边部分的平衡,可以求得固定端处梁截面上的弯矩:

$$M=M_e$$

方向如图 9-8b 所示。

显然,这一梁的所有横截面上的弯矩都等于外加力偶的力偶矩 M_e。

2. 确定中性轴的位置

中性轴通过截面形心并与截面的铅垂对称轴 y 垂直。因此,图 9-8c 中的 z 轴就是中性轴。

3. 判断横截面上承受拉应力和压应力的区域

根据弯矩的方向可判断横截面中性轴以上各点均受压应力;横截面中性轴以下各点均受拉应力。

4. 画梁在固定端截面上正应力分布图

根据正应力公式,横截面上正应力沿截面高度(y)按直线分布。在上、下边缘正应力值最大。本例题中,上边缘承受最大压应力;下边缘承受最大拉应力。于是可以画出固定端截面上的正应力分布图,如图 9-8c 所示。

【例题 9-2】 承受均布载荷的简支梁如图 9-9a 所示。已知梁的截面为矩形,矩形的宽度 $b=20$ mm,高度 $h=30$ mm;均布载荷集度 $q=10$ kN/m;梁的长度 $l=450$ mm。求梁最大弯矩截面上 1、2 两点处的正应力。

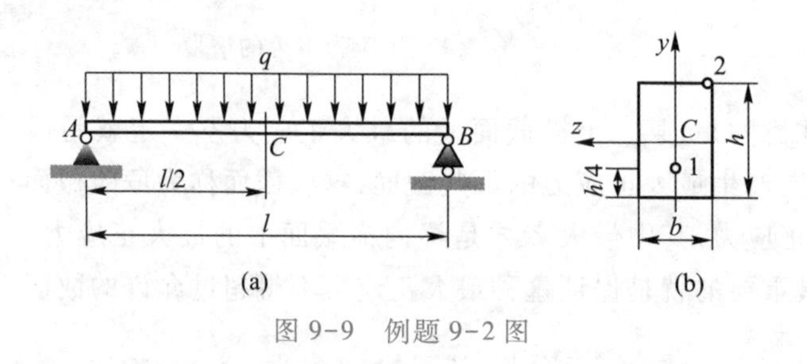

图 9-9 例题 9-2 图

解:1. 确定弯矩最大截面及最大弯矩数值

根据平衡方程 $\sum M_A=0$ 和 $\sum M_B=0$，可以求得支座 B 和支座 A 处的约束力分别为

$$F_{RA}=F_{RB}=\frac{ql}{2}=\frac{10\times10^{3}\times450\times10^{-3}}{2}\ \mathrm{N}=2.25\times10^{3}\ \mathrm{N}$$

根据第 7 章中类似的例题分析，已经知道梁的中点处横截面上的弯矩最大，数值为

$$M_{\max}=\frac{ql^{2}}{8}=\frac{10\times10^{3}\times(450\times10^{-3})^{2}}{8}\ \mathrm{N\cdot m}=0.253\times10^{3}\ \mathrm{N\cdot m}$$

2. 计算惯性矩

根据第 8 章中关于矩形截面惯性矩公式，本例题中，梁横截面对 z 轴的惯性矩

$$I_z=\frac{bh^{3}}{12}=\frac{20\times10^{-3}\times(30\times10^{-3})^{3}}{12}\ \mathrm{m^4}=4.5\times10^{-8}\ \mathrm{m^4}$$

3. 求弯矩最大截面上 1、2 两点的正应力

均布载荷作用在纵向对称面内，因此横截面的水平对称轴(z)就是中性轴。根据弯矩最大截面上弯矩的方向，可以判断出：1 点受拉应力，2 点受压应力。

1、2 两点到中性轴的距离分别为

$$y_1=\frac{h}{2}-\frac{h}{4}=\frac{h}{4}=\frac{30\times10^{-3}}{4}\ \mathrm{m}=7.5\times10^{-3}\ \mathrm{m}$$

$$y_2=\frac{h}{2}=\frac{30\times10^{-3}}{2}\ \mathrm{m}=15\times10^{-3}\ \mathrm{m}$$

于是弯矩最大截面上，1、2 两点的正应力分别为

$$\sigma_1=\frac{M_{\max}y_1}{I_z}=\frac{0.253\times10^{3}\times7.5\times10^{-3}}{4.5\times10^{-8}}\ \mathrm{Pa}=0.422\times10^{8}\ \mathrm{Pa}=42.2\ \mathrm{MPa}$$

$$\sigma_2=\frac{M_{\max}y_2}{I_z}=\frac{0.253\times10^{3}\times15\times10^{-3}}{4.5\times10^{-8}}\ \mathrm{Pa}=0.843\times10^{8}\ \mathrm{Pa}=84.3\ \mathrm{MPa}$$

【例题 9-3】　图 9-10 中所示 T 形截面简支梁在中点作用有集中力 $F_P=32$ kN，梁的长度 $l=2$ m。T 形截面的形心坐标 $y_C=96.4$ mm，横截面对于 z 轴的惯性矩 $I_z=1.02\times10^{8}\ \mathrm{mm^4}$。求弯矩最大截面上的最大拉应力和最大压应力。

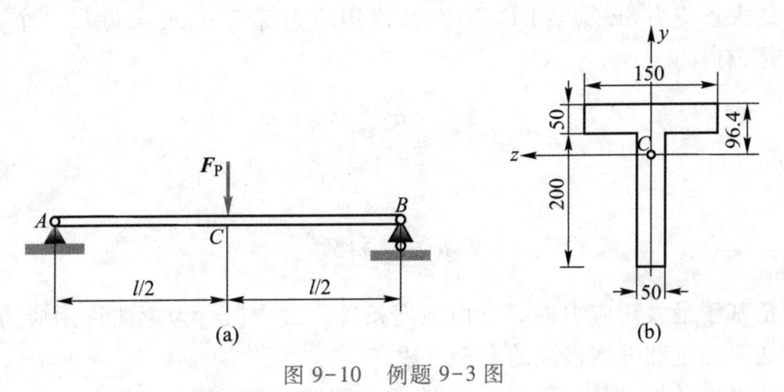

图 9-10　例题 9-3 图

解：1. 确定弯矩最大截面及最大弯矩数值

根据平衡方程 $\sum M_A=0$ 和 $\sum M_B=0$，可以求得支座 B 和 A 处的约束力分别为 $F_{RA}=F_{RB}=16$ kN。根据内力分析，梁中点的截面上弯矩最大，数值为

$$M_{\max}=\frac{F_P l}{4}=16\ \mathrm{kN\cdot m}$$

2. 确定中性轴的位置

T 形截面只有一根对称轴,而且载荷方向沿着对称轴方向,因此,中性轴通过截面形心并且垂直于对称轴,图 9-10b 中的 z 轴就是中性轴。

3. 确定最大拉应力和最大压应力点到中性轴的距离

由图 9-10b 所示截面尺寸,可以确定最大拉应力作用点和最大压应力作用点到中性轴的距离分别为

$$y_{max}^{+}=200\ \text{mm}+50\ \text{mm}-96.4\ \text{mm}=153.6\ \text{mm},\quad y_{max}^{-}=96.4\ \text{mm}$$

4. 计算弯矩最大截面上的最大拉应力和最大压应力

应用公式(9-16),得到

$$\sigma_{max}^{+}=\frac{My_{max}^{+}}{I_z}=\frac{16\times10^3\times153.6\times10^{-3}}{1.02\times10^8\times(10^{-3})^4}\ \text{Pa}=24.09\times10^6\ \text{Pa}=24.09\ \text{MPa}$$

$$\sigma_{max}^{-}=\frac{My_{max}^{-}}{I_z}=\frac{16\times10^3\times96.4\times10^{-3}}{1.02\times10^8\times(10^{-3})^4}\ \text{Pa}=15.12\times10^6\ \text{Pa}=15.12\ \text{MPa}$$

§9-5　基于弯曲正应力的梁的强度计算

9-5-1　梁的失效判据

与拉伸或压缩杆件的强度失效类似,对于韧性材料制成的梁,当梁的危险截面上的最大正应力达到材料的屈服应力 σ_s时,便认为梁发生强度失效;对于脆性材料制成的梁,当梁的危险截面上的最大正应力达到材料的强度极限 σ_b时,便认为梁发生强度失效。即

$$\sigma_{max}=\sigma_s\quad（韧性材料）\tag{9-17}$$

$$\sigma_{max}=\sigma_b\quad（脆性材料）\tag{9-18}$$

这就是判断梁是否失效的准则。其中 σ_s和 σ_b都由拉伸实验确定。

9-5-2　梁的弯曲强度条件

与拉、压杆的强度设计相类似,工程设计中,为了保证梁具有足够的安全裕度,梁的危险截面上的最大正应力,必须小于许用应力,许用应力等于 σ_s或 σ_b除以一个大于 1 的安全因数。于是,有

$$\sigma_{max}\leqslant\frac{\sigma_s}{n_s}=[\sigma]\tag{9-19}$$

$$\sigma_{max}\leqslant\frac{\sigma_b}{n_b}=[\sigma]\tag{9-20}$$

上述二式就是基于最大正应力的梁弯曲强度条件。式中$[\sigma]$为弯曲许用应力;n_s和 n_b分别为对应于屈服强度和强度极限的安全因数。

根据上述强度条件,同样可以解决三类强度问题:强度校核、截面尺寸设计、确定许用载荷。

9-5-3　梁的弯曲强度计算步骤

根据梁的弯曲强度设计准则,进行弯曲强度计算的一般步骤如下:

(1) 根据梁的约束性质,分析梁的受力,确定约束力;

(2) 画出梁的弯矩图;根据弯矩图,确定可能的危险截面;

(3) 根据应力分布和材料的拉伸与压缩强度性能是否相等,确定可能的危险点:对于拉、压强度相同的材料(如低碳钢等),最大拉应力作用点与最大压应力作用点具有相同的危险性,通常不加以区分;对于拉、压强度性能不同的材料(如铸铁等脆性材料),最大拉应力作用点和最大压应力作用点都有可能是危险点。

(4) 应用强度条件进行强度计算:对于拉伸和压缩强度相等的材料,应用强度条件式(9-19)和式(9-20);对于拉伸和压缩强度不相等的材料,强度条件式(9-19)和式(9-20)可以改写为

$$\sigma_{\max}^{+} \leqslant [\sigma]^{+} \tag{9-21}$$

$$\sigma_{\max}^{-} \leqslant [\sigma]^{-} \tag{9-22}$$

其中$[\sigma]^{+}$和$[\sigma]^{-}$分别称为拉伸许用应力和压缩许用应力,且

$$[\sigma]^{+} = \frac{\sigma_{b}^{+}}{n_{b}} \tag{9-23}$$

$$[\sigma]^{-} = \frac{\sigma_{b}^{-}}{n_{b}} \tag{9-24}$$

式中,σ_{b}^{+}和σ_{b}^{-}分别为材料的拉伸强度极限和压缩强度极限。

【例题 9-4】 图 9-11a 中的圆轴在 A、B 两处的滚珠轴承可以简化为铰链支座;轴的外伸部分 BD 是空心的。轴的直径和其余尺寸及轴所承受的载荷都标在图中。这样的圆轴承受弯曲变形,因此,可以简化为外伸梁。已知拉伸和压缩的许用应力相等,均为$[\sigma]=120$ MPa,试分析圆轴的强度是否安全。

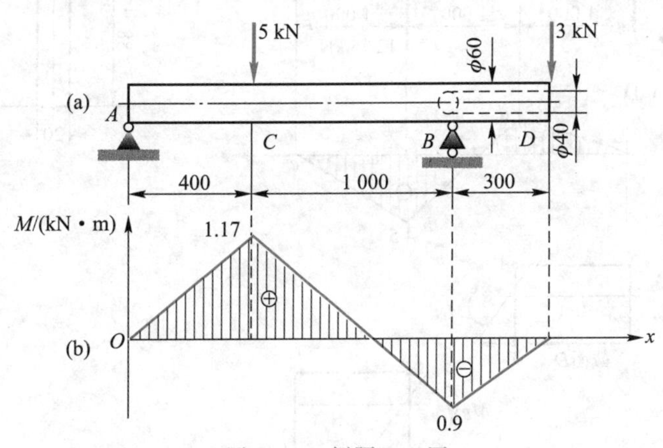

图 9-11　例题 9-4 图

解:1. 确定约束力

A、B 两处都只有垂直方向的约束力 F_{RA}、F_{RB},假设方向都向上。由平衡方程 $\sum M_A=0$ 和 $\sum M_B=0$,求得

$$F_{RA}=2.93\ \text{kN},\quad F_{RB}=5.07\ \text{kN}$$

2. 画弯矩图,判断可能的危险截面

根据圆轴所承受的载荷和约束力,可以画出圆轴的弯矩图,如图 9-11b 所示。根据弯矩图和圆轴的截面尺寸,在实心部分 C 截面处弯矩最大,为危险截面;在空心部分,B 截面处弯矩最大,亦为危险截面。

$$M_C=1.17\ \text{kN}\cdot\text{m},\quad M_B=-0.9\ \text{kN}\cdot\text{m}$$

3. 计算危险截面上的最大正应力

应用最大正应力公式(9-11)和圆截面及圆环截面的弯曲截面模量公式(9-13)和式(9-14),可以计算危险截面上的应力。

C 截面上:

$$\sigma_{\max}=\frac{M}{W_z}=\frac{32M}{\pi D^3}=\frac{32\times1.17\times10^3}{\pi\times(60\times10^{-3})^3}\ \text{Pa}=55.3\times10^6\ \text{Pa}=55.3\ \text{MPa}$$

B 右侧的截面上:

$$\sigma_{\max}=\frac{M}{W_z}=\frac{32M}{\pi D^3(1-\alpha^4)}=\frac{-32\times0.9\times10^3}{\pi(60\times10^{-3})^3\left[1-\left(\frac{40}{60}\right)^4\right]}=-52.9\times10^6\ \text{Pa}=-52.9\ \text{MPa}$$

4. 分析梁的强度是否安全

上述计算结果表明,两个危险截面上的最大正应力都小于许用应力$[\sigma]=120$ MPa。于是,满足强度条件,即

$$\sigma<[\sigma]$$

因此,圆轴的强度是安全的。

【例题 9-5】　由铸铁制造的T形截面外伸梁,受力及截面尺寸如图9-12a所示,其中z轴为中性轴。已知铸铁的拉伸许用应力$[\sigma]^+=39.3$ MPa,压缩许用应力$[\sigma]^-=58.8$ MPa,$I_z=7.65\times10^6$ mm。试校核该梁的强度。

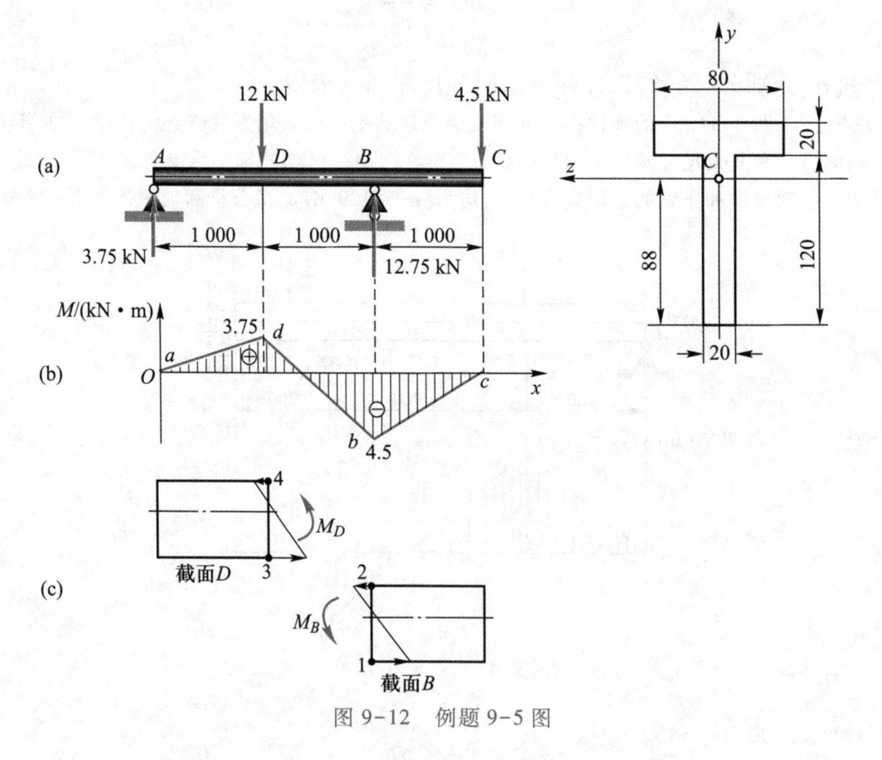

图 9-12　例题 9-5 图

解:因为梁的截面没有水平对称轴,所以其截面上的最大拉应力和最大压应力不相等。同时梁的材料为铸铁,其拉伸许用应力与压缩许用应力亦不等。因此判断危险截面时,应综合考虑以上因素。

1. 作弯矩图

弯矩图如图9-12b所示。其中B、D两个截面上的弯矩方向不同,如图9-12c所示。D截面为正弯矩中之最大者,B截面为负弯矩中之最大者。B截面上弯矩绝对值最大,为可能的危险截面之一。

B截面上弯矩为负,其绝对值为

$$|M|=4.5\times1\ \text{kN}\cdot\text{m}=4.5\ \text{kN}\cdot\text{m}=4.5\times10^3\ \text{N}\cdot\text{m}$$

D 截面上弯矩为正,其值为

$$M = 3.75 \times 1\ \text{kN} \cdot \text{m} = 3.75\ \text{kN} \cdot \text{m} = 3.75 \times 10^3\ \text{N} \cdot \text{m}$$

2. 计算最大拉、压应力

在 B 截面上,由弯矩的实际方向可以确定,中性轴上边受拉,下边受压,受压点到中性轴的距离大于受拉点到中性轴的距离,故在这个截面上,压应力的数值大于拉应力。

在 D 截面上则相反,拉应力数值大于压应力数值。

因为 B 截面上弯矩比 D 截面大,所以 B 截面上的压应力数值一定比 D 截面大(因为在 $\sigma = My/I_z$ 中,I_z 相同,B 截面之 M 及受压点之 y 都比 D 截面大)。但拉应力在两个截面都比较大,因为 B 截面上 M 虽大,但受拉点之 y 却较小。所以 D 截面也可能为危险截面,两个截面上的拉应力都要计算,最后比较出最大者。

B 截面:最大拉应力

$$\sigma^+ = \frac{4.5 \times 10^3 \times 52 \times 10^3}{7.65 \times 10^{-6}}\ \text{Pa} = 30.6 \times 10^6\ \text{Pa} = 30.6\ \text{MPa}$$

最大压应力

$$\sigma^- = \frac{4.5 \times 10^3 \times 88 \times 10^3}{7.65 \times 10^{-6}}\ \text{Pa} = 51.8 \times 10^6\ \text{Pa} = 51.8\ \text{MPa}$$

D 截面:最大拉应力

$$\sigma^+ = \frac{3.75 \times 10^3 \times 88 \times 10^3}{7.65 \times 10^{-6}}\ \text{Pa} = 43.1 \times 10^6\ \text{Pa} = 43.1\ \text{MPa}$$

3. 校核梁的强度

上述计算结果表明,最大压应力发生在 B 截面上的下边缘点 1,其值为 51.8 MPa$<[\sigma]^-$,B 截面满足强度条件。最大拉应力发生在 D 截面上的下边缘点 3,其值为 43.1 MPa$>[\sigma]^+$,D 截面的强度不安全。亦即该梁的强度不安全。

请读者思考:在不改变载荷大小及截面尺寸的前提下,可以采用什么办法,使梁满足强度安全的条件。

【例题 9-6】　为了起吊重量为 $F_P = 300$ kN 的大型设备,采用一台最大起吊重量为 150 kN 和一台最大起吊重量为 200 kN 的吊车,以及一根工字钢作为辅助梁,共同组成临时的附加悬挂系统,如图 9-13 所示。如果已知辅助梁的长度 $l = 4$ m,型钢材料的许用应力 $[\sigma] = 160$ MPa,试确定:

(1) F_P 加在辅助梁的什么位置,才能保证两台吊车都不超载?

(2) 辅助梁应该选择何种型号的工字钢?

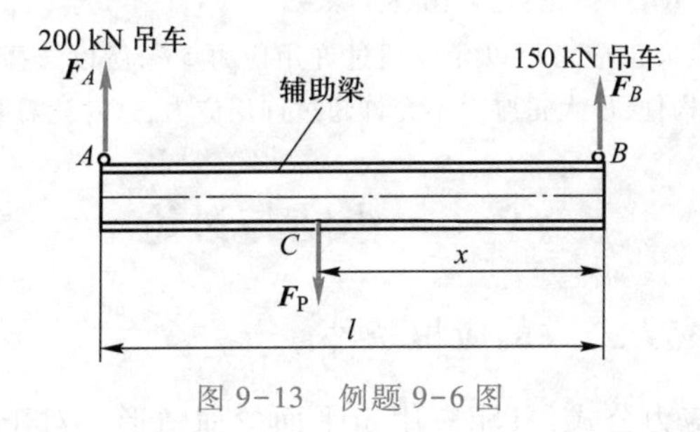

图 9-13　例题 9-6 图

解:1. 确定 F_P 加在辅助梁的什么位置

F_P 加在辅助梁的不同位置上,两台吊车所承受的力是不相同的。假设 F_P 加在辅助梁的 C 点,这一点到 150 kN 吊车的距离为 x。将 F_P 看作主动力,两台吊车所受的力为约束力,分别用 F_A 和 F_B 表示。由平衡方程 $\sum M_A = 0$ 和 $\sum M_B = 0$,可以写出

$$F_B l - F_P(l - x) = 0$$

$$F_P x - F_A l = 0$$

由此解出

$$F_A = \frac{F_P x}{l}, \quad F_B = \frac{F_P(l-x)}{l}$$

令

$$F_A = \frac{F_P x}{l} \leqslant 200 \text{ kN}, \quad F_B = \frac{F_P(l-x)}{l} \leqslant 150 \text{ kN}$$

由此解出

$$x \leqslant \frac{200 \text{ kN} \times 4 \text{ m}}{300 \text{ kN}} = 2.667 \text{ m}, \quad x \geqslant 4 \text{ m} - \frac{150 \text{ kN} \times 4 \text{ m}}{300 \text{ kN}} = 2 \text{ m}$$

于是,得到 F_P 加在辅助梁上作用点的范围为

$$2 \text{ m} \leqslant x \leqslant 2.667 \text{ m}$$

2. 确定辅助梁所需要的工字钢型号

根据上述计算得到的 F_P 加在辅助梁上作用点的范围,当 $x = 2$ m 时,辅助梁在 B 点受力为 150 kN;当 $x = 2.667$ m 时,辅助梁在 A 点受力为 200 kN。

这两种情形下,辅助梁都在 F_P 作用点处弯矩最大,最大弯矩数值分别为

$$M_{\max}(A) = 200 \text{ kN} \times (l - 2.667 \text{ m}) = 200 \text{ kN} \times (4 \text{ m} - 2.667 \text{ m}) = 266.6 \text{ kN} \cdot \text{m}$$

$$M_{\max}(B) = 150 \text{ kN} \times 2 \text{ m} = 300 \text{ kN} \cdot \text{m}$$

$$M_{\max}(B) > M_{\max}(A)$$

因此,应该以 $M_{\max}(B)$ 作为强度计算的依据。于是,由强度条件

$$\sigma_{\max} = \frac{M_{\max}}{W_z} \leqslant [\sigma]$$

可以写出

$$\sigma_{\max} = \frac{M_{\max}(B)}{W_z} \leqslant 160 \text{ MPa}$$

由此,可以算出辅助梁所需要的弯曲截面模量:

$$W_z \geqslant \frac{M_{\max}(B)}{[\sigma]} = \frac{300 \text{ kN} \cdot \text{m} \times 10^3}{160 \text{ MPa} \times 10^6} = 1.875 \times 10^{-3} \text{ m}^3 = 1.875 \times 10^3 \text{ cm}^3$$

由型钢规格表查得 50a 和 50b 工字钢的 W_z 分别为 $1.860 \times 10^3 \text{ cm}^3$ 和 $1.940 \times 10^3 \text{ cm}^3$。如果选择 50a 工字钢,它的弯曲截面模量 $1.860 \times 10^3 \text{ cm}^3$ 比所需要的 $1.875 \times 10^3 \text{ cm}^3$ 大约小

$$\frac{1.875 \times 10^3 \text{ cm}^3 - 1.860 \times 10^3 \text{ cm}^3}{1.875 \times 10^3 \text{ cm}^3} \times 100\% = 0.8\%$$

在一般的工程设计中最大正应力可以允许超过许用应力 5%,所以选择 50a 工字钢是可以的。但是,对于安全性要求很高的构件,最大正应力不允许超过许用应力,这时就需要选择 50b 工字钢。

§9-6 小结与讨论

9-6-1 弯曲正应力公式的应用条件

首先,平面弯曲正应力公式,只能应用于平面弯曲情形。对于截面有对称轴的梁,外加载荷的作用线必须位于梁的对称平面内,才能产生平面弯曲。对于截面没有对称轴的梁,外加载荷的作用线如果位于梁的主轴平面内,也可以产生平面弯曲。

其次,只有在弹性范围内加载,横截面上的正应力才会线性分布,才会得到平面弯曲正应力公式。

第三,平面弯曲正应力公式是在纯弯曲情形下得到的,但是,对于细长梁,由于剪力引

起的剪应力比弯曲正应力小得多,对强度的影响很小,通常都可以忽略,由此,平面弯曲正应力公式也适用于横截面上有剪力作用的情形。也就是对于细长梁纯弯曲的正应力公式也适用于横力弯曲。

9-6-2　弯曲剪应力的概念

在横弯梁的横截面上,剪力将引起剪应力。对于常见的矩形、工字形等狭长截面梁,可以不必重复类似弯曲正应力的推导过程,而是对剪应力的分布规律作出若干假设(剪应力方向均平行于横截面侧边,剪应力数值沿横截面宽度方向均匀分布,如图 9-14 所示,同时考虑到纯弯曲正应力公式在横弯情形下的近似可用性,利用微段梁的局部平衡条件,可得到微段纵截面上的剪应力公式,再根据剪应力互等定理,从而得到横弯梁横截面上任意点的剪应力公式

$$\tau=\frac{F_{\mathrm{Q}}S_z^*}{\delta I_z} \tag{9-25}$$

式中,F_{Q}为横截面上的剪力;I_z为整个横截面对中性轴的惯性矩;δ 为横截面在所求点处的宽度;S_z^* 为过所求点作截面侧边的垂线对中性轴的静矩,$S_z^*=\frac{bh^2}{8}\left(1-\frac{4y^2}{h^2}\right)$。限于篇幅,略去详细推导过程①。

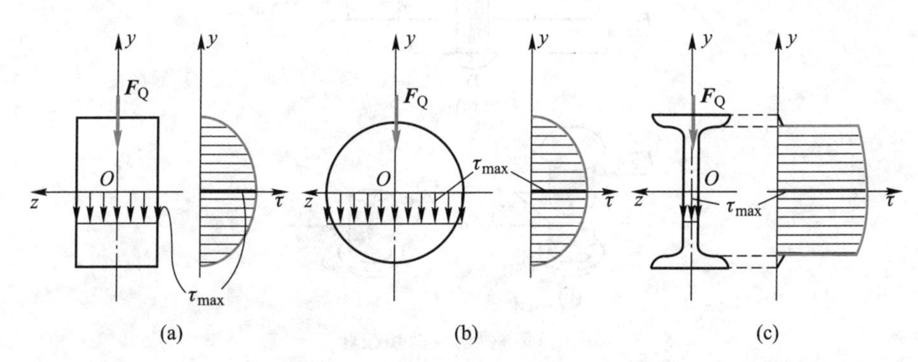

图 9-14　几种不同截面上的弯曲剪应力

剪应力的方向一般与剪力同向,故用式(9-25)计算 τ 时,可不考虑公式中各项的正负号。

对于宽为 δ、高为 h 的矩形截面,剪应力沿截面高度按抛物线分布,如图 9-14a 所示。最大剪应力发生在中性轴($y=0$)上,且

$$\tau_{\max}=\frac{3}{2}\frac{F_{\mathrm{Q}}}{\delta h} \tag{9-26}$$

在截面上、下边缘各点,剪应力为零,这与剪应力互等定理是一致的,因为梁的上、下表面无切向力作用。

对于直径为 d 的圆截面(图 9-14b),最大剪应力

$$\tau_{\max}=\frac{4}{3}\frac{F_{\mathrm{Q}}}{A},\quad A=\frac{\pi d^2}{4} \tag{9-27}$$

对于内径为 d、外径为 D 的空心圆截面,最大剪应力

① 有兴趣的读者可参阅本书后参考文献[6]。

$$\tau_{\max}=2.0\times\frac{F_{\mathrm{Q}}}{A},\quad A=\frac{\pi(D^{2}-d^{2})}{4} \tag{9-28}$$

对于工字形截面(图 9-14c),式(9-25)的计算结果表明,剪力主要由腹板承担。

需要指出的是,由于弯曲剪应力公式是在纯弯曲正应力公式基础上导出的①,因此二者的应用条件相同。

9-6-3 剪切与挤压假定计算

前面已经提到,对于细长梁,剪应力对于强度的影响远远低于正应力,因而在强度计算中通常不考虑剪应力。但是当非细长梁承受横向力作用时,弯矩比较小,相应的正应力也比较小,这时,由剪力引起的剪应力有可能成为影响杆件强度的主要因素。

特别是,当杆件的两侧受到一对大小相等、方向相反、作用线相距很近的横向力作用时,杆件将主要产生剪切变形。

剪切变形的特点是位于两作用力间的杆件横截面发生相对错动。图 9-15 所示为典型的剪切受力与变形形式。工程中很多连结件主要产生剪切变形。常用的连接件,例如螺栓、铆钉、键、销等均属此类。

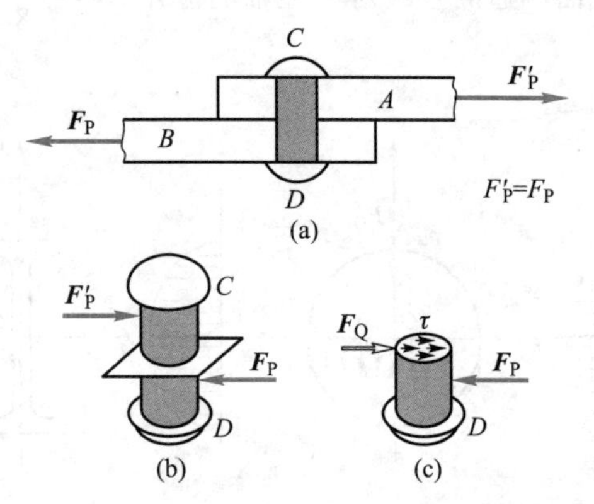

图 9-15 剪切与剪切破坏

承受剪切的构件,应力和变形规律比较复杂,因而理论分析十分困难。工程上对于这些构件通常采用“假定计算”方法。

所谓假定计算,一般包含两层含意:其一是假定剪切面上的应力分布规律;其二是利用试样或实际构件进行确定危险应力的实验时,尽量使试样或实际构件的受力状况与实际受力状况相似或相同。

(1) 剪切假定计算

假定剪应力在截面上均匀分布,有

$$\tau=\frac{F_{\mathrm{Q}}}{A} \tag{9-29}$$

式中,A 为剪切面面积;F_{Q}为作用在剪切面上的剪力。

$$\tau=\frac{F_{\mathrm{Q}}}{A}=\frac{F_{\mathrm{Q}}}{\frac{\pi d^{2}}{4}}\left(\text{或 }=\frac{F_{\mathrm{Q}}}{0.785d^{2}}\right) \tag{9-30}$$

---

① 详细的推导过程请参阅本书后参考文献[6]。

式中,A 为铆钉的横截面面积;d 为铆钉直径。相应的强度条件为

$$\tau=\frac{F_{Q}}{0.785d^{2}}\leqslant[\tau] \tag{9-31}$$

这是铆钉剪切计算的依据。其中$[\tau]$为铆钉剪切许用应力,$[\tau]=\tau_{b}/n$。τ_{b}为铆钉实物与模拟剪切实验确定的剪切强度极限;n 为安全因数。通常 $[\tau]$与$[\sigma]$存在下列关系:

$$[\tau]=(0.75\sim0.80)[\sigma]$$

$[\sigma]$为轴向拉伸数据。

需要注意的是,在计算中要正确确定有几个剪切面,以及每个剪切面上的剪力。例如,图 9-15 所示的铆钉只有一个剪切面;而图 9-16 所示的铆钉则有两个剪切面。

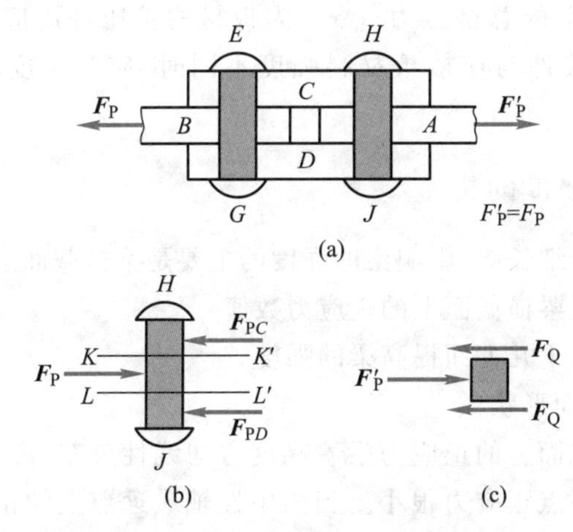

图 9-16　具有双剪切面的铆钉

(2) 挤压假定计算

在承载的情况下,连接件与连接板接触并挤压,因而在两者接触面的局部地区产生较大的接触应力,称为挤压应力(bearing stresses),用 σ_{c}表示。挤压应力是垂直于接触面的正应力。这种挤压应力过大时亦能在两者接触的局部地区产生过量的塑性变形,从而导致铆接件丧失承载能力。

挤压接触面上的应力分布同样也是比较复杂的。因此在工程计算中,也是采用简化方法,即假定挤压应力在实际挤压面上均匀分布。

实际挤压面上的挤压应力组成的合力,与作用在挤压面在挤压方向投影面(图 9-17 中画有剖面线部分)上的挤压应力组成合力大小相等、方向相同。

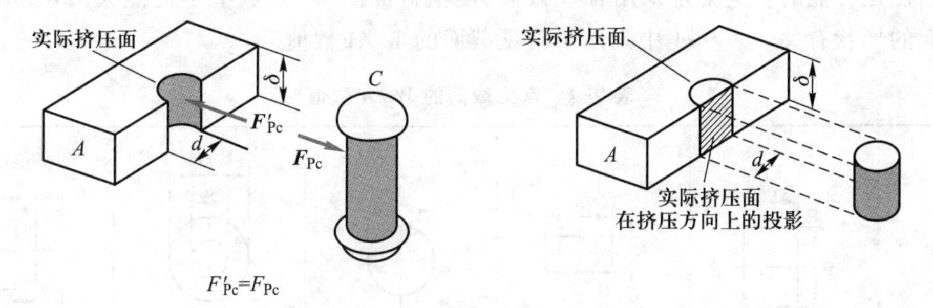

图 9-17　挤压与挤压面

于是,挤压应力为

$$\sigma_{\mathrm{c}}=\frac{F_{\mathrm{Pc}}}{A}=\frac{F_{\mathrm{Pc}}}{d\delta} \tag{9-32}$$

式中，F_{Pc}为作用在有效挤压面上的挤压力。

挤压力过大，连接件会在承受挤压的局部区域产生塑性变形，从而导致失效。为了保证连接件具有足够的挤压强度，必须将挤压应力限制在一定的范围内。

假定了挤压应力在有效挤压面上均匀分布之后，保证连接件可靠工作的挤压强度条件为

$$\sigma_{\mathrm{c}}=\frac{F_{\mathrm{Pc}}}{A}=\frac{F_{\mathrm{Pc}}}{d\delta}\leqslant[\sigma_{\mathrm{c}}] \tag{9-33}$$

式中，F_{Pc}为作用在铆钉上的总挤压力；$[\sigma_{\mathrm{c}}]$为板材的挤压许用应力。对于钢材$[\sigma_{\mathrm{c}}]=(1.7\sim2.0)[\sigma]$。当连接件与连接板材料强度不同时，应对强度较低者进行挤压强度计算。

9-6-4　提高梁强度的措施

前面已经讲到，对于细长梁，影响梁的强度的主要是梁横截面上的正应力，因此，提高梁的强度，就是设法降低梁横截面上的正应力数值。

工程上，主要可从以下几方面提高梁的强度。

（1）选择合理的截面形状

平面弯曲时，梁横截面上的正应力沿着高度方向线性分布，离中性轴越远的点，正应力越大，中性轴附近的各点正应力很小。当离中性轴最远点上的正应力达到许用应力值时，中性轴附近的各点的正应力还远远小于许用应力值。因此，可以认为，横截面上中性轴附近的材料没有被充分利用。为了使这部分材料得到充分利用，在不破坏截面整体性的前提下，可以将横截面上中性轴附近的材料移到距离中性轴较远处，从而形成“合理截面”。如工程结构中常用的空心截面和各种各样的薄壁截面（例如工字形、槽形、箱形截面等）。

根据最大弯曲正应力公式

$$\sigma_{\max}=\frac{M_{\max}}{W_z}$$

为了使$\sigma_{\max}$尽可能地小，必须使W_z尽可能地大。但是，梁的横截面面积有可能随着W_z的增加而增加，这意味着要增加材料的消耗。能不能使W_z增加，而横截面积不增加或少增加？当然是可能的。这就是采用合理截面，使横截面的W_z/A数值尽可能大。W_z/A数值与截面的形状有关。表 9-1 中列出了常见截面的W_z/A数值。

表 9-1　常见截面的 W_z/A 数值

截面形状	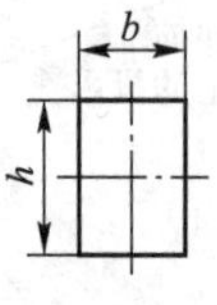	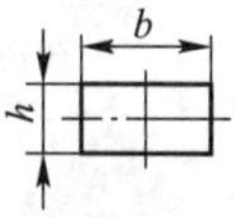	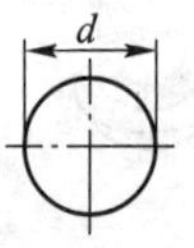	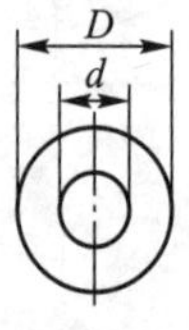 d/D=0.8	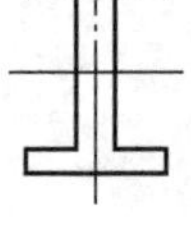
W_z/A	$0.167h$	$0.167b$	$0.125d$	$0.205D$	$(0.29\sim0.31)h$

以宽度为 b、高度为 h 的矩形截面为例,当横截面竖直放置,而且载荷作用在竖直对称面内时,$W_z/A=0.167h$;当横截面横向放置,而且载荷作用在短轴对称面内时,$W_z/A=0.167b$。如果 $h/b=2$,则截面竖直放置时的 W_z/A 值是截面横向放置时的 2 倍。显然,矩形截面梁竖直放置比较合理。

(2) 采用变截面梁或等强度梁

弯曲强度计算是保证梁的危险截面上的最大正应力必须满足强度条件

$$\sigma_{\max}=\frac{M_{\max}}{W_z}\leqslant[\sigma]$$

大多数情形下,梁上只有一个或者少数几个截面上的弯矩达到最大值,也就是说只有极少数截面是危险截面。当危险截面上的最大正应力达到许用应力值时,其他大多数截面上的最大正应力还没有达到许用应力值,有的甚至远远没有达到许用应力值。这些截面处的材料同样没有被充分利用。

为了合理地利用材料,减轻结构重量,很多工程构件都设计成变截面的:弯矩大的地方截面大一些,弯矩小的地方截面也小一些。例如火力发电系统中的汽轮机转子(图 9-18a),即采用阶梯轴(图 9-18b)。

(a)

(b)

图 9-18　汽轮机转子及其阶梯轴

在机械工程与土木工程中所采用的变截面梁,与阶梯轴也有类似之处,即达到减轻结构重量、节省材料、降低成本的目的。图 9-19 中为大型悬臂钻床的变截面悬臂。

如果使每一个截面上的最大正应力都正好等于材料的许用应力,这样设计出的梁就是“等强度梁”。高架路面“鱼腹型”的横断面(图 9-20)就是一种等强度梁。

图 9-19　大型悬臂钻床的变截面悬臂

图 9-20　鱼腹型等强度梁

（3）改善受力状况

改善梁的受力状况，一是改变加载方式；二是调整梁的约束。这些都可以减小梁上的最大弯矩数值。

改变加载方式，主要是将作用在梁上的一个集中力用分布力或者几个比较小的集中力代替。例如，图 9-21a 中在梁的中点承受集中力的简支梁，最大弯矩 $M_{\max}=F_{P}l/4$。如果将集中力变为梁的全长上均匀分布的载荷，载荷集度 $q=F_{P}/l$，如图 9-21b 所示，这时，梁上的最大弯矩变为 $M_{\max}=F_{P}l/8$。

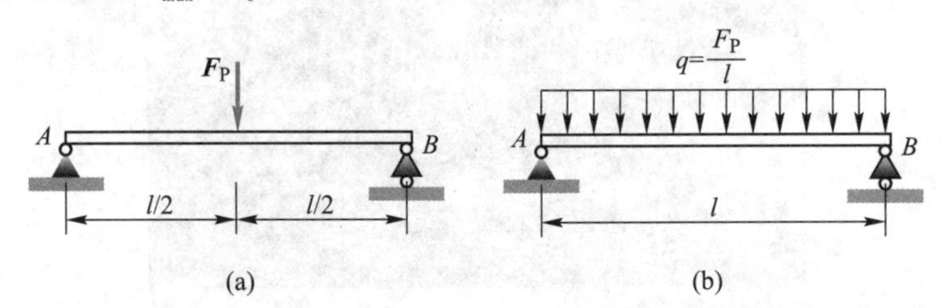

图 9-21　改善受力状况提高梁的强度

在某些允许的情形下，改变加力点的位置，使其靠近支座，也可以使梁内的最大弯矩有明显的降低。例如，图 9-22 中的齿轮轴，齿轮靠近支座时的最大弯矩要比齿轮放在中间时小得多。

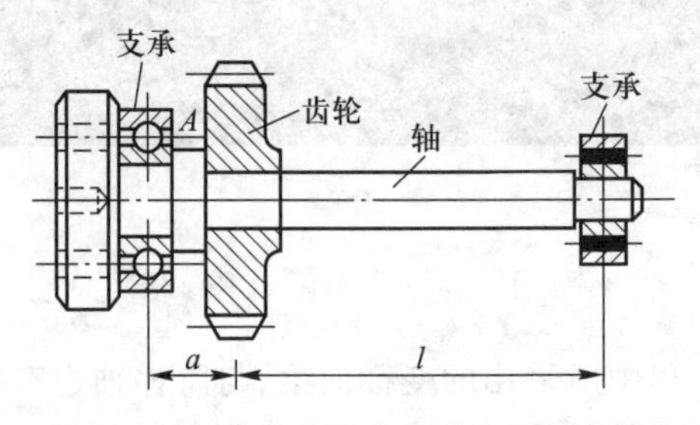

图 9-22　改变支承位置减小最大弯矩

调整梁的约束，主要是提高改变支座的位置，降低梁上的最大弯矩数值。例如，图 9-23a 中承受均布载荷的简支梁，最大弯矩 $M_{\max}=ql^2/8$。如果将支座向中间移动 $0.2l$，如图 9-23b 所示，这时，梁内的最大弯矩变为 $M_{\max}=ql^2/40$。但是，随着支座向梁的中点移动,梁中间截面上的弯矩逐渐减小,而支座处截面上的弯矩却逐渐增大。支座最合理的位置是使梁的中间截面上的弯矩正好等于支座处截面上的弯矩。

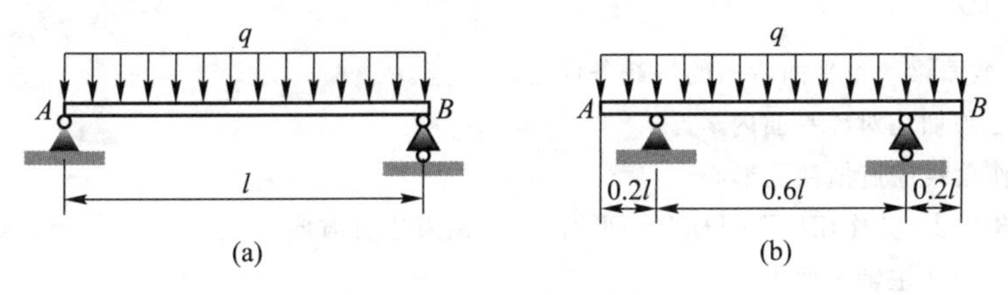

图 9-23　支承的最佳位置

9-6-5　学习研究问题

问题一:如图 9-24 所示,现有 4 块长度为 l、矩形截面尺寸相同(高为 h,宽为 b)的木板,请将它们用不同的拼接方式组成一简支梁,梁中点承受集中力作用。计算不同拼接方式组成梁中的最大弯曲正应力值之比。

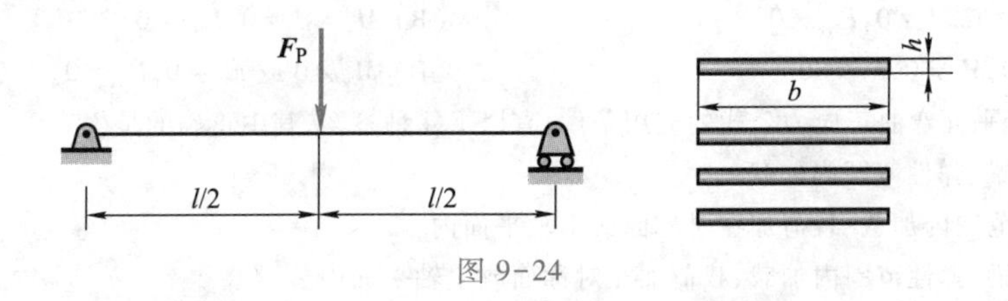

图 9-24

问题二:增加横截面的惯性矩一定能提高构件的强度吗?

矩形($b\times h$)截面木制悬臂梁,在自由端 Oxy 平面内承受弯曲力偶作用,如图 9-25a 所示。原采用图 9-25b 所示截面,为了提高梁的强度,在梁的一侧焊上两块材料相同的矩形($a\times c$)板条,如图 9-25c 所示。已知 $a=10$ mm,$b=60$ mm,$c=5$ mm,$h=30$ mm,$M_z=M_e$。木材的许用应力$[\sigma]=4.2$ MPa。请读者分析:

(1) 横截面的中性轴的位置有没有发生变化?

(2) 惯性矩增加了多少?

(3) 横截面上的最大正应力增加还是减少?

(4) 这种提高强度的措施是否有效?

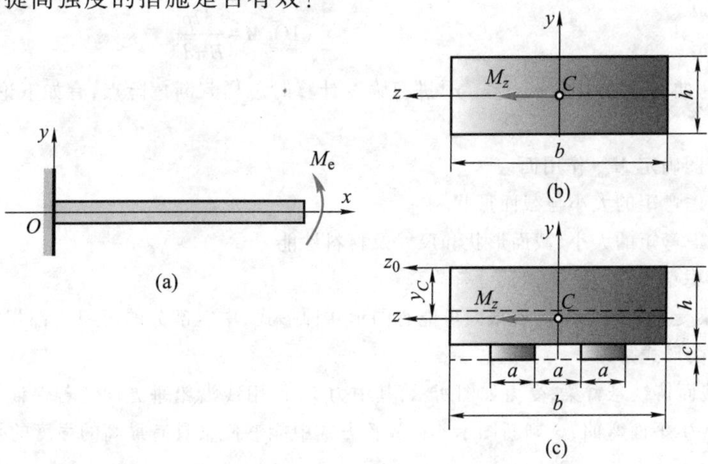

图 9-25

习　题

9-1　实心截面梁产生平面弯曲的加载条件是(　　)。

(A) 载荷必须加在对称平面内

(B) 载荷作用线通过横截面形心

(C) 对于集中力,其作用线通过横截面形心,并且沿着主轴方向

(D) 载荷作用在主轴平面内

9-2　产生平面弯曲时,梁的中性轴(　　)。

(A) 一定通过横截面的形心

(B) 通过横截面的形心,并且垂直于加载方向

(C) 垂直于加载方向,但不一定通过横截面形心

(D) 一定通过横截面形心,但不一定垂直于加载方向

9-3　根据杆件横截面正应力分析过程,中性轴在什么情形下才会通过截面形心?关于这一问题有以下4种答案,其中正确的是(　　)。

(A) $M_y=0$ 或 $M_z=0, F_{Nx}\neq 0$　　(B) $M_y=M_z=0, F_{Nx}\neq 0$

(C) $M_y=0, M_z\neq 0, F_{Nx}\neq 0$　　(D) $M_y\neq 0$ 或 $M_z\neq 0, F_{Nx}=0$

9-4　关于平面弯曲正应力公式的应用条件,有以下4种答案,其中正确的是(　　)。

(A) 细长梁、弹性范围内加载

(B) 弹性范围内加载、载荷加在对称面或主轴平面内

(C) 细长梁、弹性范围内加载、载荷加在对称面或主轴平面内

(D) 细长梁、载荷加在对称面或主轴平面内

9-5　直径为 d 的圆截面梁,两端在对称面内承受力偶矩为 M 的力偶作用,如图所示。若已知变形后中性层的曲率半径为 ρ;材料的弹性模量为 E。根据 d、ρ、E 可以求得梁所承受的力偶矩 M。现在有4种答案,其中正确的是(　　)。

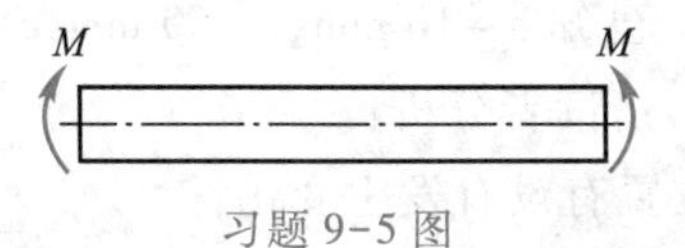

习题 9-5 图

(A) $M=\dfrac{E\pi d^4}{64\rho}$　　(B) $M=\dfrac{64\rho}{E\pi d^4}$

(C) $M=\dfrac{E\pi d^3}{32\rho}$　　(D) $M=\dfrac{32\rho}{E\pi d^3}$

9-6　关于弯曲问题中根据 $\sigma_{max}\leqslant[\sigma]$ 进行强度计算时怎样判断危险点,有如下论述,其中正确的是(　　)。

(A) 画弯矩图确定 M_{max} 作用面

(B) 综合考虑弯矩的大小与截面形状

(C) 综合考虑弯矩的大小、截面形状和尺寸及材料性能

(D) 综合考虑梁长、载荷、截面尺寸等

9-7　悬臂梁受力如图所示。若截面可能有图示4种形式,中空部分的面积 A 都相等。试分析其中梁强度最高的截面形式是(　　)。

9-8　T形截面铸铁悬臂梁,受力如图所示,其中力 $\boldsymbol{F}_P$ 作用线沿铅垂方向。若保证各种情况下都无扭转发生,即只产生平面弯曲,试判断图示4种放置方式中能够使梁具有最高的强度的是(　　)。

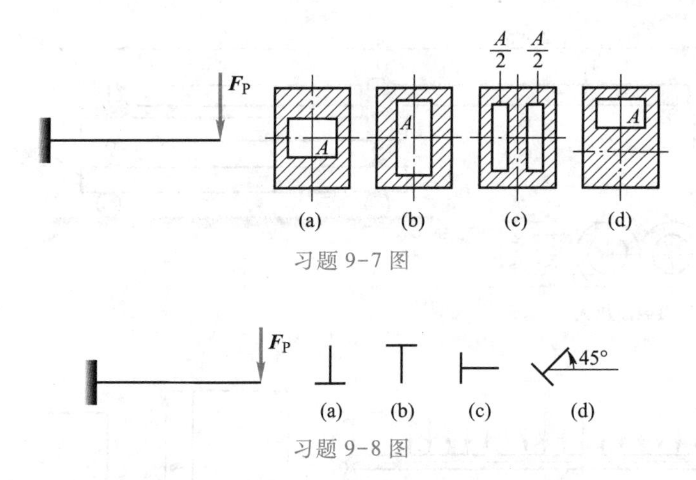

习题 9-7 图

习题 9-8 图

9-9　长度相同、承受同样的均布载荷 q 作用的梁,有图中所示的 4 种支承方式,如果从梁的强度考虑,请判断支承方式最合理的是(　　)。

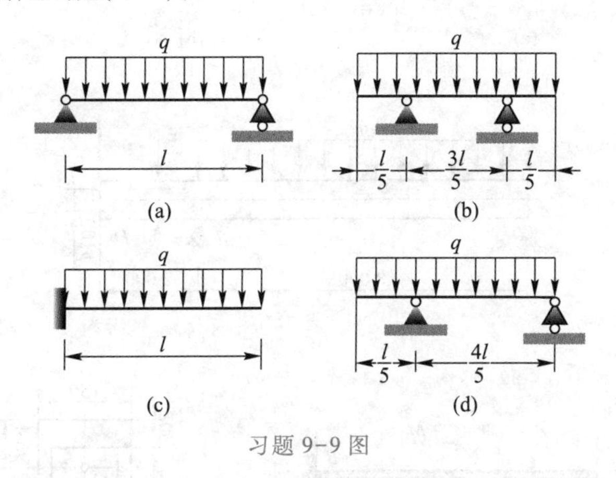

习题 9-9 图

9-10　悬臂梁受力及截面尺寸如图所示。试求梁的 1—1 截面上 A、B 两点的正应力。

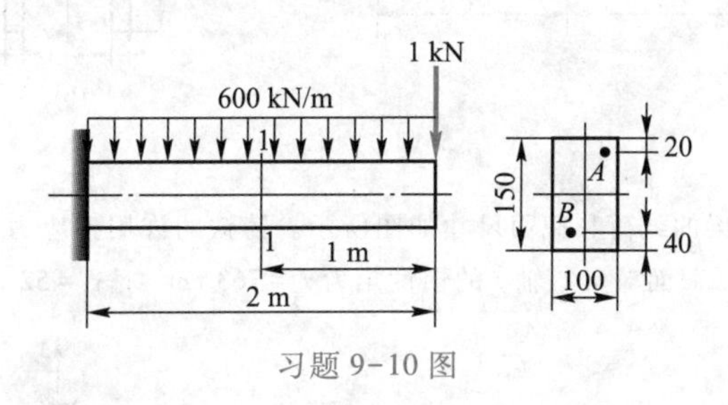

习题 9-10 图

9-11　加热炉的炉前机械操作装置如图所示。其操作臂由两根无缝钢管所组成。外伸端装有夹具,夹具与所夹持钢料的总重 $F_P = 2\ 200$ N,平均分配到两根钢管上。尺寸如图所示,试求梁内最大正应力(不考虑钢管自重)。

9-12　图示矩形截面简支梁,承受均布载荷 q 作用。若已知 $q = 2$ kN/m,$l = 3$ m,$h = 2b = 240$ mm。试求:截面竖放(图 b)和横放(图 c)时梁内的最大正应力,并加以比较。

9-13　圆截面外伸梁,其外伸部分是空心的,梁的受力与尺寸如图所示。已知 $F_P = 10$ kN,$q = 5$ kN/m,许用应力 $[\sigma] = 140$ MPa,试校核梁的弯曲强度。

9-14　悬臂梁 AB 受力如图所示,其中 $F_P = 10$ kN,$M = 70$ kN · m,$a = 3$ m。梁横截面的形状及尺寸均示于图中,C 为截面形心,截面对中性轴的惯性矩 $I_z = 1.02 \times 10^8$ mm^4,拉伸许用应力 $[\sigma]^+ = 40$ MPa,压缩许用应力 $[\sigma]^- = 120$ MPa。试校核梁的弯曲强度。

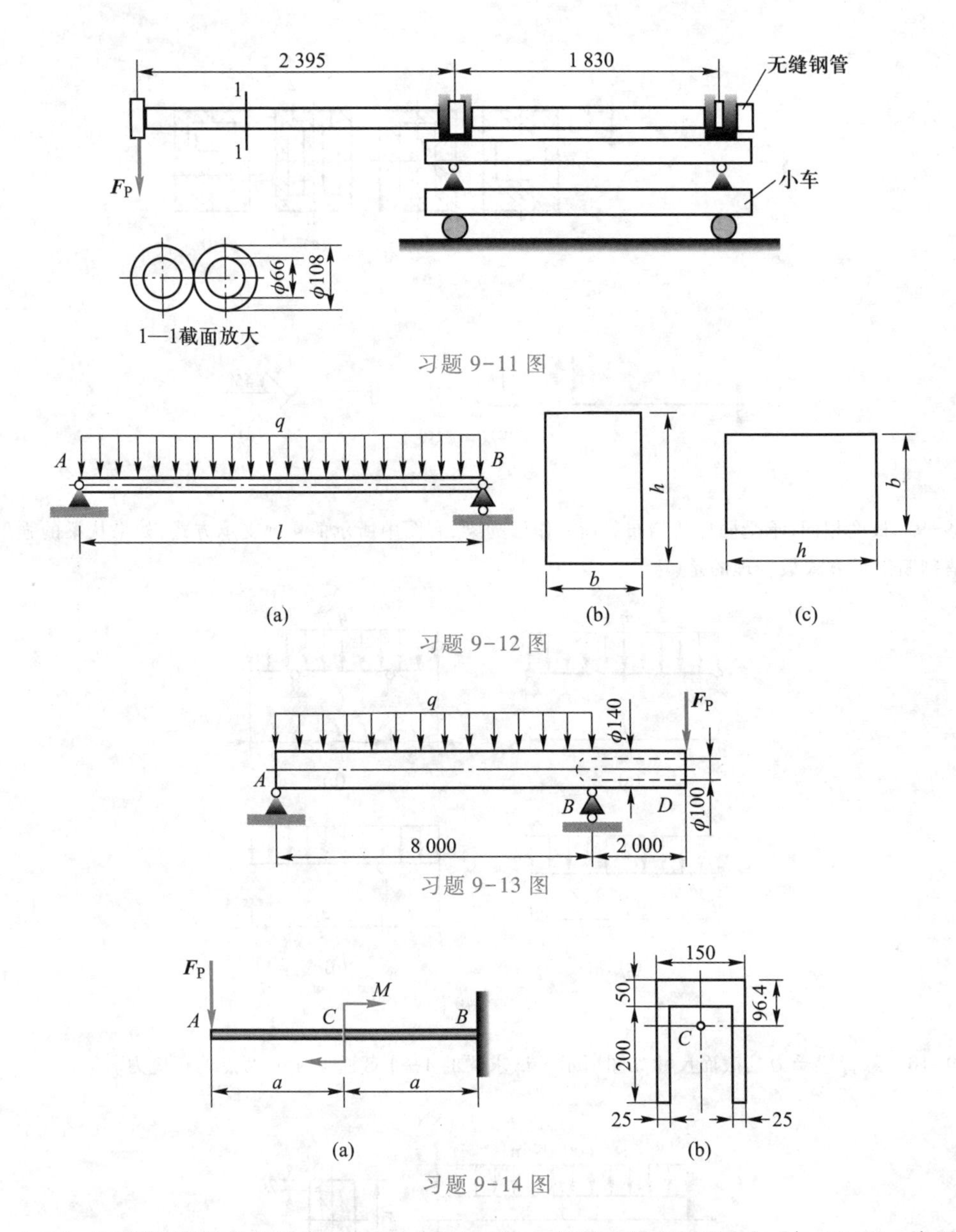

习题 9-11 图

习题 9-12 图

习题 9-13 图

习题 9-14 图

9-15　T 形截面铸铁梁的载荷和截面尺寸如图所示。铸铁的许用拉应力$[\sigma]^+ = 30$ MPa，许用压应力为$[\sigma]^- = 160$ MPa。已知截面对形心轴 z 的惯性矩为 $I_z = 763$ cm^4，且$y_1 = 52$ mm。试校核梁的强度。

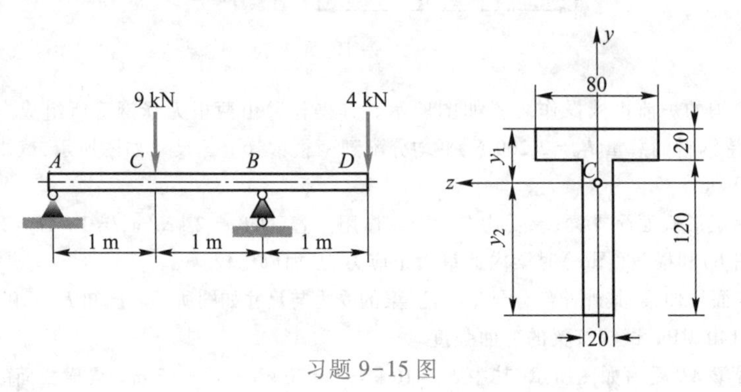

习题 9-15 图

9-16　由 10 号工字钢制成的 ABD 梁，左端 A 处为固定铰链支座，B 点处用铰链与钢制圆截面杆 BC

连接,杆 BC 在 C 处用铰链悬挂。已知圆截面杆直径 $d=20$ mm,梁和杆的许用应力均为 $[\sigma]=160$ MPa。试求结构的许用均布载荷集度 $[q]$。

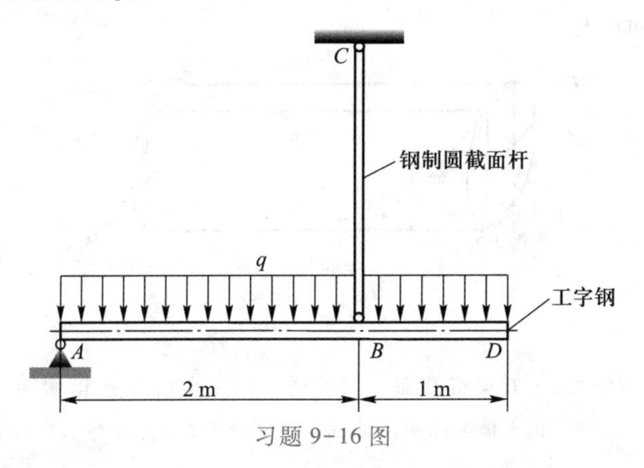

习题 9-16 图

9-17　图示外伸梁承受集中载荷 F_P 作用,尺寸如图所示。已知 $F_P=20$ kN,许用应力 $[\sigma]=160$ MPa,试选择工字钢的型号。

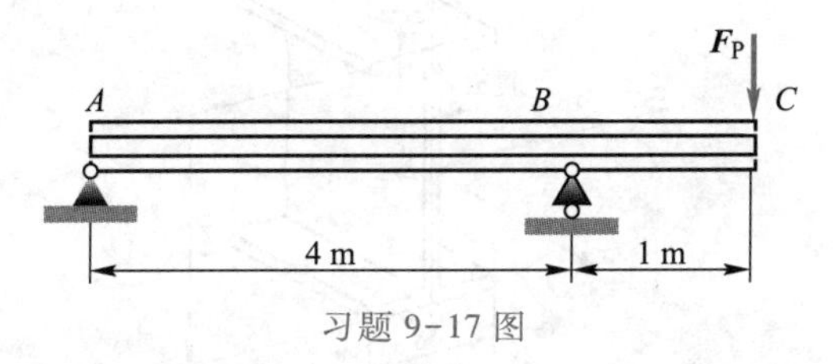

习题 9-17 图

9-18　图示之 AB 为简支梁,当载荷 F_P 直接作用在梁的跨度中点时,梁内最大弯曲正应力超过许用应力 30%。为减小 AB 梁内的最大正应力,在 AB 梁配置一辅助梁 CD,CD 也可以看作是简支梁。试求辅助梁的长度 a。

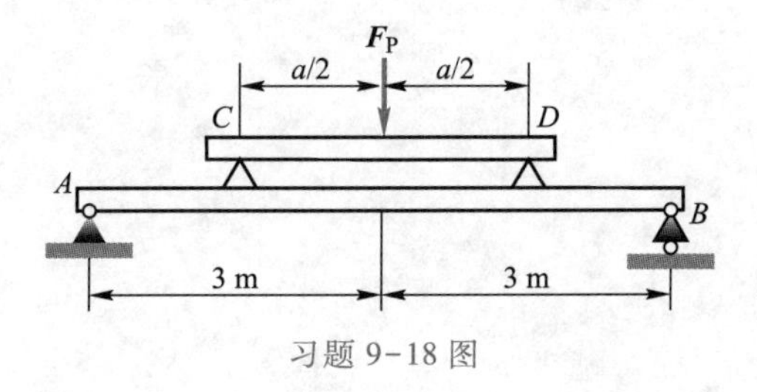

习题 9-18 图

9-19　工字形截面钢梁,截面尺寸如图所示,已知 $I_z=1\ 184\ \text{cm}^2$,材料的许用应力 $[\sigma]=170$ MPa,梁长 6 m,支座 B 的位置可以调节。试求最大许可载荷及支座 B 的位置。(注:可用 AB 跨中截面弯矩代替 $M_{\max}$。)

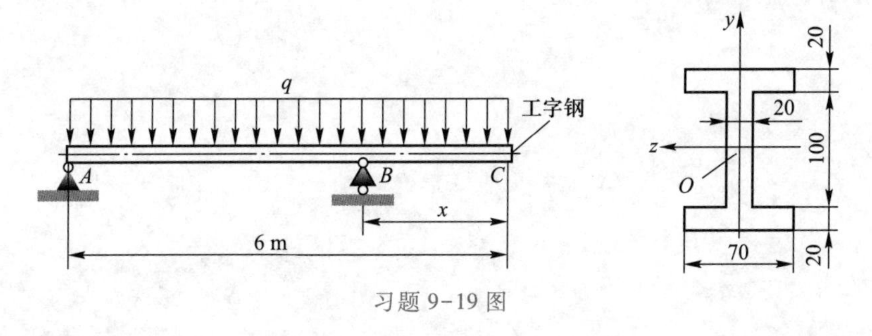

习题 9-19 图

*9-20　从圆木中锯成的矩形截面梁，受力及尺寸如图所示。试求下列两种情形下 h 与 b 的比值：

（1）横截面上的最大正应力尽可能小；

（2）曲率半径尽可能大。

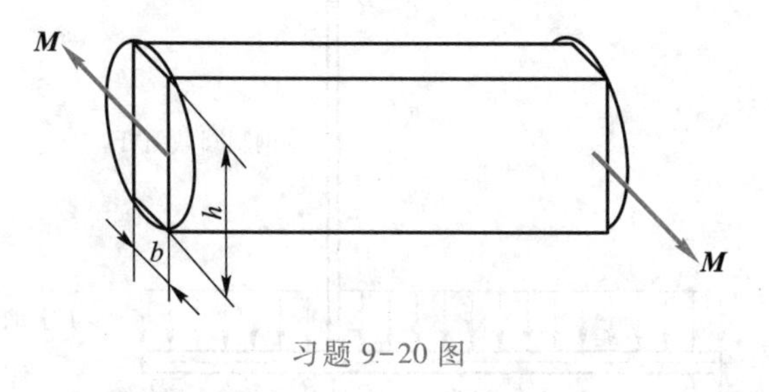

习题 9-20 图

*9-21　工字形截面钢梁，已知梁横截面上只承受弯矩一个内力分量，$M_z = 20\ \text{kN}\cdot\text{m}$，$I_z = 11.3\times10^6\ \text{mm}^4$，其他尺寸示于图中。试求横截面中性轴以上部分分布力系沿 x 轴方向的合力。

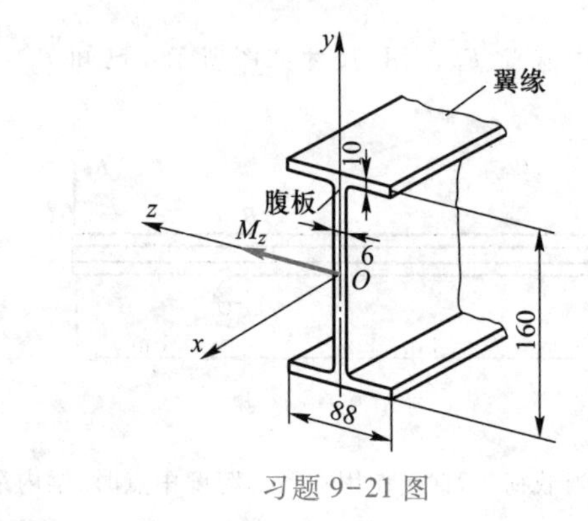

习题 9-21 图

第10章 弯曲刚度

上一章中已经提到,在平面弯曲的情形下,梁的轴线将弯曲成平面曲线,梁的横截面变形后依然保持平面,且仍与梁变形后的轴线垂直。由于发生弯曲变形,梁横截面的位置发生改变,这种改变称为位移。

位移是各部分变形累加的结果。位移与变形有着密切联系,但又有严格区别。有变形不一定处处有位移;有位移也不一定有变形。这是因为,杆件横截面的位移不仅与变形有关,还与杆件所受的约束有关。

在数学上,确定杆件横截面位移的过程主要是积分运算,积分常数则与约束条件和连续条件有关。

若材料的应力-应变关系满足胡克定律,且在弹性范围内加载,则位移(线位移或角位移)与力(力或力偶)之间均存在线性关系。因此,不同的力在同一处引起的同一种位移可以相互叠加。

本章将在分析变形与位移关系的基础上,建立确定梁位移的小挠度微分方程及其积分的概念,重点介绍工程上应用的叠加法及梁的刚度条件。

§10-1 弯曲变形与位移的基本概念

10-1-1 梁弯曲后的挠度曲线

图 10-1a 所示梁,若在弹性范围内加载,梁的轴线在梁弯曲后变成一连续光滑的曲线,如图 10-1b 所示。这一连续光滑曲线称为弹性曲线(elastic curve),或挠度曲线(deflection curve),简称挠曲线。

根据第 9 章所得到的结果,弹性范围内的挠度曲线在一点的曲率,与这一点处横截面上的弯矩、弯曲刚度之间存在下列关系:

$$\frac{1}{\rho}=\frac{M}{EI} \tag{10-1}$$

这一公式与纯弯曲正应力公式一样也可以推广到横向弯曲的情形,这时式中 ρ、M 都是横截面位置 x 的函数,即

$$\rho=\rho(x),\quad M=M(x)$$

式(10-1)中的 EI 为横截面的弯曲刚度。

10-1-2 梁的挠度与转角

梁在弯曲变形后,横截面的位置将发生改变,这种位置的改变称为位移(displacement)。梁的位移包括三部分:

(1) 横截面形心处垂直于轴线方向的位移,称为挠度(deflection),用 w 表示。

(2) 变形后的横截面相对于变形前位置绕中性轴转过的角度,称为转角(slope),用 θ 表示。

(3) 横截面形心沿水平方向的位移,称为轴向位移或水平位移(horizontal displace-

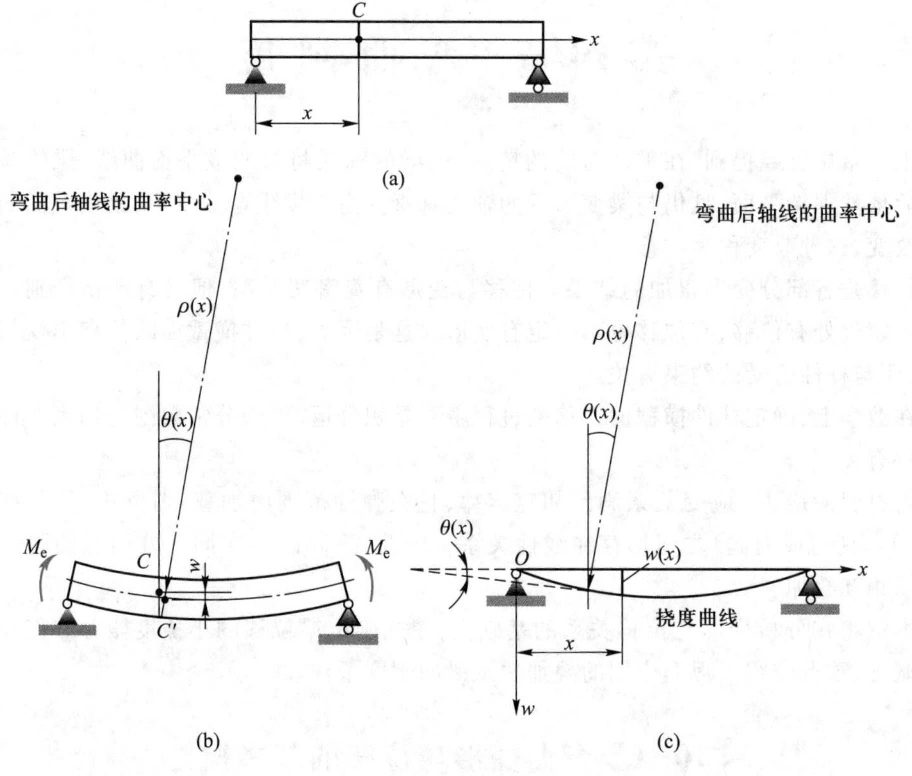

图 10-1　梁的弹性曲线与梁的位移

ment)，用 u 表示。

在小变形情形下，上述位移中，水平位移 u 与挠度 w 相比为高阶小量，故通常不予考虑。

在图 10-1c 所示 Oxw 坐标系中，挠度与转角存在下列关系：

$$\frac{\mathrm{d}w}{\mathrm{d}x}=\tan\theta \tag{10-2}$$

在小变形条件下，挠度曲线较为平坦，即 θ 很小，因而上式中 $\tan\theta\approx\theta$。于是有

$$\frac{\mathrm{d}w}{\mathrm{d}x}=\theta \tag{10-3}$$

上述二式中 $w=w(x)$，称为**挠度方程**(deflection equation)。

10-1-3　梁的位移与约束密切相关

图 10-2a、b、c 所示三种承受弯曲的梁，在这三种情形下，AB 段各横截面都受有相同的弯矩($M=F_{\mathrm{P}}a$)作用。

根据式(10-1)，在上述三种情形下，AB 段梁的曲率($1/\rho$)处处对应相等，因而挠度曲线具有相同的形状。但是，在三种情形下，由于约束的不同，梁的位移则不完全相同。对于图 10-2a 所示的无约束梁，因为其在空间的位置不确定，故无从确定其位移。

10-1-4　梁的位移分析的工程意义

工程设计中，对于结构或构件的弹性位移都有一定的限制。弹性位移过大，也会使结

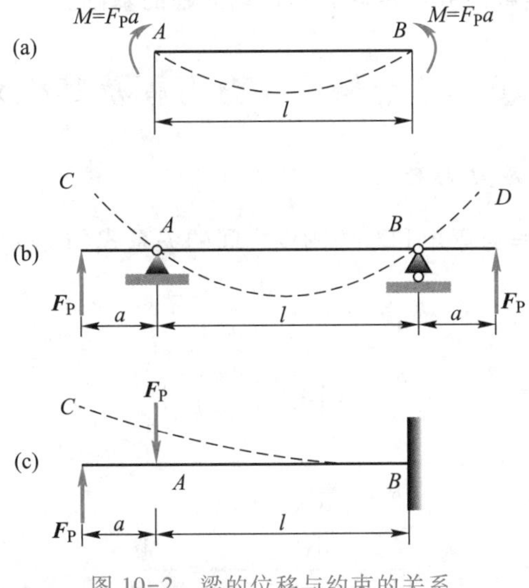

图 10-2　梁的位移与约束的关系

构或构件丧失正常功能,即发生刚度失效。

例如,图 10-3 中所示之机械传动机构中的齿轮轴,当变形过大时,两齿轮的啮合处将产生较大的挠度和转角,这不仅会影响两个齿轮之间的啮合,以致不能正常工作,而且还会加大齿轮磨损,同时将在转动的过程中产生很大的噪声;此外,当轴的变形很大时,轴在支承处也将产生较大的转角,从而使轴和轴承的磨损大大增加,降低轴和轴承的使用寿命。

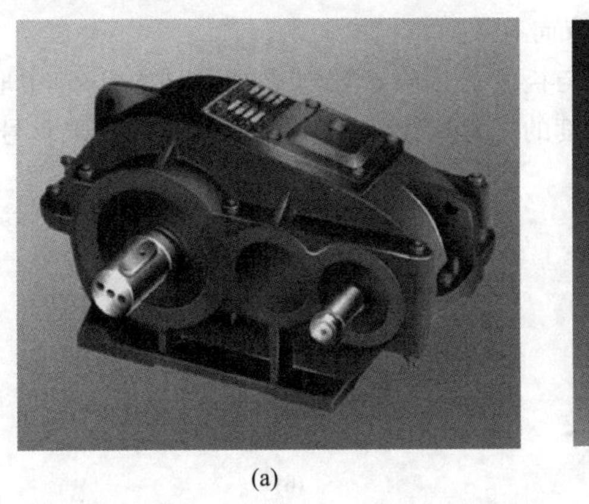

(a)　　(b)

图 10-3　齿轮轴的弯曲刚度问题

工程设计中还有另外一类问题,所考虑的不是限制构件的弹性位移,而是希望在构件不发生强度失效的前提下,尽量产生较大的弹性位移。例如,各种车辆中用于减振的板簧(图 10-4),都采用厚度不大的板条叠合而成,采用这种结构,板簧既可以承受很大的力而不发生破坏,同时又能承受较大的弹性变形,吸收车辆受到振动和冲击时产生的动能,起到抗振和抗冲击的作用。

图 10-4　车辆中用于减振的板簧

此外，位移分析也是解决静不定问题与振动问题的基础。

§10-2　小挠度微分方程及其积分

10-2-1　小挠度微分方程

应用挠度曲线的曲率与弯矩和弯曲刚度之间的关系式(10-1)，以及数学中关于曲线的曲率公式：

$$\frac{1}{\rho}=\pm\frac{|w''|}{\left[1+\left(\frac{\mathrm{d}w}{\mathrm{d}x}\right)^2\right]^{3/2}} \tag{10-4}$$

得到

$$\frac{\frac{\mathrm{d}^2w}{\mathrm{d}x^2}}{\left[1+\left(\frac{\mathrm{d}w}{\mathrm{d}x}\right)^2\right]^{3/2}}=\pm\frac{M}{EI} \tag{10-5}$$

在小变形情形下，$\frac{\mathrm{d}w}{\mathrm{d}x}=\theta\ll1$，上式将变为

$$\frac{\mathrm{d}^2w}{\mathrm{d}x^2}=\pm\frac{M}{EI} \tag{10-6}$$

此式即为确定梁的挠度和转角的微分方程，称为**小挠度微分方程**(differencial equation for small deflection)。式中的正负号与坐标取向有关。

对于图 10-5a 中所示之坐标系，弯矩与挠度的二阶导数同号，所以式(10-6)中取正号；对于图 10-5b 中所示之坐标系，弯矩与挠度的二阶导数异号，所以式(10-6)中取负号。

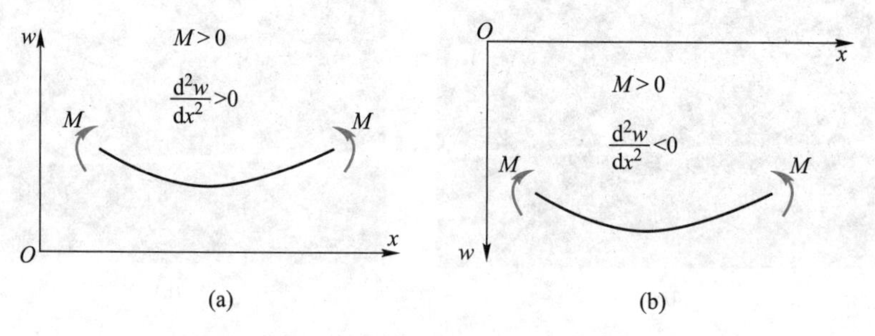

图 10-5　不同的 w 坐标取向

本书采用 w 向下、x 向右的坐标系(如图 10-5b 所示)，故有

$$\frac{\mathrm{d}^2w}{\mathrm{d}x^2}=-\frac{M}{EI} \tag{10-7}$$

需要指出的是，剪力对梁的位移是有影响的。但是，对于细长梁，这种影响很小，因而常常忽略不计。

对于等截面梁，写出弯矩方程 $M(x)$，代入上式后，分别对 x 作不定积分，得到包含积分常数的转角方程与挠度方程，即

$$\frac{\mathrm{d}w}{\mathrm{d}x}=-\int_l\frac{M(x)}{EI}\mathrm{d}x+C \tag{10-8}$$

$$w=\int_l\left[-\int_l\frac{M(x)}{EI}\mathrm{d}x\right]\mathrm{d}x+Cx+D \tag{10-9}$$

其中 C、D 为积分常数。

10-2-2　积分常数的确定、约束条件与连续条件

上述积分中出现的常数由梁的约束条件与连续条件确定,约束条件是指约束对于挠度和转角的限制。

(1) 在固定铰链支座和辊轴支座处,约束条件为挠度等于零:$w=0$。

(2) 在固定端处,约束条件为挠度和转角都等于零:$w=0,\theta=0$。

连续条件是指,梁在弹性范围内加载,其轴线将弯曲成一条连续光滑的曲线,因此,在集中力、集中力偶及分布载荷间断处,两侧的挠度、转角对应相等:
$w_1=w_2,\theta_1=\theta_2$,等等。

上述方法称为积分法(integration method)。下面举例说明积分法的应用。

【例题 10-1】　承受集中载荷的简支梁,如图 10-6 所示。梁弯曲刚度 EI、长度 l、载荷 $\boldsymbol{F}_{\mathrm{P}}$ 等均为已知。试用积分法求梁的挠度方程和转角方程,并计算加力点 B 处的挠度和支承 A 和 C 处截面的转角。

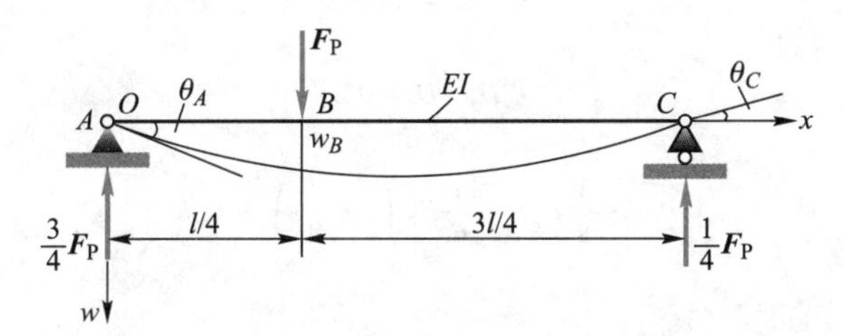

图 10-6　例题 10-1 图

解:1. 确定梁约束力

首先,应用平衡方程求得梁在支承 A、C 二处的约束力分别如图中所示。

2. 分段建立梁的弯矩方程

因为 B 处作用有集中力 $\boldsymbol{F}_{\mathrm{P}}$,所以需要分成 AB 和 BC 两段建立弯矩方程。

在图示坐标系中,为确定梁在 $0\sim l/4$ 范围内各截面上的弯矩,只需要考虑左端 A 处的约束力 $3\boldsymbol{F}_{\mathrm{P}}/4$;而确定梁在 $l/4\sim l$ 范围内各截面上的弯矩,则需要考虑左端 A 处的约束力 $3\boldsymbol{F}_{\mathrm{P}}/4$ 和荷载 $\boldsymbol{F}_{\mathrm{P}}$。于是,$AB$ 和 BC 两段的弯矩方程分别为

$$AB\text{ 段}\quad M_1(x)=\frac{3}{4}F_{\mathrm{P}}x\qquad\left(0\leqslant x\leqslant\frac{l}{4}\right) \tag{a}$$

$$BC\text{ 段}\quad M_2(x)=\frac{3}{4}F_{\mathrm{P}}x-F_{\mathrm{P}}\left(x-\frac{l}{4}\right)\qquad\left(\frac{l}{4}\leqslant x\leqslant l\right) \tag{b}$$

3. 将弯矩表达式代入小挠度微分方程并分别积分

$$EI\frac{\mathrm{d}^2w_1}{\mathrm{d}x^2}=-M_1(x)=-\frac{3}{4}F_{\mathrm{P}}x\qquad\left(0\leqslant x\leqslant\frac{l}{4}\right) \tag{c}$$

$$EI\frac{\mathrm{d}^2w_2}{\mathrm{d}x^2}=-M_2(x)=-\frac{3}{4}F_{\mathrm{P}}x+F_{\mathrm{P}}\left(x-\frac{l}{4}\right)\qquad\left(\frac{l}{4}\leqslant x\leqslant l\right) \tag{d}$$

将式(c)积分后,得

$$EI\theta_1=-\frac{3}{8}F_{\mathrm{P}}x^2+C_1 \tag{e}$$

$$EIw_1=-\frac{1}{8}F_{\mathrm{P}}x^3+C_1x+D_1 \tag{f}$$

将式(d)积分后,得

$$EI\theta_2=-\frac{3}{8}F_Px^2+\frac{1}{2}F_P\left(x-\frac{l}{4}\right)^2+C_2 \tag{g}$$

$$EIw_2=-\frac{1}{8}F_Px^3+\frac{1}{6}F_P\left(x-\frac{l}{4}\right)^3+C_2x+D_2 \tag{h}$$

其中,C_1、D_1、C_2、D_2为积分常数,由支承处的约束条件和 AB 段与 BC 段梁交界处的连续条件确定。

4. 利用约束条件和连续条件确定积分常数

在支座 A、C 两处挠度应为零,即

$$x=0,\quad w_1=0 \tag{i}$$

$$x=l,\quad w_2=0 \tag{j}$$

因为,梁弯曲后的轴线应为连续光滑的曲线,所以 AB 段与 BC 段梁交界处的挠度和转角必须分别相等,即

$$x=l/4,\quad w_1=w_2 \tag{k}$$

$$x=l/4,\quad \theta_1=\theta_2 \tag{l}$$

将式(i)代入式(f)

$$D_1=0$$

将式(l)代入(e)、(g)得

$$C_1=C_2$$

将式(k)代入(f)、(h),得到

$$D_1=D_2=0$$

将式(j)代入式(h),有

$$0=-\frac{1}{8}F_Pl^3+\frac{1}{6}F_P\left(l-\frac{l}{4}\right)^3+C_2l$$

从中解出

$$C_1=C_2=\frac{7}{128}F_Pl^2$$

5. 确定转角方程和挠度方程及指定横截面的挠度与转角

将所得的积分常数代入式(e)~式(h),得到梁的转角和挠度方程为

$$\left.\begin{aligned}\theta(x)&=\frac{F_P}{EI}\left(-\frac{3}{8}x^2+\frac{7}{128}l^2\right)\\ w(x)&=\frac{F_P}{EI}\left(-\frac{1}{8}x^3+\frac{7}{128}l^2x\right)\end{aligned}\right\}\quad\left(0\leqslant x\leqslant\frac{l}{4}\right)$$

$$\left.\begin{aligned}\theta(x)&=\frac{F_P}{EI}\left[-\frac{3}{8}x^2+\frac{1}{2}\left(x-\frac{l}{4}\right)^2+\frac{7}{128}l^2\right]\\ w(x)&=\frac{F_P}{EI}\left[-\frac{1}{8}x^3+\frac{1}{6}\left(x-\frac{l}{4}\right)^3+\frac{7}{128}l^2x\right]\end{aligned}\right\}\quad\left(\frac{l}{4}\leqslant x\leqslant l\right)$$

据此,可以求得加力点 B 处的挠度和支承处 A 和 C 的转角分别为

$$w_B=\frac{3}{256}\frac{F_Pl^3}{EI},\quad \theta_A=\frac{7}{128}\frac{F_Pl^2}{EI},\quad \theta_C=-\frac{5}{128}\frac{F_Pl^2}{EI}$$

§10-3　工程中的叠加法

在很多的工程计算手册中,已将各种支承条件下的静定梁在各种典型载荷作用下的挠度和转角表达式列出,简称为挠度表(见本章末表 10-1)。

基于杆件变形后其轴线为一光滑连续的曲线和位移是杆件变形累加的结果这两个重要概念,以及在小变形条件下的力的独立作用原理,采用**叠加法**(superposition method)由现有的挠度表可以得到在很多复杂情形下梁的位移。

10-3-1　叠加法应用于多个载荷作用的情形

当梁上受几种不同的载荷作用时,都可以将其分解为各种载荷单独作用的情形,由挠度表查得这些情形下的挠度和转角,再将所得结果叠加后,便得到几种载荷同时作用的结果。

【例题 10-2】　简支梁同时承受均布载荷 q、集中力 $F_P=ql$ 和集中力偶 $M=ql^2$ 作用,如图 10-7a 所示。梁的弯曲刚度为 EI。试用叠加法求梁中点的挠度和右端支座处横截面的转角。

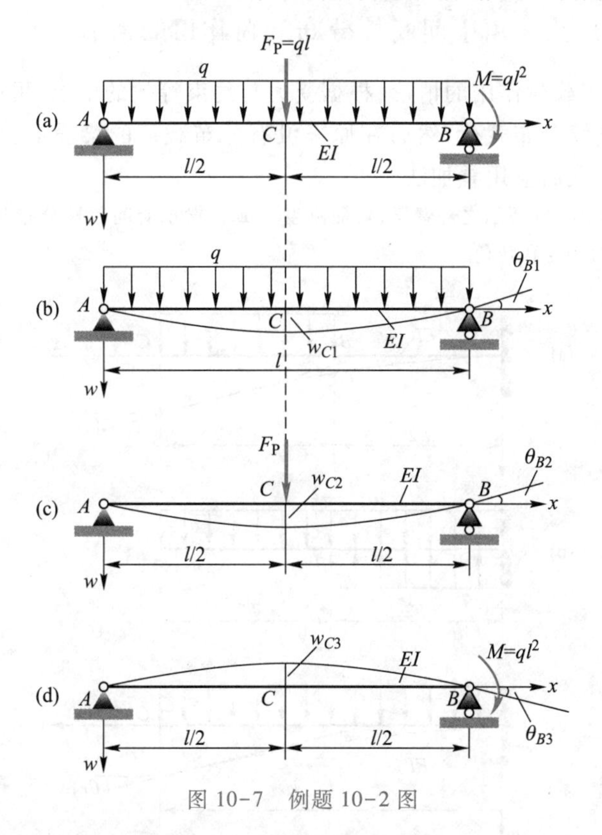

图 10-7　例题 10-2 图

解:1. 将梁上的载荷分解为三种简单载荷单独作用的情形

画出三种简单载荷单独作用时的挠度曲线大致形状,分别如图 10-7b、c、d 所示。

2. 应用挠度表确定三种情形下梁中点的挠度与支承处 B 横截面的转角

应用表 10-1 中所列结果,求得上述三种情形下,梁中点的挠度 $w_{Ci}(i=1,2,3)$ 为

$$\left.\begin{aligned}w_{C1}&=\frac{5}{384}\frac{ql^4}{EI}\\w_{C2}&=\frac{1}{48}\frac{ql^4}{EI}\\w_{C3}&=-\frac{1}{16}\frac{ql^4}{EI}\end{aligned}\right\}\tag{a}$$

右端支座 B 处的转角 θ_{Bi} 为

$$\left.\begin{aligned}\theta_{B1}&=-\frac{1}{24}\frac{ql^3}{EI}\\\theta_{B2}&=-\frac{1}{16}\frac{ql^3}{EI}\\\theta_{B3}&=\frac{1}{3}\frac{ql^3}{EI}\end{aligned}\right\}\tag{b}$$

3. 应用叠加法,将简单载荷作用时的挠度和转角分别叠加

将上述结果按代数值相加,分别得到梁中点的挠度和支座 B 处的转角为

$$w_C=\sum_{i=1}^{3}w_{Ci}=-\frac{11}{384}\frac{ql^4}{EI},\quad \theta_B=\sum_{i=1}^{3}\theta_{Bi}=\frac{11}{48}\frac{ql^3}{EI}$$

对于表中未列入的简单载荷作用下梁的位移,可以作适当处理,使之成为有表可查的情形,然后再应用叠加法。

10-3-2　叠加法应用于间断性分布载荷作用的情形

对于间断性分布载荷作用的情形,根据受力与约束等效的要求,可以将间断性分布载荷,变为梁全长上连续分布载荷,然后在原来没有分布载荷的梁段上,加上集度相同但方向相反的分布载荷,最后应用叠加法。

【例题 10-3】 图 10-8a 所示之悬臂梁,弯曲刚度为 EI。梁承受间断性分布载荷,如图所示。试利用叠加法确定自由端的挠度和转角。

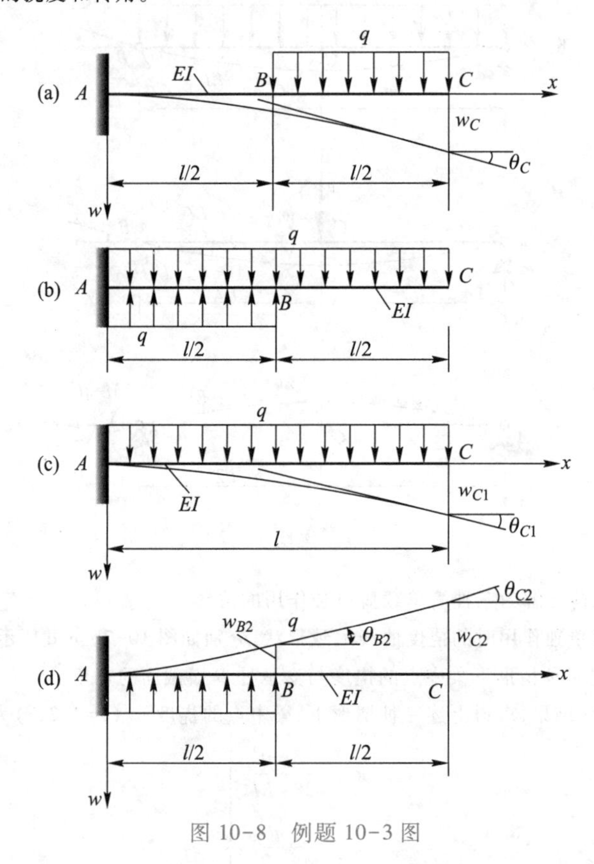

图 10-8　例题 10-3 图

解:1. 将梁上的载荷变成有表可查的情形

为利用挠度表中关于梁全长承受均布载荷的计算结果,计算自由端 C 处的挠度和转角,先将均布载荷延长至梁的全长,为了不改变原来载荷作用的效果,在 AB 段还需再加上集度相同、方向相反的均布载荷,如图 10-8b 所示。

2. 将处理后的梁分解为简单载荷作用的情形,计算各个简单载荷引起的挠度和转角

图 10-8c 和 d 所示是两种不同的均布载荷作用情形,分别画出这两种情形下的挠度曲线大致形状。于是,根据挠度表中关于承受均布载荷悬臂梁的计算结果,上述两种情形下自由端的挠度和转角分别为

$$w_{C1}=\frac{1}{8}\frac{ql^4}{EI}$$

$$w_{C2}=w_{B2}+\theta_{B2}\times\frac{l}{2}=-\frac{1}{128}\frac{ql^4}{EI}-\frac{1}{48}\frac{ql^3}{EI}\times\frac{l}{2}$$

$$\theta_{C1}=\frac{1}{6}\frac{ql^3}{EI}$$

$$\theta_{C2}=-\frac{1}{48}\frac{ql^3}{EI}$$

3. 将简单载荷作用的结果叠加

上述结果叠加后，得到

$$w_C=\sum_{i=1}^{2}w_{Ci}=\frac{41}{384}\frac{ql^4}{EI}$$

$$\theta_C=\sum_{i=1}^{2}\theta_{Ci}=\frac{7}{48}\frac{ql^3}{EI}$$

§ 10-4　简单的静不定梁

与求解拉伸、压缩杆件的静不定问题相似，求解静不定梁问题，除了平衡方程外，还需要根据多余约束对位移或变形的限制，建立**变形协调方程**，并建立力与位移或变形之间的物理关系，即物理方程或称**本构方程**（constitutive equations）。将这二者联立才能找到求解静不定问题所需的补充方程。

据此，首先要判断静不定的次数，也就是确定有几个多余约束；然后选择合适的多余约束，将其除去，使静不定梁变成静定梁，在解除约束处代之以多余约束力；最后将解除约束后的梁与原来的静不定梁相比较，多余约束处应当满足什么样的变形条件才能使解除约束后的系统的受力和变形与原来的系统弯曲等效，从而写出变形协调条件。

【例题 10-4】　图 10-9a 所示之三铰支承梁，A 处为固定铰链支座，B、C 二处为辊轴支座。梁作用有均布载荷。已知均布载荷集度 $q=15$ N/mm，$l=4$ m，梁为圆截面，其直径 $d=100$ mm，材料的许用应力 $[\sigma]=100$ MPa，试校核该梁的强度是否安全。

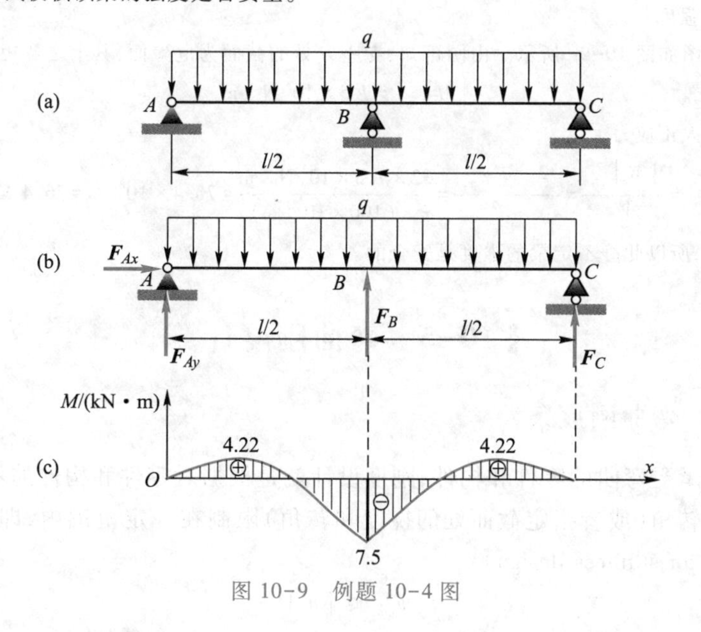

图 10-9　例题 10-4 图

解：1. 判断静不定次数

梁在 A、B、C 三处共有 4 个未知约束力，而梁在平面一般力系作用下，只有 3 个独立的平衡方程，故为一次静不定梁。

2. 解除多余约束，使静不定梁变成静定梁

本例中 B、C 二处的辊轴支座，可以选择其中的一个作为多余约束，现在将支座 B 作为多余约束除去，在 B 处代之以相应的多余约束力 $\boldsymbol{F}_B$。解除约束后所得到静定梁为一简支梁，如图 10-9b 所示。

3. 建立平衡方程

以图 10-9b 中所示之静定梁作为研究对象，可以写出下列平衡方程：

$$\left.\begin{aligned}&\sum F_x=0,\quad F_{Ax}=0\\&\sum F_y=0,\quad F_{Ay}+F_B+F_C-ql=0\\&\sum M_C=0,\quad -F_{Ay}l-F_B\frac{l}{2}+ql\frac{l}{2}=0\end{aligned}\right\}\tag{a}$$

4. 比较解除约束前的静不定梁和解除约束后的静定梁，建立变形协调条件

比较图 10-9a 和 b 中所示之两根梁，可以看出，图 10-9b 中的静定梁在 B 处的挠度必须等于零，梁的受力与变形才能相当。于是，可以写出变形协调条件为

$$w_B=w_B(q)+w_B(F_B)=0\tag{b}$$

其中，$w_B(q)$ 为均布载荷 q 作用在静定梁上引起的 B 处的挠度；$w_B(F_B)$ 为多余约束力 $\boldsymbol{F}_B$ 作用在静定梁上引起的 B 处的挠度。

5. 查表确定 $w_B(q)$ 和 $w_B(F_B)$

由表 10-1 查得

$$w_B(q)=-\frac{5}{384}\times\frac{ql^4}{EI},\quad w_B(F_B)=-\frac{1}{48}\times\frac{F_Bl^3}{EI}\tag{c}$$

联立求解式(a)、式(b)、式(c)，得到全部约束力，即

$$F_{Ax}=0,\quad F_{Ay}=\frac{3}{16}ql$$

$$F_B=\frac{5}{8}ql$$

$$F_C=\frac{3}{16}ql$$

6. 校核梁的强度

作梁的弯矩图如图 10-9c 所示。由图可知，支座 B 处的截面为危险面，其上之弯矩值为

$$|M|_{\max}=7.5\times10^3\ \text{N}\cdot\text{m}$$

危险截面上的最大正应力

$$\sigma_{\max}=\frac{|M|_{\max}}{W}=\frac{32|M|_{\max}}{\pi d^3}=\frac{32\times7.5\times10^3\ \text{N}\cdot\text{m}}{\pi\times(100\times10^{-3}\ \text{m})^3}=76.4\times10^6\ \text{Pa}=76.4\ \text{MPa}$$

因为 $\sigma_{\max}<[\sigma]$，所以此静不定梁的强度是安全的。

§10-5　弯曲刚度计算

10-5-1　弯曲刚度条件

对于主要承受弯曲的零件和构件，刚度设计就是根据对零件和构件的不同工艺要求，将最大挠度和转角（或者指定截面处的挠度和转角）限制在一定范围内，即满足弯曲刚度条件（criterion for stiffness design）：

$$w_{\max}\leqslant[w]\tag{10-10}$$

$$\theta_{\max}\leqslant[\theta]\tag{10-11}$$

上述二式中 $[w]$ 和 $[\theta]$ 分别称为许用挠度和许用转角，均根据对于不同零件或构件

的工艺要求而确定。常见轴的许用挠度和许用转角数值列于本章末表 10-2 中。

10-5-2　刚度计算举例

【例题 10-5】　图 10-10 所示之钢制圆轴,左端受集中力 $\boldsymbol{F}_P$ 作用,尺寸如图所示。已知 $F_P=20$ kN, $a=1$ m, $l=2$ m, $E=206$ GPa,轴承 B 处的许用转角 $[\theta]=0.5°$。试根据刚度要求确定该轴的直径 d。

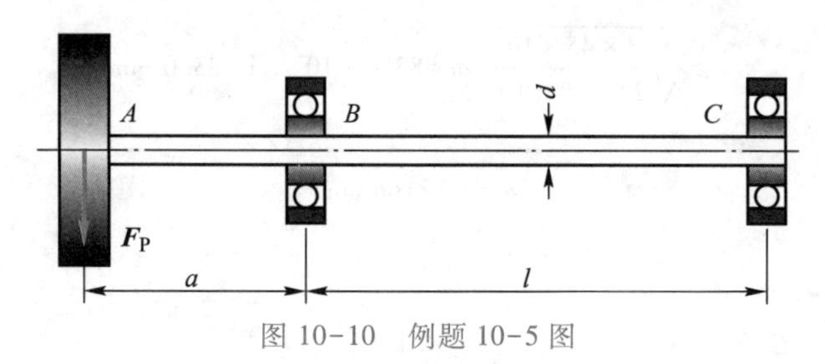

图 10-10　例题 10-5 图

解:根据要求,所设计的轴直径必须使轴具有足够的刚度,以保证轴承 B 处的转角不超过许用数值。为此,需按下列步骤计算。

1. 查表确定 B 处的转角

由表 10-1 中承受集中载荷的外伸梁的结果,得

$$\theta_B=-\frac{F_P la}{3EI}$$

2. 根据刚度条件确定轴的直径

根据设计要求

$$|\theta|\leqslant[\theta]$$

其中,θ 的单位为 rad(弧度),而 $[\theta]$ 的单位为(°)(度),应考虑到单位的一致性,将有关数据代入后,得到

$$\frac{64F_P la}{3E\pi d^4}\leqslant[\theta]\times\frac{\pi}{180}$$

$$d\geqslant\sqrt[4]{\frac{64F_P la\times180}{3E\pi^2\times[\theta]}}=\sqrt[4]{\frac{64\times20\times10^3\times1\times2\times180}{3\times\pi^2\times206\times0.5\times10^9}}\ \text{m}=111\times10^{-3}\ \text{m}=111\ \text{mm}$$

【例题 10-6】　矩形截面悬臂梁承受均布载荷如图 10-11 所示。已知 $q=10$ kN/m, $l=3$ m, $E=196$ GPa, $[\sigma]=118$ MPa,许用最大挠度与梁跨度比值 $[w_{max}/l]=1/250$,且已知梁横截面的高度与宽度之比 $h/b=2$。试设计梁横截面尺寸 b 和 h。

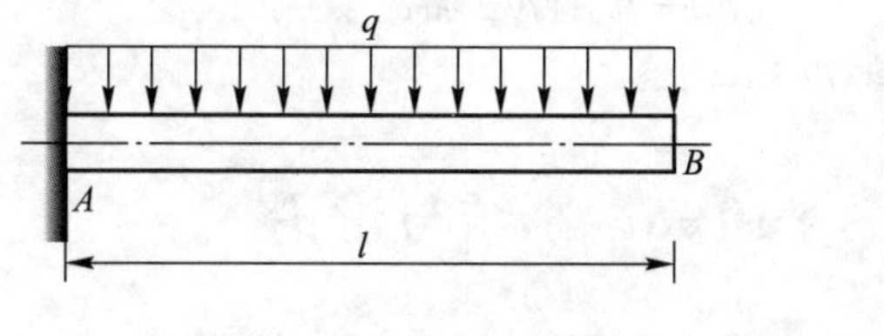

图 10-11　例题 10-6 图

解:本例所涉及的问题,既要满足强度要求,又要满足刚度要求。

解决这类问题,可以先按强度条件设计截面尺寸,然后校核刚度条件是否满足;也可以先按刚度条件设计截面尺寸,然后校核强度条件是否满足。或者,同时按强度和刚度条件设计截面尺寸,最后选两种情形下所得尺寸中之较大者。现按后一种方法计算如下。

1. 强度设计

$$\sigma_{max}=\frac{|M|_{max}}{W_z}\leqslant[\sigma] \tag{a}$$

于是,有

$$|M|_{\max}=\frac{1}{2}ql^2=\frac{1}{2}\times 10\times 10^3\times 3^2\ \mathrm{N\cdot m}=45\times 10^3\ \mathrm{N\cdot m}=45\ \mathrm{kN\cdot m}$$

$$W_z=\frac{bh^2}{6}=\frac{b(2b)^2}{6}=\frac{2b^3}{3}$$

将它们代入式(a)后,得

$$b\geqslant\sqrt[3]{\frac{3\times 45\times 10^3}{2\times 118\times 10^6}}\ \mathrm{m}=83.0\times 10^{-3}\ \mathrm{m}=83.0\ \mathrm{mm}$$

而

$$h=2b\geqslant 166\ \mathrm{mm}$$

2. 刚度设计

根据刚度条件

$$w_{\max}\leqslant[w]$$

有

$$\frac{w_{\max}}{l}\leqslant\left[\frac{w}{l}\right] \tag{b}$$

由表 10-1 中承受均布载荷作用的悬臂梁的计算结果,得

$$w_{\max}=\frac{ql^4}{8EI}$$

于是,有

$$\frac{w_{\max}}{l}=\frac{ql^3}{8EI} \tag{c}$$

其中

$$I=\frac{bh^3}{12} \tag{d}$$

将式(c)和式(d)代入式(b),得

$$\frac{3ql^3}{16Eb^4}\leqslant\left[\frac{w_{\max}}{l}\right]$$

由此解得

$$b\geqslant\sqrt[4]{\frac{3\times 10\times 10^3\times 3^3\times 250}{16\times 196\times 10^9}}\ \mathrm{m}=89.6\times 10^{-3}\ \mathrm{m}=89.6\ \mathrm{mm}$$

而

$$h=2b\geqslant 179.2\ \mathrm{mm}$$

故该梁横截面尺寸需满足 $h=2b\geqslant 179.2\ \mathrm{mm}$。

§10-6 小结与讨论

10-6-1 关于变形和位移的相依关系

(1) 位移与变形有关,但不是同一概念。

第 9 章的分析结果表明,在平面弯曲的情形下,梁的轴线将弯曲成平面曲线。其曲率为

$$\frac{1}{\rho}=\frac{M_z}{EI_z}$$

这就是梁的变形。

梁弯曲后,其横截面将产生位移。位移与变形有关,但不是同一概念。

将梁分成许多微段(图 10-12a),梁受力后,每一个微段都要发生变形,微段变形累积,梁的截面产生位移,如图 10-12b 所示。

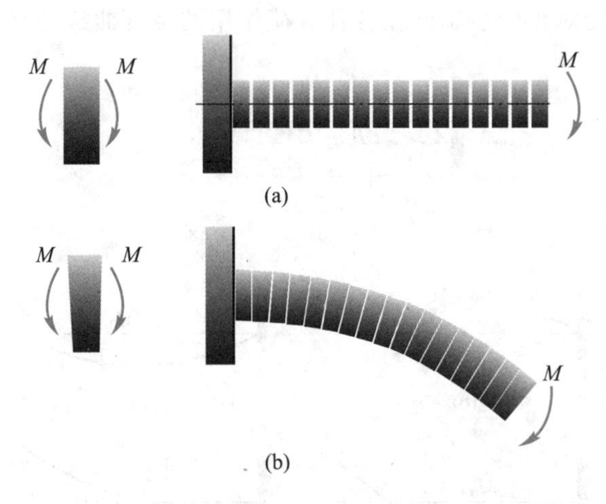

图 10-12　变形与位移的相依关系

(2) 位移不仅与变形有关,还与梁的约束有关。

变形相同的梁由于约束不同将会产生不同的位移。

请读者比较图 10-13 中两种梁所受的外力、梁内弯矩及梁的变形和位移有何相同之处和不同之处。

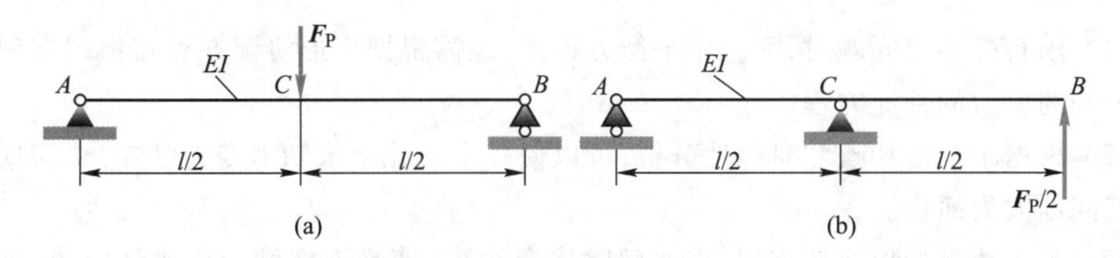

图 10-13　位移与变形的相依关系(1)

(3) 是不是有变形一定有位移,或者有位移一定有变形?

这一问题请读者结合图 10-14 中所示的梁与杆的变形和位移,加以分析,得出自己的结论。

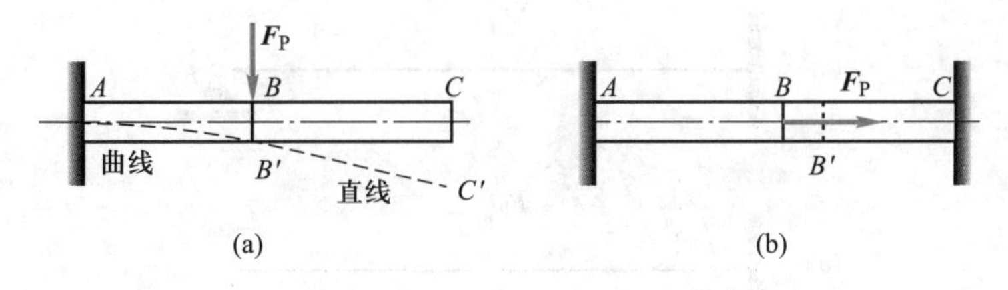

图 10-14　位移与变形的相依关系(2)

10-6-2　关于梁的连续光滑曲线

在平面弯曲情形下,若在弹性范围内加载,梁的轴线弯曲后必然成为一条连续光滑的曲线,并在支承处满足约束条件。根据弯矩的实际方向可以确定挠度曲线的大致形状(凹凸性)；进而根据约束性质及连续光滑要求，即可确定挠度曲线的大致位置，并大致画出梁的挠度曲线。

读者如能从图 10-15 中所示悬臂梁之挠度曲线，加以分析判断，分清哪些是正确的，哪些是不正确的，无疑对正确绘制梁在各种载荷作用的挠度曲线是有益的。

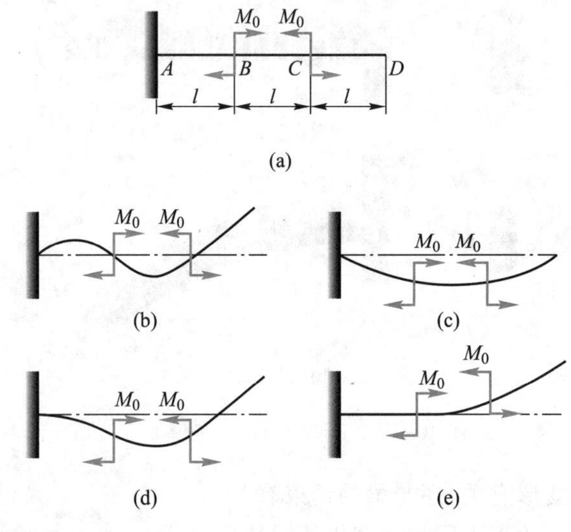

图 10-15　梁的光滑连续曲线

10-6-3　关于求解静不定问题的讨论

(1) 求解静不定问题时，除应用平衡方程外，还需根据变形协调方程和物理方程建立求解未知约束力的补充方程。

(2) 根据小变形特点和对称性分析，可以使一个或几个未知力变为已知，从而使求解静不定问题大为简化。

(3) 为了建立变形协调方程，需要解除多余约束，使静不定结构变成静定的，这时的静定结构称为静定系统。

在很多情形下，可以将不同的约束分别视为多余约束，这表明静定系统的选择不是唯一的。例如，图 10-16a 中所示的一端固定、另一端为辊轴支座的静不定梁，其静定系统可以是悬臂梁(图 10-16b)，也可以是简支梁(图 10-16c)。

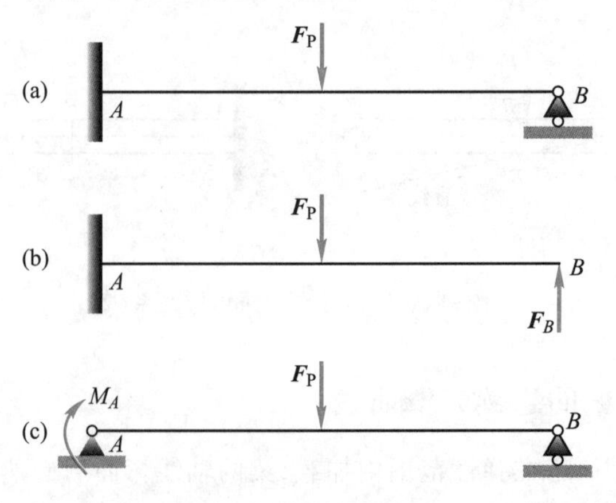

图 10-16　解静不定问题时静定梁的不同选择

需要指出的是，这种解除多余约束，代之以相应的约束力的方法，实际上是以力为未知量，求解静不定问题。这种方法称为**力法**(force method)。

10-6-4　关于静不定结构特性的讨论

对于由不同刚度杆件组成的静不定结构，各杆内力的大小不仅与外力有关，而且与各杆的刚度之比有关。

考察图 10-17 中的静不定结构，不难得到上述结论。例如，杆 2、3 的刚度远小于杆 1 的刚度，作为一种极端，令 $E_1A_1 \to \infty$，显然，杆 2、3 受力将趋于零；反之，若令 $E_1A_1 \to 0$，则外力将主要由杆 2、3 承受。

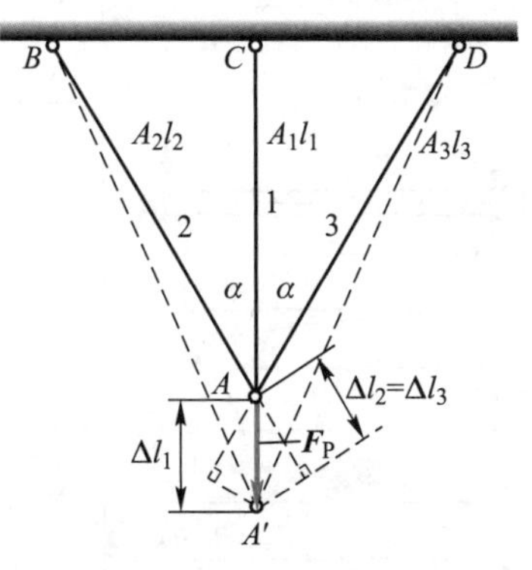

图 10-17　静不定结构中杆件的变形相互牵制

为什么静定结构中各构件受力与其刚度之比无关，而在静不定结构中却密切相关？其原因在于静定结构中各构件受力只需满足平衡要求，变形协调的条件便会自然满足；而在静不定结构中，满足平衡要求的受力，不一定满足变形协调条件；静定结构中各构件的变形相互独立，静不定结构中各构件的变形却是互相牵制的(从图 10-17 中虚线所示即可看出各杆的变形是如何牵制的)。从这一意义上讲，这也是材料力学与静力学最本质的差别。

正是由于这种差别，在静不定结构中，若其中的某一构件存在制造误差，装配后即使不加载，各构件也将产生内力和应力，这种应力称为**装配应力**(assemble stress)。此外，温度的变化也会在静不定结构中产生内力和应力，这种应力称为**热应力**(thermal stress)。这也是静定结构所没有的特性。

10-6-5　提高弯曲刚度的途径

提高梁的刚度主要是指减小梁的弹性位移。而弹性位移不仅与载荷有关，而且与杆长和梁的弯曲刚度(EI)有关。对于梁，其长度对弹性位移影响较大，例如对于集中力作用的情形，挠度与梁长的三次方量级成比例；转角则与梁长的二次方量级成比例。因此，减小弹性位移除了采用合理的截面形状以增加惯性矩 I 外，主要是减小梁的长度 l，当梁的长度无法减小时，则可增加中间支座。例如在车床上加工较长的工件时，为了减小切削力引起的挠度，以提高加工精度，可在卡盘与尾架之间再增加一个中间支架，如图 10-18所示。

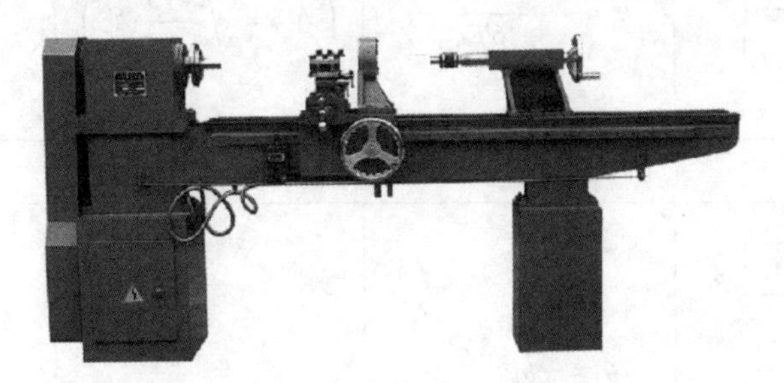

图 10-18　增加中间支架以提高机床加工工件的刚度

此外，选用弹性模量 E 较高的材料也能提高梁的刚度。但是，对于各种钢材，弹性模量的数值相差甚微，因而与一般钢材相比，选用高强度钢材并不能提高梁的刚度。

类似地，受扭圆轴的刚度，也可以通过减小轴的长度、增加轴的扭转刚度（GI_p）来实现。同样，对于各种钢材，切变模量 G 的数值相差甚微，所以通过采用高强度钢材以提高轴的扭转刚度，效果是不明显的。

表 10-1　梁的挠度与转角公式

载荷类型	转角	最大挠度	挠度方程
（1）悬臂梁　集中载荷作用在自由端			
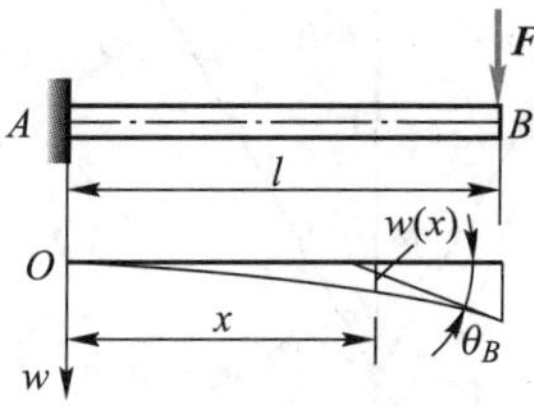 F_P A B l $w(x)$ O x θ_B w	$\theta_B=\dfrac{F_P l^2}{2EI}$	$w_{max}=\dfrac{F_P l^3}{3EI}$	$w(x)=\dfrac{F_P x^2}{6EI}(3l-x)$
（2）悬臂梁　弯曲力偶作用在自由端			
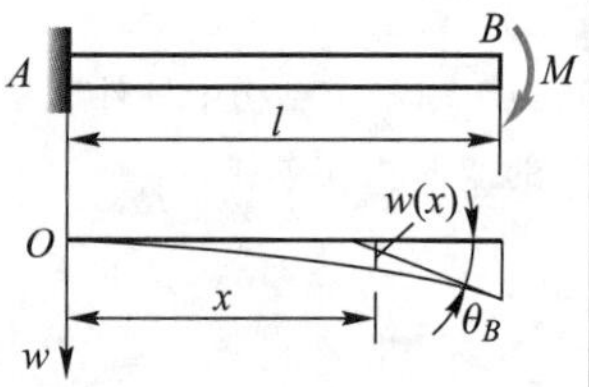 B A M l $w(x)$ O x θ_B w	$\theta_B=\dfrac{Ml}{EI}$	$w_{max}=\dfrac{Ml^2}{2EI}$	$w(x)=\dfrac{Mx^2}{2EI}$
（3）悬臂梁　均匀分布载荷作用在梁上			
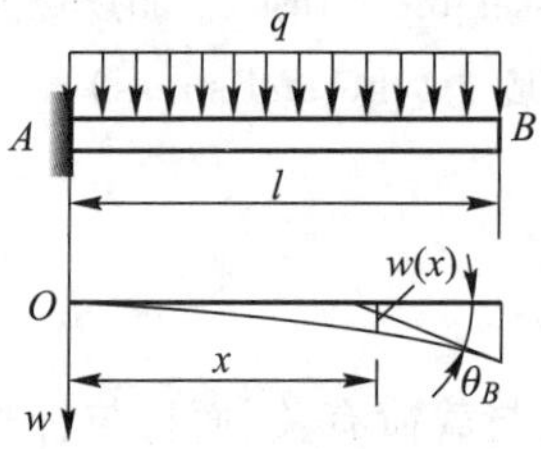 q A B l $w(x)$ O x θ_B w	$\theta_B=\dfrac{ql^3}{6EI}$	$w_{max}=\dfrac{ql^4}{8EI}$	$w(x)=\dfrac{qx^2}{24EI}\cdot(x^2+6l^2-4lx)$
（4）简支梁　集中载荷作用在任意位置上			
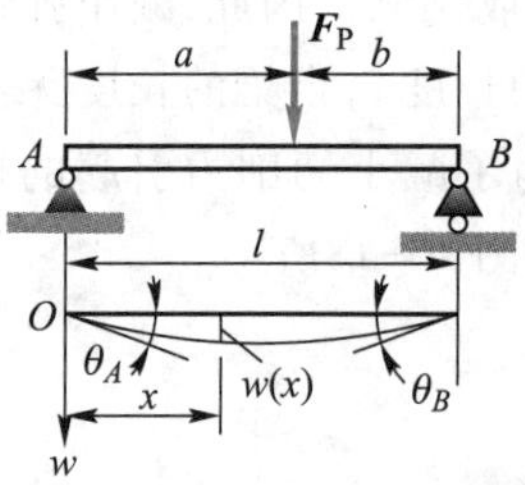 a F_P b A B l O θ_A x $w(x)$ θ_B w	$\theta_A=\dfrac{F_P b(l^2-b^2)}{6lEI}$ $\theta_B=-\dfrac{F_P ab(2l-b)}{6lEI}$	$w_{max}=\dfrac{F_P b(l^2-b^2)^{3/2}}{9\sqrt{3}lEI}$ $\left(在\ x=\sqrt{\dfrac{l^2-b^2}{3}}处\right)$	$w_1(x)=\dfrac{F_P bx}{6lEI}(l^2-x^2-b^2)$ $(0\leqslant x\leqslant a)$ $w_2(x)=\dfrac{F_P b}{6lEI}\left[\dfrac{l}{b}(x-a)^3+(l^2-b^2)x-x^3\right]$ $(a\leqslant x\leqslant l)$
（5）简支梁　均匀分布载荷作用在梁上			
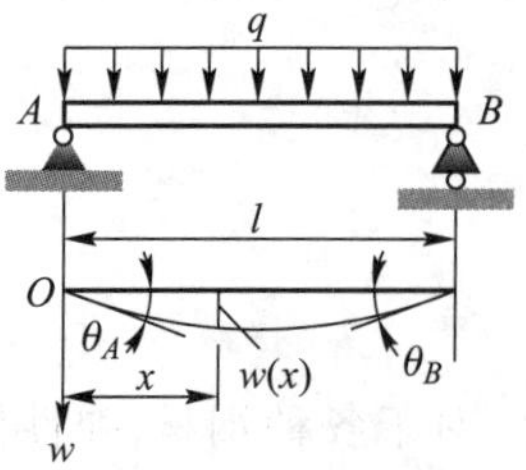 q A B l O θ_A x $w(x)$ θ_B w	$\theta_A=-\theta_B=\dfrac{ql^3}{24EI}$	$w_{max}=\dfrac{5ql^4}{384EI}$	$w(x)=\dfrac{qx}{24EI}(l^3-2lx^2+x^3)$

续表

载荷类型	转角	最大挠度	挠度方程
(6) 简支梁　弯曲力偶作用在梁的一端			
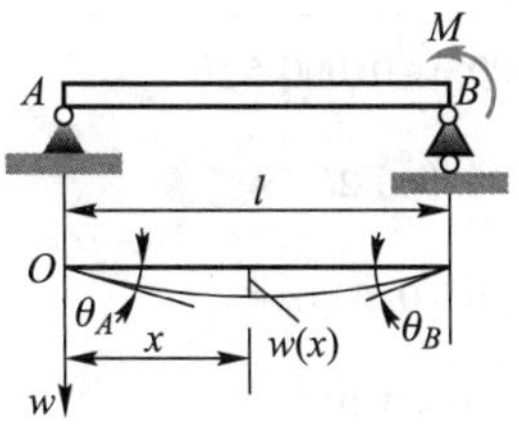	$\theta_A=\frac{Ml}{6EI}$ $\theta_B=-\frac{Ml}{3EI}$	$w_{\max}=\frac{Ml^2}{9\sqrt{3}EI}$ $\left(在\ x=\frac{l}{\sqrt{3}}处\right)$	$w(x)=$ $\frac{Mlx}{6EI}\left(1-\frac{x^2}{l^2}\right)$
(7) 简支梁　弯曲力偶作用在两支承间任意点			
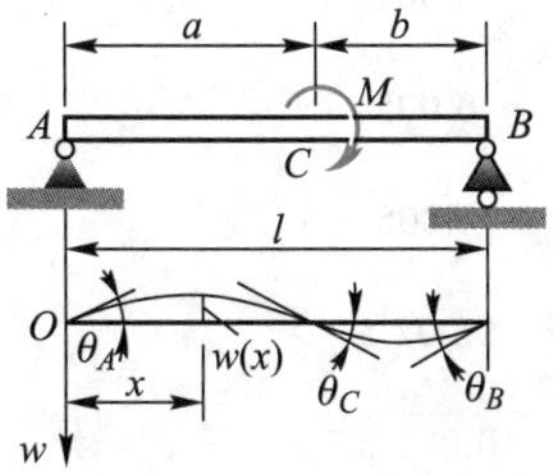	$\theta_A=-\frac{M}{6EIl}(l^2-3b^2)$ $\theta_B=-\frac{M}{6EIl}(l^2-3a^2)$ $\theta_C=\frac{M}{6EIl}(3a^2+3b^2-l^2)$	$w_{\max 1}=-\frac{M(l^2-3b^2)^{3/2}}{9\sqrt{3}EIl}$ $\left(在\ x=\frac{1}{\sqrt{3}}\sqrt{l^2-3b^2}\ 处\right)$ $w_{\max 2}=\frac{M(l^2-3a^2)^{3/2}}{9\sqrt{3}EIl}$ $\left(在\ x=\frac{1}{\sqrt{3}}\sqrt{l^2-3a^2}\ 处\right)$	$w_1(x)=$ $-\frac{Mx}{6EIl}(l^2-3b^2-x^2)$ $(0\leqslant x\leqslant a)$ $w_2(x)=\frac{M(l-x)}{6EIl}$ $[l^2-3a^2-(l-x)^2]$ $(a\leqslant x\leqslant l)$
(8) 外伸梁　集中载荷作用在外伸臂端点			
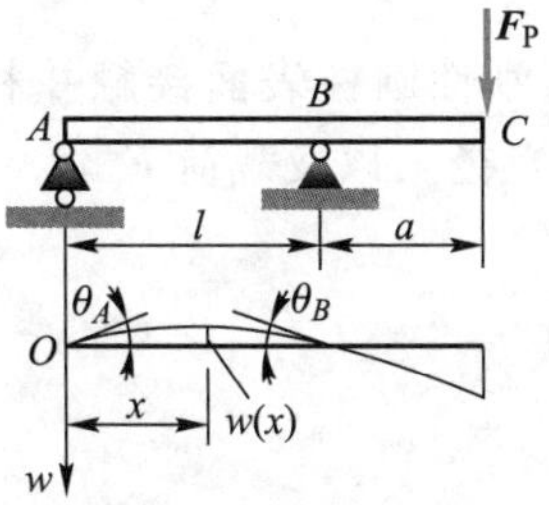	$\theta_A=-\frac{F_Pal}{6EI}$ $\theta_B=\frac{F_Pal}{3EI}$ $\theta_C=\frac{F_Pa(2l+3a)}{6EI}$	$w_{\max 1}=-\frac{F_Pal^2}{9\sqrt{3}EI}$ (在 $x=l/\sqrt{3}$ 处) $w_{\max 2}=\frac{F_Pa^2}{3EI}(a+l)$ (在自由端)	$w_1(x)=$ $-\frac{F_Pax}{6EIl}(l^2-x^2)$ $(0\leqslant x\leqslant l)$ $w_2(x)=\frac{F_P(l-x)}{6EI}$ $[(x-l)^2+a(1-3x)]$ $(l\leqslant x\leqslant l+a)$
(9) 外伸梁　均匀载荷作用在外伸臂上			
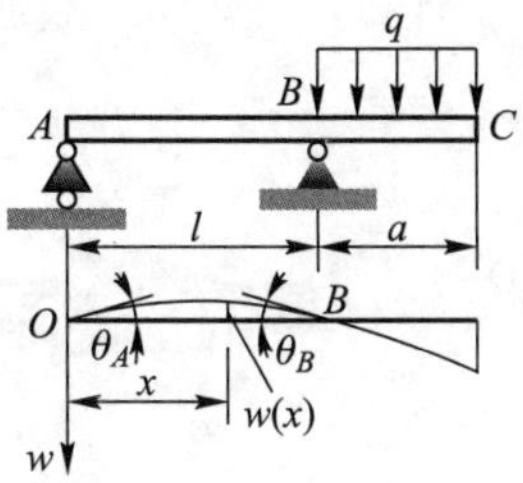	$\theta_A=-\frac{qla^2}{12EI}$ $\theta_B=\frac{qla^2}{6EI}$	$w_{\max 1}=-\frac{ql^2a^2}{18\sqrt{3}EI}$ (在 $x=l/\sqrt{3}$ 处) $w_{\max 2}=\frac{qa^3}{24EI}(3a+4l)$ (在自由端)	$w_1(x)=$ $-\frac{qa^2x}{12EIl}(l^2-x^2)\ (0\leqslant x\leqslant l)$ $w_2(x)=\frac{q(x-l)}{24EI}[2a^2(3x-l)+$ $(x-l)^2(x-l-4a)]$ $(l\leqslant x\leqslant l+a)$

表 10-2　常见轴的弯曲许用挠度与许用转角值

对挠度的限制	
轴的类型	许用挠度 $[w]$
一般传动轴	$(0.000\,3\sim0.000\,5)l$
刚度要求较高的轴	$0.000\,2l$
齿轮轴	$(0.01\sim0.03)m$①
涡轮轴	$(0.02\sim0.05)m$
对转角的限制	
轴的类型	许用转角 $[\theta]$/rad
滑动轴承	0.001
向心球轴承	0.005
向心球面轴承	0.005
圆柱滚子轴承	0.002 5
圆锥滚子轴承	0.001 6
安装齿轮的轴	0.001

① m 为齿轮的模数。

10-6-6　学习研究问题

问题一：悬臂梁 AB 在固定端 B 处与半径 r 足够大（$r\gg l$）的刚性圆柱表面接触并相切，如图 10-19 所示。已知梁的弯曲刚度 EI、梁长 l、刚性圆柱的半径 r，以及载荷 F_P。

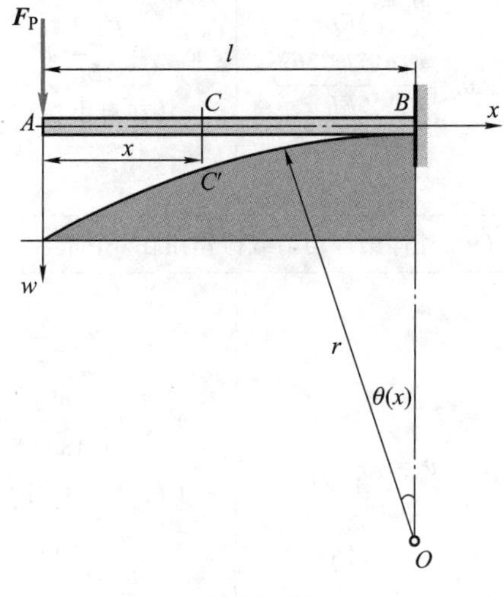

图 10-19

（1）梁在 B 端有没有变形？

（2）满足什么条件，梁才会与刚性表面接触？

（3）当梁的任意点 C（水平坐标为 x）开始与刚性圆柱表面接触时，求加力点 A 处梁的挠度。

问题二：图 10-20 中所示为飞机内支承货舱地板的铝合金梁，梁的两端支承在框架结构上，可视为简支梁，即机身只在梁的两端提供铅垂方向的支承力。货物通过地板作用在梁上的力简化为沿长度方向均匀分布的载荷集度 q。已知 $q=12$ kN/m，$l=2\ 500$ mm，$a=600$ mm，$E=70$ GPa，$I_z=5.1\times10^7\ \text{mm}^4$。试用叠加法计算梁的最大挠度。

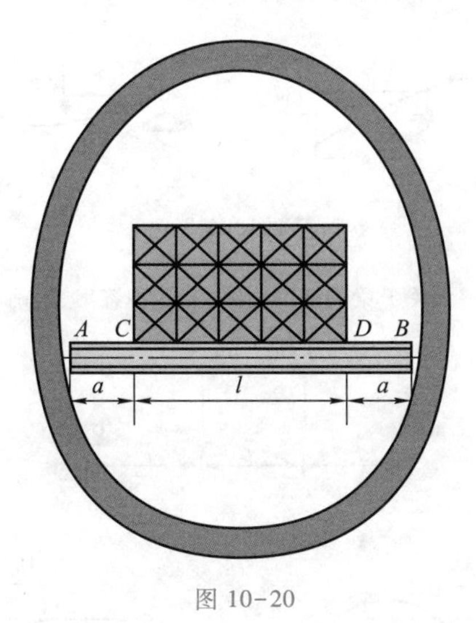

图 10-20

习　　题

10-1　与小挠度微分方程 $\frac{\mathrm{d}^2 w}{\mathrm{d}x^2}=-\frac{M}{EI}$ 对应的坐标系有图 a、b、c、d 所示的四种形式。其中正确的是（　　）。

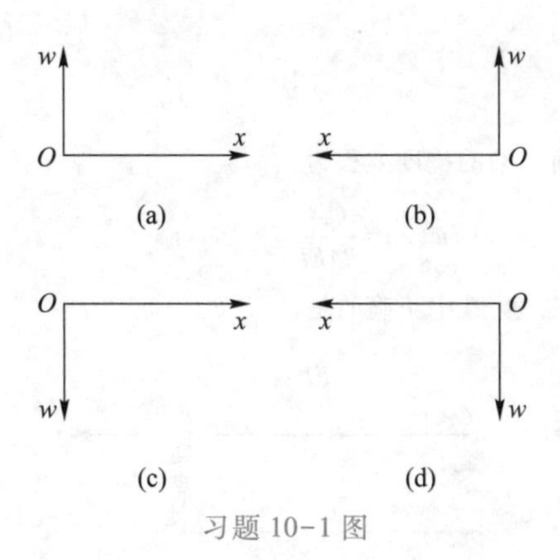

习题 10-1 图

（A）图 b 和图 c　　　　（B）图 b 和图 a

（C）图 b 和图 d　　　　（D）图 c 和图 d

10-2　外伸梁受力如图所示。关于梁的挠度曲线，有四种答案，正确的是（　　）。

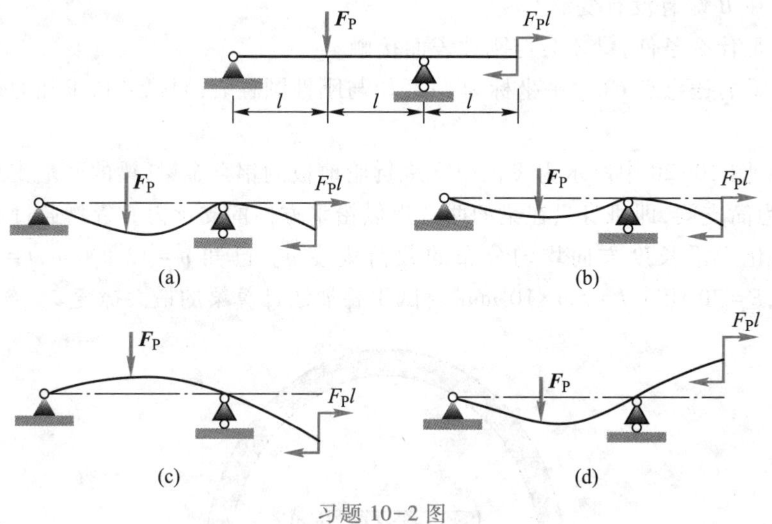

习题 10-2 图

10-3　简支梁受力如图所示。关于梁的挠度曲线,有四种答案,正确的是(　　)。

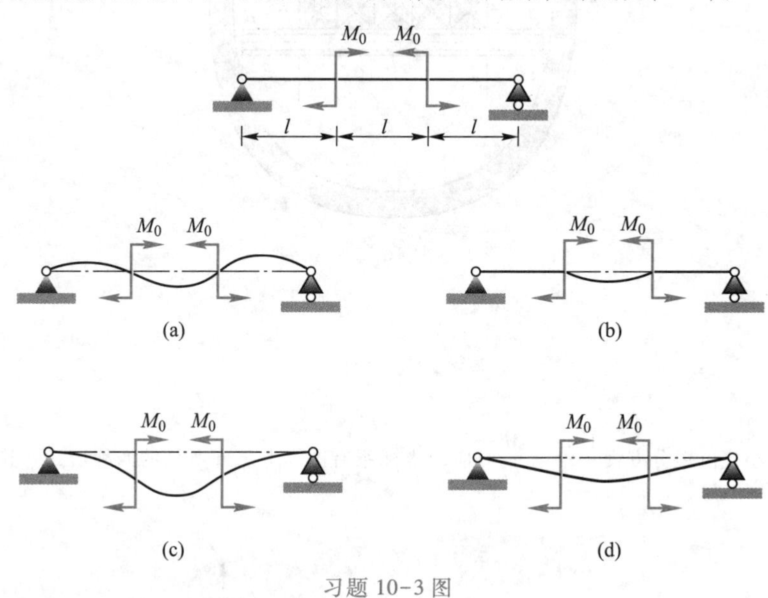

习题 10-3 图

10-4　已知刚度为 EI 的简支梁的挠度方程为:

$$w(x)=\frac{q_0x}{24EI}(l^3-2lx^2+x^3)$$

据此推知的弯矩图有四种答案,其中正确的是(　　)。

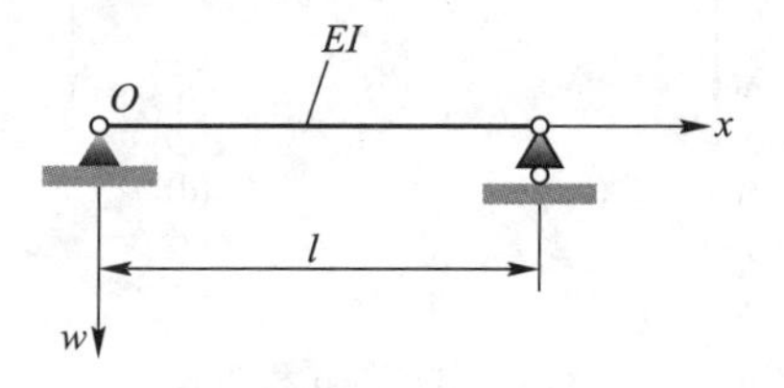

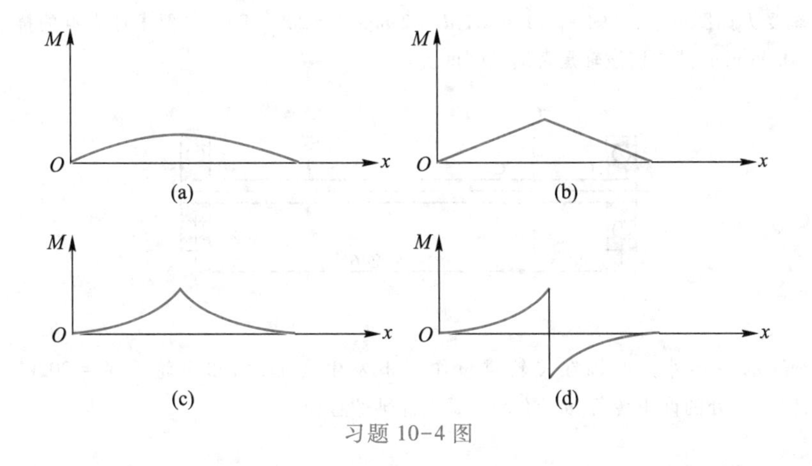

习题 10-4 图

10-5　简支梁承受间断性分布载荷，如图所示。试说明需要分几段建立微分方程，积分常数有几个，确定积分常数的条件是什么？

10-6　具有中间铰的梁受力如图所示。试画出挠度曲线的大致形状，并说明需要分几段建立微分方程，积分常数有几个，确定积分常数的条件是什么？

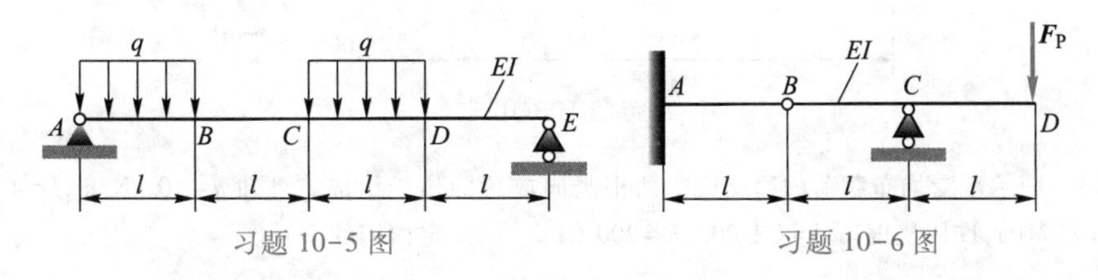

习题 10-5 图　　习题 10-6 图

10-7　试用叠加法求下列各梁中截面 A 的挠度和截面 B 的转角。图中 q、l、EI 等为已知。

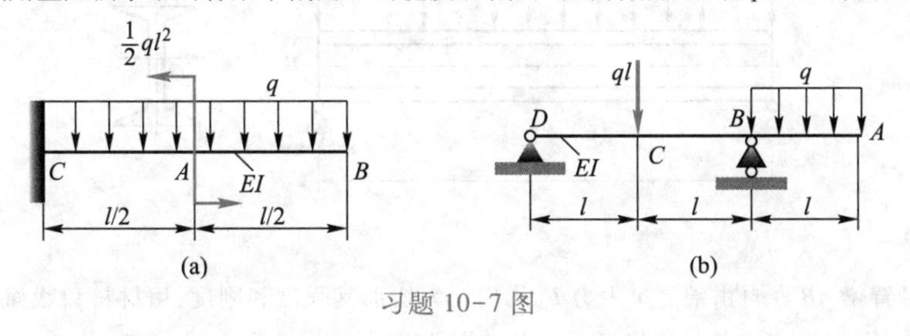

习题 10-7 图

10-8　图示承受集中力的细长简支梁，在弯矩最大截面上沿加载方向开一小孔，若不考虑应力集中影响，关于小孔对梁强度和刚度的影响，有如下论述，其中正确的是（　　）。

（A）大大降低梁的强度和刚度

（B）对强度有较大影响，对刚度的影响很小可以忽略不计

（C）对刚度有较大影响，对强度的影响很小可以忽略不计

（D）对强度和刚度的影响都很小，都可以忽略不计

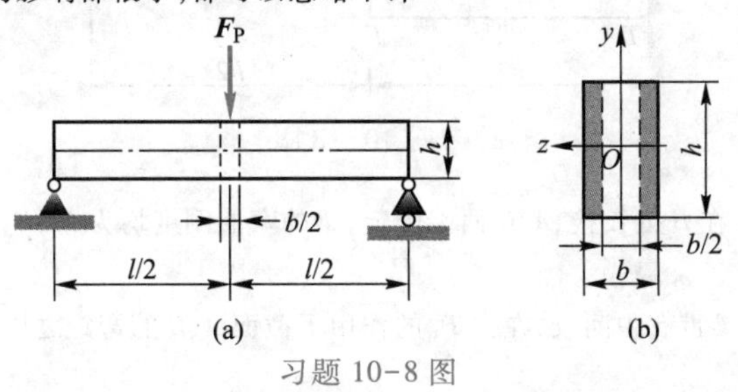

习题 10-8 图

10-9　轴受力如图所示，已知 $F_P = 1.6$ kN，$d = 32$ mm，$E = 200$ GPa。若要求加力点的挠度不大于许用挠度 $[w] = 0.05$ mm，试校核该轴是否满足刚度要求。

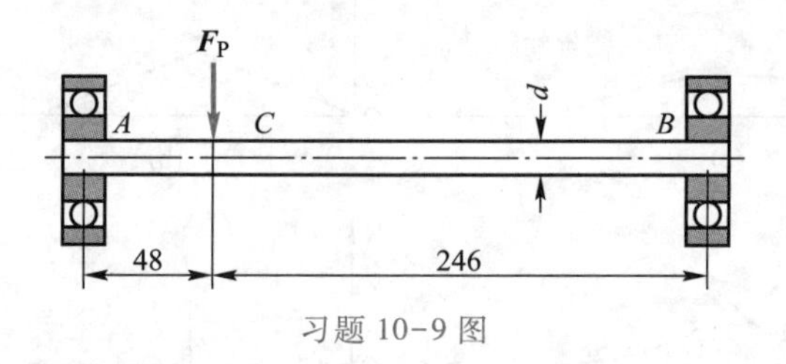

习题 10-9 图

10-10　图示一端外伸的轴在飞轮重量作用下发生变形，已知飞轮重 $W = 20$ kN，轴材料的 $E = 200$ GPa，轴承 B 处的许用转角 $[\theta] = 0.5°$。试设计轴的直径。

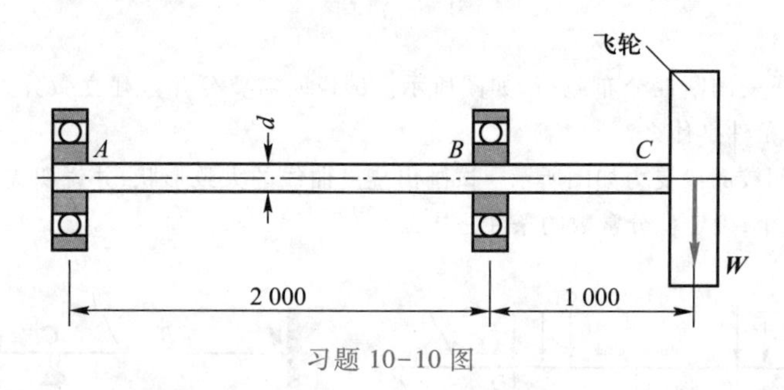

习题 10-10 图

10-11　图示承受均布载荷的简支梁由两根竖向放置的槽钢组成。已知 $q = 10$ kN/m，$l = 4$ m，材料的 $[\sigma] = 100$ MPa，许用挠度 $[w] = l/1\,000$，$E = 200$ GPa。试确定槽钢的型号。

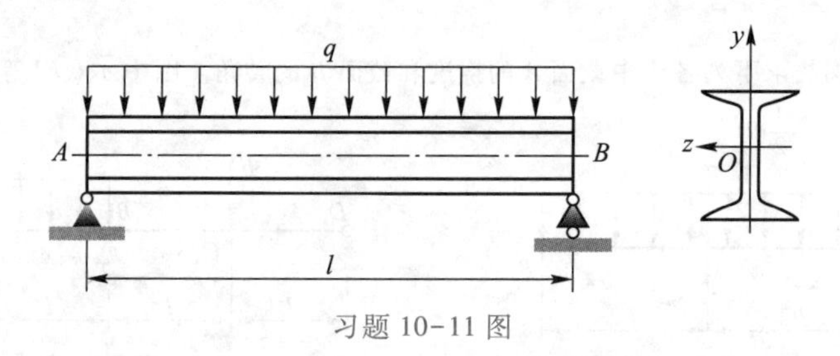

习题 10-11 图

10-12　悬臂梁 AB 在自由端受集中力 $\boldsymbol{F}_P$ 作用。为增加其强度和刚度，用材料和截面均与梁 AB 相同的短梁 DF 加固，二者在 C 处的连接可视为点支承，如图所示。求：

（1）梁 AB 在 C 处所受的约束力；

（2）梁 AB 的最大弯矩和 B 点的挠度比无加固时的数值减小多少？

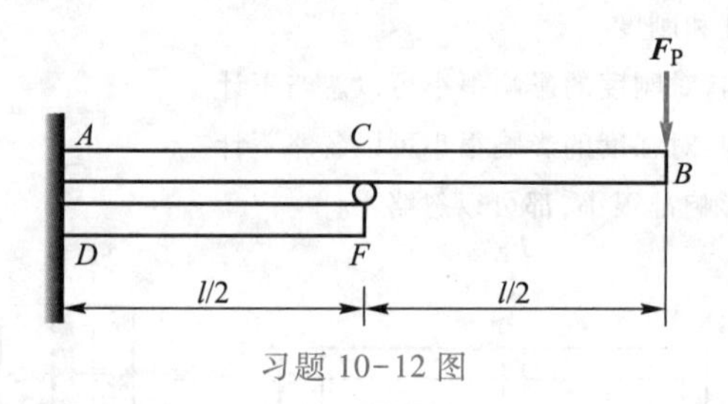

习题 10-12 图

10-13　梁 AB 和 BC 在 B 处铰接，A、C 两端固定，梁的弯曲刚度均为 EI，$F_P = 40$ kN，$q = 20$ kN/m。求 B 处的约束力。

10-14　如图所示的梁带有中间铰，在力 $\boldsymbol{F}_P$ 的作用下截面 A、B 的弯矩之比有如下四种答案，其中正

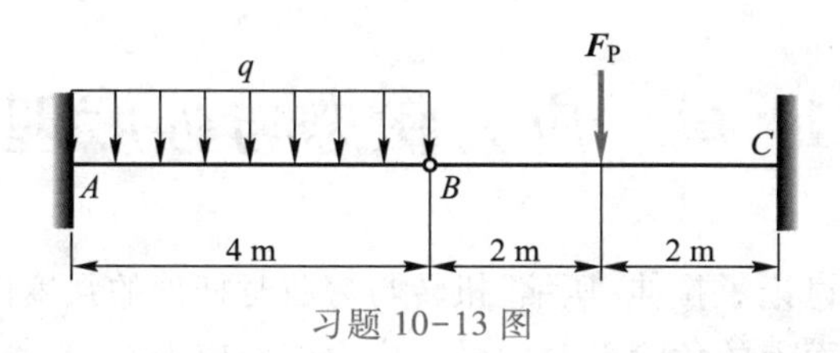

习题 10-13 图

确的是(　　)。

(A) 1∶2　　(B) 1∶1　　(C) 2∶1　　(D) 1∶4

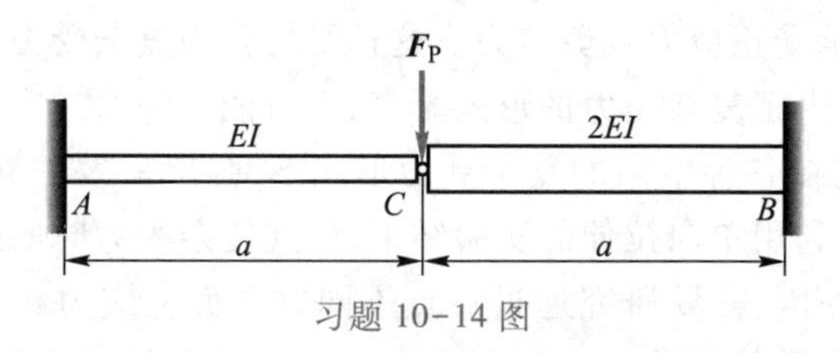

习题 10-14 图

10-15　图示梁 AB 和 CD 横截面尺寸相同,梁在加载之前,B 与 C 之间存在间隙 $\delta_0=1.2$ mm。若两梁的材料相同,弹性模量 $E=105$ GPa,$q=30$ kN/m,试求 A、D 端的约束力。

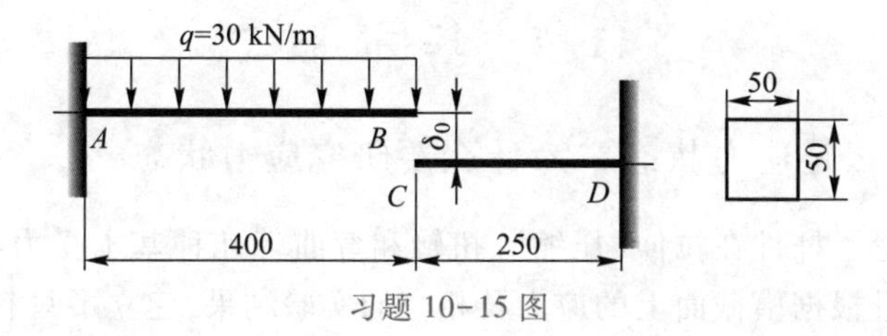

习题 10-15 图

第 11 章　应力状态与强度理论

前面几章中,分别讨论了拉伸、压缩、扭转与弯曲时杆件的强度问题,这些强度问题的共同特点,一是危险截面上的危险点只承受正应力或剪应力;二是都可以通过实验直接确定失效时的极限应力,并以此为依据建立强度条件。

工程上还有一些构件或结构,其危险截面上危险点同时承受正应力和剪应力,或者危险点的其他面上同时承受正应力或剪应力。这种受力称为复杂受力。

复杂受力情形下,由于复杂受力的形式繁多,不可能一一通过实验确定失效时的极限应力。因而,必须研究在各种不同的复杂受力形式下,强度失效的共同规律,假定失效的共同原因,从而有可能利用单向拉伸的实验结果,建立复杂受力时的强度条件。

为了分析失效的原因,需要研究通过一点不同方向面上应力相互之间的关系。这是建立复杂受力时强度条件的基础。本章首先介绍应力状态的基本概念,以此为基础建立复杂受力时的强度条件。

§11-1　基本概念

11-1-1　什么是应力状态，为什么要研究应力状态

前几章中,讨论了杆件在拉伸(压缩)、扭转和弯曲等几种基本受力与变形形式下,横截面上的应力;并且根据横截面上的应力及相应的实验结果,建立了只有正应力或只有剪应力作用时的强度条件。但这些对于进一步分析强度问题是远远不够的。

例如,仅仅根据横截面上的应力,不能分析为什么低碳钢试样拉伸至屈服时,表面会出现与轴线夹 45°角的滑移线;也不能分析灰铸铁圆试样扭转时,为什么沿 45°螺旋面断开;以及灰铸铁压缩试样的破坏面为什么不像灰铸铁扭转试样破坏面那样呈颗粒状,而是呈错动光滑状。

视频：低碳钢拉伸至屈服的滑移线

又例如,根据横截面上的应力分析和相应的实验结果,不能直接建立既有正应力又有剪应力存在时的失效判据与设计准则。

事实上,杆件受力变形后,不仅在横截面上会产生应力,而且在斜截面上也会产生应力。例如图 11-1a 所示之拉杆,受力之前在其表面画一斜置的正方形,受拉后,正方形变成了菱形。这表明在拉杆的斜截面上有剪应力存在。又如图 11-1b 所示之圆轴,受扭之前在其表面画一圆,受扭后,此圆变为一斜置椭圆,长轴方向表示承受拉应力而伸长,短轴方向表示承受压应力而缩短。这表明,扭转时,杆的斜截面上存在着正应力。

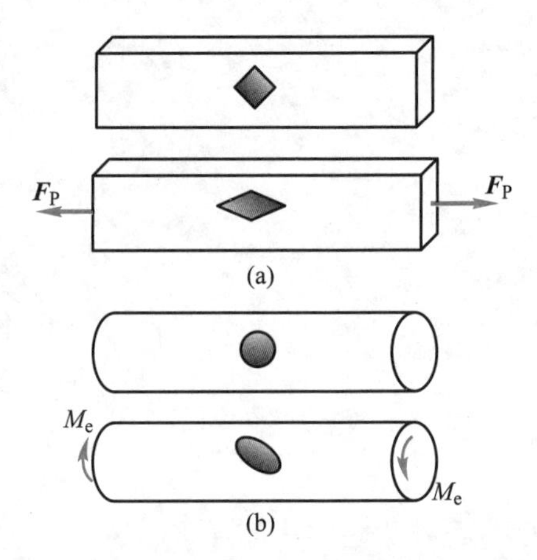

图 11-1　杆件斜截面上存在应力的实例

本章后面的分析还将进一步证明:围绕一点作一微小单元体,即微元,一般情形下,微元的不同方位面上的应力,各不相同。过一点处的所有方位面

上的应力集合,称为该点的应力状态。

分析一点的应力状态,不仅可以解释上面所提到的那些实验中的破坏现象,而且可以进一步预测各种复杂受力情形下,构件何时发生失效,以及怎样保证构件不发生失效,并且具有足够的安全裕度。因此,应力状态分析是建立构件在复杂受力时失效判据与设计准则的重要基础。

11-1-2　怎样表示一点处的应力状态

为了描述一点处的应力状态,在一般情形下,可以围绕所考察的点作一个三对面互相垂直的六面体,当各边边长充分小时,六面体便趋于宏观上的“点”。这种六面体称为“微单元体”,统称“微元”。当微元三对面上的应力已知时,就可以应用截面法和平衡条件,求得过该点处的任意方位面上的应力。因此,通过微元及其三对互相垂直的面上的应力,可以描述一点处的应力状态。

为了确定一点处的应力状态,需要确定代表这一点的微元的三对互相垂直的面上的应力。因此,在取微元时,应尽量使其三对面上的应力容易确定。例如,矩形截面杆与圆截面杆中微元的取法便有所区别:对于矩形截面杆,三对面中的一对面为杆的横截面,另外两对面为平行于杆表面的纵截面;对于圆截面杆,除一对面为横截面外,另外两对面中有一对为同轴圆柱面,另一对则为通过杆轴线的纵截面。

截取微元时,还应注意相对面之间的距离应为无限小:对于矩形杆或梁,分别为 dx、dy、dz;对于圆截面杆或轴,则分别为 dx、dr、$d\theta$。

图 11-2a、b、c 中分别给出了杆件在拉伸、扭转和弯曲时某些点处的应力状态。

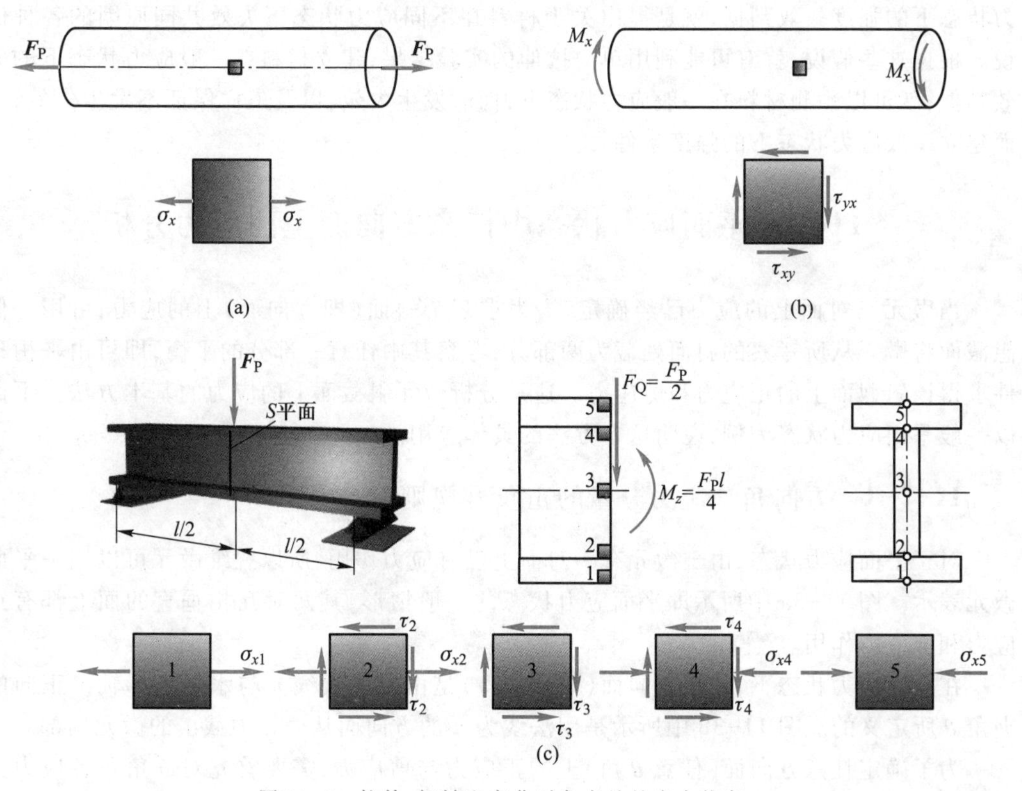

图 11-2　拉伸、扭转和弯曲时各点处的应力状态

如果各微元各个面上所受应力的作用线都处于同一平面内,这种应力状态称为**平面应力状态**(state of plane stress)。平面应力状态中,只受一个方向正应力作用的,称为**单向应力状态**(one dimensional state of stress);只受剪应力作用的,称为**纯剪应力状态**(pure shearing state of stress)。

11-1-3　怎样建立一般应力状态下的强度条件

严格地讲,在拉伸或弯曲强度问题中所建立的失效判据实际上是材料在单向应力状态下的失效判据;而关于扭转强度的失效判据则是材料在纯剪应力状态下的失效判据。所谓复杂受力时的失效判据,实际上就是材料在各种一般应力状态下的失效判据。

大家知道,单向应力状态和纯剪应力状态下的失效判据,都是通过实验确定极限应力值,然后直接利用实验结果建立起来的。但是,一般应力状态下则不能如此。这是因为:一方面一般应力状态各式各样,可以说有无穷多种,不可能一一通过实验确定极限应力;另一方面,有些一般应力状态的实验,技术上难以实现。

大量的关于材料失效的实验结果及工程构件失效的实例表明,一般应力状态虽然各式各样,但是材料在各种一般应力状态下的强度失效的形式却是有共同规律的,而且是有限的。

无论应力状态多么复杂,材料的强度失效,大致有两种形式:一种是指产生裂缝并导致断裂,例如灰铸铁拉伸和扭转时的破坏;另一种是指屈服,即出现一定量的塑性变形,例如低碳钢拉伸时的屈服。简而言之,屈服与脆性断裂是强度失效的两种基本形式。

对于同一种失效形式,有可能在引起失效的原因中包含着共同的因素。建立一般应力状态下的强度失效判据,就是提出关于材料在不同应力状态下失效共同原因的各种假说。根据这些假说,就有可能利用单向拉伸的实验结果,建立材料在一般应力状态下的失效判据;就可以预测材料在一般应力状态下,何时发生失效,以及怎样保证不发生失效,进而建立一般应力状态下的强度条件。

§11-2　平面应力状态中任意方向面上的应力分析

当微元三对面上的应力已经确定时,为求某个斜面(即方向面)上的应力,可用一假想截面将微元从所考察的斜面处截为两部分,考察其中任意一部分的平衡,即可由平衡条件求得该斜截面上的正应力和剪应力。这是分析微元斜截面上的应力的基本方法。下面以一般平面应力状态为例,说明这一方法的具体应用。

11-2-1　方向角与应力分量的正负号规则

对于平面应力状态,由于微元有一对面上没有应力作用,所以三维微元可以用一平面微元表示。图 11-3a 中所示即平面应力状态的一般情形,其两对互相垂直的面上都有正应力和剪应力作用。

在平面应力状态下,任意方向面(法线为 n)是由它的法线 n 与水平坐标轴 x 正向的夹角 θ 所定义的。图 11-3b 中所示是用法线为 n 的方向面从微元中截出的微元局部。

为了确定任意方向面(任意 θ 角)上的正应力与剪应力,需要首先对 θ 角及各应力分量正负号,作如下规定:

(1) θ 角——从 x 正方向逆时针转至 n 正方向者为正;反之为负。

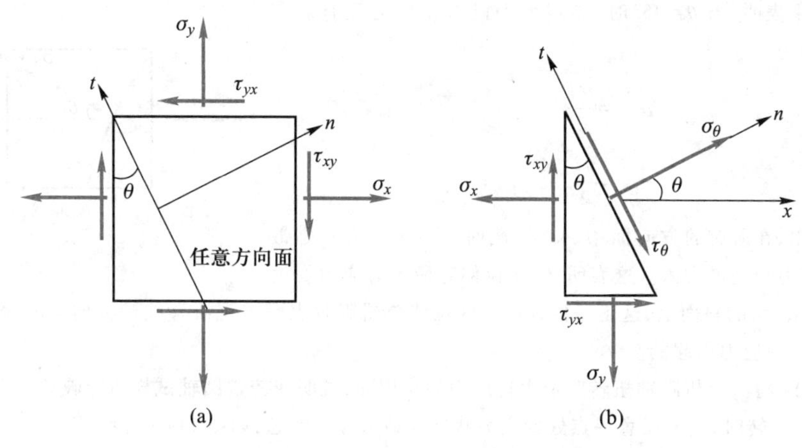

图 11-3　平面应力状态分析

(2) 正应力——拉为正;压为负。

(3) 剪应力——使微元或其局部产生顺时针方向转动趋势者为正;反之为负。

图 11-3 中所示的 θ 角及正应力和剪应力 τ_{xy} 均为正,τ_{yx} 为负。

11-2-2　微元的局部平衡

为确定平面应力状态中任意方向面(法线为 n,方向角为 θ)上的应力,将微元从任意方向面处截为两部分。考察其中任意部分,其受力如图 11-3b 所示,假定任意方向面上的正应力 σ_θ 和剪应力 τ_θ 均为正方向。

于是,根据力的平衡方程可以写出:

$$\sum F_n=0,\quad \sigma_\theta \mathrm{d}A-(\sigma_x \mathrm{d}A\cos\theta)\cos\theta+(\tau_{xy}\mathrm{d}A\cos\theta)\sin\theta-(\sigma_y \mathrm{d}A\sin\theta)\sin\theta+(\tau_{yx}\mathrm{d}A\sin\theta)\cos\theta=0 \tag{a}$$

$$\sum F_t=0,\quad -\tau_\theta \mathrm{d}A+(\sigma_x \mathrm{d}A\cos\theta)\sin\theta+(\tau_{xy}\mathrm{d}A\cos\theta)\cos\theta-(\sigma_y \mathrm{d}A\sin\theta)\cos\theta-(\tau_{yx}\mathrm{d}A\sin\theta)\sin\theta=0 \tag{b}$$

11-2-3　平面应力状态中任意方向面上的正应力与剪应力

利用三角函数中的倍角公式,式(a)、式(b)经过整理后,得到计算平面应力状态中任意方向面上正应力与剪应力的表达式:

$$\left.\begin{aligned}\sigma_\theta&=\frac{\sigma_x+\sigma_y}{2}+\frac{\sigma_x-\sigma_y}{2}\cos 2\theta-\tau_{xy}\sin 2\theta\\ \tau_\theta&=\frac{\sigma_x-\sigma_y}{2}\sin 2\theta+\tau_{xy}\cos 2\theta\end{aligned}\right\}\tag{11-1}$$

【例题 11-1】　分析轴向拉伸杆件的最大剪应力的作用面,说明低碳钢拉伸时发生屈服的主要原因。

解:杆件承受轴向拉伸时,其上任意一点处均为单向应力状态,如图 11-4 所示。

在本例的情形下,$\sigma_y=0,\tau_{yx}=0$。于是,根据式(11-1),任意斜截面上的正应力和剪应力分别为

$$\left.\begin{aligned}\sigma_\theta&=\frac{\sigma_x}{2}+\frac{\sigma_x}{2}\cos 2\theta\\ \tau_\theta&=\frac{\sigma_x}{2}\sin 2\theta\end{aligned}\right\}\tag{11-2}$$

这一结果表明，当 $\theta=45°$ 时，斜截面上既有正应力又有剪应力，其值分别为

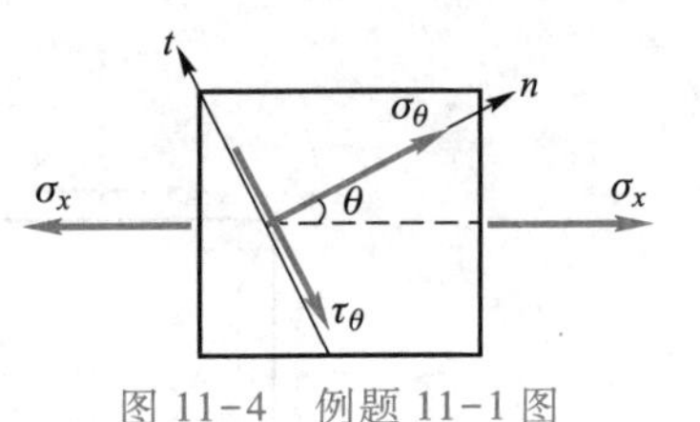

图 11-4　例题 11-1 图

$$\sigma_{45°}=\frac{\sigma_x}{2}$$

$$\tau_{45°}=\frac{\sigma_x}{2}$$

不难看出，在所有的方向面中，45°斜截面上的正应力不是最大值，而剪应力却是最大值。这表明，轴向拉伸时最大剪应力发生在与轴线夹 45°角的斜面上，这正是低碳钢试样拉伸至屈服时表面出现滑移线的方向。因此，可以认为屈服是由最大剪应力引起的。

【例题 11-2】　分析圆轴扭转时最大拉应力的作用面，说明灰铸铁圆轴试样扭转破坏的主要原因。

解：圆轴扭转时，其上任意一点处的应力状态为纯剪应力状态，如图 11-5 所示。

本例中，$\sigma_x=\sigma_y=0$，代入式(11-1)，得到微元任意斜截面上的正应力和剪应力分别为

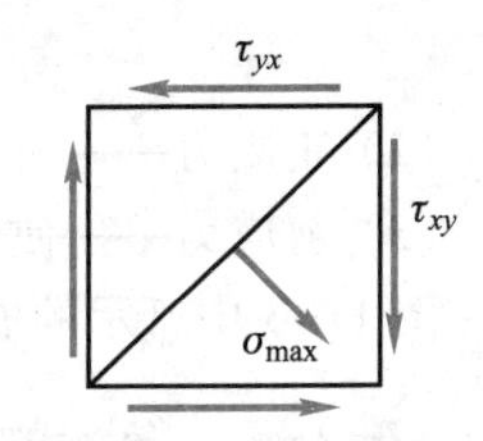

图 11-5　圆轴扭转时斜截面上的应力

$$\left.\begin{aligned}\sigma_\theta&=-\tau_{xy}\sin 2\theta\\ \tau_\theta&=\tau_{xy}\cos 2\theta\end{aligned}\right\}\tag{11-3}$$

可以看出，当 $\theta=\pm45°$ 时，斜截面上只有正应力没有剪应力。$\theta=45°$ 时(自 x 轴逆时针方向转过 45°)，压应力最大；$\theta=-45°$ 时(自 x 轴顺时针方向转过 45°)，拉应力最大

$$\sigma_{45°}=\sigma_{max}^{-}=-\tau_{xy},\quad \tau_{45°}=0$$

$$\sigma_{-45°}=\sigma_{max}^{+}=\tau_{xy},\quad \tau_{-45°}=0$$

进行灰铸铁圆轴试样扭转实验时，正是沿着最大拉应力作用面(即-45°螺旋面)断开的。因此，可以认为这种脆性破坏是由最大拉应力引起的。

§11-3　应力状态中的主应力与最大剪应力

11-3-1　主平面、主应力与主方向

根据应力状态任意方向面上的应力表达式(11-1)，不同方向面上的正应力和剪应力与方向面的取向(方向角 θ)有关。因而有可能存在某种方向面，其上之剪应力 $\tau_{x'y'}=0$，这种方向面称为主平面(principal plane)，其方向角用 θ_p 表示。令式(11-1)中的 $\tau_\theta=0$，得到主平面方向角的表达式为

$$\tan 2\theta_p=-\frac{2\tau_{xy}}{\sigma_x-\sigma_y}\tag{11-4}$$

主平面上的正应力称为主应力(principal stress)。主平面法线方向即主应力作用线方向，称为主方向(principal directions)。主方向用方向角 θ_p 表示。不难证明：对于确定的主应力，例如 σ_p，其方向角 θ_p 由下式确定：

$$\tan\theta_p=\frac{\sigma_x-\sigma_p}{\tau_{xy}}\tag{11-5}$$

式中，θ_p 为 σ_p 的作用线与 x 轴正方向的夹角。

若将式(11-1)中 σ_θ 的表达式对 θ 求一次导数，并令其等于零，有

$$\frac{d\sigma_\theta}{d\theta}=-(\sigma_x-\sigma_y)\sin 2\theta-2\tau_{xy}\cos 2\theta=0$$

由此解出的角度与式(11-4)具有完全一致的形式。这表明,主应力具有极值的性质。即主应力是所有垂直于 xy 坐标面的方向面上正应力的极大值或极小值。

根据剪应力互等定理,当一对方向面为主平面时,另一对与之垂直的方向面($\theta=\theta_p+\pi/2$),其上之剪应力也等于零,因而也是主平面,其上之正应力也是主应力。

需要指出的是,对于平面应力状态,平行于 xy 坐标面的平面,其上既没有正应力也没有剪应力作用,这种平面也是主平面。这一主平面上的主应力等于零。

11-3-2　平面应力状态的三个主应力

将由式(11-4)解得的主应力方向角 θ_p,代入式(11-1),得到平面应力状态的两个不等于零的主应力。这两个不等于零的主应力及上述平面应力状态固有的等于零的主应力,分别用 σ'、σ''、σ'''表示。

$$\sigma'=\frac{\sigma_x+\sigma_y}{2}+\frac{1}{2}\sqrt{(\sigma_x-\sigma_y)^2+4\tau_{xy}^2} \tag{11-6a}$$

$$\sigma''=\frac{\sigma_x+\sigma_y}{2}-\frac{1}{2}\sqrt{(\sigma_x-\sigma_y)^2+4\tau_{xy}^2} \tag{11-6b}$$

$$\sigma'''=0 \tag{11-6c}$$

以后将三个主应力 σ'、σ''、σ'''按代数值由大到小顺序排列,并分别用 σ_1、σ_2、σ_3 表示,且 $\sigma_1>\sigma_2>\sigma_3$。

根据主应力的大小与方向可以确定材料何时发生失效或破坏,确定失效或破坏的形式。因此,可以说主应力是反映应力状态本质内涵的特征量。

11-3-3　面内最大剪应力与一点处的最大剪应力

与正应力相类似,不同方向面上的剪应力亦随着坐标的旋转而变化,因而剪应力亦可能存在极值。为求此极值,将式(11-1)的第 2 式对 θ 求一次导数,并令其等于零,得到

$$\frac{\mathrm{d}\tau_\theta}{\mathrm{d}\theta}=(\sigma_x-\sigma_y)\cos 2\theta-2\tau_{xy}\sin 2\theta=0$$

由此得出另一特征角,用 θ_s 表示,则

$$\tan 2\theta_s=\frac{\sigma_x-\sigma_y}{2\tau_{xy}} \tag{11-7}$$

从中解出 θ_s,将其代入式(11-1)的第 2 式,得到 τ_θ 的极值。根据剪应力互等定理及剪应力的正负号规则,τ_θ 有两个极值,二者大小相等、正负号相反,其中一个为极大值,另一个为极小值,其数值由下式确定:

$$\left.\begin{matrix}\tau'\\ \tau''\end{matrix}\right\}=\pm\frac{1}{2}\sqrt{(\sigma_x-\sigma_y)^2+4\tau_{xy}^2} \tag{11-8}$$

需要特别指出的是,上述剪应力极值仅对垂直于 xy 坐标面的方向面而言,因而称为**面内最大剪应力**(maximum shearing stresses in plane)与**面内最小剪应力**。二者不一定是过一点的所有方向面中剪应力的最大值和最小值。

为确定过一点的所有方向面上的最大剪应力,可以将平面应力状态视为有三个主应力(σ_1、σ_2、σ_3)作用的应力状态的特殊情形,即三个主应力中有一个等于零。

考察微元三对面上分别作用着三个主应力（$\sigma_1>\sigma_2>\sigma_3\neq0$）的应力状态，如图 11-6 所示。

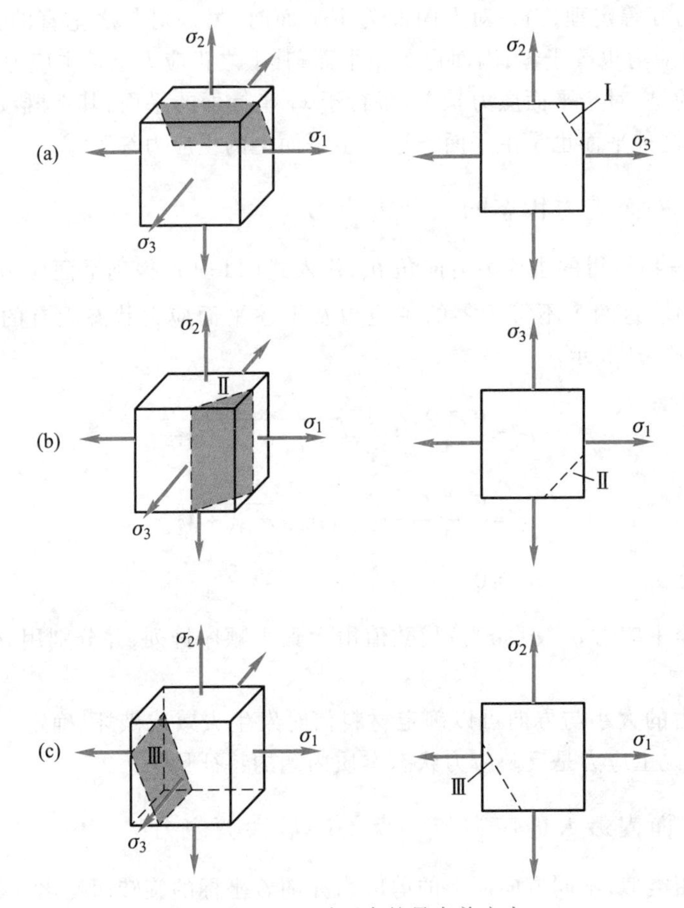

图 11-6　三组平面内的最大剪应力

在平行于主应力 σ_1方向的任意方向面Ⅰ上，正应力和剪应力都与 σ_1无关。因此，当研究平行于 σ_1的这一组方向面上的应力时，所研究的应力状态可视为图 11-6a 所示之平面应力状态，其方向面上的正应力和剪应力可由式（11-1）计算。这时，式中的 $\sigma_x=\sigma_3$，$\sigma_y=\sigma_2$，$\tau_{xy}=0$。

同理，对于在平行于主应力 σ_2和平行于 σ_3的任意方向面Ⅱ和Ⅲ上，正应力和剪应力分别与 σ_2和 σ_3无关。因此，当研究平行于 σ_2和 σ_3的这两组方向面上的应力时，所研究的应力状态可视为图 11-6b 和图 11-6c 所示之平面应力状态，其方向面上的正应力和剪应力都可以由式（11-1）计算。

应用式（11-8），可以得到Ⅰ、Ⅱ和Ⅲ三组方向面内的最大剪应力分别为

$$\tau'=\frac{\sigma_2-\sigma_3}{2} \tag{11-9}$$

$$\tau''=\frac{\sigma_1-\sigma_3}{2} \tag{11-10}$$

$$\tau'''=\frac{\sigma_1-\sigma_2}{2} \tag{11-11}$$

一点应力状态中的最大剪应力,必然是上述三者中的最大的,即

$$\tau_{\max}=\tau''=\frac{\sigma_1-\sigma_3}{2} \tag{11-12}$$

【例题 11-3】　薄壁圆管同时受扭转和拉伸作用(如图 11-7a 所示)。已知圆管的平均直径 $d=50$ mm,壁厚 $\delta=2$ mm。外加力偶的力偶矩 $M_e=600$ N·m,轴向载荷 $F_P=20$ kN。薄壁圆管截面的扭转截面系数可近似取为

$$W_P=\frac{\pi d^2\delta}{2}$$

试求:(1) 圆管表面上过 D 点与圆管母线夹角为 30°的斜截面上的应力;

(2) D 点主应力和最大剪应力。

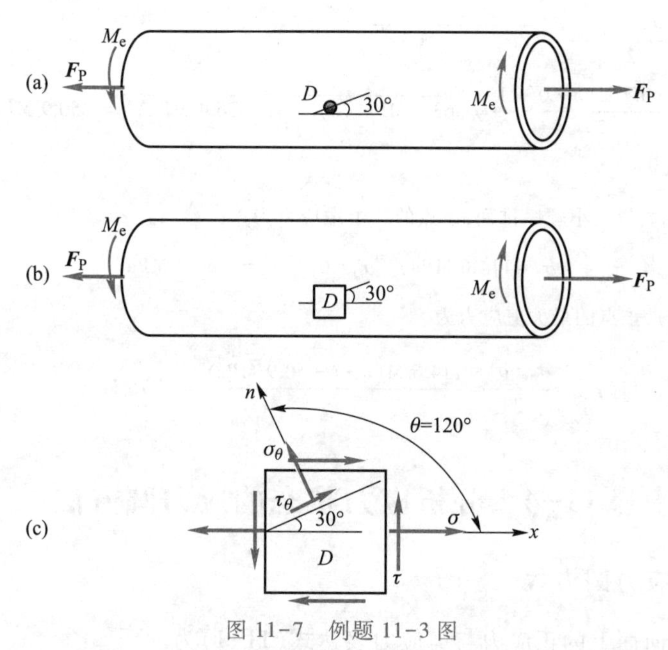

图 11-7　例题 11-3 图

解:1. 取微元,确定微元各个面上的应力

利用拉伸和圆轴扭转时横截面上的正应力和剪应力公式计算微元各面上的应力:

$$\sigma=\frac{F_P}{A}=\frac{F_P}{\pi d\delta}$$

$$=\frac{20\ \text{kN}\times10^3}{\pi\times50\ \text{mm}\times10^{-3}\times2\ \text{mm}\times10^{-3}}=63.7\ \text{MPa}$$

$$\tau=\frac{M_x}{W_P}=\frac{2M_e}{\pi d^2\delta}=\frac{2\times600\ \text{N}\cdot\text{m}}{\pi\times(50\ \text{mm}\times10^{-3})^2\times2\ \text{mm}\times10^{-3}}=76.4\ \text{MPa}$$

2. 求斜截面上的应力

根据 θ、σ_x、σ_y、τ_{xy} 的正负号规则,本例中有:$\sigma_x=63.7$ MPa,$\sigma_y=0$,$\tau_{xy}=-76.4$ MPa,$\theta=120°$。将这些数据代入式(11-1),求得过该点 30°的斜截面上的应力:

$$\sigma_{30°}=\frac{\sigma_x+\sigma_y}{2}+\frac{\sigma_x-\sigma_y}{2}\cos 2\theta-\tau_{xy}\sin 2\theta$$

$$=\frac{63.7\ \text{MPa}+0}{2}+\frac{63.7\ \text{MPa}-0}{2}\cos(2\times120°)-(-76.4\ \text{MPa})\cdot\sin(2\times120°)$$

$$=-50.3\ \text{MPa}$$

$$\tau_{30^\circ}=\frac{\sigma_x-\sigma_y}{2}\sin 2\theta+\tau_{xy}\cos 2\theta$$

$$=\frac{63.7\ \text{MPa}-0}{2}\sin(2\times120^\circ)+(-76.4\ \text{MPa})\cos(2\times120^\circ)=10.7\ \text{MPa}$$

二者的方向均示于图 11-7c 中。

3. 确定主应力与最大剪应力

根据式(11-6),有

$$\sigma'=\frac{\sigma_x+\sigma_y}{2}+\frac{1}{2}\sqrt{(\sigma_x-\sigma_y)^2+4\tau_{xy}^2}$$

$$=\frac{63.7\ \text{MPa}+0}{2}+\frac{1}{2}\sqrt{(63.7\ \text{MPa}-0)^2+4(-76.4\ \text{MPa})^2}=114.6\ \text{MPa}$$

$$\sigma''=\frac{\sigma_x+\sigma_y}{2}-\frac{1}{2}\sqrt{(\sigma_x-\sigma_y)^2+4\tau_{xy}^2}$$

$$=\frac{63.7\ \text{MPa}+0}{2}-\frac{1}{2}\sqrt{(63.7\ \text{MPa}-0)^2+4(-76.4\ \text{MPa})^2}=-50.9\ \text{MPa}$$

$$\sigma'''=0$$

于是,根据主应力代数值大小顺序排列,该点的三个主应力为

$$\sigma_1=114.6\ \text{MPa},\quad \sigma_2=0,\quad \sigma_3=-50.9\ \text{MPa}$$

根据式(11-12),该点的最大剪应力为

$$\tau_{\max}=\frac{\sigma_1-\sigma_3}{2}=\frac{114.6\ \text{MPa}-(-50.9\ \text{MPa})}{2}=82.75\ \text{MPa}$$

§11-4　分析应力状态的应力圆方法

11-4-1　应力圆方程

微元任意方向面上的正应力与剪应力表达式(11-1)为

$$\sigma_\theta=\frac{\sigma_x+\sigma_y}{2}+\frac{\sigma_x-\sigma_y}{2}\cos 2\theta-\tau_{xy}\sin 2\theta$$

$$\tau_\theta=\frac{\sigma_x-\sigma_y}{2}\sin 2\theta+\tau_{xy}\cos 2\theta$$

将第 1 式等号右边的第 1 项移至等号的左边,然后将两式平方后再相加,得到一个新的方程

$$\left(\sigma_\theta-\frac{\sigma_x+\sigma_y}{2}\right)^2+\tau_\theta^2=\left(\frac{1}{2}\sqrt{(\sigma_x-\sigma_y)^2+4\tau_{xy}^2}\right)^2 \tag{11-13}$$

在以 σ_θ为横轴、τ_θ为纵轴的坐标系中,上述方程为圆方程。这种圆称为应力圆(stress circle)。应力圆的圆心坐标为$\left(\frac{\sigma_x+\sigma_y}{2},0\right)$,应力圆的半径为$\frac{1}{2}\sqrt{(\sigma_x-\sigma_y)^2+4\tau_{xy}^2}$。

应力圆最早由德国工程师莫尔(Mohr.O,1835—1918)提出,故又称为莫尔应力圆(Mohr circle for stresses),也可简称为**莫尔圆**。

11-4-2　应力圆的画法

上述分析结果表明，对于平面应力状态，根据其上的应力分量 σ_x、σ_y 和 τ_{xy}，由圆心坐标及圆的半径，即可画出与给定的平面应力状态相对应的应力圆。但是，这样做并不方便。

为了简化应力圆的绘制方法，需要考察表示平面应力状态微元相互垂直的一对面上的应力与应力圆上点的对应关系。

图 11-8a、b 所示为相互对应的应力状态与应力圆。

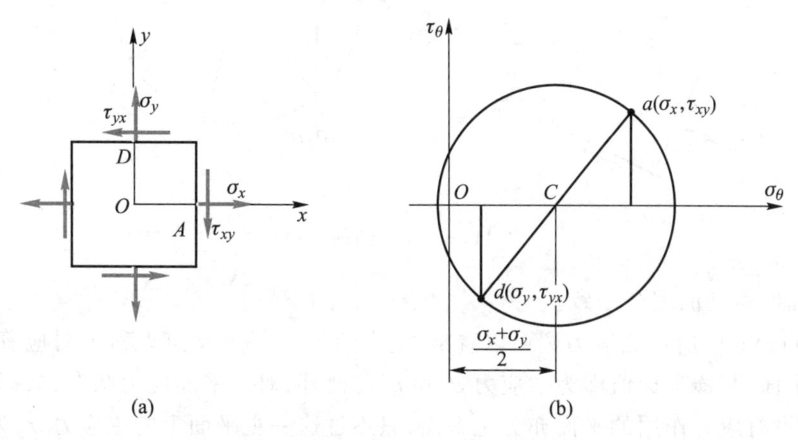

图 11-8　平面应力状态应力圆

假设应力圆上点 a 的坐标对应着微元 A 面上的应力(σ_x,τ_{xy})。将点 a 与圆心 C 相连，并延长 aC 交应力圆于点 d。根据图中的几何关系，不难证明，应力圆上点 d 的坐标对应微元 D 面上的应力$(\sigma_y,-\tau_{xy})$。

根据上述类比，不难得到平面应力状态与其应力圆的几种对应关系：

（1）**点面对应**——应力圆上某一点的坐标值对应着微元某一方向面上的正应力和剪应力值。

（2）**转向对应**——应力圆半径旋转时，半径端点的坐标随之改变，对应地，微元上方向面的法线亦沿相同方向旋转，才能保证方向面上的应力与应力圆上半径端点的坐标相对应。

（3）**2 倍角对应**——应力圆上半径转过的角度，等于方向面法线旋转角度的 2 倍。

11-4-3　应力圆的应用

基于上述对应关系，不仅可以根据微元两个相互垂直面上的应力确定应力圆上一直径上的两端点，并由此确定圆心 C，进而画出应力圆，从而使应力图绘制过程大为简化。而且，还可以确定任意方向面上的正应力和剪应力，以及主应力和面内最大剪应力。

以图 11-9a 中所示之平面应力状态为例。首先在图 11-9b 所示之 $O\sigma_\theta\tau_\theta$坐标系中找到与微元 A、D 面上的应力(σ_x,τ_{xy})、$(\sigma_y,-\tau_{xy})$对应的两点 a、d，连接 ad 交 σ_θ轴于点 C，以点 C 为圆心，以 Ca 或 Cd 为半径作圆，即为与所给应力状态对应的应力圆。

其次，为求 x 轴逆时针旋转 θ 角至 x'轴位置时微元方向面 G 上的应力，可将应力圆上的半径 Ca 按相同方向旋转 2θ，得到点 g，则点 g 的坐标值即为 G 面上的应力值（图 11-9c）。这一结论留给读者自己证明。

应用应力圆上的几何关系，可以得到平面应力状态主应力与面内最大剪应力表达式，

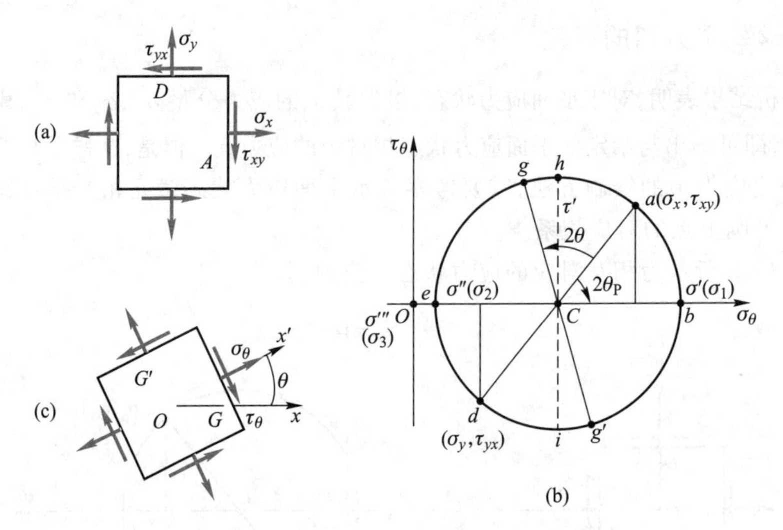

图 11-9　应力圆的应用

结果与前面所得到的完全一致。

从图 11-9b 中所示之应力圆可以看出,应力圆与 σ_θ轴的交点 b 和 e,对应着平面应力状态的主平面,其横坐标值即为主应力 σ'和 σ''。此外,对于平面应力状态,根据主平面的定义,其上没有应力作用的平面亦为主平面,只不过这一主平面上的主应力 σ'''为零。

图 11-9b 中应力圆的最高点(h)和最低点和(i),剪应力绝对值最大,均为面内最大剪应力。不难看出,在剪应力最大处,正应力不一定为零。即在最大剪应力作用面上,一般存在正应力。

需要指出的是,在图 11-9b 中,应力圆在坐标轴 τ_θ的右侧,因而 σ'和 σ''均为正值。这种情形不具有普遍性。当 $\sigma_x<0$ 或在其他条件下,应力圆也可能在坐标轴 τ_θ的左侧,或者与坐标轴 τ_θ相交,因此 σ'和 σ''也有可能为负值,或者一正一负。

还需要指出的是,应力圆的主要功能不是作为图解法的工具用以度量某些量。它一方面通过明晰的几何关系帮助读者导出一些基本公式,而不是死记硬背这些公式;另一方面,也是更重要的方面是作为一种思考问题的工具,用以分析和解决一些难度较大的问题。请读者在分析本章中的某些习题时注意充分利用这种工具。

【例题 11-4】 对于图 11-10a 中所示之平面应力状态,若要求面内最大剪应力 $\tau'\leqslant 85$ MPa,试求:τ_{xy}的取值范围。图中应力的单位为 MPa。

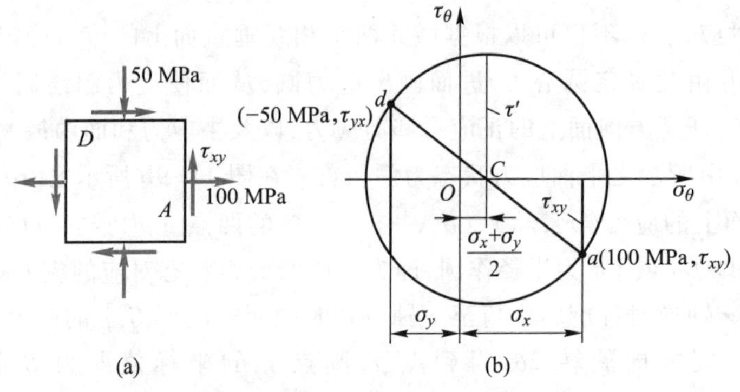

图 11-10　例题 11-4 图

解：因为 σ_y 为负值，故所给应力状态的应力圆如图 11-10b 所示。根据图中的几何关系，不难得到

$$\left(\sigma_x-\frac{\sigma_x+\sigma_y}{2}\right)^2+\tau_{xy}^2=\tau'^2$$

根据题意，并将 $\sigma_x=100\ \text{MPa}$，$\sigma_y=-50\ \text{MPa}$，$\tau'\leqslant 85\ \text{MPa}$ 代入上式后，得到

$$\tau_{xy}^2\leqslant\left[(85\ \text{MPa})^2-\left(100\ \text{MPa}-\frac{100\ \text{MPa}-50\ \text{MPa}}{2}\right)^2\right]$$

由此解得

$$\tau_{xy}\leqslant 40\ \text{MPa}$$

§11-5　一般应力状态下的应力-应变关系　应变能密度

11-5-1　广义胡克定律

根据各向同性材料在弹性范围内应力-应变关系的实验结果，可以得到单向应力状态下微元沿正应力方向的正应变

$$\varepsilon_x=\frac{\sigma_x}{E}$$

实验结果还表明，在 σ_x 作用下，除 x 方向的正应变外，在与其垂直的 y、z 方向亦有反号的正应变 ε_y、ε_z 存在，二者与 ε_x 之间存在下列关系：

$$\varepsilon_y=-\nu\varepsilon_x=-\nu\frac{\sigma_x}{E}$$

$$\varepsilon_z=-\nu\varepsilon_x=-\nu\frac{\sigma_x}{E}$$

式中，ν 为材料的泊松比。对于各向同性材料，上述二式中的泊松比是相同的。

对于纯剪应力状态，前面已提到剪应力和剪应变在弹性范围也存在比例关系，即

$$\gamma=\frac{\tau}{G}$$

在小变形条件下，考虑到正应力与剪应力所引起的正应变和剪应变，都是相互独立的，因此，应用叠加原理，可以得到图 11-11a 所示之一般应力（三向应力）状态下的应力-应变关系。

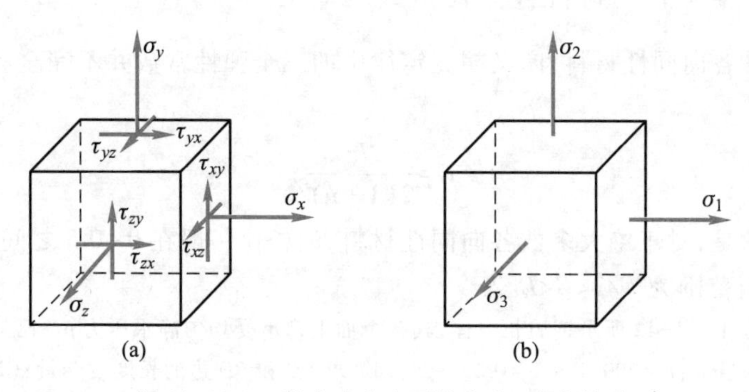

图 11-11　一般应力状态下的应力-应变关系

$$\left.\begin{aligned}\varepsilon_x&=\frac{1}{E}[\sigma_x-\nu(\sigma_y+\sigma_z)]\\\varepsilon_y&=\frac{1}{E}[\sigma_y-\nu(\sigma_z+\sigma_x)]\\\varepsilon_z&=\frac{1}{E}[\sigma_z-\nu(\sigma_x+\sigma_y)]\\\gamma_{xy}&=\frac{\tau_{xy}}{G}\\\gamma_{xz}&=\frac{\tau_{xz}}{G}\\\gamma_{yz}&=\frac{\tau_{yz}}{G}\end{aligned}\right\}\tag{11-14}$$

上式称为一般应力状态下的广义胡克定律(generalization Hooke law)。

若微元的三个主应力已知时,其应力状态如图 11-11b 所示,这时广义胡克定律变为

$$\left.\begin{aligned}\varepsilon_1&=\frac{1}{E}[\sigma_1-\nu(\sigma_2+\sigma_3)]\\\varepsilon_2&=\frac{1}{E}[\sigma_2-\nu(\sigma_3+\sigma_1)]\\\varepsilon_3&=\frac{1}{E}[\sigma_3-\nu(\sigma_1+\sigma_2)]\end{aligned}\right\}\tag{11-15}$$

式中,ε_1、ε_2、ε_3分别为沿主应力 σ_1、σ_2、σ_3方向的应变,称为主应变(principal strain)。

对于平面应力状态($\sigma_z=0$),广义胡克定律(11-14)简化为

$$\left.\begin{aligned}\varepsilon_x&=\frac{1}{E}(\sigma_x-\nu\sigma_y)\\\varepsilon_y&=\frac{1}{E}(\sigma_y-\nu\sigma_x)\\\varepsilon_z&=-\frac{\nu}{E}(\sigma_x+\sigma_y)\\\gamma_{xy}&=\frac{\tau_{xy}}{G}\end{aligned}\right\}\tag{11-16}$$

11-5-2 各向同性材料各弹性常数之间的关系

对于同一种各向同性材料,广义胡克定律中的三个弹性常数并不完全独立,它们之间存在下列关系:

$$G=\frac{E}{2(1+\nu)}\tag{11-17}$$

需要指出的是,对于绝大多数各向同性材料,泊松比一般在 0~0.5 之间取值,因此,切变模量 G 的取值范围为 $E/3<G<E/2$。

【例题 11-5】 图 11-12 所示钢质长方体,其各个面上都承受均匀静水压力 p。已知边长 AB 的改变量 $\Delta AB=-24\times10^{-3}$ mm,$E=200$ GPa,$\nu=0.29$。试:(1) 求 BC 和 BD 边的长度改变量;(2) 确定静水压力 p 值。

解:1. 计算 BC 和 BD 边的长度改变量

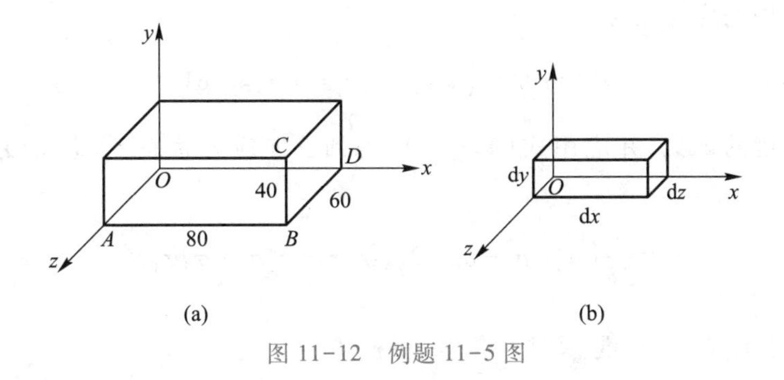

图 11-12　例题 11-5 图

在静水压力作用下，长方体各方向发生均匀变形，因而任意一点均处于三向等压应力状态，且

$$\sigma_x=\sigma_y=\sigma_z=-p \tag{a}$$

应用广义胡克定律，得

$$\varepsilon_x=\varepsilon_y=\varepsilon_z=-\frac{p}{E}(1-2\nu) \tag{b}$$

由已知条件，有

$$\varepsilon_x=\frac{\Delta AB}{AB}=-0.3\times10^{-3} \tag{c}$$

于是，得

$$\Delta BC=\varepsilon_y BC=[(-0.3\times10^{-3})\times40\times10^{-3}]\ \text{m}=-12\times10^{-3}\ \text{mm}$$

$$\Delta BD=\varepsilon_y BD=[(-0.3\times10^{-3})\times60\times10^{-3}]\ \text{m}=-18\times10^{-3}\ \text{mm}$$

2. 确定静水压力 p

将式(c)中的结果及 E、ν 的数值代入式(b)，解出

$$p=-\frac{E\varepsilon_x}{1-2\nu}=\left[\frac{-200\times10^9\times(-0.3\times10^{-3})}{1-2\times0.29}\right]\ \text{Pa}=142.9\times10^6\ \text{Pa}=142.9\ \text{MPa}$$

11-5-3　总应变能密度

考察图 11-11b 中以主应力表示的三向应力状态，其主应力和主应变分别为 σ_1、σ_2、σ_3 和 ε_1、ε_2、ε_3。假设应力和应变都同时自零开始逐渐增加至终值。

根据能量守恒原理，材料在弹性范围内工作时，微元三对面上的力(其值为应力与面积的乘积)在由各自对应应变所产生的位移上所作之功，全部转变为一种能量，贮存于微元内。这种能量称为弹性应变能，简称为**应变能**(strain energy)，用 $\mathrm{d}V_\varepsilon$ 表示。若以 $\mathrm{d}V$ 表示微元的体积，则定义 $\mathrm{d}V_\varepsilon/\mathrm{d}V$ 为**应变能密度**(strain-energy density)，用 v_ε 表示。

当材料的应力-应变满足广义胡克定律时，在小变形的条件下，相应的力 $\boldsymbol{F}_\mathrm{P}$ 和位移 $\boldsymbol{\Delta}$ 亦存在线性关系。这时力作功为

$$W=\frac{1}{2}F_\mathrm{P}\Delta \tag{11-18}$$

对于弹性体，此功将转变为弹性应变能 V_ε。

设微元的三对边长分别为 $\mathrm{d}x$、$\mathrm{d}y$、$\mathrm{d}z$，则作用在微元三对面上的力分别为 $\sigma_1\mathrm{d}y\mathrm{d}z$、$\sigma_2\mathrm{d}x\mathrm{d}z$、$\sigma_3\mathrm{d}x\mathrm{d}y$，与这些力对应的位移分别为 $\varepsilon_1\mathrm{d}x$、$\varepsilon_2\mathrm{d}y$、$\varepsilon_3\mathrm{d}z$。这些力在各自位移上所作之功，都可以用式(11-18)计算。于是，作用在微元上的所有力作功之和为

$$\mathrm{d}W=\frac{1}{2}(\sigma_1\varepsilon_1+\sigma_2\varepsilon_2+\sigma_3\varepsilon_3)\mathrm{d}x\mathrm{d}y\mathrm{d}z$$

贮藏于微元体内的应变能为

$$dV_{\varepsilon}=dW=\frac{1}{2}(\sigma_1\varepsilon_1+\sigma_2\varepsilon_2+\sigma_3\varepsilon_3)dV$$

根据应变能密度的定义，并应用式(11-18)，得到三向应力状态下，总应变能密度表达式为

$$v_{\varepsilon}=\frac{1}{2E}[\sigma_1^2+\sigma_2^2+\sigma_3^2-2\nu(\sigma_1\sigma_2+\sigma_2\sigma_3+\sigma_3\sigma_1)] \tag{11-19}$$

11-5-4　体积改变能密度与畸变能密度

一般情形下，物体变形时，同时包含了体积改变与形状改变。因此，总应变能密度包含相互独立的两种应变能密度。即

$$v_{\varepsilon}=v_{V}+v_{d} \tag{11-20}$$

式中 v_V 和 v_d 分别称为体积改变能密度(strain-energy density corresponding to the change of volume)和畸变能密度(strain-energy density corresponding to the distortion)。

将用主应力表示的三向应力状态(图 11-13a)分解为图 11-13b、c 中所示之两种应力状态的叠加。其中，$\bar{\sigma}$ 称为平均应力(average stress)：

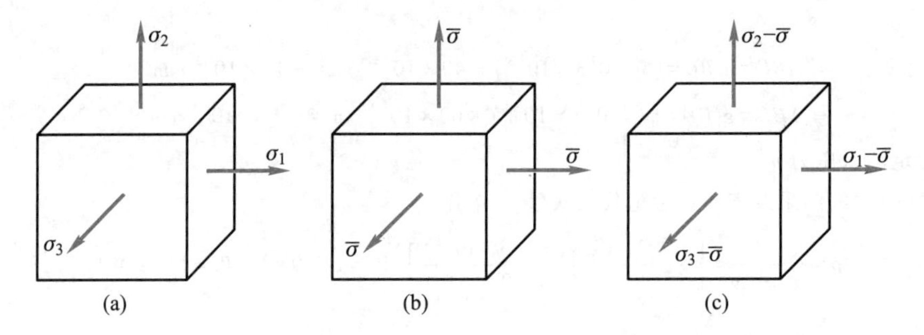

图 11-13　微元的形状改变与体积改变

$$\bar{\sigma}=\frac{1}{3}(\sigma_1+\sigma_2+\sigma_3) \tag{11-21}$$

图 11-13b 中所示为三向等拉应力状态，在这种应力状态作用下，微元只产生体积改变，而没有形状改变。图 11-13c 中所示之应力状态，读者可以证明，它将使微元只产生形状改变，而没有体积改变。

对于图 11-13b 中的微元，将式(11-21)代入式(11-19)，算得其体积改变能密度

$$v_{V}=\frac{1-2\nu}{6E}(\sigma_1+\sigma_2+\sigma_3)^2 \tag{11-22}$$

将式(11-19)和式(11-22)代入式(11-20)，得到微元的畸变能密度

$$v_{d}=\frac{1+\nu}{6E}[(\sigma_1-\sigma_2)^2+(\sigma_2-\sigma_3)^2+(\sigma_3-\sigma_1)^2] \tag{11-23}$$

§11-6　一般应力状态下的强度条件

前面已经提到，大量实验结果表明，材料在常温、静载作用下主要发生两种形式的强度失效：一种是屈服，另一种是断裂。

本节将通过对屈服和断裂原因的假说，直接应用单向拉伸的实验结果，建立材料在各种应力状态下的屈服与断裂的失效判据，以及相应的设计准则。我国国内的材料力学教材关于强度设计准则，一直沿用苏联的名词，叫做强度理论。

关于断裂的准则有最大拉应力准则和最大拉应变准则，由于最大拉应变准则只与少数材料的实验结果相吻合，工程上已经很少应用。关于屈服的准则主要有最大剪应力准则和畸变能密度准则。

11-6-1　第一强度理论

第一强度理论又称为最大拉应力准则（maximum tensile stress criterion），最早由英国的兰金（Rankine. W. J. M.）提出，他认为引起材料断裂破坏的原因是由于最大正应力达到某个共同的极限值。对于拉、压强度相同的材料，这一理论现在已被修正为最大拉应力理论。

这一理论认为：无论材料处于什么应力状态，只要发生脆性断裂，其共同原因都是由于微元内的最大拉应力 $\sigma_{\max}$ 达到了某个共同的极限值 $\sigma_{\max}^{0}$。

根据这一理论，“无论什么应力状态”，当然也包括了单向应力状态。脆性材料单向拉伸实验结果表明，当横截面上的正应力 $\sigma=\sigma_{b}$ 时，发生脆性断裂；对于单向拉伸，横截面上的正应力，就是微元所有方向面中的最大正应力，即 $\sigma_{\max}=\sigma$；所以 σ_{b} 就是所有应力状态发生脆性断裂的极限值，即

$$\sigma_{\max}^{0}=\sigma_{b} \tag{a}$$

同时，无论什么应力状态，只要存在大于零的主应力，σ_{1} 就是最大拉应力，即

$$\sigma_{\max}=\sigma_{1} \tag{b}$$

比较（a）、（b）二式，所有应力状态发生脆性断裂的失效判据为

$$\sigma_{1}=\sigma_{b} \tag{11-24}$$

相应的设计准则为

$$\sigma_{1}\leqslant[\sigma]=\frac{\sigma_{b}}{n_{b}} \tag{11-25}$$

式中，σ_{b} 为材料的强度极限，n_{b} 为对应的安全因数。

这一理论与均质的脆性材料（如玻璃、石膏及某些陶瓷）的实验结果吻合得较好。

11-6-2　第二强度理论

第二强度理论又称为最大拉应变准则（maximum tensile strain criterion），也是关于无裂纹脆性材料构件的断裂失效的理论。

这一理论认为：无论材料处于什么应力状态，只要发生脆性断裂，其共同原因都是由于微元的最大拉应变 ε_{1} 达到了某个共同的极限值 ε_{1}^{0}。

根据这一理论及胡克定律，单向应力状态的最大拉应变 $\varepsilon_{\max}=\dfrac{\sigma_{\max}}{E}=\dfrac{\sigma}{E}$，$\sigma$ 为横截面上的正应力；脆性材料单向拉伸实验结果表明，当 $\sigma=\sigma_{b}$ 时发生脆性断裂，这时的最大应变值为 $\varepsilon_{\max}^{0}=\dfrac{\sigma_{\max}}{E}=\dfrac{\sigma_{b}}{E}$；所以 $\dfrac{\sigma_{b}}{E}$ 就是所有应力状态发生脆性断裂的极限值，即

$$\varepsilon_{\max}^{0}=\frac{\sigma_{b}}{E} \tag{c}$$

同时,对于主应力为 σ_1、σ_2、σ_3的任意应力状态,根据广义胡克定律,最大拉应变为

$$\varepsilon_{max}=\frac{\sigma_1}{E}-\nu\frac{\sigma_2}{E}-\nu\frac{\sigma_3}{E}=\frac{1}{E}(\sigma_1-\nu\sigma_2-\nu\sigma_3) \tag{d}$$

比较(c)、(d)二式,所有应力状态发生脆性断裂的失效判据为

$$\sigma_1-\nu(\sigma_2+\sigma_3)=\sigma_b \tag{11-26}$$

相应的设计准则为

$$\sigma_1-\nu(\sigma_2+\sigma_3)\leqslant[\sigma]=\frac{\sigma_b}{n_b} \tag{11-27}$$

式中,σ_b为材料的强度极限,n_b为对应的安全因数。

这一理论只与少数脆性材料的实验结果吻合。

11-6-3 第三强度理论

第三强度理论又称为**最大剪应力准则**(maximum shearing stress criterion)。

这一理论认为:无论材料处于什么应力状态,只要发生屈服(或剪断),其共同原因都是由于微元内的最大剪应力 τ_{max}达到了某个共同的极限值 τ_{max}^0。

根据这一理论,由拉伸实验得到屈服应力 σ_s,即可确定各种应力状态下发生屈服时最大剪应力的极限值 τ_{max}^0。

轴向拉伸实验发生屈服时,横截面上的正应力达到屈服强度,即 $\sigma=\sigma_s$,此时最大剪应力

$$\tau_{max}=\frac{\sigma_1-\sigma_3}{2}=\frac{\sigma_s}{2}$$

因此,根据第三强度理论,$\sigma_s/2$ 即为所有应力状态下发生屈服时最大剪应力的极限值

$$\tau_{max}^0=\frac{\sigma_s}{2} \tag{e}$$

同时,对于主应力为 σ_1、σ_2、σ_3的任意应力状态,其最大剪应力为

$$\tau_{max}=\frac{\sigma_1-\sigma_3}{2} \tag{f}$$

比较(e)、(f)二式,任意应力状态发生屈服时的失效判据可以写成

$$\sigma_1-\sigma_3=\sigma_s \tag{11-28}$$

据此,得到相应的设计准则

$$\sigma_1-\sigma_3\leqslant[\sigma]=\frac{\sigma_s}{n_s} \tag{11-29}$$

式中,$[\sigma]$为许用应力; n_s为安全因数。

第三强度理论最早由法国工程师、科学家库仑(Coulomb)于 1773 年提出,是关于剪断的理论,并应用于建立土的破坏条件;1864 年特雷斯卡(Tresca)通过挤压实验研究屈服现象和屈服准则,将剪断准则发展为屈服准则,因而这一理论又称为特雷斯卡准则。

试验结果表明,这一准则能够较好地描述低强化韧性材料(如退火钢)的屈服状态。

11-6-4 第四强度理论

第四强度理论又称为**畸变能密度准则**(criterion of strain energy density corresponding to distortion)。

这一理论认为:无论材料处于什么应力状态,只要发生屈服(或剪断),其共同原因都是由于微元内的畸变能密度 v_d 达到了某个共同的极限值 v_d^0。

根据这一理论,由拉伸屈服实验结果 σ_s,即可确定各种应力状态下发生屈服时畸变能密度的极限值 v_d^0。

因为单向拉伸实验至屈服时,$\sigma_1=\sigma_s$、$\sigma_2=\sigma_3=0$,这时的畸变能密度,就是所有应力状态发生屈服时的极限值

$$v_d^0=\frac{1+\nu}{6E}[(\sigma_1-\sigma_2)^2+(\sigma_2-\sigma_3)^2+(\sigma_3-\sigma_1)^2]=\frac{1+\nu}{3E}\sigma_s^2 \tag{g}$$

同时,对于主应力为 σ_1、σ_2、σ_3 的任意应力状态,其畸变能密度为

$$v_d=\frac{1+\nu}{6E}[(\sigma_1-\sigma_2)^2+(\sigma_2-\sigma_3)^2+(\sigma_3-\sigma_1)^2] \tag{h}$$

比较式(g)、(h)二式,主应力为 σ_1、σ_2、σ_3 的任意应力状态屈服失效判据为

$$\frac{1}{2}[(\sigma_1-\sigma_2)^2+(\sigma_2-\sigma_3)^2+(\sigma_3-\sigma_1)^2]=\sigma_s^2 \tag{11-30}$$

相应的设计准则为

$$\sqrt{\frac{1}{2}[(\sigma_1-\sigma_2)^2+(\sigma_2-\sigma_3)^2+(\sigma_3-\sigma_1)^2]}\leqslant[\sigma]=\frac{\sigma_s}{n_s} \tag{11-31}$$

畸变能密度准则由米泽斯(Mises)于 1913 年从修正最大剪应力准则出发提出。1924 年德国的亨奇(Hencky)从畸变能密度出发对这一准则作了解释,从而形成了畸变能密度准则,因此,这一理论又称为米泽斯准则。

1926 年,德国的洛德(Lode)通过薄壁圆管同时承受轴向拉伸与内压力时的屈服实验,验证米泽斯准则。他发现:对于碳素钢和合金钢等韧性材料,米泽斯准则与实验结果吻合得相当好。其他大量的实验结果还表明,米泽斯准则能够很好地描述铜、镍、铝等大量工程韧性材料的屈服状态。

【例题 11-6】　灰铸铁构件上危险点处的应力状态如图 11-14 所示。若灰铸铁抗拉许用应力 $[\sigma]^+=30$ MPa,试校核该点处的强度是否安全。

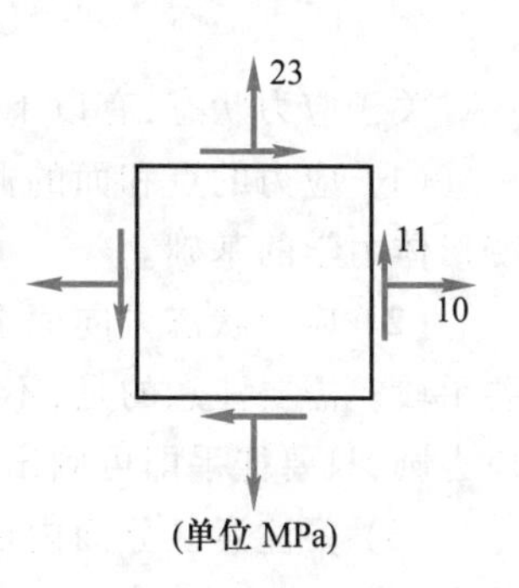

图 11-14　例题 11-6 图

解:根据所给的应力状态,在微元各个面上只有拉应力而无压应力。因此,可以认为灰铸铁在这种应力状态下可能发生脆性断裂,故采用第一强度理论,即

$$\sigma_1\leqslant[\sigma]^+$$

对于所给的平面应力状态,可算得非零主应力值为

$$\left.\begin{matrix}\sigma'\\ \sigma''\end{matrix}\right\}=\frac{\sigma_x+\sigma_y}{2}\pm\frac{1}{2}\sqrt{(\sigma_x-\sigma_y)^2+4\tau_{xy}^2}$$

$$=\frac{10\ \text{MPa}+23\ \text{MPa}}{2}\pm\frac{1}{2}\sqrt{(10\ \text{MPa}-23\ \text{MPa})^2+4\times(-11\ \text{MPa})^2}$$

$$=16.5\ \text{MPa}\pm12.78\ \text{MPa}=\begin{cases}29.28\ \text{MPa}\\ 3.72\ \text{MPa}\end{cases}$$

因为是平面应力状态,有一个主应力为零,故三个主应力分别为

$$\sigma_1=29.28\ \text{MPa},\quad \sigma_2=3.72\ \text{MPa},\quad \sigma_3=0$$

显然

$$\sigma_1=29.28\ \text{MPa}<[\sigma]=30\ \text{MPa}$$

故此危险点强度是足够的。

【例题 11-7】 某结构上危险点处的应力状态如图 11-15 所示，其中 $\sigma=116.7$ MPa，$\tau=46.3$ MPa。材料为钢，许用应力 $[\sigma]=160$ MPa。试校核此结构是否安全。

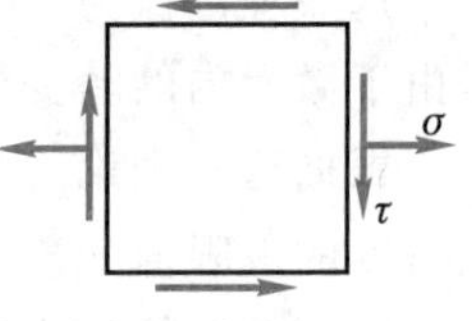

图 11-15 例题 11-7 图

解：对于这种平面应力状态，不难求得非零的主应力为

$$\left.\begin{matrix}\sigma'\\ \sigma''\end{matrix}\right\}=\frac{\sigma}{2}\pm\frac{1}{2}\sqrt{\sigma^2+4\tau^2}$$

因为有一个主应力为零，故有

$$\left.\begin{aligned}\sigma_1&=\frac{\sigma}{2}+\frac{1}{2}\sqrt{\sigma^2+4\tau^2}\\ \sigma_2&=0\\ \sigma_3&=\frac{\sigma}{2}-\frac{1}{2}\sqrt{\sigma^2+4\tau^2}\end{aligned}\right\}\tag{11-32}$$

钢材在这种应力状态下可能发生屈服，故可采用第三或第四强度理论进行强度计算。根据第三强度理论和第四强度理论，有

$$\sigma_1-\sigma_3=\sqrt{\sigma^2+4\tau^2}\leqslant[\sigma]\tag{11-33}$$

$$\sqrt{\frac{1}{2}[(\sigma_1-\sigma_2)^2+(\sigma_2-\sigma_3)^2+(\sigma_3-\sigma_1)^2]}=\sqrt{\sigma^2+3\tau^2}\leqslant[\sigma]\tag{11-34}$$

将已知的 σ 和 τ 数值代入上述二式不等号的左侧，得

$$\sqrt{\sigma^2+4\tau^2}=\sqrt{116.7^2+4\times46.3^2}\ \text{MPa}=149.0\ \text{MPa}$$

$$\sqrt{\sigma^2+3\tau^2}=\sqrt{116.7^2+3\times46.3^2}\ \text{MPa}=141.6\ \text{MPa}$$

二者均小于 $[\sigma]=160$ MPa。可见，采用最大剪应力准则或畸变能密度准则进行强度校核，该结构都是安全的。

§11-7 小结与讨论

11-7-1 关于应力状态的几点重要结论

关于应力状态，有以下几点重要结论：

(1) 应力的点和面的概念及应力状态的概念，不仅是工程力学的基础，而且也是其他变形体力学的基础。

(2) 应力状态方向面上的应力与应力圆的类比关系，为分析应力状态提供了一种重要手段。需要注意的是，不应当将应力圆作为图解工具，因而无需用绘图仪器画出精确的应力圆，只要徒手即可画出。根据应力圆中的几何关系，就可以得到所需要的答案。

(3) 要注意区分面内最大剪应力与应力状态中的最大剪应力。为此，对于平面应力状态，要正确确定 σ_1、σ_2、σ_3，然后由式(11-12)计算一点处的最大剪应力。

11-7-2 平衡方法是分析应力状态最重要、最基本的方法

本章应用平衡方法建立了不同方向面上应力的转换关系。但是，平衡方法的应用不仅限于此，在分析和处理某些复杂问题时，也是非常有效的。例如图 11-16a中所示的承受轴向拉伸的锥形杆(矩形截面)，应用平衡方法可以证明：横截面 A-A 上各点的应力状态不会完全相同。

需要注意的是，考察微元及其局部平衡时，参加平衡的量只能是力，而不是应力。应

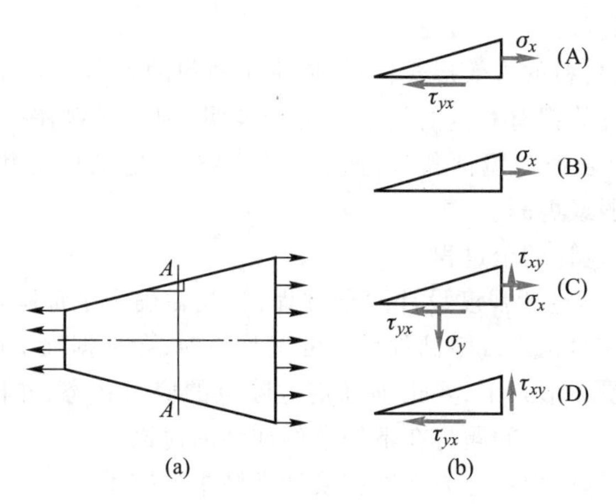

图 11-16　承受轴向拉伸的锥形杆的应力状态

力只有乘以其作用面的面积才能参与平衡。

又比如，图 11-16b 中所示为从点 A 取出的应力状态，请读者应用平衡的方法分析哪一种是正确的。

11-7-3　关于应力状态的不同的表示方法

同一点处的应力状态可以有不同的表示方法，但以主应力表示的应力状态最为重要。

对于图 11-17 中所示的四种应力状态，请读者分析哪几种是等价的。为了回答这一问题，首先，需要应用本章的分析方法，确定两个应力状态等价不仅要主应力的数值相同，而且主应力的作用线方向也必须相同。据此，才能判断哪些应力状态是等价的。

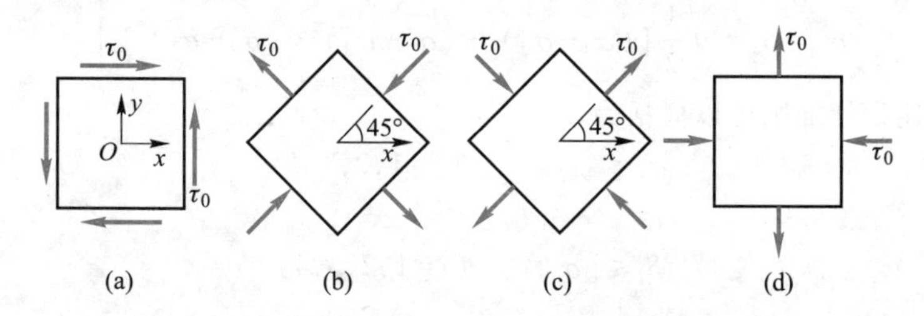

图 11-17　判断应力状态是否等价

11-7-4　正确应用广义胡克定律

对于一般应力状态的微元，其上某一方向的正应变不仅与这一方向上的正应力有关，而且还与单元体上的另外两个与之垂直方向上的正应力有关。在小变形的条件下，剪应力在其作用方向及与之垂直的方向都不会产生正应变，但在其余方向仍将产生正应变。

11-7-5　应用强度理论需要注意的几个问题

根据本章分析及工程实际应用的要求，应用强度理论时需要注意以下几方面的问题。

(1) 要注意不同强度理论的适用范围

上述强度理论只适用于某种确定的失效形式。因此，在实际应用中，应当先判别将会发生什么形式的失效——屈服还是断裂，然后选用合适的强度理论。在大多数应力状态下，脆性材料将发生脆性断裂，因而应选用第一强度理论；韧性材料将发生屈服和剪断，故应选用第三或第四强度理论。

但是，必须指出，材料的失效形式，不仅取决于材料的力学行为，而且与其所处的应力状态、温度和加载速度等都有一定的关系。实验表明，韧性材料在一定的条件下（例如低温或三向拉伸时），会表现为脆性断裂；而脆性材料在一定的应力状态（例如三向压缩）下，会表现出塑性屈服或剪断。

（2）要注意强度设计的全过程

上述设计准则并不包括强度设计的全过程，只是在确定了危险点及其应力状态之后的计算过程。因此，在对构件或零部件进行强度计算时，要根据强度设计步骤进行。特别要注意的是，在复杂受力形式下，要正确确定危险点的应力状态，并根据可能的失效形式选择合适的设计准则。这一问题将在下一章作详细的讨论。

（3）注意关于计算应力和应力强度在设计准则中的应用

工程上为了计算方便起见，常常将强度理论中直接与许用应力$[\sigma]$相比较的量，称为计算应力或相当应力（equivalent stress），用σ_{ri}（$i=1,2,3,4$）表示，其中数码1、2、3、4分别表示了第一、第二、第三和第四强度理论的序号。

近年来，一些科学技术文献中也将相当应力称为应力强度（stress strength），用S_i表示。不论是"计算应力"还是"应力强度"，它们本身都没有确切的物理含义，只是为了计算方便起见而引进的名词和记号。

对于不同的强度理论，σ_{ri}和S_i都是主应力σ_1、σ_2、σ_3的不同函数：

$$\left.\begin{aligned}&\sigma_{r1}=S_1=\sigma_1\\&\sigma_{r2}=S_2=\sigma_1-\nu(\sigma_2+\sigma_3)\\&\sigma_{r3}=S_3=\sigma_1-\sigma_3\\&\sigma_{r4}=S_4=\sqrt{\frac{1}{2}[(\sigma_1-\sigma_2)^2+(\sigma_2-\sigma_3)^2+(\sigma_3-\sigma_1)^2]}\end{aligned}\right\}\tag{11-35}$$

于是，上述设计准则可以概括为

$$\sigma_{ri}\leqslant[\sigma]\qquad(i=1,2,3,4)\tag{11-36}$$

或

$$S_i\leqslant[\sigma]\qquad(i=1,2,3,4)\tag{11-37}$$

11-7-6　学习研究问题

问题一：承受内压的管道发生的破坏如图11-18所示，请分析：管道破坏属于韧性失效还是脆性失效？引起破坏的是最大拉应力还是最大剪应力？

问题二：受力物体某一点的应力状态如图11-19所示，研究确定该点处的主应力与最大剪应力的分析方法。

图11-18

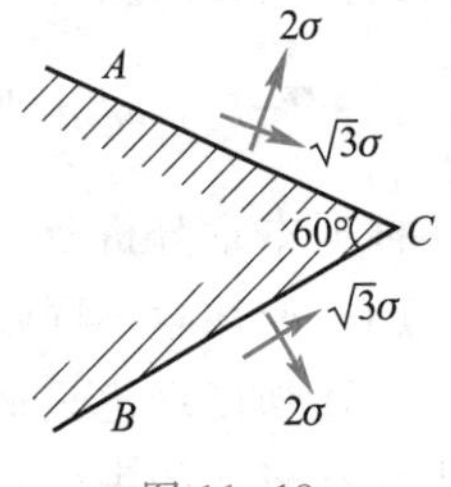

图11-19

习　　题

11-1　关于用微元表示一点处的应力状态，有如下论述，其中正确的是(　　)。

(A) 微元形状可以是任意的

(B) 微元形状不是任意的，只能是六面体微元

(C) 不一定是六面体微元，五面体微元也可以，其他形状则不行

(D) 微元形状可以是任意的，但其上已知的应力分量足以确定任意方向面上的应力

11-2　微元受力如图所示，图中应力单位为 MPa。根据不为零主应力的数目判断它是(　　)。

(A) 二向应力状态　　(B) 单向应力状态

(C) 三向应力状态　　(D) 纯剪应力状态

11-3　对于图示的应力状态($\sigma_1>\sigma_2>0$)，关于最大剪应力作用面有以下四种答案，其中正确的是(　　)。

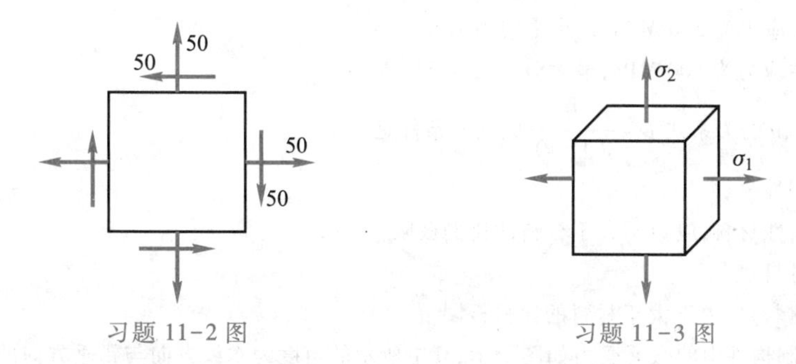

习题 11-2 图　　习题 11-3 图

(A) 平行于 σ_2 的面，其法线与 σ_1 夹角 45°

(B) 平行于 σ_1 的面，其法线与 σ_2 夹角 45°

(C) 垂直于 σ_1 和 σ_2 作用线组成平面的面，其法线与 σ_1 夹角 45°

(D) 垂直于 σ_1 和 σ_2 作用线组成平面的面，其法线与 σ_2 夹角 30°

11-4　关于弹性体受力后某一方向的应力与应变关系，有如下论述，其中正确的是(　　)。

(A) 有应力一定有应变，有应变不一定有应力

(B) 有应力不一定有应变，有应变不一定有应力

(C) 有应力不一定有应变，有应变一定有应力

(D) 有应力一定有应变，有应变一定有应力

11-5　对于图示的应力状态，若测出 x、y 方向的正应变 ε_x、ε_y，可以确定的材料弹性常数有(　　)。

(A) E 和 ν　　(B) E 和 G　　(C) ν 和 G　　(D) E、G 和 ν

11-6　图中所示为从点 A 取出的应力状态，其中正确的是(　　)。

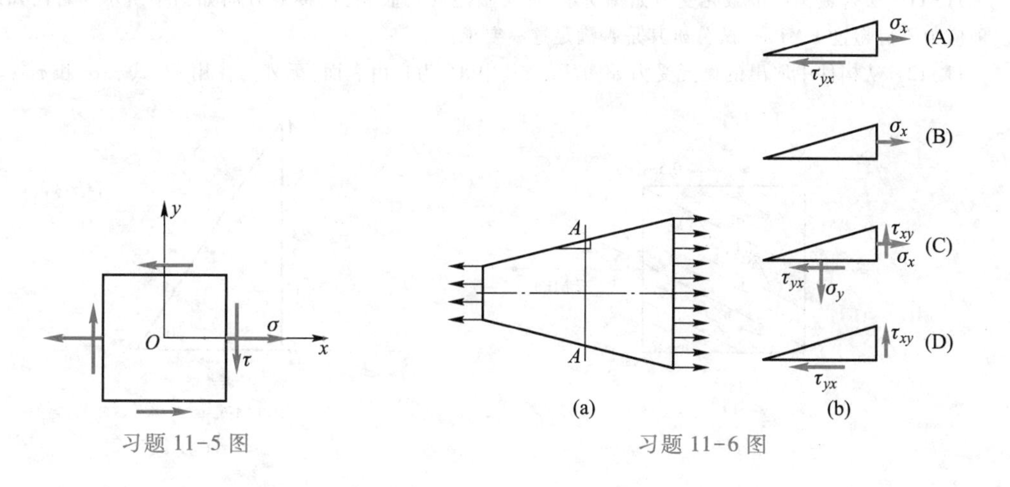

习题 11-5 图　　习题 11-6 图

11-7　对于图中所示的四种应力状态，请分析等价的是（　　）。

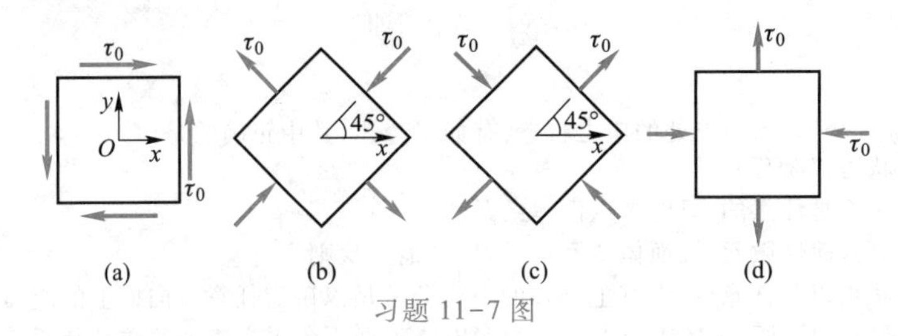

习题 11-7 图

11-8　已知平面应力状态的两个主应力分别为 500 MPa 和 100 MPa，则在这一应力状态中（　　）。

（A）最大主应力为 500 MPa，最小主应力为 100 MPa

（B）最大主应力为 500 MPa，最大剪应力为 200 MPa

（C）最大主应力为 500 MPa，最小主应力为 0 MPa

（D）最大主应力为 500 MPa，最大剪应力为 250 MPa

11-9　E、G、ν 的关系式 $G=\dfrac{E}{2(1+\nu)}$ 成立的条件是（　　）。

（A）各向同性材料

（B）各向同性材料，应力不大于材料的比例极限

（C）任意材料

（D）任意材料，应力不大于材料的比例极限

11-10　木制构件中的微元受力如图所示，其中所示的角度为木纹方向与铅垂方向的夹角。试求：（1）面内平行于木纹方向的剪应力；（2）垂直于木纹方向的正应力。

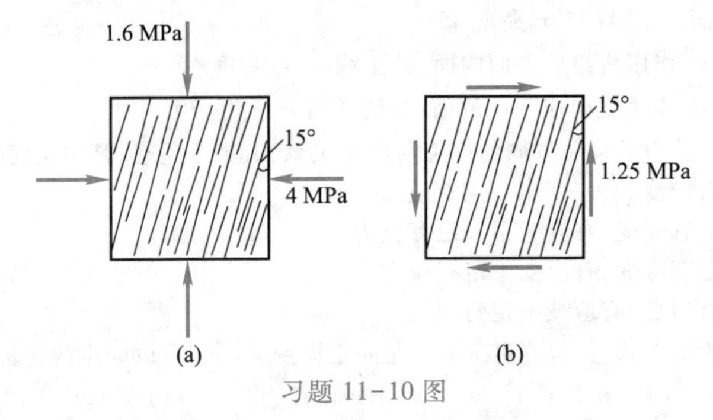

习题 11-10 图

11-11　层合板构件中微元受力如图所示，各层板之间用胶粘接，接缝方向如图中所示。若已知胶层剪应力不得超过 1 MPa。试分析其是否满足这一要求。

11-12　从构件中取出的微元受力如图所示，其中 AC 为自由表面（无外力作用）。试求 σ_x 和 τ_{xy}。

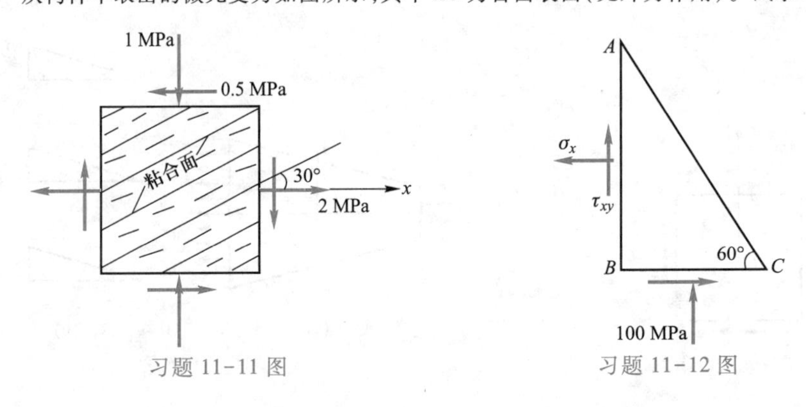

习题 11-11 图　　习题 11-12 图

11-13　构件微元表面 AC 上作用有数值为 14 MPa 的压应力，其余受力如图所示。试求 σ_x 和 τ_{xy}。

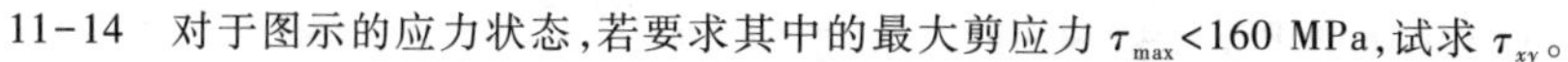

11-14　对于图示的应力状态，若要求其中的最大剪应力 τ_{max}<160 MPa，试求 τ_{xy}。

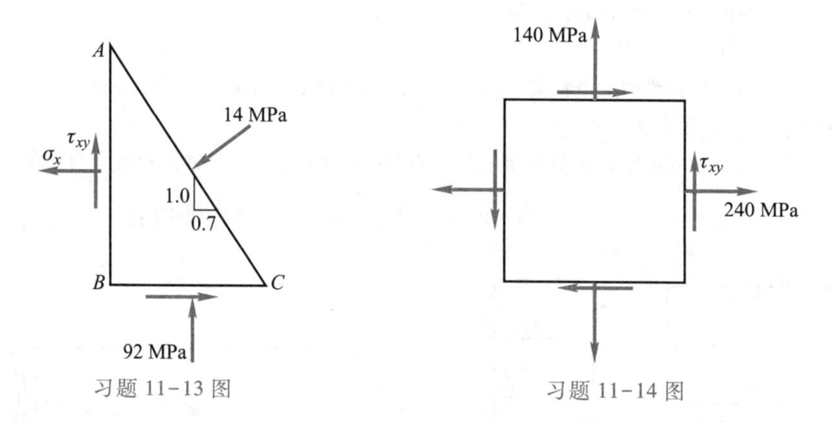

习题 11-13 图　　　　习题 11-14 图

11-15　图示外径为 300 mm 的钢管由厚度为 8 mm 的钢带沿 20°角的螺旋线卷曲焊接而成。试求下列情形下，焊缝上沿焊缝方向的剪应力和垂直于焊缝方向的正应力。

（1）只承受轴向载荷 F_P = 250 kN；

（2）只承受内压 p = 5.0 MPa（两端封闭）；

*（3）同时承受轴向载荷 F_P = 250 kN 和内压 p = 5.0 MPa（两端封闭）。

11-16　承受内压的铝合金制的圆筒形薄壁容器如图所示。已知内压 p = 3.5 MPa，材料的 E = 75 GPa，ν = 0.33。试求圆筒的半径改变量。

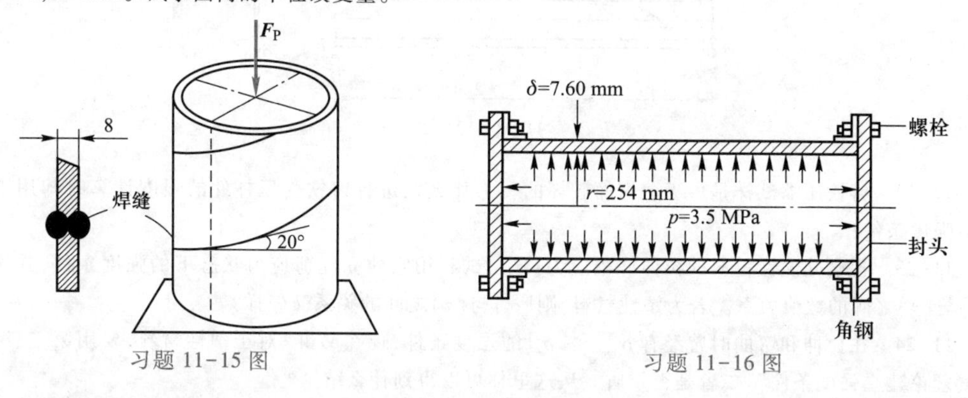

习题 11-15 图　　　　习题 11-16 图

11-17　构件中危险点的应力状态如图所示。试选择合适的准则对以下两种情形作强度校核：

（1）构件为钢制。σ_x = 45 MPa，σ_y = 135 MPa，σ_z = 0，τ_{xy} = 0，许用应力[σ] = 160 MPa。

（2）构件材料为铸铁。σ_x = 20 MPa，σ_y = −25 MPa，σ_z = 30 MPa，τ_{xy} = 0，[σ] = 30 MPa。

11-18　对于图示平面应力状态，各应力分量有以下几种可能的组合情形，试按第三强度理论和第四强度理论分别计算此几种情形下的计算应力。

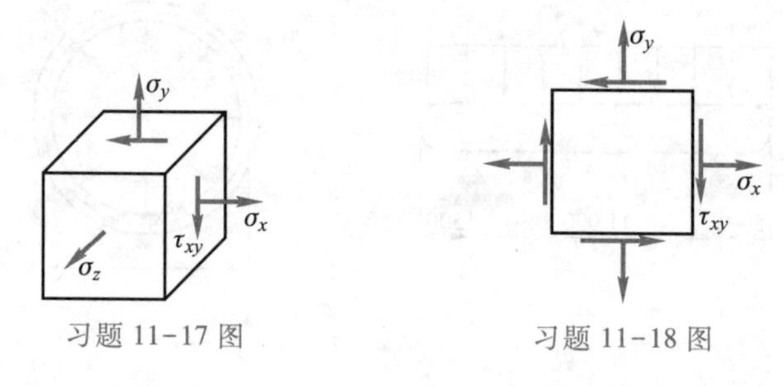

习题 11-17 图　　　　习题 11-18 图

（1）$\sigma_x=40\ \text{MPa}, \sigma_y=40\ \text{MPa}, \tau_{xy}=60\ \text{MPa}$；

（2）$\sigma_x=60\ \text{MPa}, \sigma_y=-80\ \text{MPa}, \tau_{xy}=-40\ \text{MPa}$；

（3）$\sigma_x=-40\ \text{MPa}, \sigma_y=50\ \text{MPa}, \tau_{xy}=0$；

（4）$\sigma_x=0, \sigma_y=0, \tau_{xy}=45\ \text{MPa}$。

11-19　已知矩形截面梁的某个截面上的剪力 $F_Q=120\ \text{kN}$，弯矩 $M=10\ \text{kN}\cdot\text{m}$，截面尺寸如图所示。试求 1、2、3、4 点的主应力与最大剪应力。

11-20　用实验方法测得空心圆轴表面上某一点（距两端稍远处）与轴之母线夹 45°角方向上的正应变 $\varepsilon_{45^\circ}=200\times10^{6}$。若已知材料的 $G=81\ \text{GPa}, \nu=0.28$，求轴所受之外力偶矩$\left(提示:G=\dfrac{E}{2(1+\nu)}\right)$。

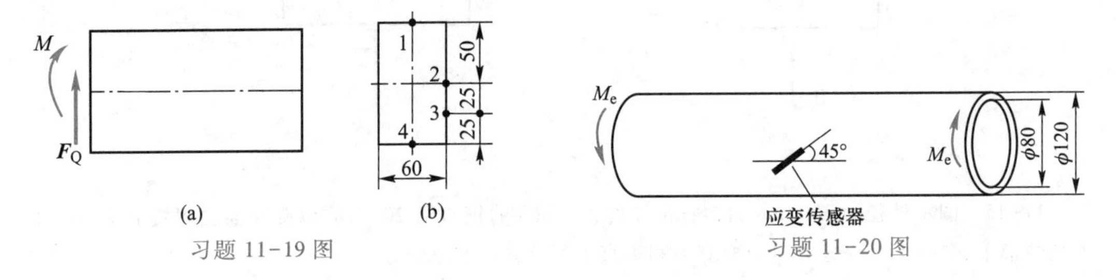

习题 11-19 图　　习题 11-20 图

11-21　28a 号工字钢简支梁如图所示，今由贴在中性层上某点 K 处、与轴线夹角 45°方向上的应变片测得 $\varepsilon_{45^\circ}=-260\times10^{-6}$，已知钢材的 $E=210\ \text{GPa}, \nu=0.28$。求作用在梁上的载荷 F_P。

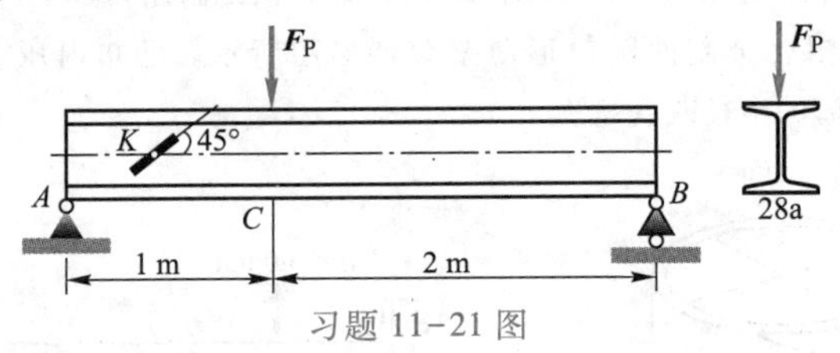

习题 11-21 图

11-22　铸铁压缩试样是由于剪切而破坏的。为什么在进行铸铁受压杆件的强度计算时却用了正应力强度条件？

11-23　若已知脆性材料的拉伸许用应力[σ]，试利用它建立纯剪应力状态下的强度条件，并建立[σ]与[τ]之间的数值关系。若为塑性材料，则[σ]与[τ]之间的关系又怎样？

11-24　在拉伸和弯曲时曾经有 $\sigma_{max}\leqslant[\sigma]$ 的强度条件，现在又讲“对于塑性材料，要用第三、第四强度理论建立强度条件”，二者是否矛盾？从这里你可以得到什么结论？

11-25　薄壁圆柱形锅炉的平均直径为 1 250 mm，最大内压为 2.3 MPa，在高温下工作时材料的屈服极限 $\sigma_s=182.5\ \text{MPa}$。若规定安全因数为 1.8，试按第三强度理论设计锅炉的壁厚。

11-26　圆柱形锅炉的受力情况及截面尺寸如图所示。锅炉的自重为600 kN，可简化为均布载荷，其集度为 q；锅炉内的压强 $p=3.4\ \text{MPa}$。已知材料为 20 号钢，$\sigma_s=200\ \text{MPa}$，规定安全因数 $n=2$，试校核锅炉壁的强度。

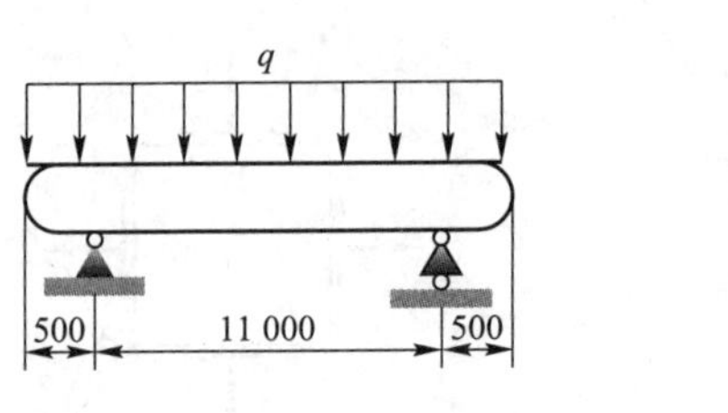

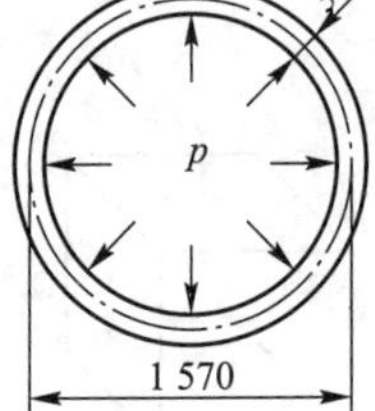

习题 11-26 图

第 12 章　组合受力与变形杆件的强度计算

前面几章中,分别讨论了拉伸、压缩、扭转与弯曲时杆件的强度问题。

工程上还有一些构件在复杂载荷作用下,其横截面上将同时产生两个或两个以上内力分量的组合作用,例如两个不同平面内的平面弯曲组合、轴向拉伸(或压缩)与平面弯曲的组合、平面弯曲与扭转的组合。这些情形统称为组合受力与变形。

发生组合受力与变形时,杆件的危险截面和危险点的位置及危险点的应力状态都与基本受力与变形时有所差别。

对组合受力与变形的杆件进行强度计算,首先需要综合考虑各种内力分量的内力图,确定可能的危险截面;进而根据各个内力分量在横截面上所产生的应力分布确定可能的危险点及危险点的应力状态;从而选择合适的强度理论进行强度计算。

本章将介绍杆件在斜弯曲、拉伸(压缩)与弯曲组合、弯曲与扭转组合,以及薄壁容器承受内压时的强度问题。

§12-1　斜　弯　曲

12-1-1　产生斜弯曲的加载条件

当外力施加在梁的对称面(或主轴平面)内时,梁将产生平面弯曲。如果所有外力都作用在同一平面内,但是这一平面不是对称面(或主轴平面),例如图 12-1a 所示的情形,梁也将会产生弯曲,但不是平面弯曲,这种弯曲称为**斜弯曲**(skew bending)。还有一种情形也会产生斜弯曲,就是所有外力都作用在对称面(或主轴平面)内,但不是同一对称面(梁的截面具有两个或两个以上对称轴)或主轴平面内。图 12-1b 所示之情形即为一例。

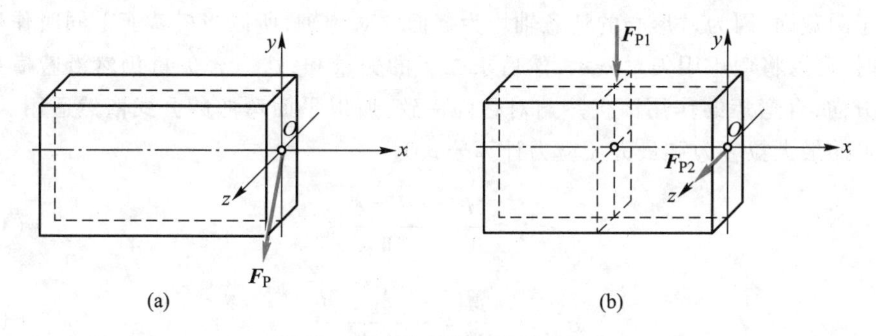

图 12-1　产生斜弯曲的受力方式

12-1-2　叠加法确定横截面上的正应力

为了确定发生斜弯曲时梁横截面上的应力,在小变形的条件下,可以将斜弯曲分解成两个纵向对称面内(或主轴平面)的平面弯曲,然后将两个平面弯曲引起的同一点应力的代数值相加,便得到斜弯曲在该点的应力值。

以矩形截面为例,如图 12-2a 所示,当梁的横截面上同时作用两个弯矩 M_y 和 M_z(二者分别都作用在梁的两个对称面内)时,两个弯矩在同一点引起的正应力叠加后,得到如

图 12-2b 所示的应力分布图。

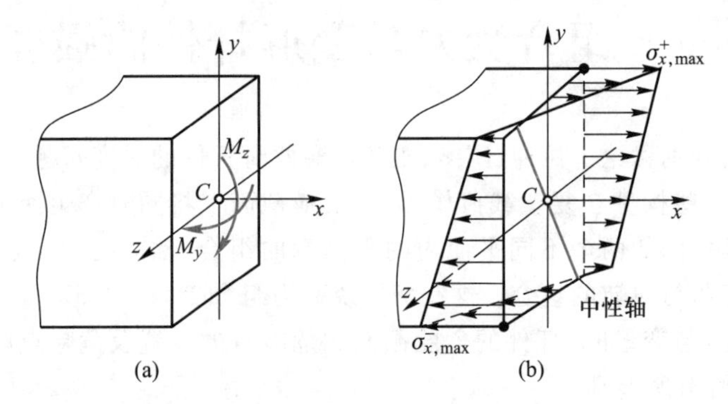

图 12-2　斜弯曲时梁横截面上的应力分布

12-1-3　最大正应力与强度条件

对于矩形截面，由于两个弯矩引起的最大拉应力发生在同一点，最大压应力也发生在同一点，因此，叠加后，横截面上的最大拉伸和压缩正应力必然发生在矩形截面的角点处。最大拉伸和压缩正应力值由下式确定：

$$\sigma^+_{\max}=\frac{M_y}{W_y}+\frac{M_z}{W_z} \tag{12-1a}$$

$$\sigma^-_{\max}=-\left(\frac{M_y}{W_y}+\frac{M_z}{W_z}\right) \tag{12-1b}$$

上式不仅适用于矩形截面，而且对于槽形截面、工字形截面也是适用的。因为这些截面上由两个主轴平面内的弯矩引起的最大拉应力和最大压应力都发生在同一点。

对于圆截面，上述计算公式是不适用的。这是因为，两个对称面内的弯矩所引起的最大拉应力不发生在同一点，最大压应力也不发生在同一点。

对于圆截面，因为过形心的任意轴均为截面的对称轴，所以当横截面上同时作用有两个弯矩时，可以将弯矩用矢量表示，然后求二者的矢量和，这一合矢量仍然沿着横截面的对称轴方向，合弯矩的作用面仍然与对称面一致，所以平面弯曲的公式依然适用。于是，圆截面上的最大拉应力和最大压应力计算公式为

$$\sigma^+_{\max}=\frac{M}{W}=\frac{\sqrt{M_y^2+M_z^2}}{W} \tag{12-2a}$$

$$\sigma^-_{\max}=-\frac{M}{W}=-\frac{\sqrt{M_y^2+M_z^2}}{W} \tag{12-2b}$$

此外，还可以证明，斜弯曲情形下，横截面依然存在中性轴，而且中性轴一定通过横截面的形心，但不垂直于加载方向，这是斜弯曲与平面弯曲的重要区别。

由于危险点上只有一个方向的正应力作用，故该点处为单向应力状态，其强度条件为

$$\sigma_{\max}\leqslant[\sigma] \tag{12-3}$$

其中 $\sigma_{\max}$ 由式(12-1)或式(12-2)算得。

【例题 12-1】　图 12-3a 所示矩形截面梁，截面宽度 $b=90$ mm，高度 $h=180$ mm。梁在两个互相垂直的平面内分别受有水平力 $\boldsymbol{F}_{P1}$ 和铅垂力 $\boldsymbol{F}_{P2}$。若已知 $F_{P1}=800$ N，$F_{P2}=1\ 650$ N，$l=1$ m，试求梁内的最大弯曲正应力并指出其作用点的位置。

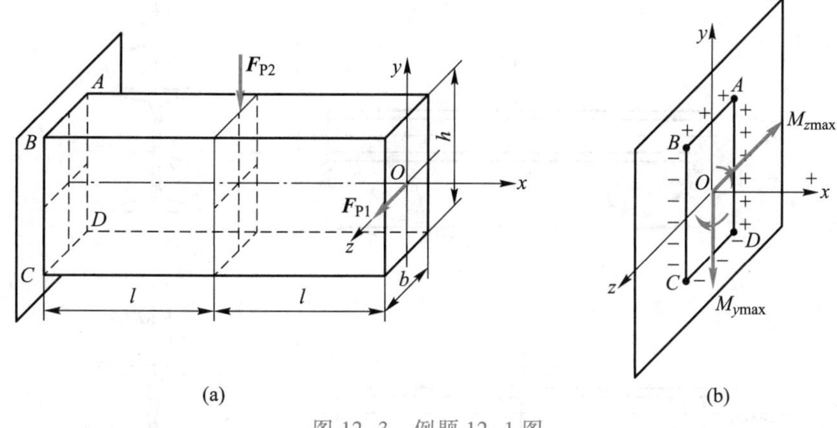

图 12-3　例题 12-1 图

解：为求梁内的最大弯曲正应力，必须分析水平力 $\boldsymbol{F}_{P1}$ 和铅垂力 $\boldsymbol{F}_{P2}$ 所产生的弯矩在何处取最大值。不难看出，两个力均在固定端处产生最大弯矩，其作用方向如图 12-3b 所示。其中 M_{ymax} 由 $\boldsymbol{F}_{P1}$ 引起，M_{zmax} 由 $\boldsymbol{F}_{P2}$ 引起，二者的数值分别为

$$M_{ymax}=F_{P1}\times 2l$$
$$M_{zmax}=F_{P2}\times l$$

对于矩形截面，在 M_{ymax} 作用下最大拉应力和最大压应力分别发生在 AD 边和 BC 边；在 M_{zmax} 作用下，最大拉应力和最大压应力分别发生在 AB 边和 CD 边。在图 12-3b 中，最大拉应力和最大压应力作用点分别用“+”和“-”表示。

二者叠加的结果，点 A 和点 C 分别为最大拉应力和最大压应力作用点。于是，这两点的正应力分别为

点 A：
$$\begin{aligned}\sigma_{xmax}^{+}&=\frac{M_{ymax}}{W_y}+\frac{M_{zmax}}{W_z}=\frac{6\times 2\times F_{P1}l}{hb^2}+\frac{6\times F_{P2}l}{bh^2}\\&=\left(\frac{6\times 2\times 800\times 1}{180\times 90^2\times 10^{-9}}+\frac{6\times 1\ 650\times 1}{90\times 180^2\times 10^{-9}}\right)\ \text{Pa}\\&=9.979\times 10^6\ \text{Pa}=9.979\ \text{MPa}\end{aligned}$$

点 C：
$$\sigma_{xmax}^{-}=-\left(\frac{M_{ymax}}{W_y}+\frac{M_{zmax}}{W_z}\right)=-9.979\ \text{MPa}$$

请读者思考：如果将本例中的梁改为圆截面梁，其他条件不变，这种情形下的最大拉应力和最大压应力的计算将发生怎样的变化？

【例题 12-2】　生产车间所用的吊车大梁两端由钢轨支撑，可以简化为简支梁，如图 12-4a 所示。大梁由 32a 号工字钢制成，许用应力 $[\sigma]=160$ MPa，起吊重量 $F_P=80$ kN，并且作用在梁的中点，作用线与 y 轴之间的夹角 $\alpha=5°$，$l=4$ m。试校核吊车大梁的强度是否安全。

解：1. 将斜弯曲分解为两个平面弯曲的叠加

将 $\boldsymbol{F}_P$ 分解为 y 和 z 方向的两个分力 $\boldsymbol{F}_{Py}$ 和 $\boldsymbol{F}_{Pz}$，将斜弯曲分解为两个平面弯曲，分别如图 12-4b 和图 12-4c 所示。图中

$$F_{Py}=F_P\cos\alpha,\quad F_{Pz}=F_P\sin\alpha$$

2. 求两个平面弯曲情形下的最大弯矩

简支梁在中点受力的情形下，最大弯矩 $M_{max}=F_Pl/4$。将其中的 F_P 分别替换为 F_{Py} 和 F_{Pz}，便得到两个平面弯曲情形下的最大弯矩：

$$M_{zmax}(\boldsymbol{F}_{Py})=\frac{F_{Py}l}{4}=\frac{F_P\cos\alpha\times l}{4}$$

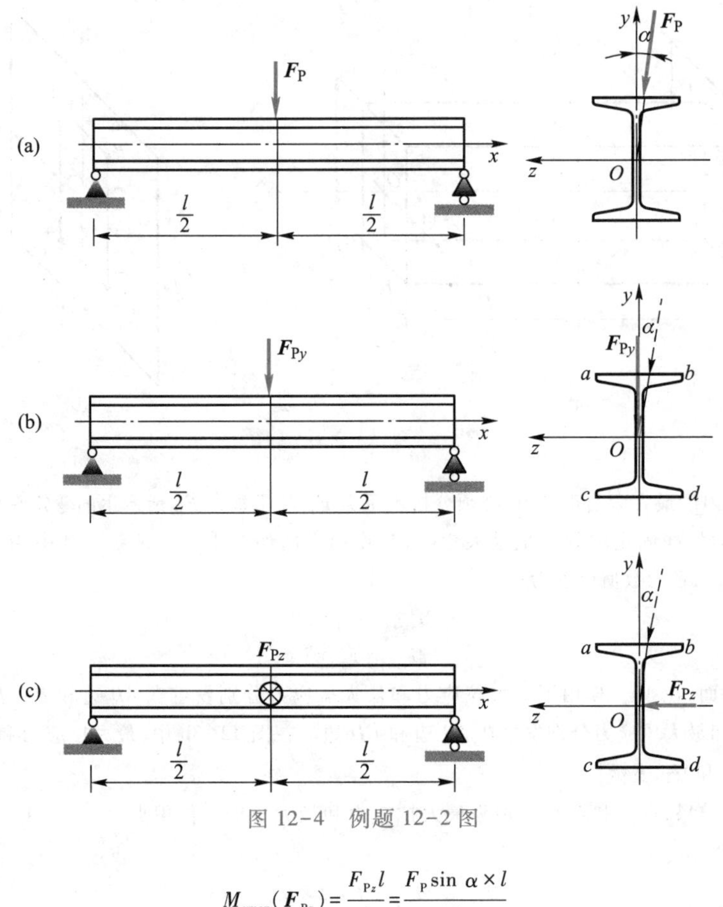

图 12-4 例题 12-2 图

$$M_{y\max}(\boldsymbol{F}_{Pz})=\frac{F_{Pz}l}{4}=\frac{F_P\sin\alpha\times l}{4}$$

3. 计算两个平面弯曲情形下的最大正应力并校核其强度

在 $M_{z\max}(\boldsymbol{F}_{Py})$ 作用的截面上(图 12-4b),截面上边缘的角点 a、b 承受最大压应力;下边缘的角点 c、d 承受最大拉应力。

在 $M_{y\max}(\boldsymbol{F}_{Pz})$ 作用的截面上(图 12-4c),截面角点 b、d 承受最大压应力;角点 a、c 承受最大拉应力。

两个平面弯曲叠加结果,角点 c 承受最大拉应力;角点 b 承受最大压应力。因此 b、c 两点都是危险点。这两点的最大正应力

$$\sigma_{\max}(b,c)=\frac{M_{y\max}(\boldsymbol{F}_{Pz})}{W_y}+\frac{M_{z\max}(\boldsymbol{F}_{Py})}{W_z}$$

$$=\frac{F_P\sin\alpha\times l}{4W_y}+\frac{F_P\cos\alpha\times l}{4W_z}$$

其中 $l=4\ \text{m}$,$F_P=80\ \text{kN}$,$\alpha=5°$。另外从型钢规格表中可查到 32a 号工字钢的 $W_y=70.8\ \text{cm}^3$,$W_z=692\ \text{cm}^3$。将这些数据代入上式,得到

$$\sigma_{\max}(b,c)=\frac{80\times10^3\ \text{N}\times\sin 5°\times4\ \text{m}}{4\times70.8\times(10^{-2})^3\text{m}^3}+\frac{80\times10^3\ \text{N}\times\cos 5°\times4\ \text{m}}{4\times692\times(10^{-2})^3\text{m}^3}$$

$$=98.5\times10^6\ \text{Pa}+115.2\times10^6\ \text{Pa}=213.7\times10^6\ \text{Pa}$$

$$=213.7\ \text{MPa}>[\sigma]=160\ \text{MPa}$$

因此,梁在斜弯曲情形下的强度是不安全的。

4. 本例讨论

如果令上述计算中的 $\alpha=0$,也就是载荷 $\boldsymbol{F}_P$ 沿着 y 轴方向,这时产生平面弯曲,上述结果中的第一项变为 0。于是梁内的最大正应力为

$$\sigma_{max}=\frac{80\times10^3\ \text{N}\times4\ \text{m}}{4\times692\times(10^{-2})^3\text{m}^3}=115.6\times10^6\ \text{Pa}=115.6\ \text{MPa}$$

这一数值远远小于斜弯曲时的最大正应力。

可见,载荷偏离对称轴(y)很小的角度,最大正应力就会有很大的增加(本例题中增加了 84.8%),这对于梁的强度是一种很大的威胁,实际工程中应当尽量避免这种现象的发生。这就是为什么吊车起吊重物时只能在吊车大梁垂直下方起吊,而不允许在大梁的侧面斜方向起吊的原因。

§12-2　拉伸(压缩)与弯曲的组合

当杆件同时承受垂直于轴线的横向力和沿着轴线方向的纵向力时(图 12-5a),杆件的横截面上将同时产生轴力、弯矩和剪力,忽略剪力的影响,轴力和弯矩都将在横截面上产生正应力。

此外,如果作用在杆件上的纵向力与杆件的轴线不重合,这种情形称为偏心加载。图 12-5b 所示即为偏心加载的一种情形。这时,如果将纵向力向横截面的形心简化,同样,将在杆件的横截面上产生轴力和弯矩。

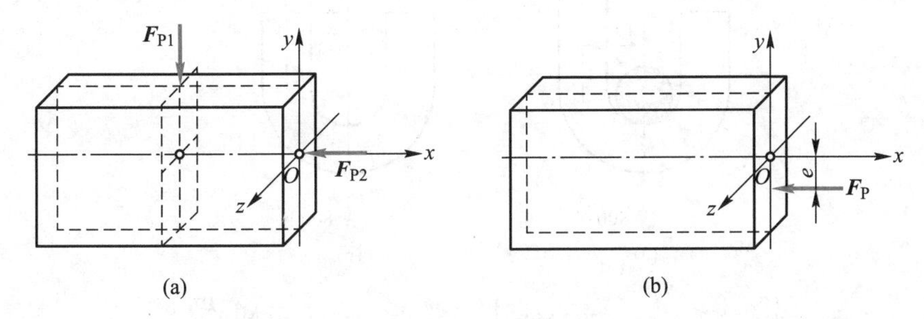

图 12-5　杆件横截面上同时产生轴力和弯矩的受力形式

在梁的横截面上同时产生轴力和弯矩的情形下,根据轴力图和弯矩图,可以确定杆件的危险截面及危险截面上的轴力 $\boldsymbol{F}_N$ 和弯矩 M_{max}。

轴力 $\boldsymbol{F}_N$ 引起的正应力沿整个横截面均匀分布,轴力为正时产生拉应力,轴力为负时产生压应力,即

$$\sigma=\pm\frac{F_N}{A}$$

弯矩 M_{max} 引起的正应力沿横截面高度方向线性分布,即

$$\sigma=\frac{M_z y}{I_z}\quad 或\quad \sigma=\frac{M_y z}{I_y}$$

应用叠加法,将二者分别引起的同一点的正应力求代数和,所得到的应力就是二者在同一点引起的总应力。

由于轴力 $\boldsymbol{F}_N$ 和弯矩 M 的方向有不同形式的组合,因此,横截面上的最大拉伸和压缩正应力的计算式也不完全相同。例如,对于图 12-5b 中的情形,有

$$\sigma^+_{max}=\frac{M}{W}-\frac{F_N}{A}\tag{12-4a}$$

$$\sigma^-_{max}=-\left(\frac{F_N}{A}+\frac{M}{W}\right)\tag{12-4b}$$

式中,$F_N=F_P$,$M=F_Pe$,e 为偏心距,A 为横截面面积。

与斜弯曲相似，由于危险点上只有一个方向有正应力作用，故该点处为单向应力状态，其强度条件为

$$\sigma_{max} \leqslant [\sigma]$$

其中 σ_{max} 由式(12-4)算得。

对于抗拉和抗压强度不等的材料，强度条件为

$$\left.\begin{aligned} \sigma^{+}_{max} \leqslant [\sigma]^{+} \\ \sigma^{-}_{max} \leqslant [\sigma]^{-} \end{aligned}\right\} \qquad (12-5)$$

【例题 12-3】 开口链环由直径 $d=12$ mm 的圆钢弯制而成，其形状如图 12-6a所示。链环的受力及其他尺寸均示于图中。试求链环直段部分横截面上的最大拉应力和最大压应力。

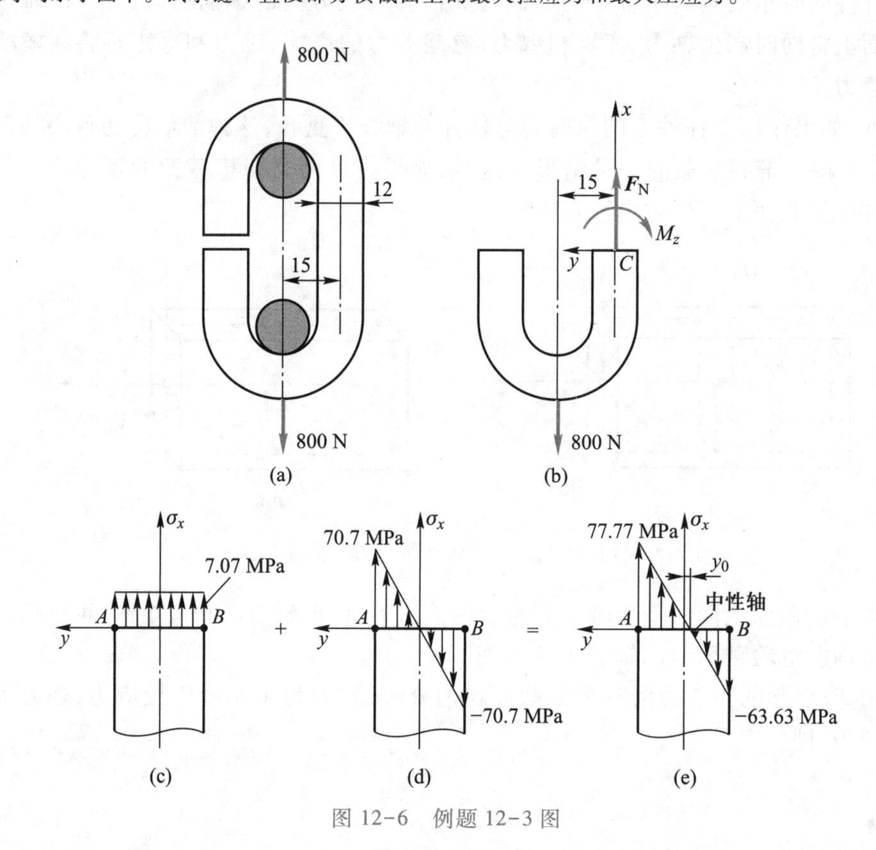

图 12-6　例题 12-3 图

解：计算直段部分横截面上的最大拉、压应力。将链环从直段的某一横截面处截开，根据平衡，截面上将作用有内力分量 F_N 和 M_z(图 12-6b)。由平衡方程 $\sum F_x=0$ 和 $\sum M_C=0$，得

$$F_N = 800\ \text{N},\quad M_z = 800\times15\times10^{-3}\ \text{N}\cdot\text{m} = 12\ \text{N}\cdot\text{m}$$

因为所有横截面上的轴力和弯矩都是相同的，所以，所有横截面的危险程度是相同的。

轴力 F_N 引起的正应力在截面上均匀分布(图 12-6c)，其值为

$$\sigma_x(F_N) = \frac{F_N}{A} = \frac{4F_N}{\pi d^2} = \frac{4\times800}{\pi\times12^2\times10^{-6}}\text{Pa} = 7.07\times10^6\ \text{Pa} = 7.07\ \text{MPa}$$

弯矩 M_z 引起的正应力分布如图 12-6d 所示。最大拉、压应力分别发生在 A、B 两点，其绝对值为

$$\sigma_{x\max}(M_z) = \frac{M_z}{W_z} = \frac{32M_z}{\pi d^3} = \left(\frac{32\times12}{\pi\times12^3\times10^{-9}}\right)\text{Pa} = 70.7\times10^6\ \text{Pa} = 70.7\ \text{MPa}$$

将上述两个内力分量引起的应力分布叠加，便得到由载荷引起的链环直段横截面上的正应力分布，如图 12-6e 所示。

从图中可以看出，横截面上的 A、B 二点处分别承受最大拉应力和最大压应力，其值分别为

$$\sigma_{x\max}^{+}=\sigma_{x}(\boldsymbol{F}_{\mathrm{N}})+\sigma_{x}(M_{z})=77.77\ \mathrm{MPa}$$

$$\sigma_{x\max}^{-}=\sigma_{x}(\boldsymbol{F}_{\mathrm{N}})-\sigma_{x}(M_{z})=-63.63\ \mathrm{MPa}$$

【例题 12-4】　图 12-7a 所示为钻床结构及其受力简图。钻床立柱为空心灰铸铁管，管的外径为 $D=140$ mm，内、外径之比 $d/D=0.75$。灰铸铁的抗拉许用应力 $[\sigma]^{+}=35$ MPa，抗压许用应力 $[\sigma]^{-}=90$ MPa。钻孔时钻头和工作台面的受力如图所示，其中 $F_{\mathrm{P}}=15$ kN，力 $\boldsymbol{F}_{\mathrm{P}}$ 作用线与立柱轴线之间的距离（偏心距）$e=400$ mm。试校核立柱的强度是否安全。

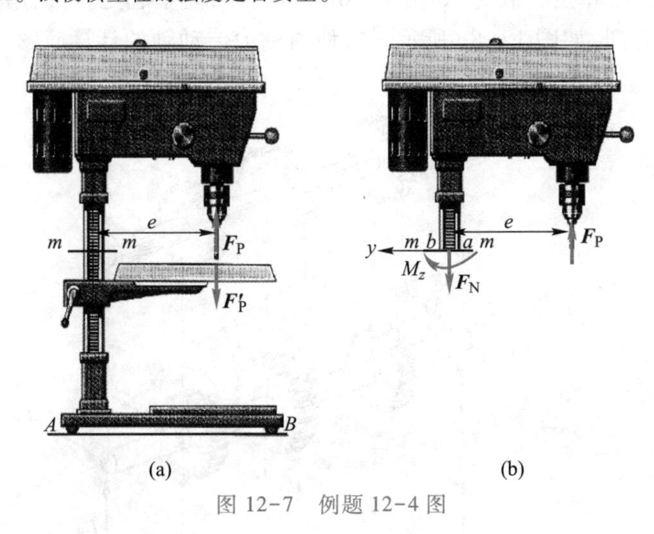

图 12-7　例题 12-4 图

解：1. 确定立柱横截面上的内力分量

用假想截面 m—m 将立柱截开，以截开的上半部分为研究对象，如图12-7b所示。由平衡条件得截面上的轴力和弯矩分别为

$$F_{\mathrm{N}}=F_{\mathrm{P}}=15\ \mathrm{kN}$$

$$M_{z}=F_{\mathrm{P}}\times e=15\ \mathrm{kN}\times 400\times 10^{-3}\ \mathrm{m}=6\ \mathrm{kN}\cdot\mathrm{m}$$

2. 确定危险截面并计算最大正应力

立柱在偏心力 $\boldsymbol{F}_{\mathrm{P}}$ 作用下产生拉伸与弯曲组合变形。根据图 12-7b 所示横截面上轴力 $\boldsymbol{F}_{\mathrm{N}}$ 和弯矩 M_z 的实际方向可知，横截面上右侧边缘上的 a 点承受最大拉应力，左侧边缘 b 点承受最大压应力，其值分别为

$$\sigma_{\max}^{+}=\frac{M_{z}}{W}+\frac{F_{\mathrm{N}}}{A}=\frac{F_{\mathrm{P}}\times e}{\dfrac{\pi D^{3}(1-\alpha^{4})}{32}}+\frac{F_{\mathrm{P}}}{\dfrac{\pi(D^{2}-d^{2})}{4}}$$

$$=\frac{32\times 6\times 10^{3}\ \mathrm{N}\cdot\mathrm{m}}{\pi\times(140\times 10^{-3}\ \mathrm{m})^{3}(1-0.75^{4})}+$$

$$\frac{4\times 15\times 10^{3}\ \mathrm{N}}{\pi[(140\times 10^{-3}\ \mathrm{m})^{2}-(0.75\times 140\times 10^{-3}\ \mathrm{m})^{2}]}$$

$$=32.6\ \mathrm{MPa}+2.23\ \mathrm{MPa}=34.83\ \mathrm{MPa}$$

$$\sigma_{\max}^{-}=-\frac{M_{z}}{W}+\frac{F_{\mathrm{N}}}{A}=-32.6\ \mathrm{MPa}+2.23\ \mathrm{MPa}=-30.37\ \mathrm{MPa}$$

$$\sigma_{\max}^{+}<[\sigma]^{+},\quad |\sigma_{\max}^{-}|<[\sigma]^{-}$$

二者的数值都小于各自的许用应力值。这表明立柱的拉伸和压缩的强度都是安全的。

§12-3 弯曲与扭转的组合

12-3-1 计算简图

借助于带轮或齿轮传递功率的传动轴,如图 12-8a 所示。工作时在齿轮的齿上均有外力作用。将作用在齿轮上的力向轴的截面形心简化便得到与之等效的力和力偶,这表明轴将承受横向载荷和扭转载荷,如图 12-8b 所示。为简单起见,可以用轴线受力图代替图 12-8b 中的受力图,如图 12-8c 所示。这种图称为传动轴的计算简图。

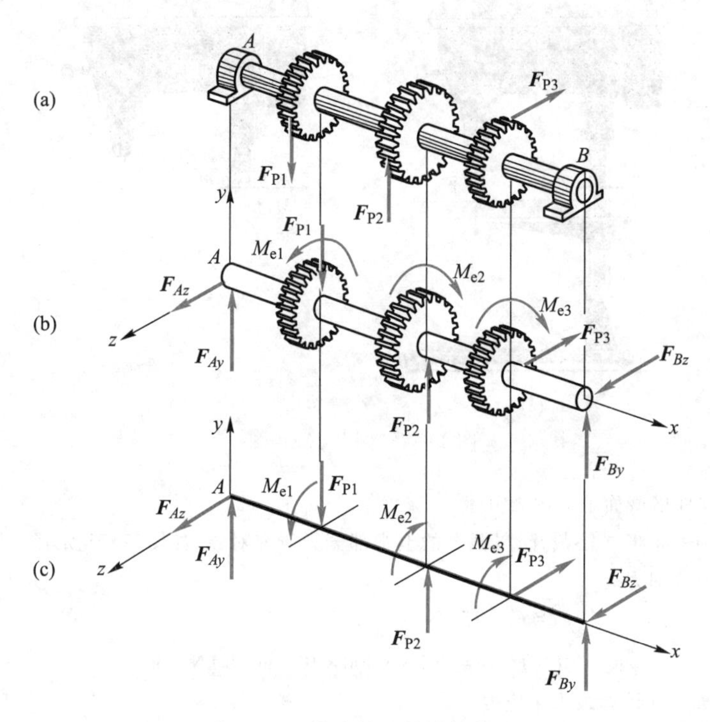

图 12-8 传动轴及其计算简图

为对承受弯曲与扭转共同作用下的圆轴进行强度设计,一般需画出弯矩图和扭矩图(剪力一般忽略不计),并据此确定传动轴上可能的危险截面。因为是圆截面,所以当危险截面上有两个弯矩 M_y 和 M_z 同时作用时,应按矢量求和的方法,确定危险截面上总弯矩 M 的大小与方向(图 12-9a、b)。

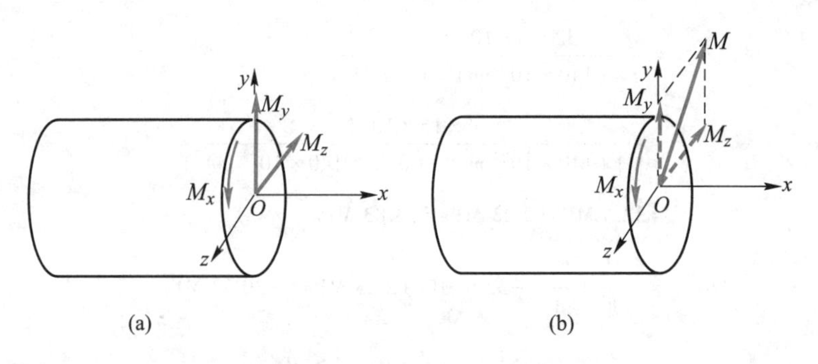

图 12-9 危险截面上的内力分量

12-3-2　危险点及其应力状态

根据截面上的总弯矩 M 和扭矩 M_x 的实际方向，以及它们分别产生的正应力和剪应力分布，即可确定承受弯曲与扭转圆轴的危险点及其应力状态，如图 12-10 所示。微元截面上的正应力和剪应力分别为

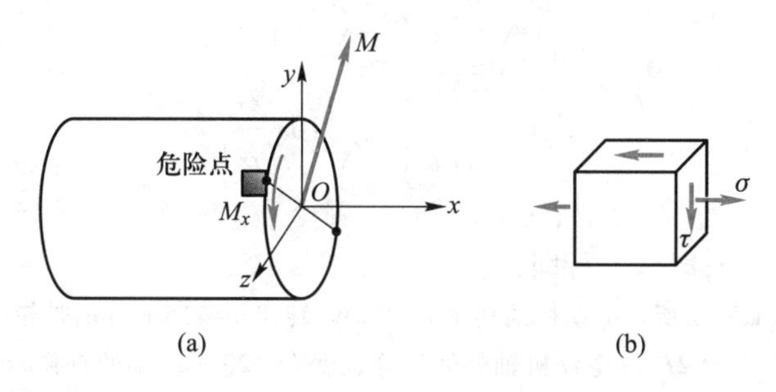

图 12-10　承受弯曲与扭转圆轴的危险点及其应力状态

$$\sigma=\frac{M}{W},\quad \tau=\frac{M_x}{W_p}$$

其中

$$W=\frac{\pi d^3}{32},\quad W_p=\frac{\pi d^3}{16}$$

式中，d 为圆轴的直径。

12-3-3　强度条件与设计公式

因为承受弯曲与扭转的圆轴一般由韧性材料制成，故可用第三强度理论，强度条件

$$\sqrt{\sigma^2+4\tau^2}\leqslant[\sigma]$$

或按第四强度理论，强度条件

$$\sqrt{\sigma^2+3\tau^2}\leqslant[\sigma]$$

作为强度设计的依据。将 σ 和 τ 的表达式代入上式，并考虑到 $W_p=2W$，于是，得到圆轴承受弯曲与扭转组合作用时的强度条件为

$$\frac{\sqrt{M^2+M_x^2}}{W}\leqslant[\sigma] \tag{12-6}$$

$$\frac{\sqrt{M^2+0.75M_x^2}}{W}\leqslant[\sigma] \tag{12-7}$$

引入记号

$$M_{r3}=\sqrt{M^2+M_x^2}=\sqrt{M_x^2+M_y^2+M_z^2} \tag{12-8}$$

$$M_{r4}=\sqrt{M^2+0.75M_x^2}=\sqrt{0.75M_x^2+M_y^2+M_z^2} \tag{12-9}$$

式（12-6）、式（12-7）变为

$$\frac{M_{r3}}{W}\leqslant[\sigma] \tag{12-10}$$

$$\frac{M_{r4}}{W}\leqslant[\sigma] \tag{12-11}$$

式中，M_{r3}和M_{r4}分别称为基于第三强度理论和基于第四强度理论的计算弯矩（或相当弯矩）（equivalent bending moment）。

将 $W=\pi d^3/32$ 代入式（12-10）、式（12-11），便得到承受弯曲与扭转的圆轴直径的设计公式：

$$d \geqslant \sqrt[3]{\frac{32M_{r3}}{\pi[\sigma]}} \approx \sqrt[3]{10\frac{M_{r3}}{[\sigma]}} \tag{12-12}$$

$$d \geqslant \sqrt[3]{\frac{32M_{r4}}{\pi[\sigma]}} \approx \sqrt[3]{10\frac{M_{r4}}{[\sigma]}} \tag{12-13}$$

需要指出的是，对于承受纯扭转的圆轴，只要令 M_{r3} 的表达式（12-8）或 M_{r4} 的表达式（12-9）中的弯矩 $M=0$，即可进行同样的设计计算。

【例题 12-5】　图 12-11 所示电动机的功率 $P=9$ kW，转速 $n=715$ r/min，带轮的直径 $D=250$ mm，带松边拉力为 $\boldsymbol{F}_P$，紧边拉力为 $2\boldsymbol{F}_P$。电动机轴外伸部分长度 $l=120$ mm，轴的直径 $d=40$ mm。若已知许用应力 $[\sigma]=60$ MPa，试用第三强度理论校核电动机轴的强度。

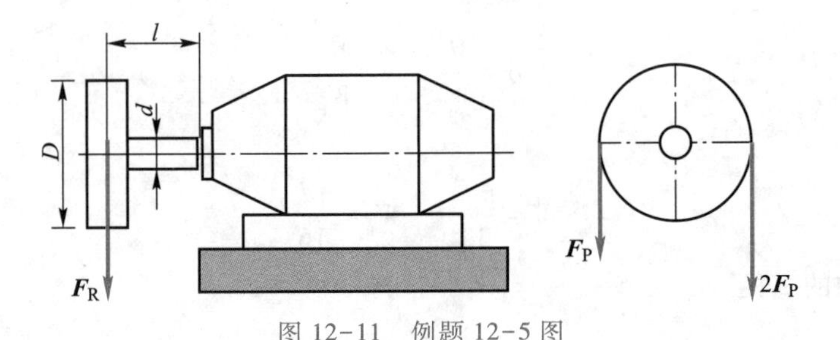

图 12-11　例题 12-5 图

解：1. 计算外加力偶的力偶矩及带拉力

电动机通过带轮输出功率，因而承受由带拉力引起的扭转和弯曲共同作用。根据轴传递的功率、轴的转速与外加力偶矩之间的关系，作用在带轮上的外加力偶矩为

$$M_e = 9\ 549\times\frac{P}{n} = 9\ 549\times\frac{9}{715}\text{N}\cdot\text{m} = 120.2\ \text{N}\cdot\text{m}$$

根据作用在带上的拉力与外加力偶矩之间的关系，有

$$2F_P\times\frac{D}{2} - F_P\times\frac{D}{2} = M_e$$

于是，作用在带上的拉力

$$F_P = \frac{2M_e}{D} = \frac{2\times120.2\ \text{N}\cdot\text{m}}{250\times10^{-3}\ \text{m}} = 961.6\ \text{N}$$

2. 确定危险截面上的弯矩和扭矩

将作用在带轮上的带拉力向轴线简化，得到一个力和一个力偶，为

$$F_R = 3F_P = 3\times961.6\ \text{N} = 2\ 884.8\ \text{N}$$

$$M_e = 120.2\ \text{N}\cdot\text{m}$$

轴的左端可以看作自由端，右端可视为固定端约束。由于问题比较简单，可以不必画出弯矩图和扭矩图，就可以直接判断出固定端处的横截面为危险截面，其上之弯矩和扭矩分别为

$$M_{max} = F_R\times l = 3F_P\times l = 3\times961.6\ \text{N}\times120\times10^{-3}\ \text{m} = 346.2\ \text{N}\cdot\text{m}$$

$$M_x = M_e = 120.2\ \text{N}\cdot\text{m}$$

应用第三强度理论，由式（12-10）有

$$\frac{\sqrt{M^2+M_x^2}}{W}=\frac{\sqrt{(346.2\ \text{N}\cdot\text{m})^2+(120.2\ \text{N}\cdot\text{m})^2}}{\dfrac{\pi(40\times10^{-3}\text{m})^3}{32}}$$

$$=58.32\times10^6\ \text{Pa}=58.32\ \text{MPa}\leqslant[\sigma]$$

所以,电动机轴的强度是安全的。

【例题 12-6】 图 12-12a 所示圆杆 BD,左端固定,右端与刚性杆 AB 固结在一起。刚性杆的 A 端作用有平行于 y 坐标轴的力 $\boldsymbol{F}_\text{P}$。若已知 $F_\text{P}=5$ kN,$a=300$ mm,$b=500$ mm,材料为 Q235 钢,许用应力 $[\sigma]=140$ MPa。试分别用第三强度理论和第四强度理论设计圆杆 BD 的直径 d。

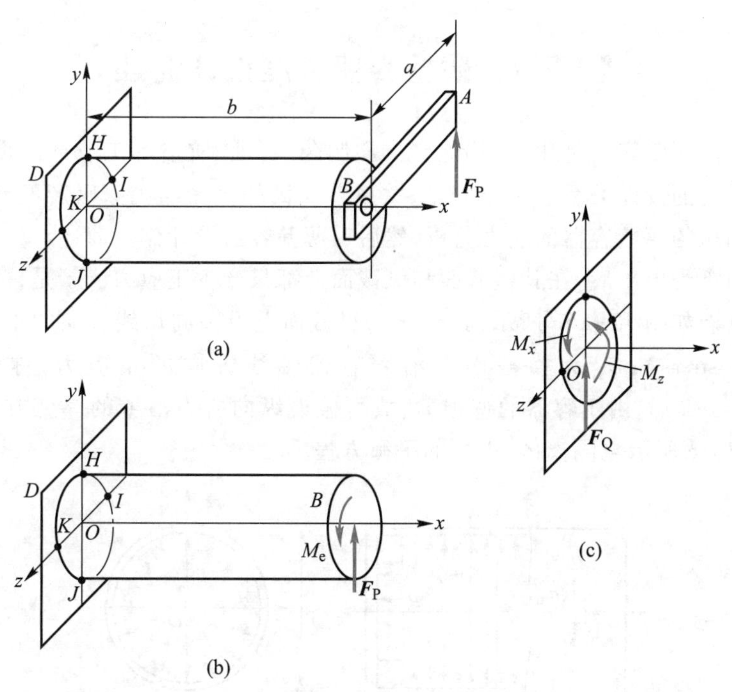

图 12-12　例题 12-6 图

解:1. 将外力向轴线简化

将外力 $\boldsymbol{F}_\text{P}$ 向杆 BD 的 B 端圆心简化,得到一个向上的力和一个绕 x 轴转动的力偶,其值分别为

$$F_\text{P}=5\ \text{kN}$$

$$M_\text{e}=F_\text{P}\times a=5\times10^3\ \text{N}\times300\times10^{-3}\ \text{m}=1\ 500\ \text{N}\cdot\text{m}$$

2. 确定危险截面及其上的内力分量

杆 BD 相当于一端固定的悬臂梁,在自由端承受集中力和扭转力偶的作用,因此同时发生弯曲和扭转变形。

不难看出,杆 BD 的所有横截面上的扭矩都是相同的,弯矩却不同,在固定端 D 处弯矩取最大值。

因此固定端处的横截面为危险截面。此外,危险截面上还存在剪力,考虑到剪力的影响较小,可以忽略不计。

危险截面上的弯矩和扭矩的数值分别为

$$M_z=F_\text{P}\times b=5\times10^3\ \text{N}\times500\times10^{-3}\ \text{m}=2\ 500\ \text{N}\cdot\text{m}$$

$$M_x=M_\text{e}=1\ 500\ \text{N}\cdot\text{m}$$

3. 应用强度条件设计杆 BD 的直径

应用第三强度理论或第四强度理论,由式(12-12)和式(12-13)有

$$d\geqslant\sqrt[3]{10\frac{M_{r3}}{[\sigma]}}=\sqrt[3]{\frac{10\times\sqrt{M_z^2+M_x^2}}{[\sigma]}}$$

$$=\sqrt[3]{\frac{10\times\sqrt{(2\ 500\ \mathrm{N\cdot m})^2+(1\ 500\ \mathrm{N\cdot m})^2}}{140\times10^6\ \mathrm{Pa}}}=0.059\ 3\ \mathrm{m}=59.3\ \mathrm{mm}$$

$$d\geqslant\sqrt[3]{10\frac{M_{r4}}{[\sigma]}}=\sqrt[3]{\frac{10\times\sqrt{M_z^2+0.75M_x^2}}{[\sigma]}}$$

$$=\sqrt[3]{\frac{10\times\sqrt{(2\ 500\ \mathrm{N\cdot m})^2+0.75\times(1\ 500\ \mathrm{N\cdot m})^2}}{140\times10^6\ \mathrm{Pa}}}=0.058\ 6\ \mathrm{m}$$

$$=58.6\ \mathrm{mm}$$

§12-4　薄壁容器强度设计简述

承受内压的薄壁容器是化工、热能、空调、制药、石油、航空等工业部门重要的零件或部件。薄壁容器的设计关系着生产安全,关系着人民的生命与国家财产的安全。本节首先介绍承受内压的薄壁容器的应力分析,然后对薄壁容器设计作一简述。

薄壁圆筒承受内压后,在其横截面和纵截面上都只产生正应力。于是,薄壁圆筒上一点处的应力状态如图 12-13a 所示,其中 σ_t 为纵截面上沿圆周切线方向的正应力,称为环向应力(hoop stress);σ_m 为横截面上沿着容器轴线方向的正应力,称为纵向应力(longitudinal stress)。由于容器的壁很薄,故可假设纵向应力沿壁的厚度方向均匀分布。根据图 12-13b、c 所示之隔离体,由力的平衡方程

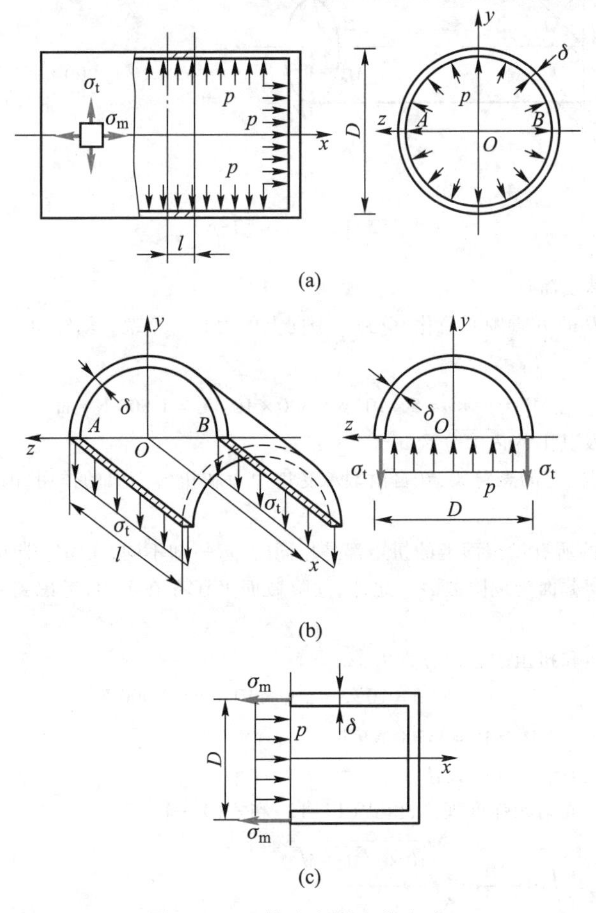

图 12-13　薄壁容器中的应力

$$\sigma_m(\pi D\delta)-p\frac{\pi D^2}{4}=0$$

$$\sigma_t(l\times 2\delta)-p(l\times D)=0$$

得到纵向应力和环向应力的计算式分别为

$$\left.\begin{aligned}\sigma_m&=\frac{pD}{4\delta}\\\sigma_t&=\frac{pD}{2\delta}\end{aligned}\right\}\tag{12-14}$$

式中,p 为内压;D 为容器平均直径;δ 为壁厚;σ_m、σ_t 都是主应力。于是,按照代数值大小顺序,三个主应力分别为

$$\left.\begin{aligned}\sigma_1&=\sigma_t=\frac{pD}{2\delta}\\\sigma_2&=\sigma_m=\frac{pD}{4\delta}\\\sigma_3&=0\end{aligned}\right\}\tag{12-15}$$

以此为基础,考虑到薄壁容器由韧性材料制成,可以采用第三强度理论或第四强度理论进行强度设计。例如,应用第三强度理论,有

$$\sigma_1-\sigma_3=\frac{pD}{2\delta}-0\leqslant[\sigma]$$

由此得到壁厚的设计公式

$$\delta\geqslant\frac{pD}{2[\sigma]}+C\tag{12-16}$$

式中,C 为考虑加工、腐蚀等影响的附加壁厚量,有关的设计规范中都有明确的规定,不属于本书讨论的范围。

【例题 12-7】　已知薄壁容器的平均直径 $D=500$ mm,承受的内压 $p=3.36$ MPa,材料的许用应力 $[\sigma]=160$ MPa,附加壁厚为 1 mm。试用第三强度理论设计容器的壁厚。

解:根据式(12-16),有

$$\begin{aligned}\delta&\geqslant\frac{pD}{2[\sigma]}+C\\&=\frac{(3.36\times10^6\ \text{N/m}^2)(500\times10^{-3}\ \text{m})}{2\times(160\times10^6\ \text{N/m}^2)}+1\times10^{-3}\ \text{m}\\&=6.25\times10^{-3}\ \text{m}=6.25\ \text{mm}\end{aligned}$$

其中,5.25 mm 为理论壁厚,1.00 mm 为附加壁厚。

§12-5　小结与讨论

12-5-1　关于中性轴的讨论

横截面上正应力为零的点组成的直线,称为中性轴。

平面弯曲中,根据横截面上轴力等于零的条件,由静力学方程

$$\int_A\sigma\mathrm{d}A=F_N=0\Rightarrow\int_A y\mathrm{d}A=S_z=0$$

得到"中性轴通过截面形心"的结论。

对于斜弯曲,读者也可以证明,其中性轴通过也必然通过截面形心。

对于既有轴力又有弯矩作用的情形,有没有中性轴及中性轴的位置在哪里？关于这一问题,请读者结合例题 12-3 中开口链环横截面上的轴力和弯矩引起正应力的大小,分析

$$\sigma(F_N)<\sigma_{max}(M_z)$$
$$\sigma(F_N)>\sigma_{max}(M_z)$$
$$\sigma(F_N)=\sigma_{max}(M_z)$$

三种情形下中性轴的位置。判断以下的 4 种论述中哪一种是正确的。

(A) 中性轴不一定在截面内,而且也不一定通过截面形心;

(B) 中性轴只能在截面内,并且必须通过截面形心;

(C) 中性轴只能在截面内,但不一定通过截面形心;

(D) 中性轴不一定在截面内,而且一定不通过截面形心。

12-5-2　关于强度计算的全过程

根据本章及前几章的分析,对于一般受力与变形情形的杆件进行强度计算,需要遵循下列步骤:

(1) 将外加载荷向杆件的轴线简化,建立强度计算模型,称为计算简图。

(2) 根据载荷和约束力,分析可能产生哪些内力分量,画出各内力分量引起的内力图。

(3) 根据各内力分量的内力图,判断可能的危险截面。

(4) 根据危险截面上的内力分量引起的应力分布判断可能的危险点及危险点的应力状态。根据危险点的应力状态及所选用的材料,选择合适的强度理论进行强度计算。

12-5-3　学习研究问题

问题:图 12-14 所示结构中轴与矩形截面梁的连接处为刚性连接。试:

(1) 给出一道试题,自拟已知参数及所要求的量。

(2) 给出求解未知量所需要的全部方程。

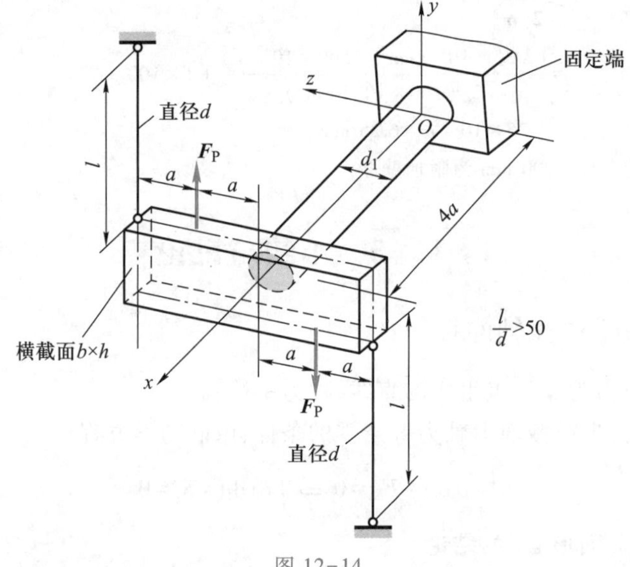

图 12-14

习　题

12-1　根据杆件横截面正应力分析过程，中性轴在什么情形下才会通过截面形心？关于这一问题有以下四种答案，其中正确的是（　　）。

（A）$M_y=0$ 或 $M_z=0, F_N\neq 0$　　（B）$M_y=M_z=0, F_N\neq 0$

（C）$M_y=0, M_z\neq 0, F_N\neq 0$　　（D）$M_y\neq 0$ 或 $M_z\neq 0, F_N=0$

12-2　关于斜弯曲的主要特征有以下四种答案，其中正确的是（　　）。

（A）$M_y\neq 0, M_z\neq 0, F_N\neq 0$，中性轴与截面形心主轴不一致，且不通过截面形心

（B）$M_y\neq 0, M_z\neq 0, F_N=0$，中性轴与截面形心主轴不一致，但通过截面形心

（C）$M_y\neq 0, M_z\neq 0, F_N=0$，中性轴与截面形心主轴平行，但不通过截面形心

（D）$M_y\neq 0, M_z\neq 0, F_N\neq 0$，中性轴与截面形心主轴平行，但不通过截面形心

12-3　悬臂梁中集中力 $\boldsymbol{F}_{P1}$ 和 $\boldsymbol{F}_{P2}$ 分别作用在铅垂对称面和水平对称面内，并且垂直于梁的轴线，如图所示。已知 $F_{P1}=1.6$ kN，$F_{P2}=800$ N，$l=1$ m，许用应力 $[\sigma]=160$ MPa。试确定以下两种情形下梁的横截面尺寸：(1) 截面为矩形，$h=2b$；(2) 截面为圆形。

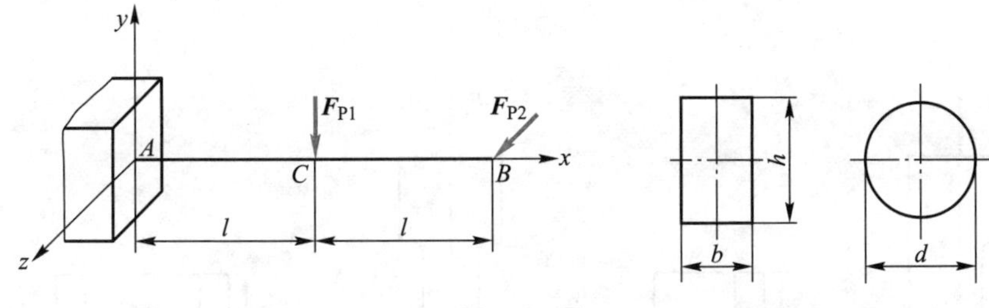

习题 12-3 图

12-4　图示旋转式起重机由工字钢梁 AB 及拉杆 BC 组成，A、B、C 三处均可以简化为铰链约束。起吊载荷 $F_P=22$ kN，$l=2$ m。已知 $[\sigma]=100$ MPa。试选择梁 AB 的工字钢型号。

12-5　钩头螺栓受力简化、尺寸如图所示。已知螺栓材料之许用应力 $[\sigma]=120$ MPa。求此螺栓所能承受的许可预紧力 $[F_P]$。

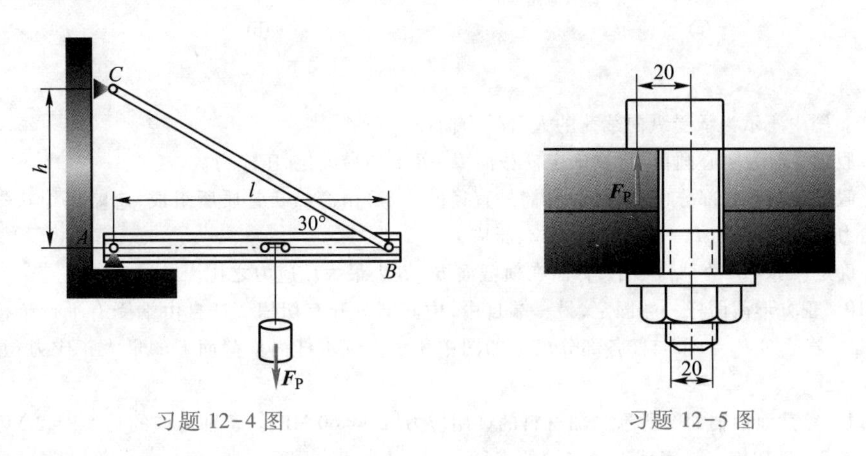

习题 12-4 图　　习题 12-5 图

12-6　标语牌由钢管支撑，如图所示。若标语牌的重量为 $\boldsymbol{F}_{P1}$，作用在标语牌上的水平风力为 $\boldsymbol{F}_{P2}$，试分析此钢管的受力，指出危险截面和危险点的位置，并画出危险点的应力状态。

12-7　试求图 a 和 b 中所示之二杆横截面上最大正应力及其比值。

12-8　承受偏心拉力的矩形截面杆如图所示。今用实验法测得杆左右两侧的纵向正应变 ε_1 和 ε_2。

试证明偏心距 e 与 ε_1、ε_2 之间满足下列关系：

$$e=\frac{\varepsilon_1-\varepsilon_2}{\varepsilon_1+\varepsilon_2}\times\frac{h}{6}$$

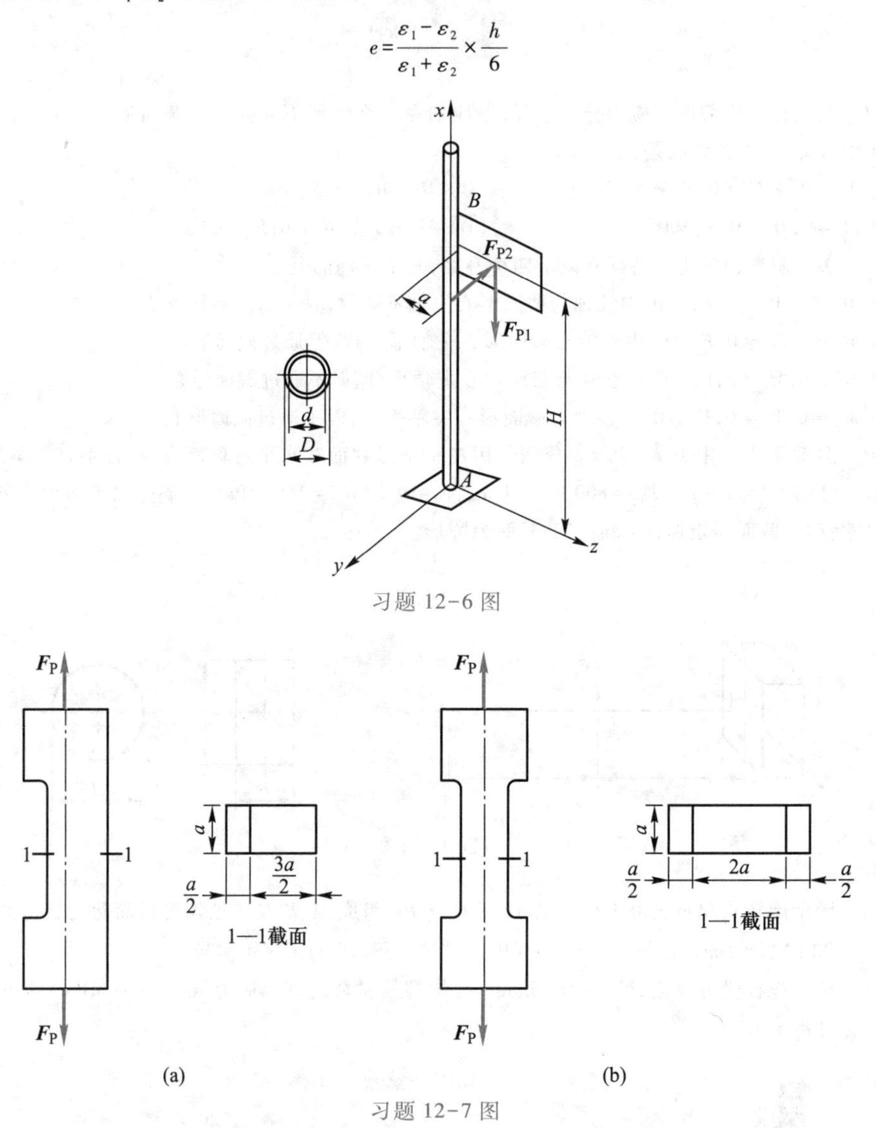

习题 12-6 图

习题 12-7 图

12-9　图中所示为承受纵向载荷的人骨受力简图。

(1) 假定骨骼为实心圆截面，试确定横截面 B—B 上的最大拉、压应力。

(2) 假定骨骼中心部分(其直径为骨骼外直径的一半)由海绵状骨质所组成，忽略海绵状骨质承受应力的能力，确定横截面 B—B 上的最大拉、压应力。

(3) 确定(1)、(2)两种情形下，骨骼在横截面 B—B 上最大压应力之比。

12-10　正方形截面杆一端固定，另一端自由，中间部分开有切槽。杆自由端受有平行于杆轴线的纵向力 $\boldsymbol{F}_{\mathrm{P}}$。若已知 $F_{\mathrm{P}}=1\ \mathrm{kN}$，杆各部分尺寸如图中所示。试求杆内横截面上的最大正应力，并指出其作用位置。

12-11　等截面钢轴如图所示。轴材料的许用应力 $[\sigma]=60\ \mathrm{MPa}$。若轴传递的功率 $P=2.5$ 马力①，转速 $n=12\ \mathrm{r/min}$，试按第三强度理论确定轴的直径。

12-12　手摇铰车的车轴 AB 如图所示。轴材料的许用应力 $[\sigma]=80\ \mathrm{MPa}$。试按第三强度理论校核车轴的强度。

---

① 1 马力 = 735.5 W。

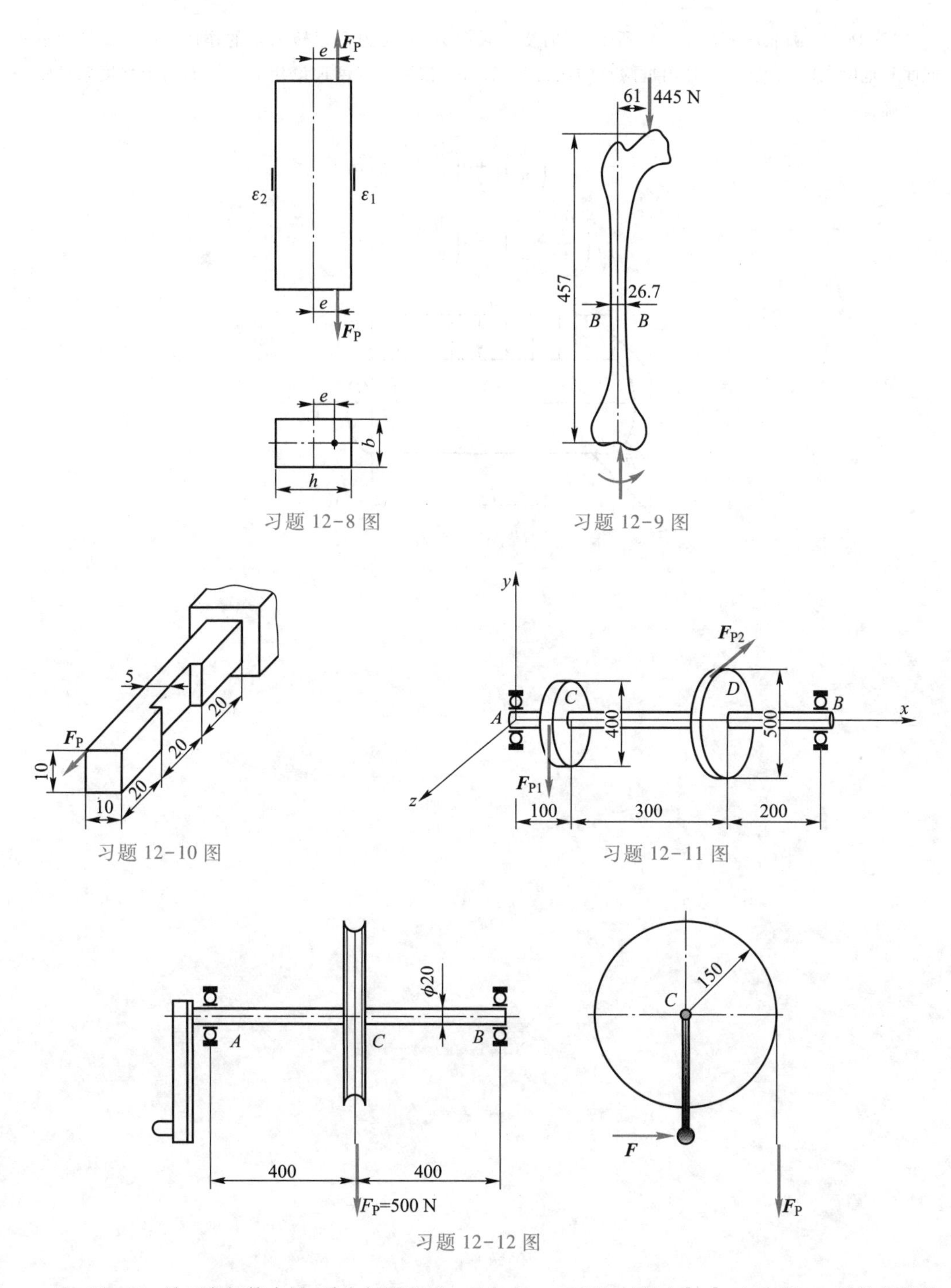

习题 12-8 图　　习题 12-9 图

习题 12-10 图　　习题 12-11 图

习题 12-12 图

12-13　32a 号工字钢简支梁，受力如图所示。已知 $F_P=60$ kN，材料之$[\sigma]=160$ MPa。试校核梁的强度。

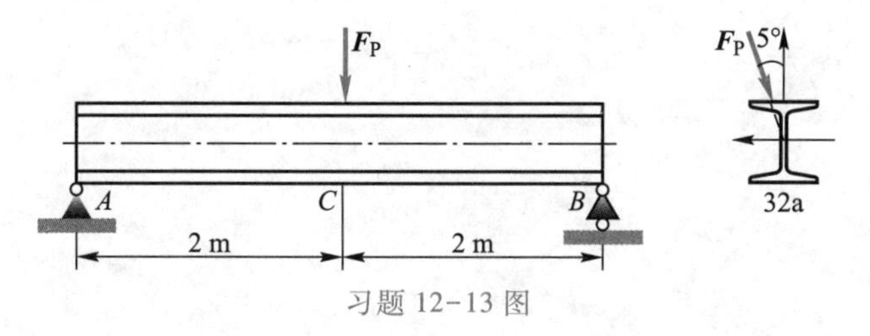

习题 12-13 图

*12-14　一圆截面悬臂梁如图所示,同时受到轴向力、横向力和扭转力矩的作用。(1) 试指出危险截面和危险点的位置;(2) 画出危险点的应力状态;(3) 按第三强度理论建立的下面两个强度条件哪一个正确?

$$\frac{F_P}{A}+\sqrt{\left(\frac{M}{W}\right)^2+4\left(\frac{M_x}{W_P}\right)^2}\leqslant[\sigma]$$

$$\sqrt{\left(\frac{F_P}{A}+\frac{M}{W}\right)^2+4\left(\frac{M_x}{W_P}\right)^2}\leqslant[\sigma]$$

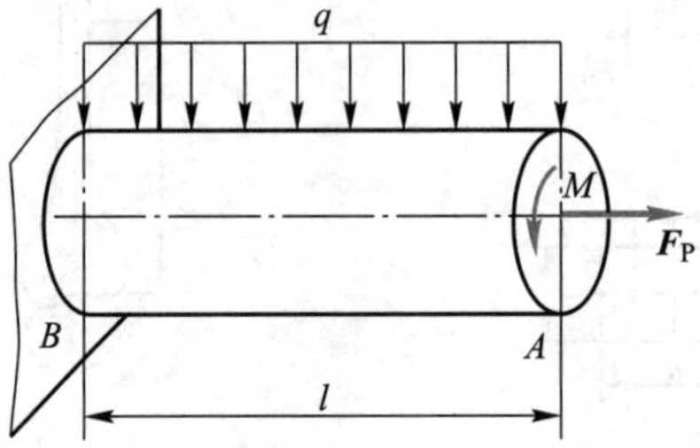

习题 12-14 图

第 13 章　压杆的稳定性问题

细长杆件承受轴向压缩载荷作用时,将会由于平衡的不稳定性而发生失效,这种失效称为**稳定性失效**(failure by lost stability),又称为**屈曲失效**(failure by buckling)。

视频:
推土机工作过程——压杆

什么是受压杆件的稳定性,什么是屈曲失效,按照什么准则进行设计,才能保证压杆安全可靠地工作,都是工程常规设计需考虑的重要问题。

本章首先介绍关于弹性体平衡状态稳定性的基本概念,包括:平衡构形、平衡构形稳定与不稳定的概念及弹性平衡稳定性的静力学判别准则。然后根据微弯的屈曲平衡状态,由平衡条件和小挠度微分方程及端部约束条件,确定不同刚性支承条件下弹性压杆的临界力。最后,本章还将介绍工程中常用的压杆稳定设计方法——安全因数法。

§13-1　压杆稳定性的基本概念

13-1-1　平衡状态的稳定性和不稳定性

工程结构中主要承受轴向压缩载荷的杆件,称为压杆(土木工程中称为柱)。压杆是桥梁结构、建筑物结构及各种机械结构中常见的构件、零件或部件。图 13-1 所示为自动翻斗汽车中的压杆和建筑物中承受轴向压缩载荷的细长柱体。结构构件或机器零件在压缩载荷或其他特定载荷作用下发生变形,最终在某一位置保持平衡,这一位置称为平衡位置,又称为**平衡构形**(equilibrium configuration)或平衡状态。承受轴向压缩载荷的细长压杆,有可能存在两种平衡状态——直线的平衡状态与弯曲的平衡状态,分别如图 13-2a、b 所示。

(a) 自动翻斗汽车中的压杆

(b) 建筑物中承受轴向压缩载荷的细长柱体

图 13-1

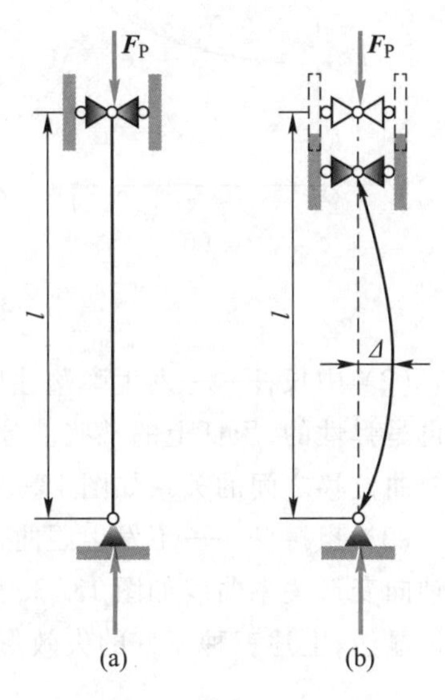

(a)　(b)

图 13-2　压杆的两种平衡构形

当载荷小于一定的数值时，微小外界扰动（disturbance）使其偏离平衡状态，外界扰动除去后，构件仍能回复到初始平衡状态，则称初始的平衡状态是稳定的（stable）。扰动除去后，构件不能回复到原来的平衡状态，则称初始的平衡状态是不稳定的（unstable）。此即判别弹性平衡稳定性的静力学准则（statical criterion for elastic stability）。

不稳定的平衡状态在任意微小的外界扰动下，将转变为其他平衡状态。例如，不稳定的细长压杆的直线平衡状态，在外界的微小扰动下，将转变为弯曲的平衡状态。这一过程称为屈曲（buckling）或失稳（lost stability）。通常，屈曲将使构件失效，并导致相关的结构发生坍塌（collapse）。由于这种失效具有突发性，常常引发灾难性的后果。

13-1-2　临界状态与临界载荷

介于稳定平衡状态与不稳定平衡状态之间的平衡状态称为临界平衡状态，或称为临界状态（critical state）。处于临界状态的平衡状态，有的是稳定的，有的是不稳定的，也有的是中性的。非线性弹性稳定理论已经证明了：对于细长压杆，临界平衡状态是稳定的。

使杆件处于临界状态的压缩载荷称为临界载荷（critical load），用 F_{Pcr}表示。

13-1-3　三种类型压杆的不同临界状态

不是所有受压杆件都会发生屈曲，也不是所有发生屈曲的压杆都是弹性的。理论分析与试验结果都表明，根据不同的失效形式，受压杆件可以分为三种类型，它们的临界状态和临界载荷各不相同。

（1）细长杆——发生弹性屈曲。当外加载荷 $F_P \leqslant F_{Pcr}$时，不发生屈曲；当$F_P > F_{Pcr}$时，发生弹性屈曲，即当载荷除去后，杆仍能由弯曲平衡状态回复到初始直线平衡状态。细长杆承受压缩载荷时，载荷与侧向屈曲位移之间的关系如图13-3a所示。

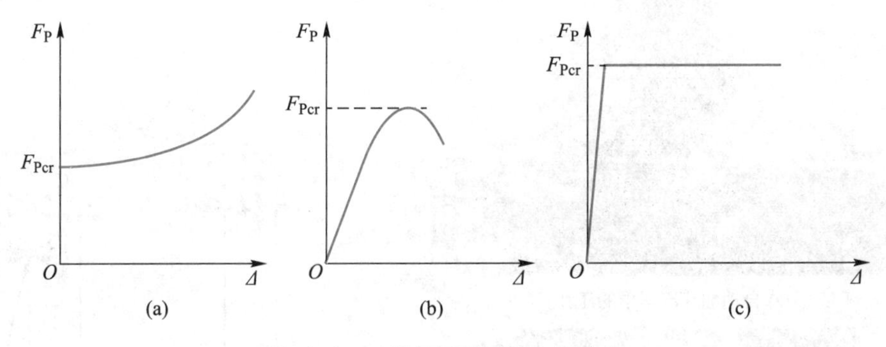

图 13-3　三类压杆不同的临界状态

（2）中长杆——发生弹塑性屈曲。当外加载荷 $F_P > F_{Pcr}$时，中长杆也会发生屈曲，但不再是弹性的，压杆上的某些部分已经出现塑性变形。中长杆承受压缩载荷时，载荷与侧向屈曲位移之间的关系如图 13-3b 所示。

（3）粗短杆——不发生屈曲，而可能发生屈服或断裂。粗短杆承受压缩载荷时，载荷与轴向变形关系曲线如图 13-3c 所示。

显然，上述三种压杆的失效形式不同，临界载荷当然也各不相同。

§ 13-2　细长压杆的临界载荷——欧拉临界力

13-2-1　两端铰支的细长压杆

从图 13-3a 所示之 $F_P-\Delta$ 曲线可以看出，当 $F_P>F_{Pcr}$ 时，$\Delta\neq 0$，这表明当 F_P 无限接近临界载荷 F_{Pcr} 时，在直线平衡状态附近无穷小的邻域内存在微弯的屈曲平衡状态。根据这一平衡状态，由平衡条件和小挠度微分方程，以及端部约束条件，即可确定临界载荷。

考察图 13-4a 所示之承受轴向压缩载荷两端铰支的理想直杆，令 F_P 无限接近临界载荷 F_{Pcr}，压杆由直线平衡状态转变为与之无限接近的微弯屈曲状态（图 13-4b），从任意横截面处将微弯屈曲状态下的压杆截开，其局部的受力如图 13-4c 所示。根据平衡条件，得到微弯屈曲状态时的弯矩

$$M=F_P w \tag{a}$$

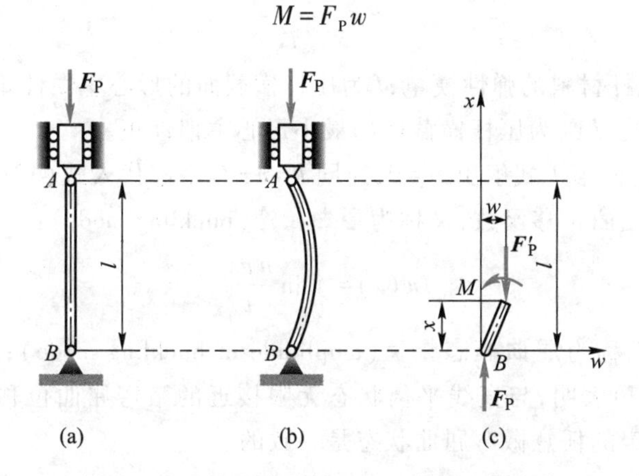

图 13-4　微弯屈曲状态下的局部受力与平衡

由小挠度微分方程，在图示的坐标系中

$$M=-EI\frac{\mathrm{d}^2 w}{\mathrm{d}x^2} \tag{b}$$

将式（a）代入式（b）得到

$$\frac{\mathrm{d}^2 w}{\mathrm{d}x^2}+k^2 w=0 \tag{13-1}$$

这是压杆在微弯屈曲状态下的平衡微分方程，它是确定压杆临界载荷的主要依据，其中

$$w=w(x),\quad k^2=\frac{F_P}{EI} \tag{13-2}$$

微分方程（13-1）的解是

$$w=A\sin kx+B\cos kx \tag{13-3}$$

式中，A、B 为待定常数，由约束条件确定。

利用两铰支端处挠度都等于零的约束条件：

$$w(0)=0,\quad w(l)=0$$

得到一线性代数方程组

$$\left.\begin{aligned}0\cdot A+B=0\\ \sin kl\cdot A+\cos kl\cdot B=0\end{aligned}\right\} \tag{c}$$

方程组(c)中,A、B 不全为零的条件是系数行列式等于零

$$\begin{vmatrix} 0 & 1 \\ \sin kl & \cos kl \end{vmatrix} = 0 \tag{d}$$

由此解得

$$\sin kl = 0 \tag{13-4}$$

据此,得到

$$kl = n\pi \quad (n = 1, 2, \cdots)$$

将 $k = n\pi/l$ 代入式(13-2),即可得到所要求的临界载荷的一般表达式

$$F_{\mathrm{Pcr}} = \frac{n^2 \pi^2 EI}{l^2} \tag{13-5}$$

其中当 $n = 1$ 时,所得到的就是具有实际意义的、最小的临界载荷计算公式

$$F_{\mathrm{Pcr}} = \frac{\pi^2 EI}{l^2} \tag{13-6}$$

上述二式中,E 为压杆材料的弹性模量;I 为压杆横截面的形心主惯性矩:如果两端在各个方向上的约束都相同,I 则为压杆横截面的最小形心主惯性矩。

从方程组(c)中的第 1 式解出 $B = 0$,连同 $k = n\pi/l$ 一起代入式(13-3),得到与直线平衡状态无限接近的屈曲位移函数,又称为屈曲模态(buckling mode):

$$w(x) = A\sin \frac{n\pi x}{l} \tag{13-7}$$

式中,A 为不定常数,称为屈曲模态幅值(amplitude of buckling mode);n 为屈曲模态的正弦半波数。式(13-7)表明,与直线平衡状态无限接近的微弯屈曲位移是不确定的,这与本小节一开始所假定的任意微弯屈曲状态是一致的。

13-2-2 其他刚性支承细长压杆临界载荷的通用公式

不同刚性支承条件下的压杆,由静力学平衡方法得到的平衡微分方程和端部的约束条件都可能各不相同,确定临界载荷的表达式亦因此而异,但基本分析方法和分析过程却是相同的。对于细长杆,这些公式可以写成通用形式:

$$F_{\mathrm{Pcr}} = \frac{\pi^2 EI}{(\mu l)^2} \tag{13-8}$$

这一表达式称为欧拉公式。其中 μl 为不同压杆屈曲后挠曲线上正弦半波的长度(图 13-5),称为有效长度(effective length);μ 为反映不同支承影响的系数,称为长度系数(coefficient of length),可由屈曲后的正弦半波长度与两端铰支压杆初始屈曲时的正弦半波长度的比值确定。

例如,一端固定另一端自由的压杆,其微弯屈曲波形如图 13-5a 所示,屈曲波形的正弦半波长度等于 $2l$。这表明,一端固定、另一端自由、杆长为 l 的压杆,其临界载荷相当于两端铰支、杆长为 $2l$ 压杆的临界载荷。所以长度系数 $\mu = 2$。

又如,图 13-5c 中所示一端铰支、另一端固定压杆的屈曲波形,其正弦半波长度等于 $0.7l$,因而,临界载荷与两端铰支、长度为 $0.7l$ 的压杆相同。

再如,图 13-5d 中所示两端固定压杆的屈曲波形,其正弦半波长度等于 $0.5l$,因而,临界载荷与两端铰支、长度为 $0.5l$ 的压杆相同。

需要注意的是,上述临界载荷公式,只有在微弯曲状态下压杆仍然处于弹性状态时才

是成立的。

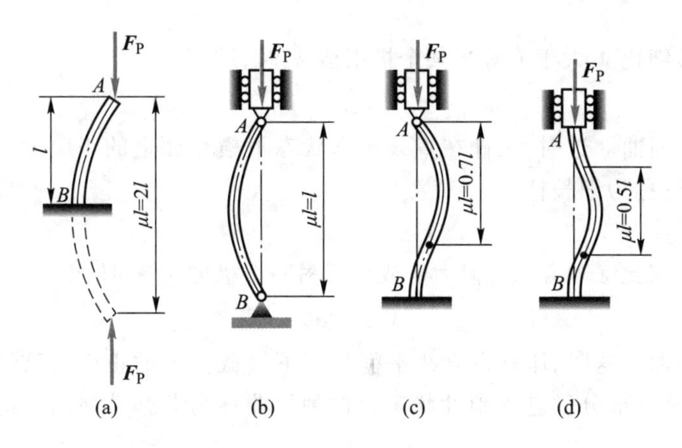

图 13-5　不同支承条件下压杆的屈曲波形

§13-3　长细比的概念　三类不同压杆的判断

13-3-1　长细比的定义与概念

前面已经提到欧拉公式只有在弹性范围内才是适用的。这就要求在临界载荷作用下，压杆在直线平衡状态时，其横截面上的正应力小于或等于材料的比例极限，即

$$\sigma_{cr}=\frac{F_{Pcr}}{A}\leqslant\sigma_{p} \tag{13-9}$$

式中，σ_{cr}称为**临界应力**(critical stress)；σ_{p}为材料的比例极限。

对于某一压杆，当临界载荷 F_{Pcr}尚未算出时，不能判断式(13-9)是否满足；当临界载荷算出后，如果式(13-9)不满足，则还需采用超过比例极限的临界载荷计算公式，重新计算。这些都会给实际设计带来不便。

能否在计算临界载荷之前，预先判断压杆是发生弹性屈曲还是发生超过比例极限的非弹性屈曲，或者不发生屈曲而只发生强度失效？为了回答这一问题，需要引进**长细比**(slenderness ratio)的概念。

长细比用 λ 表示，由下式定义：

$$\lambda=\frac{\mu l}{i} \tag{13-10}$$

式中，i 为压杆横截面的惯性半径，且

$$i=\sqrt{\frac{I}{A}} \tag{13-11}$$

上述二式中，μ 为反映不同支承影响的长度系数；l 为压杆的长度；i 是全面反映压杆横截面形状与尺寸的几何量。所以，长细比是一个综合反映压杆长度、约束条件、截面尺寸和截面形状对压杆临界载荷影响的量。

13-3-2　三类不同压杆的区分

根据长细比的大小可以将压杆分成三类，并且可以判断和预测三类压杆将发生不同

形式的失效。三类压杆是：

1. 细长杆

当压杆的长细比 λ 大于或等于某个极限值 λ_p 时，即

$$\lambda \geqslant \lambda_p$$

压杆将发生弹性屈曲。这时，压杆在直线平衡状态下横截面上的正应力不超过材料的比例极限，这类压杆称为细长杆。

2. 中长杆

当压杆的长细比 λ 小于 λ_p，但大于或等于另一个极限值 λ_s 时，即

$$\lambda_p > \lambda \geqslant \lambda_s$$

压杆也会发生屈曲。这时，压杆在直线平衡状态下横截面上的正应力已经超过材料的比例极限，截面上某些部分已进入塑性状态。这种屈曲称为非弹性屈曲。这类压杆称为中长杆。

3. 粗短杆

当长细比 λ 小于极限值 λ_s 时，即

$$\lambda < \lambda_s$$

压杆不会发生屈曲，但可能发生屈服或断裂。这类压杆称为粗短杆。

13-3-3　三类压杆的临界应力公式

对于细长杆，根据临界应力公式(13-9)和欧拉公式(13-8)，有

$$\sigma_{cr} = \frac{\pi^2 E}{\lambda^2} \tag{13-12}$$

对于中长杆，由于发生了塑性变形，理论计算比较复杂，工程中大多采用直线经验公式计算其临界应力，最常用的是直线公式：

$$\sigma_{cr} = a - b\lambda \tag{13-13}$$

式中，a 和 b 为与材料有关的常数，单位为 MPa。常用工程材料的 a 和 b 数值列于表 13-1中。

表 13-1　常用工程材料的 a 和 b 数值

材料	a/MPa	b/MPa
Q235 钢(σ_s=235 MPa，$\sigma_b \geqslant$372 MPa)	304	1.12
优质碳素钢(σ_s=306 MPa，$\sigma_b \geqslant$417 MPa)	461	2.568
硅钢(σ_s=353 MPa，σ_b=510 MPa)	578	3.744
铬钼钢	9 807	5.296
铸铁	332.2	1.454
强铝	373	2.15
木材	28.7	0.19

对于粗短杆，因为不发生屈曲，而只发生屈服(韧性材料)，故其临界应力即为材料的屈服应力，亦即

$$\sigma_{cr} = \sigma_s \tag{13-14}$$

将上述各式乘以压杆的横截面面积，即得到三类压杆的临界载荷。

13-3-4　临界应力总图与 λ_p、λ_s 的确定

根据三种压杆的临界应力表达式，在 $O\sigma_{cr}\lambda$ 坐标系中可以作出 $\sigma_{cr}-\lambda$ 关系曲线，称为临界应力总图（figures of critical stresses），如图 13-6 所示。

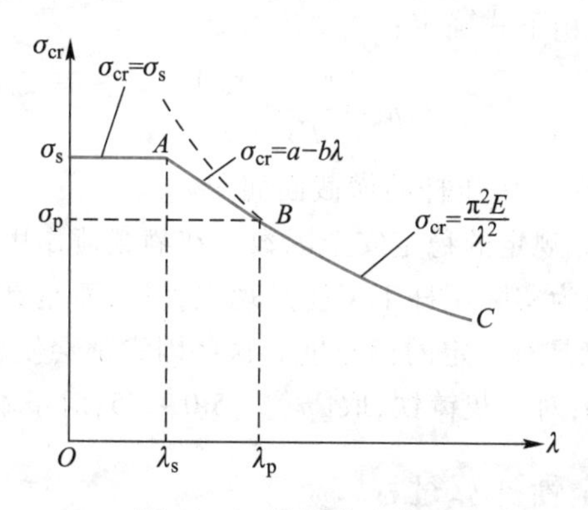

图 13-6　临界应力总图

根据临界应力总图中所示之 $\sigma_{cr}-\lambda$ 关系，可以确定区分不同材料三类压杆的长细比极限值 λ_p、λ_s。

令细长杆的临界应力等于材料的比例极限（图 13-6 中的 *B* 点），得到

$$\lambda_p=\sqrt{\frac{\pi^2E}{\sigma_p}} \tag{13-15}$$

对于不同的材料，由于 E、σ_p 各不相同，λ_p 的数值亦不相同。一旦给定 E、σ_p，即可算得 λ_p。例如，对于 Q235 钢，$E=206$ GPa、$\sigma_p=200$ MPa，由式（13-15）算得 $\lambda_p=101$。

若令中长杆的临界应力等于屈服强度（图 13-6 中的 *A* 点），得到

$$\lambda_s=\frac{a-\sigma_s}{b} \tag{13-16}$$

例如，对于 Q235 钢，$\sigma_s=235$ MPa，$a=304$ MPa，$b=1.12$ MPa，由上式可以算得 $\lambda_s=61.6$。

§13-4　压杆稳定性计算

13-4-1　压杆稳定性计算内容

稳定性计算（stability design）一般包括：

1. 确定临界载荷

当压杆的材料、约束及几何尺寸已知时，根据三类不同压杆的临界应力公式［式（13-12）、式（13-13）、式（13-14）］，确定压杆的临界载荷。

2. 稳定性安全校核

当外加载荷、杆件各部分尺寸、约束及材料性能均为已知时，验证压杆是否满足稳定性计算准则。

13-4-2　安全因素法与稳定性安全条件

为了保证压杆具有足够的稳定性，设计中，必须使杆件所承受的实际压缩载荷（又称

为工作载荷）小于杆件的临界载荷，并且具有一定的安全裕度。

压杆的稳定性计算一般采用安全因数法与稳定系数法。本书只介绍安全因数法。

采用安全因数法时，为了保证压杆的稳定性，必须使压杆的安全因数满足**稳定安全条件**，即**稳定性计算准则**（criterion of design for stability）：

$$n_w \geqslant [n]_{st} \tag{13-17}$$

式中，n_w为工作安全因数，由下式确定：

$$n_w = \frac{F_{Pcr}}{F} = \frac{\sigma_{cr} A}{F} \tag{13-18}$$

式中，F 为压杆的工作载荷；A 为压杆的横截面面积。

式（13-17）中，$[n]_{st}$为规定的稳定安全因数。在静载荷作用下，稳定安全因数应略高于强度安全因数。这是因为实际压杆不可能是理想直杆，而是具有一定的初始缺陷（例如初曲率），压缩载荷也可能具有一定的偏心度。这些因素都会使压杆的临界载荷降低。对于钢材，取$[n]_{st}=1.8\sim3.0$；对于灰铸铁，取$[n]_{st}=5.0\sim5.5$；对于木材，取$[n]_{st}=2.8\sim3.2$。

13-4-3　压杆稳定性计算过程

根据上述设计准则，进行压杆的稳定性的设计，首先必须根据材料的弹性模量 E 与比例极限 σ_p，由式（13-15）和式（13-16）计算出长细比的极限值 λ_p、λ_s；再根据压杆的长度 l、横截面的惯性矩 I 和面积 A，以及两端的支承条件 μ，计算压杆的实际长细比 λ；然后比较压杆的实际长细比值与极限值，判断属于哪一类压杆，选择合适的临界应力公式，确定临界载荷；最后，由式（13-18）计算压杆的工作安全因数，并验算是否满足稳定性计算准则式（13-17）。

对于简单结构，则需应用受力分析方法，首先确定哪些杆件承受压缩载荷，然后再按上述过程进行稳定性计算与设计。

§13-5　压杆稳定性计算示例

【例题 13-1】　图 13-7a、b 所示压杆，其直径均为 d，材料都是 Q235 钢，但二者长度和约束条件各不相同。试：(1) 分析哪一根杆的临界载荷较大；(2) 计算 $d=160$ mm，$E=206$ GPa 时二杆的临界载荷。

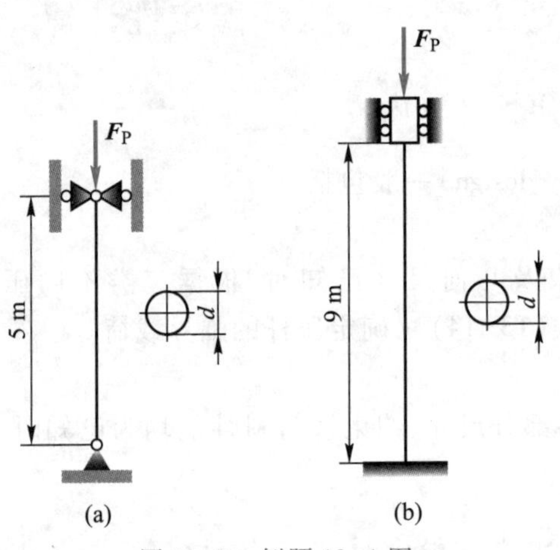

图 13-7　例题 13-1 图

解:1. 计算长细比,判断哪一根杆的临界载荷大

因为 $\lambda=\mu l/i$,其中 $i=\sqrt{I/A}$,而二者均为圆截面且直径相同,故有

$$i=\sqrt{\frac{\pi d^4/64}{\pi d^2/4}}=\frac{d}{4}$$

因二者约束条件和杆长都不相同,所以 λ 也不一定相同。

对于两端铰支的压杆(图 13-7a),$\mu=1$,$l=5$ m,有

$$\lambda_a=\frac{\mu l}{i}=\frac{1\times 5\ \text{m}}{\frac{d}{4}}=\frac{20\ \text{m}}{d}$$

对于两端固定的压杆(图 13-7b),$\mu=0.5$,$l=9$ m,有

$$\lambda_b=\frac{\mu l}{i}=\frac{0.5\times 9\ \text{m}}{\frac{d}{4}}=\frac{18\ \text{m}}{d}$$

可见本例中两端铰支压杆的临界载荷,小于两端固定压杆的临界载荷。

2. 计算各杆的临界载荷

对于两端铰支的压杆

$$\lambda_a=\frac{\mu l}{i}=\frac{1\times 5\ \text{m}}{\frac{d}{4}}=\frac{20\ \text{m}}{0.16\ \text{m}}=125>\lambda_p=101$$

属于细长杆,利用欧拉公式计算临界载荷:

$$\begin{aligned}F_{\text{Pcr}}=\sigma_{\text{cr}}A&=\frac{\pi^2 E}{\lambda^2}\times\frac{\pi d^2}{4}=\frac{\pi^2\times 206\times 10^9\ \text{Pa}}{125^2}\times\frac{\pi\times(160\times 10^{-3}\ \text{m})^2}{4}\\&=2.6\times 10^6\ \text{N}=2.60\times 10^3\ \text{kN}\end{aligned}$$

对于两端固定的压杆,有

$$\lambda_a=\frac{\mu l}{i}=\frac{0.5\times 9\ \text{m}}{\frac{d}{4}}=\frac{18\ \text{m}}{0.16\ \text{m}}=112.5>\lambda_p=101$$

也属于细长杆,故临界载荷为

$$\begin{aligned}F_{\text{Pcr}}=\sigma_{\text{cr}}A&=\frac{\pi^2 E}{\lambda^2}\times\frac{\pi d^2}{4}=\frac{\pi^2\times 206\times 10^9\ \text{Pa}}{112.5^2}\times\frac{\pi\times(160\times 10^{-3}\ \text{m})^2}{4}\\&=3.23\times 10^6\ \text{N}=3.23\times 10^3\ \text{kN}\end{aligned}$$

最后,请读者思考以下问题:

① 本例中的两根压杆,在其他条件不变时,当杆长 l 减小一半时,其临界载荷将增加几倍?

② 对于以上二杆,如果改用高强度钢(屈服强度比 Q235 钢高 2 倍以上,E 相差不大)能否提高临界载荷?

【例题 13-2】 Q235 钢制成的矩形截面杆,两端约束及所承受的压缩载荷如图 13-8 所示(图 13-8a 为正视图,图 13-8b 为俯视图),在 A、B 两处为销钉连接。若已知 $l=2\ 300$ mm,$b=40$ mm,$h=60$ mm。材料的弹性模量 $E=205$ GPa。试求此杆的临界载荷。

解:给定的压杆在 A、B 两处为销钉连接,这种约束与球铰约束不同。在正视图平面内屈曲时,A、B 两处可以自由转动,相当于铰链;而在俯视图平面内屈曲时,A、B 二处不能转动,这时可近似视为固定端约束。又因为是矩形截面,压杆在正视图平面内屈曲时,截面将绕 z 轴转动;而在俯视图平面内屈曲时,截面将绕 y 轴转动。

根据以上分析,为了计算临界力,应首先计算压杆在两个平面内的长细比,以确定它将在哪一平面内发生屈曲。

在正视图平面(图 13-8a)内:

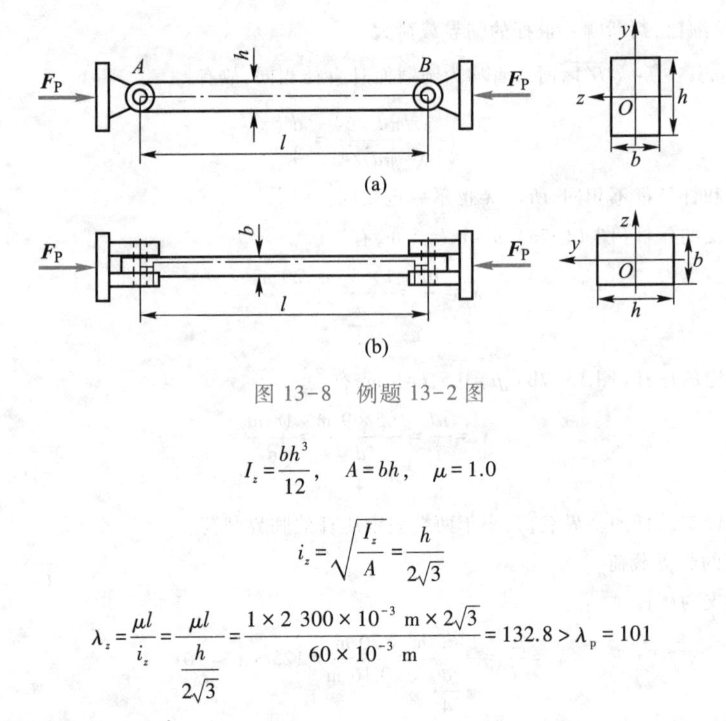

图 13-8　例题 13-2 图

$$I_z=\frac{bh^3}{12},\quad A=bh,\quad \mu=1.0$$

$$i_z=\sqrt{\frac{I_z}{A}}=\frac{h}{2\sqrt{3}}$$

$$\lambda_z=\frac{\mu l}{i_z}=\frac{\mu l}{\dfrac{h}{2\sqrt{3}}}=\frac{1\times 2\ 300\times 10^{-3}\ \text{m}\times 2\sqrt{3}}{60\times 10^{-3}\ \text{m}}=132.8>\lambda_{\text{p}}=101$$

在俯视图平面(图 13-8b)内:

$$I_y=\frac{hb^3}{12},\quad A=bh,\quad \mu=0.5$$

$$i_y=\sqrt{\frac{I_y}{A}}=\frac{b}{2\sqrt{3}}$$

$$\lambda_y=\frac{\mu l}{i_y}=\frac{\mu l}{\dfrac{b}{2\sqrt{3}}}=\frac{0.5\times 2\ 300\times 10^{-3}\ \text{m}\times 2\sqrt{3}}{40\times 10^{-3}\ \text{m}}=99.6<\lambda_{\text{p}}=101$$

比较上述结果,可以看出,$\lambda_z>\lambda_y$。所以,压杆将在正视图平面内屈曲。又因为在这一平面内,压杆的长细比 $\lambda_z>\lambda_{\text{p}}$,属于细长杆,可以用欧拉公式计算压杆的临界载荷:

$$F_{\text{Pcr}}=\sigma_{\text{cr}}A=\frac{\pi^2 E}{\lambda_z^2}\times bh=\frac{\pi^2\times 205\times 10^9\ \text{Pa}\times 40\times 10^{-3}\ \text{m}\times 60\times 10^{-3}\ \text{m}}{132.8^2}$$
$$=275.3\times 10^3\ \text{N}=275.3\ \text{kN}$$

【例题 13-3】　图 13-9 所示的结构中,梁 AB 为 14 号工字钢,CD 为圆截面直杆,其直径 $d=20$ mm,二者材料均为 Q235 钢。结构受力如图中所示,A、C、D 三处均为球铰约束。若已知 $F_{\text{P}}=25$ kN,$l_1=1.25$ m,$l_2=0.55$ m,$\sigma_{\text{s}}=235$ MPa。强度安全因数 $n_{\text{s}}=1.45$,稳定安全因数 $[n]_{\text{st}}=1.8$。试校核此结构是否安全。

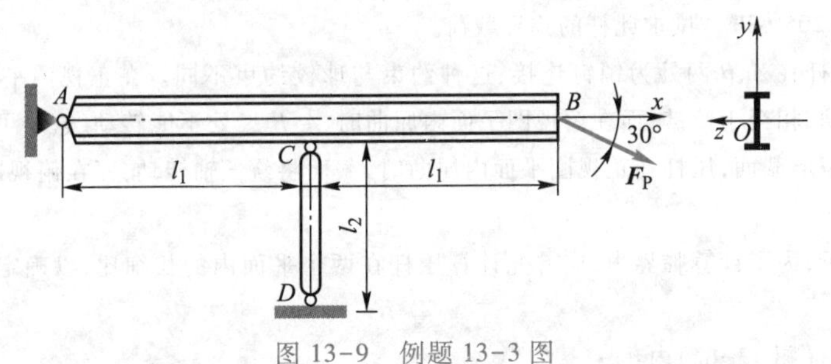

图 13-9　例题 13-3 图

解:在给定的结构中共有两个构件:梁 AB 承受拉伸与弯曲的组合作用,属于强度问题;杆 CD 承受压缩载荷,属于稳定性问题。现分别校核如下:

1. 梁 AB 的强度校核

梁 AB 在截面 C 处弯矩最大,该处横截面为危险截面,其上的弯矩和轴力分别为

$$M_{\max}=(F_{P}\sin 30°)l_{1}=25\ \text{kN}\times 0.5\times 1.25\ \text{m}=15.63\ \text{kN}\cdot\text{m}$$

$$F_{N}=F_{P}\cos 30°=25\ \text{kN}\times\cos 30°=21.65\ \text{kN}$$

由型钢规格表查得 14 号工字钢的

$$W_{z}=102\ \text{cm}^{3}=102\times 10^{3}\ \text{mm}^{3}$$

$$A=21.5\ \text{cm}^{2}=21.5\times 10^{2}\ \text{mm}^{2}$$

由此得到

$$\sigma_{\max}=\frac{M_{\max}}{W_{z}}+\frac{F_{N}}{A}=\frac{15.63\times 10^{3}\ \text{N}\cdot\text{m}}{102\times 10^{3}\times 10^{-9}\ \text{m}^{3}}+\frac{21.65\times 10^{3}\ \text{N}}{21.5\times 10^{2}\times 10^{-6}\ \text{m}^{2}}$$
$$=163.3\times 10^{6}\ \text{Pa}=163.3\ \text{MPa}$$

Q235 钢的许用应力

$$[\sigma]=\frac{\sigma_{s}}{n_{s}}=\frac{235\ \text{MPa}}{1.45}=162\ \text{MPa}$$

$\sigma_{\max}$略大于$[\sigma]$,但$(\sigma_{\max}-[\sigma])\times 100\%/[\sigma]=0.7\%<5\%$,工程上仍认为是安全的。

2. 校核杆 CD 的稳定性

由平衡方程求得杆 CD 的轴向压力

$$F_{NCD}=2F_{P}\sin 30°=F_{P}=25\ \text{kN}$$

因为是圆截面杆,故惯性半径

$$i=\sqrt{\frac{I}{A}}=\frac{d}{4}=5\ \text{mm}$$

又因为两端为球铰约束,$\mu=1.0$,所以

$$\lambda=\frac{\mu l}{i}=\frac{1.0\times 0.55\ \text{m}}{5\times 10^{-3}\ \text{m}}=110>\lambda_{p}=101$$

这表明,杆 CD 为细长杆,故可采用欧拉公式计算其临界载荷

$$F_{Pcr}=\sigma_{cr}A=\frac{\pi^{2}E}{\lambda^{2}}\times\frac{\pi d^{2}}{4}=\frac{\pi^{2}\times 206\times 10^{9}\ \text{Pa}}{110^{2}}\times\frac{\pi\times(20\times 10^{-3}\ \text{m})^{2}}{4}$$
$$=52.8\times 10^{3}\ \text{N}=52.8\ \text{kN}$$

于是,杆 CD 的工作安全因数

$$n_{w}=\frac{\sigma_{cr}}{\sigma_{w}}=\frac{F_{Pcr}}{F_{NCD}}=\frac{52.8\ \text{kN}}{25\ \text{kN}}=2.11>[n]_{st}=1.8$$

这一结果说明,杆 CD 的稳定性是安全的。

上述两项计算结果表明,整个结构的强度和稳定性都是安全的。

§13-6　小结与讨论

13-6-1　稳定性计算的重要性

由于受压杆的失稳而使整个结构发生坍塌,不仅会造成物质上的巨大损失,而且还危及人民的生命安全。在 19 世纪末,当一列客车通过瑞士的一座铁桥时,桥桁架中的压杆失稳,致使桥发生灾难性坍塌,大约有 200 人遇难。有的国家的一些铁路桥梁也曾经由于压杆失稳而造成灾难性事故。

虽然科学家和工程师早就对这类灾害进行了大量的研究,采取了很多预防措施,但直到现在还不能完全终止这种灾害的发生。

1983 年 10 月 4 日,地处北京的中国社会科学院科研楼工地的钢管脚手架距地面 5~6 m处突然外弓。刹那间,这座高达 54.2 m、长 17.25 m、总重565.4 kN的大型脚手架轰然坍塌,造成多人伤亡,脚手架所用建筑材料大部分报废,工期推迟一个月。现场调查结果表明,脚手架结构本身存在严重缺陷,致使结构失稳坍塌,是这次灾难性事故的直接原因。

脚手架由里、外层竖杆和横杆绑结而成。调查中发现支搭在技术上存在以下问题:

(1) 钢管脚手架是在未经清理和夯实的地面上搭起的。这样在自重和外加载荷作用下必然使某些竖杆受力大,另外一些杆受力小。

(2) 脚手架未设“扫地横杆”,各大横杆之间的距离太大,最大达 2.2 m,超过规定值 0.5 m。两横杆之间的竖杆,相当于两端铰支的压杆,横杆之间的距离越大,竖杆临界载荷便越小。

(3) 高层脚手架在每层均应设有与建筑墙体相连的牢固连接点,而这座脚手架竟有 8 层无与墙体的连接点。

(4) 这类脚手架的稳定安全因数规定为 3.0,而这座脚手架的内层杆的稳定安全因数为 1.75;外层杆的稳定安全因数仅为 1.11。

这些便是导致脚手架失稳的必然因素。

13-6-2 影响压杆承载能力的因素

(1) 对于细长杆,由于其临界载荷为

$$F_{\mathrm{Pcr}}=\frac{\pi^{2}EI}{(\mu l)^{2}}$$

所以,影响承载能力的因素较多。临界载荷不仅与材料的弹性模量有关,而且与长细比有关。长细比包含了截面形状、几何尺寸及约束条件等多种因素。

(2) 对于中长杆,临界载荷

$$F_{\mathrm{Pcr}}=\sigma_{\mathrm{cr}}A=(a-b\lambda)A$$

影响其承载能力的主要是材料常数 a 和 b,以及压杆的长细比,当然还有压杆的横截面面积。

(3) 对于粗短杆,因为不发生屈曲,而只发生屈服或破坏,故

$$F_{\mathrm{Pcr}}=\sigma_{\mathrm{cr}}A=\sigma_{\mathrm{s}}A$$

临界载荷主要取决于材料的屈服强度(韧性材料)和杆件的横截面面积。

13-6-3 提高压杆承载能力的主要途径

为了提高压杆承载能力,必须综合考虑杆长、支承、截面的合理性及材料性能等因素的影响。可能的措施有以下几方面:

(1) 尽量减小压杆杆长

对于细长杆,其临界载荷与杆长的平方成反比。因此,减小杆长可以显著地提高压杆承载能力,在某些情形下,通过改变结构或增加支点可以达到减小杆长,从而提高压杆承载能力的目的。例如,图 13-10a、b 中所示之两种桁架,读者不难分析,两种桁架中的①、④杆均为压杆,但图 13-10b 中压杆承载能力要远远高于图 13-10a 中的压杆。

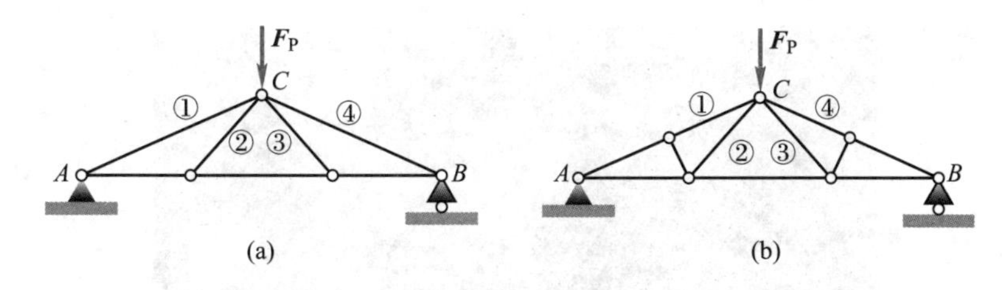

图 13-10　减小压杆的长度提高结构的承载能力

(2) 增强支承的刚性

支承的刚性越大,压杆长度系数值越低,临界载荷越大,例如,将两端铰支的细长杆,变成两端固定约束的情形,临界载荷将成数倍增加。

(3) 合理选择截面形状

当压杆两端在各个方向弯曲平面内具有相同的约束条件时,压杆将在刚度最小的主轴平面内屈曲,这时,如果只增加截面对某个轴的惯性矩(例如只增加矩形截面高度),并不能提高压杆的承载能力,最经济的办法是将截面设计成中空心的,且使相互垂直的主轴(例如 y 轴和 z 轴)的惯性矩 $I_y = I_z$,使截面对任意形心轴的惯性矩均相同。因此,对于一定的横截面面积,正方形截面或圆截面比矩形截面好;空心正方形或环形截面比实心截面好。

当压杆端部在不同的平面内具有不同的约束条件时,应采用最大与最小主惯性矩不等的截面(例如矩形截面),并使主惯性矩较小的平面内具有较强刚性的约束,尽量使两主惯性矩平面内,压杆的长细比相互接近。

(4) 合理选用材料

在其他条件均相同的条件下,选用弹性模量大的材料,可以提高细长压杆的承载能力,例如钢杆临界载荷大于铜、铸铁或铝制压杆的临界载荷。但是,普通碳素钢、合金钢及高强度钢的弹性模量数值相差不大。因此,对于细长杆,选用高强度钢,对压杆临界载荷影响甚微,意义不大,反而造成材料的浪费。但对于粗短杆或中长杆,其临界载荷与材料的比例极限或屈服强度有关,这时选用高强度钢会使临界载荷有所提高。

13-6-4　稳定性计算中需要注意的几个重要问题

(1) 正确地进行受力分析,准确地判断结构中哪些杆件承受压缩载荷,对于这些杆件必须按稳定性计算准则进行稳定性计算或稳定性设计。

如果构件的热膨胀受到限制,也会产生压缩载荷。这种压缩载荷超过一定数值,同样可能使构件或结构丧失平衡的稳定性。

图 13-11a 中所示为除去封头的直管式换热器;图 13-11b 中为结构原理简图。直管的两端胀接在管板上。直管受热后沿轴线方向产生热膨胀,由于两端管板的限制,直管不能自由膨胀,因而产生轴向压缩载荷。当运行温度(一般为高温)与制造安装温度(一般为常温)相差很大时,这种轴向压缩载荷可以达到很高的数值,足以使直管丧失稳定性,导致换热器丧失正常换热的功能。为了防止发生稳定性问题,在两端管板之间,安装了隔板,限制直管的侧向位移,这类似于减小了直管的长度,提高了直管的平衡稳定性。

化工、热能工业中的涉热管道也有类似问题。供热管道分段用“卡箍”固定在建筑物上(图 13-12),由于运行温度高于安装温度,在相邻的两个“卡箍”之间的一段管道可能

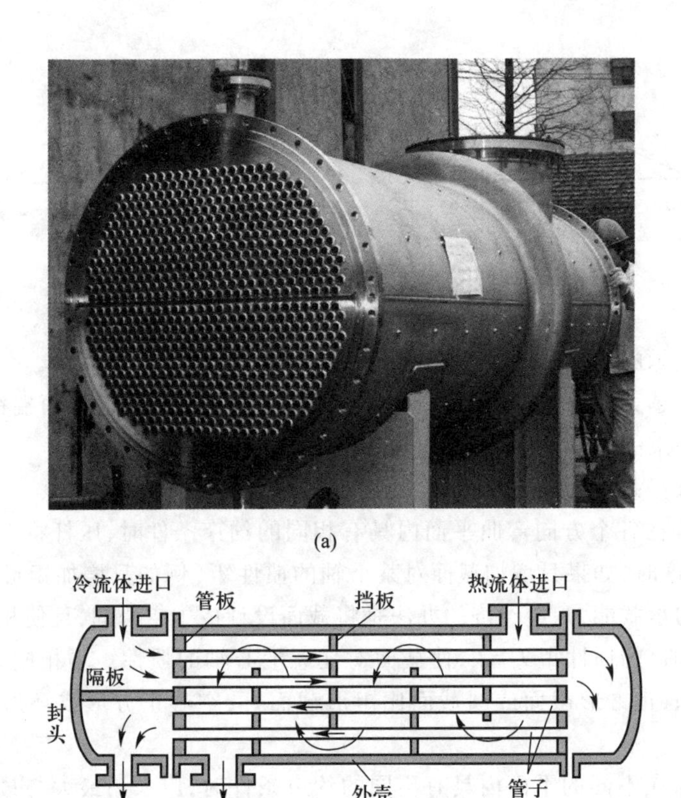

图 13-11　直管式换热器及结构原理简图

会发生屈曲问题。

请分析影响管道稳定承载能力(温差)的因素有哪些,可以采用哪些措施提高管道的稳定承载能力。

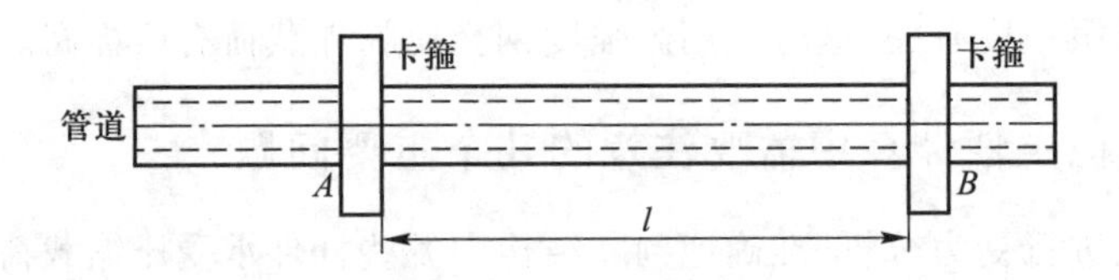

图 13-12　涉热管道由于热膨胀受限制引起的稳定性问题

(2) 要根据压杆端部约束条件及截面的几何形状,正确判断可能在哪一个平面内发生屈曲,从而确定欧拉公式中的截面惯性矩,或压杆的长细比。

例如,图 13-13 所示为两端球铰约束细长杆的各种可能截面形状,请读者自行分析压杆屈曲时横截面将绕哪一根轴转动。

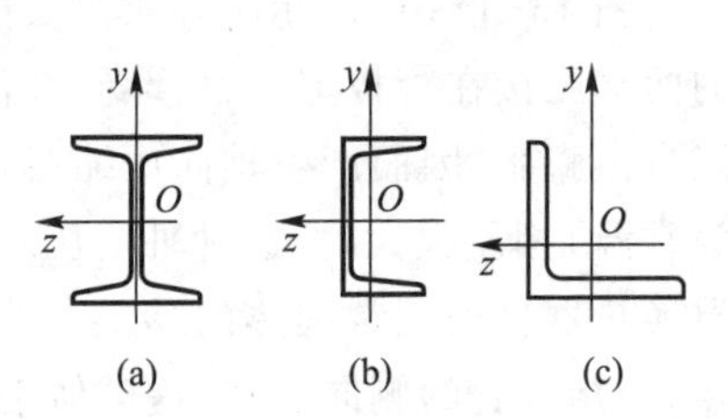

图 13-13　不同横截面形状压杆的稳定性问题

(3) 确定压杆的长细比,判断属于哪一类压杆,采用相应的临界应力公式计算临界载荷。

例如,图 13-14 所示之 4 根圆轴截面压杆,若材料和圆截面尺寸都相同,请读者判断哪一根杆最容易失稳,哪一根杆最不容易失稳。

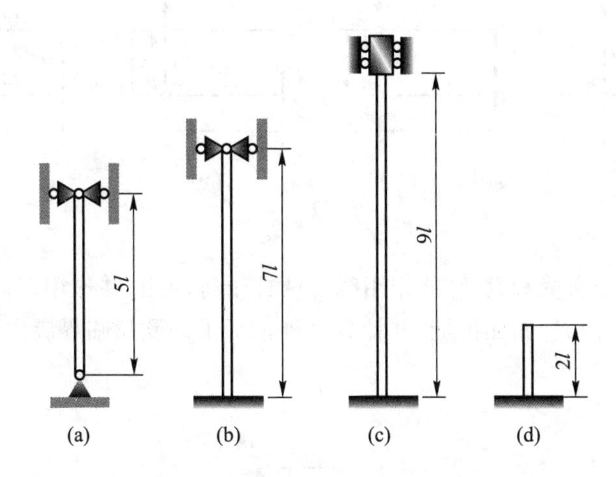

图 13-14　材料和横截面尺寸都相同的压杆稳定性问题

(4) 应用稳定性计算准则进行稳定性安全校核或设计压杆横截面尺寸。

设计压杆的横截面尺寸时,由于截面尺寸尚未已知,故无从计算长细比及临界载荷。这种情形下,可先假设一截面尺寸,算得长细比和临界载荷,再校核稳定性设计准则是否满足,若不满足则需加大或减小截面尺寸,再行计算,一般经过几次试算后即可达到要求。

(5) 要注意综合性问题,工程结构中往往既有强度问题又有稳定性问题;或者既有刚度问题又有稳定性问题。有时稳定性问题又包含在静不定问题之中。

例如,图 13-15 所示结构中,哪一根杆会发生屈曲?其临界载荷又如何确定?

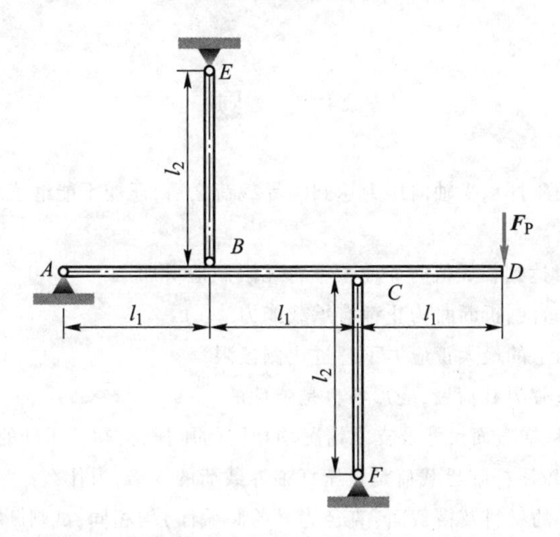

图 13-15　静不定结构中压杆的稳定性问题

13-6-5　学习研究问题

问题一:请分析图 13-16 所示几种结构中的杆 AB,在哪一种情形下最容易发生屈曲失效。

问题二:图 13-17 所示结构中,两根柱子下端固定,上端与一可活动的刚性块固结在一起。已知 $l=3$ m,$d=20$ mm,柱子轴线之间的间距 $a=60$ mm。柱子的材料均为 Q235

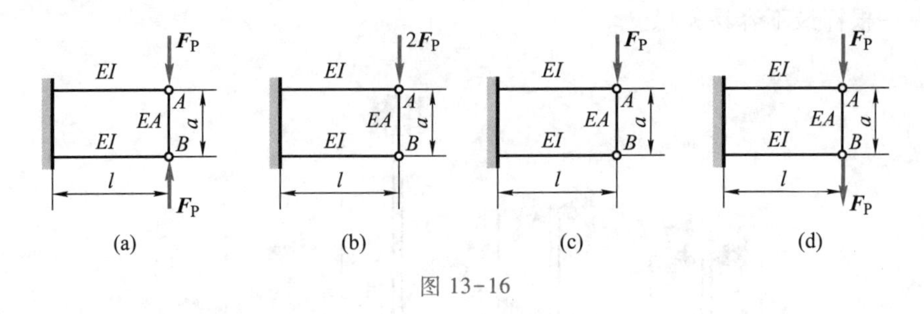

图 13-16

钢，$E=200$ GPa，柱子所受载荷 F_P 的作用线与两柱子等间距，并作用在两柱子的轴线所在的平面内。试分析有几种屈曲可能，并计算每种情形下的欧拉临界应力。

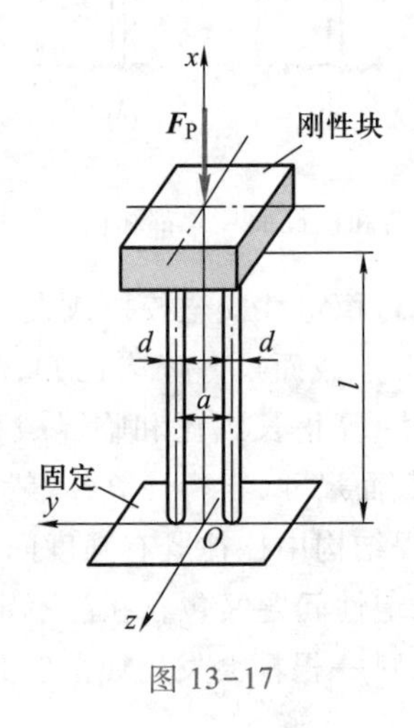

图 13-17

习　　题

13-1　关于钢制细长压杆承受轴向压力达到临界载荷之后，还能不能继续承载有如下四种答案，其中正确的是(　　)。

(A) 不能。因为载荷达到临界值时屈曲位移将无限制地增加

(B) 能。因为压杆一直到折断时为止都有承载能力

(C) 能。只要横截面上的最大正应力不超过比例极限

(D) 不能。因为超过临界载荷后，变形不再是弹性的

13-2　今有两根材料、横截面尺寸及支承情况均相同的压杆，仅知长压杆的长度是短压杆的长度的 2 倍。试问在什么条件下短压杆临界载荷是长压杆临界载荷的 4 倍，为什么？

13-3　图示四根压杆的材料及横截面（直径为 d 的圆截面）均相同，试判断哪一根最容易失稳，哪一根最不容易失稳。

13-4　三根圆截面压杆的直径均为 $d=160$ mm，材料均为 A3 钢，$E=200$ GPa，$\sigma_s=240$ MPa。已知杆的两端均为铰链约束，长度分别为 l_1、l_2 及 l_3，且 $l_1=2l_2=4l_3=5$ m。试求各杆的临界载荷。

13-5　图示 a、b、c、d 四桁架的几何尺寸、圆杆的横截面直径、材料、加力点及加力方向均相同，正方形桁架边长为 a。关于四桁架所能承受的最大外力 F_{Pmax} 有如下四种结论，其中正确的是(　　)。

(A) $F_{Pmax}(a)=F_{Pmax}(c)<F_{Pmax}(b)=F_{Pmax}(d)$

(B) $F_{Pmax}(a)=F_{Pmax}(c)=F_{Pmax}(b)=F_{Pmax}(d)$

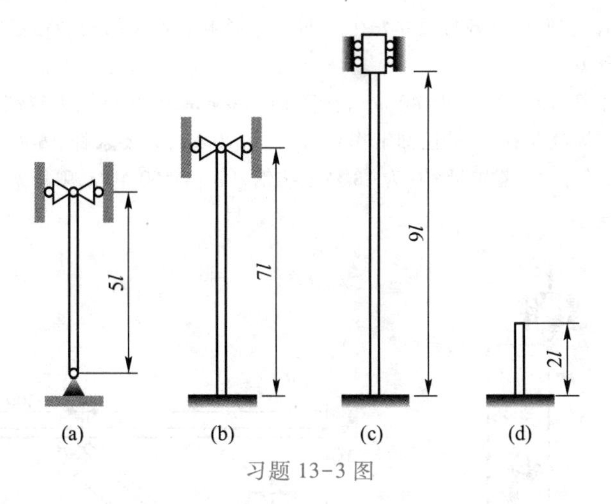

习题 13-3 图

(C) $F_{Pmax}(a)=F_{Pmax}(d)<F_{Pmax}(b)=F_{Pmax}(c)$

(D) $F_{Pmax}(a)=F_{Pmax}(b)<F_{Pmax}(c)=F_{Pmax}(d)$

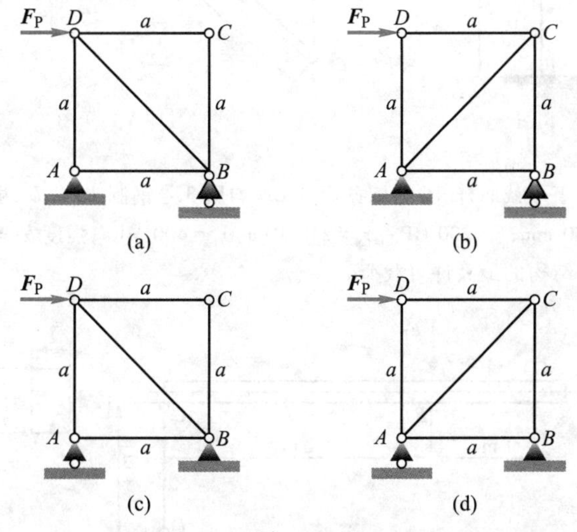

习题 13-5 图

13-6　提高钢制细长压杆承载能力有如下方法，其中最正确的是(　　)。

(A) 减小杆长，减小长度系数，使压杆沿横截面两形心主轴方向的长细比相等

(B) 增加横截面面积，减小杆长

(C) 增加惯性矩，减小杆长

(D) 采用高强度钢

13-7　根据压杆稳定性设计准则，压杆的许可载荷 $[F_P]=\dfrac{\sigma_{cr}A}{[n]_{st}}$。当横截面面积 A 增加 1 倍时，则压杆的许可载荷的变化规律是(　　)。

(A) 增加 1 倍

(B) 增加 2 倍

(C) 增加 1/2 倍

(D) 压杆的许可载荷随着 A 的增加呈非线性变化

13-8　图示结构中 BC 为圆截面杆，其直径 $D=80$ mm，AC 为边长 $a=70$ mm 的正方形截面杆，已知该结构的约束情况为 A 端固定，B、C 为球铰。两杆材料相同为 Q235 钢，弹性模量 $E=210$ GPa，$\sigma_p=$

195 MPa，$\sigma_s = 235$ MPa。它们可以各自独立发生弯曲互不影响。若该结构的稳定安全因数 $n_{st} = 2.5$，试求所承受的最大安全压力。

13-9　图示托架中杆 AB 的直径 $d = 40$ mm，长度 $l = 800$ mm，两端可视为球铰链约束，材料为 Q235 钢。(1) 试求托架的临界载荷；(2) 若已知工作载荷 $F_P = 170$ kN，并要求杆 AB 的稳定安全因数 $[n]_{st} = 2.0$，试校核托架是否安全；(3) 若横梁 CD 为 18 号工字钢，$[\sigma] = 160$ MPa，则托架所能承受的最大载荷有没有变化？

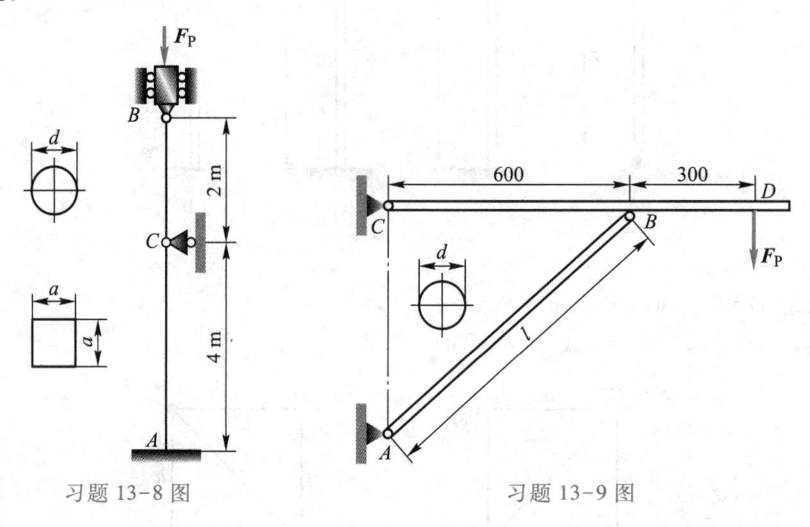

习题 13-8 图　　　　习题 13-9 图

13-10　图示结构中矩形截面杆 AC 与圆截面杆 CD 均用 3 号钢制成，C、D 两处均为球铰。已知 $d = 20$ mm，$b = 100$ mm，$h = 180$ mm；$E = 200$ GPa，$\sigma_s = 240$ MPa，$\sigma_b = 400$ MPa；强度安全因数 $n = 2.0$，稳定安全因数 $n_{st} = 3.0$。试确定该结构的最大许可载荷。

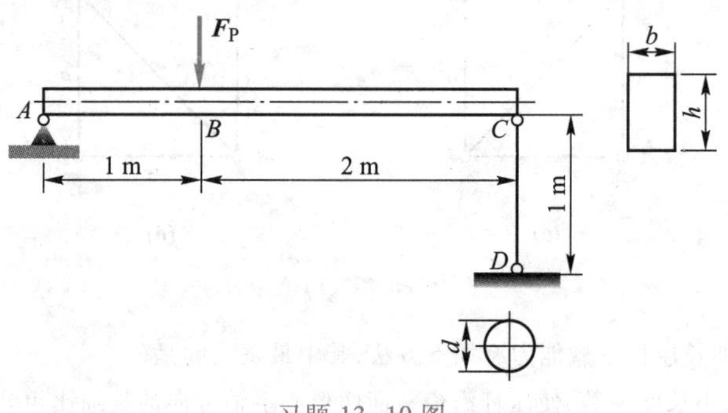

习题 13-10 图

13-11　图示正方形桁架结构，由五根圆截面钢杆组成，连接处均为铰链，各杆直径均为 $d = 40$ mm，$a = 1$ m。材料均为 Q235 钢，$[n]_{st} = 1.8$。(1) 试求结构的许可载荷；(2) 若力 $\boldsymbol{F}_P$ 的方向与图中相反，许可载荷是否改变？若有改变，应为多少？

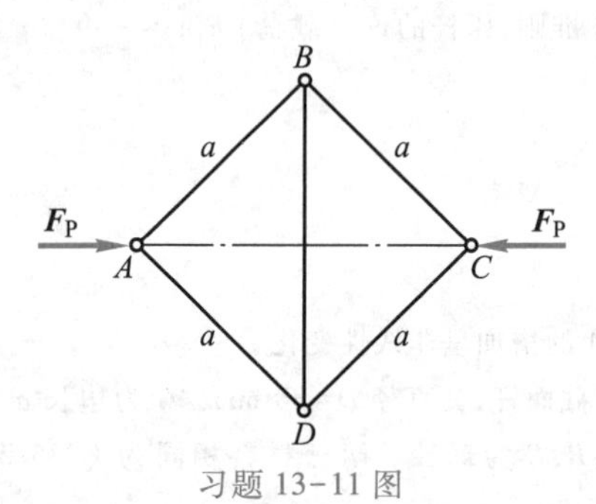

习题 13-11 图

*13-12　图示结构中,梁与柱的材料均为 Q235 钢,$E=200$ GPa,$\sigma_s=240$ MPa,均布载荷集度 $q=40$ kN/m,竖杆为两根 63 mm × 63 mm × 5 mm 等边角钢(连接成一整体)。试确定梁与柱的工作安全因数。

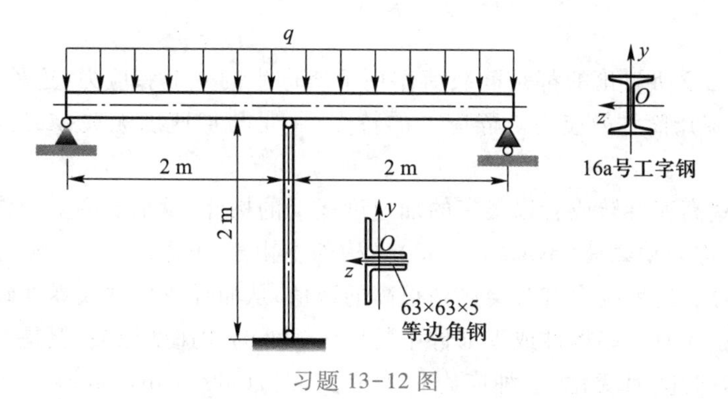

习题 13-12 图

*13-13　图示两端固定的钢管在温度 $t_1=20$ ℃时安装,此时杆不受力。已知杆长 $l=6$ mm,材料为 Q235 钢,$E=200$ GPa。试问:当温度升高到多少度时杆将失稳。(材料的线胀系数 $\alpha_l=12.5\times10^{-6}$ ℃$^{-1}$,温度应力 $\sigma_t=\alpha E\Delta T$。)

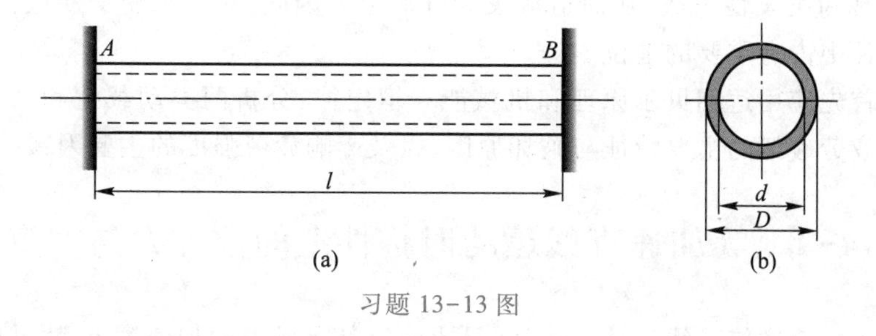

习题 13-13 图

第 14 章　动载荷与疲劳强度简述

本书前面几章所讨论的都是静载荷作用下所产生的变形和应力，这种应力称为**静载应力**(static stress)，简称静应力。静应力的特点，一是与加速度无关；二是不随时间的改变而变化。

工程中一些高速旋转或者以很高的加速度运动的构件，及承受冲击物作用的构件，其上作用的载荷，称为**动载荷**(dynamic load)。构件上由于动载荷引起的应力，称为**动应力**(dynamic stress)。这种应力有时会达到很高的数值，从而导致构件或零件破坏。

工程结构中还有一些构件或零部件中的应力虽然与加速度无关，但是，这些应力的大小或方向却随着时间而变化，这种应力称为**交变应力**(alternative stress)。在交变应力作用下发生的破坏，称为疲劳破坏，简称为**疲劳**(fatigue)。对于矿山、冶金、动力、运输机械及航空航天等工业部门，疲劳是零件或构件的主要破坏形式。统计结果表明，在各种机械的断裂事故中，大约有 80%以上是由于疲劳破坏引起的。疲劳破坏过程往往不易被察觉，所以常常表现为突发性事故，从而造成灾难性后果。因此，对于承受交变应力的构件，疲劳分析在设计中占有重要的地位。

本章将首先应用达朗贝尔原理和机械能守恒定律，分析两类动载荷和动应力。然后将简要介绍疲劳破坏的主要特征与破坏原因，以及影响疲劳强度的主要因素。

§14-1　等加速直线运动时构件上的惯性力与动应力

对于以等加速度作直线运动的构件，只要确定其上各点的加速度 $\boldsymbol{a}$，就可以应用达朗贝尔原理对构件施加惯性力，如果为集中质量 m，则惯性力为集中力，为

$$\boldsymbol{F}_{\mathrm{I}}=-m\boldsymbol{a} \tag{14-1}$$

如果是连续分布质量，则作用在质量微元上的惯性力为

$$\mathrm{d}\boldsymbol{F}_{\mathrm{I}}=-\mathrm{d}m\boldsymbol{a} \tag{14-2}$$

然后，按照静载荷作用下的应力分析方法对构件进行应力计算及强度与刚度设计。

以图 14-1 中的起重机起吊重物为例，在开始吊起重物的瞬时，重物具有向上的加速度 $\boldsymbol{a}$，重物上便有方向向下的惯性力。这时吊起重物的钢丝绳，除了承受重物的重量，还承受由此而产生的惯性力，这一惯性力就是钢丝绳所受的**动载荷**；而重物的重量则是钢丝绳的**静载荷**。作用在钢丝绳的总载荷是静载荷与动载荷之和，即

$$F_{\mathrm{T}}=F_{\mathrm{st}}+F_{\mathrm{I}}=W+ma=W+\frac{W}{g}a \tag{14-3}$$

式中，F_{T} 为总载荷；F_{st} 为静载荷；F_{I} 为惯性力引起的动载荷。

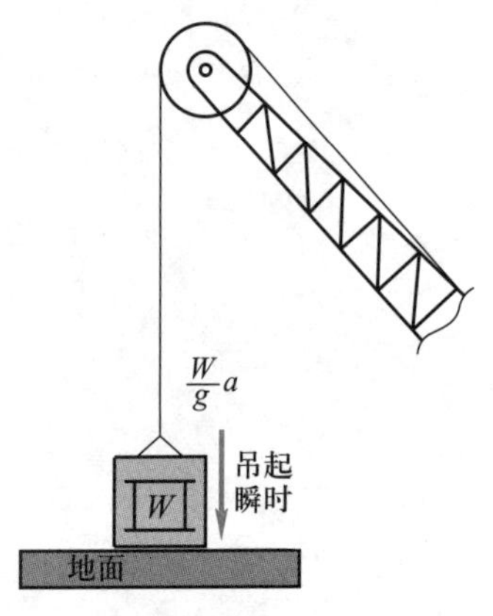

图 14-1　吊起重物时钢丝绳的动载荷与动应力

按照单向拉伸时杆件的应力公式，钢丝绳横截面上的总正应力为

$$\sigma_{\mathrm{T}}=\sigma_{\mathrm{st}}+\sigma_{\mathrm{I}}=\frac{F_{\mathrm{T}}}{A} \tag{14-4}$$

式中

$$\sigma_{\mathrm{st}}=\frac{W}{A},\quad \sigma_{\mathrm{I}}=\frac{W}{Ag}a \tag{14-5}$$

分别为**静应力**和**动应力**。

根据上述二式,总正应力表达式可以写成静应力乘以一个大于 1 的因数的形式,即

$$\sigma_{\mathrm{T}}=\sigma_{\mathrm{st}}+\sigma_{\mathrm{I}}=\left(1+\frac{a}{g}\right)\sigma_{\mathrm{st}}=K_{\mathrm{I}}\sigma_{\mathrm{st}} \tag{14-6}$$

系数 K_{I}称为**动载因数**或**动荷因数**(coefficient in dynamic load)。对于作等加速度直线运动的构件,根据式(14-6),动荷因数

$$K_{\mathrm{I}}=1+\frac{a}{g} \tag{14-7}$$

§14-2　旋转构件的受力分析与动应力计算

旋转构件由于动应力而引起的破坏问题在工程中也是很常见的。处理这类问题时,首先是分析构件的运动,确定其加速度,然后应用达朗贝尔原理,在构件上施加惯性力,最后按照静载荷的分析方法,确定构件的内力和应力。

考察图 14-2a 中所示之以等角速度 ω 旋转的飞轮。飞轮材料密度为 ρ,轮缘平均半径为 R,轮缘部分的横截面面积为 A。

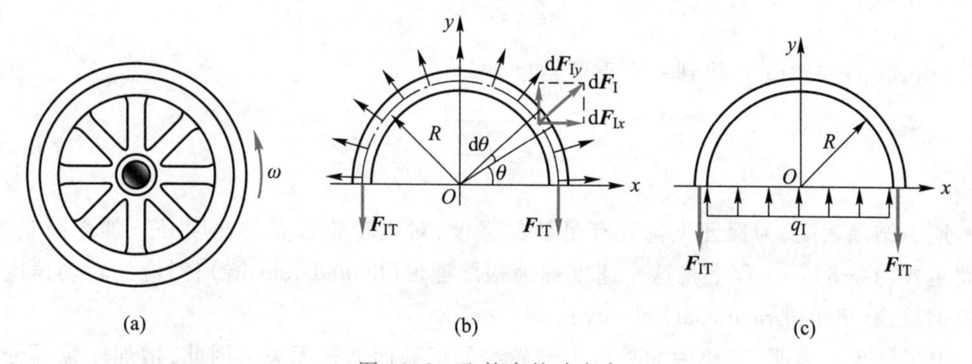

图 14-2　飞轮中的动应力

设计轮缘部分的截面尺寸时,为简单起见,可以不考虑轮辐的影响,从而将飞轮简化为平均半径等于 R 的圆环。

由于飞轮作等角速度转动,其上各点均只有向心加速度,故惯性力均沿着半径方向、背向旋转中心,且为沿圆周方向的连续均匀分布力。图 14-2b 中所示为半圆环上惯性力的分布情形。图中,F_{IT}为环向拉力,$\mathrm{d}F_{\mathrm{I}}$ 为圆环上微段质量的惯性力。

为求惯性力,沿圆周方向截取 $\mathrm{d}s$ 微段,其弧长为

$$\mathrm{d}s=R\mathrm{d}\theta \tag{a}$$

圆环微段的质量为

$$\mathrm{d}m=\rho A\mathrm{d}s=\rho AR\mathrm{d}\theta \tag{b}$$

于是，圆环上分布的惯性力集度为

$$q_{I}=\frac{dF_{I}}{ds}=\frac{a_{n}dm}{ds}=\frac{R\omega^{2}\cdot dm}{R\cdot d\theta}=R\omega^{2}\rho A \tag{c}$$

均匀分布惯性力在 y 方向上的合力等于 q_I 乘以半圆弧在 x 轴上的投影（图 14-2c）。

以圆心为原点，建立 Oxy 坐标系，由平衡方程

$$\sum F_{y}=0 \tag{d}$$

得

$$q_{I}(2R)-2F_{IT}=0 \tag{e}$$

由此解得飞轮轮缘横截面上的轴力为

$$F_{IT}=\rho AR^{2}\omega^{2}=\rho Av^{2} \tag{f}$$

式中，v 为飞轮轮缘上任意点的速度。

当轮缘厚度远小于半径 R 时，圆环横截面上的正应力可视为均匀分布，并用 σ_{IT}表示。于是，由式(f)可得飞轮轮缘横截面上的总应力为

$$\sigma_{IT}=\frac{F_{IT}}{A}=\rho v^{2} \tag{g}$$

这说明，飞轮以等角速度转动时，其轮缘中的正应力与轮缘上点的速度的平方成正比。

设计时必须使总应力满足设计准则

$$\sigma_{IT}\leqslant[\sigma] \tag{h}$$

于是，由式(g)和式(h)，得到一个重要结果

$$v\leqslant\sqrt{\frac{[\sigma]}{\rho}} \tag{14-8}$$

这一结果表明，为保证飞轮具有足够的强度，对飞轮轮缘点的速度必须加以限制，使之满足式(14-8)。工程上将这一速度称为**极限速度**(limited velocity)；对应的转动速度称为**极限转速**(limited rotational velocity)。

上述结果还表明：飞轮中的总应力与轮缘的横截面面积无关。因此，增加轮缘部分的横截面面积，无助于降低飞轮轮缘横截面上的应力，对于提高飞轮的强度没有任何意义。

【例题 14-1】　图 14-3a 所示结构中，钢制圆轴 AB 的中点处固接一与之垂直的均质杆 CD，二者的直径均为 d。长度 $AC=CB=CD=l$。轴 AB 以等角速度 ω 绕自身轴旋转。已知 $l=0.6$ m，$d=80$ mm，$\omega=40$ rad/s；材料重度 $\gamma=78$ kN/m^3，许用应力$[\sigma]=70$ MPa。试校核轴 AB 和杆 CD 的强度是否安全。

解：1. 分析运动状态，确定动载荷

当轴 AB 以等角速度 ω 旋转时，杆 CD 上的各个质点具有数值不同的向心加速度，其值为

$$a_{n}=x\omega^{2} \tag{a}$$

式中，x 为质点到轴线 AB 的距离。轴 AB 上各质点，因距轴线 AB 极近，加速度 a_n很小，故不予考虑。

杆 CD 上各质点到 AB 轴线的距离各不相等，因而各点的加速度和惯性力亦不相同。

为了确定作用在杆 CD 上的最大轴力，以及杆 CD 作用在轴 AB 上的最大载荷，首先必须确定杆 CD 上的动载荷——沿杆 CD 轴线方向分布的惯性力。

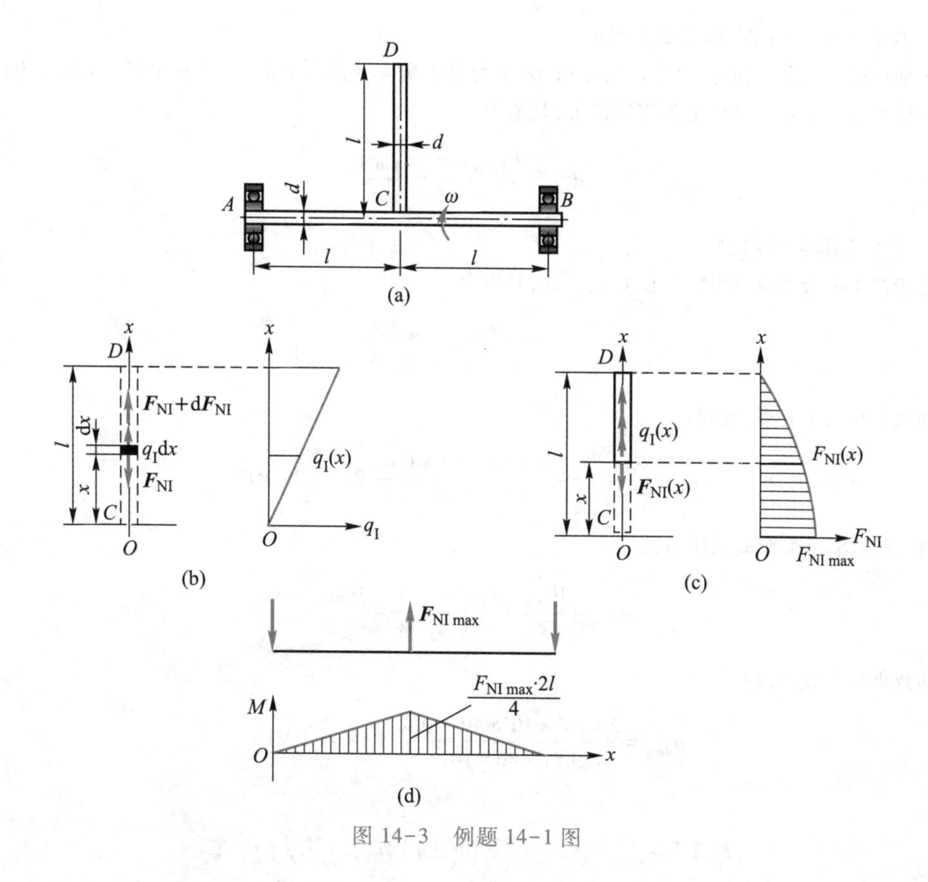

图 14-3　例题 14-1 图

为此,在杆 CD 上建立 Ox 坐标系,如图 14-3b 所示。设沿杆 CD 轴线方向单位长度上的惯性力为 q_{I},则微段长度 $\mathrm{d}x$ 上的惯性力为

$$q_{\mathrm{I}}\mathrm{d}x=(\mathrm{d}m)a_{\mathrm{n}}=\left(\frac{A\gamma}{g}\mathrm{d}x\right)(x\omega^2) \tag{b}$$

由此得到

$$q_{\mathrm{I}}=\frac{A\gamma\omega^2}{g}x \tag{c}$$

式中,A 为杆 CD 的横截面面积;g 为重力加速度。

式(c)表明:杆 CD 上各点的轴向惯性力与各点到轴线 AB 的距离 x 成正比。

为求杆 CD 横截面上的轴力,并确定轴力最大的作用面,用假想截面从任意处(坐标为 x)将杆截开,假设这一横截面上的轴力为 $\boldsymbol{F}_{\mathrm{NI}}$,考察截面以上部分的平衡,如图 14-3c 中所示。

建立平衡方程

$$\sum F_x=0,\qquad F_{\mathrm{NI}}-\int_x^l q_{\mathrm{I}}\mathrm{d}x=0 \tag{d}$$

由式(c)和式(d)解出

$$F_{\mathrm{NI}}=\int_x^l q_{\mathrm{I}}\mathrm{d}x=\int_x^l \frac{A\gamma\omega^2}{g}x\mathrm{d}x=\frac{A\gamma\omega^2}{2g}(l^2-x^2) \tag{e}$$

根据上述结果,在 $x=0$ 的横截面上,即杆 CD 与轴 AB 相交处的 C 截面上,杆 CD 横截面上的轴力最大,其值为

$$F_{\mathrm{NImax}}=\int_0^l q_{\mathrm{I}}\mathrm{d}x=\int_0^l \frac{A\gamma\omega^2}{g}x\mathrm{d}x=\frac{A\gamma\omega^2 l^2}{2g} \tag{f}$$

2. 画轴 AB 的弯矩图,确定最大弯矩

上面所得到的最大轴力,也是作用在轴 AB 上的最大横向载荷。于是,可以画出轴 AB 的弯矩图,如图 14-3d 所示。轴中点截面上的弯矩最大,其值为

$$M_{\mathrm{Imax}}=\frac{F_{\mathrm{NImax}}\times 2l}{4}=\frac{A\gamma\omega^2 l^3}{4g} \tag{g}$$

3. 应力计算与强度校核

对于杆 CD,最大拉应力发生在 C 截面处,其值为

$$\sigma_{\mathrm{Imax}}=\frac{F_{\mathrm{NImax}}}{A}=\frac{\gamma\omega^2 l^2}{2g} \tag{h}$$

将已知数据代入上式后,得到

$$\sigma_{\mathrm{Imax}}=\frac{\gamma\omega^2 l^2}{2g}=\frac{7.8\times 10^4\times 40^2\times 0.6^2}{2\times 9.81}\ \mathrm{Pa}=2.29\ \mathrm{MPa}$$

对于轴 AB,最大弯曲正应力为

$$\sigma_{\mathrm{Imax}}=\frac{M_{\mathrm{Imax}}}{W}=\frac{A\gamma\omega^2 l^3}{4g}\times\frac{1}{W}=\frac{2\gamma\omega^2 l^3}{gd}$$

将已知数据代入后,得到

$$\sigma_{\mathrm{Imax}}=\frac{2\times 7.8\times 10^4\times 40^2\times 0.6^3}{9.81\times 80\times 10^{-3}}\ \mathrm{Pa}=68.7\ \mathrm{MPa}$$

§14-3　冲击载荷与冲击应力计算

14-3-1　冲击载荷概述

具有一定速度的运动物体,向着静止的构件冲击时,冲击物的速度在很短的时间内发生了很大变化,即冲击物得到了很大的负值加速度。这表明,冲击物受到与其运动方向相反的很大的力作用。同时,冲击物也将很大的力施加于被冲击的构件上,工程上这种力称为冲击力或冲击载荷(impact load)。工程实际中的打桩、锻造都是利用这种冲击力。在很多场合下,冲击力往往会造成灾难性后果。例如,高速公路上的汽车追尾事故及其他形式的交通事故中,撞击物及被撞击物在巨大冲击力的作用下都将会严重损毁(图 14-4)。

图 14-4　交通事故中冲击力引起的损毁

2001 年 9 月 11 日上午(美国东部时间,北京时间 9 月 11 日晚上)恐怖分子劫持了 4 架民航客机撞

击美国纽约世界贸易中心和华盛顿五角大楼等处(图 14-5)。包括美国纽约地标性建筑世界贸易中心双塔在内的 6 座建筑被完全摧毁,其他 23 座高层建筑遭到破坏,美国国防部总部所在地五角大楼也遭到局部损毁。

视频 14-1:“9 · 11”纽约世贸双塔的坍塌

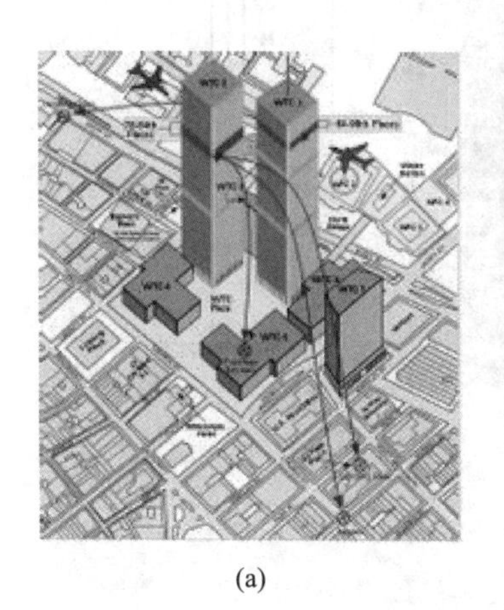
(a)

(b)

图 14-5　9 · 11 恐怖袭击造成的灾难性后果

14-3-2　冲击的两种主要模式

常见的冲击模式主要有两种:水平冲击和垂直冲击。

当具有一定质量的物体以水平速度冲撞另一物体时,所产生的冲击称为水平冲击。图 14-6a 中所示飞行中的飞机对建筑物的冲击即为水平冲击,其力学模型如图 14-6b 所示。

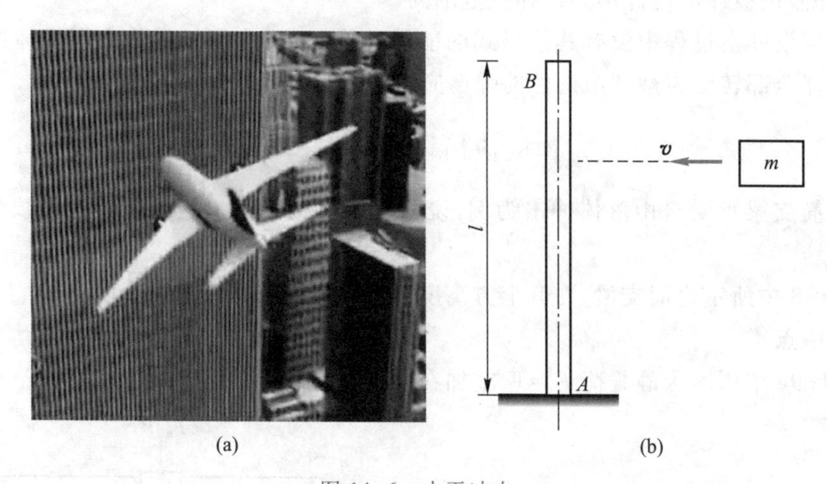

(a)　(b)

图 14-6　水平冲击

当具有一定质量的物体以自由落体(或具有初始速度)方式冲撞另一物体时,所产生的冲击称为垂直冲击。9 · 11 恐怖袭击中,飞机冲入建筑物后,冲撞处的钢结构在高温下熔断,以上部分的建筑对于以下部分的建筑所形成的冲击,即为垂直冲击,如图 14-7a 所示,其力学模型如图 14-7b 所示。

冲击过程伴随着能量的转换:水平冲击与垂直冲击分别有动能和势能转变为构件的应变能以致破坏的能量。

视频 14-2：垂直冲击

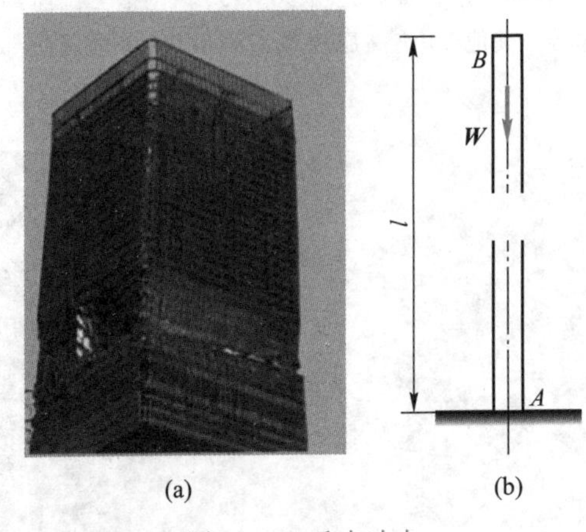

图 14-7　垂直冲击

14-3-3　计算冲击载荷的基本假定

由于冲击过程中，构件上的应力和变形分布比较复杂，因此，精确地计算冲击载荷，以及被冲击构件中由冲击载荷引起的应力和变形，是很困难的。工程中大多采用简化计算方法，这种简化计算基于以下假设：

（1）假设冲击物的变形可以忽略不计；从开始冲击到冲击产生最大位移时，冲击物与被冲击构件一起运动，而不发生回弹。

（2）忽略被冲击构件的质量，认为冲击载荷引起的应力和变形，在冲击瞬时遍及被冲击构件；并假设被冲击构件仍处在弹性范围内。

（3）假设冲击过程中没有其他形式的能量转换，可以应用机械能守恒定律或用冲击构件的势能全部转变为被冲击构件的弹性应变能。

14-3-4　机械能守恒定律的应用

现以简支梁承受自由落体冲击为例，说明应用机械能守恒定律计算冲击载荷的简化方法。

图 14-8 中所示之简支梁，在其上方高度 h 处，有一重量为 W 的物体，自由下落后，冲击在梁的中点。

图 14-9a 中所示为静载荷 $F_s=W$ 施加在梁上，在加力点处产生的位移为 Δ_s。

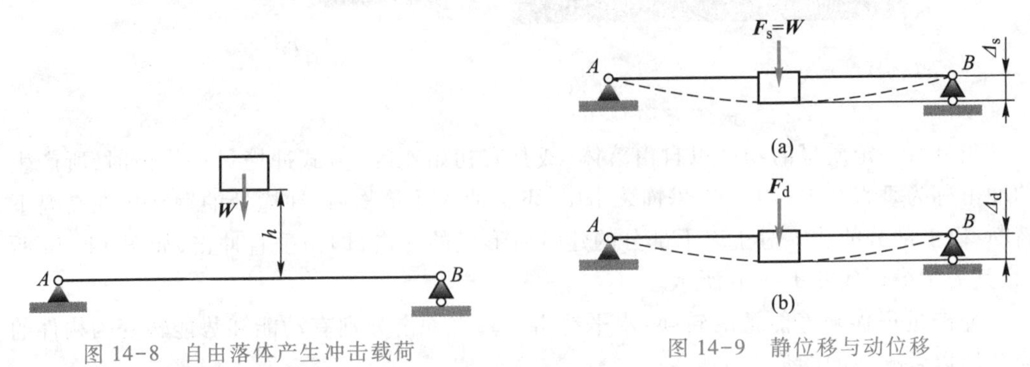

图 14-8　自由落体产生冲击载荷

图 14-9　静位移与动位移

冲击终了时，冲击载荷及梁中点的位移都达到最大值，二者分别用 F_d 和 Δ_d 表示，如

图 14-9b所示。其中的下标 d 表示冲击力引起的动载荷,以区别惯性力引起的动载荷。

该梁可以视为一线性弹簧,弹簧的刚度系数为 k。

设冲击之前,梁没有发生变形时的位置为位置 1(图 14-10a);冲击终了的瞬时,即梁和重物运动到梁的最大变形时的位置为位置 2(图 14-10b)。考察这两个位置系统的动能和势能。

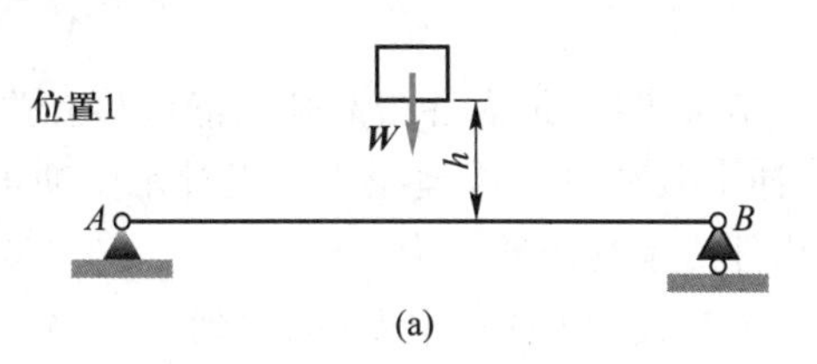

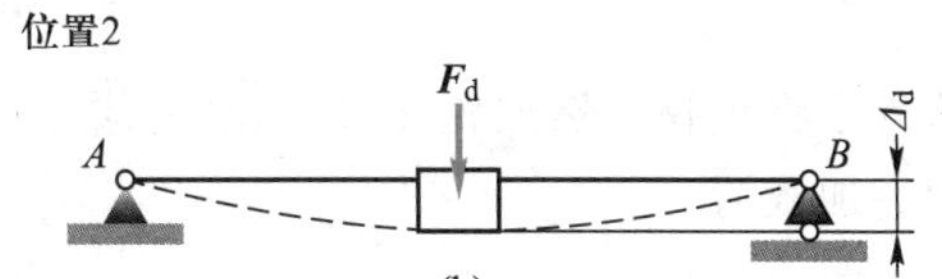

图 14-10　冲击前与冲击后的比较

重物下落前和冲击终了时,其速度均为零,因而在位置 1 和 2,系统的动能均为零,即

$$T_1 = T_2 = 0 \tag{a}$$

以位置 1 为势能零点,即系统在位置 1 的势能为零,即

$$V_1 = 0 \tag{b}$$

重物和梁(弹簧)在位置 2 时的势能分别记为 $V_2(W)$ 和 $V_2(k)$,有

$$V_2(W) = -W(h+\Delta_d) \tag{c}$$

$$V_2(k) = -\frac{1}{2}k\Delta_d^2 \tag{d}$$

上述二式中,$V_2(W)$为重物的重力从位置 2 回到位置 1(势能零点)所作的功,因为力与位移方向相反,故为负值;$V_2(k)$为梁发生变形(从位置 1 到位置 2)后,储存在梁内的应变能,又称为弹性势能,数值上等于冲击力从位置 1 到位置 2 时所作的功。

因为假设在冲击过程中,被冲击构件仍在弹性范围内,故冲击力 F_d和冲击位移 Δ_d之间存在线性关系,即

$$F_d = k\Delta_d \tag{e}$$

这一表达式与静载荷作用下力与位移的关系相似:

$$F_s = k\Delta_s \tag{f}$$

上述二式中 k 类似线性弹簧刚度系数,设动载与静载时刚度系数相同。式(f)中的 Δ_s为 F_d作为静载施加在冲击处时,梁在该处的位移。

因为系统上只作用有惯性力和重力,二者均为保守力。故重物下落前(位置 1)到冲击终了后(位置 2),系统的机械能守恒,即

$$T_1 + V_1 = T_2 + V_2 \tag{g}$$

将(a)、(b)、(c)、(d)四式代入式(g)后,有

$$\frac{1}{2}k\Delta_d^2 - W(h+\Delta_d) = 0 \tag{h}$$

常数 $k=\dfrac{F_s}{\Delta_s}$,并且考虑到静载荷时 $F_s = W$,将它们一并代入上式,即可消去常数 k,从而得到关于 Δ_d的二次方程:

$$\Delta_d^2 - 2\Delta_s\Delta_d - 2\Delta_s h = 0 \tag{i}$$

由此解出

$$\Delta_d = \Delta_s\left(1+\sqrt{1+\frac{2h}{\Delta_s}}\right) \tag{14-9}$$

根据式(14-9)以及式(e)和式(f),得到

$$F_{\mathrm{d}}=F_{\mathrm{s}}\times\frac{\Delta_{\mathrm{d}}}{\Delta_{\mathrm{s}}}=W\left(1+\sqrt{1+\frac{2h}{\Delta_{\mathrm{s}}}}\right) \tag{14-10}$$

这一结果表明,最大冲击载荷与静位移有关,即与梁的刚度有关:梁的刚度愈小,静位移愈大,冲击载荷将相应地减小。设计承受冲击载荷的构件时,应当充分利用这一特性,以减小构件所承受的冲击力。

若令式(14-10)中 $h=0$,得到

$$F_{\mathrm{d}}=2W \tag{14-11}$$

这等于将重物突然放置在梁上,这时梁上的实际载荷是重物重量的 2 倍。这时的载荷称为突加载荷。

14-3-5　冲击动荷因数

为计算方便,工程上通常也将式(14-10)写成动荷因数的形式:

$$F_{\mathrm{d}}=K_{\mathrm{d}}F_{\mathrm{s}} \tag{14-12}$$

式中,K_{d}为冲击时的动荷因数,它表示构件承受的冲击载荷是静载荷的若干倍数。

对于图 14-8 中所示之承受自由落体冲击的简支梁,由式(14-10),动荷因数

$$K_{\mathrm{d}}=1+\sqrt{1+\frac{2h}{\Delta_{\mathrm{s}}}} \tag{14-13}$$

构件中由冲击载荷引起的应力和位移也可以写成动荷因数的形式:

$$\sigma_{\mathrm{d}}=K_{\mathrm{d}}\sigma_{\mathrm{s}} \tag{14-14}$$

$$\Delta_{\mathrm{d}}=K_{\mathrm{d}}\Delta_{\mathrm{s}} \tag{14-15}$$

【例题 14-2】　图 14-11 所示悬臂梁 A 端固定,自由端 B 的上方有一重物自由落下,撞击到梁上。已知梁材料为木材,弹性模量 $E=10$ GPa;梁长 $l=2$ m;横截面为 120 mm×200 mm 的矩形,重物高度为 40 mm。重量$W=1$ kN。求:(1) 梁所受的冲击载荷;(2) 梁横截面上的最大冲击应力与最大冲击挠度。

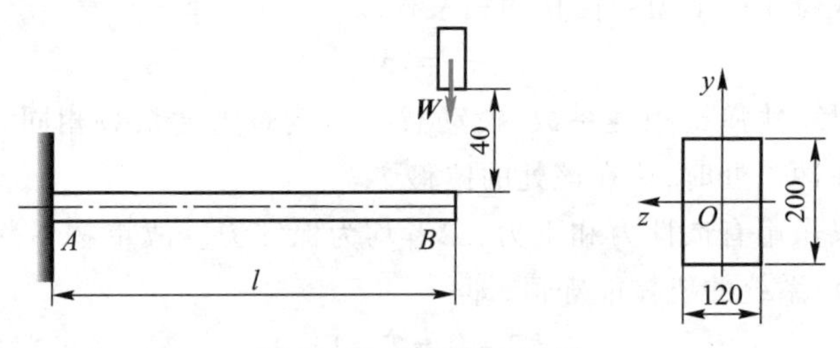

图 14-11　例题 14-2 图

解:1. 梁横截面上的最大静应力和冲击处静挠度

悬臂梁在静载荷 $\boldsymbol{W}$ 的作用下,横截面上的最大正应力发生在固定端处弯矩最大的截面上,其值为

$$\sigma_{\mathrm{smax}}=\frac{M_{\max}}{W_z}=\frac{Wl}{\dfrac{bh^2}{6}}=\frac{1\times10^3\times2\times6}{120\times200^2\times10^{-9}}\ \mathrm{Pa}=2.5\ \mathrm{MPa} \tag{a}$$

由梁的挠度表,可以查得自由端承受集中力的悬臂梁的最大挠度发生在自由端处,其值为

$$w_{\mathrm{smax}}=\frac{Wl^3}{3EI}=\frac{Wl^3}{3\times E\times\dfrac{bh^3}{12}}=\frac{4Wl^3}{E\times b\times h^3}$$

$$=\frac{4\times1\times10^3\times2^3}{10\times10^9\times120\times200^3\times10^{-12}}\ \mathrm{m}=\frac{10}{3}\ \mathrm{mm} \tag{b}$$

2. 确定动荷因数

根据式(14-13)和本例的已知数据，动荷因数为

$$K_{\mathrm{d}}=1+\sqrt{1+\frac{2h}{\Delta_{\mathrm{s}}}}=1+\sqrt{1+\frac{2\times40}{\frac{10}{3}}}=6 \tag{c}$$

3. 计算冲击载荷、最大冲击应力和最大冲击挠度

冲击载荷

$$F_{\mathrm{d}}=K_{\mathrm{d}}F_{\mathrm{s}}=K_{\mathrm{d}}W=6\times1\times10^{3}\ \mathrm{N}=6\times10^{3}\ \mathrm{N}=6\ \mathrm{kN}$$

最大冲击应力

$$\sigma_{\mathrm{dmax}}=K_{\mathrm{d}}\sigma_{\mathrm{smax}}=6\times2.5\ \mathrm{MPa}=15\ \mathrm{MPa}$$

最大冲击挠度

$$w_{\mathrm{dmax}}=K_{\mathrm{d}}w_{\mathrm{smax}}=6\times\frac{10}{3}\ \mathrm{mm}=20\ \mathrm{mm}$$

§14-4　疲劳强度简述

14-4-1　承受交变应力的火车车轴

一点的应力随着时间作反复交替变化，这种应力称为交变应力。

图 14-12 所示为火车车轴实际受力与力学模型。火车车厢及其装载的人和物的重量施加在车轮外侧的车轴上，路轨支承车轮，根据其力学模型，两个车轮之间的车轴承受纯弯曲，即横截面上只有弯矩而没有剪力作用。作用在车轴上的力的大小和方向都没有改变，但轴在火车运行的过程中，其横截面上任意点的正应力将随时间的变化而不断改变。例如，横截面上的 a 点，在瞬时 1 时，位于中性轴上，正应力等于零；当车轴按顺时针方向旋转时，a 点随之转动，其到中性轴的距离逐渐增加，因而正应力随之增加；在瞬时 2 时，a 点将转到横截面的最上端，根据弯矩的实际方向，这时 a 点承受拉应力并且达到最大值；从瞬时 2 到瞬时 3，a 点的拉应力将逐渐减小，在瞬时 3，正应力减小到零；轴继续转动时，a 点随之从瞬时 3 的位置向瞬时 4 的位置转动，其上正应力由拉应力变为压应力，且压应力逐渐增加，到瞬时 4 时压应力达到最大值；瞬时 4 以后 a 点压应力将不断减小，回到初始位置时正应力又回复到零。如此周而复始，a 点的正应力随时间变化的曲线如图 14-13 所示。

结构或其零部件在交变应力作用下，将会发生疲劳失效或疲劳破坏。由于这种破坏前往往没有明显破坏前兆，所以引起的各种事故具有突发性和灾难性。

视频 14-3：德国高速列车疲劳破坏引起的灾难性事故

1998 年 6 月 3 日上午，一辆运载四百多名乘客的德国城际特快列车(ICE)从德国慕尼黑开往汉堡，由于车轮的疲劳撕裂，在途经小镇艾舍德附近的时候突然脱轨。短短 180 s 内，时速 200 km 的火车冲向树丛和桥梁，300 t 重的双线路桥被撞得完全坍塌，列车的 8 节车厢依次相撞在一起，挤得仅剩下一节车厢的长度。这场列车事故造成大量的人员伤亡。图 14-14 所示为事故现场。

14-4-2　交变应力的名词和术语

构件中一点的应力随着时间的改变而变化，这种应力称为交变应力。

承受交变应力作用的构件或零部件，都在规则(图 14-15)或不规则(图 14-16)变化的应力作用下工作。

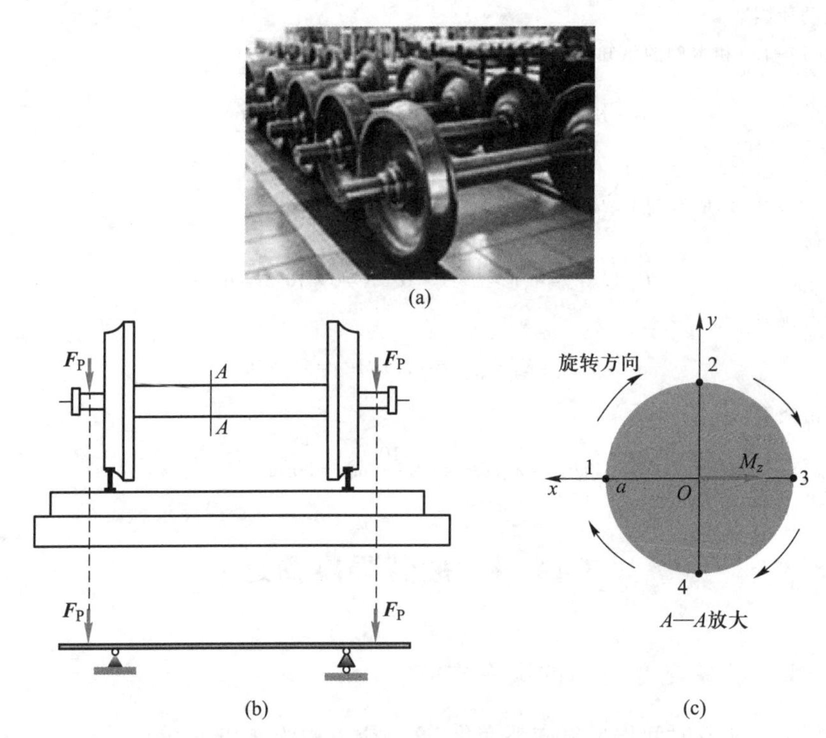

图 14-12　火车车轴横截面上一点应力随时间的变化

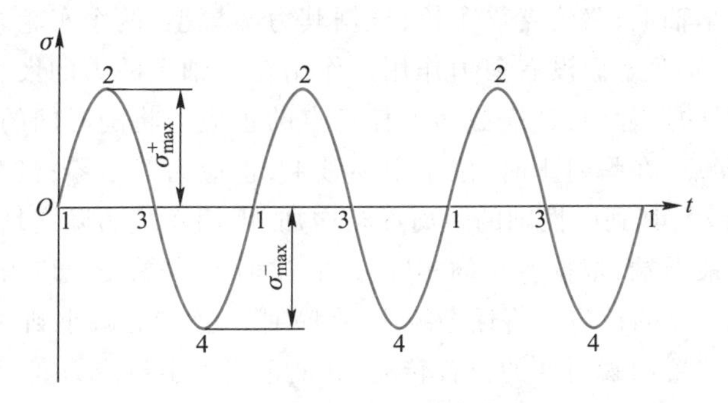

图 14-13　火车车轴横截面上一点应力随时间变化曲线

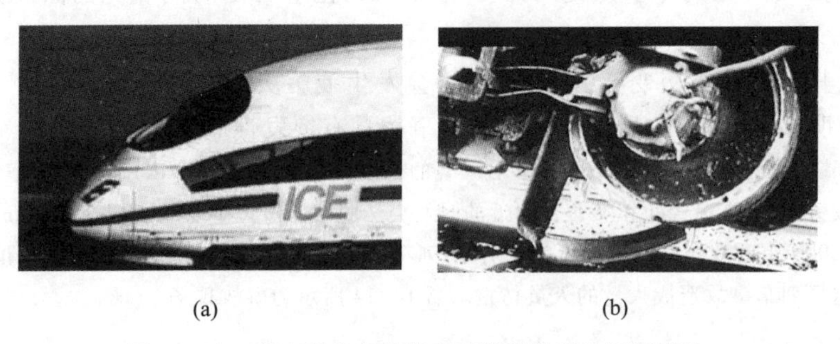

图 14-14　高速列车车轮的疲劳撕裂引发的倾覆事故

材料在交变应力作用下的力学行为首先与应力变化状况(包括应力变化幅度)有很大关系。因此,在强度设计中必然涉及有关应力变化的若干名词和术语,现简单介绍如下。

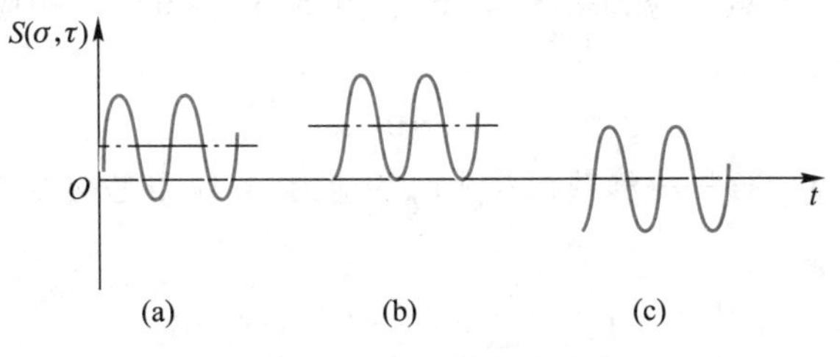

图 14-15　规则的交变应力

图 14-17 中所示为杆件横截面上一点应力随时间 t 的变化曲线。其中 S 为广义应力,它可以是正应力,也可以是剪应力。

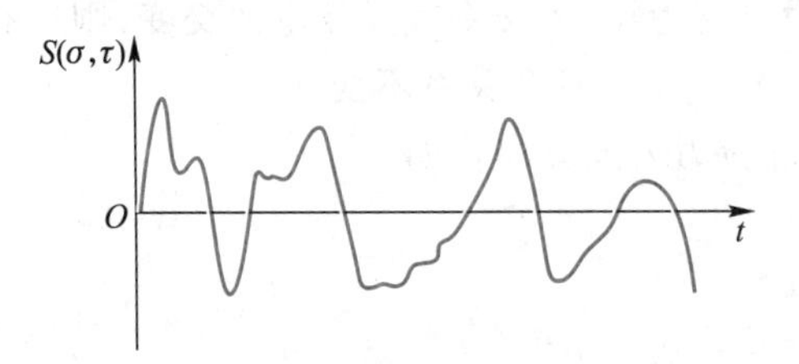

图 14-16　不规则的交变应力

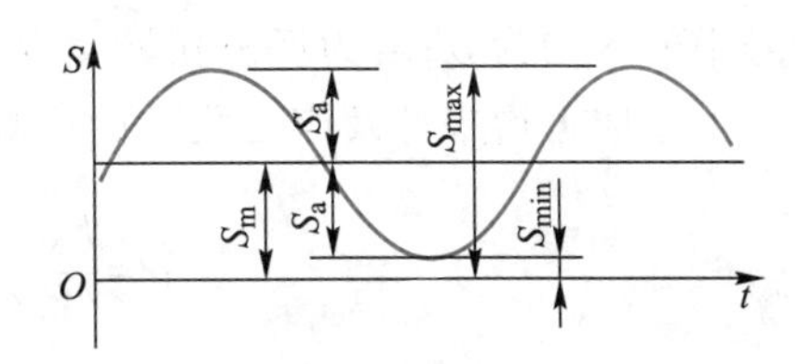

图 14-17　一点应力随时间的变化曲线

根据应力随时间变化的状况,定义下列名词与术语:

应力循环(stress cycle)——应力变化一个周期,称为应力的一次循环。例如应力从最大值变到最小值,再从最小值变到最大值。

应力比(stress ratio)——应力循环中最小应力与最大应力的比值,用 r 表示:

$$r=\frac{S_{\min}}{S_{\max}}\quad (当|S_{\min}|\leqslant|S_{\max}|时) \tag{14-16a}$$

或

$$r=\frac{S_{\max}}{S_{\min}}\quad (当|S_{\min}|\geqslant|S_{\max}|时) \tag{14-16b}$$

平均应力(mean stress)——最大应力与最小应力的算术平均值,用 S_m 表示:

$$S_m=\frac{S_{\max}+S_{\min}}{2} \tag{14-17}$$

应力幅值(stress amplitude)——最大应力与最小应力差值的一半,用 S_a 表示:

$$S_a=\frac{S_{\max}-S_{\min}}{2} \tag{14-18}$$

最大应力(maximum stress)——应力循环中的最大值:

$$S_{\max}=S_m+S_a \tag{14-19}$$

最小应力(minimum stress)——应力循环中的最小值:

$$S_{\min}=S_m-S_a \tag{14-20}$$

对称循环(symmetrical reversed cycle)——当 $S_{\max}=-S_{\min}$,这种应力循环称为对称循环。这时

$$r=-1,\quad S_m=0,\quad S_a=S_{\max}$$

脉冲循环(fluctuating cycle)——应力循环中,只有应力数值随时间变化,应力的正负

号不发生变化,且最小或最大应力等于零($S_{min}=0$ 或 $S_{max}=0$),这种应力循环称为脉冲循环。这时

$$r=0$$

静应力(statical stress)——静载荷作用时的应力,静应力是交变应力的特例。在静应力作用下:

$$r=1,\quad S_{max}=S_{min}=S_m,\quad S_a=0$$

需要注意的是:应力循环指一点的应力随时间的变化循环,最大应力与最小应力等都是指一点的应力循环中的数值。它们既不是指横截面上由于应力分布不均匀所引起的最大和最小应力,也不是指一点应力状态中的最大和最小应力。

上述广义应力记号 S 泛指正应力和剪应力。若为拉、压交变或反复弯曲交变,则所有记号中的 S 均为 σ;若为反复扭转交变,则所有 S 均为 τ,其余关系不变。

上述应力均未计及应力集中的影响,即由静应力公式算得。如

$$\sigma=\frac{F_N}{A}\quad(拉伸)$$

$$\sigma=\frac{M_z y}{I_z},\quad \sigma=\frac{M_y z}{I_y}\quad(平面弯曲)$$

$$\tau=\frac{M_x\rho}{I_P}\quad(圆截面杆扭转)$$

这些应力统称为**名义应力**(nominal stress)。

14-4-3　疲劳破坏特征

大量的实验结果及实际零件和部件的破坏现象表明,构件在交变应力作用下发生破坏时,具有以下明显的特征:

(1) 破坏时的名义应力值远低于材料在静载荷作用下的强度极限,甚至低于屈服强度。

(2) 构件在一定量的交变应力作用下发生破坏有一个过程,即需要经过一定数量的应力循环。

(3) 构件在破坏前没有明显的塑性变形,即使塑性很好的材料,也会呈现脆性断裂。

(4) 同一疲劳破坏断口,一般都有明显的光滑区域与颗粒状区域。

上述破坏特征与疲劳破坏的起源和传递过程(统称"损伤传递过程")密切相关。

经典理论认为:在一定数值的交变应力作用下,金属零件或构件表面处的某些晶粒(图 14-18a),经过若干次应力循环之后,其原子晶格开始发生剪切与滑移,逐渐形成**滑移带**(slip bands)。随着应力循环次数的增加,滑移带变宽并不断延伸。这样的滑移带可以在某个滑移面上产生初始疲劳裂纹,如图 14-18b 所示;也可以逐步积累,在零件或构件表面形成切口样的凸起与凹陷,在"切口"尖端处由于应力集中,因而产生初始疲劳裂纹,如图 14-18c 所示。初始疲劳裂纹最初只在单个晶粒中发生,并沿着滑移面扩展,在裂纹尖端应力集中作用下,裂纹从单个晶粒贯穿到若干晶粒。图 14-19 中所示为滑移带的微观图像。

金属晶粒的边界及夹杂物与金属相交界处,由于强度较低因而也可能是初始裂纹的发源地。

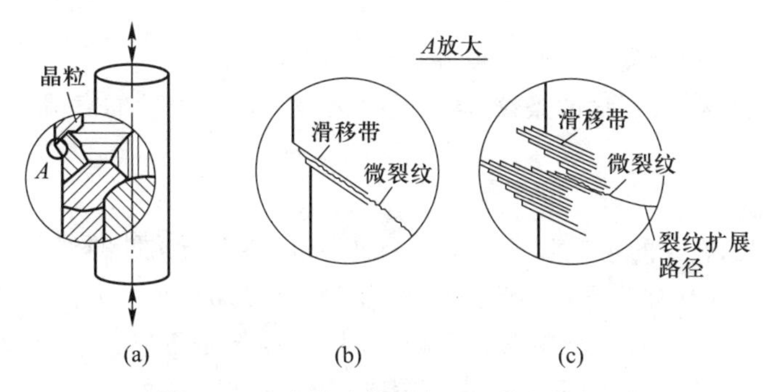

图 14-18　由滑移带形成的初始疲劳裂纹

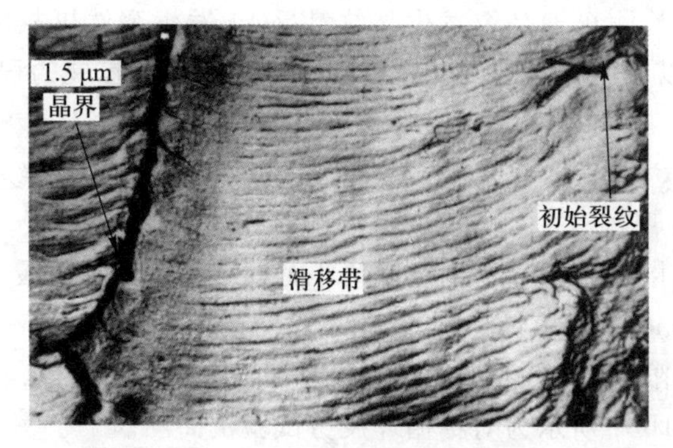

图 14-19　滑移带的微观图像

近年来,新的疲劳理论认为疲劳起源是由于位错运动所引起的。所谓位错(dislocation),是指金属原子晶格的某些空穴、缺陷或错位。微观尺度的塑性变形就能引起位错在原子晶格间运动。从这个意义上讲,可以认为位错通过运动聚集在一起,便形成了初始的疲劳裂纹。这些裂纹长度一般为 10^{-7} ~ 10^{-4} m 的量级,故称为微裂纹(microcrack)。

形成微裂纹后,在微裂纹处又形成新的应力集中,在这种应力集中和应力反复交变的条件下,微裂纹不断扩展、相互贯通,形成较大的裂纹,其长度大于 10^{-4} m,能为裸眼所见,故称为宏观裂纹(macrocrack)。

再经过若干次应力循环后,宏观裂纹继续扩展,致使截面削弱,类似在构件上形成尖锐的“切口”。这种切口造成的应力集中使局部区域内的应力达到很大数值。结果,在较低的名义应力数值下构件便发生破坏。

根据以上分析,由于裂纹的形成和扩展需要经过一定的应力循环次数,因而疲劳破坏需要经过一定的时间过程。由于宏观裂纹的扩展,在构件上形成尖锐的“切口”,在切口的附近不仅形成局部的应力集中,而且使局部的材料处于三向拉伸应力状态,在这种应力状态下,即使塑性很好的材料也会发生脆性断裂。所以疲劳破坏时没有明显塑性变形。此外,在裂纹扩展的过程中,由于应力反复交变,裂纹时张、时合,类似研磨过程,从而形成疲劳断口上的光滑区;而断口上的颗粒状区域则是脆性断裂的特征。

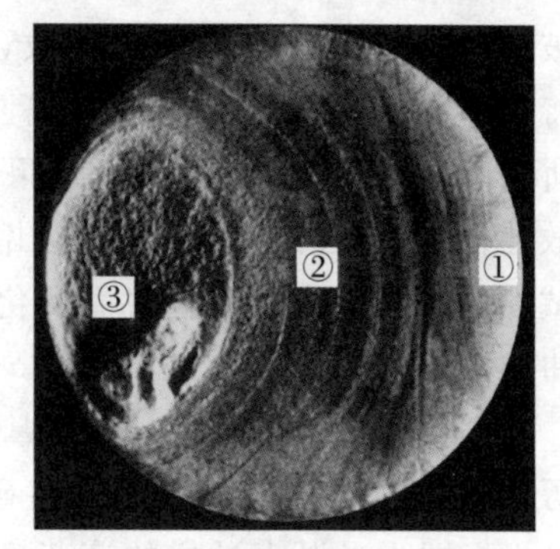

图 14-20　疲劳破坏断口

图 14-20 所示为典型的疲劳破坏断口,其上有三个

不同的区域：

① 为疲劳源区，初始裂纹由此形成并扩展开去。

② 为疲劳扩展区，有明显的条纹，类似贝壳或被海浪冲击后的海滩，它是由裂纹的传播所形成的。

③ 为瞬间断裂区。

需要指出的是，裂纹的生成和扩展是一个复杂过程，它与构件的外形、尺寸、应力变化情况及所处的介质等都有关系。因此，对于承受交变应力的构件，不仅在设计中要考虑疲劳问题，而且在使用期限需进行中修或大修，以检测构件是否发生裂纹及裂纹扩展的情况。对于某些维系人民生命的重要构件，还需要作经常性的检测。

乘坐过火车的读者可能会注意到，火车停站后，都有铁路工人用小铁锤轻轻敲击车厢车轴的情景。这便是检测车轴是否发生裂纹，以防止发生突然事故的一种简易手段。用小铁锤敲击车轴，可以从声音直观判断是否存在裂纹及裂纹扩展的程度。

§14-5　疲劳极限与应力-寿命曲线

所谓疲劳极限是指经过无穷多次应力循环而不发生破坏时的最大应力值。又称为**持久极限**（endurance limit）。

为了确定疲劳极限，需要用若干光滑小尺寸试样（图 14-21a），在专用的疲劳试验机上进行试验，图 14-21b 中所示为对称循环疲劳试验机简图。

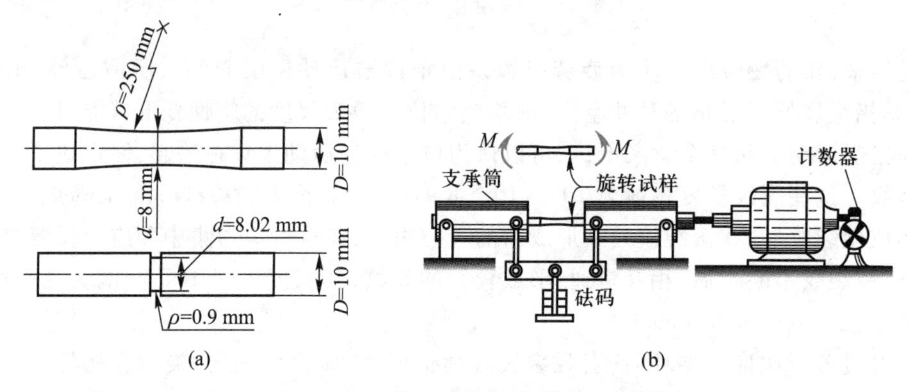

图 14-21　疲劳试样与对称循环疲劳试验机简图

将试样分成若干组，各组中的试样最大应力值分别由高到低（即不同的应力水平），经历应力循环，直至发生疲劳破坏。记录下每根试样中最大应力 S_{max}（名义应力）及发生破坏时所经历的应力循环次数（又称寿命）N。将这些试验数据标在 $S-N$ 坐标中，如图 14-22 所示。可以看出，疲劳试验结果具有明显的分散性，但是通过这些点可以画出一条曲线表明试件寿命随其承受的应力而变化的趋势。这条曲线称为应力-寿命曲线，简称 $S-N$ 曲线。

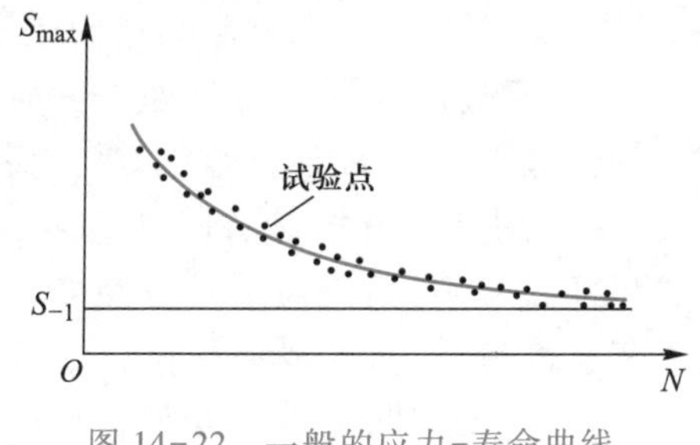

图 14-22　一般的应力-寿命曲线

$S-N$ 曲线若有水平渐近线，则表示试样经历无穷多次应力循环而不发生破坏，渐近线的纵坐标即为光滑小试样的疲劳极限。对于应力

比为 r 的情形，其疲劳极限用 S_r 表示；对称循环下的疲劳极限为 S_{-1}。

所谓"无穷多次"应力循环，在试验中是难以实现的。工程设计中通常规定：对于 $S-N$ 曲线有水平渐近线的材料(如结构钢)，若经历 10^7 次应力循环而不破坏，即认为可承受无穷多次应力循环；对于 $S-N$ 曲线没有水平渐近线的材料(例如铝合金)，规定某一循环次数(例如 2×10^7 次)下不破坏时的最大应力作为条件疲劳极限。

§14-6　影响疲劳极限的因素

光滑小试样的疲劳极限并不是零件的疲劳极限，零件的疲劳极限与零件状态和工作条件有关。零件状态包括应力集中、尺寸、表面加工质量和表面强化处理等因素；工作条件包括载荷特性、介质和温度等因素。其中载荷特性包括应力状态、应力比、加载顺序和载荷频率等。

14-6-1　应力集中的影响——有效应力集中因数

在构件或零件截面形状和尺寸突变处(如阶梯轴轴肩圆角、开孔、切槽等)，局部应力远远大于按一般理论公式算得的数值，这种现象称为应力集中。显然，应力集中的存在不仅有利于形成初始的疲劳裂纹，而且有利于裂纹的扩展，从而降低零件的疲劳极限。

在弹性范围内，应力集中处的最大应力(又称峰值应力)与名义应力的比值称为理论应力集中因数。用 K_t 表示，即

$$K_t=\frac{S_{max}}{S_n}\tag{14-21}$$

式中，S_{max} 为峰值应力；S_n 为名义应力。对于正应力 K_t 为 $K_{t\sigma}$；对于切应力 K_t 为 $K_{t\tau}$。

理论应力集中因数只考虑了零件的几何形状和尺寸的影响，没有考虑不同材料对于应力集中具有不同的敏感性。因此，根据理论应力集中因数不能直接确定应力集中对疲劳极限的影响程度。考虑应力集中对疲劳极限的影响，工程上采用**有效应力集中因数**(effective stress concentration factor)，它是在材料、尺寸和加载条件都相同的前提下，光滑试样与缺口试样的疲劳极限的比值，即

$$K_f=\frac{S_{-1}}{S'_{-1}}\tag{14-22}$$

式中，S_{-1} 和 S'_{-1} 分别为光滑试样与缺口试样的疲劳极限，S 仍为广义应力记号。

有效应力集中因数不仅与零件的形状和尺寸有关，而且与材料有关。前者由理论应力集中因数反映；后者由**缺口敏感因数**(notch sensitivity factor)q 反映。三者之间有如下关系

$$K_f=1+q(K_t-1)\tag{14-23}$$

此式对于正应力和剪应力集中都适用。

14-6-2　零件尺寸的影响——尺寸因数

前面所讲的疲劳极限为光滑小试样(直径 6~10 mm)的试验结果，称为"试样的疲劳极限"或"材料的疲劳极限"。试验结果表明，随着试样直径的增加，疲劳极限将下降，而且对于钢材，强度愈高，疲劳极限下降愈明显。因此，当零件尺寸大于标准试样尺寸时，必须考虑尺寸的影响。

尺寸引起疲劳极限降低的原因主要有以下几种：一是毛坯质量因尺寸而异，大尺寸毛坯所包含的缩孔、裂纹、夹杂物等要比小尺寸毛坯多；二是大尺寸零件表面积和表层体积都比较大，而裂纹源一般都在表面或表面层下，故形成疲劳源的概率也比较大；三是应力梯度的影响：如图 14-23 所示，大、小零件横截面上的正应力从相同的最大值 σ_{max} 降低到同一数值 σ_0，所涉及的表层厚度不同，大尺寸零件表层的厚度要大于小尺寸零件表层的厚度，其中所包含的缺陷前者高于后者，因此，大尺寸零件形成初始裂纹及裂纹扩展的概率要高于小尺寸零件，从而导致大尺寸零件的疲劳极限低于小尺寸零件。

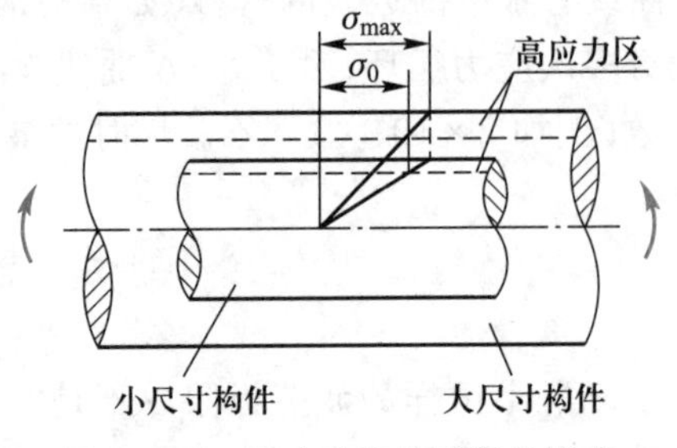

图 14-23　尺寸对疲劳极限的影响

零件尺寸对疲劳极限的影响用尺寸因数 ε 度量：

$$\varepsilon=\frac{(\sigma_{-1})_{d}}{\sigma_{-1}} \tag{14-24}$$

式中，σ_{-1} 和 $(\sigma_{-1})_{d}$ 分别为试样和光滑零件在对称循环下的疲劳极限。式(14-24)也适用于切应力循环的情形。

14-6-3　表面加工质量的影响——表面质量因数

零件承受弯曲或扭转时，表层应力最大，对于几何形状有突变的拉压构件，表层处也会出现较大的峰值应力。因此，表面加工质量将会直接影响裂纹的形成和扩展，从而影响零件的疲劳极限。

表面加工质量对疲劳极限的影响，用表面质量因数 β 度量：

$$\beta=\frac{(\sigma_{-1})_{\beta}}{\sigma_{-1}} \tag{14-25}$$

式中，σ_{-1} 和 $(\sigma_{-1})_{\beta}$ 分别为磨削加工和其他加工时的对称循环疲劳极限。

上述各种影响零件疲劳极限的因数都可以从有关的设计手册中查到。本书不再赘述。

§14-7　基于无限寿命设计方法的疲劳强度设计

14-7-1　构件寿命的概念

若将 $S_{max}-N$ 试验数据标在 lg S-lg N 坐标中，所得到应力-寿命曲线可近似视为由两段直线所组成，如图 14-24 所示。两直线的交点之横坐标值 N_0，称为循环基数；与循环基数对应的应力值(交点的纵坐标)即为疲劳极限。因为循环基数都比较大(10^6 次以上)，故按疲劳极限进行强度设计，称为无限寿命设计。双对数坐标中 lg S—lg N 曲线的斜直线部分，可以表示成

$$S_i^m N_i=C \tag{14-26}$$

式中，m 和 C 均为与材料有关的常数。斜直线上一点的纵坐标为试样所承受的最大应力

S_i,在这一应力水平下试样发生疲劳破坏的寿命为 N_i。S_i称为在规定寿命 N_i下的条件疲劳极限。按照条件疲劳极限进行强度设计,称为有限寿命设计。因此,双对数坐标中 $\lg S-\lg N$曲线上循环基数 N_0以右部分(水平直线)称为无限寿命区;以左部分(斜直线)称为有限寿命区。

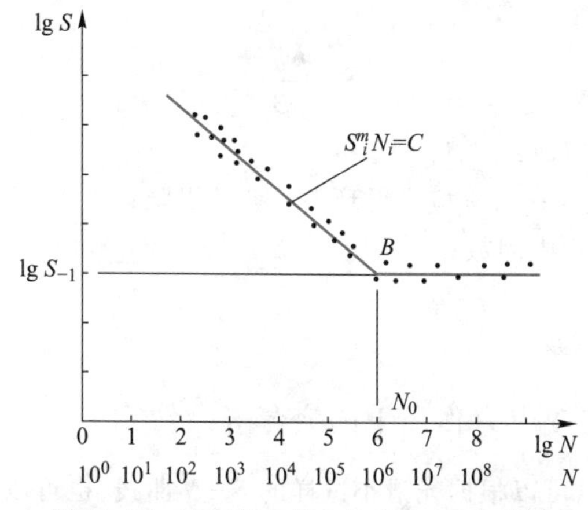

图 14-24　双对数坐标中的应力-寿命曲线

从工程角度看,构件的寿命包括裂纹萌生期和裂纹扩展期,在传统的 $S-N$ 曲线中,裂纹萌生很难辨别出来。有的材料对疲劳抵抗较弱,一旦形成初始裂纹很快就会破坏;有的材料对疲劳抵抗较强,能够带裂纹持续工作相当长一段时间。对前一种材料,设计上是不允许裂纹存在的;对后一种材料允许一定尺寸的裂纹存在,这是有限寿命设计的基本思路。对于航空、国防和核电站等重要结构上的构件设计,如能在保证安全的条件下延长使用寿命,则具有重大意义。

14-7-2　无限寿命设计方法——安全因数法

若交变应力的应力幅值均保持不变,则称为**等幅交变应力**(alternative stress with equal amplitude)。

工程设计中一般都是根据静载设计准则首先确定构件或零部件的初步尺寸,然后再根据疲劳强度设计准则对危险部位作疲劳强度校核。通常将疲劳强度设计准则写成安全因数的形式,即

$$n \geqslant [n] \tag{14-27}$$

式中,n 为零部件的工作安全因数,又称计算安全因数;$[n]$为规定安全因数,又称许用安全因数。

当材料较均匀,且载荷和应力计算精确时,取$[n]=1.3$;当材料均匀程度较差、载荷和应力计算精确度又不高时,取$[n]=1.5\sim1.8$;当材料均匀程度和载荷、应力计算精确度都很差时,取$[n]=1.8\sim2.5$。

疲劳强度计算的主要工作是计算工作安全因数 n。

14-7-3　等幅对称应力循环下的工作安全因数

在对称应力循环下,应力比 $r=-1$,对于正应力循环,平均应力 $\sigma_m=0$,应力幅值 $\sigma_a=\sigma_{max}$;对于切应力循环,则有 $\tau_m=0,\tau_a=\tau_{max}$。考虑到上一节中关于应力集中、尺寸和表面

加工质量的影响，正应力和切应力循环时的工作安全因数分别为

$$n_{\sigma}=\frac{\sigma_{-1}}{\frac{K_{f\sigma}}{\varepsilon\beta}\sigma_{a}} \tag{14-28}$$

$$n_{\tau}=\frac{\tau_{-1}}{\frac{K_{f\tau}}{\varepsilon\beta}\tau_{a}} \tag{14-29}$$

式中，n_{σ}、n_{τ}为工作安全因数；

σ_{-1}、τ_{-1}为光滑小试样在对称应力循环下的疲劳极限；

$K_{f\sigma}$、$K_{f\tau}$为有效应力集中因数；

ε 为尺寸因数；

β 为表面质量因数。

14-7-4　等幅交变应力作用下的疲劳寿命估算

对于等幅应力循环，可以根据光滑小试样的 $S-N$ 曲线，也可以根据构件或零件的 $S-N$ 曲线，确定给定应力幅值下的寿命。

以对称循环为例，根据光滑小试样的 $S-N$ 曲线确定疲劳寿命时，首先需要确定构件或零件上的可能危险点，并根据载荷变化状况，确定危险点应力循环中的最大应力或应力幅值（$S_{max}=S_a$）；然后考虑应力集中、尺寸、表面质量等因素的影响，得到 $K_{fS}S_a/(\varepsilon\beta)$。据此，由 $S-N$ 曲线，求得在应力 $S=K_{fS}S_a/(\varepsilon\beta)$ 作用下发生疲劳断裂时所需的应力循环次数 N，此即所要求的寿命（图 14-25a）。

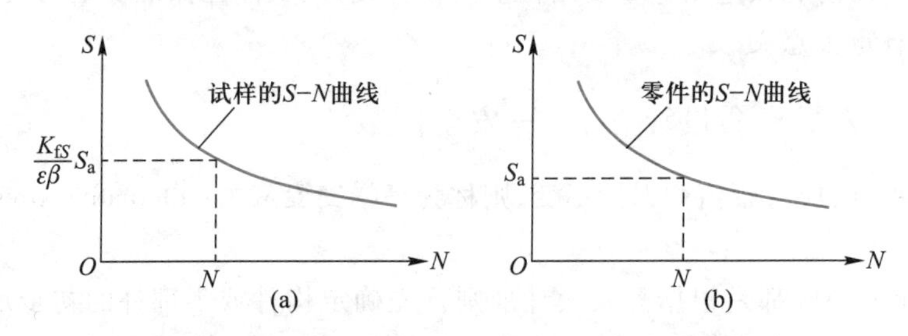

图 14-25　等幅应力循环时疲劳寿命估算

当根据零件试验所得到的应力-寿命曲线来确定疲劳寿命时，由于试验结果已经包含了应力集中、尺寸和表面质量的影响，在确定了危险点的应力幅值 S_a之后，可直接根据 S_a 由 $S-N$ 曲线求得这一应力水平下发生疲劳断裂时的循环次数 N（图 14-25b）。

§14-8　小结与讨论

14-8-1　不同情形下动荷系数具有不同的形式

比较式（14-13）和式（14-7），可以看出，冲击载荷的动荷因数与等加速度运动构件的动荷因数，有着明显的差别。即使同是冲击载荷，有初速度的落体冲击与没有初速度的自由落体冲击时的动荷因数也是不同的。落体冲击与非落体冲击（例如，图 14-26 所示之水平冲击）时的动荷因数，也是不同的。

因此，使用动荷因数计算动载荷与动应力时一定要选择与动载荷情形相一致的动荷因数表达式。

有兴趣的读者，不妨应用机械能守恒定律导出图 14-26 所示之水平冲击，以及图 14-27 所示系统制动时的动荷因数。

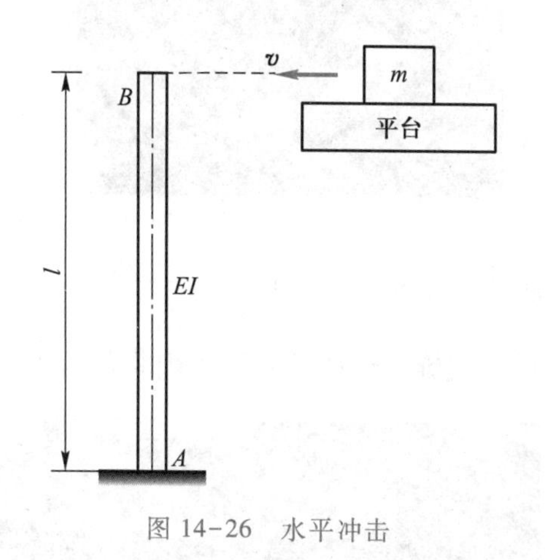

图 14-26　水平冲击

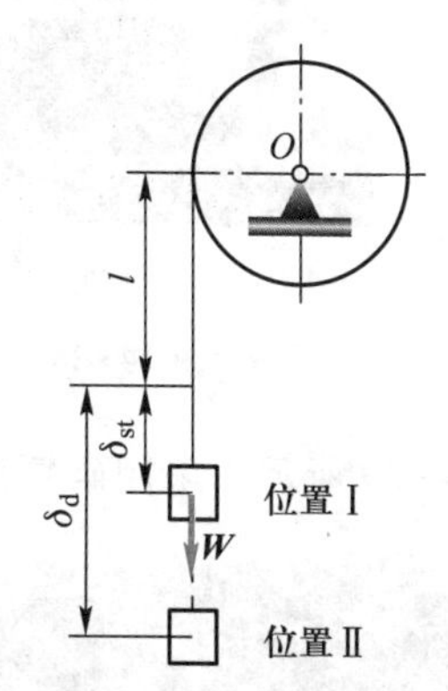

图 14-27　制动时的冲击载荷

14-8-2　运动物体突然制动或刹车时的动载荷与动应力

运动物体或运动构件突然制动或突然刹车时也会在构件中产生冲击载荷与冲击应力。例如，图 14-27 中所示之鼓轮绕点 O、垂直于纸平面的轴等速转动，并且绕在其上的缆绳带动重物以等速度升降。当鼓轮突然被制动而停止转动时，悬挂重物的缆绳就会受到很大的冲击载荷作用。

这种情形下，如果能够正确选择势能零点，分析重物在不同位置时的动能和势能，应用机械能守恒定律也可以确定缆绳受的冲击载荷。为了简化，可以不考虑鼓轮的质量。

14-8-3　减小冲击力的有效措施

大多数情形下，冲击力对于机械和结构的破坏作用非常突出，经常会造成人民生命和财产的巨大损失。因此，除了有益的冲击力（如冲击锤、打桩机）外，工程上都要采取一些有效的措施，防止发生冲击，或者当冲击无法避免时尽量减小冲击力。

减小冲击力最有效的办法是减小冲击物和被冲击物的刚性、增加其弹性，吸收冲击发生时的能量。简而言之，就是尽量做到“软接触”，避免“硬接触”。汽车驾驶室中的安全带、前置气囊，都能起到减小冲击力的作用。如果二者同时发挥作用，当发生事故时，驾驶员的生命安全有可能得到保障。

图 14-28a 中的驾驶员系好安全带，发生事故时气囊弹出，受的伤害就比较小；图 14-28b 中的驾驶员没有系安全带，发生事故时虽然气囊也即时弹出，受的伤害就比较大，甚至还会有生命危险。当高速行驶的汽车发生碰撞时，所产生的冲击力可能超过司机体重的 20 倍，可以将驾乘人员抛离座位，或者抛出车外。安全带的作用是在汽车发生碰撞事故时，吸收碰撞能量，减轻驾乘人员的受伤害程度。汽车事故调查结果表明：当车辆发生正面碰撞时，如果系了安全带，可以使死亡率减少 57%；侧面碰撞时，可以减少 44%；翻车时可以减少 80%。

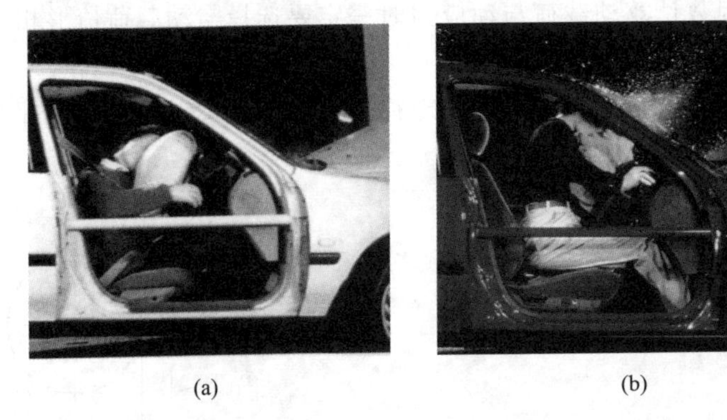
(a)　(b)

图 14-28　减小冲击力的伤害，安全带与气囊相辅相成

图 14-29 所示为采用碳纤维复合材料研发的桥墩抗冲击力的防护装置。

(a)　(b)

图 14-29　桥墩减小冲击力的防护装置

14-8-4　提高构件疲劳强度的途径

所谓提高疲劳强度，通常是指在不改变构件的基本尺寸和材料的前提下，通过减小应力集中和改善表面质量，以提高构件的疲劳极限。通常有以下一些途径：

（1）缓和应力集中

截面突变处的应力集中是产生裂纹及裂纹扩展的重要原因，通过适当加大截面突变处的过渡圆角及其他措施，有利于缓和应力集中，从而可以明显地提高构件的疲劳强度。

（2）提高构件表面层质量

在应力非均匀分布的情形（例如弯曲和扭转）下，疲劳裂纹大都从构件表面开始形成和扩展。因此，通过机械的或化学的方法对构件表面进行强化处理，改善表面层质量，将使构件的疲劳强度有明显的提高。

表面热处理和化学处理（例如表面高频淬火、渗碳、渗氮和氰化等），冷压机械加工（例如表面滚压和喷丸处理等），都有助于提高构件表面层的质量。

这些表面处理，一方面可以使构件表面的材料强度提高；另一方面可以在表面层中产生残余压应力，抑制疲劳裂纹的形成和扩展。

喷丸处理方法近年来得到广泛应用，并取得了明显的效益。这种方法是将很小的钢丸、铸铁丸、玻璃丸或其他硬度较大的小丸以很高的速度喷射到构件表面上，使表面材料产生塑性变形而强化，同时产生较大的残余压应力。

14-8-5　学习研究问题

问题：图 14-30 所示仪表的微型元件，下端固定，上端自由，在自由端承受不规则振荡力作用。元件工作一段时间以后发生断裂。而且类似的问题时有发生。请分析：

（1）元件是疲劳破坏还是非疲劳破坏？请简述判断的依据。

（2）提出改进的设计方案以避免发生类似的破坏。

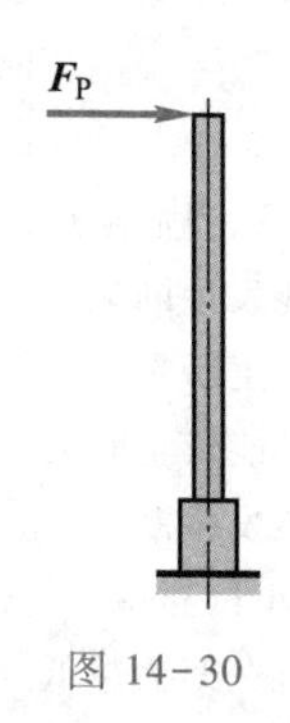

图 14-30

习　题

14-1　构件作匀变速直线运动时，其内的动应力和相应的静应力之比，即动荷因数（　　）。

（A）等于 1　（B）不等于 1　（C）恒大于 1　（D）恒小于 1

14-2　设比重为 γ 的匀质等直杆匀速上升时，某一截面上的应力为 σ，则当其以匀加速度 a 上升和下降时，该截面上的动应力（　　）。

（A）分别为 $\left(1-\dfrac{a}{g}\right)\sigma$、$\left(1+\dfrac{a}{g}\right)\sigma$　（B）分别为 $\left(1+\dfrac{a}{g}\right)\sigma$、$\left(1-\dfrac{a}{g}\right)\sigma$

（C）均为 $\left(1+\dfrac{a}{g}\right)\sigma$　（D）均为 $\left(1-\dfrac{a}{g}\right)\sigma$

14-3　一滑轮两边分别挂有重量为 W_1 和 $W_2(<W_1)$ 的重物，如图所示。该滑轮左、右两边绳的（　　）。

（A）动荷因数不等，动应力相等　（B）动荷因数相等，动应力不等

（C）动荷因数和动应力均相等　（D）动荷因数和动应力均不等

14-4　假设物块重量相同、自由下落的高度也相同，梁在图 a、b 所示两种冲击载荷作用下的最大动应力分别为 σ_a、σ_b，最大动位移分别为 Δ_a、Δ_b。其中（　　）。

（A）$\sigma_a<\sigma_b$、$\Delta_a<\Delta_b$　（B）$\sigma_a<\sigma_b$、$\Delta_a>\Delta_b$

（C）$\sigma_a>\sigma_b$、$\Delta_a<\Delta_b$　（D）$\sigma_a>\sigma_b$、$\Delta_a>\Delta_b$

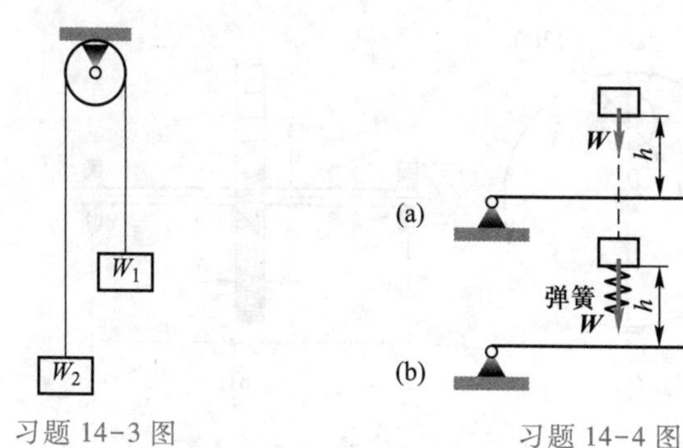

习题 14-3 图　习题 14-4 图

14-5　图示矩形截面悬臂梁受自由落体冲击作用。若将其图示竖放截面改为平放截面而其他条件不变，则梁的最大冲击应力 σ_d 和最大冲击挠度 Δ_d 的变化情况是(　　)。

(A) σ_d 增大，Δ_d 减小

(B) σ_d 减小，Δ_d 增大

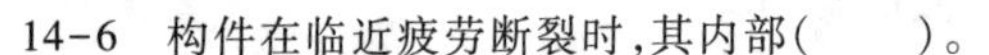

(C) σ_d 和 Δ_d 均增大

(D) σ_d 和 Δ_d 均减小

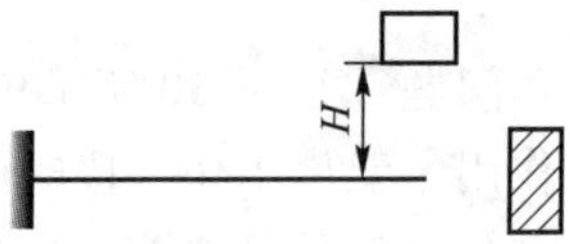

习题 14-5 图

14-6　构件在临近疲劳断裂时，其内部(　　)。

(A) 无应力集中现象　　(B) 无明显的塑性变形

(C) 不存在裂纹　　(D) 不存在应力

14-7　塑性较好的材料在交变应力作用下，当危险点的最大应力低于屈服极限时，(　　)。

(A) 既不可能有明显塑性变形，也不可能发生断裂

(B) 虽可能有明显塑性变形，但不可能发生断裂

(C) 不仅可能有明显的塑性变形，而且可能发生断裂

(D) 虽不可能有明显的塑性变形，但可能发生断裂

14-8　在下列关于同一循环特征下光滑小试样持久寿命的说法中，正确的是(　　)。

(A) 交变应力的最大应力越大，试样的持久寿命越低

(B) 交变应力的最大应力越大，试样的持久寿命越高

(C) 交变应力的最大应力超过材料的持久极限时，试样的持久寿命为零

(D) 交变应力的最大应力不变，而试样的变形形式改变时，其持久寿命不变

14-9　图示的 20a 号槽钢以等减速度下降，若在 0.2 s 时间内速度由 1.8 m/s 降至 0.6 m/s，已知 $l=6$ m，$b=1$ m。试求槽钢中的最大弯曲正应力。

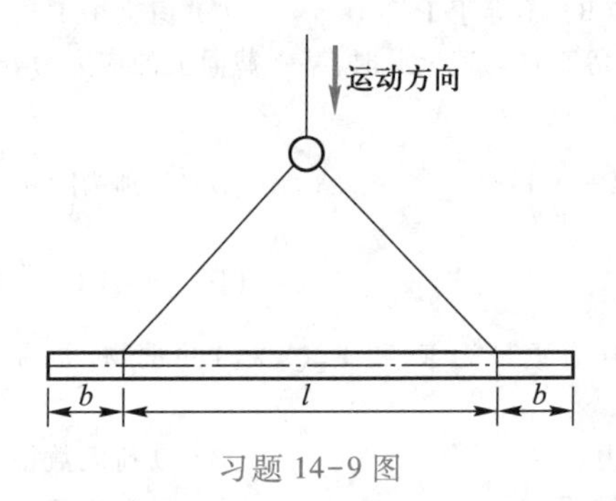

习题 14-9 图

14-10　钢制圆轴 AB 上装有一开孔的匀质圆盘如图所示。圆盘厚度为 δ，孔直径为 300 mm。圆盘和轴一起以匀角速度 ω 转动。若已知 $\delta=30$ mm，$a=1\ 000$ mm，$e=300$ mm；轴直径 $d=120$ mm，$\omega=40$ rad/s；圆盘材料密度 $\rho=7.8\times10^3$ kg/m^3。试求由于开孔引起的轴内最大弯曲正应力（提示：可以将圆盘上的孔作为一负质量($-m$)，计算由这一负质量引起的惯性力)。

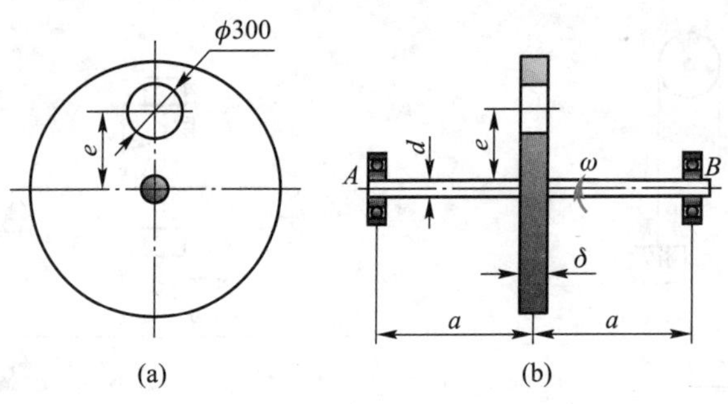

习题 14-10 图

14-11　质量为 m 的匀质矩形平板用两根平行且等长的轻杆悬挂着，如图所示。已知平板的尺寸为 h、l。若将平板在图示位置无初速度释放，试求此瞬时两杆所受的轴向力。

14-12　重 5 kN 的物体自由下落在直径为 300 mm 的圆木柱 AB 上。木材的 $E=10$ GPa。试求冲击时木柱内的最大正应力。若在柱上端垫以直径与木柱相同、厚度为 20 mm 的橡皮垫，假设橡皮垫的受力与变形近似满足胡克定律，且其 $E=8.0$ MPa，则木柱内的最大正应力减至原来的多少？

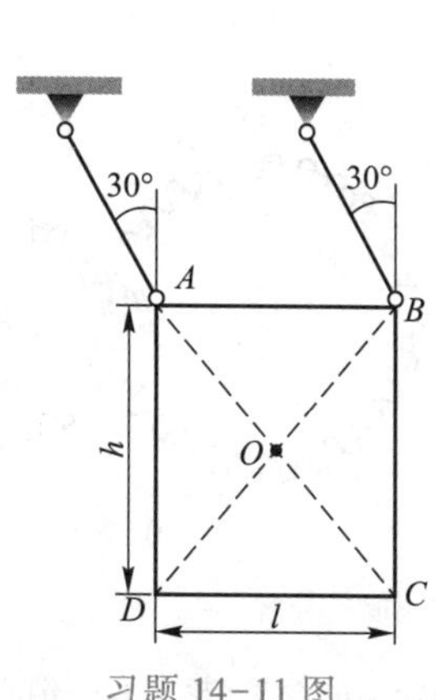

习题 14-11 图

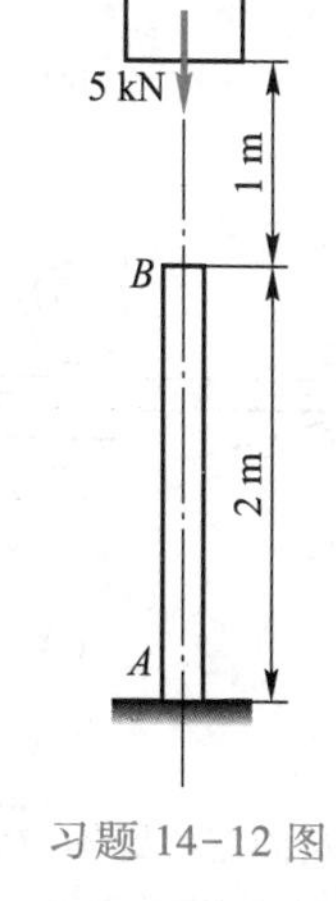

习题 14-12 图

14-13　重量为 G 的重物自由下落在图示梁上。设梁的抗弯刚度 EI 及抗弯截面系数 W 已知。试求冲击时梁内的最大弯曲正应力及梁跨度中间截面的挠度。

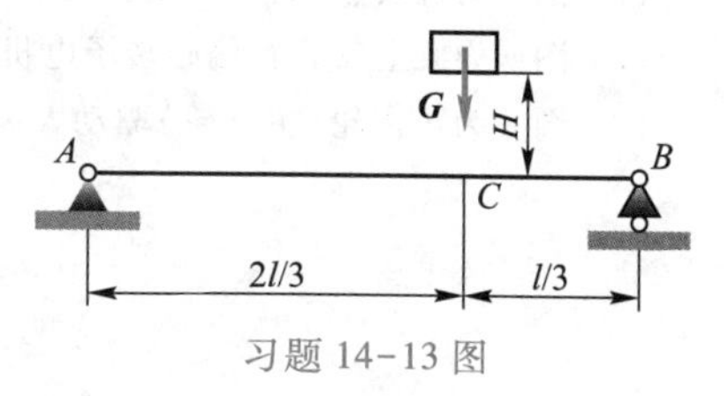

习题 14-13 图

14-14　试确定下列各图中轴上点 B 的应力比：

（1）图 a 为轴固定不动，滑轮绕轴转动，滑轮上作用着不变载荷 F_P；

（2）图 b 为轴与滑轮固结成一体转动，滑轮上作用着不变载荷 F_P。

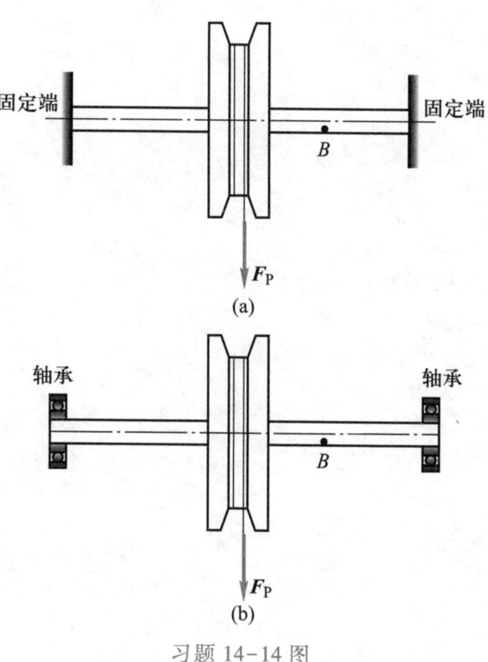

习题 14-14 图

14-15　确定下列各图中构件上指定点 B 的应力比：

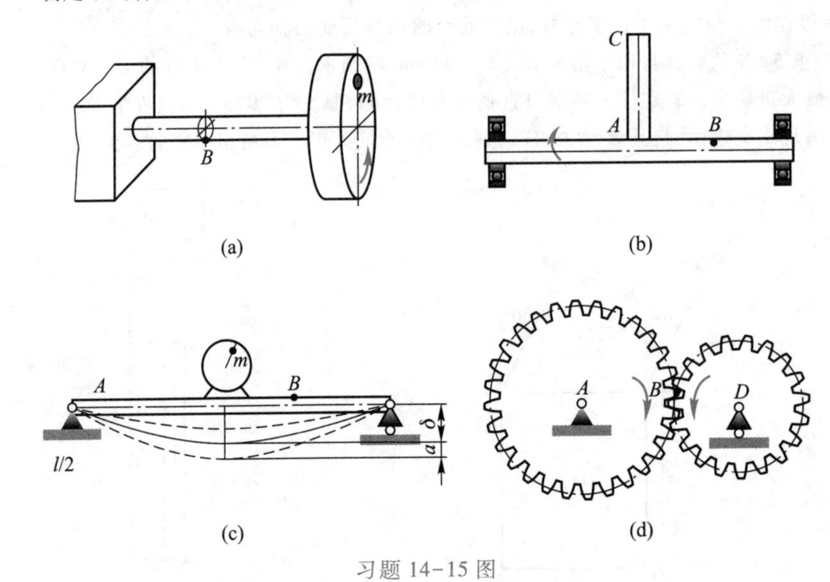

习题 14-15 图

(1) 图 a 为一端固定的圆轴，在自由端处装有一绕轴转动的轮子，轮上有一偏心质量 m；

(2) 图 b 为旋转轴，其上安装有偏心零件 AC；

(3) 图 c 为梁上安装有偏心转子电机，引起振动，梁的静载挠度为 δ，振幅为 a；

(4) 图 d 为小齿轮(主动轮)驱动大齿轮时，小齿轮上的点 B。

附录A　型钢规格表

表 A-1　热轧等边角钢(GB/T 706—2016)

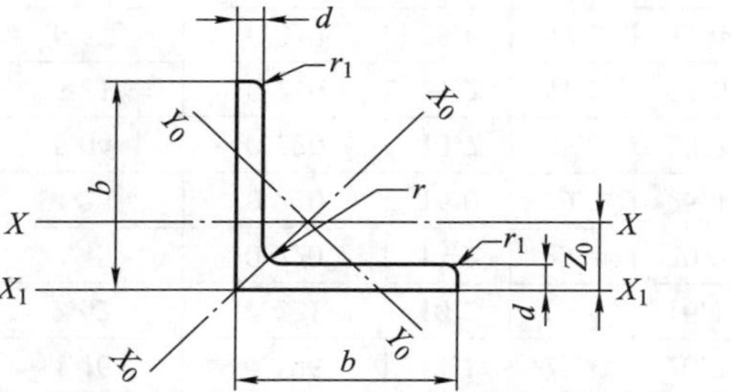

符号意义：

b——边宽度；

d——边厚度；

r——内圆弧半径；

r_1——边端圆弧半径；

Z_0——重心距离。

型号	截面尺寸/mm			截面面积/ cm^2	理论重量/ (kg/m)	外表面积/ (m^2/m)	惯性矩/ cm^4				惯性半径/ cm			截面模数①/ cm^3			重心距离/ cm
	b	d	r				I_x	I_{x1}	I_{x0}	I_{y0}	i_x	i_{x0}	i_{y0}	W_x	W_{x0}	W_{y0}	Z_0
2	20	3	3.5	1.132	0.89	0.078	0.40	0.81	0.63	0.17	0.59	0.75	0.39	0.29	0.45	0.20	0.60
		4		1.459	1.15	0.077	0.50	1.09	0.78	0.22	0.58	0.73	0.38	0.36	0.55	0.24	0.64
2.5	25	3		1.432	1.12	0.098	0.82	1.57	1.29	0.34	0.76	0.95	0.49	0.46	0.73	0.33	0.73
		4		1.859	1.46	0.097	1.03	2.11	1.62	0.43	0.74	0.93	0.48	0.59	0.92	0.40	0.76
3.0	30	3	4.5	1.749	1.37	0.117	1.46	2.71	2.31	0.61	0.91	1.15	0.59	0.68	1.09	0.51	0.85
		4		2.276	1.79	0.117	1.84	3.63	2.92	0.77	0.90	1.13	0.58	0.87	1.37	0.62	0.89
3.6	36	3		2.109	1.66	0.141	2.58	4.68	4.09	1.07	1.11	1.39	0.71	0.99	1.61	0.76	1.00
		4		2.756	2.16	0.141	3.29	6.25	5.22	1.37	1.09	1.38	0.70	1.28	2.05	0.93	1.04
		5		3.382	2.65	0.141	3.95	7.84	6.24	1.65	1.08	1.36	0.7	1.56	2.45	1.00	1.07

① 本书称为弯曲截面模量。

续表

型号	截面尺寸/mm			截面面积/cm^2	理论重量/(kg/m)	外表面积/(m^2/m)	惯性矩/cm^4				惯性半径/cm			截面模数/cm^3			重心距离/cm
	b	d	r				I_x	I_{x1}	I_{x0}	I_{y0}	i_x	i_{x0}	i_{y0}	W_x	W_{x0}	W_{y0}	Z_0
4	40	3	5	2.359	1.85	0.157	3.59	6.41	5.69	1.49	1.23	1.55	0.79	1.23	2.01	0.96	1.09
		4		3.086	2.42	0.157	4.60	8.56	7.29	1.91	1.22	1.54	0.79	1.60	2.58	1.19	1.13
		5		3.792	2.98	0.156	5.53	10.7	8.76	2.30	1.21	1.52	0.78	1.96	3.10	1.39	1.17
4.5	45	3		2.659	2.09	0.177	5.17	9.12	8.20	2.14	1.40	1.76	0.89	1.58	2.58	1.24	1.22
		4		3.486	2.74	0.177	6.65	12.2	10.6	2.75	1.38	1.74	0.89	2.05	3.32	1.54	1.26
		5		4.292	3.37	0.176	8.04	15.2	12.7	3.33	1.37	1.72	0.88	2.51	4.00	1.81	1.30
		6		5.077	3.99	0.176	9.33	18.4	14.8	3.89	1.36	1.70	0.80	2.95	4.64	2.06	1.33
5	50	3	5.5	2.971	2.33	0.197	7.18	12.5	11.4	2.98	1.55	1.96	1.00	1.96	3.22	1.57	1.34
		4		3.897	3.06	0.197	9.26	16.7	14.7	3.82	1.54	1.94	0.99	2.56	4.16	1.96	1.38
		5		4.803	3.77	0.196	11.2	20.9	17.8	4.64	1.53	1.92	0.98	3.13	5.03	2.31	1.42
		6		5.688	4.46	0.196	13.1	25.1	20.7	5.42	1.52	1.91	0.98	3.68	5.85	2.63	1.46
5.6	56	3	6	3.343	2.62	0.221	10.2	17.6	16.1	4.24	1.75	2.20	1.13	2.48	4.08	2.02	1.48
		4		4.39	3.45	0.220	13.2	23.4	20.9	5.46	1.73	2.18	1.11	3.24	5.28	2.52	1.53
		5		5.415	4.25	0.220	16.0	29.3	25.4	6.61	1.72	2.17	1.10	3.97	6.42	2.98	1.57
		6		6.42	5.04	0.220	18.7	35.3	29.7	7.73	1.71	2.15	1.10	4.68	7.49	3.40	1.61
		7		7.404	5.81	0.219	21.2	41.2	33.6	8.82	1.69	2.13	1.09	5.36	8.49	3.80	1.64
		8		8.367	6.57	0.219	23.6	47.2	37.4	9.89	1.68	2.11	1.09	6.03	9.44	4.16	1.68
6	60	5	6.5	5.829	4.58	0.236	19.9	36.1	31.6	8.21	1.85	2.33	1.19	4.59	7.44	3.48	1.67
		6		6.914	5.43	0.235	23.4	43.3	36.9	9.60	1.83	2.31	1.18	5.41	8.70	3.98	1.70
		7		7.977	6.26	0.235	26.4	50.7	41.9	11.0	1.82	2.29	1.17	6.21	9.88	4.45	1.74
		8		9.02	7.08	0.235	29.5	58.0	46.7	12.3	1.81	2.27	1.17	6.98	11.0	4.88	1.78

续表

型号	截面尺寸/mm			截面面积/cm²	理论重量/（kg/m）	外表面积/（m²/m）	惯性矩/cm⁴				惯性半径/cm			截面模数/cm³			重心距离/cm
	b	d	r				I_x	I_{x1}	I_{x0}	I_{y0}	i_x	i_{x0}	i_{y0}	W_x	W_{x0}	W_{y0}	Z_0
6.3	63	4	7	4.978	3.91	0.248	19.0	33.4	30.2	7.89	1.96	2.46	1.26	4.13	6.78	3.29	1.70
		5		6.143	4.82	0.248	23.2	41.7	36.8	9.57	1.94	2.45	1.25	5.08	8.25	3.90	1.74
		6		7.288	5.72	0.247	27.1	50.1	43.0	11.2	1.93	2.43	1.24	6.00	9.66	4.46	1.78
		7		8.412	6.60	0.247	30.9	58.6	49.0	12.8	1.92	2.41	1.23	6.88	11.0	4.98	1.82
		8		9.515	7.47	0.247	34.5	67.1	54.6	14.3	1.90	2.40	1.23	7.75	12.3	5.47	1.85
		10		11.66	9.15	0.246	41.1	84.3	64.9	17.3	1.88	2.36	1.22	9.39	14.6	6.36	1.93
7	70	4	8	5.570	4.37	0.275	26.4	45.7	41.8	11.0	2.18	2.74	1.40	5.14	8.44	4.17	1.86
		5		6.876	5.40	0.275	32.2	57.2	51.1	13.3	2.16	2.73	1.39	6.32	10.3	4.95	1.91
		6		8.160	6.41	0.275	37.8	68.7	59.9	15.6	2.15	2.71	1.38	7.48	12.1	5.67	1.95
		7		9.424	7.40	0.275	43.1	80.3	68.4	17.8	2.14	2.69	1.38	8.59	13.8	6.34	1.99
		8		10.67	8.37	0.274	48.2	91.9	76.4	20.0	2.12	2.68	1.37	9.68	15.4	6.98	2.03
7.5	75	5	9	7.412	5.82	0.295	40.0	70.6	63.3	16.6	2.33	2.92	1.50	7.32	11.9	5.77	2.04
		6		8.797	6.91	0.294	47.0	84.6	74.4	19.5	2.31	2.90	1.49	8.64	14.0	6.67	2.07
		7		10.16	7.98	0.294	53.6	98.7	85.0	22.2	2.30	2.89	1.48	9.93	16.0	7.44	2.11
		8		11.50	9.03	0.294	60.0	113	95.1	24.9	2.28	2.88	1.47	11.2	17.9	8.19	2.15
		9		12.83	10.1	0.294	66.1	127	105	27.5	2.27	2.86	1.46	12.4	19.8	8.89	2.18
		10		14.13	11.1	0.293	72.0	142	114	30.1	2.26	2.84	1.46	13.6	21.5	9.56	2.22
8	80	5		7.912	6.21	0.315	48.8	85.4	77.3	20.3	2.48	3.13	1.60	8.34	13.7	6.66	2.15
		6		9.397	7.38	0.314	57.4	103	91.0	23.7	2.47	3.11	1.59	9.87	16.1	7.65	2.19
		7		10.86	8.53	0.314	65.6	120	104	27.1	2.46	3.10	1.58	11.4	18.4	8.58	2.23
		8		12.30	9.66	0.314	73.5	137	117	30.4	2.44	3.08	1.57	12.8	20.6	9.46	2.27
		9		13.73	10.8	0.314	81.1	154	129	33.6	2.43	3.06	1.56	14.3	22.7	10.3	2.31
		10		15.13	11.9	0.313	88.4	172	140	36.8	2.42	3.04	1.56	15.6	24.8	11.1	2.35

续表

型号	截面尺寸/mm			截面面积/cm²	理论重量/(kg/m)	外表面积/(m²/m)	惯性矩/cm⁴				惯性半径/cm			截面模数/cm³			重心距离/cm
	b	d	r				I_x	I_{x1}	I_{x0}	I_{y0}	i_x	i_{x0}	i_{y0}	W_x	W_{x0}	W_{y0}	Z_0
9	90	6	10	10.64	8.35	0.354	82.8	146	131	34.3	2.79	3.51	1.80	12.6	20.6	9.95	2.44
		7		12.30	9.66	0.354	94.8	170	150	39.2	2.78	3.50	1.78	14.5	23.6	11.2	2.48
		8		13.94	10.9	0.353	106	195	169	44.0	2.76	3.48	1.78	16.4	26.6	12.4	2.52
		9		15.57	12.2	0.353	118	219	187	48.7	2.75	3.46	1.77	18.3	29.4	13.5	2.56
		10		17.17	13.5	0.353	129	244	204	53.3	2.74	3.45	1.76	20.1	32.0	14.5	2.59
		12		20.31	15.9	0.352	149	294	236	62.2	2.71	3.41	1.75	23.6	37.1	16.5	2.67
10	100	6	12	11.93	9.37	0.393	115	200	182	47.9	3.10	3.90	2.00	15.7	25.7	12.7	2.67
		7		13.80	10.8	0.393	132	234	209	54.7	3.09	3.89	1.99	18.1	29.6	14.3	2.71
		8		15.64	12.3	0.393	148	267	235	61.4	3.08	3.88	1.98	20.5	33.2	15.8	2.76
		9		17.46	13.7	0.392	164	300	260	68.0	3.07	3.86	1.97	22.8	36.8	17.2	2.80
		10		19.26	15.1	0.392	180	334	285	74.4	3.05	3.84	1.96	25.1	40.3	18.5	2.84
		12		22.80	17.9	0.391	209	402	331	86.8	3.03	3.81	1.95	29.5	46.8	21.1	2.91
		14		26.26	20.6	0.391	237	471	374	99.0	3.00	3.77	1.94	33.7	52.9	23.4	2.99
		16		29.63	23.3	0.390	263	540	414	111	2.98	3.74	1.94	37.8	58.6	25.6	3.06
11	110	7	12	15.20	11.9	0.433	177	311	281	73.4	3.41	4.30	2.20	22.1	36.1	17.5	2.96
		8		17.24	13.5	0.433	199	355	316	82.4	3.40	4.28	2.19	25.0	40.7	19.4	3.01
		10		21.26	16.7	0.432	242	445	384	100	3.38	4.25	2.17	30.6	49.4	22.9	3.09
		12		25.20	19.8	0.431	283	535	448	117	3.35	4.22	2.15	36.1	57.6	26.2	3.16
		14		29.06	22.8	0.431	321	625	508	133	3.32	4.18	2.14	41.3	65.3	29.1	3.24

续表

型号	截面尺寸/mm			截面面积/ cm^2	理论重量/ (kg/m)	外表面积/ (m^2/m)	惯性矩/ cm^4				惯性半径/ cm			截面模数/ cm^3			重心距离/ cm
	b	d	r				I_x	I_{x1}	I_{x0}	I_{y0}	i_x	i_{x0}	i_{y0}	W_x	W_{x0}	W_{y0}	Z_0
12.5	125	8	14	19.75	15.5	0.492	297	521	471	123	3.88	4.88	2.50	32.5	53.3	25.9	3.37
		10		24.37	19.1	0.491	362	652	574	149	3.85	4.85	2.48	40.0	64.9	30.6	3.45
		12		28.91	22.7	0.491	423	783	671	175	3.83	4.82	2.46	41.2	76.0	35.0	3.53
		14		33.37	26.2	0.490	482	916	764	200	3.80	4.78	2.45	54.2	86.4	39.1	3.61
		16		37.74	29.6	0.489	537	1 050	851	224	3.77	4.75	2.43	60.9	96.3	43.0	3.68
14	140	10		27.37	21.5	0.551	515	915	817	212	4.34	5.46	2.78	50.6	82.6	39.2	3.82
		12		32.51	25.5	0.551	604	1 100	959	249	4.31	5.43	2.76	59.8	96.9	45.0	3.90
		14		37.57	29.5	0.550	689	1 280	1 090	284	4.28	5.40	2.75	68.8	110	50.5	3.98
		16		42.54	33.4	0.549	770	1 470	1 220	319	4.26	5.36	2.74	77.5	123	55.6	4.06
15	150	8		23.75	18.6	0.592	521	900	827	215	4.69	5.90	3.01	47.4	78.0	38.1	3.99
		10		29.37	23.1	0.591	638	1 130	1 010	262	4.66	5.87	2.99	58.4	95.5	45.5	4.08
		12		34.91	27.4	0.591	749	1 350	1 190	308	4.63	5.84	2.97	69.0	112	52.4	4.15
		14		40.37	31.7	0.590	856	1 580	1 360	352	4.60	5.80	2.95	79.5	128	58.8	4.23
		15		43.06	33.8	0.590	907	1 690	1 440	374	4.59	5.78	2.95	84.6	136	61.9	4.27
		16		45.74	35.9	0.589	958	1 810	1 520	395	4.58	5.77	2.94	89.6	143	64.9	4.31
16	160	10	16	31.50	24.7	0.630	780	1 370	1 240	322	4.98	6.27	3.20	66.7	109	52.8	4.31
		12		37.44	29.4	0.630	917	1 640	1 460	377	4.95	6.24	3.18	79.0	129	60.7	4.39
		14		43.30	34.0	0.629	1 050	1 910	1 670	432	4.92	6.20	3.16	91.0	147	68.2	4.47
		16		49.07	38.5	0.629	1 180	2 190	1 870	485	4.89	6.17	3.14	103	165	75.3	4.55
18	180	12		42.24	33.2	0.710	1 320	2 330	2 100	543	5.59	7.05	3.58	101	165	78.4	4.89
		14		48.90	38.4	0.709	1 510	2 720	2 410	622	5.56	7.02	3.56	116	189	88.4	4.97
		16		55.47	43.5	0.709	1 700	3 120	2 700	699	5.54	6.98	3.55	131	212	97.8	5.05
		18		61.96	48.6	0.708	1 880	3 500	2 990	762	5.50	6.94	3.51	146	235	105	5.13

续表

型号	截面尺寸/mm			截面面积/cm^2	理论重量/(kg/m)	外表面积/(m^2/m)	惯性矩/cm^4				惯性半径/cm			截面模数/cm^3			重心距离/cm
	b	d	r				I_x	I_{x1}	I_{x0}	I_{y0}	i_x	i_{x0}	i_{y0}	W_x	W_{x0}	W_{y0}	Z_0
20	200	14	18	54.64	42.9	0.788	2 100	3 730	3 340	864	6.20	7.82	3.98	145	236	112	5.46
		16		62.01	48.7	0.788	2 370	4 270	3 760	971	6.18	7.79	3.96	164	266	124	5.54
		18		69.30	54.4	0.787	2 620	4 810	4 160	1 080	6.15	7.75	3.94	182	294	136	5.62
		20		76.51	60.1	0.787	2 870	5 350	4 550	1 180	6.12	7.72	3.93	200	322	147	5.69
		24		90.66	71.2	0.785	3 340	6 460	5 290	1 380	6.07	7.64	3.90	236	374	167	5.87
22	220	16	21	68.67	53.9	0.866	3 190	5 680	5 060	1 310	6.81	8.59	4.37	200	326	154	6.03
		18		76.75	60.3	0.866	3 540	6 400	5 620	1 450	6.79	8.55	4.35	223	361	168	6.11
		20		84.76	66.5	0.865	3 870	7 110	6 150	1 590	6.76	8.52	4.34	245	395	182	6.18
		22		92.68	72.8	0.865	4 200	7 830	6 670	1 730	6.73	8.48	4.32	267	429	195	6.26
		24		100.5	78.9	0.864	4 520	8 550	7 170	1 870	6.71	8.45	4.31	289	461	208	6.33
		26		108.3	85.0	0.864	4 830	9 280	7 690	2 000	6.68	8.41	4.30	310	492	221	6.41
25	250	18	24	87.84	69.0	0.985	5 270	9 380	8 370	2 170	7.75	9.76	4.97	290	473	224	6.84
		20		97.05	76.2	0.984	5 780	10 400	9 180	2 380	7.72	9.73	4.95	320	519	243	6.92
		22		106.2	83.3	0.983	6 280	11 500	9 970	2 580	7.69	9.69	4.93	349	564	261	7.00
		24		115.2	90.4	0.983	6 770	12 500	10 700	2 790	7.67	9.66	4.92	378	608	278	7.07
		26		124.2	97.5	0.982	7 240	13 600	11 500	2 980	7.64	9.62	4.90	406	650	295	7.15
		28		133.0	104	0.982	7 700	14 600	12 200	3 180	7.61	9.58	4.89	433	691	311	7.22
		30		141.8	111	0.981	8 160	15 700	12 900	3 380	7.58	9.55	4.88	461	731	327	7.30
		32		150.5	118	0.981	8 600	16 800	13 600	3 570	7.56	9.51	4.87	488	770	342	7.37
		35		163.4	128	0.980	9 240	18 400	14 600	3 850	7.52	9.46	4.86	527	827	364	7.48

注：截面图中的 $r_1 = 1/3d$ 及表中 r 的数据用于孔型设计，不做交货条件。

表 A-2　热扎不等边角钢(GB/T 706—2016)

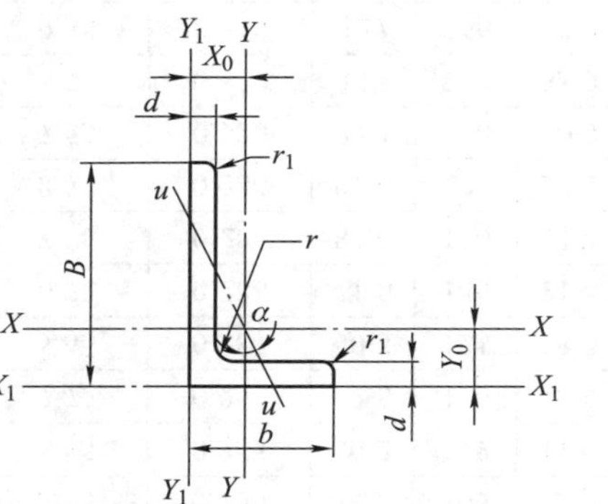

符号意义：

B——长边宽度；

b——短边宽度；

d——边厚度；

r——内圆弧半径；

r_1——边端圆弧半径；

X_0——重心距离；

Y_0——重心距离。

型号	截面尺寸/mm				截面面积/cm²	理论重量/(kg/m)	外表面积/(m²/m)	惯性矩/cm⁴					惯性半径/cm			截面模数/cm³			tan α	重心距离/cm	
	B	b	d	r				I_x	I_{x1}	I_y	I_{y1}	I_u	i_x	i_y	i_u	W_x	W_y	W_u		X_0	Y_0
2.5/1.6	25	16	3	3.5	1.162	0.91	0.080	0.70	1.56	0.22	0.43	0.14	0.78	0.44	0.34	0.43	0.19	0.16	0.392	0.42	0.86
			4		1.499	1.18	0.079	0.88	2.09	0.27	0.59	0.17	0.77	0.43	0.34	0.55	0.24	0.20	0.381	0.46	0.90
3.2/2	32	20	3		1.492	1.17	0.102	1.53	3.27	0.46	0.82	0.28	1.01	0.55	0.43	0.72	0.30	0.25	0.382	0.49	1.08
			4		1.939	1.52	0.101	1.93	4.37	0.57	1.12	0.35	1.00	0.54	0.42	0.93	0.39	0.32	0.374	0.53	1.12
4/2.5	40	25	3	4	1.890	1.48	0.127	3.08	5.39	0.93	1.59	0.56	1.28	0.70	0.54	1.15	0.49	0.40	0.385	0.59	1.32
			4		2.467	1.94	0.127	3.93	8.53	1.18	2.14	0.71	1.36	0.69	0.54	1.49	0.63	0.52	0.381	0.63	1.37
4.5/2.8	45	28	3	5	2.149	1.69	0.143	4.45	9.10	1.34	2.23	0.80	1.44	0.79	0.61	1.47	0.62	0.51	0.383	0.64	1.47
			4		2.806	2.20	0.143	5.69	12.1	1.70	3.00	1.02	1.42	0.78	0.60	1.91	0.80	0.66	0.380	0.68	1.51
5/3.2	50	32	3	5.5	2.431	1.91	0.161	6.24	12.5	2.02	3.31	1.20	1.60	0.91	0.70	1.84	0.82	0.68	0.404	0.73	1.60
			4		3.177	2.49	0.160	8.02	16.7	2.58	4.45	1.53	1.59	0.90	0.69	2.39	1.06	0.87	0.402	0.77	1.65
5.6/3.6	56	36	3	6	2.743	2.15	0.181	8.88	17.5	2.92	4.7	1.73	1.80	1.03	0.79	2.32	1.05	0.87	0.408	0.80	1.78
			4		3.590	2.82	0.180	11.5	23.4	3.76	6.33	2.23	1.79	1.02	0.79	3.03	1.37	1.13	0.408	0.85	1.82
			5		4.415	3.47	0.180	13.9	29.3	4.49	7.94	2.67	1.77	1.01	0.78	3.71	1.65	1.36	0.404	0.88	1.87

续表

型号	截面尺寸/mm				截面面积/cm²	理论重量/(kg/m)	外表面积/(m²/m)	惯性矩/cm⁴					惯性半径/cm			截面模数/cm³			tan α	重心距离/cm	
	B	b	d	r				I_x	I_{x1}	I_y	I_{y1}	I_u	i_x	i_y	i_u	W_x	W_y	W_u		X_0	Y_0
6.3/4	63	40	4	7	4.058	3.19	0.202	16.5	33.3	5.23	8.63	3.12	2.02	1.14	0.88	3.87	1.70	1.40	0.398	0.92	2.04
			5		4.993	3.92	0.202	20.0	41.6	6.31	10.9	3.76	2.00	1.12	0.87	4.74	2.07	1.71	0.396	0.95	2.08
			6		5.908	4.64	0.201	23.4	50.0	7.29	13.1	4.34	1.96	1.11	0.86	5.59	2.43	1.99	0.393	0.99	2.12
			7		6.802	5.34	0.201	26.5	58.1	8.24	15.5	4.97	1.98	1.10	0.86	6.40	2.78	2.29	0.389	1.03	2.15
7/4.5	70	45	4	7.5	4.553	3.57	0.226	23.2	45.9	7.55	12.3	4.40	2.26	1.29	0.98	4.86	2.17	1.77	0.410	1.02	2.24
			5		5.609	4.40	0.225	28.0	57.1	9.13	15.4	5.40	2.23	1.28	0.98	5.92	2.65	2.19	0.407	1.06	2.28
			6		6.644	5.22	0.225	32.5	68.4	10.6	18.6	6.35	2.21	1.26	0.98	6.95	3.12	2.59	0.404	1.09	2.32
			7		7.658	6.01	0.225	37.2	80.0	12.0	21.8	7.16	2.20	1.25	0.97	8.03	3.57	2.94	0.402	1.13	2.36
7.5/5	75	50	5	8	6.126	4.81	0.245	34.9	70.0	12.6	21.0	7.41	2.39	1.44	1.10	6.83	3.3	2.74	0.435	1.17	2.40
			6		7.260	5.70	0.245	41.1	84.3	14.7	25.4	8.54	2.38	1.42	1.08	8.12	3.88	3.19	0.435	1.21	2.44
			8		9.467	7.43	0.244	52.4	113	18.5	34.2	10.9	2.35	1.40	1.07	10.5	4.99	4.10	0.429	1.29	2.52
			10		11.59	9.10	0.244	62.7	141	22.0	43.4	13.1	2.33	1.38	1.06	12.8	6.04	4.99	0.423	1.36	2.60
8/5	80	50	5		6.376	5.00	0.255	42.0	85.2	12.8	21.1	7.66	2.56	1.42	1.10	7.78	3.32	2.74	0.388	1.14	2.60
			6		7.560	5.93	0.255	49.5	103	15.0	25.4	8.85	2.56	1.41	1.08	9.25	3.91	3.20	0.387	1.18	2.65
			7		8.724	6.85	0.255	56.2	119	17.0	29.8	10.2	2.54	1.39	1.08	10.6	4.48	3.70	0.384	1.21	2.69
			8		9.867	7.75	0.254	62.8	136	18.9	34.3	11.4	2.52	1.38	1.07	11.9	5.03	4.16	0.381	1.25	2.73
9/5.6	90	56	5	9	7.212	5.66	0.287	60.5	121	18.3	29.5	11.0	2.90	1.59	1.23	9.92	4.21	3.49	0.385	1.25	2.91
			6		8.557	6.72	0.286	71.0	146	21.4	35.6	12.9	2.88	1.58	1.23	11.7	4.96	4.13	0.384	1.29	2.95
			7		9.881	7.76	0.286	81.0	170	24.4	41.7	14.7	2.86	1.57	1.22	13.5	5.70	4.72	0.382	1.33	3.00
			8		11.18	8.78	0.286	91.0	194	27.2	47.9	16.3	2.85	1.56	1.21	15.3	6.41	5.29	0.380	1.36	3.04
10/6.3	100	63	6	10	9.618	7.55	0.320	99.1	200	30.9	50.5	18.4	3.21	1.79	1.38	14.6	6.35	5.25	0.394	1.43	3.24
			7		11.11	8.72	0.320	113	233	35.3	59.1	21.0	3.20	1.78	1.38	16.9	7.29	6.02	0.394	1.47	3.28
			8		12.58	9.88	0.319	127	266	39.4	67.9	23.5	3.18	1.77	1.37	19.1	8.21	6.78	0.391	1.50	3.32
			10		15.47	12.1	0.319	154	333	47.1	85.7	28.3	3.15	1.74	1.35	23.3	9.98	8.24	0.387	1.58	3.40

续表

型号	截面尺寸/mm				截面面积/cm^2	理论重量/(kg/m)	外表面积/(m^2/m)	惯性矩/cm^4					惯性半径/cm			截面模数/cm^3			tan α	重心距离/cm	
	B	b	d	r				I_x	I_{x1}	I_y	I_{y1}	I_u	i_x	i_y	i_u	W_x	W_y	W_u		X_0	Y_0
10/8	100	80	6	10	10.64	8.35	0.354	107	200	61.2	103	31.7	3.17	2.40	1.72	15.2	10.2	8.37	0.627	1.97	2.95
			7		12.30	9.66	0.354	123	233	70.1	120	36.2	3.16	2.39	1.72	17.5	11.7	9.60	0.626	2.01	3.00
			8		13.94	10.9	0.353	138	267	78.6	137	40.6	3.14	2.37	1.71	19.8	13.2	10.8	0.625	2.05	3.04
			10		17.17	13.5	0.353	167	334	94.7	172	49.1	3.12	2.35	1.69	24.2	16.1	13.1	0.622	2.13	3.12
11/7	110	70	6	10	10.64	8.35	0.354	133	266	42.9	69.1	25.4	3.54	2.01	1.54	17.9	7.90	6.53	0.403	1.57	3.53
			7		12.30	9.66	0.354	153	310	49.0	80.8	29.0	3.53	2.00	1.53	20.6	9.09	7.50	0.402	1.61	3.57
			8		13.94	10.9	0.353	172	354	54.9	92.7	32.5	3.51	1.98	1.53	23.3	10.3	8.45	0.401	1.65	3.62
			10		17.17	13.5	0.353	208	443	65.9	117	39.2	3.48	1.96	1.51	28.5	12.5	10.3	0.397	1.72	3.70
12.5/8	125	80	7	11	14.10	11.1	0.403	228	455	74.4	120	43.8	4.02	2.30	1.76	26.9	12.0	9.92	0.408	1.80	4.01
			8		15.99	12.6	0.403	257	520	83.5	138	49.2	4.01	2.28	1.75	30.4	13.6	11.2	0.407	1.84	4.06
			10		19.71	15.5	0.402	312	650	101	173	59.5	3.98	2.26	1.74	37.3	16.6	13.6	0.404	1.92	4.14
			12		23.35	18.3	0.402	364	780	117	210	69.4	3.95	2.24	1.72	44.0	19.4	16.0	0.400	2.00	4.22
14/9	140	90	8	12	18.04	14.2	0.453	366	731	121	196	70.8	4.50	2.59	1.98	38.5	17.3	14.3	0.411	2.04	4.50
			10		22.26	17.5	0.452	446	913	140	246	85.8	4.47	2.56	1.96	47.3	21.2	17.5	0.409	2.12	4.58
			12		26.40	20.7	0.451	522	1 100	170	297	100	4.44	2.54	1.95	55.9	25.0	20.5	0.406	2.19	4.66
			14		30.46	23.9	0.451	594	1 280	192	349	114	4.42	2.51	1.94	64.2	28.5	23.5	0.403	2.27	4.74
15/9	150	90	8		18.84	14.8	0.473	442	898	123	196	74.1	4.84	2.55	1.98	43.9	17.5	14.5	0.364	1.97	4.92
			10		23.26	18.3	0.472	539	1 120	149	246	89.9	4.81	2.53	1.97	54.0	21.4	17.7	0.362	2.05	5.01
			12		27.60	21.7	0.471	632	1 350	173	297	105	4.79	2.50	1.95	63.8	25.1	20.8	0.359	2.12	5.09
			14		31.86	25.0	0.471	721	1 570	196	350	120	4.76	2.48	1.94	73.3	28.8	23.8	0.356	2.20	5.17
			15		33.95	26.7	0.471	764	1 680	207	376	127	4.74	2.47	1.93	78.0	30.5	25.3	0.354	2.24	5.21
			16		36.03	28.3	0.470	806	1 800	217	403	134	4.73	2.45	1.93	82.6	32.3	26.8	0.352	2.27	5.25

续表

型号	截面尺寸/mm				截面面积/cm^2	理论重量/(kg/m)	外表面积/(m^2/m)	惯性矩/cm^4					惯性半径/cm			截面模数/cm^3			tan α	重心距离/cm	
	B	b	d	r				I_x	I_{x1}	I_y	I_{y1}	I_u	i_x	i_y	i_u	W_x	W_y	W_u		X_0	Y_0
16/10	160	100	10	13	25.32	19.9	0.512	669	1 360	205	337	122	5.14	2.85	2.19	62.1	26.6	21.9	0.390	2.28	5.24
			12		30.05	23.6	0.511	785	1 640	239	406	142	5.11	2.82	2.17	73.5	31.3	25.8	0.388	2.36	5.32
			14		34.71	27.2	0.510	896	1 910	271	476	162	5.08	2.80	2.16	84.6	35.8	29.6	0.385	2.43	5.40
			16		39.28	30.8	0.510	1 000	2 180	302	548	183	5.05	2.77	2.16	95.3	40.2	33.4	0.382	2.51	5.48
18/11	180	110	10	14	28.37	22.3	0.571	956	1 940	278	447	167	5.80	3.13	2.42	79.0	32.5	26.9	0.376	2.44	5.89
			12		33.71	26.5	0.571	1 120	2 330	325	539	195	5.78	3.10	2.40	93.5	38.3	31.7	0.374	2.52	5.98
			14		38.97	30.6	0.570	1 290	2 720	370	632	222	5.75	3.08	2.39	108	44.0	36.3	0.372	2.59	6.06
			16		44.14	34.6	0.569	1 440	3 110	412	726	249	5.72	3.06	2.38	122	49.4	40.9	0.369	2.67	6.14
20/12.5	200	125	12		37.91	29.8	0.641	1 570	3 190	483	788	286	6.44	3.57	2.74	117	50.0	41.2	0.392	2.83	6.54
			14		43.87	34.4	0.640	1 800	3 730	551	922	327	6.41	3.54	2.73	135	57.4	47.3	0.390	2.91	6.62
			16		49.74	39.0	0.639	2 020	4 260	615	1 060	366	6.38	3.52	2.71	152	64.9	53.3	0.388	2.99	6.70
			18		55.53	43.6	0.639	2 240	4 790	677	1 200	405	6.35	3.49	2.70	169	71.7	59.2	0.385	3.06	6.78

注：截面图中的 $r_1=1/3d$ 及表中 r 的数据用于孔型设计，不做交货条件。

表 A-3　热轧工字钢(GB/T 706—2016)

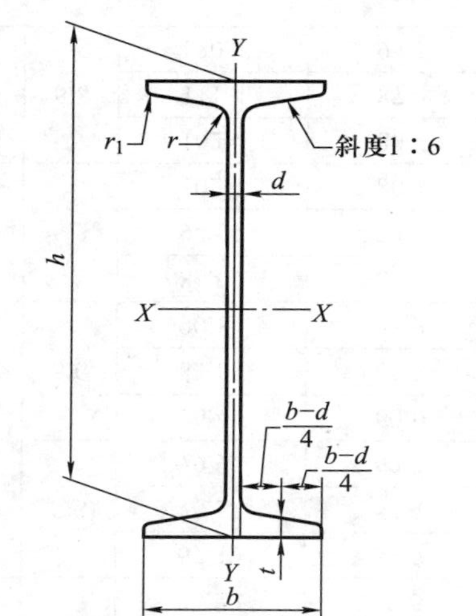

符号意义：

h——高度；

b——腿宽度；

d——腰厚度；

t——腿中间厚度；

r——内圆弧半径；

r_1——腿端圆弧半径。

型号	截面尺寸/mm						截面面积/ cm^2	理论重量/ (kg/m)	外表面积/ (m^2/m)	惯性矩/cm^4		惯性半径/cm		截面模数/cm^3	
	h	b	d	t	r	r_1				I_x	I_y	i_x	i_y	W_x	W_y
10	100	68	4.5	7.6	6.5	3.3	14.33	11.3	0.432	245	33.0	4.14	1.52	49.0	9.72
12	120	74	5.0	8.4	7.0	3.5	17.80	14.0	0.493	436	46.9	4.95	1.62	72.7	12.7
12.6	126	74	5.0	8.4	7.0	3.5	18.10	14.2	0.505	488	46.9	5.20	1.61	77.5	12.7
14	140	80	5.5	9.1	7.5	3.8	21.50	16.9	0.553	712	64.4	5.76	1.73	102	16.1
16	160	88	6.0	9.9	8.0	4.0	26.11	20.5	0.621	1 130	93.1	6.58	1.89	141	21.2
18	180	94	6.5	10.7	8.5	4.3	30.74	24.1	0.681	1 660	122	7.36	2.00	185	26.0
20a	200	100	7.0	11.4	9.0	4.5	35.55	27.9	0.742	2 370	158	8.15	2.12	237	31.5
20b		102	9.0				39.55	31.1	0.746	2 500	169	7.96	2.06	250	33.1
22a	220	110	7.5	12.3	9.5	4.8	42.10	33.1	0.817	3 400	225	8.99	2.31	309	40.9
22b		112	9.5				46.50	36.5	0.821	3 570	239	8.78	2.27	325	42.7

续表

型号	截面尺寸/mm						截面面积/cm²	理论重量/(kg/m)	外表面积/(m²/m)	惯性矩/cm⁴		惯性半径/cm		截面模数/cm³	
	h	b	d	t	r	r_1				I_x	I_y	i_x	i_y	W_x	W_y
24a	240	116	8.0	13.0	10.0	5.0	47.71	37.5	0.878	4 570	280	9.77	2.42	381	48.4
24b	240	118	10.0	13.0	10.0	5.0	52.51	41.2	0.882	4 800	297	9.57	2.38	400	50.4
25a	250	116	8.0	13.0	10.0	5.0	48.51	38.1	0.898	5 020	280	10.2	2.40	402	48.3
25b	250	118	10.0	13.0	10.0	5.0	53.51	42.0	0.902	5 280	309	9.94	2.40	423	52.4
27a	270	122	8.5	13.7	10.5	5.3	54.52	42.8	0.958	6 550	345	10.9	2.51	485	56.6
27b	270	124	10.5	13.7	10.5	5.3	59.92	47.0	0.962	6 870	366	10.7	2.47	509	58.9
28a	280	122	8.5	13.7	10.5	5.3	55.37	43.5	0.978	7 110	345	11.3	2.50	508	56.6
28b	280	124	10.5	13.7	10.5	5.3	60.97	47.9	0.982	7 480	379	11.1	2.49	534	61.2
30a	300	126	9.0	14.4	11.0	5.5	61.22	48.1	1.031	8 950	400	12.1	2.55	597	63.5
30b	300	128	11.0	14.4	11.0	5.5	67.22	52.8	1.035	9 400	422	11.8	2.50	627	65.9
30c	300	130	13.0	14.4	11.0	5.5	73.22	57.5	1.039	9 850	445	11.6	2.46	657	68.5
32a	320	130	9.5	15.0	11.5	5.8	67.12	52.7	1.084	11 100	460	12.8	2.62	692	70.8
32b	320	132	11.5	15.0	11.5	5.8	73.52	57.7	1.088	11 600	502	12.6	2.61	726	76.0
32c	320	134	13.5	15.0	11.5	5.8	79.92	62.7	1.092	12 200	544	12.3	2.61	760	81.2
36a	360	136	10.0	15.8	12.0	6.0	76.44	60.0	1.185	15 800	552	14.4	2.69	875	81.2
36b	360	138	12.0	15.8	12.0	6.0	83.64	65.7	1.189	16 500	582	14.1	2.64	919	84.3
36c	360	140	14.0	15.8	12.0	6.0	90.84	71.3	1.193	17 300	612	13.8	2.60	962	87.4
40a	400	142	10.5	16.5	12.5	6.3	86.07	67.6	1.285	21 700	660	15.9	2.77	1 090	93.2
40b	400	144	12.5	16.5	12.5	6.3	94.07	73.8	1.289	22 800	692	15.6	2.71	1 140	96.2
40c	400	146	14.5	16.5	12.5	6.3	102.1	80.1	1.293	23 900	727	15.2	2.65	1 190	99.6
45a	450	150	11.5	18.0	13.5	6.8	102.4	80.4	1.411	32 200	855	17.7	2.89	1 430	114
45b	450	152	13.5	18.0	13.5	6.8	111.4	87.4	1.415	33 800	894	17.4	2.84	1 500	118
45c	450	154	15.5	18.0	13.5	6.8	120.4	94.5	1.419	35 300	938	17.1	2.79	1 570	122

续表

型号	截面尺寸/mm						截面面积/ cm^2	理论重量/ (kg/m)	外表面积/ (m^2/m)	惯性矩/cm^4		惯性半径/cm		截面模数/cm^3	
	h	b	d	t	r	r_1				I_x	I_y	i_x	i_y	W_x	W_y
50a	500	158	12.0	20.0	14.0	7.0	119.2	93.6	1.539	46 500	1 120	19.7	3.07	1 860	142
50b		160	14.0				129.2	101	1.543	48 600	1 170	19.4	3.01	1 940	146
50c		162	16.0				139.2	109	1.547	50 600	1 220	19.0	2.96	2 080	151
55a	550	166	12.5	21.0	14.5	7.3	134.1	105	1.667	62 900	1 370	21.6	3.19	2 290	164
55b		168	14.5				145.1	114	1.671	65 600	1 420	21.2	3.14	2 390	170
55c		170	16.5				156.1	123	1.675	68 400	1 480	20.9	3.08	2 490	175
56a	560	166	12.5				135.4	106	1.687	65 600	1 370	22.0	3.18	2 340	165
56b		168	14.5				146.6	115	1.691	68 500	1 490	21.6	3.16	2 450	174
56c		170	16.5				157.8	124	1.695	71 400	1 560	21.3	3.16	2 550	183
63a	630	176	13.0	22.0	15.0	7.5	154.6	121	1.862	93 900	1 700	24.5	3.31	2 980	193
63b		178	15.0				167.2	131	1.866	98 100	1 810	24.2	3.29	3 160	204
63c		180	17.0				179.8	141	1.870	102 000	1 920	23.8	3.27	3 300	214

注：表中 r、r_1 的数据用于孔型设计，不做交货条件。

表 A-4 热轧槽钢(GB/T 706—2016)

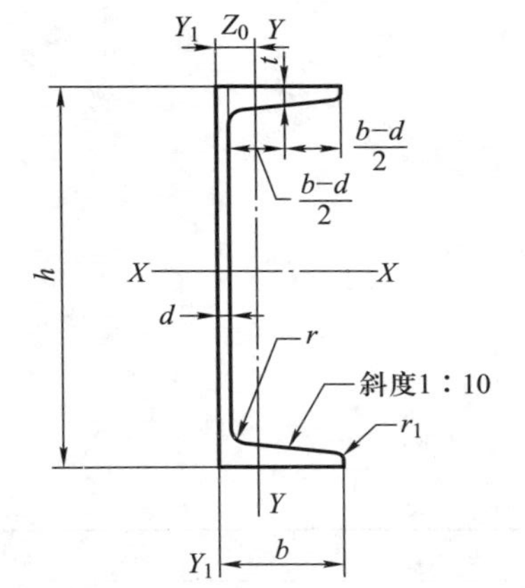

符号意义：

h——高度；

b——腿宽度；

d——腰厚度；

t——腿中间厚度；

r——内圆弧半径；

r_1——腿端圆弧半径；

Z_0——重心距离。

型号	截面尺寸/mm						截面面积/cm²	理论重量/(kg/m)	外表面积/(m²/m)	惯性矩/cm⁴			惯性半径/cm		截面模数/cm³		重心距离/cm
	h	b	d	t	r	r_1				I_x	I_y	I_{y1}	i_x	i_y	W_x	W_y	Z_0
5	50	37	4.5	7.0	7.0	3.5	6.925	5.44	0.226	26.0	8.30	20.9	1.94	1.10	10.4	3.55	1.35
6.3	63	40	4.8	7.5	7.5	3.8	8.446	6.63	0.262	50.8	11.9	28.4	2.45	1.19	16.1	4.50	1.36
6.5	65	40	4.3	7.5	7.5	3.8	8.292	6.51	0.267	55.2	12.0	28.3	2.54	1.19	17.0	4.59	1.38
8	80	43	5.0	8.0	8.0	4.0	10.24	8.04	0.307	101	16.6	37.4	3.15	1.27	25.3	5.79	1.43
10	100	48	5.3	8.5	8.5	4.2	12.74	10.0	0.365	198	25.6	54.9	3.95	1.41	39.7	7.80	1.52
12	120	53	5.5	9.0	9.0	4.5	15.36	12.1	0.423	346	37.4	77.7	4.75	1.56	57.7	10.2	1.62
12.6	126	53	5.5	9.0	9.0	4.5	15.69	12.3	0.435	391	38.0	77.1	4.95	1.57	62.1	10.2	1.59
14a	140	58	6.0	9.5	9.5	4.8	18.51	14.5	0.480	564	53.2	107	5.52	1.70	80.5	13.0	1.71
14b		60	8.0				21.31	16.7	0.484	609	61.1	121	5.35	1.69	87.1	14.1	1.67

续表

型号	截面尺寸/mm						截面面积/cm^2	理论重量/(kg/m)	外表面积/(m^2/m)	惯性矩/cm^4			惯性半径/cm		截面模数/cm^3		重心距离/cm
	h	b	d	t	r	r_1				I_x	I_y	I_{y1}	i_x	i_y	W_x	W_y	Z_0
16a	160	63	6.5	10.0	10.0	5.0	21.95	17.2	0.538	866	73.3	144	6.28	1.83	108	16.3	1.80
16b		65	8.5				25.15	19.8	0.542	935	83.4	161	6.10	1.82	117	17.6	1.75
18a	180	68	7.0	10.5	10.5	5.2	25.69	20.2	0.596	1 270	98.6	190	7.04	1.96	141	20.0	1.88
18b		70	9.0				29.29	23.0	0.600	1 370	111	210	6.84	1.95	152	21.5	1.84
20a	200	73	7.0	11.0	11.0	5.5	28.83	22.6	0.654	1 780	128	244	7.86	2.11	178	24.2	2.01
20b		75	9.0				32.83	25.8	0.658	1 910	144	268	7.64	2.09	191	25.9	1.95
22a	220	77	7.0	11.5	11.5	5.8	31.83	25.0	0.709	2 390	158	298	8.67	2.23	218	28.2	2.10
22b		79	9.0				36.23	28.5	0.713	2 570	176	326	8.42	2.21	234	30.1	2.03
24a	240	78	7.0	12.0	12.0	6.0	34.21	26.9	0.752	3 050	174	325	9.45	2.25	254	30.5	2.10
24b		80	9.0				39.01	30.6	0.756	3 280	194	355	9.17	2.23	274	32.5	2.03
24c		82	11.0				43.81	34.4	0.760	3 510	213	388	8.96	2.21	293	34.4	2.00
25a	250	78	7.0				34.91	27.4	0.722	3 370	176	322	9.82	2.24	270	30.6	2.07
25b		80	9.0				39.91	31.3	0.776	3 530	196	353	9.41	2.22	282	32.7	1.98
25c		82	11.0				44.91	35.3	0.780	3 690	218	384	9.07	2.21	295	35.9	1.92
27a	270	82	7.5	12.5	12.5	6.2	39.27	30.8	0.826	4 360	216	393	10.5	2.34	323	35.5	2.13
27b		84	9.5				44.67	35.1	0.830	4 690	239	428	10.3	2.31	347	37.7	2.06
27c		86	11.5				50.07	39.3	0.834	5 020	261	467	10.1	2.28	372	39.8	2.03
28a	280	82	7.5				40.02	31.4	0.846	4 760	218	388	10.9	2.33	340	35.7	2.10
28b		84	9.5				45.62	35.8	0.850	5 130	242	428	10.6	2.30	366	37.9	2.02
28c		86	11.5				51.22	40.2	0.854	5 500	268	463	10.4	2.29	393	40.3	1.95
30a	300	85	7.5	13.5	13.5	6.8	43.89	34.5	0.897	6 050	260	467	11.7	2.43	403	41.1	2.17
30b		87	9.5				49.89	39.2	0.901	6 500	289	515	11.4	2.41	433	44.0	2.13
30c		89	11.5				55.89	43.9	0.905	6 950	316	560	11.2	2.38	463	46.4	2.09

续表

型号	截面尺寸/mm						截面面积/cm^2	理论重量/(kg/m)	外表面积/(m^2/m)	惯性矩/cm^4			惯性半径/cm		截面模数/cm^3		重心距离/cm
	h	b	d	t	r	r_1				I_x	I_y	I_{y1}	i_x	i_y	W_x	W_y	Z_0
32a		88	8.0				48.50	38.1	0.947	7 600	305	552	12.5	2.50	475	46.5	2.24
32b	320	90	10.0	14.0	14.0	7.0	54.90	43.1	0.951	8 140	336	593	12.2	2.47	509	49.2	2.16
32c		92	12.0				61.30	48.1	0.955	8 690	374	643	11.9	2.47	543	52.6	2.09
36a		96	9.0				60.89	47.8	1.053	11 900	455	818	14.0	2.73	660	63.5	2.44
36b	360	98	11.0	16.0	16.0	8.0	68.09	53.5	1.057	12 700	497	880	13.6	2.70	703	66.9	2.37
36c		100	13.0				75.29	59.1	1.061	13 400	536	948	13.4	2.67	746	70.0	2.34
40a		100	10.5				75.04	58.9	1.144	17 600	592	1 070	15.3	2.81	879	78.8	2.49
40b	400	102	12.5	18.0	18.0	9.0	83.04	65.2	1.148	18 600	640	1 140	15.0	2.78	932	82.5	2.44
40c		104	14.5				91.04	71.5	1.152	19 700	688	1 220	14.7	2.75	986	86.2	2.42

注：表中 r、r_1 的数据用于孔型设计，不做交货条件。

附录B　习题答案

第 1 章

1-1　B

1-2　D

1-3　C

1-4　A、B

1-5　D

1-6　$M_O(\boldsymbol{F}_P) = -0.075\ \text{kN}\cdot\text{m}$

1-7　$M_O = 8\ \text{N}\cdot\text{m}$

1-8~1-14　略。

1-15　图 a:$F=1\ 672$ N;图 b:$F=217$ N

第 2 章

2-1　A

2-2　D

2-3　A

2-4　图 a 分力:$\boldsymbol{F}_{x1}=F\cos\alpha\,\boldsymbol{i}_1,\boldsymbol{F}_{y1}=F\sin\alpha\,\boldsymbol{j}_1$;投影:$F_{x1}=F\cos\alpha,F_{y1}=F\sin\alpha$

讨论:$\varphi=90°$时,投影与分力的模相等;分力是矢量,投影是代数量

图 b 分力:$\boldsymbol{F}_{x2}=(F\cos\alpha-F\sin\alpha\tan\varphi)\boldsymbol{i}_2,\boldsymbol{F}_{y2}=\dfrac{F\sin\alpha}{\sin\varphi}\boldsymbol{j}_2$;投影:$F_{x2}=F\cos\alpha,F_{y2}=F\cos(\varphi-\alpha)$

讨论:$\varphi\neq 90°$时,投影与分量的模不等

2-5　B

2-6　B

2-7　A

2-8　$F_R=F$,合力矢量属于滑移矢量,合力矢量在 $2\boldsymbol{F}$ 矢量的下方、距离为 d

2-9　合力大小 $F_R=\dfrac{25}{6}$ kN,方向与 x 轴正向夹角为 $\pi+\arctan\dfrac{4}{3}$;作用线方程:$y=\dfrac{4}{3}x+4$

2-10　(1) 合力大小为 12.4 kN,合力方向与 x 轴的夹角 $\alpha=5.53°$;(2) $\theta=61°$

2-11　$d=80$ mm

2-12　$F=40$ kN

2-13　$F_1=F_3=0,F_2=F$(受拉)

2-14　$F_{AB}=80$ kN

2-15　$\beta=\arctan\left(\dfrac{1}{2}\tan\theta\right)$

2-16　$\varphi_1=84°44',\varphi_2=29°51',F_{NA}=0.092\ \text{N},F_{NB}=1.73\ \text{N}$

第 3 章

3-1　D

3-2　C

3-3　C

3-4　D

3-5 C

3-6 A

3-7 B

3-8 B

3-9 C

3-10 B

3-11 C

3-12 A

3-13 B

3-14 (b)

3-15 D

3-16 翻动；$\frac{\sqrt{3}+1}{4}P$

3-17 图 a：$F_A=F_B=\frac{M}{2l}$；图 b：$F_A=F_B=\frac{M}{l}$；图 c：$F_A=\frac{M}{l}, F_B=\frac{M}{l}, F_D=\frac{\sqrt{2}M}{l}$

3-18 $F_A=269.4$ N，$F_C=269.4$ N

3-19 $F_A=F_B=0.75$ kN

3-20 $F_1=\frac{M}{d}$（拉），$F_2=0$，$F_3=\frac{M}{d}$

3-21 $M=4.5$ kN·m

3-22 图 a：$F_{RA}=F_{RC}=\frac{\sqrt{2}M}{d}$；图 b：$F_{RC}=\frac{M}{d}, F_{RA}=\frac{M}{d}$

3-23 $M_1=M_2$

3-24 $M=Fd$

3-25 $F_{RA}=\frac{M}{d}(\rightarrow)$，$F_{RB}=\frac{M}{d}(\leftarrow)$

3-26 $F_{NB}=F_{NC}=800$ N

3-27 $F_N=11.25$ kN

3-28 连杆 AB 作用于曲柄上的推力大小为 50.99 kN，十字头 A 对导轨的压力大小为 10 kN

3-29 $F_A=6.23$ kN (↑)，$F_B=17.57$ kN (↑)

3-30 $F_{Ax}=-11.2$ kN(←)，$F_{Ay}=46$ kN(↑)，$F_B=62.4$ kN

3-31 $F_{Ax}=20$ kN，$F_{Ay}=60$ kN，$M_A=142$ kN·m

3-32 $F_A=27.25$ kN，$F_{Ox}=27.03$ kN，$F_{Oy}=1.3$ kN

3-33 $F_T=700$ N，$\theta=55.3°$，$F_B=615$ N

3-34 图 a：$F_{Ax}=0$，$F_{Ay}=-20$ kN(↓)，$F_{RB}=40$ kN(↑)；图 b：$F_{RA}=15$ kN(↑)，$F_{RB}=21$ kN(↑)

3-35 $F_{Ax}=0$，$F_{Ay}=F_P$(↑)，$M_A=F_Pd-M$

3-36 $F_{NA}=6.4$ kN，$F_{NB}=13.6$ kN

3-37 $F_A=6.7$ kN(←)，$F_{Bx}=6.7$ kN(→)，$F_{By}=13.5$ kN

3-38 $F_{RA}=\left(\frac{1}{2}+\tan\alpha\right)W$(↑)，$F_{Bx}=W\tan\alpha$，$F_{By}=\left(\frac{1}{2}-\tan\alpha\right)W$(↑)

3-39 图 a：$F_{Pz}=-100$ N，$M_x=60$ N·m；图 b：$F_{Py}=1.37$ kN，$F_{Pz}=0.545$ kN，$M_x=-90$ N·m

3-40 $F_P=70.9$ N，$F_{Ay}=-47.6$ N，$F_{Az}=-68.7$ N，$F_{By}=-19.1$ N，$F_{Bz}=-207$ N

3-41 $F_{P2}=3.9$ kN，$F_{Ay}=-2.18$ kN，$F_{Az}=1.86$ kN，$F_{By}=-2.43$ kN，$F_{Bz}=1.51$ kN

3-42 图 a：$F_{Ax}=0$，$F_{Ay}=2qd$，$M_A=2qd^2$；$F_{Bx}=0$，$F_{By}=0$；$F_{RC}=0$

图 b：$F_{Ax}=0$，$F_{Ay}=qd$，$M_A=2qd^2$，$F_{Bx}=0$，$F_{By}=qd$；$F_{RC}=qd$

图 c：$F_{Ax}=0, F_{Ay}=\frac{7}{4}qd, M_A=3qd^2; F_{Bx}=0, F_{By}=\frac{3}{4}qd; F_{RC}=\frac{qd}{4}$

图 d：$F_A=\frac{M}{2d}, M_A=M; F_{Bx}=0, F_{By}=\frac{M}{2d}; F_{RC}=\frac{M}{2d}$

图 e：$F_{Ax}=0, F_{Ay}=0, M_A=M; F_{Bx}=0, F_{By}=0; F_{RC}=0$

3-43　$F_{RA}=525\ \text{N}, F_{RB}=375\ \text{N}, T_{EF}=107\ \text{N}$

3-44　$F_{Ax}=12.5\text{kN}(\rightarrow), F_{Ay}=106\ \text{kN}(\uparrow), F_{Bx}=22.5\ \text{kN}(\leftarrow), F_{By}=94.2\text{kN}(\uparrow)$

3-45　$\frac{W_1}{W_2}=\frac{a}{l}$

3-46　$F_x=\frac{W}{2}\tan\theta, F_y=\frac{W-W_1}{2}, M=\frac{l-d}{4}\left(W-\frac{W_1}{2}\right)$

3-47　$F_{Ax}=F_P, F_{Ay}=F_P, F_{Bx}=F_P, F_{By}=0, F_{Dx}=2F_P, F_{Dy}=F_P$

3-48　$\frac{\sin\alpha-f_s\cos\alpha}{\cos\alpha+f_s\sin\alpha}F_Q\leqslant F_P\leqslant\frac{\sin\alpha+f_s\cos\alpha}{\cos\alpha-f_s\sin\alpha}F_Q$

3-49　$d\leqslant 110\ \text{mm}$

3-50　$l_{\min}=\frac{2Mef_s}{M-F_Pe}$

第 4 章

4-1　图 a：$F_N=F_P$，拉伸；图 b：$F_Q=F_P$，剪切

4-2　略

4-3　(c)

4-4　(c)

4-5　(c)

第 5 章

5-1　D

5-2　C

5-3　B

5-4　A

5-5　B

5-6　C

5-7　略

5-8　$\Delta l_{AC}=2.947\ \text{mm}, \Delta l_{AD}=5.286\ \text{mm}$

5-9　4.50 mm

5-10　安全

5-11　$h=118\ \text{mm}, b=35.4\ \text{mm}$

5-12　$[F_P]=67.4\ \text{kN}$

5-13　$[F_P]=57.6\ \text{kN}$

5-14　$\sigma_s=-175\ \text{MPa}$(压)，$\sigma_a=-61.25\ \text{MPa}$(压)

5-15　$F_P=171\ \text{kN}, \sigma_c=83.5\ \text{MPa}$

5-16　$x=\frac{5}{6}b$

5-17　6.67 mm，安全

5-18　安全

5-19 杆 AD:∠20×4;杆 AC:∠40×5

5-20 (1) $\sigma = 75.9$ MPa,$n = 3.95$;(2) 16 个

5-21 $E = 70$ GPa,$\nu = 0.327$

第 6 章

6-1 A

6-2 (c)

6-3 C

6-4 D

6-5 BC 段:$\tau_{max} = 47.7$ MPa;$\varphi_{max} = 2.271 \times 10^{-2}$ rad

6-6 (1) $\tau_{1max} = 70.7$ MPa;(2) 6.25%;(3) 6.67%

6-7 2.88×10^3 N · m

6-8 略

6-9 (1)$\tau_A = 20.4$ MPa,$\gamma_A = 0.248 \times 10^{-3}$;(2)$\tau_{max} = 40.7$ MPa,$\theta = 1.14(°)/m$

6-10 11.1 mm

6-11 铝质空心轴

6-12 安全

6-13 $\tau_{max} = 28.8$ MPa$\leqslant[\tau]$,安全

6-14 $M_A = 32M_e/33$,$M_B = M_e/33$

第 7 章

7-1 D

7-2 C

7-3 B

7-4 (b)、(c)、(d)

7-5 图 a 1—1 截面:$F_Q = -qa$, $M = \frac{qa^2}{2}$

2—2 截面:$F_Q = -2qa$,$M = \frac{qa^2}{2}$

图 b 1—1 截面:$F_Q = 2qa$, $M = -\frac{3}{2}qa^2$

2—2 截面: $F_Q = 2qa$,$M = -\frac{qa^2}{2}$

图 c 1—1 截面:$F_Q = 0.75$ kN,$M = 1.5$ kN · m,2—2 截面:$F_Q = 0.75$ kN, $M = -2.5$ kN · m

3—3 截面:$F_Q = 0.75$ kN,$M = -1$ kN · m,4—4 截面:$F_Q = 2$ kN, $M = -1$ kN · m

图 d 1—1 截面:$F_Q = 4$ kN,$M = 4$ kN · m,2—2 截面:$F_Q = -1$ kN, $M = 4$ kN · m

3—3 截面:$F_Q = -1$ kN,$M = 3$ kN · m,4—4 截面:$F_Q = -1$ kN,$M = 1$ kN · m

7-6 略

7-7 图略

图 a:$|F_Q|_{max} = \frac{M}{2l}$, $|M|_{max} = 2M$

图 b:$|F_Q|_{max} = \frac{5ql}{4}$, $|M|_{max} = ql^2$

图 c:$|F_Q|_{max} = ql$, $|M|_{max} = \frac{3ql^2}{2}$

图 d：$|F_Q|_{max}=\dfrac{5ql}{4}$，$|M|_{max}=\dfrac{25ql^2}{32}$

图 e：$|F_Q|_{max}=ql$，$|M|_{max}=ql^2$

图 f：$|F_Q|_{max}=\dfrac{ql}{2}$，$|M|_{max}=\dfrac{ql^2}{8}$

第 8 章

8-1　B

8-2　C

8-3　A

8-4　A

8-5　$I_y=\dfrac{hb^3}{12}, I_z=\dfrac{bh^3}{4}, I_{yz}=-\dfrac{b^2h^2}{12}$

8-6　图 a：$I_y=2.023\times10^6\ \text{mm}^4$，$I_z=5.843\times10^6\ \text{mm}^4$

图 b：$I_y=1.674\times10^6\ \text{mm}^4$，$I_z=4.239\times10^6\ \text{mm}^4$

第 9 章

9-1　B

9-2　C、D

9-3　D

9-4　C

9-5　A

9-6　C

9-7　(a)

9-8　(b)

9-9　(b)

9-10　$\sigma_A=2.54\ \text{MPa}$，$\sigma_B=-1.62\ \text{MPa}$

9-11　$\sigma_{max}=24.71\ \text{MPa}$

9-12　$\dfrac{\sigma_{max}(\text{平放})}{\sigma_{max}(\text{竖放})}=\dfrac{3.91}{1.95}\approx2.0$

9-13　安全

9-14　不安全

9-15　满足强度条件

9-16　$[q]=15.68\ \text{kN/m}$

9-17　16 号

9-18　$a=1.384\ \text{m}$

9-19　$[q]\leqslant19\ \text{kN/m}, x=1.74\ \text{m}$

9-20　(1) $\dfrac{h}{b}=\sqrt{2}$（正应力尽可能小）；(2) $\dfrac{h}{b}=\sqrt{3}$（曲率半径尽可能大）

9-21　上半部分分布力系合力大小为 143 kN（压力），作用位置离中心轴 $y=70$ mm 处，即位于腹板与翼缘交界处

第 10 章

10-1　D

10-2　(c)

10-3　(d)

10-4　(a)

10-5　(略)

10-6　(略)

10-7　图 a: $w_A = -\dfrac{7ql^4}{384EI}(\uparrow)$, $\theta_B = -\dfrac{ql^3}{12EI}$; 图 b: $w_A = \dfrac{5ql^4}{24EI}$, $\theta_B = \dfrac{ql^3}{12EI}$

10-8　B

10-9　刚度安全

10-10　$d = 112$ mm

10-11　选定两根 22a 槽钢

10-12　(1) $F_C = \dfrac{5}{4}F_P$; (2) $M_{max} = \dfrac{1}{2}F_P l$, 梁 AB 的最大弯矩比无加固时的数值减小 50%, B 点的挠度比无加固时的数值减小 40%

10-13　-8.75 kN

10-14　A

10-15　$F_{RA} = 10.86$ kN(↑), $M_A = 1\,942$ N·m(逆时针)

$F_{RD} = 1.144$ kN(↑), $M_D = 286$ N·m(顺时针)

第 11 章

11-1　D

11-2　B

11-3　A

11-4　B

11-5　D

11-6　C

11-7　(a)、(c)

11-8　C、D

11-9　B

11-10　图 a:平行木纹方向的剪应力为 0.6 MPa,垂直木纹方向的正应力为 −3.84 MPa

图 b:平行木纹方向的剪应力为 −1.08 MPa,垂直木纹方向正应力为 −0.625 MPa

11-11　不满足

11-12　$\sigma_x = -33.3$ MPa, $\tau_{xy} = -57.7$ MPa

11-13　$\sigma_x = 37.97$ MPa, $\tau_{xy} = 74.25$ MPa

11-14　$|\tau_{xy}| < 120$ MPa

11-15　(1) $\sigma_\theta = -30.09$ MPa, $\tau_\theta = -10.95$ MPa

(2) $\sigma_\theta = 50.97$ MPa, $\tau_\theta = -14.66$ MPa

(3) $\sigma_\theta = 20.88$ MPa, $\tau_\theta = -25.6$ MPa

11-16　0.336 mm

11-17　(1) 强度满足; (2) 强度满足

11-18　(1) $\sigma_{r3} = 120$ MPa, $\sigma_{r4} = 111.4$ MPa; (2) $\sigma_{r3} = 161.2$ MPa, $\sigma_{r4} = 140$ MPa

(3) $\sigma_{r3} = 90$ MPa, $\sigma_{r4} = 78.1$ MPa; (4) $\sigma_{r3} = 90$ MPa, $\sigma_{r4} = 77.9$ MPa

11-19　1 点: $\sigma_1 = \sigma_2 = 0$, $\sigma_3 = -100$ MPa, $\tau_{max} = 50$ MPa

2 点: $\sigma_1 = 30$ MPa, $\sigma_2 = 0$, $\sigma_3 = -30$ MPa, $\tau_{max} = 30$ MPa

3 点: $\sigma_1 = 58.6$ MPa, $\sigma_2 = 0$, $\sigma_3 = -8.6$ MPa, $\tau_{max} = 67.2$ MPa

4 点: $\sigma_1 = 100$ MPa; $\sigma_2 = \sigma_3 = 0$, $\tau_{max} = 50$ MPa

11-20　$M=8.822\ \text{kN}\cdot\text{m}$

11-21　$F_P=133\ \text{kN}$

11-22　略

11-23　脆性材料：$[\sigma]=[\tau]$；韧性材料：$[\tau]=\dfrac{[\sigma]}{2}$

11-24　略

11-25　$t\geqslant 0.014\ 2\ \text{m}$

11-26　略

第 12 章

12-1　D

12-2　D

12-3　(1) 截面为矩形，$b=35.6\ \text{mm}$；(2) 截面为圆形，$d\leqslant 52.4\ \text{mm}$

12-4　16 号工字钢

12-5　$[F_P]=4.19\ \text{kN}$

12-6　略

12-7　图 a：$\sigma_a=\dfrac{4}{3}\cdot\dfrac{F_P}{a^2}$；图 b：$\sigma_b=\dfrac{F_P}{a^2}$，$\dfrac{\sigma_a}{\sigma_b}=\dfrac{4}{3}$

12-8　略

12-9　(1) 略；(2) 略；(3) $\dfrac{\bar{\sigma}_2}{\bar{\sigma}_1}=1.08$ 或 0.926

12-10　$\sigma_{max}=140\ \text{MPa}$，最大正应力位于中间开有切槽的横截面的左上角点

12-11　$d\geqslant 65.8\ \text{mm}$

12-12　车轴 AB 不安全

12-13　安全

12-14　(1) 危险点在截面 B 的最高点，危险截面在 B 处；(2) 略；(3) 第二个表达式是正确的。

第 13 章

13-1　C

13-2　略

13-3　图 a 最容易失稳，图 d 最不容易失稳

13-4　1 杆的临界力 $F_{Pcr}=2\ 540\ \text{kN}$，2 杆的临界力 $F_{Pcr}=4\ 705\ \text{kN}$，3 杆的临界力 $F_{Pcr}=4\ 825\ \text{kN}$

13-5　A

13-6　A

13-7　D

13-8　211.7 kN

13-9　(1) $F_{Pcr}=118\ \text{kN}$；(2) 不安全；(3) 托架所能承受的最大载荷为 73.5 kN，有变化

13-10　15.5 kN

13-11　(1) $[F_P]=187.6\ \text{kN}$；(2) 改变，$[F_P]=68.9\ \text{kN}$

13-12　梁的安全因数：$n=3.03$；柱的安全因数：$n=2.31$

13-13　温度升高到 66.7 ℃时杆将失稳

第 14 章

14-1　B

14-2　B

14-3 A

14-4 D

14-5 C

14-6 B

14-7 D

14-8 A

14-9 $\sigma_{\mathrm{dmax}}=59.1\ \mathrm{MPa}$

14-10 $\sigma_{\mathrm{dmax}}=22.4\ \mathrm{MPa}$

14-11 $F_A=\dfrac{mg}{4l}(\sqrt{3}l+h)$，$F_B=\dfrac{mg}{4l}(\sqrt{3}l-h)$

14-12 $\sigma_{\mathrm{dmax}}=15.47\ \mathrm{MPa}$，下降至原来的 44%

14-13 $\sigma_{\mathrm{dmax}}=\left(1+\sqrt{1+\dfrac{243EI}{2Pl^3}}\right)\dfrac{2F_{\mathrm{P}}l}{9W}$，$w_{中}^{\mathrm{d}}=\left(1+\sqrt{1+\dfrac{243EI}{2Pl^3}}\right)\dfrac{23F_{\mathrm{P}}l^3}{1\ 296EI}$

14-14 (1) $r=1$；(2) $r=-1$

14-15 图 a：$r=-1$；图 b：$r=1$；图 c：$r=\dfrac{\delta-a}{\delta+a}$；图 d：$r=0$

索　引

M

N

P

Q

R

S

T

W

参考文献

[1] 教育部高等学校工科基础课程教学指导委员会. 高等学校工科基础课程教学基本要求[M]. 北京: 高等教育出版社,2019.

[2] 范钦珊. 工程力学教程(I)[M]. 北京:高等教育出版社,1998.

[3] 范钦珊. 工程力学教程(II)[M]. 北京:高等教育出版社,1998.

[4] 陈建平,范钦珊. 理论力学[M]. 3 版. 北京:高等教育出版社,2018.

[5] 哈尔滨工业大学理论力学教研室. 理论力学(I)[M]. 8 版. 北京: 高等教育出版社,2016.

[6] 殷雅俊,范钦珊. 材料力学[M]. 3 版. 北京: 高等教育出版社,2019.

[7] 范钦珊. 应用力学[M]. 北京: 中央广播电视大学出版社,1999.

[8] BEER F P, JOHNSTON E R, DEWOLF J T. Mechanics of materials[M]. 6th ed. New York: McGraw Hill,2009.

[9] ROYLANCE D. Mechanics of materials[M]. New York: John Wiley & Sons, Inc.,1996.

[10] HIBBELER R C. Statics and Mechanics of Materials[M]. 影印版. 北京:机械工业出版社,2014.

Contents

编者简介

范钦珊(1937 年 1 月—2022 年 5 月),清华大学教授,博士生导师,享受国务院特殊津贴,首届国家级教学名师奖获得者。历任教育部工科力学课程教学指导委员会副主任、基础力学课程指导组组长。

长期从事“非线性屈曲理论与应用”“反应堆结构力学”等方面的研究。从事“材料力学”“工程力学”课程等本科生教学工作与教学软件研制。主持教育部面向 21 世纪“力学系列课程改革项目”;主持清华大学 211 工程、985 力学教学项目建设,带领清华大学、南京航空航天大学、北京工业大学三校“创新教学团队”,从事“互联网时代及人工智能时代材料力学教学与自主学习”方面的研究与学习系统的开发,取得了一批创新性成果。

在国内外发表论文 70 余篇,出版教材、专著与译著 30 余部,课堂教学软件 10 多套;研制“新世纪网络课程”——工程力学(1)(2),创建我国第一个多媒体工程力学教学资源库;建立了清华大学力学教学基地网站。创建清华大学材料力学精品课程,以及国家工科基础课程(力学)教学基地。

获全国优秀科技图书奖 1 项;国家级优秀教学成果奖一等奖 1 项、二等奖 3 项;省部级科技进步一等奖 1 项、二等奖 2 项;优秀教材一等奖 1 项、二等奖 2 项;全国高校自然科学二等奖 1 项;国家科技进步二等奖 1 项。

在高等教育的岗位上工作 61 年,为清华大学、北京交通大学、南京航空航天大学、河海大学、南京工业大学等院校的万余名本科生授过课,培养硕士生和博士生 18 名。在全国 26 个省、直辖市、自治区作 300 多场关于教学改革的报告与示范教学,主持全国性研讨会、培训班 15 次,培训青年教师 150 多人。

范钦珊教授心系力学教育事业的发展,捐赠 500 万元给清华大学、南京航空航天大学、北京航空航天大学、河海大学等,成立“范钦珊力学教育教学奖教奖学金”,旨在奖励在基础力学教学方面做出突出贡献的教师和基础力学成绩优秀的本科生。

唐静静,南京航空航天大学,女,教授。是“全国高校黄大年式教师团队”“教育部基础学科(力学)拔尖学生培养基地”骨干成员。2021年获全国徐芝纶力学优秀教师奖。

2018年获国家教学成果一等奖(排名3),2017年获江苏省高等教育教学成果奖特等奖(排名3)。曾获全国基础力学讲课竞赛特等奖;江苏省基础力学讲课竞赛一等奖;江苏省本科高校青年教师教学竞赛二等奖;江苏省微课竞赛一等奖,全国微课竞赛三等奖。2022年获第二届江苏省高校教师教学创新大赛特等奖(团队第2),第二届全国高校教师教学创新大赛部属高校副高组一等奖(团队第2)。

多次带队和指导学生参加全国周培源大学生力学竞赛和国际大学生力学竞赛,团队获得特等奖3项及一、二等奖多项,本人也多次获“全国周培源大学生力学竞赛优秀指导教师奖”,“基础学科拔尖学生培养计划2.0”优秀教师奖等荣誉。

参加国家级教改项目4项,省高等教育教学改革研究课题重点项目省级教改项目2项;主持江苏省高等教育教改研究课题重中之重项目1项,工程力学品牌专业建设子项目3项,校教改项目4项。是国家级一流课程江苏省在线精品课程主要完成人,主持校精品在线课程“理论力学(动力学)”。

主编教材3部,参编教材2部,出版数字课程1门。牵头研发《材料力学自主学习系统》《工程力学自主学习系统》,获软件著作权6项等。

郑重声明

高等教育出版社依法对本书享有专有出版权。任何未经许可的复制、销售行为均违反《中华人民共和国著作权法》，其行为人将承担相应的民事责任和行政责任；构成犯罪的，将被依法追究刑事责任。为了维护市场秩序，保护读者的合法权益，避免读者误用盗版书造成不良后果，我社将配合行政执法部门和司法机关对违法犯罪的单位和个人进行严厉打击。社会各界人士如发现上述侵权行为，希望及时举报，我社将奖励举报有功人员。

反盗版举报电话　(010)58581999　58582371

反盗版举报邮箱　dd@hep.com.cn

通信地址　北京市西城区德外大街4号
　　　　　高等教育出版社法律事务部

邮政编码　100120

读者意见反馈

为收集对教材的意见建议，进一步完善教材编写并做好服务工作，读者可将对本教材的意见建议通过如下渠道反馈至我社。

咨询电话　400-810-0598

反馈邮箱　gjdzfwb@pub.hep.cn

通信地址　北京市朝阳区惠新东街4号富盛大厦1座
　　　　　高等教育出版社总编辑办公室

邮政编码　100029

防伪查询说明

用户购书后刮开封底防伪涂层，使用手机微信等软件扫描二维码，会跳转至防伪查询网页，获得所购图书详细信息。

防伪客服电话

(010)58582300